この一冊が あなたのビジネス力を 育てる！

マス目がいっぱいあるけど、Excelのワークシートってどうやって使うの？
表やグラフを作るのって難しそう！ 効率よく表やグラフを作って、仕事の効率を上げたい！
FOM出版のテキストはそんなあなたのビジネス力を育てます。
しっかり学んでステップアップしましょう。

第1章

Excelの基礎知識

Excel習得の第一歩
基本操作をマスターしよう

Excelって計算したりグラフを作ったりするアプリだよね。
マス目がたくさんあったり、
画面が複雑だったり、よくわからないなあ…

Excelの画面構成は、基本的にOffice共通。ひとつ覚えたらほかのアプリにも応用できる！

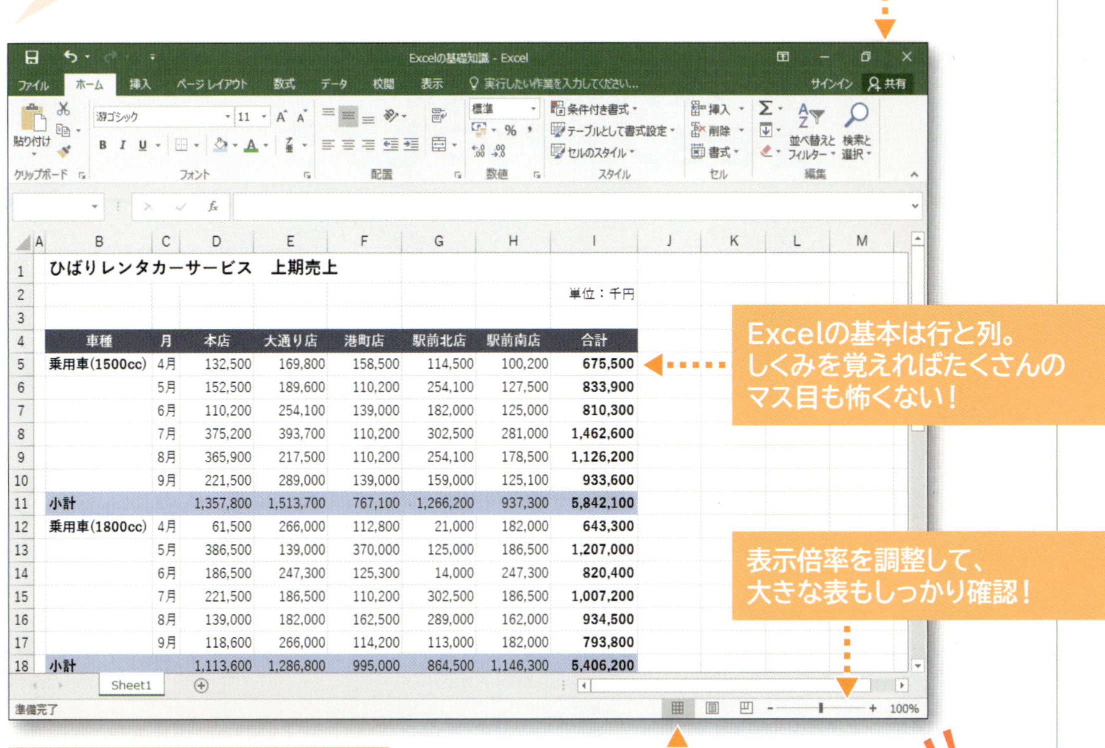

ひばりレンタカーサービス　上期売上

単位：千円

車種	月	本店	大通り店	港町店	駅前北店	駅前南店	合計
乗用車(1500cc)	4月	132,500	169,800	158,500	114,500	100,200	675,500
	5月	152,500	189,600	110,200	254,100	127,500	833,900
	6月	110,200	254,100	139,000	182,000	125,000	810,300
	7月	375,200	393,700	110,200	302,500	281,000	1,462,600
	8月	365,900	217,500	110,200	254,100	178,500	1,126,200
	9月	221,500	289,000	139,000	159,000	125,100	933,600
小計		1,357,800	1,513,700	767,100	1,266,200	937,300	5,842,100
乗用車(1800cc)	4月	61,500	266,000	112,800	21,000	182,000	643,300
	5月	386,500	139,000	370,000	125,000	186,500	1,207,000
	6月	186,500	247,300	125,300	14,000	247,300	820,400
	7月	221,500	186,500	110,200	302,500	186,500	1,007,200
	8月	139,000	182,000	162,500	289,000	162,000	934,500
	9月	118,600	266,000	114,200	113,000	182,000	793,800
小計		1,113,600	1,286,800	995,000	864,500	1,146,300	5,406,200

Excelの基本は行と列。しくみを覚えればたくさんのマス目も怖くない！

表示倍率を調整して、大きな表もしっかり確認！

データを入力するとき、印刷するとき、作業に合わせて画面表示を切り替える！

Excelの画面構成や基本操作からマスターした方がよさそうだね。

Excelの基礎知識については **8ページ** を check！

第2章

データの入力

どんな表も入力が必須
データ入力からはじめよう

Excelのシートはセルだらけで見てると気が遠くなっちゃうよ。
データを入力するにはどうすればいいんだろう。

Excelなら連続データも
ドラッグ操作で簡単入力！

	A	B	C	D	E	F	G	H
1	アルバイト勤務時間数							
2								
3	管理番号	名前	3月7日	3月8日	3月9日	3月10日	3月11日	合計
4	1001	梅田由紀	5	6	5.5	0	5.5	22
5	1002	佐々木歩	5.5	4	4	5	0	
6	1003	戸祭律子	0	7	7	7	7	
7	1004	中山香里	6	0	6	6	6	
8	1005	久米信行	9	9	9	0	9	
9	1006	大川麻子	4.5	4.5	4.5	4.5	0	
10	1007	亀山聡	0	3.5	6	4	5	
11	1008	只木卓也	8	6	7	5	7	
12	1009	新井美紀	8	6	7	7	7	
13	1010	前山孝信	0	8	8	8	8	
14	1011	緑川博史	6	5.5	5.5	5.5	0	
15	1012	南かおり	6.5	6	6	6	6	
16	1013	小田智明	5.5	5.5	5.5	0	5.5	
17	1014	五十嵐渉	5	5.5	6	5	5.5	
18								

文字列と数値を入力して、
2つの違いをマスター！

	A	B	C	D	E
1	人口統計			5月1日	
2				（千人）	
3		男性人口	女性人口	合計	
4	東京都	6524	6672	13196	
5	大阪府	4280	4581	8861	
6	福岡県	2397	2682	5079	
7	合計	13201	13935	27136	
8					

セルを参照した数式を入力！
セルを参照すると、
数値の変更にも自動で対応！

データの入力については 32ページ を check!

第3章

表の作成

わかりやすい表に大変身
表をセンスアップしよう

文字列や数値ばかり並んで
どうにもわかりにくいなあ！
わかりやすい表にできないのかな？

	A	B	C	D	E	F	G	H	I
1		店舗別売上管理表						4月8日	
2		2015年度最終報告							
3								単位：千円	
4		地区	店舗	年間予算	上期合計	下期合計	年間合計	達成率	
5		関東	渋谷	550000	234561	283450	518011	0.941838	
6			新宿	600000	312144	293011	605155	1.008592	
7			六本木	650000	289705	397500	687205	1.057238	
8			横浜	500000	221091	334012	555103	1.110206	
9		関西	梅田	650000	243055	378066	621121	0.955571	
10			なんば	550000	275371	288040	563411	1.024384	
11			京都	450000	186498	298620	485118	1.07804	
12		合計		3950000	1762425	2272699	4035124	1.02155	
13		平均		564285.7	251775	324671.3	576446.3		
14									

タイトルの大きさや
書体を変えて目立たせる！

	A	B	C	D	E	F	G	H	I
1		店舗別売上管理表						2016/4/8	
2		2015年度最終報告							
3								単位：千円	
4		地区	店舗	年間予算	上期合計	下期合計	年間合計	達成率	
5		関東	渋谷	550,000	234,561	283,450	518,011	94.2%	
6			新宿	600,000	312,144	293,011	605,155	100.9%	
7			六本木	650,000	289,705	397,500	687,205	105.7%	
8			横浜	500,000	221,091	334,012	555,103	111.0%	
9		関西	梅田	650,000	243,055	378,066	621,121	95.6%	
10			なんば	550,000	275,371	288,040	563,411	102.4%	
11			神戸	400,000	260,842	140,441	401,283	100.3%	
12			京都	450,000	186,498	298,620	485,118	107.8%	
13		合計		4,350,000	2,023,267	2,413,140	4,436,407	102.0%	
14									

3桁区切りカンマを付けたり、
パーセント表示にしたりして、
数字を読みやすく！

表に罫線や塗りつぶしを
設定して、わかりやすく！

表の作成については 68ページ を check!

計算速度を大幅アップ
数式を使ってみよう

計算はいつも手計算。
面倒なことは苦手だし、
よく計算を間違えちゃうんだけど…

数式の形式を覚えておかなくても
ボタンひとつで完成！

入社試験成績

氏名	必須科目		選択科目		総合ポイント
	一般常識	小論文	外国語A	外国語B	
大橋　弥生	68	79		61	208
栗林　良子	81	83	70		234
近藤　信太郎	73	65		54	192
里山　仁	35	69	65		169
田之上　慶介	98	78	67		243
篠山　和明	77	75		72	224
時岡　かおり	85	39	56		180
東野　徹	79	57	38		174
保科　真治		97	70		167
町田　優	56	46	56		158
村岡　夏美	94	85		77	256
平均点	74.6	70.3	60.3	66.0	200.5
最高点	98	97	70	77	256
最低点	35	39	38	54	158

外国語A受験者数	7
外国語B受験者数	4
申込者総数	11

表の中のデータを自動でカウント！
データ数の変更にも対応！

関数を使うと、
表の中の平均点も
最高点も最低点も
簡単に求められる！

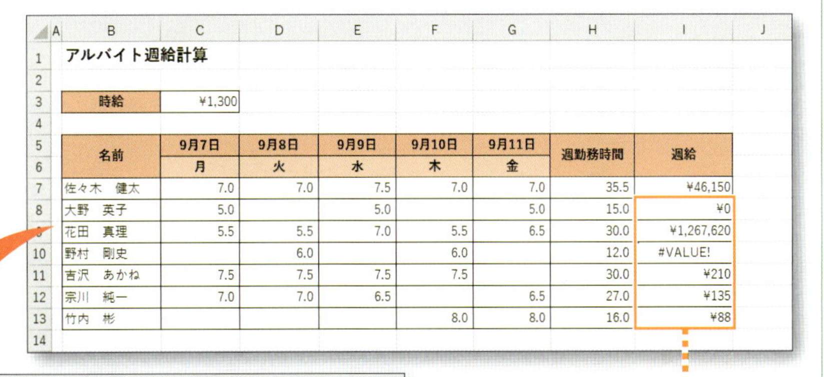

アルバイト週給計算

時給 ¥1,300

名前	9月7日	9月8日	9月9日	9月10日	9月11日	週勤務時間	週給
	月	火	水	木	金		
佐々木　健太	7.0	7.0	7.5	7.0	7.0	35.5	¥46,150
大野　英子	5.0		5.0		5.0	15.0	¥0
花田　真理	5.5	5.5	7.0	5.5	6.5	30.0	¥1,267,620
野村　剛史		6.0		6.0		12.0	#VALUE!
吉沢　あかね	7.5	7.5	7.5	7.5		30.0	¥210
宗川　純一	7.0	7.0	6.5		6.5	27.0	¥135
竹内　彬				8.0	8.0	16.0	¥88

アルバイト週給計算

時給 ¥1,300

名前	9月7日	9月8日	9月9日	9月10日	9月11日	週勤務時間	週給
	月	火	水	木	金		
佐々木　健太	7.0	7.0	7.5	7.0	7.0	35.5	¥46,150
大野　英子	5.0		5.0		5.0	15.0	¥19,500
花田　真理	5.5	5.5	7.0	5.5	6.5	30.0	¥39,000
野村　剛史		6.0		6.0		12.0	¥15,600
吉沢　あかね	7.5	7.5	7.5	7.5		30.0	¥39,000
宗川　純一	7.0	7.0	6.5		6.5	27.0	¥35,100
竹内　彬				8.0	8.0	16.0	¥20,800

数式に必要なセルを
正しく参照して、
数式のエラーを防ぐ！

Excelがあれば計算もらくらくだね。
これで仕事の効率もアップできそう！

数式の入力については **104ページ** を check!

第5章

複数シートの操作

たくさんのシートをまとめて操作
集計表を作ってみよう

調査対象ごとにシートに分けたデータ。
たくさんのシートをまとめて集計表を
作りたいんだけど…

作業グループを使って、
複数のシートに書式を一括設定！

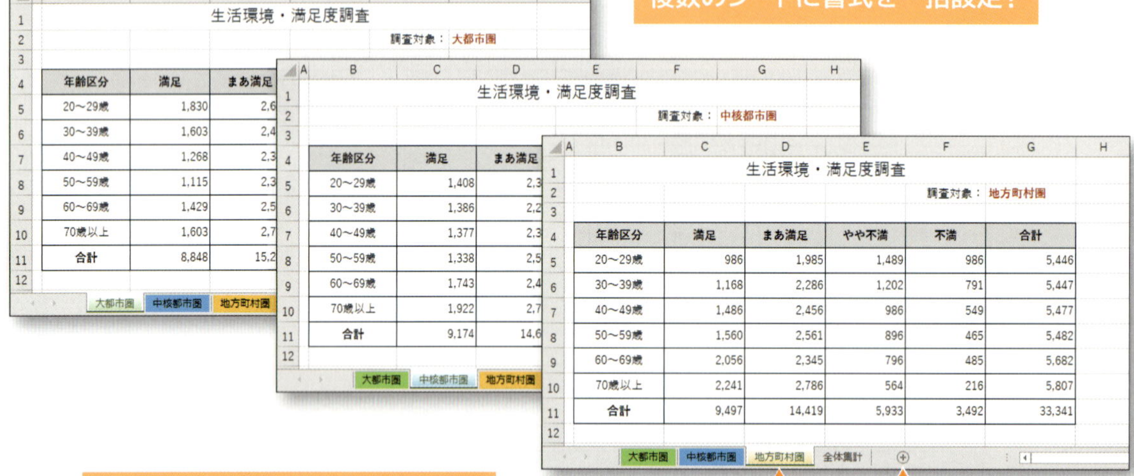

生活環境・満足度調査

調査対象： 大都市圏

年齢区分	満足
20～29歳	1,830
30～39歳	1,603
40～49歳	1,268
50～59歳	1,115
60～69歳	1,429
70歳以上	1,603
合計	8,848

生活環境・満足度調査

調査対象： 中核都市圏

年齢区分	満足
20～29歳	1,408
30～39歳	1,386
40～49歳	1,377
50～59歳	1,338
60～69歳	1,743
70歳以上	1,922
合計	9,174

生活環境・満足度調査

調査対象： 地方町村圏

年齢区分	満足	まあ満足	やや不満	不満	合計
20～29歳	986	1,985	1,489	986	5,446
30～39歳	1,168	2,286	1,202	791	5,447
40～49歳	1,486	2,456	986	549	5,477
50～59歳	1,560	2,561	896	465	5,482
60～69歳	2,056	2,345	796	485	5,682
70歳以上	2,241	2,786	564	216	5,807
合計	9,497	14,419	5,933	3,492	33,341

大都市圏　中核都市圏　地方町村圏　全体集計

内容に合ったシート名を付けたり、
シート名に色を付けて、
シートをひと目で区別！

必要になったらシートを追加、
不要なシートは削除して、
ブックを管理！

生活環境・満足度調査

調査対象： 全体集計

年齢区分	満足	まあ満足	やや不満	不満	合計
20～29歳	4,224	7,004	3,345	2,160	16,733
30～39歳	4,157	7,057	3,606	2,523	17,343
40～49歳	4,131	7,129	3,531	2,405	17,196
50～59歳	4,013	7,405	3,573	2,384	17,375
60～69歳	5,228	7,340	2,736	1,590	16,894
70歳以上	5,766	8,375	2,219	926	17,286
合計	27,519	44,310	19,010	11,988	102,827

大都市圏　中核都市圏　地方町村圏　全体集計

複数のシートの同じセルを
使って、簡単集計！

別のシートの数値を参照
した集計表も作れる！

生活環境・満足度調査

調査対象： 全体集計

調査対象	満足	まあ満足	やや不満	不満	合計
大都市圏	8,848	15,206	6,740	4,499	35,293
中核都市圏	9,174	14,685	6,337	3,997	34,193
地方町村圏	9,497	14,419	5,933	3,492	33,341
合計	27,519	44,310	19,010	11,988	102,827

大都市圏　中核都市圏　地方町村圏　全体集計

たくさんのシートを
まとめた集計表も簡単に
作れるんだね！

複数シートの操作については 126ページ を check!

大きな表も怖くない
印刷テクニックをマスターしよう

大きな表を印刷するのが苦手。
なかなか1枚に収まらないし…
上手くいかなくてイライラする！

複数のページに分かれてしまう大きな表は、各ページの先頭にタイトルや見出しを付けると、見やすくなる！

2016/3/1

売上明細一覧（1月分）

伝票No.	売上日	顧客コード	顧客名	商品コード	商品名	単価	数量	売上金額
1601-001	2016/1/2	170	油木家具センター	2010	大和飛鳥シリーズ・3人掛けソファ	280,000	2	560,000
1601-002	2016/1/2	180	名古屋特選館	2040				
1601-003	2016/1/2	190	ファニチャーNY	2010				
1601-004	2016/1/3	200	広島家具販売	3020				
1601-005	2016/1/3	200	広島家具販売	2010				
1601-006	2016/1/4	180	名古屋特選館	1110				
1601-007	2016/1/4	130	東京家具販売	1080				
1601-008	2016/1/4	150	みどり家具	2060				
1601-009	2016/1/5	160	富士商会	1030				
1601-010	2016/1/5	110	山の手デパート	1110				
1601-011	2016/1/6	200	広島家具販売	3020				
1601-012	2016/1/6	190	ファニチャーNY	2060				
1601-013	2016/1/6	190	ファニチャーNY	2030				
1601-014	2016/1/9	190	ファニチャーNY	1010				
1601-015	2016/1/9	160	富士商会	1050				
1601-016	2016/1/9	180	名古屋特選館	2050				
1601-017	2016/1/10	140	サクラファニチャー	1110				
1601-018	2016/1/10	200	広島家具販売	2030				
1601-019	2016/1/11	150	みどり家具	2030				
1601-020	2016/1/11	130	東京家具販売	3010				
1601-021	2016/1/12	160	富士商会	1030				
1601-022	2016/1/12	180	名古屋特選館	1090				

2016/3/1

売上明細一覧（1月分）

伝票No.	売上日	顧客コード	顧客名	商品コード	商品名	単価	数量	売上金額
1601-023	2016/1/12	180	名古屋特選館	2040	大和飛鳥シリーズ・テーブル	140,000	3	420,000
1601-024	2016/1/16	170	油木家具センター	3020	天使シリーズ・チャイルドデスク	38,000	5	190,000
1601-025	2016/1/16	130	東京家具販売	1110	オリエンタルシリーズ・シングルベッド	160,000	4	640,000
1601-026	2016/1/16	140	サクラファニチャー	2060	大和飛鳥シリーズ・チェスト	180,000	4	720,000
1601-027	2016/1/16	160	富士商会	2060	大和飛鳥シリーズ・チェスト	180,000	5	900,000
1601-028	2016/1/17	190	ファニチャーNY	1030	オリエンタルシリーズ・リクライニングチェア	88,000	5	440,000
1601-029	2016/1/17	170	油木家具センター	1040	オリエンタルシリーズ・ロッキングチェア	65,000	3	195,000
1601-030	2016/1/17	180	名古屋特選館	1040	オリエンタルシリーズ・ロッキングチェア	65,000	2	130,000
1601-031	2016/1/18	130	東京家具販売	2070	大和飛鳥シリーズ・スクリーン	80,000	4	320,000
1601-032	2016/1/18	110	山の手デパート	2030	大和飛鳥シリーズ・1人掛けソファ	260,000	1	260,000
1601-033	2016/1/18	160	富士商会	1020	オリエンタルシリーズ・リビングテーブル	58,000	5	290,000
1601-034	2016/1/19	190	ファニチャーNY	1040	オリエンタルシリーズ・ロッキングチェア	65,000	2	130,000
1601-035	2016/1/19	160	富士商会	3010	天使シリーズ・チャイルドベッド	54,000	3	162,000
1601-036	2016/1/20	200	広島家具販売	2060	大和飛鳥シリーズ・チェスト	180,000	4	720,000
1601-037	2016/1/20	200	広島家具販売	2010	大和飛鳥シリーズ・3人掛けソファ	280,000	3	840,000
1601-038	2016/1/20	150	みどり家具	2070	大和飛鳥シリーズ・スクリーン	80,000	1	80,000
1601-039	2016/1/23	170	油木家具センター	1040	オリエンタルシリーズ・ロッキングチェア	65,000	2	130,000
1601-040	2016/1/23	190	ファニチャーNY	1010	オリエンタルシリーズ・リビングソファ	128,000	1	128,000
1601-041	2016/1/23	110	山の手デパート	1040	オリエンタルシリーズ・ロッキングチェア	65,000	4	260,000
1601-042	2016/1/23	110	山の手デパート	2030	大和飛鳥シリーズ・1人掛けソファ	260,000	3	780,000
1601-043	2016/1/24	130	東京家具販売	1050	オリエンタルシリーズ・ラブソファー	98,000	1	98,000
1601-044	2016/1/24	140	サクラファニチャー	2050	大和飛鳥シリーズ・チェア	50,000	2	100,000

2

印刷する内容に合わせて用紙サイズや用紙の向きを変える！

全部のページに、日付やページ番号を入れて、資料をわかりやすく！

売上明細一覧（2月分）

複数のページに分かれてしまう大きな表もぎゅっと1ページにまとめて印刷！

表の印刷については 146ページ を check!

データを視覚化
グラフを作ってみよう

報告書や企画書は、数字ばかりじゃわかりづらい。
グラフを使ってひと目でわかるものにしたいんだけど…

	A	B	C	D	E	F	G	H	I	J	K
1		年齢区分別の人口推移と将来人口									単位：万人
2		年齢区分	1960年	1970年	1980年	1990年	2000年	2010年	2020年	2030年	2040年
3		0～14歳	2,807	2,482	2,751	2,249	1,847	1,831	1,699	1,488	1,301
4		15～64歳	6,000	7,157	7,884	8,590	8,622	8,119	7,381	6,950	6,430
5		65歳以上	535	733	1,065	1,490	2,201	2,813	3,334	3,277	3,485
6		総人口	9,342	10,372	11,700	12,329	12,670	12,763	12,414	11,715	11,216
7											

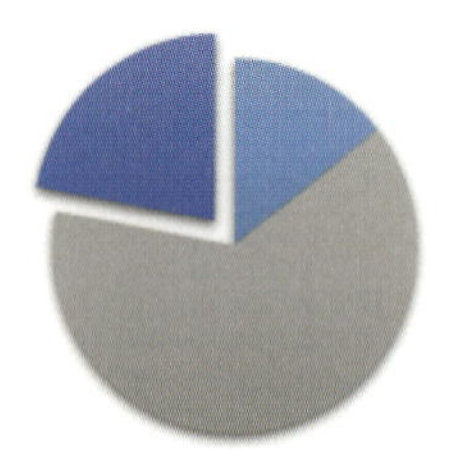

円グラフを使って、
データの内訳を表現！

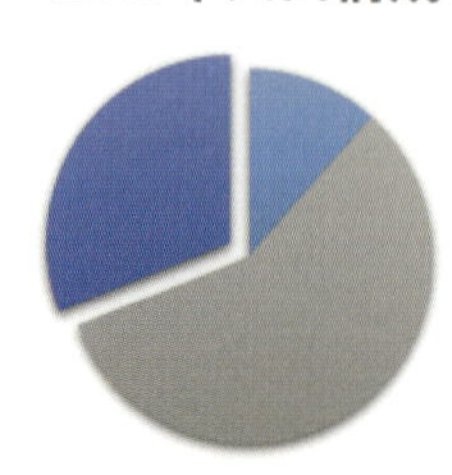

グラフの見栄えをアップ
するスタイルも多彩！

作成する資料に合わせて、
グラフのサイズや位置も自由自在！

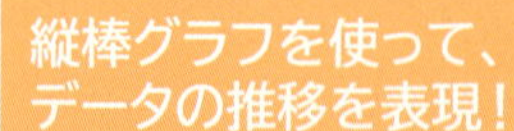

縦棒グラフを使って、
データの推移を表現！

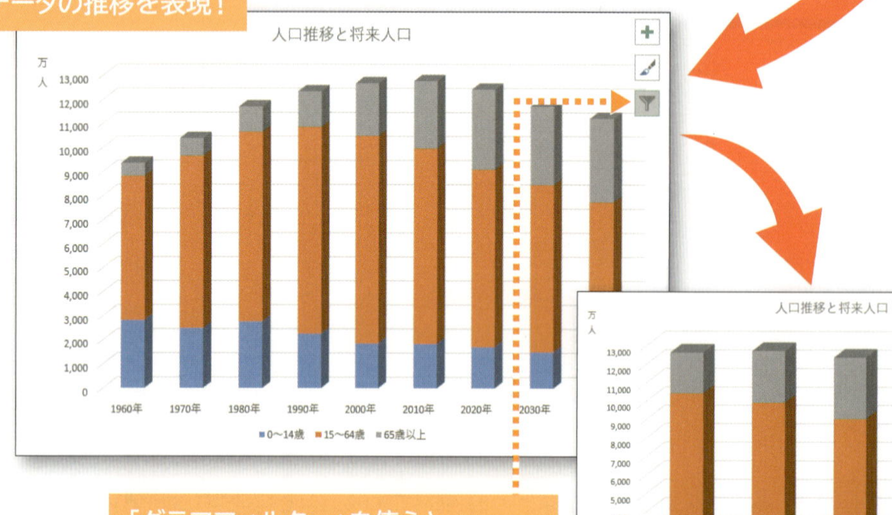

「グラフフィルター」を使うと、
グラフに表示する項目を絞り込める！

グラフの作成については 164ページ を check!

第8章

データベースの利用

データをしっかり管理
データベースを使ってみよう

表を並べ替えたり表の中からデータを探し出したりしたいんだけど、
Excelは計算するアプリだから、データベースの操作には向かないんでしょ？

金額の大きいデータの順に
表を一気に並べ替え！

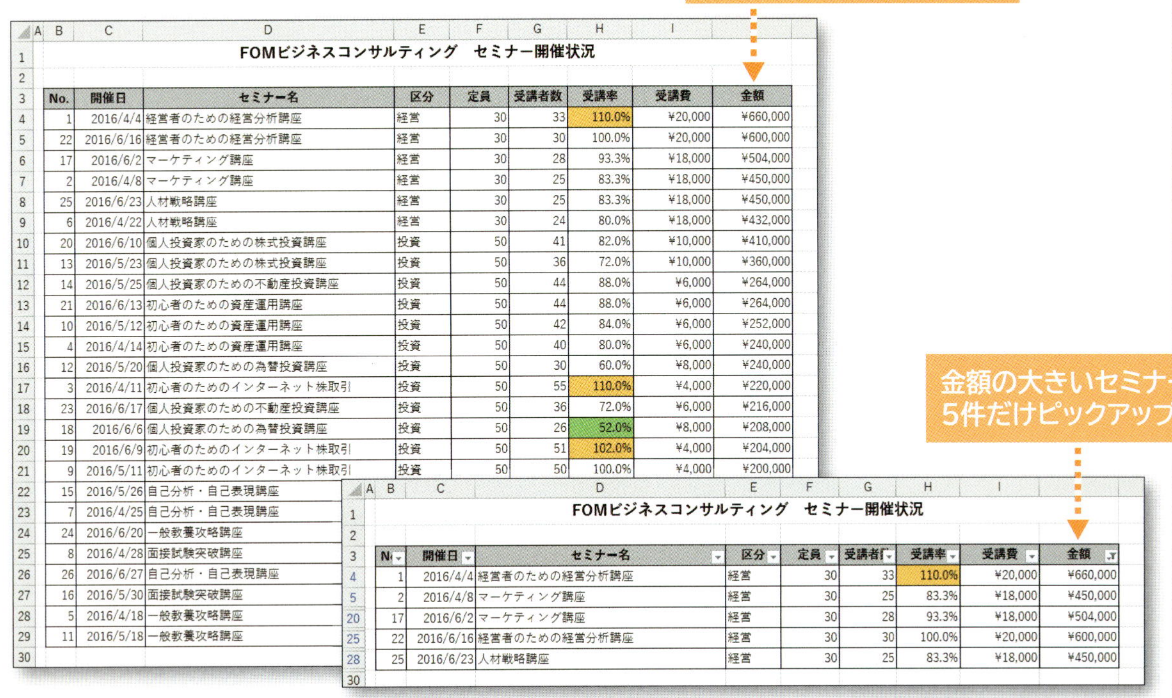

FOMビジネスコンサルティング　セミナー開催状況

No.	開催日	セミナー名	区分	定員	受講者数	受講率	受講費	金額
1	2016/4/4	経営者のための経営分析講座	経営	30	33	110.0%	¥20,000	¥660,000
22	2016/6/16	経営者のための経営分析講座	経営	30	30	100.0%	¥20,000	¥600,000
17	2016/6/2	マーケティング講座	経営	30	28	93.3%	¥18,000	¥504,000
2	2016/4/8	マーケティング講座	経営	30	25	83.3%	¥18,000	¥450,000
25	2016/6/23	人材戦略講座	経営	30	25	83.3%	¥18,000	¥450,000
6	2016/4/22	人材戦略講座	経営	30	24	80.0%	¥18,000	¥432,000
20	2016/6/10	個人投資家のための株式投資講座	投資	50	41	82.0%	¥10,000	¥410,000
13	2016/5/23	個人投資家のための株式投資講座	投資	50	36	72.0%	¥10,000	¥360,000
14	2016/5/25	個人投資家のための不動産投資講座	投資	50	44	88.0%	¥6,000	¥264,000
21	2016/6/13	初心者のための資産運用講座	投資	50	44	88.0%	¥6,000	¥264,000
10	2016/5/12	初心者のための資産運用講座	投資	50	42	84.0%	¥6,000	¥252,000
4	2016/4/14	初心者のための資産運用講座	投資	50	40	80.0%	¥6,000	¥240,000
12	2016/5/20	個人投資家のための為替投資講座	投資	50	30	60.0%	¥8,000	¥240,000
3	2016/4/11	初心者のためのインターネット株取引	投資	50	55	110.0%	¥4,000	¥220,000
23	2016/6/17	個人投資家のための不動産投資講座	投資	50	36	72.0%	¥6,000	¥216,000
18	2016/6/6	個人投資家のための為替投資講座	投資	50	26	52.0%	¥8,000	¥208,000
19	2016/6/9	初心者のためのインターネット株取引	投資	50	51	102.0%	¥4,000	¥204,000
9	2016/5/11	初心者のためのインターネット株取引	投資	50	50	100.0%	¥4,000	¥200,000
15	2016/5/26	自己分析・自己表現講座						
7	2016/4/25	自己分析・自己表現講座						
24	2016/6/20	一般教養攻略講座						
8	2016/4/28	面接試験突破講座						
26	2016/6/27	自己分析・自己表現講座						
16	2016/5/30	面接試験突破講座						
5	2016/4/18	一般教養攻略講座						
11	2016/5/18	一般教養攻略講座						

金額の大きいセミナーを
5件だけピックアップ！

FOMビジネスコンサルティング　セミナー開催状況

No.	開催日	セミナー名	区分	定員	受講者数	受講率	受講費	金額
1	2016/4/4	経営者のための経営分析講座	経営	30	33	110.0%	¥20,000	¥660,000
2	2016/4/8	マーケティング講座	経営	30	25	83.3%	¥18,000	¥450,000
17	2016/6/2	マーケティング講座	経営	30	28	93.3%	¥18,000	¥504,000
22	2016/6/16	経営者のための経営分析講座	経営	30	30	100.0%	¥20,000	¥600,000
25	2016/6/23	人材戦略講座	経営	30	25	83.3%	¥18,000	¥450,000

気になるセルに
色を付けておくと、
色の付いたセルだけ
ピックアップ！

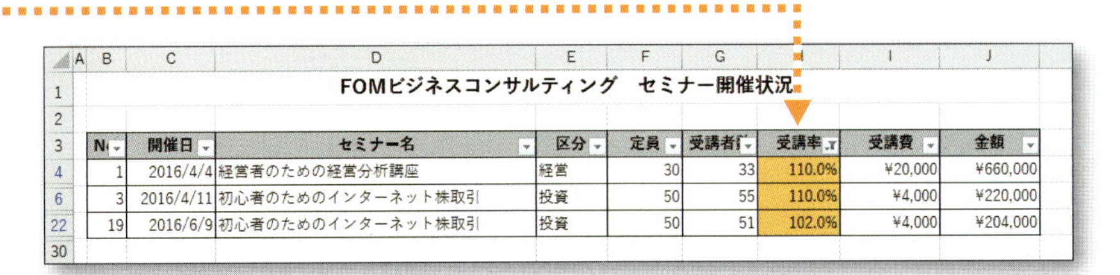

FOMビジネスコンサルティング　セミナー開催状況

No.	開催日	セミナー名	区分	定員	受講者数	受講率	受講費	金額
1	2016/4/4	経営者のための経営分析講座	経営	30	33	110.0%	¥20,000	¥660,000
3	2016/4/11	初心者のためのインターネット株取引	投資	50	55	110.0%	¥4,000	¥220,000
19	2016/6/9	初心者のためのインターネット株取引	投資	50	51	102.0%	¥4,000	¥204,000

取扱中古車一覧表

No.	国	メーカー	車種	年式	管理名	車検有効期限	駆動方式
55	イギリス	カーディフ	シャムロック	1997	カーディフ　シャムロック　1997（イギリス）	2016年5月	2WD
56	アメリカ	シクスティワン	キーン	1999	シクスティワン　キーン　1999（アメリカ）	2016年3月	2WD
57	アメリカ	シクスティワン	キーン	2006	シクスティワン　キーン　2006（アメリカ）	2017年1月	2WD
58	アメリカ	シクスティワン	トリンプル	1995	シクスティワン　トリンプル　1995（アメリカ）	2016年4月	4WD
59	アメリカ	シクスティワン	ハート	2002	シクスティワン　ハート　2002（アメリカ）	2015年10月	4WD
60	アメリカ	シクスティワン	ハート	2007	シクスティワン　ハート　2007（アメリカ）	2016年10月	4WD
61	アメリカ	シクスティワン	マイヤー	2000	シクスティワン　マイヤー　2000（アメリカ）	2017年3月	4WD
62	アメリカ	シクスティワン	マイヤー	2000	シクスティワン　マイヤー　2000（アメリカ）	2015年9月	4WD
63	アメリカ	シクスティワン	マイヤー	2006	シクスティワン　マイヤー　2006（アメリカ）	2015年11月	4WD
64	アメリカ	シクスティワン	マイヤー	2007	シクスティワン　マイヤー　2007（アメリカ）	2016年5月	4WD

表の見出しを
固定して大きな表も
らくらく閲覧！

「フラッシュフィル」を使うと、同じ入力パターンの
データをボタン1つで入力できる！

Excelでもデータベースの操作が
ばっちりできるんだね！

データベースの利用については 196ページ を check!

頼もしい機能が充実
Excelの便利な機能を使いこなそう

だいぶExcelの基本的な使い方がわかってきたよ。
ほかに、知っておくと便利な機能ってないのかな？

セル内のデータを
らくらく検索・置換！

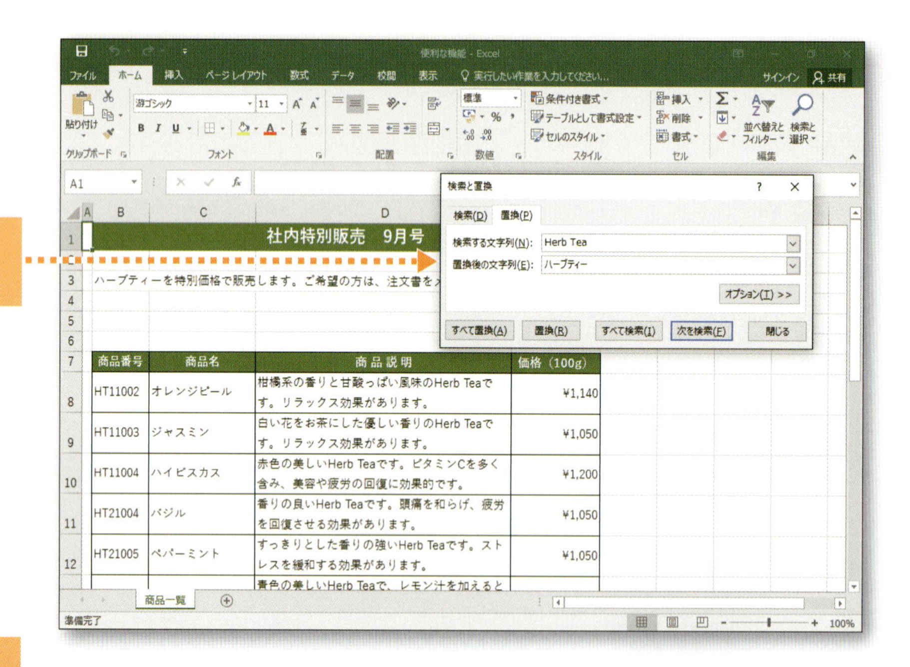

ブックをPDFファイルとして
保存すれば、閲覧用に配布する
など、活用方法もいろいろ！

社内特別販売　9月号

ハーブティーを特別価格で販売します。ご希望の方は、注文書をメールで送信してください。

今月の新商品

商品番号	商品名	商 品 説 明	価格（100g）
HT11002	オレンジピール	柑橘系の香りと甘酸っぱい風味のハーブティーです。リラックス効果があります。	¥1,140
HT11003	ジャスミン	白い花をお茶にした優しい香りのハーブティーです。リラックス効果があります。	¥1,050
HT11004	ハイビスカス	赤色の美しいハーブティーです。ビタミンCを多く含み、美容や疲労の回復に効果的です。	¥1,200
HT21004	バジル	香りの良いハーブティーです。頭痛を和らげ、疲労を回復させる効果があります。	¥1,050
HT21005	ペパーミント	すっきりとした香りの強いハーブティーです。ストレスを緩和する効果があります。	¥1,050
HT21006	ラベンダー	青色の美しいハーブティーで、レモン汁を加えると色が変化します。香りがとても良く、ストレスを和らげ、リラックス効果があります。	¥1,200
HT21007	リンデン	白い木の部分をお茶にしたハーブティーです。リラックス効果、安眠効果があります。	¥1,140
HT26008	**レモン**	ビタミンCが多く含まれたハーブティーです。美肌効果があるため、うっかり日焼けをしてしまった方などにもおすすめです。	¥1,050
HT26009	**レモングラス**	レモンの酸味がするハーブティーです。気分をリフレッシュさせる効果があるので、朝早起きが苦手な方におすすめです。	¥1,050

ExcelでPDFファイルが作れるなんて便利だな！
検索・置換機能もデータの修正に活躍しそうだね！

便利な機能については **228ページ** を check!

よくわかる

はじめに

Microsoft Excel 2016は、やさしい操作性と優れた機能を兼ね備えた統合型表計算ソフトです。
本書は、初めてExcelをお使いになる方を対象に、表の作成や編集、関数による計算処理、グラフの作成、並べ替えや抽出によるデータベース処理など基本的な機能と操作方法をわかりやすく解説しています。
また、巻末には、Excelをご活用いただく際に便利な付録**「ショートカットキー一覧」「関数一覧」「Office 2016の基礎知識」「Excel 2016の新機能」**を収録しています。
本書は、経験豊富なインストラクターが、日頃のノウハウをもとに作成しており、講習会や授業の教材としてご利用いただくほか、自己学習の教材としても最適なテキストとなっております。
本書を通して、Excelの知識を深め、実務にいかしていただければ幸いです。

本書を購入される前に必ずご一読ください
本書は、2016年1月現在のExcel 2016(16.0.4312.1000)に基づいて解説しています。
Windows Updateによって機能が更新された場合には、本書の記載のとおりに操作できなくなる可能性があります。あらかじめご了承のうえ、ご購入・ご利用ください。

2016年2月22日
FOM出版

Contents 目次

Contents

Contents

Contents

■付録4　Excel 2016の新機能 ---------- 294

■索引 ---------- 324

Introduction 本書をご利用いただく前に

本書で学習を進める前に、ご一読ください。

1 本書の記述について

操作の説明のために使用している記号には、次のような意味があります。

記述	意味	例
	キーボード上のキーを示します。	Ctrl　F4
+	複数のキーを押す操作を示します。	Ctrl + C （Ctrl を押しながら C を押す）
《　》	ダイアログボックス名やタブ名、項目名など画面の表示を示します。	《セルの書式設定》ダイアログボックスが表示されます。 《挿入》タブを選択します。
「　」	重要な語句や機能名、画面の表示、入力する文字などを示します。	「ブック」といいます。 「東京都」と入力します。

知っておくべき重要な内容

学習した内容の確認問題

知っていると便利な内容

確認問題の答え

学習の前に開くファイル

問題を解くためのヒント

※　補足的な内容や注意すべき内容

2 製品名の記載について

本書では、次の名称を使用しています。

正式名称	本書で使用している名称
Windows 10	Windows 10 または Windows
Microsoft Office 2016	Office 2016 または Office
Microsoft Excel 2016	Excel 2016 または Excel
Microsoft Word 2016	Word 2016 または Word
Microsoft PowerPoint 2016	PowerPoint 2016 または PowerPoint

3 効果的な学習の進め方について

本書の各章は、次のような流れで学習を進めると、効果的な構成になっています。

1 学習目標を確認

学習を始める前に、「この章で学ぶこと」で学習目標を確認しましょう。
学習目標を明確にすることによって、習得すべきポイントが整理できます。

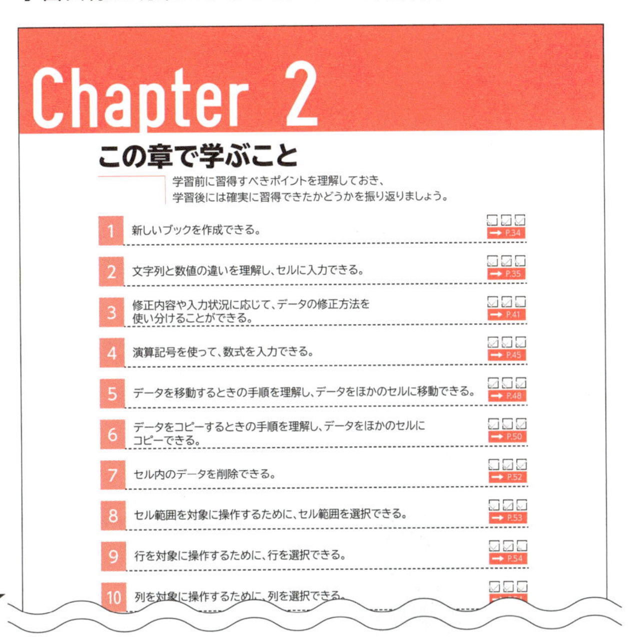

Chapter 2

この章で学ぶこと

学習前に習得すべきポイントを理解しておき、
学習後には確実に習得できたかどうかを振り返りましょう。

1	新しいブックを作成できる。	→ P.34
2	文字列と数値の違いを理解し、セルに入力できる。	→ P.35
3	修正内容や入力状況に応じて、データの修正方法を使い分けることができる。	→ P.41
4	演算記号を使って、数式を入力できる。	→ P.45
5	データを移動するときの手順を理解し、データをほかのセルに移動できる。	→ P.48
6	データをコピーするときの手順を理解し、データをほかのセルにコピーできる。	→ P.50
7	セル内のデータを削除できる。	→ P.52
8	セル範囲を対象に操作するために、セル範囲を選択できる。	→ P.53
9	行を対象に操作するために、行を選択できる。	→ P.54
10	列を対象に操作するために、列を選択できる。	

2 章の学習

学習目標を意識しながら、Excelの機能や操作を学習しましょう。

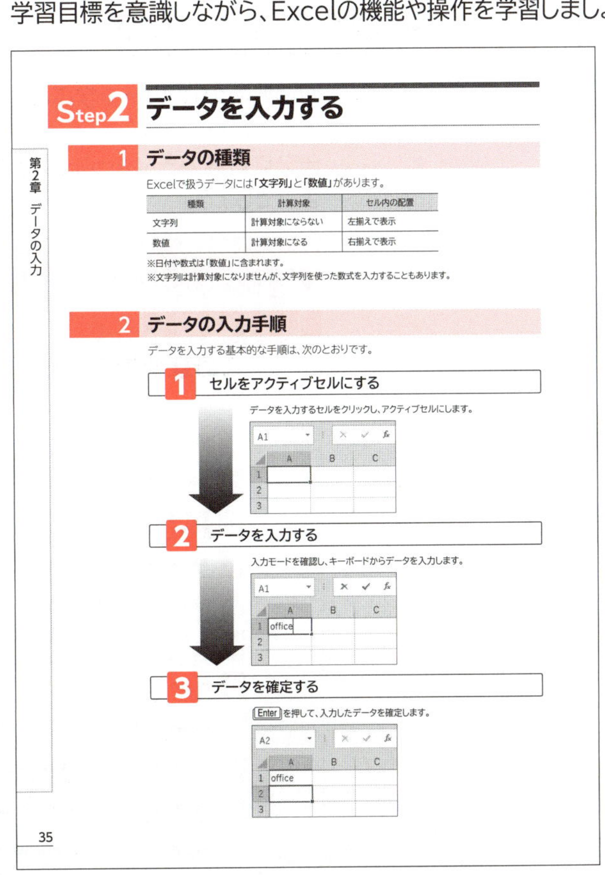

Step2 データを入力する

第2章 データの入力

1 データの種類

Excelで扱うデータには「文字列」と「数値」があります。

種類	計算対象	セル内の配置
文字列	計算対象にならない	左揃えで表示
数値	計算対象になる	右揃えで表示

※日付や数式は「数値」に含まれます。
※文字列は計算対象になりませんが、文字列を使った数式を入力することもあります。

2 データの入力手順

データを入力する基本的な手順は、次のとおりです。

1 セルをアクティブセルにする

データを入力するセルをクリックし、アクティブセルにします。

2 データを入力する

入力モードを確認し、キーボードからデータを入力します。

3 データを確定する

Enter を押して、入力したデータを確定します。

35

3 練習問題にチャレンジ

章の学習が終わったあと、「練習問題」にチャレンジしましょう。
章の内容がどれくらい理解できているかを把握できます。

第2章 データの入力

Exercise 練習問題

解答 ▶ 別冊P.1

完成図のような表を作成しましょう。

●完成図

	A	B	C	D	E
1	江戸浮世絵展来場者数				
2				10月1日	
3					
4	開催地	大人	子供	合計	
5	東京	25680	8015	33695	
6	名古屋	15601	6452	22053	
7	大阪	17960	6819	24779	
8	合計	59241	21286	80527	
9					

①新規のブックを開きましょう。

②セル【A1】に「**江戸浮世絵展来場者数**」と入力しましょう。

③セル【D2】に「**10月1日**」と入力しましょう。

④次のデータを入力しましょう。

セル【A4】：開催地　セル【B4】：大人　セル【C4】：子供
セル【A5】：東京　セル【B5】：25680　セル【C5】：8015
セル【A6】：名古屋　セル【B6】：15601　セル【C6】：6452
セル【A7】：大阪　セル【B7】：17960　セル【C7】：6819
セル【A8】：合計

⑤セル【A8】の「**合計**」をセル【D4】にコピーしましょう。

⑥セル【D5】に演算記号とセル参照を使って、「**東京**」の合計を求める数式を入力しましょう。

⑦セル【D5】の数式をセル範囲【D6:D7】にコピーしましょう。

⑧セル【B8】に演算記号とセル参照を使って、「**大人**」の合計を求める数式を入力しましょう。

⑨セル【B8】の数式をセル範囲【C8:D8】にコピーしましょう。

⑩ブックに「**来場者数集計**」という名前を付けて、フォルダー「**第2章**」に保存しましょう。

※ブックを閉じておきましょう。

67

4 学習成果をチェック

章の始めの「この章で学ぶこと」に戻って、学習目標を達成できたかどうかをチェックしましょう。
十分に習得できなかった内容については、該当ページを参照して復習するとよいでしょう。

Chapter 2

この章で学ぶこと

学習前に習得すべきポイントを理解しておき、
学習後には確実に習得できたかどうかを振り返りましょう。

1 新しいブックを作成できる。 → P.34
2 文字列と数値の違いを理解し、セルに入力できる。 → P.35
3 修正内容や入力状況に応じて、データの修正方法を使い分けることができる。 → P.41
4 演算記号を使って、数式を入力できる。 → P.45
5 データを移動するときの手順を理解し、データをほかのセルに移動できる。 → P.48
6 データをコピーするときの手順を理解し、データをほかのセルにコピーできる。 → P.50
7 セル内のデータを削除できる。 → P.52
8 セル範囲を対象に操作するために、セル範囲を選択できる。 → P.53
9 行を対象に操作するために、行を選択できる。 → P.54
10 列を対象に操作するために、列を選択できる。 → P.54
11 直前に行った操作を取り消して、元の状態に戻すことができる。

4 学習環境について

本書を学習するには、次のソフトウェアが必要です。

●Excel 2016

本書を開発した環境は、次のとおりです。

・OS:Windows 10(ビルド10586.36)

・アプリケーションソフト:Microsoft Office Professional Plus
　Microsoft Excel 2016(16.0.4312.1000)

・ディスプレイ:画面解像度　1024×768ピクセル

※インターネットに接続できる環境で学習することを前提に記述しています。

※環境によっては、画面の表示が異なる場合や記載の機能が操作できない場合があります。

◆画面解像度の設定

画面解像度を本書と同様に設定する方法は、次のとおりです。

①デスクトップの空き領域を右クリックします。

②**《ディスプレイ設定》**をクリックします。

③**《ディスプレイの詳細設定》**をクリックします。

④**《解像度》**の をクリックし、一覧から**《1024×768》**を選択します。

⑤**《適用》**をクリックします。

※確認メッセージが表示される場合は、《変更の維持》をクリックします。

◆ボタンの形状

ディスプレイの画面解像度やウィンドウのサイズなど、お使いの環境によって、ボタンの形状やサイズが異なる場合があります。ボタンの操作は、ポップヒントに表示されるボタン名を確認してください。

※本書に掲載しているボタンは、ディスプレイの画面解像度を「1024×768ピクセル」、ウィンドウを最大化した環境を基準にしています。

5 学習ファイルのダウンロードについて

本書で使用するファイルは、FOM出版のホームページで提供しています。
ダウンロードしてご利用ください。

ホームページ・アドレス

http://www.fom.fujitsu.com/goods/

ホームページ検索用キーワード

FOM出版

◆ダウンロード

学習ファイルをダウンロードする方法は、次のとおりです。

①ブラウザーを起動し、FOM出版のホームページを表示します。

※アドレスを直接入力するか、キーワードでホームページを検索します。

②**《ダウンロード》**をクリックします。

③《アプリケーション》の《Excel》をクリックします。
④《Excel 2016 基礎　FPT1526》をクリックします。
⑤「fpt1526.zip」をクリックします。
⑥ダウンロードが完了したら、ブラウザーを終了します。
※ダウンロードしたファイルは、パソコン内のフォルダー「ダウンロード」に保存されます。

◆ダウンロードしたファイルの解凍

ダウンロードしたファイルは圧縮されているので、解凍（展開）します。ダウンロードしたファイル「fpt1526.zip」を《ドキュメント》に解凍する方法は、次のとおりです。

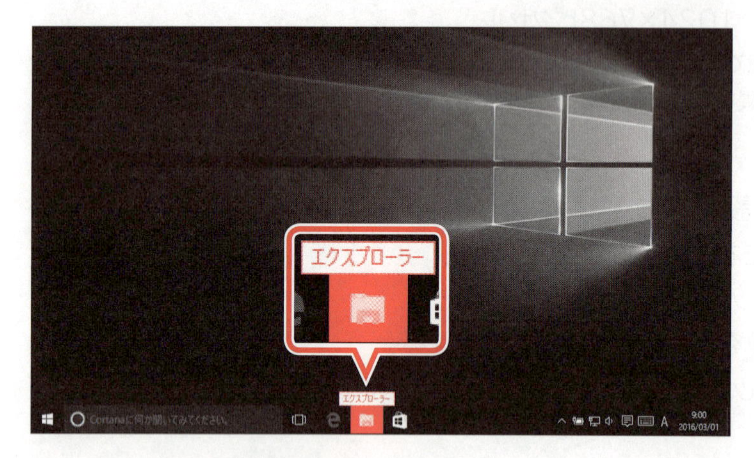

①デスクトップ画面を表示します。
②タスクバーの（エクスプローラー）をクリックします。

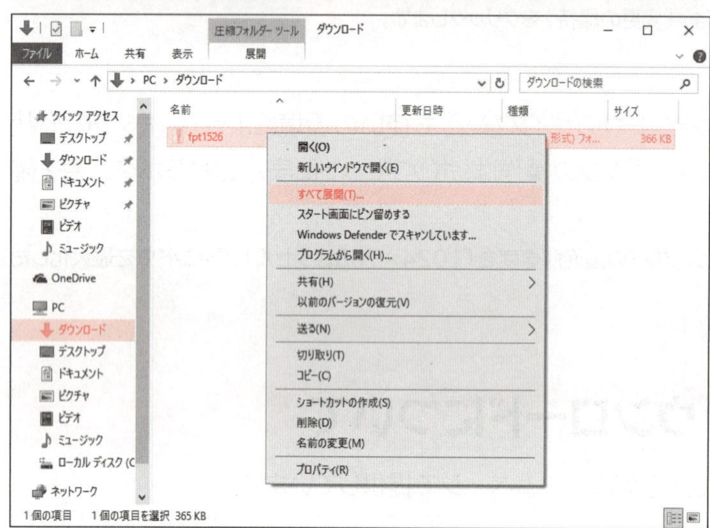

③《ダウンロード》をクリックします。
※《ダウンロード》が表示されていない場合は、《PC》をクリックします。
④ファイル「fpt1526」を右クリックします。
⑤《すべて展開》をクリックします。

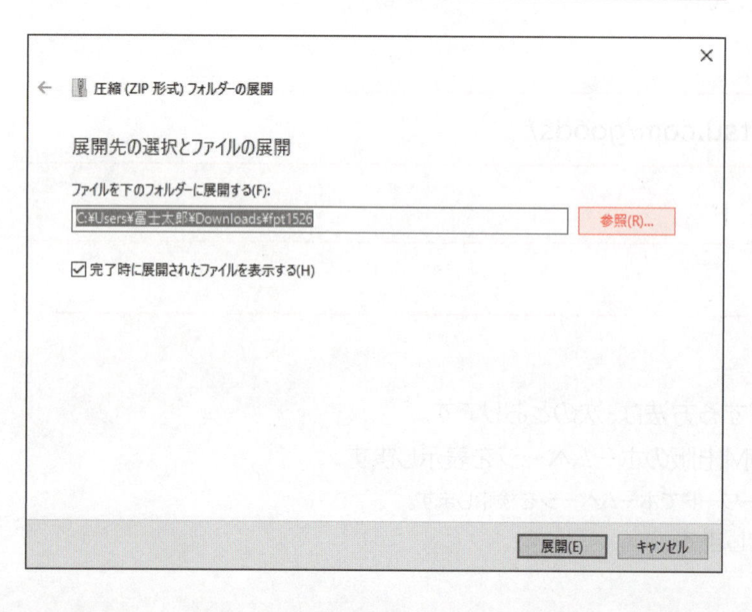

⑥《参照》をクリックします。

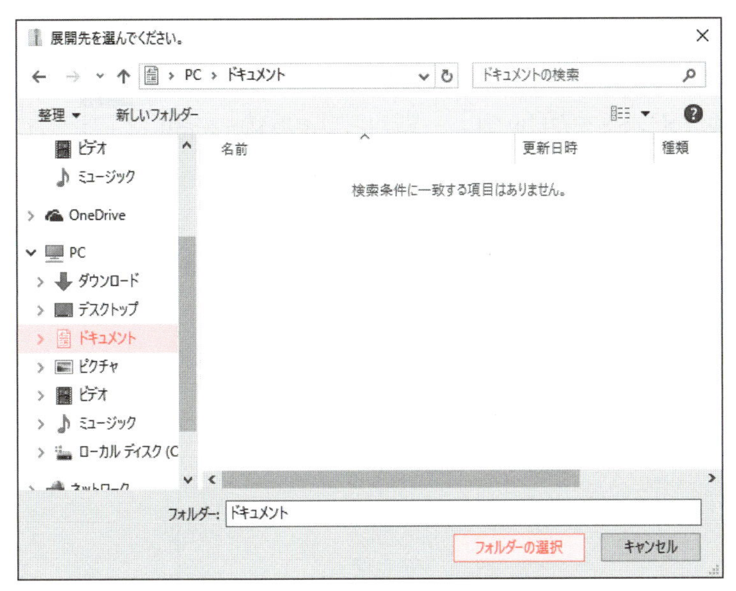

⑦《**ドキュメント**》をクリックします。

※《ドキュメント》が表示されていない場合は、《PC》をクリックします。

⑧《**フォルダーの選択**》をクリックします。

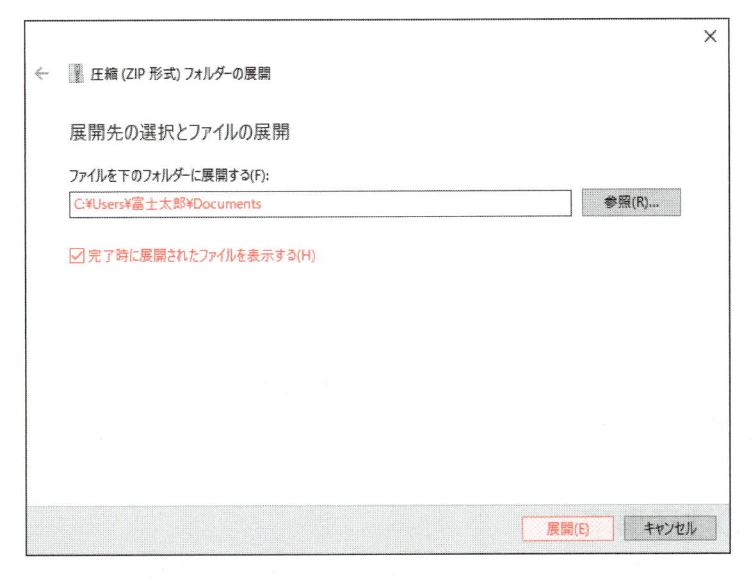

⑨《**ファイルを下のフォルダーに展開する**》が「**C:¥Users¥(ユーザー名)¥Documents**」に変更されます。

⑩《**完了時に展開されたファイルを表示する**》を☑にします。

⑪《**展開**》をクリックします。

⑫ファイルが解凍され、《**ドキュメント**》が開かれます。

⑬フォルダー「**Excel2016基礎**」が表示されていることを確認します。

※すべてのウィンドウを閉じておきましょう。

◆学習ファイルの一覧

フォルダー「**Excel2016基礎**」には、学習ファイルが入っています。タスクバーの（エクスプローラー）→《**PC**》→《**ドキュメント**》をクリックし、一覧からフォルダーを開いて確認してください。

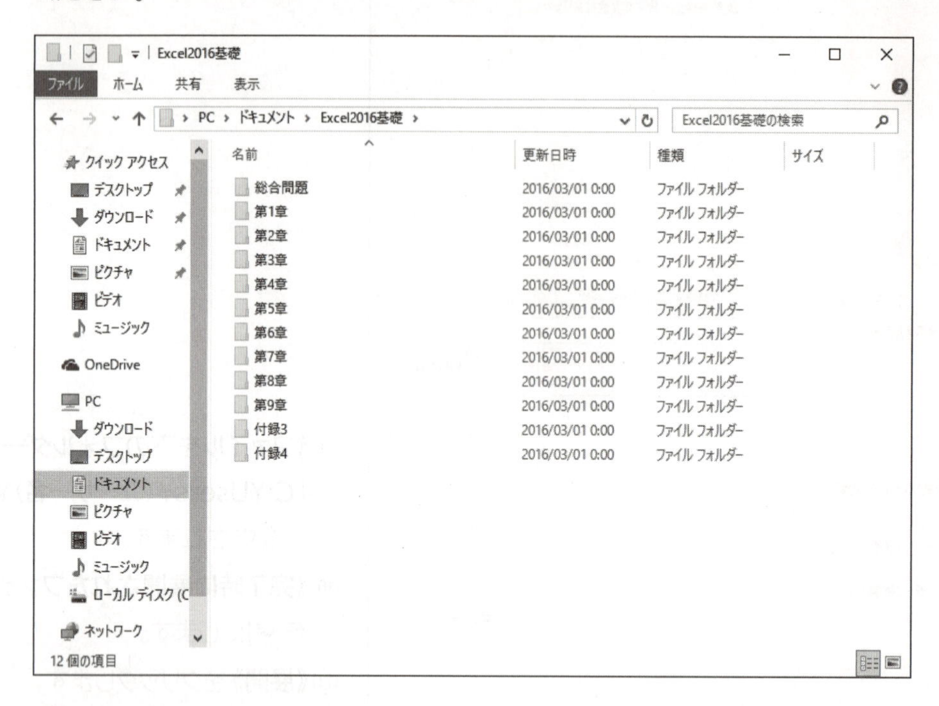

◆学習ファイルの場所

本書では、学習ファイルの場所を《**ドキュメント**》内のフォルダー「**Excel2016基礎**」としています。《**ドキュメント**》以外の場所に解凍した場合は、フォルダーを読み替えてください。

◆学習ファイル利用時の注意事項

ダウンロードした学習ファイルを開く際、そのファイルが安全かどうかを確認するメッセージが表示される場合があります。学習ファイルは安全なので、《**編集を有効にする**》をクリックして、編集可能な状態にしてください。

保護ビュー　注意―インターネットから入手したファイルは、ウイルスに感染している可能性があります。編集する必要がなければ、保護ビューのままにしておくことをお勧めします。　編集を有効にする(E)

6 本書の最新情報について

本書に関する最新のQ＆A情報や訂正情報、重要なお知らせなどについては、FOM出版のホームページでご確認ください。

ホームページ・アドレス

http://www.fom.fujitsu.com/goods/

ホームページ検索用キーワード

FOM出版

よくわかる

第1章 Chapter 1

Excelの基礎知識

Chapter 1

この章で学ぶこと

学習前に習得すべきポイントを理解しておき、
学習後には確実に習得できたかどうかを振り返りましょう。

1	Excelで何ができるかを説明できる。	→ P.10
2	Excelを起動できる。	→ P.14
3	Excelのスタート画面の使い方を説明できる。	→ P.15
4	既存のブックを開くことができる。	→ P.16
5	ブックとシートとセルの違いを説明できる。	→ P.18
6	Excelの画面の各部の名称や役割を説明できる。	→ P.19
7	対象のセルをアクティブセルにできる。	→ P.21
8	シートをスクロールして、表の内容を確認できる。	→ P.22
9	表示モードの違いを理解し、使い分けることができる。	→ P.24
10	表示モードを切り替えることができる。	→ P.24
11	シートの表示倍率を変更できる。	→ P.26
12	シートを挿入できる。	→ P.27
13	シートを切り替えることができる。	→ P.28
14	ブックを閉じることができる。	→ P.29
15	Excelを終了できる。	→ P.31

Step 1 Excelの概要

1 Excelの概要

「Excel」は、表計算からグラフ作成、データ管理まで様々な機能を兼ね備えた統合型の表計算ソフトウェアです。
Excelには、主に次のような機能があります。

1 表の作成

様々な編集機能で、数値データを扱う表を見やすく見栄えのするものにできます。

店舗別売上管理表　　2016/4/8
2015年度最終報告
単位：千円

地区	店舗	年間予算	上期合計	下期合計	年間合計	達成率
関東	渋谷	550,000	234,561	283,450	518,011	94.2%
	新宿	600,000	312,144	293,011	605,155	100.9%
	六本木	650,000	289,705	397,500	687,205	105.7%
	横浜	500,000	221,091	334,012	555,103	111.0%
関西	梅田	650,000	243,055	378,066	621,121	95.6%
	なんば	550,000	275,371	288,040	563,411	102.4%
	神戸	400,000	260,842	140,441	401,283	100.3%
	京都	450,000	186,498	298,620	485,118	107.8%
合計		4,350,000	2,023,267	2,413,140	4,436,407	102.0%

2 計算

豊富な関数が用意されています。関数を使うと、簡単な計算から高度な計算までを瞬時に行うことができます。

入社試験成績

氏名	必須科目		選択科目		総合ポイント
	一般常識	小論文	外国語A	外国語B	
大橋　弥生	68	79		61	208
栗林　良子	81	83	70		234
近藤　信太郎	73	65		54	192
里山　仁	35	69	65		169
田之上　慶介	98	78	67		243
築山　和明	77	75		72	224
時岡　かおり	85	39	56		180
東野　徹	79	57	38		174
保科　真治		97	70		167
町田　優	56	46	56		158
村岡　夏美	94	85		77	256
平均点	74.6	70.3	60.3	66.0	200.5
最高点	98	97	70	77	256
最低点	35	39	38	54	158

項目	人数
外国語A受験者数	7
外国語B受験者数	4
申込者総数	11

3 グラフの作成

わかりやすく見やすいグラフを簡単に作成できます。グラフを使うと、データを視覚的に表示できるので、データを比較したり傾向を把握したりするのに便利です。

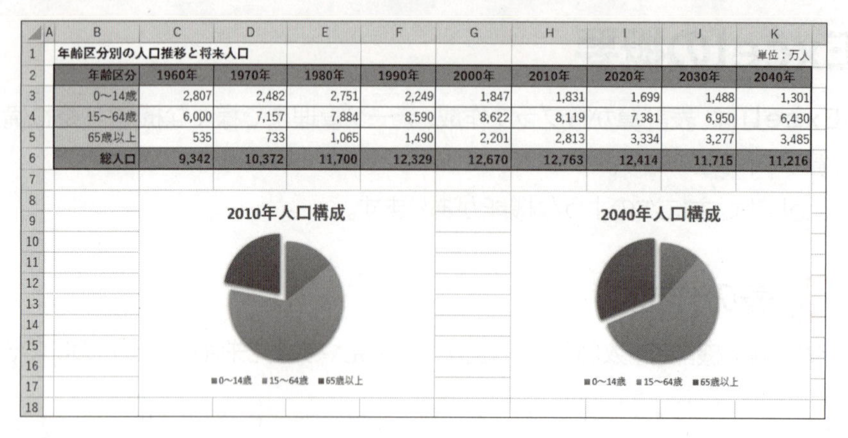

年齢区分別の人口推移と将来人口　単位：万人

年齢区分	1960年	1970年	1980年	1990年	2000年	2010年	2020年	2030年	2040年
0～14歳	2,807	2,482	2,751	2,249	1,847	1,831	1,699	1,488	1,301
15～64歳	6,000	7,157	7,884	8,590	8,622	8,119	7,381	6,950	6,430
65歳以上	535	733	1,065	1,490	2,201	2,813	3,334	3,277	3,485
総人口	9,342	10,372	11,700	12,329	12,670	12,763	12,414	11,715	11,216

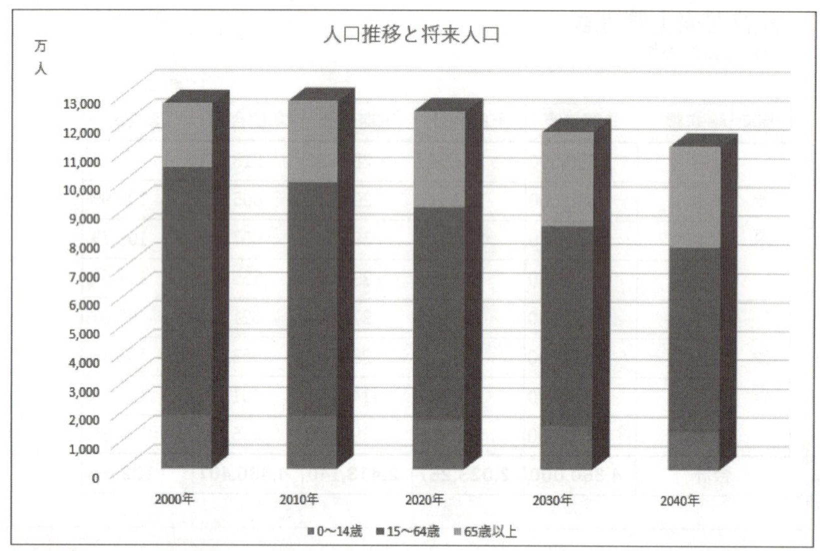

4 データの管理

目的に応じて表のデータを並べ替えたり、必要なデータだけを取り出したりできます。住所録や売上台帳などの大量のデータを管理するのに便利です。

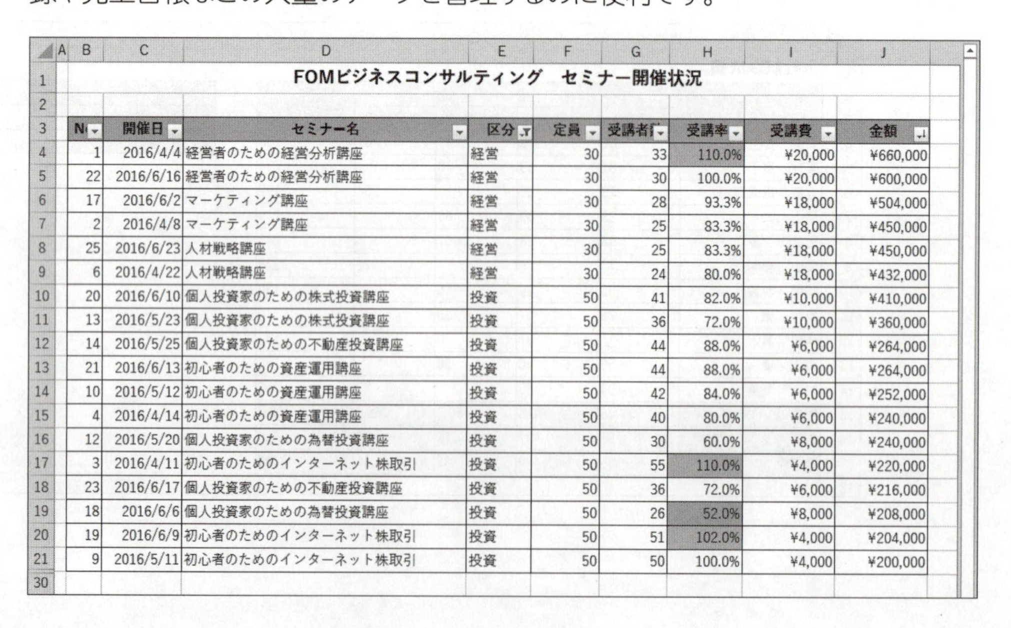

FOMビジネスコンサルティング　セミナー開催状況

No	開催日	セミナー名	区分	定員	受講者数	受講率	受講費	金額
1	2016/4/4	経営者のための経営分析講座	経営	30	33	110.0%	¥20,000	¥660,000
22	2016/6/16	経営者のための経営分析講座	経営	30	30	100.0%	¥20,000	¥600,000
17	2016/6/2	マーケティング講座	経営	30	28	93.3%	¥18,000	¥504,000
2	2016/4/8	マーケティング講座	経営	30	25	83.3%	¥18,000	¥450,000
25	2016/6/23	人材戦略講座	経営	30	25	83.3%	¥18,000	¥450,000
6	2016/4/22	人材戦略講座	経営	30	24	80.0%	¥18,000	¥432,000
20	2016/6/10	個人投資家のための株式投資講座	投資	50	41	82.0%	¥10,000	¥410,000
13	2016/5/23	個人投資家のための株式投資講座	投資	50	36	72.0%	¥10,000	¥360,000
14	2016/5/25	個人投資家のための不動産投資講座	投資	50	44	88.0%	¥6,000	¥264,000
21	2016/6/13	初心者のための資産運用講座	投資	50	44	88.0%	¥6,000	¥264,000
10	2016/5/12	初心者のための資産運用講座	投資	50	42	84.0%	¥6,000	¥252,000
4	2016/4/14	初心者のための資産運用講座	投資	50	40	80.0%	¥6,000	¥240,000
12	2016/5/20	個人投資家のための為替投資講座	投資	50	30	60.0%	¥8,000	¥240,000
3	2016/4/11	初心者のためのインターネット株取引	投資	50	55	110.0%	¥4,000	¥220,000
23	2016/6/17	個人投資家のための不動産投資講座	投資	50	36	72.0%	¥6,000	¥216,000
18	2016/6/6	個人投資家のための為替投資講座	投資	50	26	52.0%	¥8,000	¥208,000
19	2016/6/9	初心者のためのインターネット株取引	投資	50	51	102.0%	¥4,000	¥204,000
9	2016/5/11	初心者のためのインターネット株取引	投資	50	50	100.0%	¥4,000	¥200,000

5 グラフィックの作成

豊富な図形や図表があらかじめ用意されており、表現力のある資料を作成できます。

6 データの分析

データの項目名を自由に配置して、集計表や集計グラフを簡単に作成できます。データの分析に適しています。

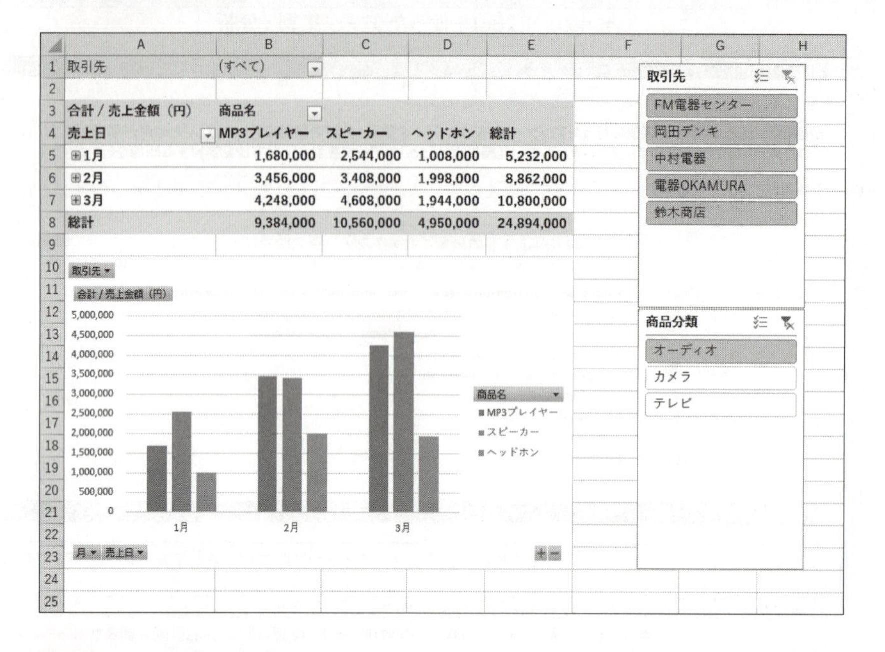

取引先	(すべて)			
合計 / 売上金額（円）	商品名			
売上日	MP3プレイヤー	スピーカー	ヘッドホン	総計
⊞1月	1,680,000	2,544,000	1,008,000	5,232,000
⊞2月	3,456,000	3,408,000	1,998,000	8,862,000
⊞3月	4,248,000	4,608,000	1,944,000	10,800,000
総計	9,384,000	10,560,000	4,950,000	24,894,000

7 作業の自動化（マクロ）

一連の操作をマクロとして記録しておくと、記録した一連の操作をまとめて実行できます。頻繁に発生する操作をマクロとして記録しておくと、同じ動作を繰り返す必要がなく効率的に作業できます。

取引先売上一覧表　［担当者別集計］　［集計リセット］

単位：円

日付	担当者	取引先	商品名	単価	数量	売上金額
4月1日	山田	新宮電気	携帯電話	55,000	20	1,100,000
4月1日	福井	青木家電	プリンター	120,000	5	600,000
4月4日	荒木	福丸物産	スキャナー	30,000	5	150,000
4月4日	荒木	FOM商事	スキャナー	30,000	8	240,000
4月4日	田村	竹芝商事	パソコン	200,000	10	2,000,000
4月4日	福井	尾林貿易	ファクシミリ	25,000	10	250,000
4月5日	田村	竹芝商事	スキャナー	30,000	5	150,000
4月5日	山田	新宮電気	パソコン	200,000	10	2,000,000
4月5日	山田	新宮電気	プリンター	120,000	5	600,000
4月8日	福井	尾林貿易	ファクシミリ	25,000	13	325,000
4月12日	福井	青木家電	ファクシミリ	25,000	6	150,000
4月12日	山田	新宮電気	プリンター	120,000	8	960,000
4月15日	福井	尾林貿易	携帯電話	55,000	30	1,650,000
4月15日	田村	竹芝商事	スキャナー	30,000	5	150,000
4月15日	荒木	FOM商事	パソコン	200,000	5	1,000,000
4月15日	福井	尾林貿易	プリンター	120,000	10	1,200,000
4月15日	福井	青木家電	プリンター	120,000	8	960,000
4月18日	田村	竹芝商事	携帯電話	55,000	20	1,100,000
4月18日	山田	新宮電気	スキャナー	30,000	2	60,000
4月18日	荒木	福丸物産	パソコン	200,000	15	3,000,000
4月19日	荒木	FOM商事	携帯電話	55,000	30	1,650,000

Step2 Excelを起動する

1 Excelの起動

スタートメニューからExcelを起動しましょう。

① をクリックします。
スタートメニューが表示されます。
②**《すべてのアプリ》**をクリックします。

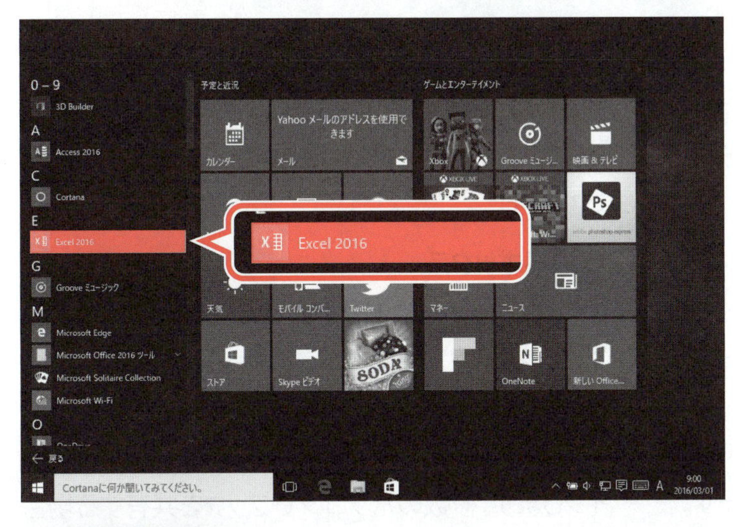

③**《Excel 2016》**をクリックします。

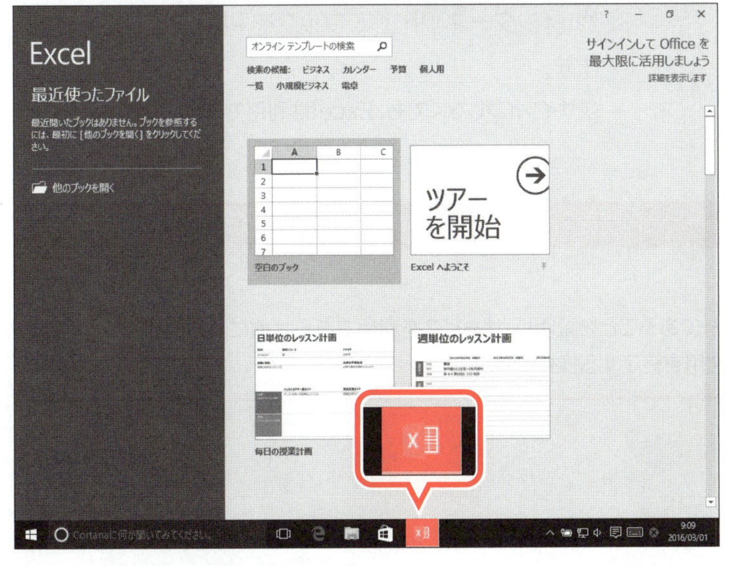

Excelが起動し、Excelのスタート画面が表示されます。
④タスクバーに が表示されていることを確認します。
※ウィンドウが最大化されていない場合は、 （最大化）をクリックしておきましょう。

2 Excelのスタート画面

Excelが起動すると、**「スタート画面」**が表示されます。
スタート画面でこれから行う作業を選択します。スタート画面を確認しましょう。

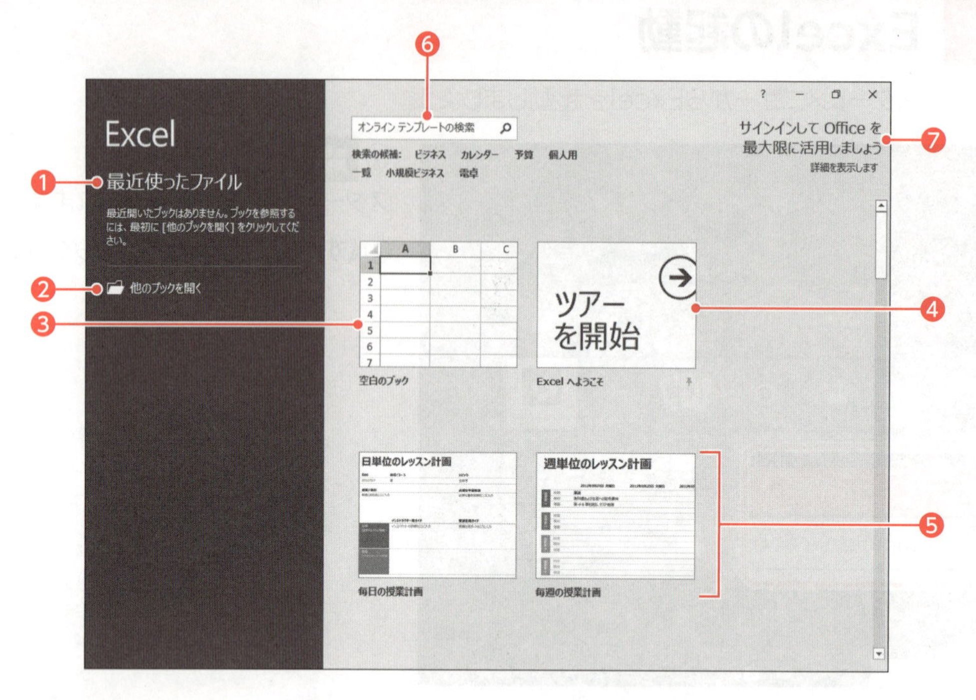

❶最近使ったファイル

最近開いたブックがある場合、その一覧が表示されます。**「今日」「昨日」「今週」**のように時系列で分類されています。
一覧から選択すると、ブックが開かれます。

❷他のブックを開く

すでに保存済みのブックを開く場合に使います。

❸空白のブック

新しいブックを作成します。
何も入力されていない白紙のブックが表示されます。

❹Excelへようこそ

Excel 2016の新機能を紹介するブックが開かれます。

❺その他のブック

新しいブックを作成します。
あらかじめ数式や書式が設定されたブックが表示されます。

❻検索ボックス

あらかじめ数式や書式が設定されたブックをインターネット上から検索する場合に使います。

❼Officeにサインイン

個人を識別するアカウントを使ってOfficeにサインインします。複数のパソコンでブックを共有する場合や、インターネット上でブックを利用する場合に使います。
※サインインしなくても、Excelは利用できます。

サインイン・サインアウト

「サインイン」とは、正規のユーザーであることを証明し、サービスを利用できる状態にする操作です。
「サインアウト」とは、サービスの利用を終了する操作です。

Step3 ブックを開く

1 ブックを開く

すでに保存済みのブックをExcelのウィンドウに表示することを**「ブックを開く」**といいます。
スタート画面からブック**「Excelの基礎知識」**を開きましょう。

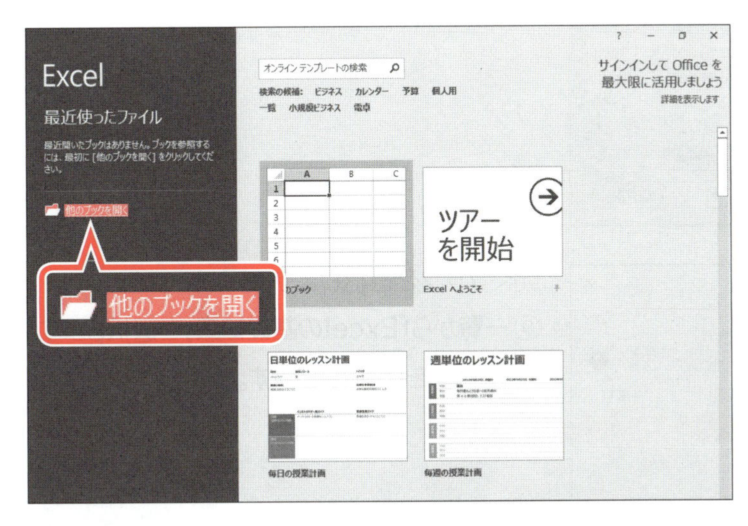

①スタート画面が表示されていることを確認します。

②**《他のブックを開く》**をクリックします。

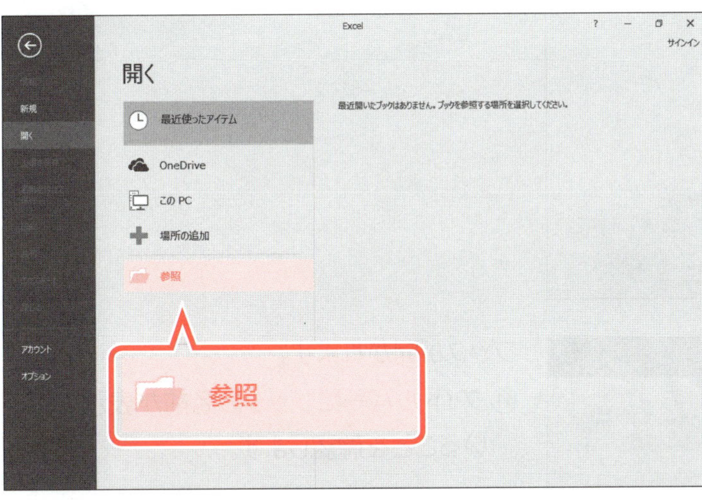

ブックが保存されている場所を選択します。

③**《参照》**をクリックします。

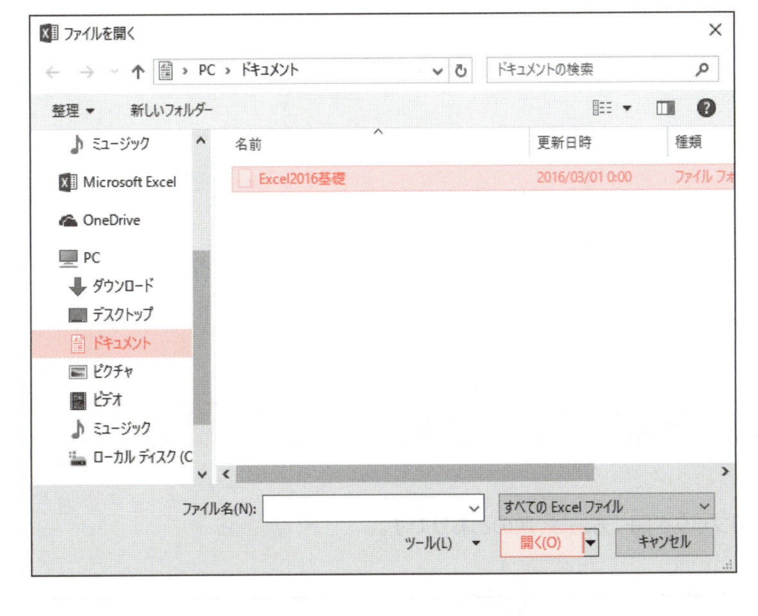

《ファイルを開く》ダイアログボックスが表示されます。

④左側の一覧から**《ドキュメント》**を選択します。

※《ドキュメント》が表示されていない場合は、《PC》をクリックします。

⑤右側の一覧から**「Excel2016基礎」**を選択します。

⑥**《開く》**をクリックします。

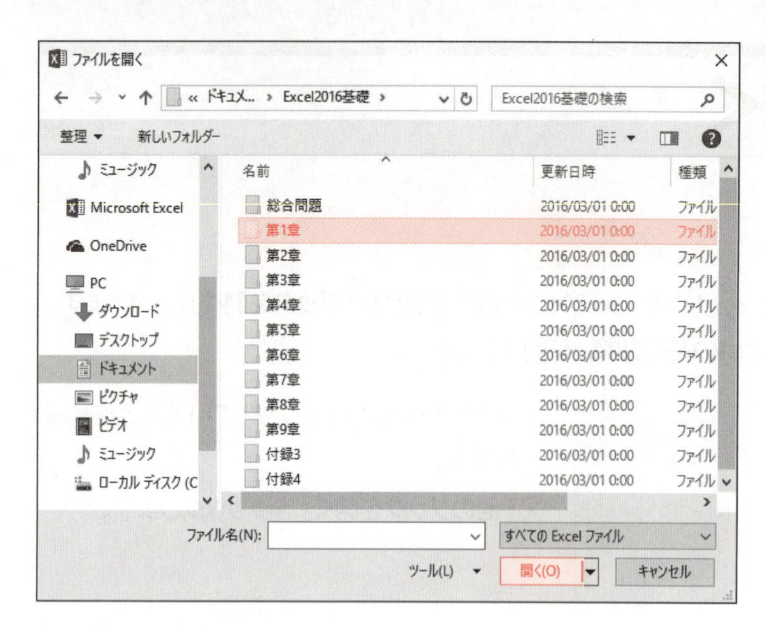

⑦一覧から**「第1章」**を選択します。
⑧**《開く》**をクリックします。

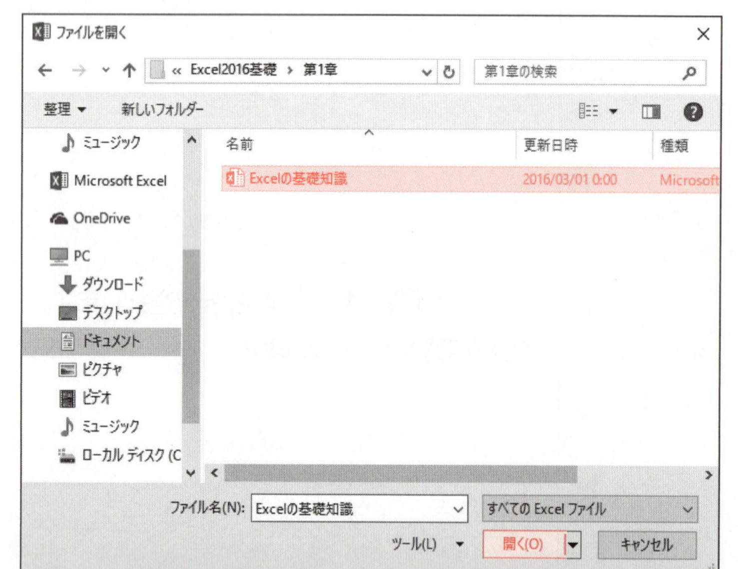

開くブックを選択します。
⑨一覧から**「Excelの基礎知識」**を選択します。
⑩**《開く》**をクリックします。

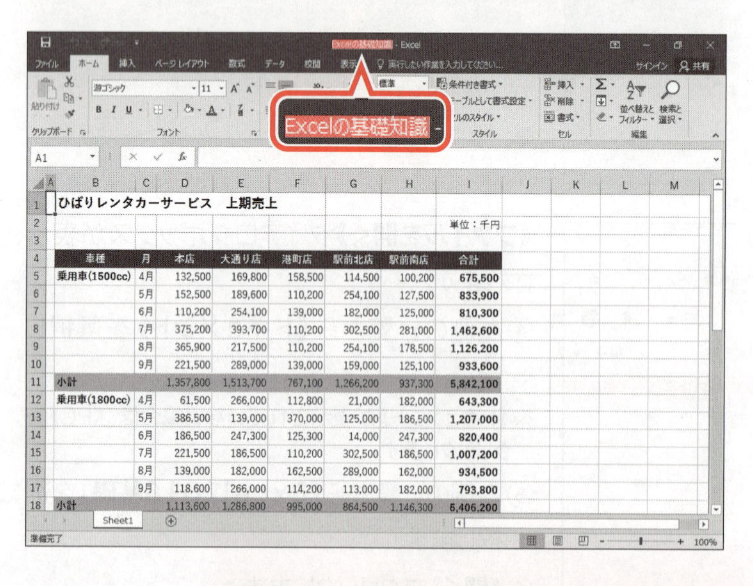

ブックが開かれます。
⑪タイトルバーにブックの名前が表示されていることを確認します。

POINT ▶▶▶

ブックを開く

Excelを起動した状態で、既存のブックを開く方法は、次のとおりです。

◆《ファイル》タブ→《開く》

2 Excelの基本要素

Excelの基本的な要素を確認しましょう。

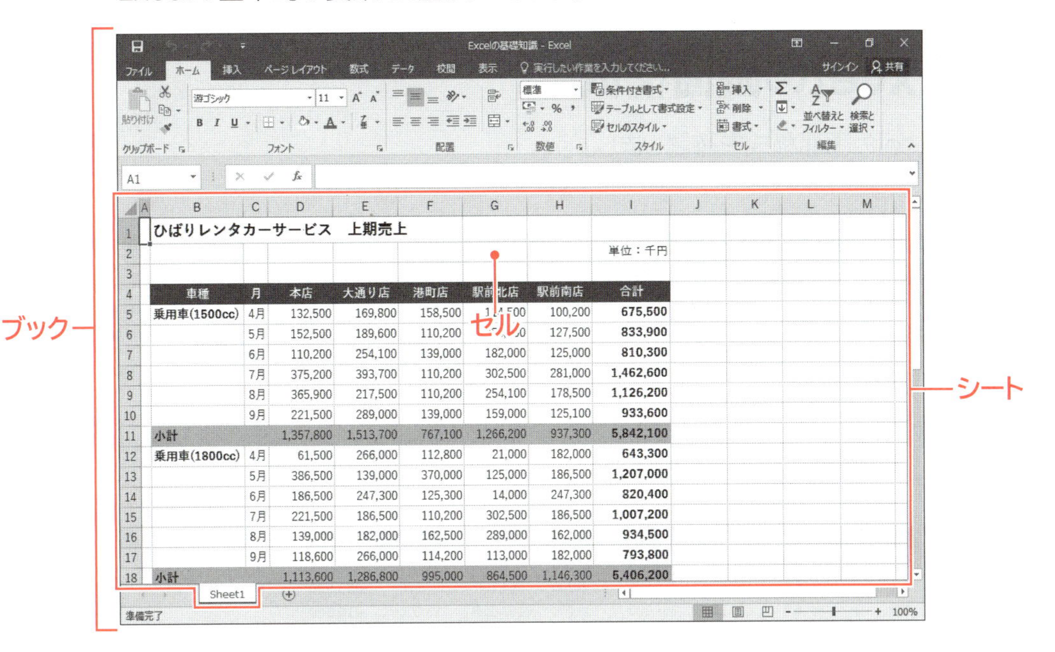

●ブック

Excelでは、ファイルのことを**「ブック」**といいます。

複数のブックを開いて、ウィンドウを切り替えながら作業できます。処理の対象になっているウィンドウを**「アクティブウィンドウ」**といいます。

●シート

表やグラフなどを作成する領域を**「ワークシート」**または**「シート」**といいます（以降、**「シート」**と記載）。

ブック内には、1枚のシートがあり、必要に応じて新しいシートを挿入してシートの枚数を増やしたり、削除したりできます。シート1枚の大きさは、1,048,576行×16,384列です。処理の対象になっているシートを**「アクティブシート」**といい、一番手前に表示されます。

●セル

データを入力する最小単位を**「セル」**といいます。

処理の対象になっているセルを**「アクティブセル」**といい、太線で囲まれて表示されます。アクティブセルの列番号と行番号の文字の色が緑色になります。

POINT ▶▶▶

行と列

Excelのシートは「行」と「列」で構成されています。

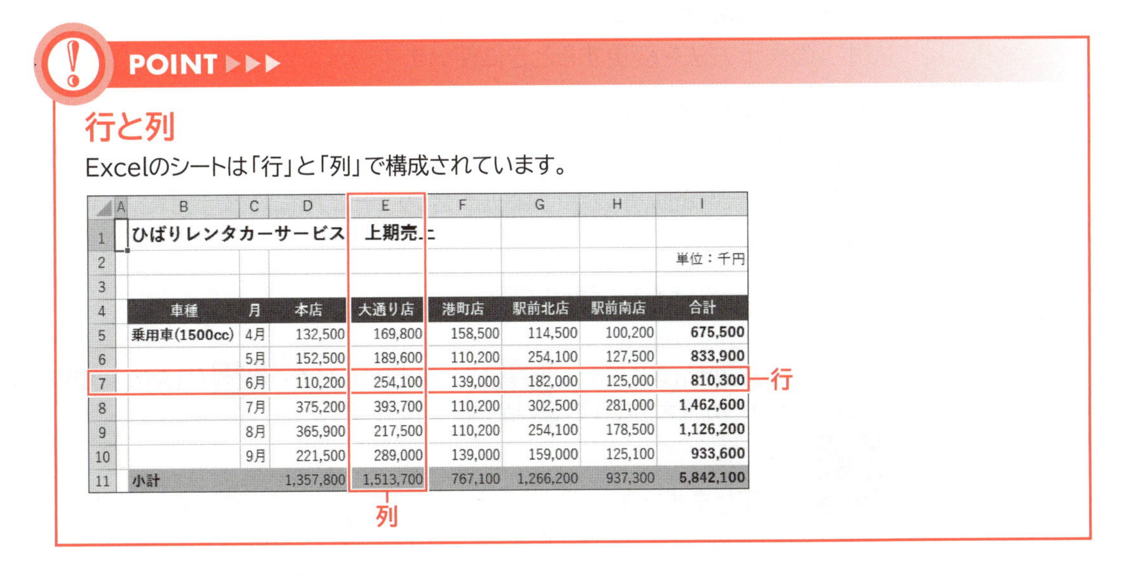

Step4 Excelの画面構成

1 Excelの画面構成

Excelの画面構成を確認しましょう。

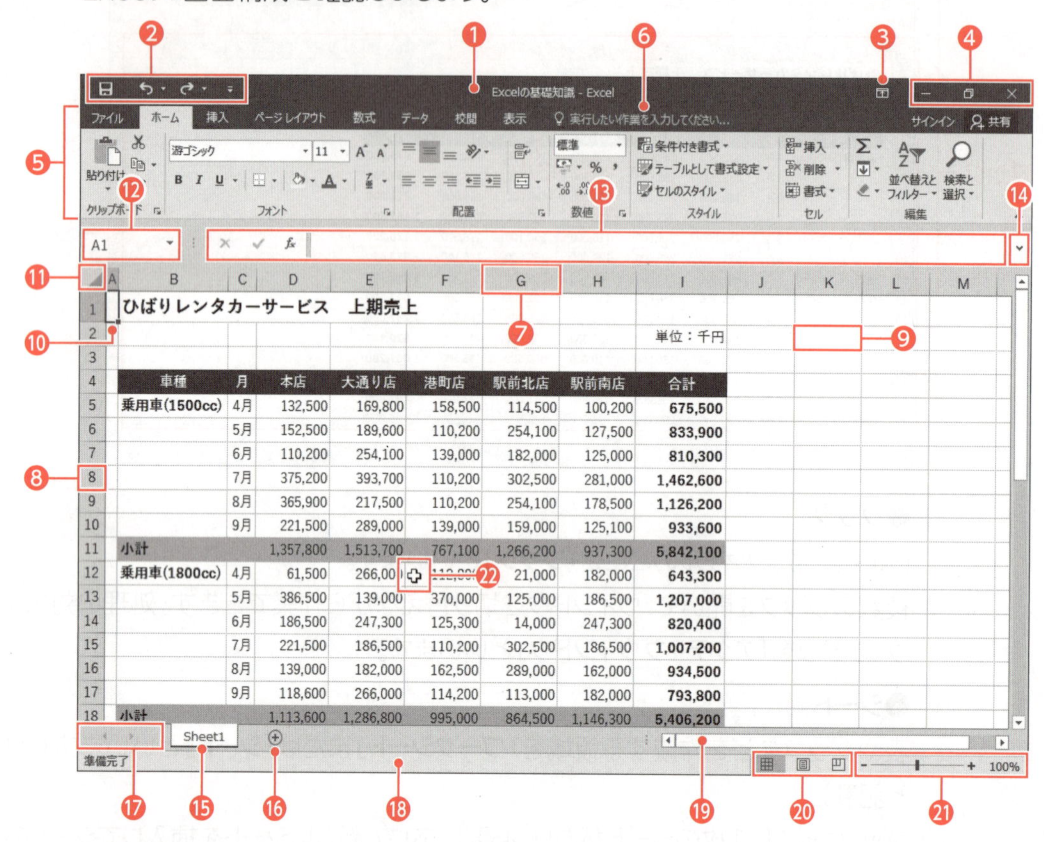

❶タイトルバー

ファイル名やアプリ名が表示されます。

❷クイックアクセスツールバー

よく使うコマンド（作業を進めるための指示）を登録できます。初期の設定では、（上書き保存）、（元に戻す）、（やり直し）の3つのコマンドが登録されています。

※タッチ対応のパソコンでは、（タッチ/マウスモードの切り替え）が登録されています。

❸リボンの表示オプション

リボンの表示方法を変更するときに使います。

❹ウィンドウの操作ボタン

（最小化）

ウィンドウが一時的に非表示になり、タスクバーにアイコンで表示されます。

（元に戻す（縮小））

ウィンドウが元のサイズに戻ります。

※（最大化）

ウィンドウを元のサイズに戻すと、（元に戻す（縮小））から（最大化）に切り替わります。クリックすると、ウィンドウが最大化されて、画面全体に表示されます。

（閉じる）

Excelを終了します。

❺リボン
コマンドを実行するときに使います。関連する機能ごとに、タブに分類されています。
※タッチ対応のパソコンでは、《ファイル》タブと《ホーム》タブの間に《タッチ》タブが表示される場合があります。

❻操作アシスト
機能や用語の意味を調べたり、リボンから探し出せないコマンドをダイレクトに実行したりするときに使います。

❼列番号
シートの列番号を示します。列番号【A】から列番号【XFD】まで16,384列あります。

❽行番号
シートの行番号を示します。行番号【1】から行番号【1048576】まで1,048,576行あります。

❾セル
列と行が交わるひとつひとつのマス目のことです。列番号と行番号で位置を表します。
例えば、G列の10行目のセルは【G10】で表します。

❿アクティブセル
処理の対象になっているセルのことです。

⓫全セル選択ボタン
シート内のすべてのセルを選択するときに使います。

⓬名前ボックス
アクティブセルの位置などが表示されます。

⓭数式バー
アクティブセルの内容などが表示されます。

⓮数式バーの展開
数式バーを展開し、表示領域を拡大します。
※数式バーを展開すると、⌄から⌃に切り替わります。クリックすると、数式バーが折りたたまれて、表示領域が元のサイズに戻ります。

⓯シート見出し
シートを識別するための見出しです。

⓰新しいシート
新しいシートを挿入するときに使います。

⓱見出しスクロールボタン
シート見出しの表示領域を移動するときに使います。

⓲ステータスバー
現在の作業状況や処理手順が表示されます。

⓳スクロールバー
シートの表示領域を移動するときに使います。

⓴表示選択ショートカット
表示モードを切り替えるときに使います。

㉑ズーム
シートの表示倍率を変更するときに使います。

㉒マウスポインター
マウスの動きに合わせて移動します。画面の位置や選択するコマンドによって形が変わります。

2 アクティブセルの指定

セルにデータを入力したり編集したりするには、対象のセルをアクティブセルにします。アクティブセルにするには、対象のセルをクリックして選択します。

セル【I11】をアクティブセルにしましょう。

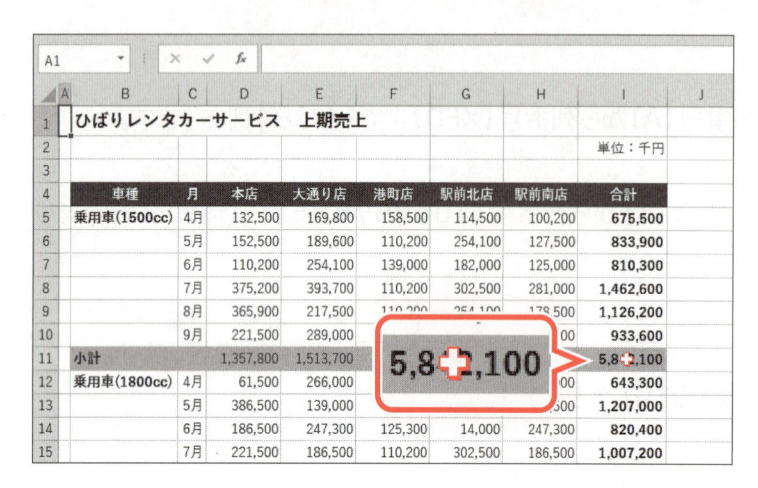

①セル【I11】をポイントします。

マウスポインターの形が✚に変わります。

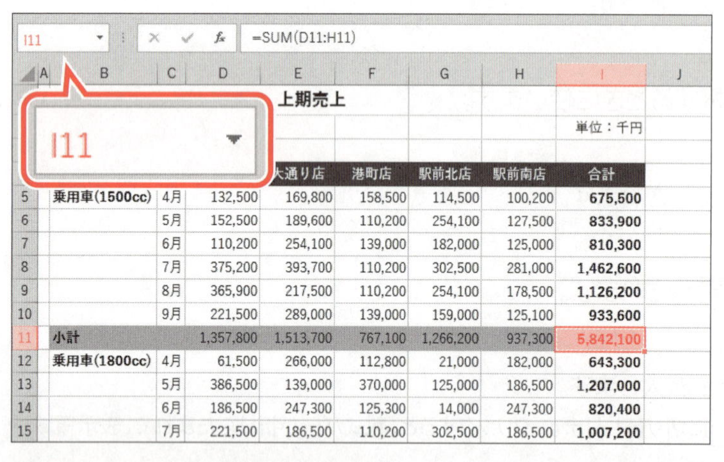

	A	B	C	D	E	F	G	H	I	J
1					上期売上					
2									単位：千円	
3										
4					大通り店	港町店	駅前北店	駅前南店	合計	
5		乗用車(1500cc)	4月	132,500	169,800	158,500	114,500	100,200	675,500	
6			5月	152,500	189,600	110,200	254,100	127,500	833,900	
7			6月	110,200	254,100	139,000	182,000	125,000	810,300	
8			7月	375,200	393,700	110,200	302,500	281,000	1,462,600	
9			8月	365,900	217,500	110,200	254,100	178,500	1,126,200	
10			9月	221,500	289,000	139,000	159,000	125,100	933,600	
11		小計		1,357,800	1,513,700	767,100	1,266,200	937,300	5,842,100	
12		乗用車(1800cc)	4月	61,500	266,000	112,800	21,000	182,000	643,300	
13			5月	386,500	139,000	370,000	125,000	186,500	1,207,000	
14			6月	186,500	247,300	125,300	14,000	247,300	820,400	
15			7月	221,500	186,500	110,200	302,500	186,500	1,007,200	

②クリックします。

セル【I11】がアクティブセルになります。

アクティブセルの行番号と列番号の文字の色が緑色になり、名前ボックスに「I11」と表示されます。

A1

	A	B	C	D	E	F	G	H	I	J
1		ひばりレンタカーサービス　上期売上								
2									単位：千円	
3										
4		車種	月	本店	大通り店	港町店	駅前北店	駅前南店	合計	
5		乗用車(1500cc)	4月	132,500	169,800	158,500	114,500	100,200	675,500	
6			5月	152,500	189,600	110,200	254,100	127,500	833,900	
7			6月	110,200	254,100	139,000	182,000	125,000	810,300	
8			7月	375,200	393,700	110,200	302,500	281,000	1,462,600	
9			8月	365,900	217,500	110,200	254,100	178,500	1,126,200	
10			9月	221,500	289,000	139,000	159,000	125,100	933,600	
11		小計		1,357,800	1,513,700	767,100	1,266,200	937,300	5,842,100	
12		乗用車(1800cc)	4月	61,500	266,000	112,800	21,000	182,000	643,300	
13			5月	386,500	139,000	370,000	125,000	186,500	1,207,000	
14			6月	186,500	247,300	125,300	14,000	247,300	820,400	
15			7月	221,500	186,500	110,200	302,500	186,500	1,007,200	

アクティブセルをセル【A1】に戻します。

③セル【A1】をクリックします。

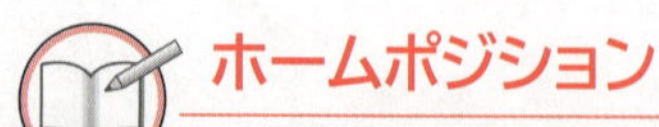

STEP UP **ホームポジション**

セル【A1】の位置を「ホームポジション」といいます。

その他の方法（アクティブセルの指定）

キー操作で、アクティブセルを指定することもできます。

位置	キー操作
セル単位の移動（上下左右）	↑ ↓ ← →
1画面単位の移動（上下）	Page Up　Page Down
1画面単位の移動（左右）	Alt + Page Up　Alt + Page Down
ホームポジション	Ctrl + Home
データ入力の最終セル	Ctrl + End

3 シートのスクロール

目的のセルが表示されていない場合は、スクロールバーを使ってシートの表示領域をスクロールします。

シートをスクロールして、セル【I40】をアクティブセルにしましょう。

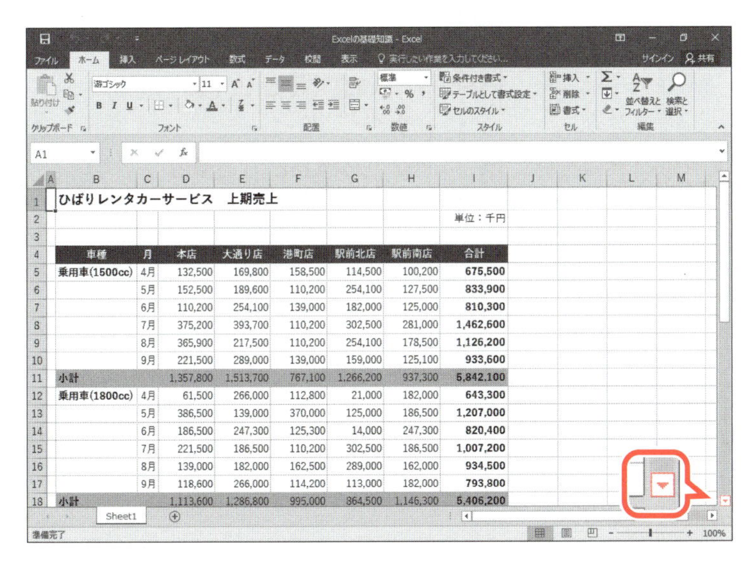

①スクロールバーの ▼ をクリックします。

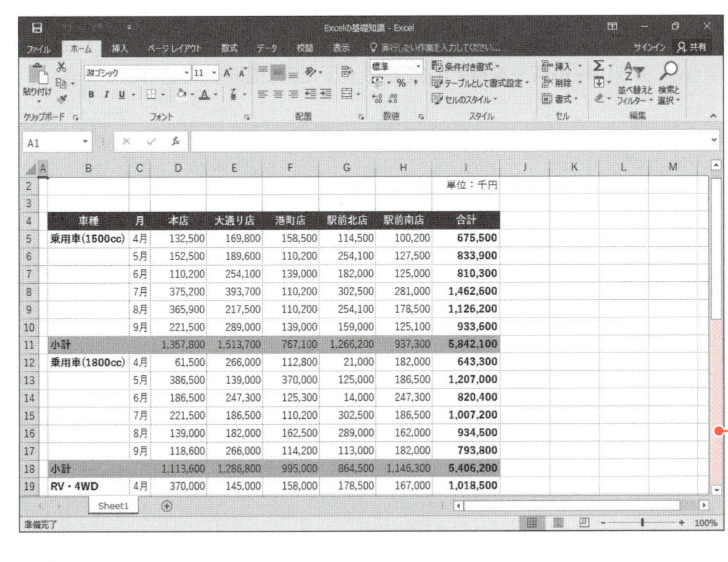

この位置をクリック

1行下にスクロールします。

※このときアクティブセルの位置は変わりません。

②スクロールバーの図の位置をクリックします。

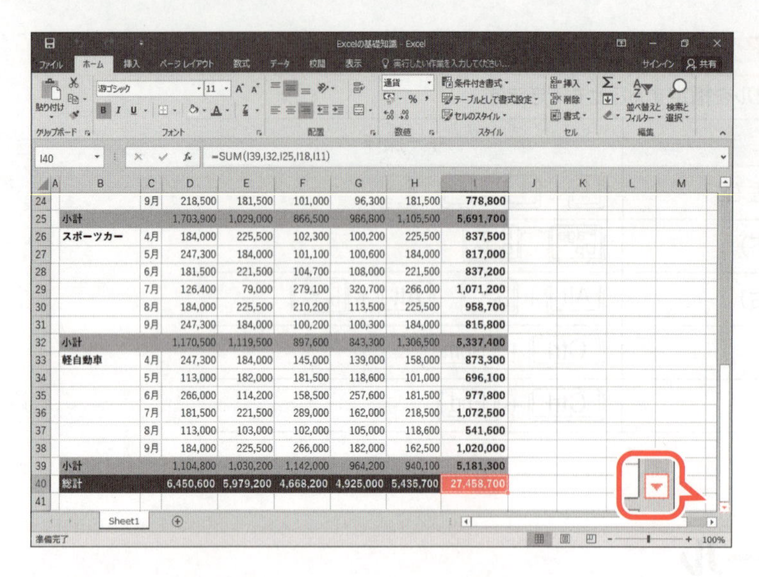

1画面下にスクロールします。

③セル【I40】が表示されるまでスクロールバーの[▼]を数回クリックします。

④セル【I40】をクリックします。

※セル【A1】をアクティブセルにしておきましょう。

その他の方法(シートのスクロール)

シートのスクロール方法には、次のようなものがあります。

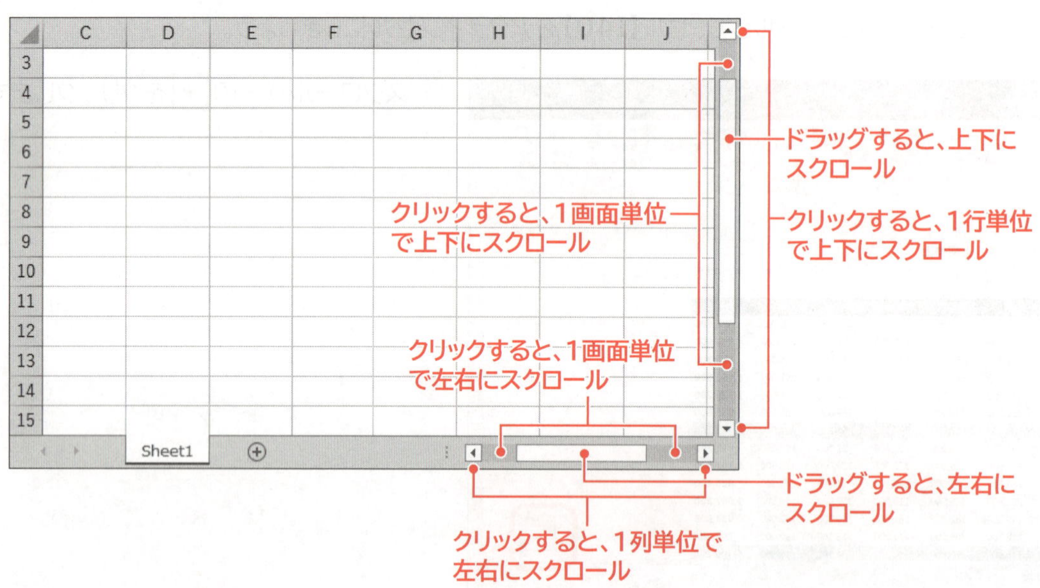

スクロール機能付きマウス

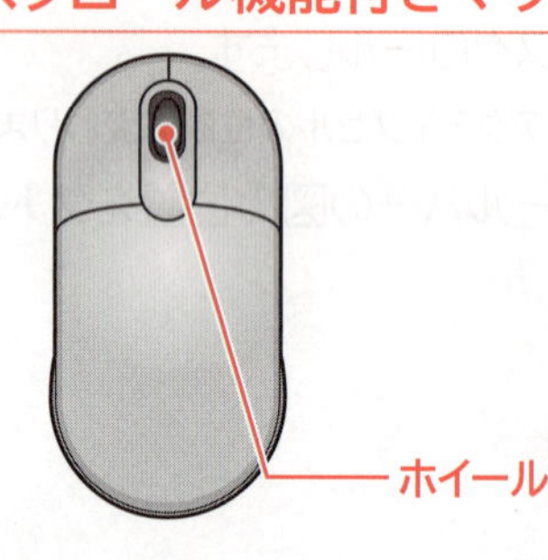

最近のほとんどのマウスには、スクロール機能付きの「ホイール」が装備されています。ホイールを使うと、スクロールバーを使わなくても上下にスクロールできます。

4 表示モードの切り替え

Excelには、次のような表示モードが用意されています。
表示モードを切り替えるには、表示選択ショートカットのボタンをそれぞれクリックします。

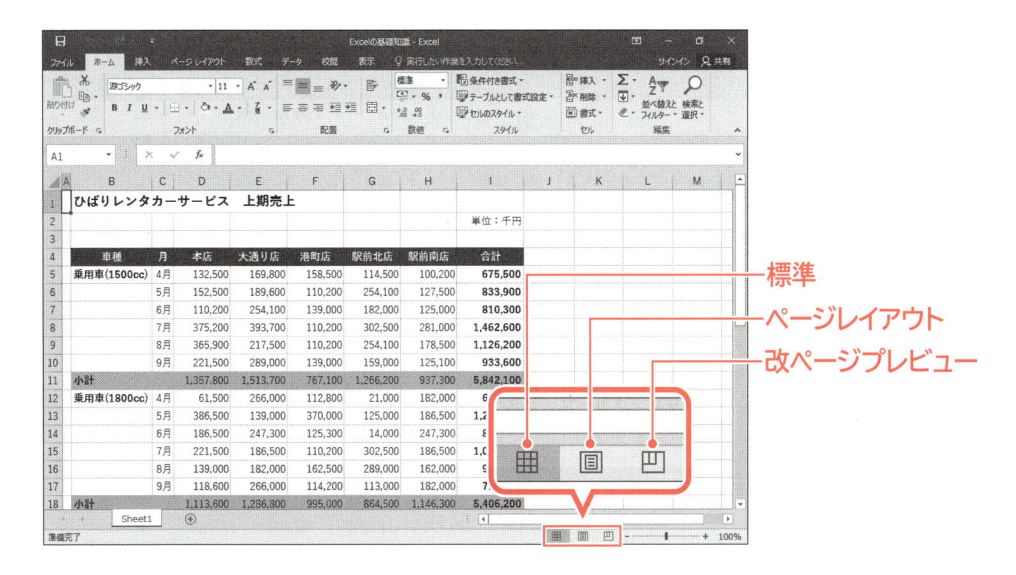

その他の方法（表示モードの切り替え）

◆《表示》タブ→《ブックの表示》グループ

1 標準

標準の表示モードです。文字を入力したり、表やグラフを作成したりする場合に使います。
通常、この表示モードでブックを作成します。

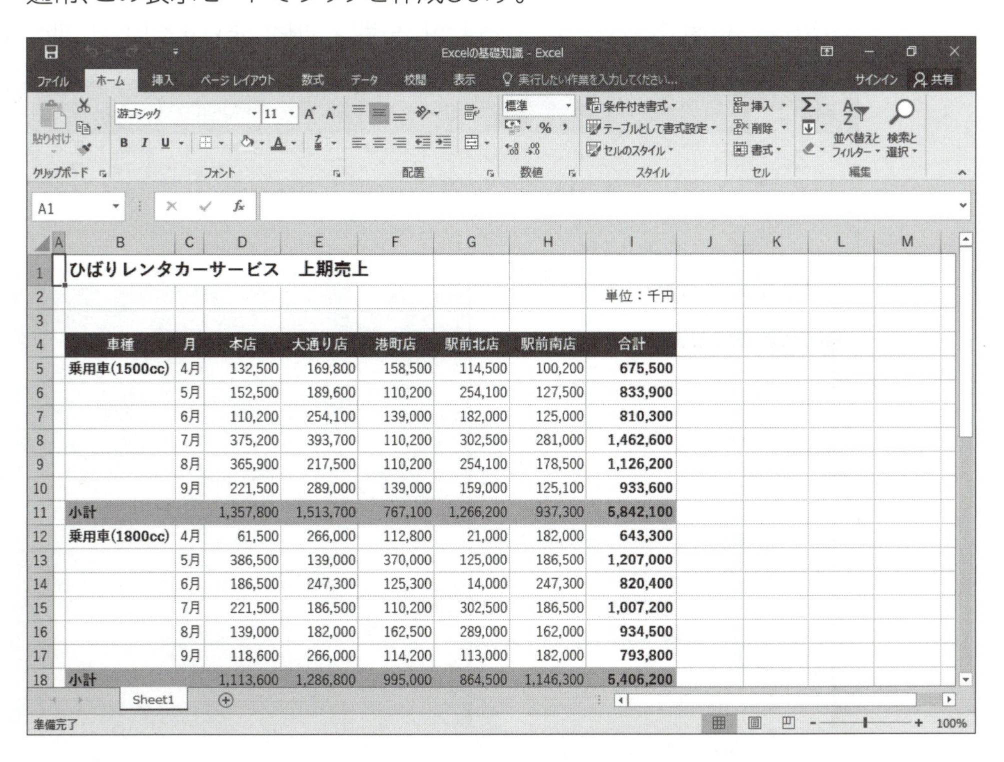

ひばりレンタカーサービス　上期売上

単位：千円

車種	月	本店	大通り店	港町店	駅前北店	駅前南店	合計
乗用車(1500cc)	4月	132,500	169,800	158,500	114,500	100,200	675,500
	5月	152,500	189,600	110,200	254,100	127,500	833,900
	6月	110,200	254,100	139,000	182,000	125,000	810,300
	7月	375,200	393,700	110,200	302,500	281,000	1,462,600
	8月	365,900	217,500	110,200	254,100	178,500	1,126,200
	9月	221,500	289,000	139,000	159,000	125,100	933,600
小計		1,357,800	1,513,700	767,100	1,266,200	937,300	5,842,100
乗用車(1800cc)	4月	61,500	266,000	112,800	21,000	182,000	643,300
	5月	386,500	139,000	370,000	125,000	186,500	1,207,000
	6月	186,500	247,300	125,300	14,000	247,300	820,400
	7月	221,500	186,500	110,200	302,500	186,500	1,007,200
	8月	139,000	182,000	162,500	289,000	162,000	934,500
	9月	118,600	266,000	114,200	113,000	182,000	793,800
小計		1,113,600	1,286,800	995,000	864,500	1,146,300	5,406,200

2 ページレイアウト

印刷結果に近いイメージで表示するモードです。用紙にどのように印刷されるかを確認したり、ページの上部または下部の余白領域に日付やページ番号などを入れたりする場合に使います。

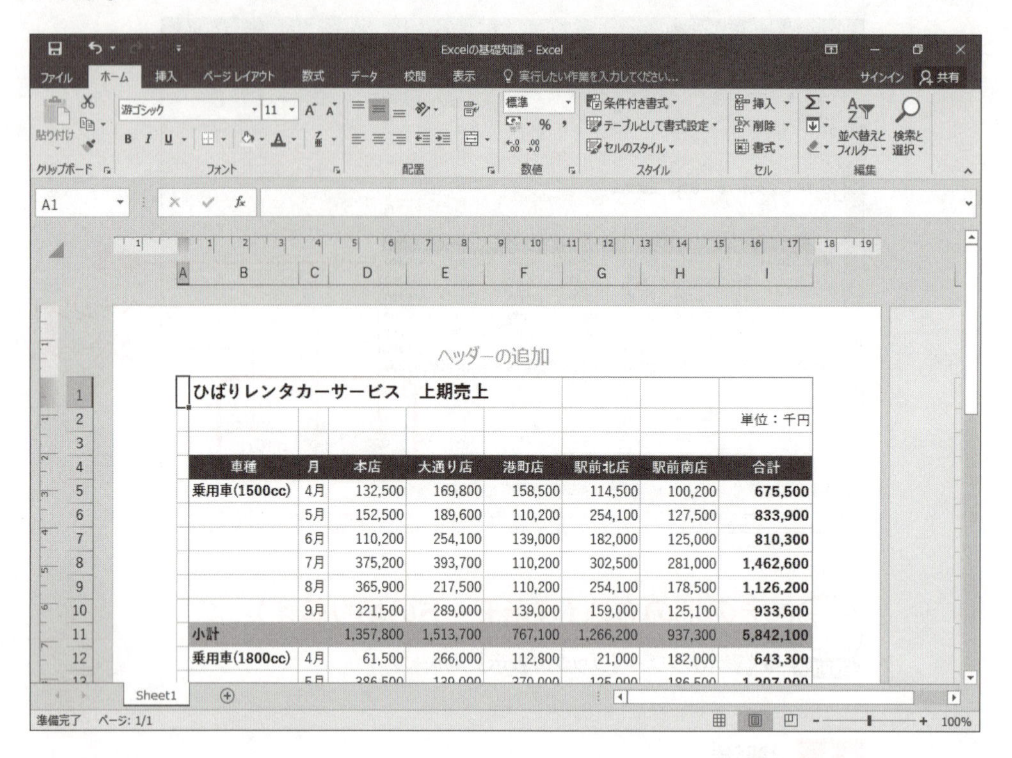

3 改ページプレビュー

印刷範囲や改ページ位置を表示するモードです。1ページに印刷する範囲を調整したり、区切りのよい位置で改ページされるように位置を調整したりする場合に使います。

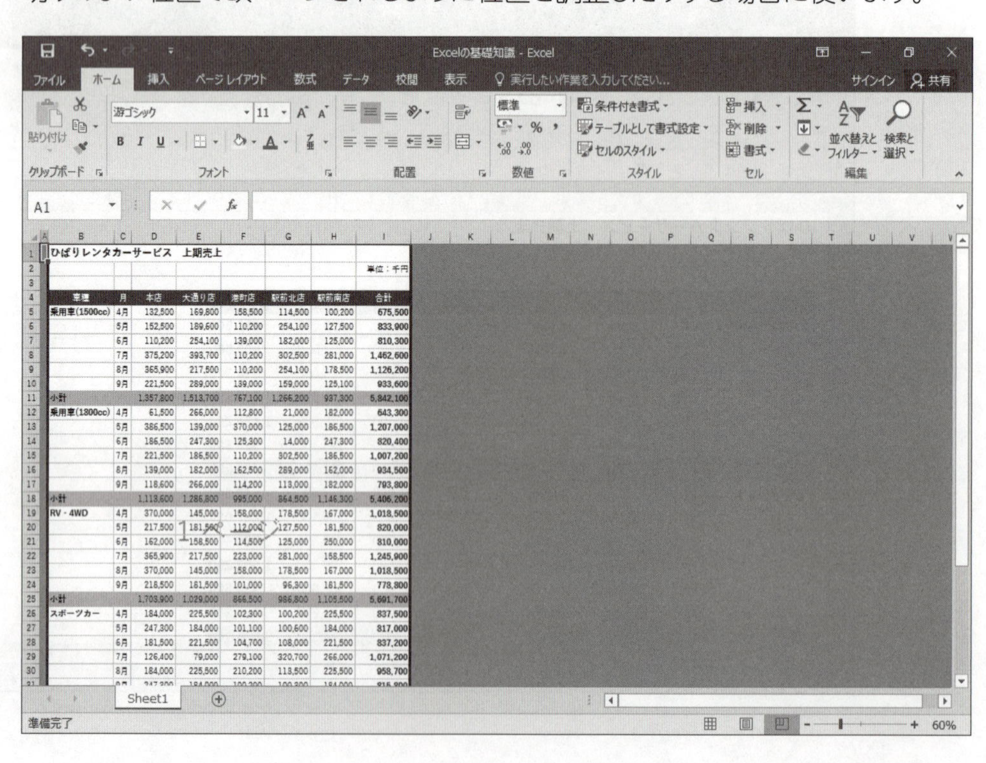

5 表示倍率の変更

シートの表示倍率は10～400%の範囲で自由に変更できます。
表示倍率を80%に縮小しましょう。

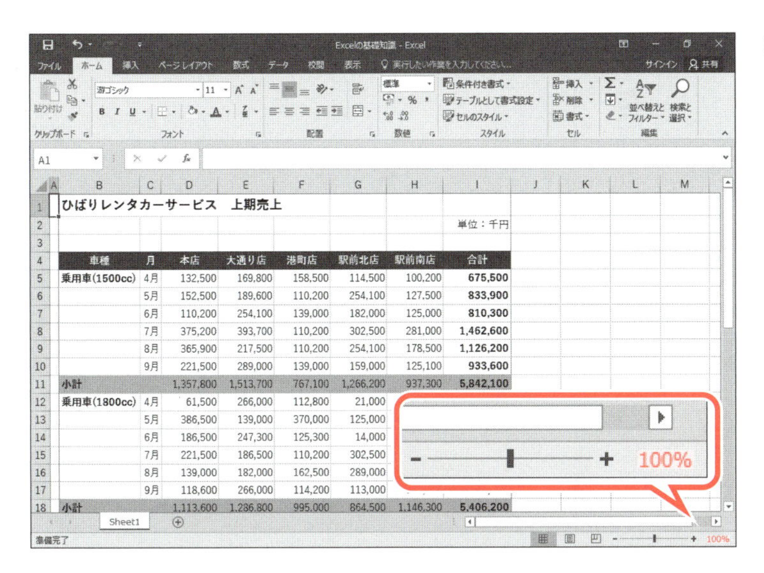

①表示倍率が100%になっていることを確認します。

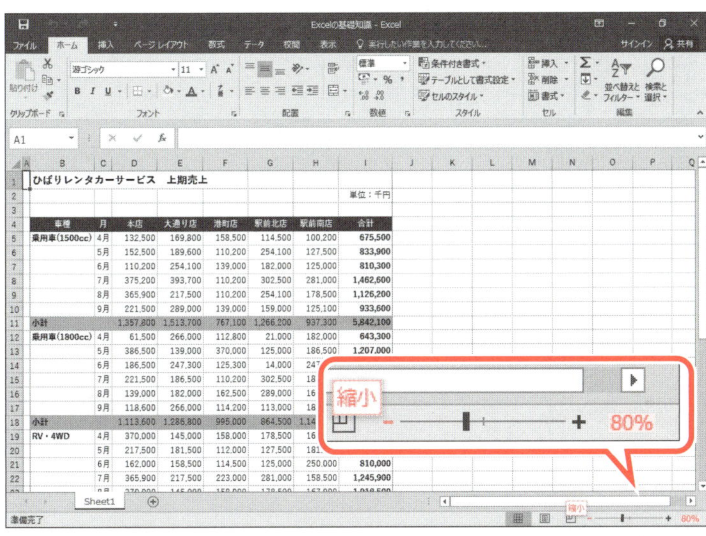

シートの表示倍率を縮小します。

②▬（縮小）を2回クリックします。

※クリックするごとに、10%ずつ縮小されます。

表示倍率が80%になります。

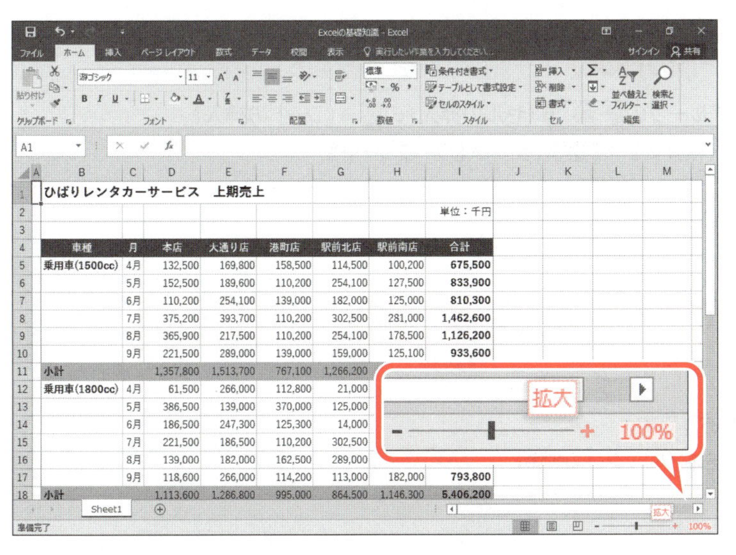

表示倍率を100%に戻します。

③✚（拡大）を2回クリックします。

※クリックするごとに、10%ずつ拡大されます。

表示倍率が100%になります。

STEP UP その他の方法（表示倍率の変更）

◆《表示》タブ→《ズーム》グループの（ズーム）→表示倍率を指定

◆ステータスバーの▌（ズーム）をドラッグ

◆ステータスバーの  →表示倍率を指定

6 シートの挿入

シートは必要に応じて挿入したり、削除したりできます。
新しいシートを挿入しましょう。

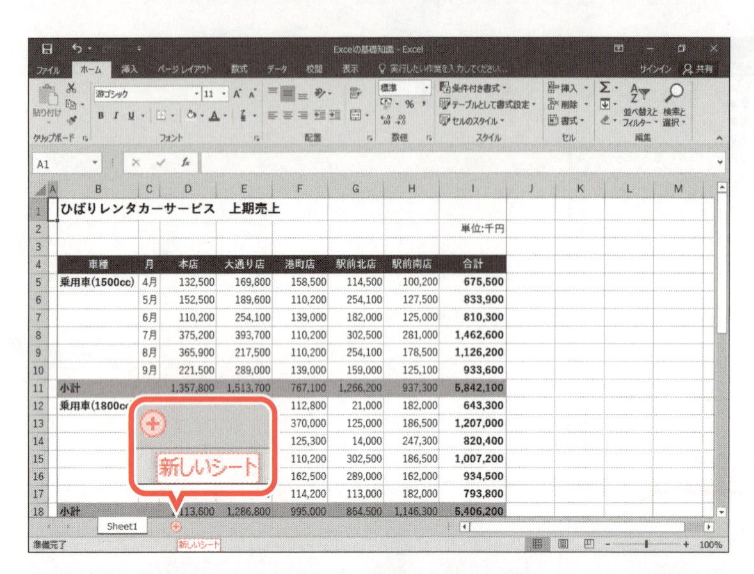

①（新しいシート）をクリックします。

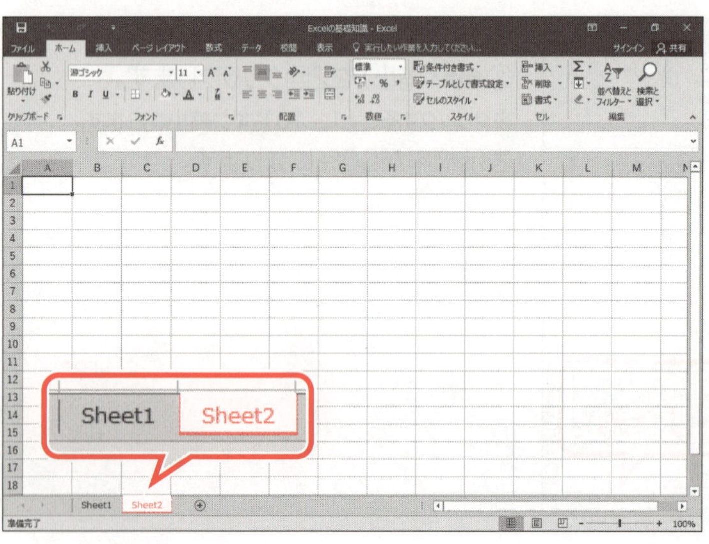

シートが挿入されます。

その他の方法（シートの挿入）

◆《ホーム》タブ→《セル》グループの 挿入 ▾（セルの挿入）の ▾ →《シートの挿入》
◆シート見出しを右クリック→《挿入》→《標準》タブ→《ワークシート》
◆ Shift + F11

POINT ▶▶▶

シートの削除

シートを削除する方法は、次のとおりです。
◆削除するシートのシート見出しを右クリック→《削除》

7 シートの切り替え

シートを切り替えるには、シート見出しをクリックします。
シート「**Sheet1**」に切り替えましょう。

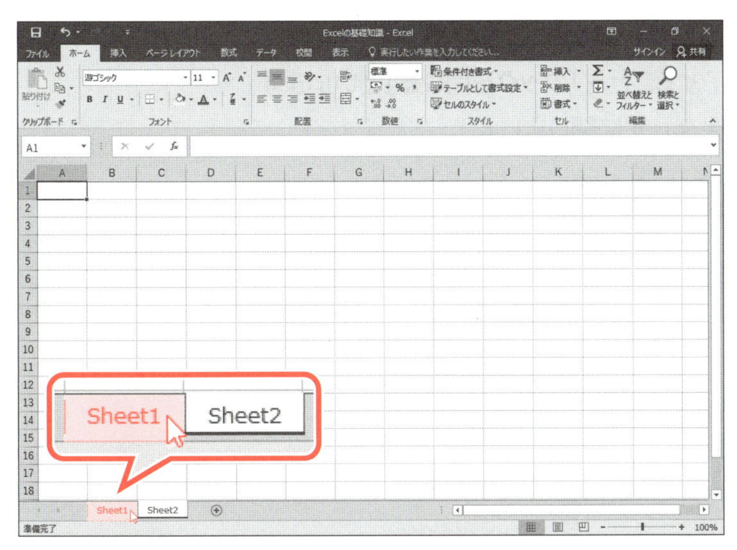

①シート「**Sheet1**」のシート見出しをポイントします。
マウスポインターの形が☞に変わります。

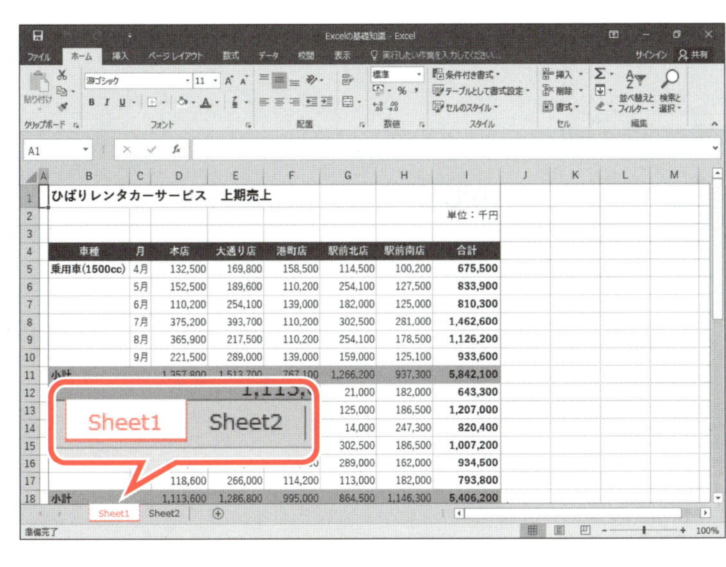

②クリックします。
シート「**Sheet1**」に切り替わります。

Step5 ブックを閉じる

1 ブックを閉じる

開いているブックの作業を終了することを**「ブックを閉じる」**といいます。
ブック**「Excelの基礎知識」**を保存せずに閉じましょう。

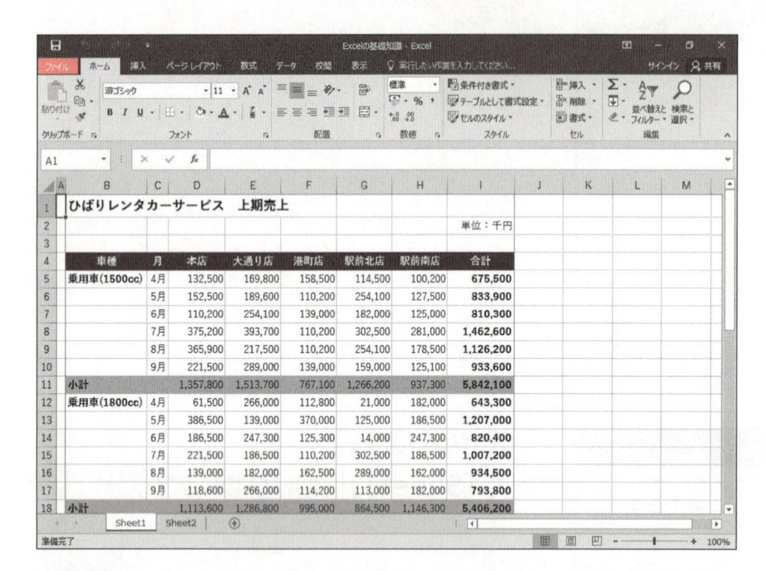

①**《ファイル》**タブを選択します。

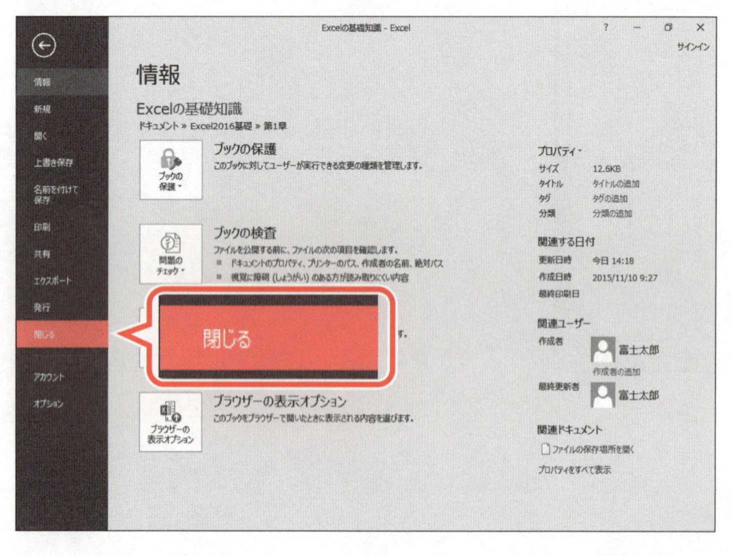

②**《閉じる》**をクリックします。

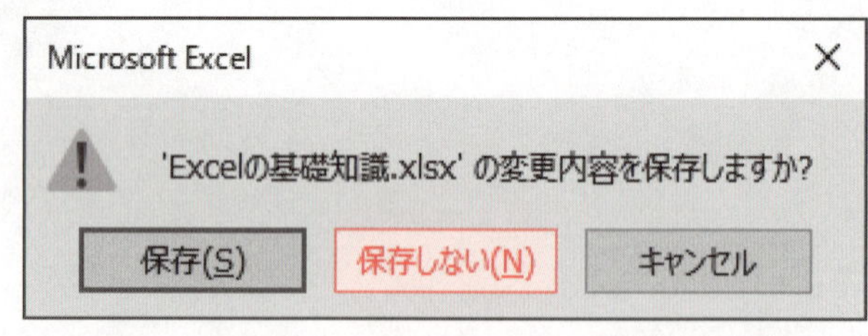

③**《保存しない》**をクリックします。

ブックが閉じられます。

その他の方法（ブックを閉じる）

◆Ctrl+W

ブックを変更して保存せずに閉じた場合

ブックの内容を変更して保存せずに閉じると、次のようなメッセージが表示されます。保存するかどうかを選択します。

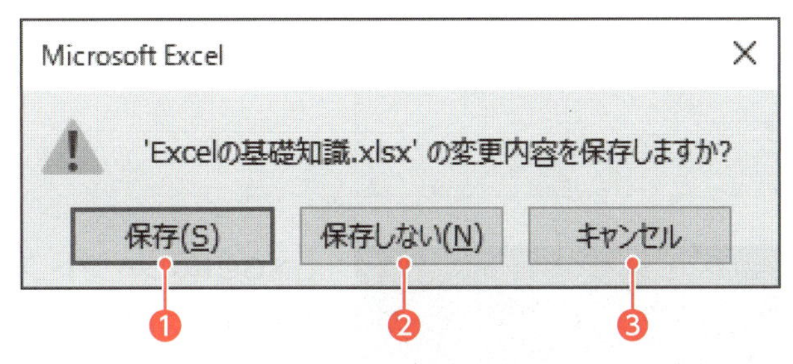

❶保存
ブックを保存し、閉じます。

❷保存しない
ブックを保存せずに、閉じます。

❸キャンセル
ブックを閉じる操作を取り消します。

画面の色

画面の外観の色には、「カラフル」「濃い灰色」「白」が用意されています。初期の設定では「カラフル」になっています。
画面の色を変更する方法は、次のとおりです。
◆《ファイル》タブ→《アカウント》→《Officeテーマ》の ▾ →一覧から選択

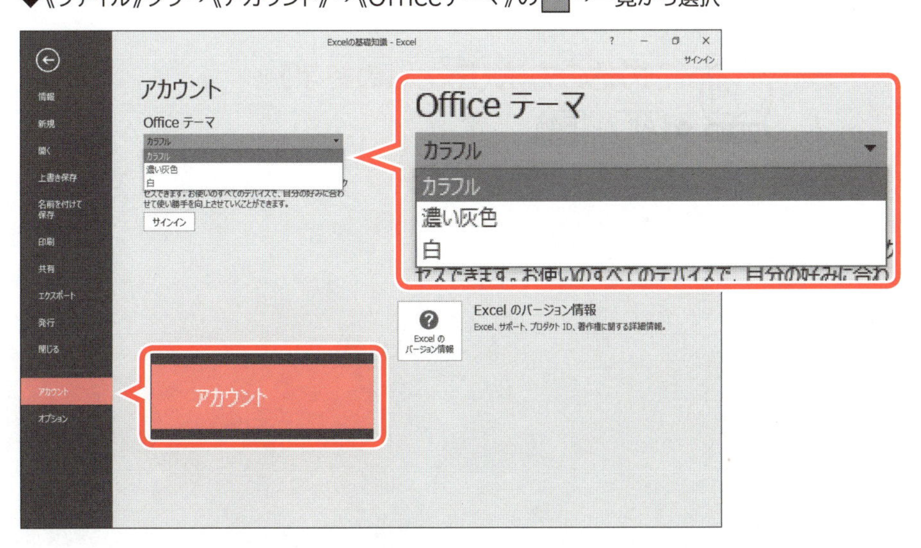

Step6 Excelを終了する

1 Excelの終了

Excelを終了しましょう。

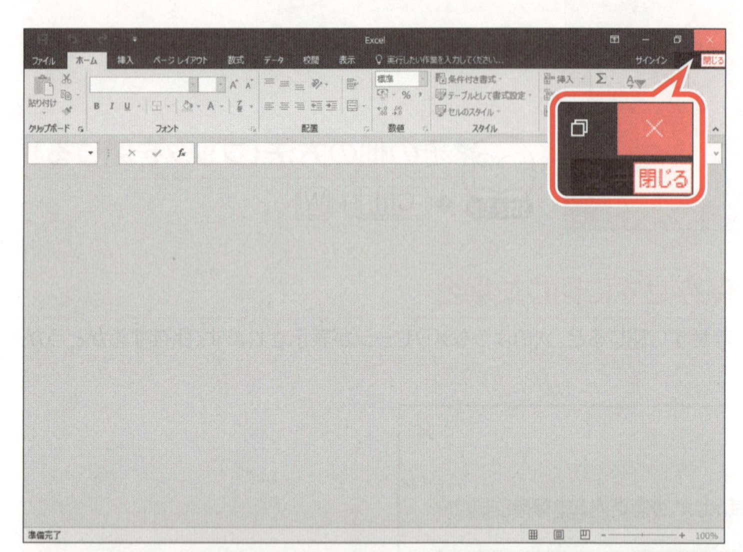

①［×］(閉じる)をクリックします。

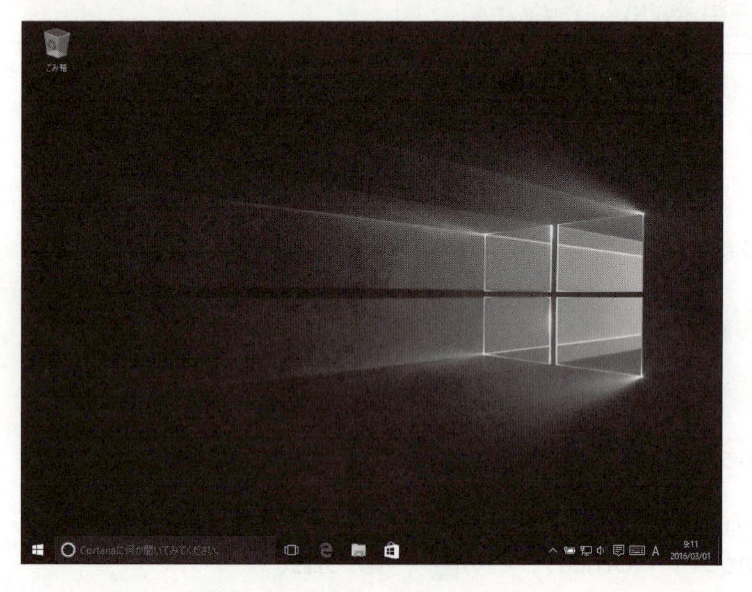

Excelのウィンドウが閉じられ、デスクトップが表示されます。

②タスクバーから［X］が消えていることを確認します。

その他の方法(Excelの終了)

◆［Alt］+［F4］

よくわかる

第2章 Chapter 2

データの入力

Chapter 2

この章で学ぶこと

学習前に習得すべきポイントを理解しておき、
学習後には確実に習得できたかどうかを振り返りましょう。

1 新しいブックを作成できる。 → P.34

2 文字列と数値の違いを理解し、セルに入力できる。 → P.35

3 修正内容や入力状況に応じて、データの修正方法を使い分けることができる。 → P.41

4 演算記号を使って、数式を入力できる。 → P.45

5 データを移動するときの手順を理解し、データをほかのセルに移動できる。 → P.48

6 データをコピーするときの手順を理解し、データをほかのセルにコピーできる。 → P.50

7 セル内のデータを削除できる。 → P.52

8 セル範囲を対象に操作するために、セル範囲を選択できる。 → P.53

9 行を対象に操作するために、行を選択できる。 → P.54

10 列を対象に操作するために、列を選択できる。 → P.54

11 直前に行った操作を取り消して、元の状態に戻すことができる。 → P.58

12 保存状況に応じて、名前を付けて保存と上書き保存を使い分けることができる。 → P.59

13 オートフィルを利用して、日付や数値、数式を入力できる。 → P.62

Step 1 新しいブックを作成する

1 新しいブックの作成

Excelを起動し、新しいブックを作成しましょう。

①Excelを起動し、Excelのスタート画面を表示します。

②**《空白のブック》**をクリックします。

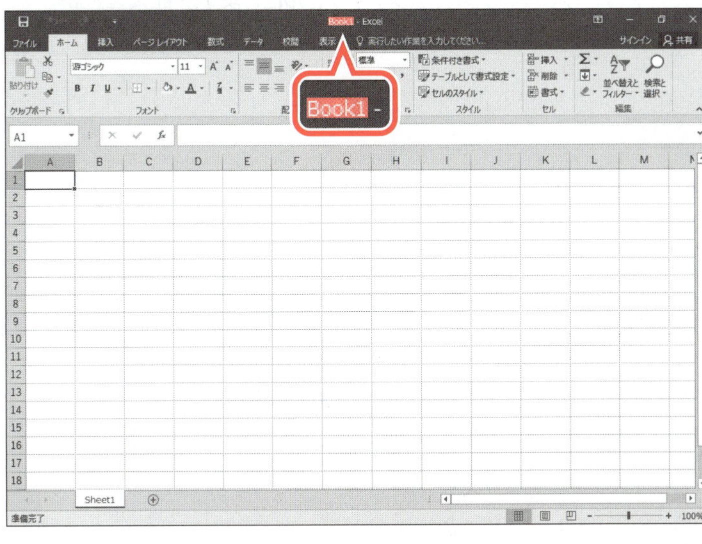

新しいブックが開かれます。

③タイトルバーに**「Book1」**と表示されていることを確認します。

POINT ▶▶▶

新しいブックの作成

Excelを起動した状態で、新しいブックを作成する方法は、次のとおりです。

◆《ファイル》タブ→《新規》→《空白のブック》

Step2 データを入力する

1 データの種類

Excelで扱うデータには**「文字列」**と**「数値」**があります。

種類	計算対象	セル内の配置
文字列	計算対象にならない	左揃えで表示
数値	計算対象になる	右揃えで表示

※日付や数式は「数値」に含まれます。
※文字列は計算対象になりませんが、文字列を使った数式を入力することもあります。

2 データの入力手順

データを入力する基本的な手順は、次のとおりです。

1 セルをアクティブセルにする

データを入力するセルをクリックし、アクティブセルにします。

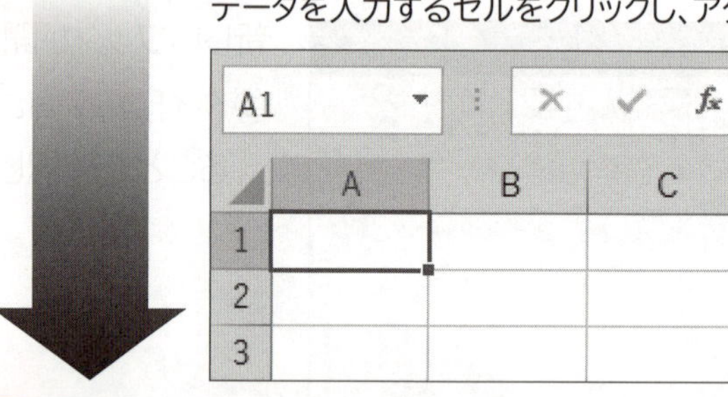

2 データを入力する

入力モードを確認し、キーボードからデータを入力します。

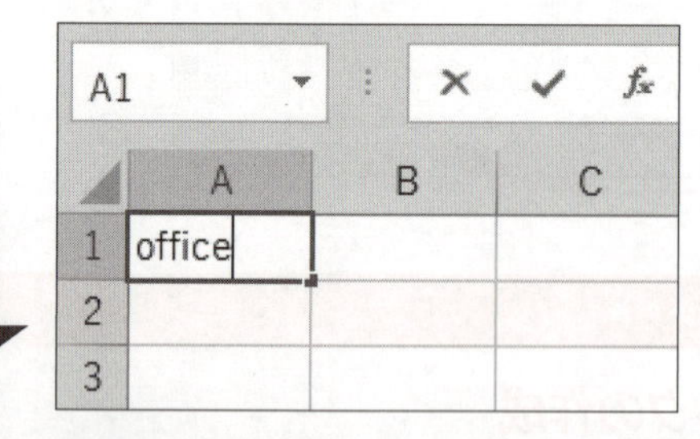

3 データを確定する

Enter を押して、入力したデータを確定します。

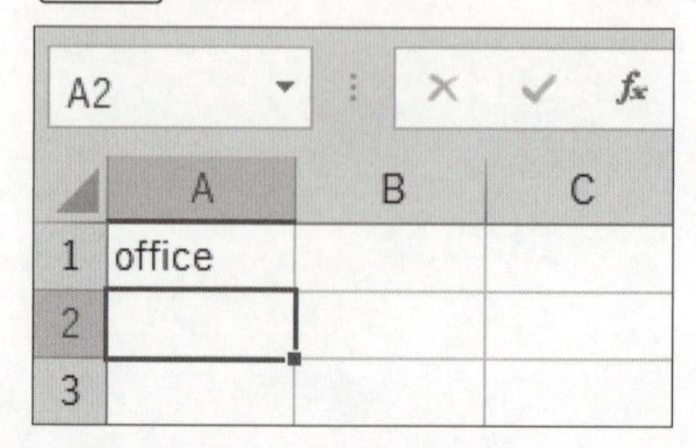

3 文字列の入力

文字列を入力しましょう。

1 英字の入力

セル**【B2】**に**「people」**と入力しましょう。

データを入力するセルをアクティブセルにします。

①セル**【B2】**をクリックします。

名前ボックスに**「B2」**と表示されます。

②入力モードを A にします。

※ A になっていない場合は、半角/全角 漢字 を押します。

データを入力します。

③**「people」**と入力します。

数式バーにデータが表示されます。

データを確定します。

④ Enter を押します。

アクティブセルがセル**【B3】**に移動します。

※ Enter を押してデータを確定すると、アクティブセルが下に移動します。

⑤入力した文字列が左揃えで表示されることを確認します。

POINT ▶▶▶

データの確定

次のキー操作で、入力したデータを確定できます。
キー操作によって、確定後にアクティブセルが移動する方向は異なります。

アクティブセルの移動方向	キー操作
下へ	Enter または ↓
上へ	Shift ＋ Enter または ↑
右へ	Tab または →
左へ	Shift ＋ Tab または ←

POINT ▶▶▶

入力中のデータの取り消し

入力中のデータを1文字ずつ取り消すには、Back Spaceを押します。
すべて取り消すには、Escを押します。

2 日本語の入力

セル【B5】に「東京都」と入力しましょう。

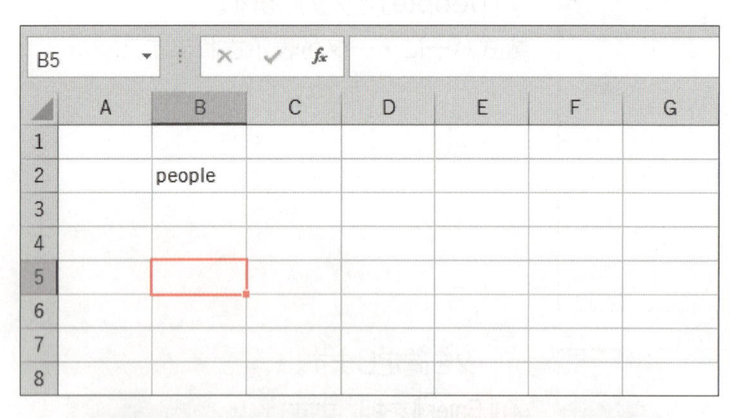

データを入力するセルをアクティブセルにします。

①セル【B5】をクリックします。

②入力モードを あ にします。

※ あ になっていない場合は、半角/全角 漢字 を押します。

データを入力します。

③**「とうきょうと」**と入力します。

※「とうきょ」と入力した時点で、予測候補の一覧が表示されます。

B5 東京都

	A	B	C	D	E	F	G
1							
2		people					
3							
4							
5		東京都					
6							
7							

漢字に変換します。

④ [ ] (スペース) を押します。

B5 東京都

	A	B	C	D	E	F	G
1							
2		people					
3							
4							
5		東京都					
6							
7							

漢字を確定します。

⑤ [Enter] を押します。

下線が消えます。

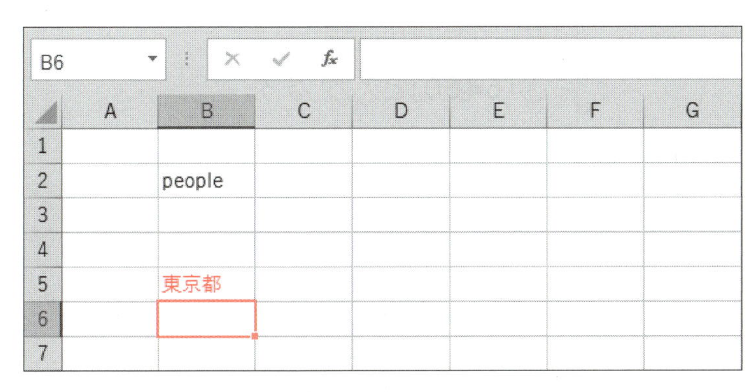

データを確定します。

⑥ [Enter] を押します。

アクティブセルがセル**【B6】**に移動します。

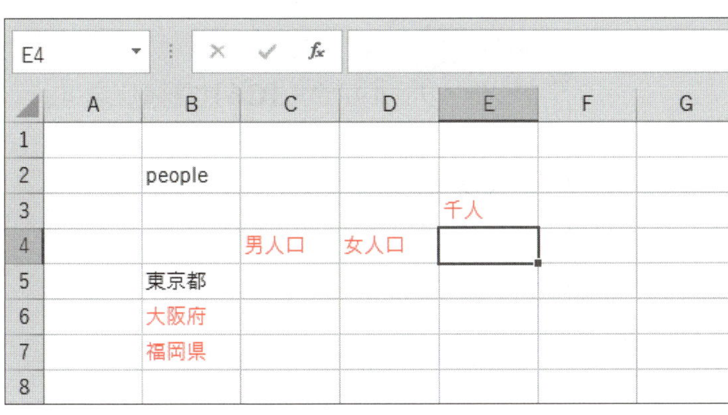

⑦同様に、次のデータを入力します。

セル【B6】：大阪府
セル【B7】：福岡県
セル【C4】：男人口
セル【D4】：女人口
セル【E3】：千人

POINT ▶▶▶

入力モードの切り替え

入力するデータに応じて、入力モードを切り替えましょう。
半角英数字を入力するときは A (半角英数)、ひらがな・カタカナ・漢字などを入力するときは あ (ひらがな) に設定します。

その他の方法（入力モードの切り替え）

◆ あ または A を右クリック→《ひらがな》／《半角英数》

4 数値の入力

数値を入力しましょう。
キーボードにテンキー（キーボード右側の数字がまとめられた箇所）がある場合は、テンキーを使って入力すると効率的です。
セル【C5】に「6460」と入力しましょう。

	A	B	C	D	E	F	G
1							
2		people					
3					千人		
4			男人口	女人口			
5		東京都					
6		大阪府					
7		福岡県					
8							

データを入力するセルをアクティブセルにします。
①セル【C5】をクリックします。

②入力モードを A にします。
※ A になっていない場合は、半角/全角 漢字 を押します。

	A	B	C	D	E	F	G
1							
2		people					
3					千人		
4			男人口	女人口			
5		東京都	6460				
6		大阪府					
7		福岡県					
8							

データを入力します。
③「6460」と入力します。

	A	B	C	D	E	F	G
1							
2		people					
3					千人		
4			男人口	女人口			
5		東京都	6460				
6		大阪府					
7		福岡県					
8							

データを確定します。
④ Enter を押します。
アクティブセルがセル【C6】に移動します。
⑤入力した数値が右揃えで表示されることを確認します。

	A	B	C	D	E	F	G
1							
2		people					
3					千人		
4			男人口	女人口			
5		東京都	6460	6672			
6		大阪府	4280	4581			
7		福岡県	2397	2682			
8							
9							

⑥同様に、次のデータを入力します。

セル【C6】：4280
セル【C7】：2397
セル【D5】：6672
セル【D6】：4581
セル【D7】：2682

5 日付の入力

「**4/15**」のように「**/(スラッシュ)**」または「**-(ハイフン)**」で区切って月日を入力すると、「**4月15日**」の形式で表示されます。セル【**E2**】に日付を入力しましょう。

	A	B	C	D	E	F	G
1							
2		people					
3					千人		
4			男人口	女人口			
5		東京都	6460	6672			
6		大阪府	4280	4581			
7		福岡県	2397	2682			
8							

データを入力するセルをアクティブセルにします。

①セル【**E2**】をクリックします。

②入力モードが A になっていることを確認します。

	A	B	C	D	E	F	G
1							
2		people			4/15		
3					千人		
4			男人口	女人口			
5		東京都	6460	6672			
6		大阪府	4280	4581			
7		福岡県	2397	2682			
8							

データを入力します。

③「**4/15**」と入力します。

	A	B	C	D	E	F	G
1							
2		people			4月15日		
3					千人		
4			男人口	女人口			
5		東京都	6460	6672			
6		大阪府	4280	4581			
7		福岡県	2397	2682			
8							

データを確定します。

④ Enter を押します。

「**4月15日**」と表示されます。

アクティブセルがセル【**E3**】に移動します。

⑤入力した日付が右揃えで表示されることを確認します。

E2 | 2016/4/15

	A	B	C	D	E	F	G
1							
2		people			4月15日		
3					千人		
4			男人口	女人口			
5		東京都	6460	6672			
6		大阪府	4280	4581			
7		福岡県	2397	2682			
8							

⑥セル【**E2**】をクリックします。

⑦数式バーに「**西暦年/4/15**」のように表示されていることを確認します。

※「西暦年」は、現在の西暦年になります。

POINT ▶▶▶

日付の入力

日付は、年月日を「/(スラッシュ)」または「-(ハイフン)」で区切って入力します。日付をこの規則で入力しておくと、「平成28年4月15日」のように表示形式を変更したり、日付をもとに計算したりできます。

6 データの修正

セルに入力したデータを修正する方法には、次の2つがあります。修正内容や入力状況に応じて使い分けます。

●上書きして修正する

セルの内容を大幅に変更する場合は、入力したデータの上から新しいデータを入力しなおします。

●編集状態にして修正する

セルの内容を部分的に変更する場合は、対象のセルを編集できる状態にしてデータを修正します。

1 上書きして修正する

データを上書きして、**「people」**を**「人口統計」**に修正しましょう。

	A	B	C	D	E	F	G
1							
2		people			4月15日		
3					千人		
4			男人口	女人口			
5		東京都	6460	6672			
6		大阪府	4280	4581			
7		福岡県	2397	2682			
8							

①セル**【B2】**をクリックします。

※入力モードを あ にしておきましょう。

	A	B	C	D	E	F	G
1							
2		人口統計			4月15日		
3					千人		
4			男人口	女人口			
5		東京都	6460	6672			
6		大阪府	4280	4581			
7		福岡県	2397	2682			
8							

②**「人口統計」**と入力します。

	A	B	C	D	E	F	G
1							
2		人口統計			4月15日		
3					千人		
4			男人口	女人口			
5		東京都	6460	6672			
6		大阪府	4280	4581			
7		福岡県	2397	2682			
8							

③【Enter】を押します。

2 編集状態にして修正する

セルを編集状態にして、「千人」を「（千人）」に修正しましょう。

E3			千人			
	A	B	C	D	E	F	G

	A	B	C	D	E	F	G
1							
2		人口統計			4月15日		
3					千人		
4			男人口	女人口			
5		東京都	6460	6672			
6		大阪府	4280	4581			
7		福岡県	2397	2682			
8							

①セル【E3】をダブルクリックします。

編集状態になり、セル内にカーソルが表示されます。

②「千人」の左をクリックします。

※編集状態では、[←][→]でカーソルを移動することもできます。

E3　（千人）

	A	B	C	D	E	F	G
1							
2		人口統計			4月15日		
3					（千人）		
4			男人口	女人口			
5		東京都	6460	6672			
6		大阪府	4280	4581			
7		福岡県	2397	2682			
8							

③「（千人」と修正します。

④「（千人」の右をクリックします。

⑤「（千人）」と修正します。

E4

	A	B	C	D	E	F	G
1							
2		人口統計			4月15日		
3					（千人）		
4			男人口	女人口			
5		東京都	6460	6672			
6		大阪府	4280	4581			
7		福岡県	2397	2682			
8							

⑥[Enter]を押します。

D5　6672

	A	B	C	D	E	F	G
1							
2		人口統計			4月15日		
3					（千人）		
4			男性人口	女性人口			
5		東京都	6460	6672			
6		大阪府	4280	4581			
7		福岡県	2397	2682			
8							

⑦同様に、次のようにデータを修正します。

セル【C4】：男性人口
セル【D4】：女性人口

その他の方法（編集状態）

◆セルを選択→数式バーをクリック
◆セルを選択→[F2]

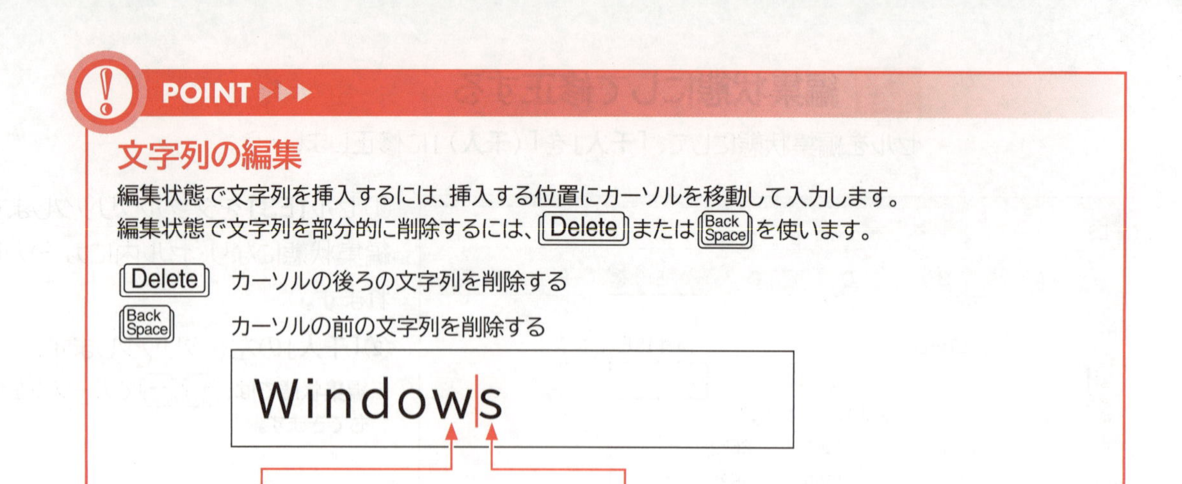

POINT ▶▶▶

文字列の編集

編集状態で文字列を挿入するには、挿入する位置にカーソルを移動して入力します。
編集状態で文字列を部分的に削除するには、[Delete]または[Back Space]を使います。

[Delete] カーソルの後ろの文字列を削除する

[Back Space] カーソルの前の文字列を削除する

再変換

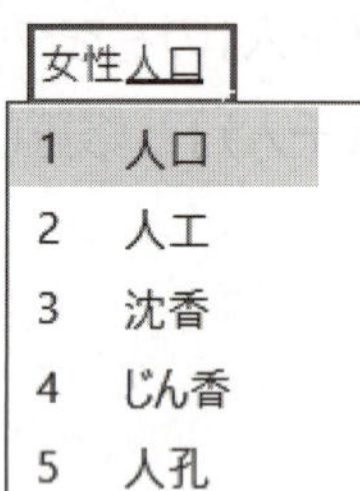

確定した文字列を変換しなおすことができます。
セルを編集状態にして、再変換する文字列上にカーソルを移動し、[変換]を押します。変換候補の一覧が表示されるので、別の文字列を選択します。

7 長い文字列の入力

列幅より長い文字列を入力すると、どのように表示されるかを確認しましょう。
セル【B1】に「2016年調査結果」と入力しましょう。

B2 ｜ 人口統計

	A	B	C	D	E	F	G
1		2016年調査結果					
2		人口統計			4月15日		
3					(千人)		
4			男性人口	女性人口			
5		東京都	6460	6672			
6		大阪府	4280	4581			
7		福岡県	2397	2682			
8							

①セル**【B1】**をクリックします。
②**「2016年調査結果」**と入力します。
③[Enter]を押します。

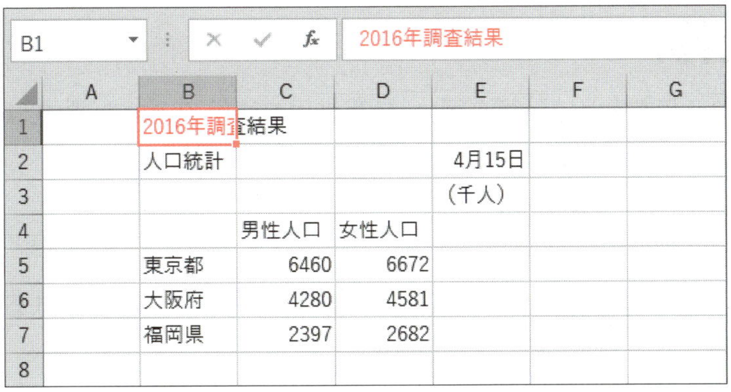

B1 ▾ | × ✓ fx | 2016年調査結果

	A	B	C	D	E	F	G
1		2016年調査結果					
2		人口統計			4月15日		
3					(千人)		
4			男性人口	女性人口			
5		東京都	6460	6672			
6		大阪府	4280	4581			
7		福岡県	2397	2682			
8							

④セル【B1】をクリックします。

⑤数式バーに**「2016年調査結果」**と表示されていることを確認します。

C1 ▾ | × ✓ fx |

	A	B	C	D	E	F	G
1		2016年調査結果					
2		人口統計			4月15日		
3					(千人)		
4			男性人口	女性人口			
5		東京都	6460	6672			
6		大阪府	4280	4581			
7		福岡県	2397	2682			
8							

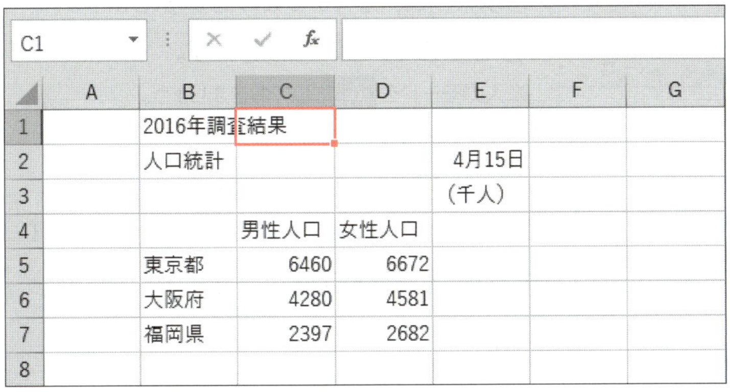

⑥セル【C1】をクリックします。

⑦数式バーが空白であることを確認します。

※数式バーには、アクティブセルの内容が表示されます。セルに何も入力されていない場合、数式バーは空白になります。

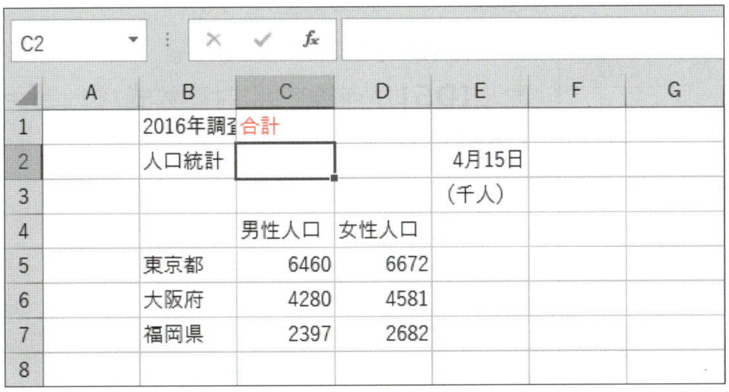

C2 ▾ | × ✓ fx |

	A	B	C	D	E	F	G
1		2016年調査	合計				
2		人口統計			4月15日		
3					(千人)		
4			男性人口	女性人口			
5		東京都	6460	6672			
6		大阪府	4280	4581			
7		福岡県	2397	2682			
8							

セル【C1】にデータを入力します。

⑧セル【C1】がアクティブセルになっていることを確認します。

⑨**「合計」**と入力します。

⑩[Enter]を押します。

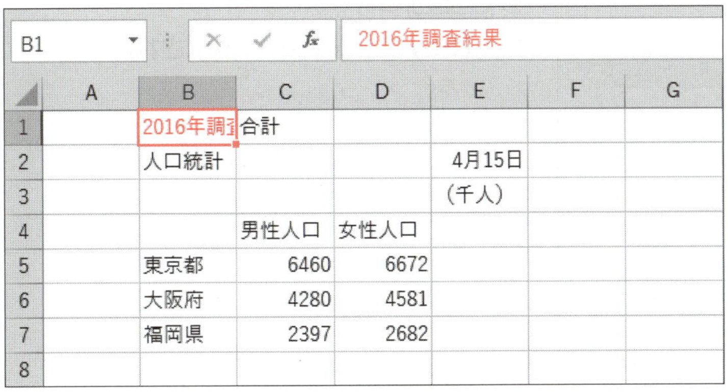

B1 ▾ | × ✓ fx | 2016年調査結果

	A	B	C	D	E	F	G
1		2016年調査	合計				
2		人口統計			4月15日		
3					(千人)		
4			男性人口	女性人口			
5		東京都	6460	6672			
6		大阪府	4280	4581			
7		福岡県	2397	2682			
8							

⑪セル【B1】をクリックします。

⑫数式バーに**「2016年調査結果」**と表示されていることを確認します。

※右隣のセルにデータが入力されている場合、列幅を超える部分は表示されませんが、実際のデータはセル【B1】に入っています。

8 数式の入力と再計算

「数式」を使うと、入力されている値をもとに計算を行い、計算結果を表示できます。数式は先頭に**「=（等号）」**を入力し、続けてセルを参照しながら演算記号を使って入力します。

1 数式の入力

セル**【E5】**に**「東京都」**の数値を合計する数式、セル**【C8】**に**「男性人口」**の数値を合計する数式を入力しましょう。

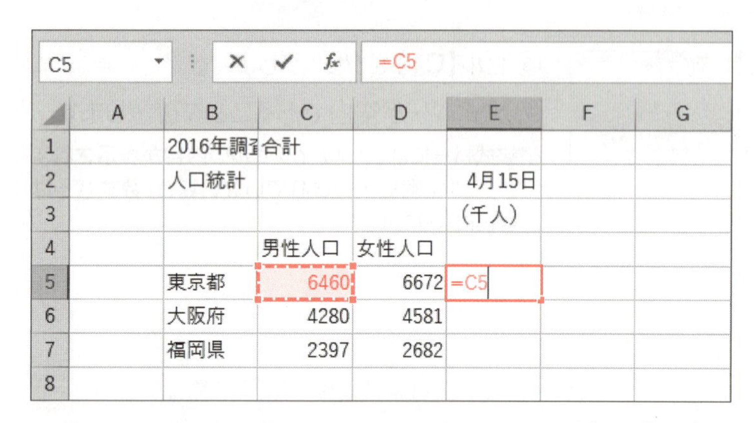

	A	B	C	D	E	F	G
1		2016年調	合計				
2		人口統計			4月15日		
3					（千人）		
4			男性人口	女性人口			
5		東京都	6460	6672	=C5		
6		大阪府	4280	4581			
7		福岡県	2397	2682			
8							

計算結果を表示するセルを選択します。

①セル**【E5】**をクリックします。

※入力モードを A にしておきましょう。

②**「=」**を入力します。

③セル**【C5】**をクリックします。

セル**【C5】**が点線で囲まれ、数式バーに**「=C5」**と表示されます。

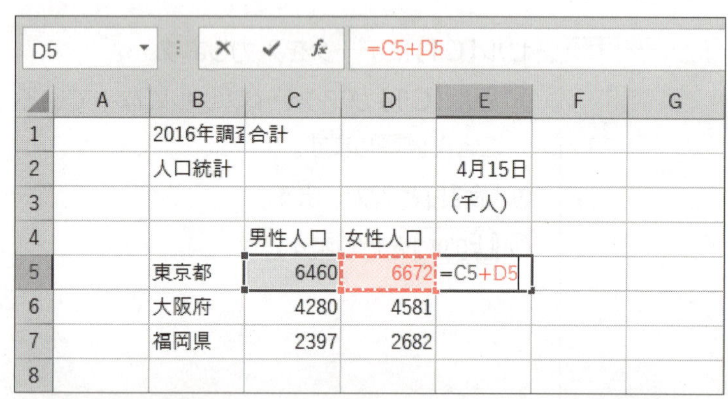

	A	B	C	D	E	F	G
1		2016年調	合計				
2		人口統計			4月15日		
3					（千人）		
4			男性人口	女性人口			
5		東京都	6460	6672	=C5+D5		
6		大阪府	4280	4581			
7		福岡県	2397	2682			
8							

④続けて**「+」**を入力します。

⑤セル**【D5】**をクリックします。

セル**【D5】**が点線で囲まれ、数式バーに**「=C5+D5」**と表示されます。

E6

	A	B	C	D	E	F	G
1		2016年調	合計				
2		人口統計			4月15日		
3					（千人）		
4			男性人口	女性人口			
5		東京都	6460	6672	13132		
6		大阪府	4280	4581			
7		福岡県	2397	2682			
8							

⑥ Enter を押します。

セル**【E5】**に計算結果が表示されます。

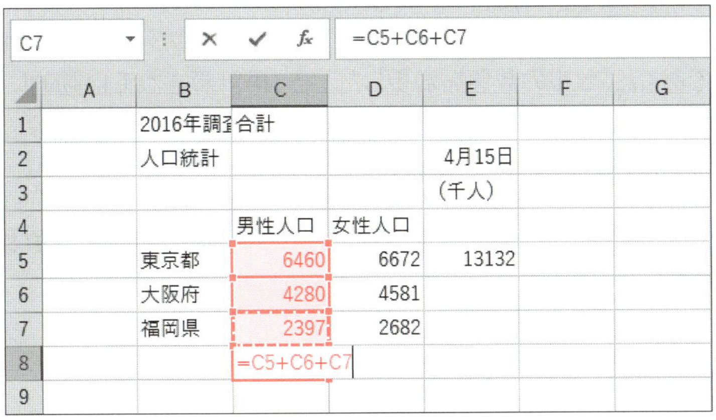

	A	B	C	D	E	F	G
1		2016年調査合計					
2		人口統計			4月15日		
3					(千人)		
4			男性人口	女性人口			
5		東京都	6460	6672	13132		
6		大阪府	4280	4581			
7		福岡県	2397	2682			
8			=C5+C6+C7				
9							

⑦セル【C8】をクリックします。
⑧「=」を入力します。
⑨セル【C5】をクリックします。
⑩続けて「+」を入力します。
⑪セル【C6】をクリックします。
⑫続けて「+」を入力します。
⑬セル【C7】をクリックします。

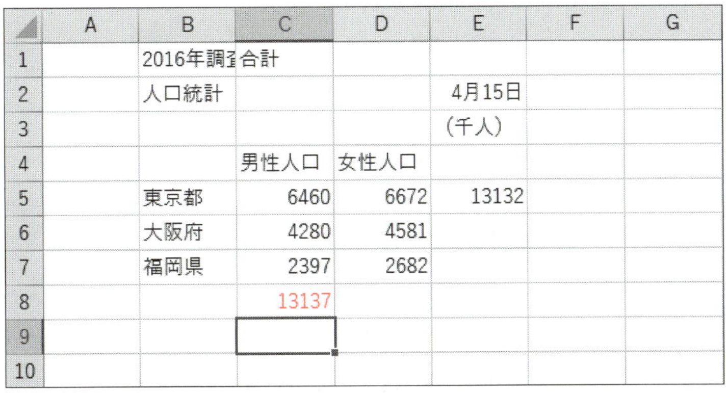

	A	B	C	D	E	F	G
1		2016年調査合計					
2		人口統計			4月15日		
3					(千人)		
4			男性人口	女性人口			
5		東京都	6460	6672	13132		
6		大阪府	4280	4581			
7		福岡県	2397	2682			
8			13137				
9							
10							

⑭ Enter を押します。
セル【C8】に計算結果が表示されます。

POINT ▶▶▶

演算記号

数式で使う演算記号は、次のとおりです。

演算記号	計算方法	一般的な数式	入力する数式
+(プラス)	たし算	2+3	=2+3
-(マイナス)	ひき算	2-3	=2-3
*(アスタリスク)	かけ算	2×3	=2*3
/(スラッシュ)	わり算	2÷3	=2/3
^(キャレット)	べき乗	2^3	=2^3

POINT ▶▶▶

数式の入力

セルを参照せず、「=6460+6672」のように値そのものを使って数式を入力することもできますが、この場合、セルの値を変更しても再計算されることはありません。
計算結果を変更するには、数式を編集状態にして「=6524+6672」のように編集しなければなりません。

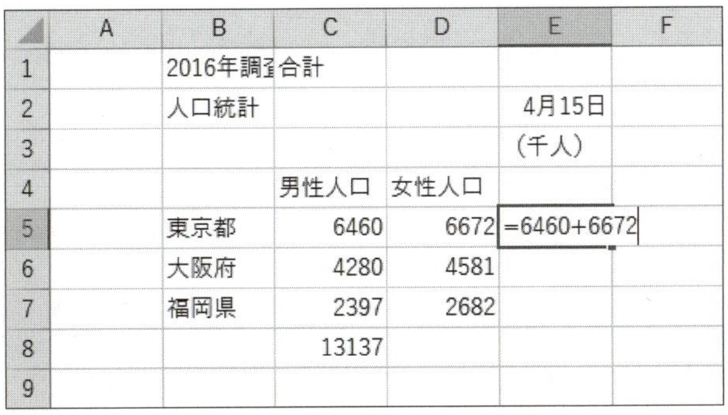

	A	B	C	D	E	F
1		2016年調査合計				
2		人口統計			4月15日	
3					(千人)	
4			男性人口	女性人口		
5		東京都	6460	6672	=6460+6672	
6		大阪府	4280	4581		
7		福岡県	2397	2682		
8			13137			
9						

2 数式の再計算

セルを参照して数式を入力しておくと、セルの数値を変更したとき、再計算されて自動的に計算結果も更新されます。

セル【C5】の数値を「6460」から「6524」に変更しましょう。

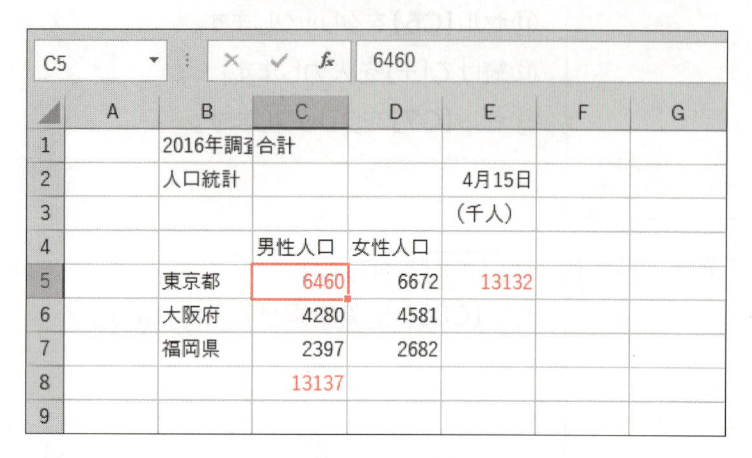

C5 6460

	A	B	C	D	E	F	G
1		2016年調查合計					
2		人口統計			4月15日		
3					(千人)		
4			男性人口	女性人口			
5		東京都	6460	6672	13132		
6		大阪府	4280	4581			
7		福岡県	2397	2682			
8			13137				
9							

①セル【E5】とセル【C8】の計算結果を確認します。

②セル【C5】をクリックします。

C6 4280

	A	B	C	D	E	F	G
1		2016年調查合計					
2		人口統計			4月15日		
3					(千人)		
4			男性人口	女性人口			
5		東京都	6524	6672	13196		
6		大阪府	4280	4581			
7		福岡県	2397	2682			
8			13201				
9							

③「6524」と入力します。

④ Enter を押します。

再計算されます。

⑤セル【E5】とセル【C8】の計算結果が更新されていることを確認します。

数式の編集

数式が入力されているセルを編集状態にすると、その数式が参照しているセルが色枠で囲まれて表示されます。

	A	B	C	D	E	F
1		2016年調查合計				
2		人口統計			4月15日	
3					(千人)	
4			男性人口	女性人口		
5		東京都	6524	6672	=C5+D5	
6		大阪府	4280	4581		
7		福岡県	2397	2682		
8			13201			
9						

Step3 データを編集する

1 移動

データを移動する手順は、次のとおりです。

1 移動元のセルを選択

移動元のセルを選択します。

2 切り取り

（切り取り）をクリックすると、選択しているセルのデータが「クリップボード」と呼ばれる領域に一時的に記憶されます。

3 移動先のセルを選択

移動先のセルを選択します。

4 貼り付け

（貼り付け）をクリックすると、クリップボードに記憶されているデータが選択しているセルに移動します。

セル**【C1】**の**「合計」**をセル**【E4】**に移動しましょう。

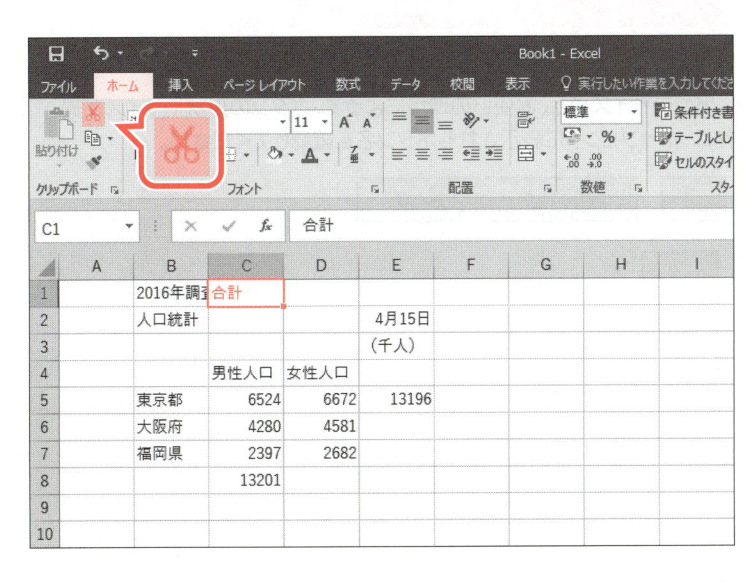

移動元のセルをアクティブセルにします。

①セル**【C1】**をクリックします。

②**《ホーム》**タブを選択します。

③**《クリップボード》**グループの（切り取り）をクリックします。

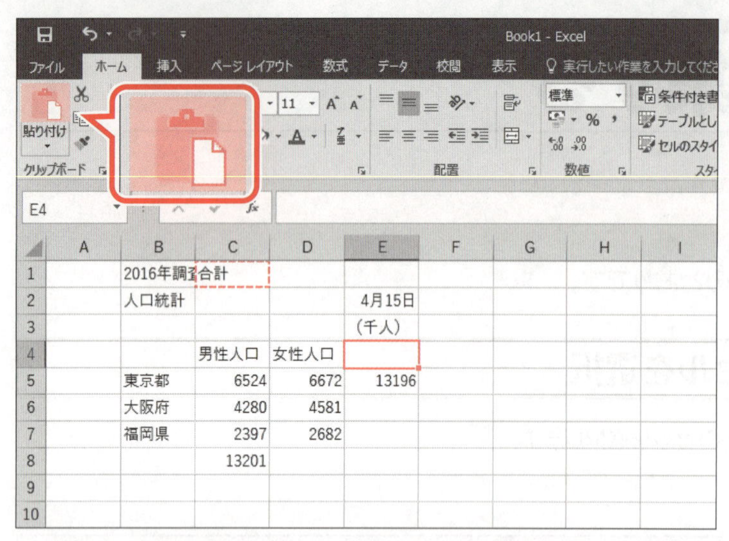

セル【C1】が点線で囲まれます。

移動先のセルをアクティブセルにします。

④セル【E4】をクリックします。

⑤《クリップボード》グループの（貼り付け）をクリックします。

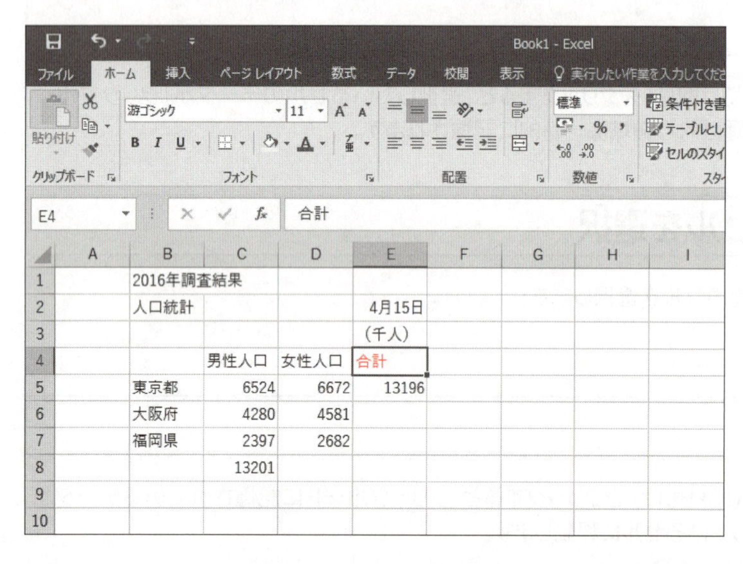

「**合計**」が移動します。

その他の方法（移動）

◆移動元のセルを右クリック→《切り取り》→移動先のセルを右クリック→《貼り付けのオプション》から選択

◆移動元のセルを選択→［Ctrl］+［X］→移動先のセルを選択→［Ctrl］+［V］

◆移動元のセルを選択→移動元のセルの外枠をポイント→移動先のセルまでドラッグ

POINT ▶▶▶

ボタンの形状

ディスプレイの画面解像度やウィンドウのサイズなど、お使いの環境によって、ボタンの形状やサイズが異なる場合があります。ボタンの操作は、ポップヒントに表示されるボタン名を確認してください。

例：セルを結合して中央揃え  セルを結合して中央揃え

例：セルの挿入 

2 コピー

データをコピーする手順は、次のとおりです。

1 コピー元のセルを選択

コピー元のセルを選択します。

2 コピー

（コピー）をクリックすると、選択しているセルのデータが「クリップボード」と呼ばれる領域に一時的に記憶されます。

3 コピー先のセルを選択

コピー先のセルを選択します。

4 貼り付け

（貼り付け）をクリックすると、クリップボードに記憶されているデータが選択しているセルにコピーされます。

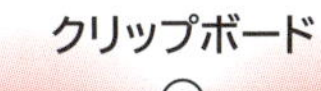

セル【**E4**】の「**合計**」をセル【**B8**】にコピーしましょう。

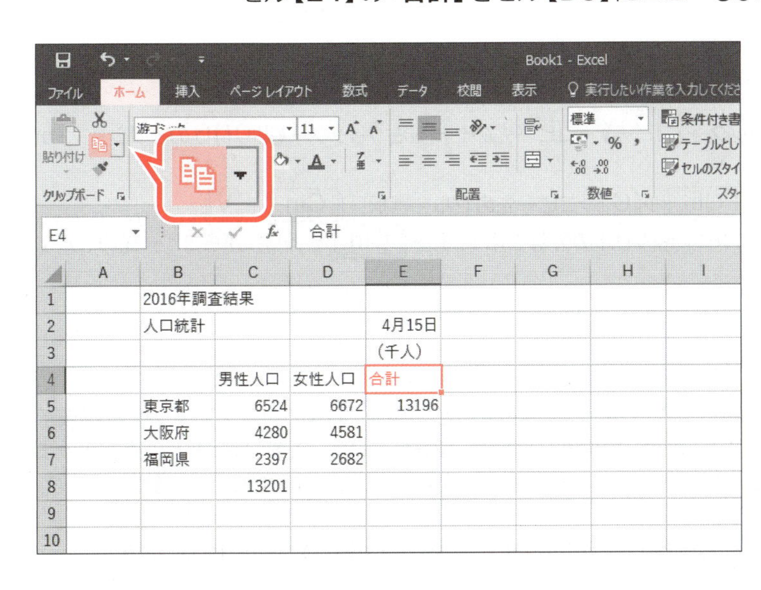

コピー元のセルをアクティブセルにします。

①セル【**E4**】をクリックします。

②《**ホーム**》タブを選択します。

③《**クリップボード**》グループの（コピー）をクリックします。

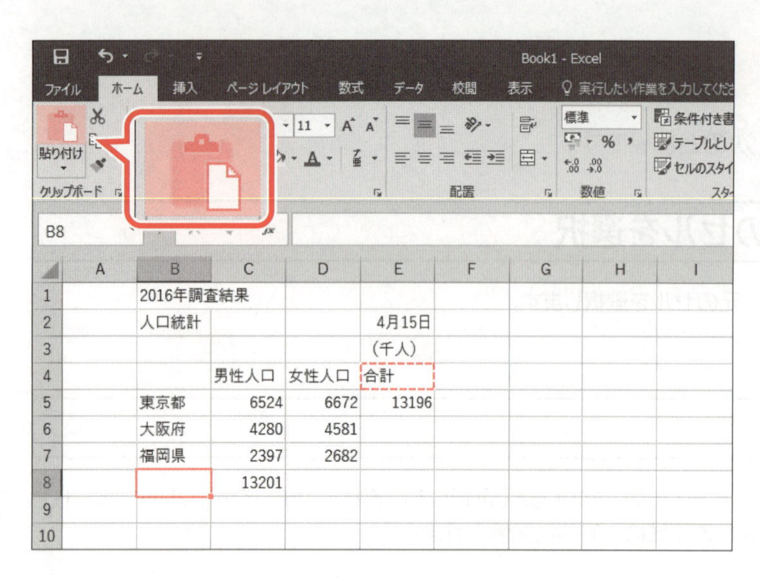

セル【E4】が点線で囲まれます。
コピー先のセルをアクティブセルにします。

④セル【B8】をクリックします。

⑤《クリップボード》グループの（貼り付け）をクリックします。

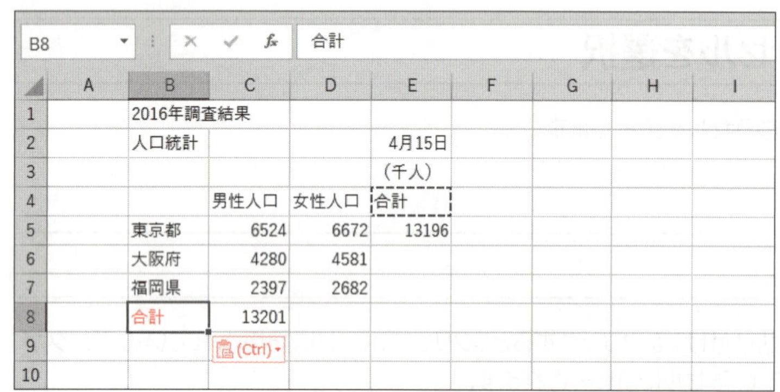

「合計」がコピーされ、（貼り付けのオプション）が表示されます。

※【Esc】を押して、点線と（Ctrl）（貼り付けのオプション）を非表示にしておきましょう。

POINT ▶▶▶

クリップボード

「切り取り」や「コピー」を実行すると、セルが点線で囲まれます。これは、「クリップボード」と呼ばれる領域にデータが一時的に記憶されていることを意味します。
セルが点線で囲まれている間に「貼り付け」を繰り返すと、同じデータを連続してコピーできます。【Esc】を押すと、セルを囲んでいた点線が非表示になります。

STEP UP

その他の方法（コピー）

◆コピー元のセルを右クリック→《コピー》→コピー先のセルを右クリック→《貼り付けのオプション》から選択

◆コピー元のセルを選択→【Ctrl】+【C】→コピー先のセルを選択→【Ctrl】+【V】

◆コピー元のセルを選択→コピー元のセルの外枠をポイント→【Ctrl】を押しながらコピー先のセルまでドラッグ

STEP UP

貼り付けのオプション

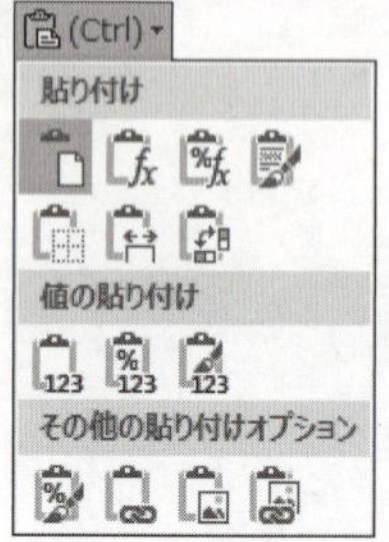

「コピー」と「貼り付け」を実行すると、（貼り付けのオプション）が表示されます。ボタンをクリックするか、または【Ctrl】を押すと、もとの書式のままコピーするか、貼り付け先の書式に合わせてコピーするかなどを一覧から選択できます。
（Ctrl）（貼り付けのオプション）を使わない場合は、【Esc】を押します。

3 クリア

セルのデータや書式を消去することを**「クリア」**といいます。
セル**【B1】**に入力したデータをクリアしましょう。

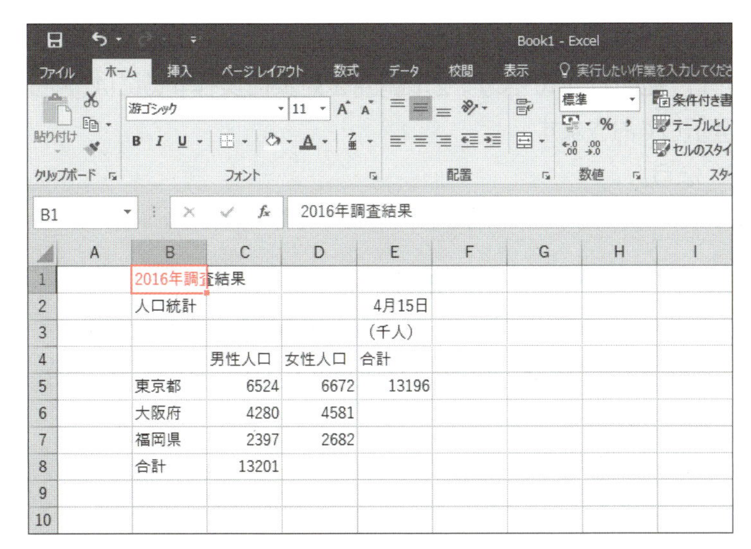

データをクリアするセルをアクティブセルにします。

①セル**【B1】**をクリックします。

②Deleteを押します。

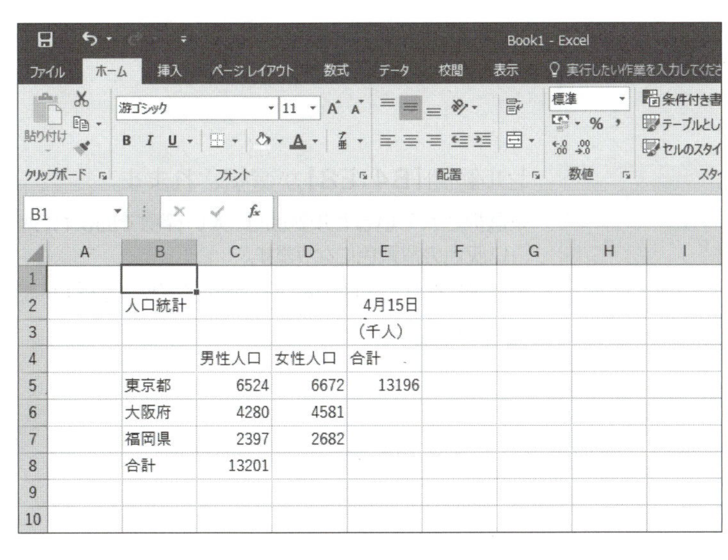

データがクリアされます。

その他の方法（クリア）

◆セルを選択→《ホーム》タブ→《編集》グループの（クリア）→《数式と値のクリア》

◆セルを右クリック→《数式と値のクリア》

すべてクリア

Deleteでは入力したデータ（数値や文字列）だけがクリアされます。セルに書式（罫線や塗りつぶしの色など）が設定されている場合、その書式はクリアされません。
入力したデータや書式などセルの内容をすべてクリアする方法は、次のとおりです。

◆セルを選択→《ホーム》タブ→《編集》グループの（クリア）→《すべてクリア》

Step4 セル範囲を選択する

1 セル範囲の選択

セルの集まりを**「セル範囲」**または**「範囲」**といいます。セル範囲を対象に操作するには、あらかじめ対象となるセル範囲を選択しておきます。

セル範囲**【B4：E8】**を選択しましょう。

※本書では、セル【B4】からセル【E8】までのセル範囲を、セル範囲【B4：E8】と記載しています。

B1

	A	B	C	D	E	F	G
1							
2		人口統計			4月15日		
3					（千人）		
4			男性人口	女性人口	合計		
5		東京都	6524	6672	13196		
6		大阪府	4280	4581			
7		福岡県	2397	2682			
8		合計	13201				
9							

①セル**【B4】**をポイントします。

マウスポインターの形が✚に変わります。

②セル**【B4】**からセル**【E8】**までドラッグします。

B4

	A	B	C	D	E	F	G
1							
2		人口統計			4月15日		
3					（千人）		
4			男性人口	女性人口	合計		
5		東京都	6524	6672	13196		
6		大阪府	4280	4581			
7		福岡県	2397	2682			
8		合計	13201				
9							

セル範囲**【B4：E8】**が選択されます。

※選択されているセル範囲は、太い枠線で囲まれ、薄い灰色の背景色になります。

※選択したセル範囲の右下に（クイック分析）が表示されます。

A1

	A	B	C	D	E	F	G
1							
2		人口統計			4月15日		
3					（千人）		
4			男性人口	女性人口	合計		
5		東京都	6524	6672	13196		
6		大阪府	4280	4581			
7		福岡県	2397	2682			
8		合計	13201				
9							

セル範囲の選択を解除します。

③任意のセルをクリックします。

クイック分析

データが入力されているセル範囲を選択すると、（クイック分析）が表示されます。クリックすると表示される一覧から、数値の大小関係が視覚的にわかるように書式を設定したり、グラフを作成したり、合計を求めたりすることができます。

2 行や列の選択

行全体や列全体を対象に操作するには、あらかじめ対象となる行や列を選択しておきます。
行や列を選択しましょう。

①行番号【8】をポイントします。
マウスポインターの形が➡に変わります。
②クリックします。
8行目が選択されます。

③列番号【C】をポイントします。
マウスポインターの形が⬇に変わります。
④クリックします。
C列が選択されます。

POINT ▶▶▶

セル範囲の選択

複数行の選択

◆行番号をドラッグ

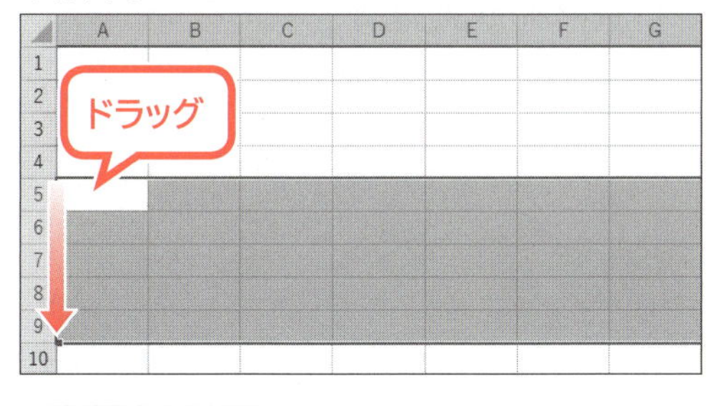

複数列の選択

◆列番号をドラッグ

シート全体の選択

◆全セル選択ボタンをクリック

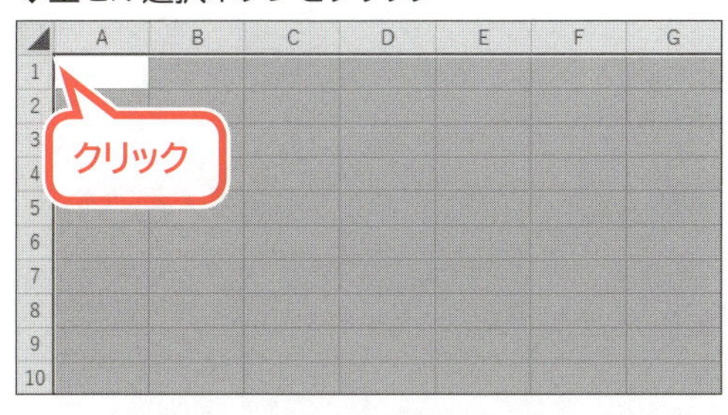

広いセル範囲の選択

◆始点をクリック→［Shift］を押しながら終点をクリック

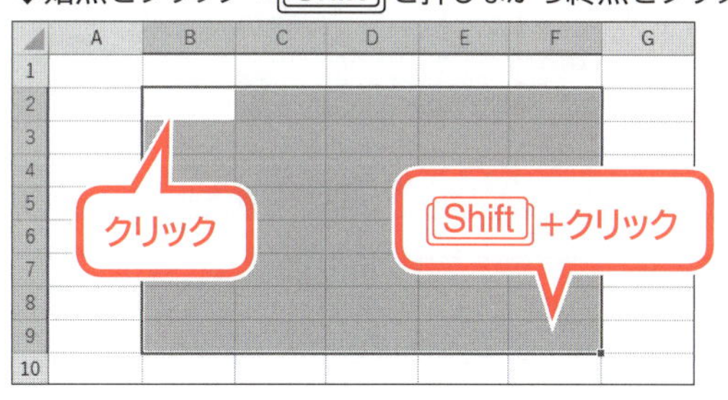

複数のセル範囲の選択

◆1つ目のセル範囲を選択→［Ctrl］を押しながら2つ目以降のセル範囲を選択

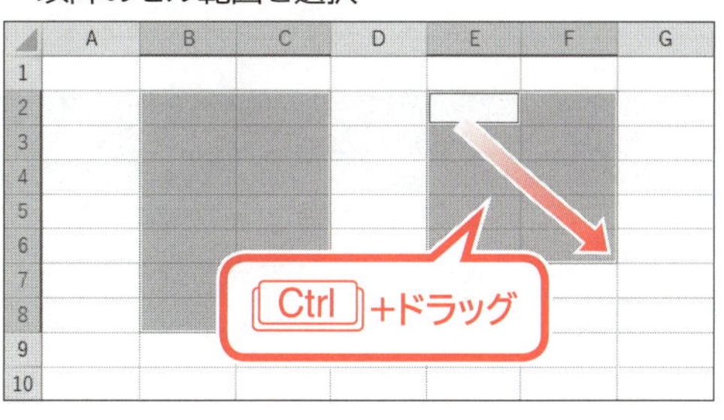

3 コマンドの実行

選択したセル範囲に対して、コマンドを実行しましょう。

1 移動

セル範囲【B2:E8】を、セル【A1】を開始位置として移動しましょう。

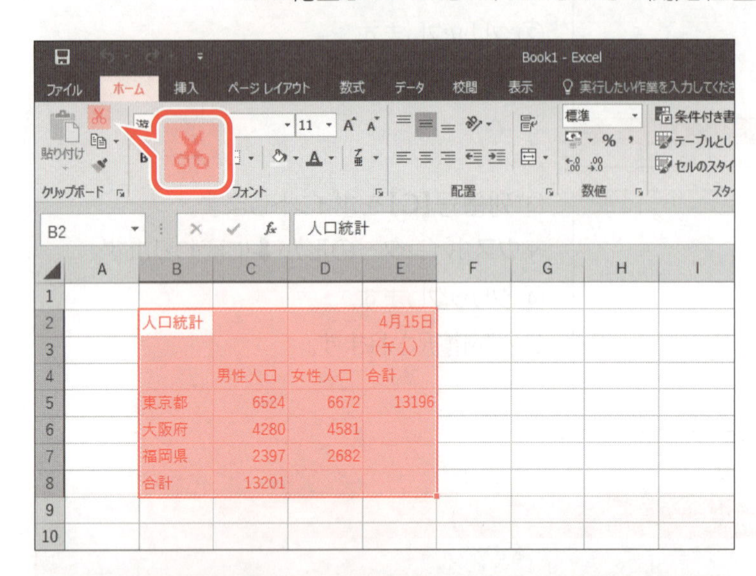

①セル範囲【B2:E8】を選択します。

②《ホーム》タブを選択します。

③《クリップボード》グループの （切り取り）をクリックします。

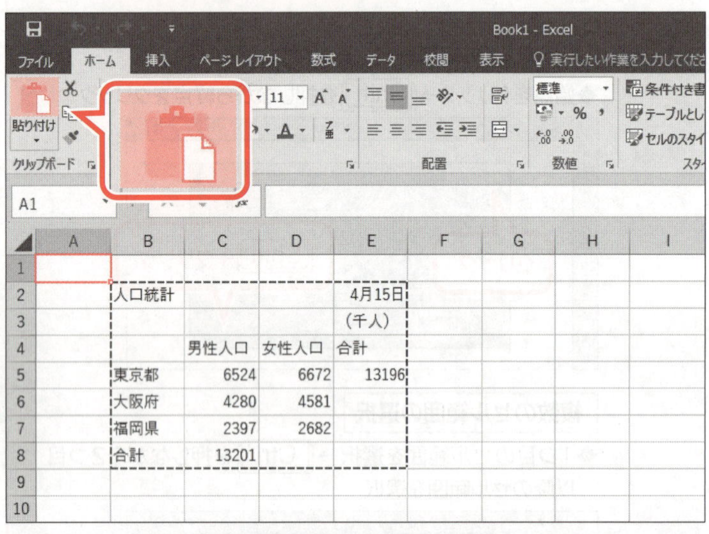

④セル【A1】をクリックします。

⑤《クリップボード》グループの （貼り付け）をクリックします。

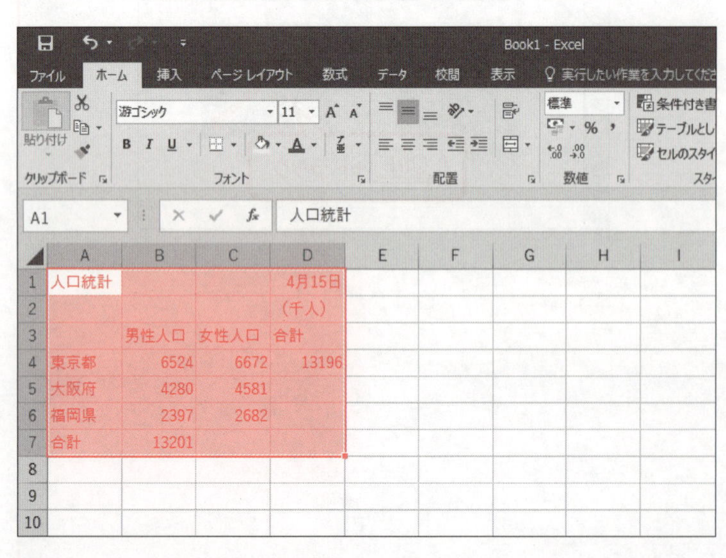

データが移動します。

2 コピー

セル【**D4**】の数式を、セル範囲【**D5:D6**】にコピーしましょう。

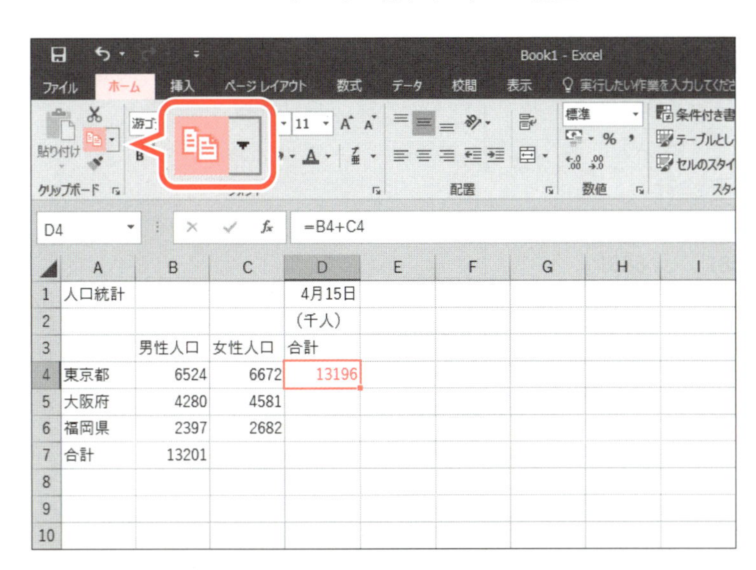

①セル【**D4**】をクリックします。
②《**ホーム**》タブを選択します。
③《**クリップボード**》グループの（コピー）をクリックします。

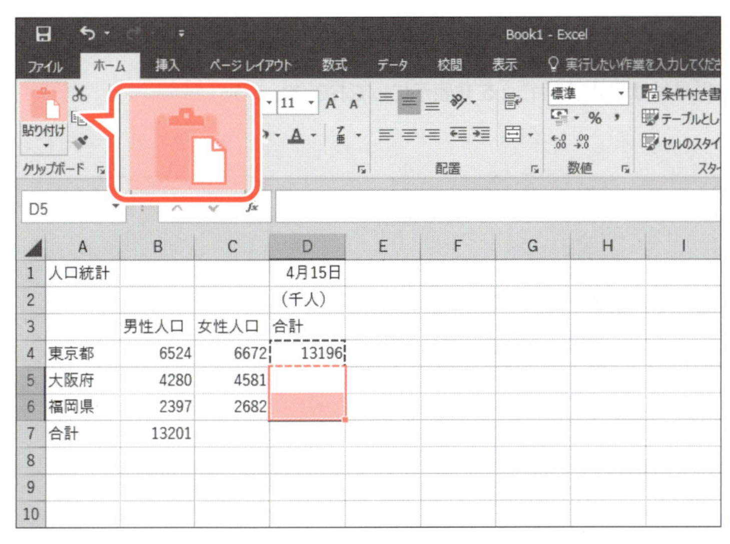

④セル範囲【**D5:D6**】を選択します。
⑤《**クリップボード**》グループの（貼り付け）をクリックします。

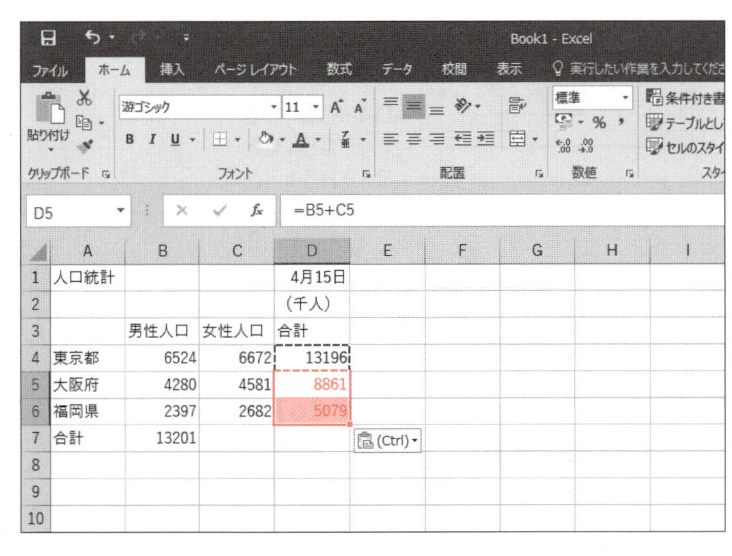

数式がコピーされます。
※ Esc を押して、点線と (Ctrl) （貼り付けのオプション）を非表示にしておきましょう。

ためしてみよう

セル【B7】の数式を、セル範囲【C7:D7】にコピーしましょう。

	A	B	C	D	E
1	人口統計			4月15日	
2				（千人）	
3		男性人口	女性人口	合計	
4	東京都	6524	6672	13196	
5	大阪府	4280	4581	8861	
6	福岡県	2397	2682	5079	
7	合計	13201	13935	27136	
8					

Let's Try Answer

①セル【B7】をクリック
②《ホーム》タブを選択
③《クリップボード》グループの（コピー）をクリック
④セル範囲【C7:D7】を選択
⑤《クリップボード》グループの（貼り付け）をクリック
※［Esc］を押して、点線と（Ctrl）（貼り付けのオプション）を非表示にしておきましょう。

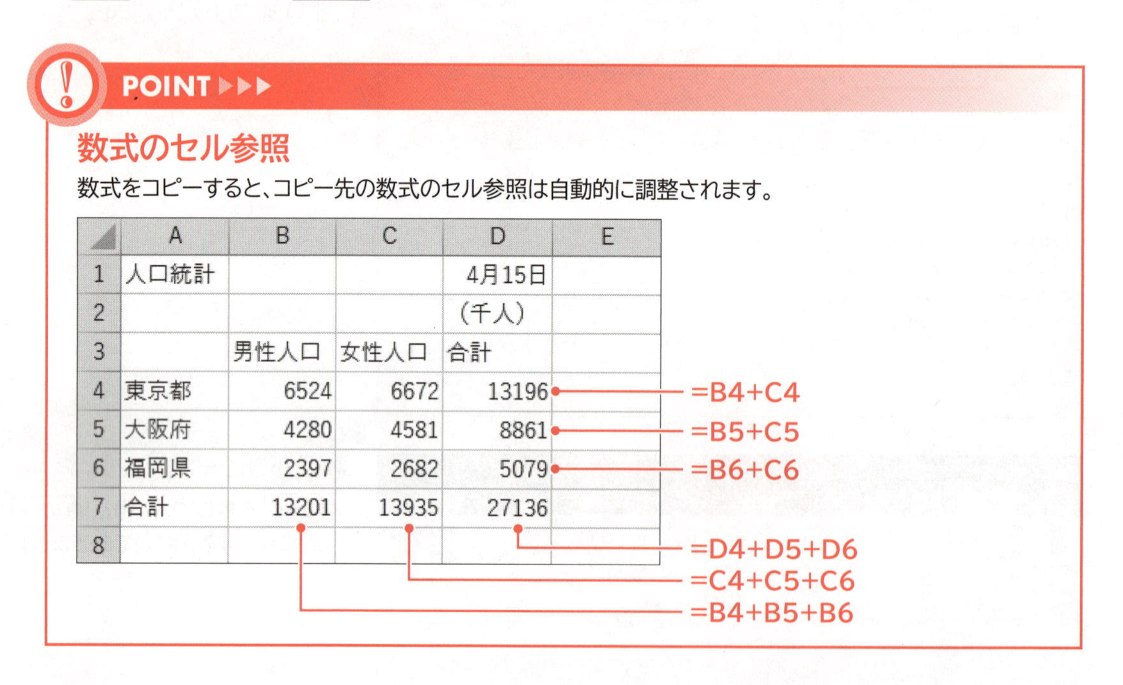

POINT ▶▶▶

数式のセル参照

数式をコピーすると、コピー先の数式のセル参照は自動的に調整されます。

	A	B	C	D	E
1	人口統計			4月15日	
2				（千人）	
3		男性人口	女性人口	合計	
4	東京都	6524	6672	13196	
5	大阪府	4280	4581	8861	
6	福岡県	2397	2682	5079	
7	合計	13201	13935	27136	
8					

3 クリア

セル範囲**【B4:C6】**の数値をクリアしましょう。

B4　6524

	A	B	C	D	E	F	G	H	I
1	人口統計			4月15日					
2				（千人）					
3		男性人口	女性人口	合計					
4	東京都	6524	6672	13196					
5	大阪府	4280	4581	8861					
6	福岡県	2397	2682	5079					
7	合計	13201	13935	27136					
8									

①セル範囲**【B4:C6】**を選択します。
②［Delete］を押します。

	A	B	C	D	E	F	G	H	I
1	人口統計			4月15日					
2				(千人)					
3		男性人口	女性人口	合計					
4	東京都			0					
5	大阪府			0					
6	福岡県			0					
7	合計	0	0	0					
8									

数値がクリアされます。

4 元に戻す

直前に行った操作を取り消して、元の状態に戻すことができます。
数値をクリアした操作を取り消しましょう。

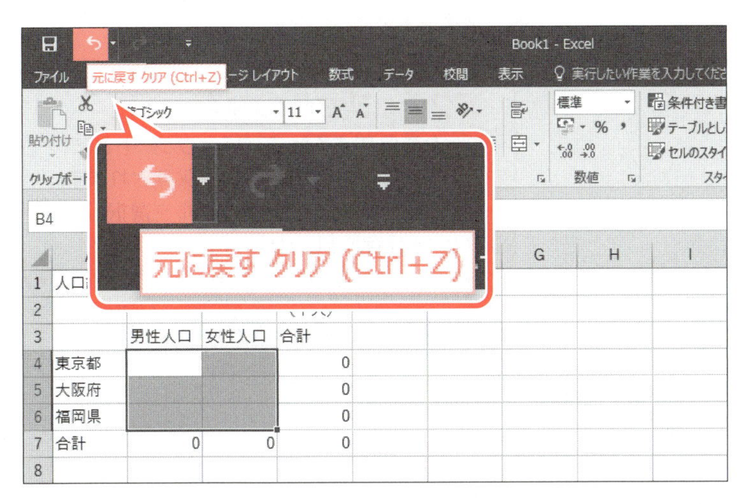

①クイックアクセスツールバーの ↶ (元に戻す)をクリックします。

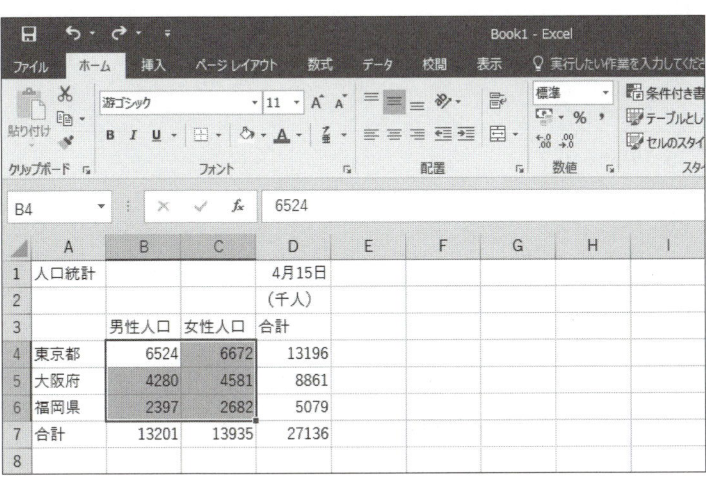

直前に行ったクリアの操作が取り消されます。

※ ↶ (元に戻す)を繰り返しクリックすると、過去の操作が順番に取り消されます。

その他の方法(元に戻す)

◆ Ctrl + Z

POINT ▶▶▶

元に戻す

クイックアクセスツールバーの ↶ ▾ (元に戻す)の ▾ をクリックすると、一覧に過去の操作が表示されます。一覧から操作を選択すると、直前の操作から選択した操作までがまとめて取り消され、それ以前の状態に戻ります。

POINT ▶▶▶

やり直し

クイックアクセスツールバーの ↷ (やり直し)をクリックすると、↶ (元に戻す)で取り消した操作を再度実行できます。

Step5 ブックを保存する

1 名前を付けて保存

作成したブックを残しておくには、ブックに名前を付けて保存します。
作成したブックに**「人口統計」**と名前を付けてフォルダー**「第2章」**に保存しましょう。

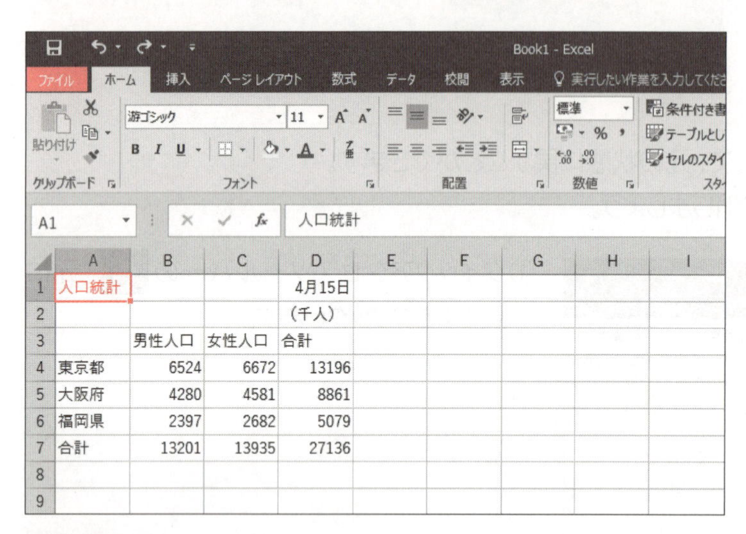

①セル**【A1】**をクリックします。
②**《ファイル》**タブを選択します。

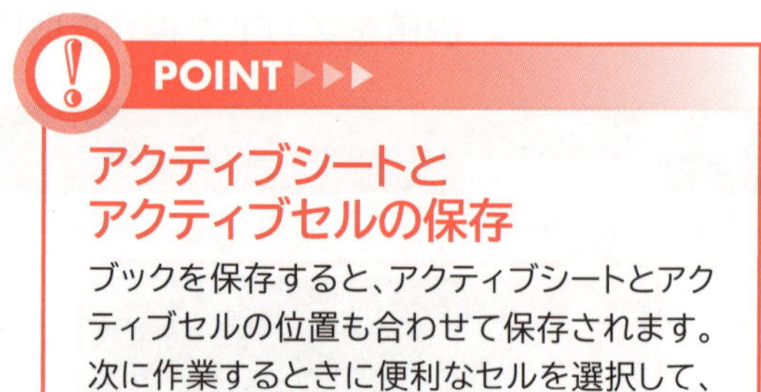

POINT ▶▶▶

アクティブシートとアクティブセルの保存

ブックを保存すると、アクティブシートとアクティブセルの位置も合わせて保存されます。次に作業するときに便利なセルを選択して、ブックを保存しましょう。

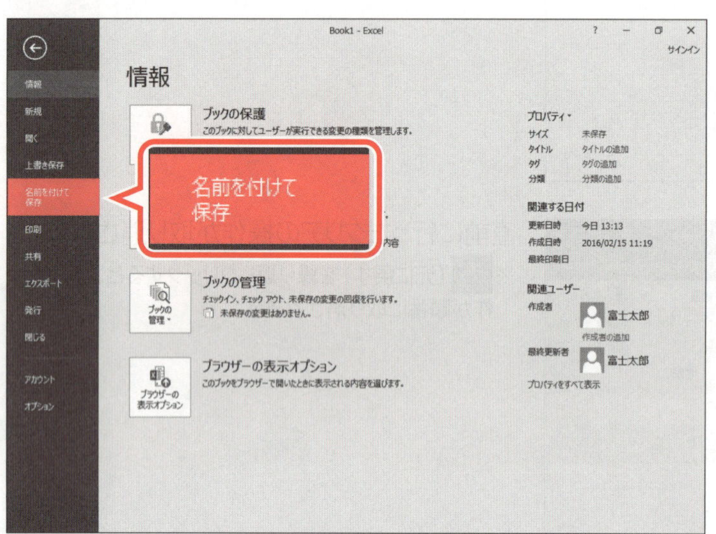

③**《名前を付けて保存》**をクリックします。

ブックを保存する場所を選択します。
④**《参照》**をクリックします。

《**名前を付けて保存**》ダイアログボックスが表示されます。

⑤左側の一覧から《**ドキュメント**》を選択します。

※《ドキュメント》が表示されていない場合は、《PC》をクリックします。

⑥右側の一覧から「**Excel2016基礎**」を選択します。

⑦《**開く**》をクリックします。

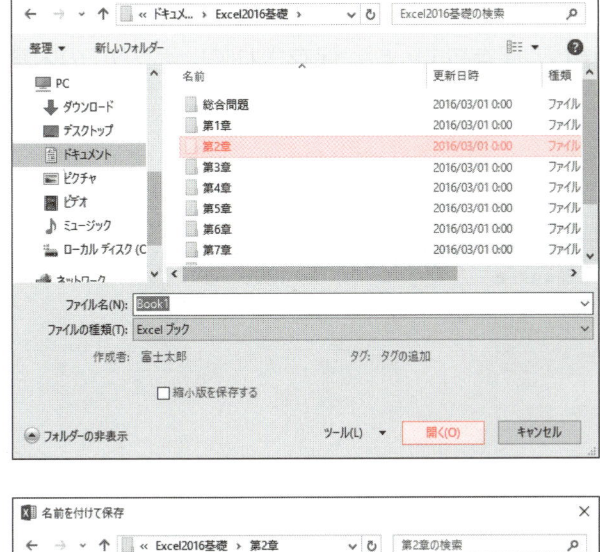

⑧一覧から「**第2章**」を選択します。

⑨《**開く**》をクリックします。

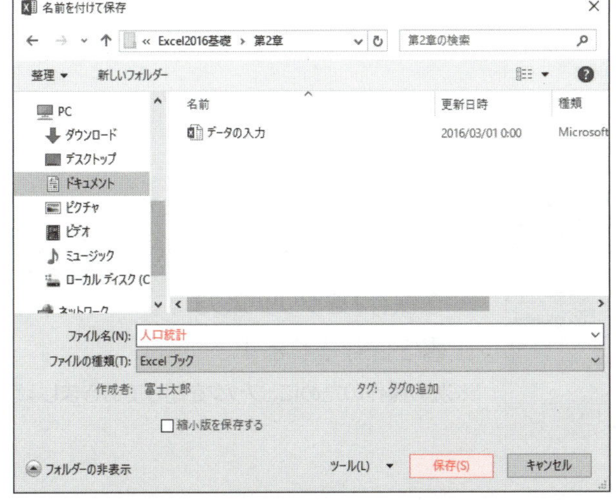

⑩《**ファイル名**》に「**人口統計**」と入力します。

⑪《**保存**》をクリックします。

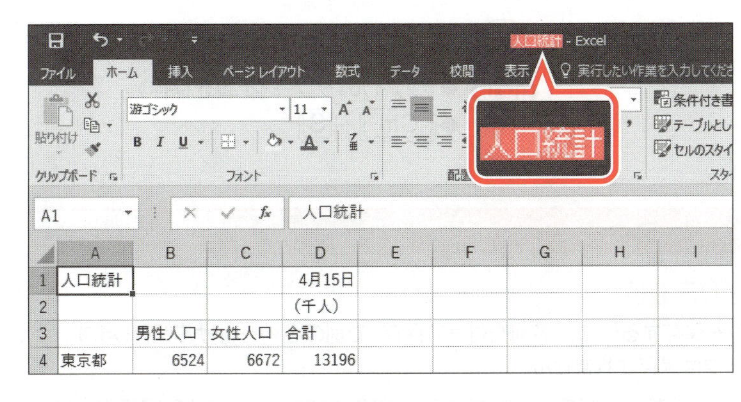

ブックが保存されます。

⑫タイトルバーにブックの名前が表示されていることを確認します。

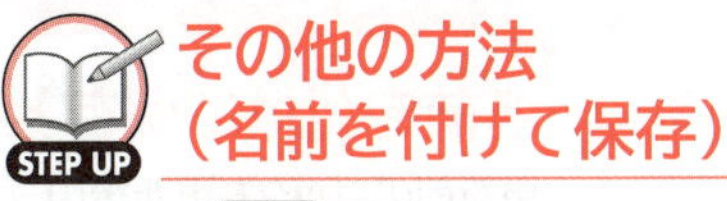

その他の方法（名前を付けて保存）

◆F12

Excel 2016のファイル形式

Excel 2016でブックを作成・保存すると、自動的に拡張子「.xlsx」が付きます。Excel 2003以前のバージョンで作成・保存されているブックの拡張子は「.xls」で、ファイル形式が異なります。

ブックの自動保存

作成中のブックは、一定の間隔で自動的にパソコン内に保存されます。
ブックを保存せずに閉じてしまった場合は、自動的に保存されたブックの一覧から復元できることがあります。
保存していないブックを復元する方法は、次のとおりです。

◆《ファイル》タブ→《情報》→《ブックの管理》→《保存されていないブックの回復》→ブックを選択→《開く》

※操作のタイミングによって、完全に復元されるとは限りません。

2 上書き保存

ブック**「人口統計」**の内容を一部変更して保存しましょう。保存されているブックの内容を更新するには、上書き保存します。
セル**【D1】**に**「5月1日」**と入力し、ブックを上書き保存しましょう。

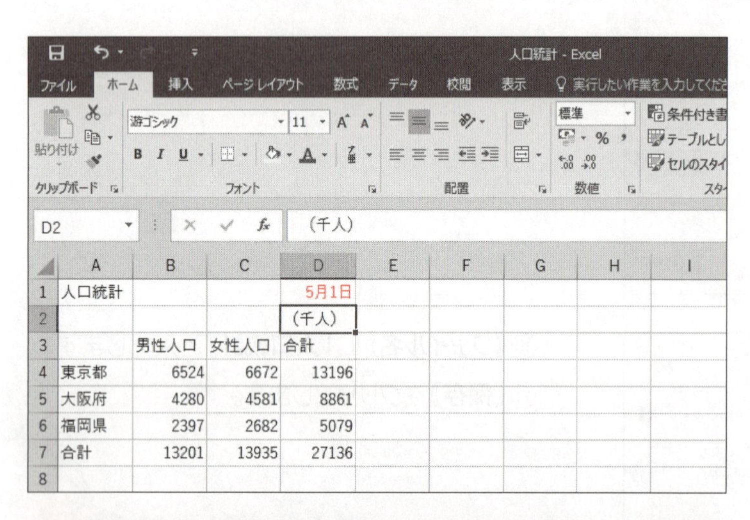

①セル**【D1】**に**「5/1」**と入力します。
「5月1日」と表示されます。

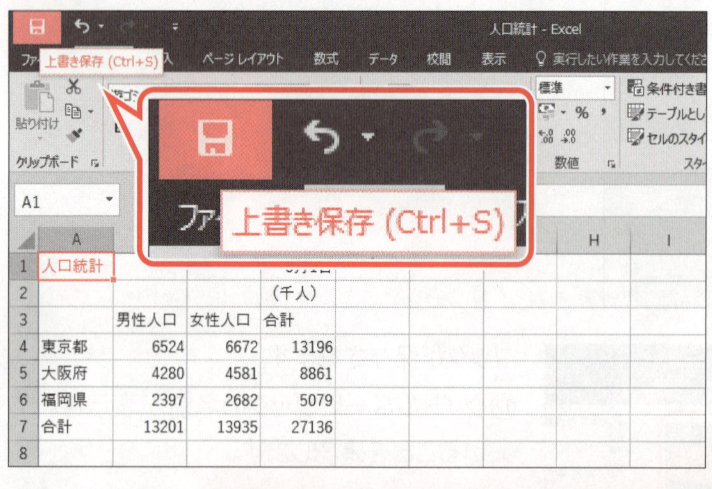

②セル**【A1】**をクリックします。
③クイックアクセスツールバーの（上書き保存）をクリックします。
上書き保存されます。
※次の操作のために、ブックを閉じておきましょう。

その他の方法（上書き保存）

◆《ファイル》タブ→《上書き保存》
◆Ctrl+S

POINT ▶▶▶

名前を付けて保存と上書き保存

更新前のブックも更新後のブックも保存するには、「名前を付けて保存」で別の名前を付けて保存します。
「上書き保存」では、更新前のブックは保存されません。

Step6 オートフィルを利用する

1 オートフィルの利用

「オートフィル」は、セル右下の■（フィルハンドル）を使って連続性のあるデータを隣接するセルに入力する機能です。
オートフィルを使って、データを入力しましょう。

File OPEN フォルダー「第2章」のブック「データの入力」を開いておきましょう。

1 日付の入力

セル範囲**【C3:G3】**に**「3月7日」「3月8日」…「3月11日」**と入力しましょう。

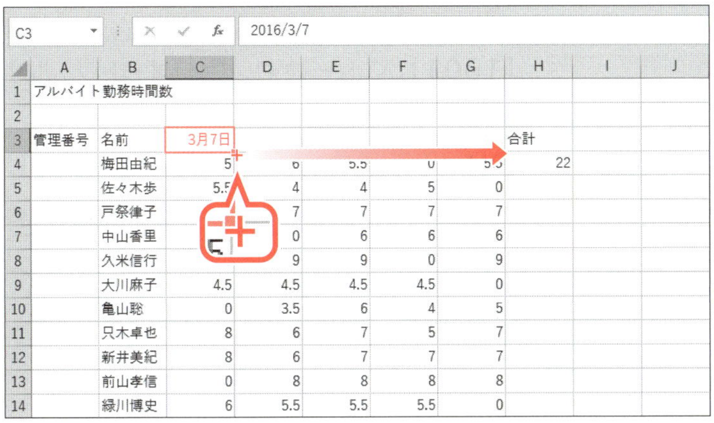

C3 | 2016/3/7

	A	B	C	D	E	F	G	H	I	J
1	アルバイト勤務時間数									
2										
3	管理番号	名前	3月7日					合計		
4		梅田由紀	5	6	5.5	0	5.5	22		
5		佐々木歩	5.5	4	4	5	0			
6		戸祭律子		7	7	7	7			
7		中山香里		0	6	6	6			
8		久米信行		9	9	0	9			
9		大川麻子	4.5	4.5	4.5	4.5	0			
10		亀山聡	0	3.5	6	4	5			
11		只木卓也	8	6	7	5	7			
12		新井美紀	8	6	7	7	7			
13		前山孝信	0	8	8	8	8			
14		緑川博史	6	5.5	5.5	5.5	0			

①セル**【C3】**に**「3/7」**と入力します。
②セル**【C3】**を選択し、セル右下の■（フィルハンドル）をポイントします。
マウスポインターの形が**＋**に変わります。
③セル**【G3】**までドラッグします。

C3 | 2016/3/7

	A	B	C	D	E	F	G	H	I	J
1	アルバイト勤務時間数									
2										
3	管理番号	名前	3月7日					合計		
4		梅田由紀	5	6	5.5	3月11日	5.5	22		
5		佐々木歩	5.5	4	4	5	0			
6		戸祭律子	0	7	7	7	7			
7		中山香里	6	0	6	6	6			
8		久米信行	9	9	9	0	9			
9		大川麻子	4.5	4.5	4.5	4.5	0			
10		亀山聡	0	3.5	6	4	5			
11		只木卓也	8	6	7	5	7			
12		新井美紀	8	6	7	7	7			
13		前山孝信	0	8	8	8	8			
14		緑川博史	6	5.5	5.5	5.5	0			

ドラッグ中、入力されるデータがポップヒントで表示されます。

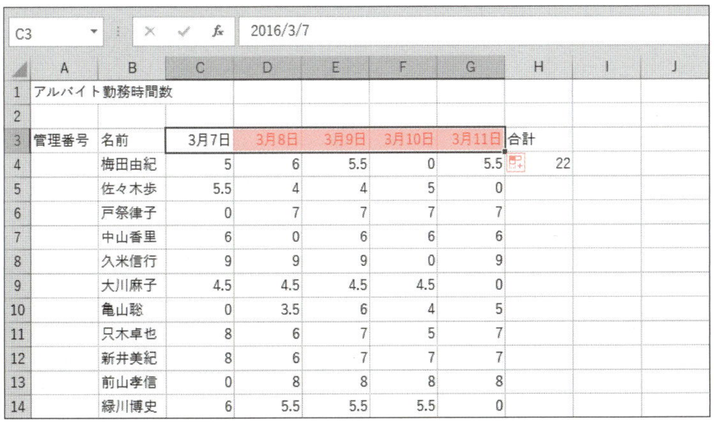

C3 | 2016/3/7

	A	B	C	D	E	F	G	H	I	J
1	アルバイト勤務時間数									
2										
3	管理番号	名前	3月7日	3月8日	3月9日	3月10日	3月11日	合計		
4		梅田由紀	5	6	5.5	0	5.5	22		
5		佐々木歩	5.5	4	4	5	0			
6		戸祭律子	0	7	7	7	7			
7		中山香里	6	0	6	6	6			
8		久米信行	9	9	9	0	9			
9		大川麻子	4.5	4.5	4.5	4.5	0			
10		亀山聡	0	3.5	6	4	5			
11		只木卓也	8	6	7	5	7			
12		新井美紀	8	6	7	7	7			
13		前山孝信	0	8	8	8	8			
14		緑川博史	6	5.5	5.5	5.5	0			

「3月8日」…「3月11日」が入力され、（オートフィルオプション）が表示されます。

POINT ▶▶▶

連続データの入力

同様の手順で、「1月」～「12月」、「月曜日」～「日曜日」、「第1四半期」～「第4四半期」なども入力できます。

2 数値の入力

「管理番号」に「1001」「1002」「1003」・・・と、1ずつ増加する数値を入力しましょう。

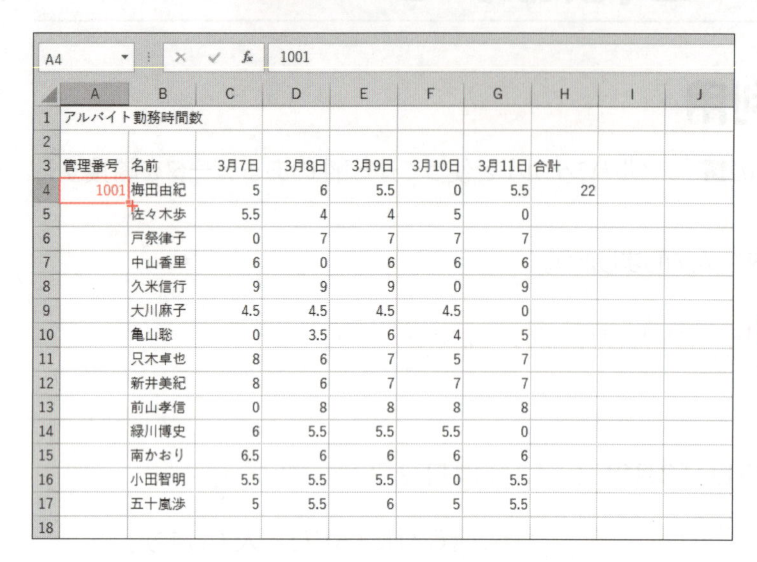

A4 | 1001

	A	B	C	D	E	F	G	H
1	アルバイト勤務時間数							
2								
3	管理番号	名前	3月7日	3月8日	3月9日	3月10日	3月11日	合計
4	1001	梅田由紀	5	6	5.5	0	5.5	22
5		佐々木歩	5.5	4	4	5	0	
6		戸祭律子	0	7	7	7	7	
7		中山香里	6	0	6	6	6	
8		久米信行	9	9	9	0	9	
9		大川麻子	4.5	4.5	4.5	4.5	0	
10		亀山聡	0	3.5	6	4	5	
11		只木卓也	8	6	7	5	7	
12		新井美紀	8	6	7	7	7	
13		前山孝信	0	8	8	8	8	
14		緑川博史	6	5.5	5.5	5.5	0	
15		南かおり	6.5	6	6	6	6	
16		小田智明	5.5	5.5	5.5	0	5.5	
17		五十嵐渉	5	5.5	6	5	5.5	
18								

①セル【A4】に「1001」と入力します。

②セル【A4】を選択し、セル右下の■(フィルハンドル)をダブルクリックします。

※■(フィルハンドル)をセル【A17】までドラッグしてもかまいません。

POINT

フィルハンドルのダブルクリック

■(フィルハンドル)をダブルクリックすると、表内のデータの最終行を自動的に認識し、データが入力されます。

連続データ(S)

セルのコピー(C)
連続データ(S)
書式のみコピー (フィル)(F)
書式なしコピー (フィル)(O)
フラッシュ フィル(F)

「1001」がコピーされ、(オートフィルオプション)が表示されます。

③(オートフィルオプション)をクリックします。

※(オートフィルオプション)をポイントすると、になります。

④《連続データ》をクリックします。

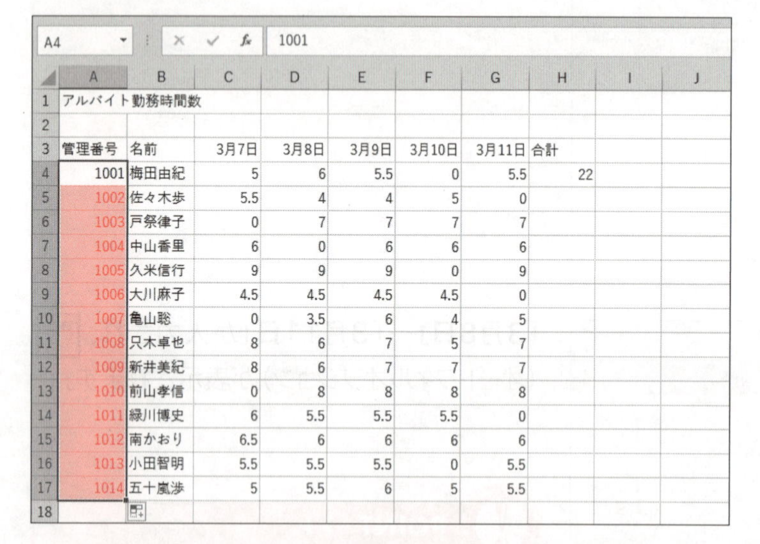

A4 | 1001

	A	B	C	D	E	F	G	H
1	アルバイト勤務時間数							
2								
3	管理番号	名前	3月7日	3月8日	3月9日	3月10日	3月11日	合計
4	1001	梅田由紀	5	6	5.5	0	5.5	22
5	1002	佐々木歩	5.5	4	4	5	0	
6	1003	戸祭律子	0	7	7	7	7	
7	1004	中山香里	6	0	6	6	6	
8	1005	久米信行	9	9	9	0	9	
9	1006	大川麻子	4.5	4.5	4.5	4.5	0	
10	1007	亀山聡	0	3.5	6	4	5	
11	1008	只木卓也	8	6	7	5	7	
12	1009	新井美紀	8	6	7	7	7	
13	1010	前山孝信	0	8	8	8	8	
14	1011	緑川博史	6	5.5	5.5	5.5	0	
15	1012	南かおり	6.5	6	6	6	6	
16	1013	小田智明	5.5	5.5	5.5	0	5.5	
17	1014	五十嵐渉	5	5.5	6	5	5.5	
18								

1ずつ増加する数値になります。

POINT ▶▶▶

オートフィルオプション

- セルのコピー(C)
- 連続データ(S)
- 書式のみコピー (フィル)(F)
- 書式なしコピー (フィル)(O)
- フラッシュ フィル(F)

「オートフィル」を実行すると、(オートフィルオプション)が表示されます。クリックすると表示される一覧から、書式の有無を指定したり、日付の単位を変更したりできます。

3 数式のコピー

「コピー」と**「貼り付け」**のコマンド以外に、オートフィルを使って数式をコピーすることもできます。

セル**【H4】**に入力されている数式をコピーしましょう。

H4 =C4+D4+E4+F4+G4

	A	B	C	D	E	F	G	H	I	J
1	アルバイト勤務時間数									
2										
3	管理番号	名前	3月7日	3月8日	3月9日	3月10日	3月11日	合計		
4	1001	梅田由紀	5	6	5.5	0	5.5	22		
5	1002	佐々木歩	5.5	4	4	5	0			
6	1003	戸祭律子	0	7	7	7	7			
7	1004	中山香里	6	0	6	6	6			
8	1005	久米信行	9	9	9	0	9			
9	1006	大川麻子	4.5	4.5	4.5	4.5	0			
10	1007	亀山聡	0	3.5	6	4	5			
11	1008	只木卓也	8	6	7	5	7			
12	1009	新井美紀	8	6	7	7	7			
13	1010	前山孝信	0	8	8	8	8			
14	1011	緑川博史	6	5.5	5.5	5.5	0			
15	1012	南かおり	6.5	6	6	6	6			
16	1013	小田智明	5.5	5.5	5.5	0	5.5			
17	1014	五十嵐渉	5	5.5	6	5	5.5			
18										

①セル**【H4】**に入力されている数式を確認します。

②セル**【H4】**を選択し、セル右下の■(フィルハンドル)をダブルクリックします。

H4 =C4+D4+E4+F4+G4

	A	B	C	D	E	F	G	H	I	J
1	アルバイト勤務時間数									
2										
3	管理番号	名前	3月7日	3月8日	3月9日	3月10日	3月11日	合計		
4	1001	梅田由紀	5	6	5.5	0	5.5	22		
5	1002	佐々木歩	5.5	4	4	5	0	18.5		
6	1003	戸祭律子	0	7	7	7	7	28		
7	1004	中山香里	6	0	6	6	6	24		
8	1005	久米信行	9	9	9	0	9	36		
9	1006	大川麻子	4.5	4.5	4.5	4.5	0	18		
10	1007	亀山聡	0	3.5	6	4	5	18.5		
11	1008	只木卓也	8	6	7	5	7	33		
12	1009	新井美紀	8	6	7	7	7	35		
13	1010	前山孝信	0	8	8	8	8	32		
14	1011	緑川博史	6	5.5	5.5	5.5	0	22.5		
15	1012	南かおり	6.5	6	6	6	6	30.5		
16	1013	小田智明	5.5	5.5	5.5	0	5.5	22		
17	1014	五十嵐渉	5	5.5	6	5	5.5	27		
18										

数式がコピーされます。

※数式をコピーすると、コピー先の数式のセル参照は自動的に調整されます。

※ブックに「データの入力完成」と名前を付けて、フォルダー「第2章」に保存し、閉じておきましょう。

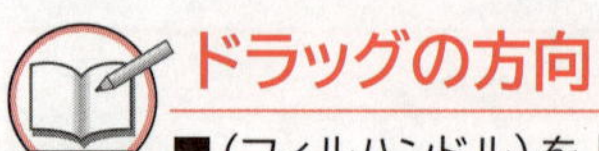

ドラッグの方向

■（フィルハンドル）を上下左右にドラッグして、データを入力できます。

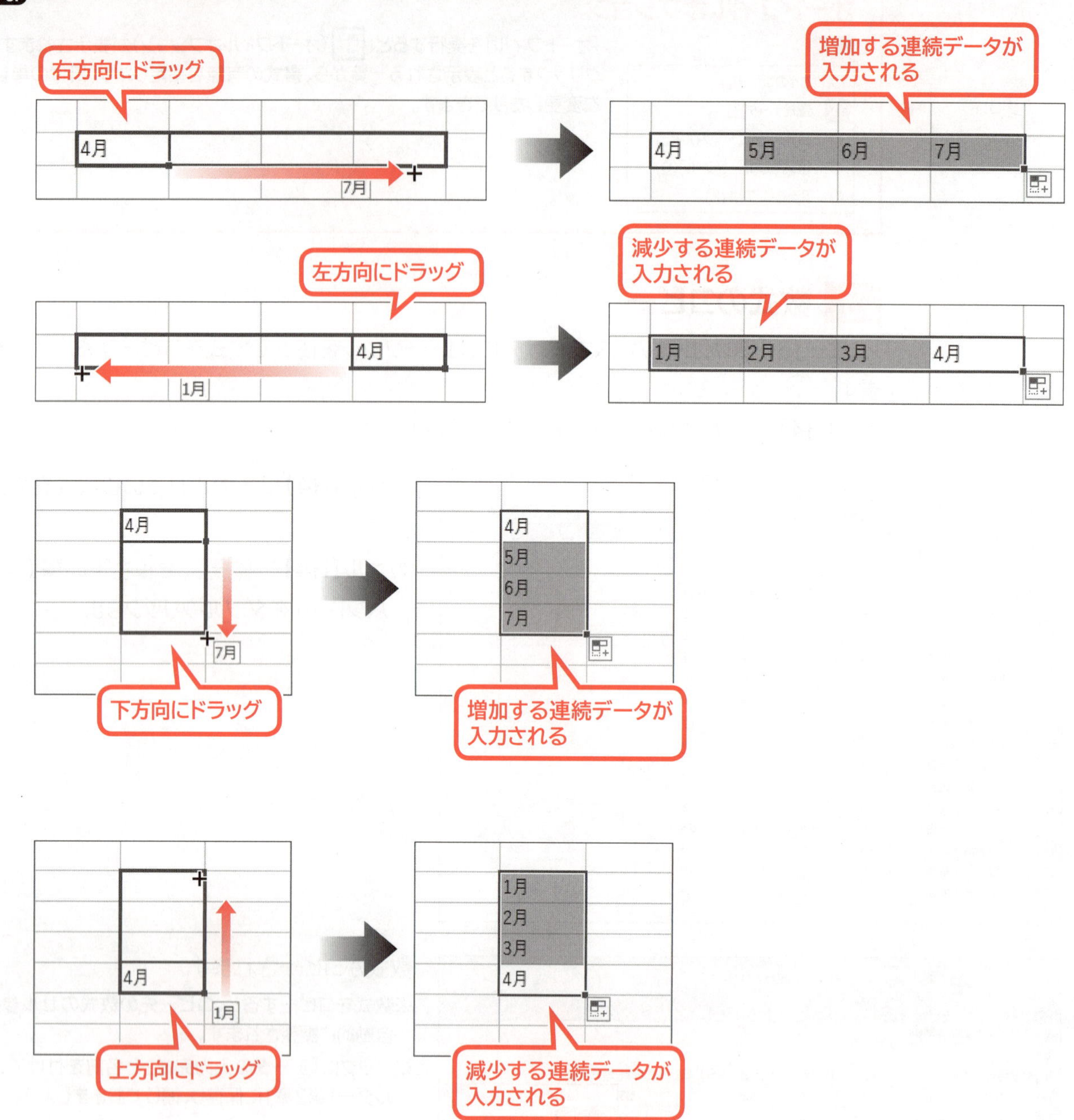

STEP UP オートフィルの増減単位

オートフィルの増減単位を設定するには、次のような方法があります。

●2つのセルをもとにオートフィルを実行する

数値を入力した2つのセルをもとにオートフィルを実行すると、1つ目のセルの数値と2つ目のセルの数値の差分をもとに、連続データが入力されます。

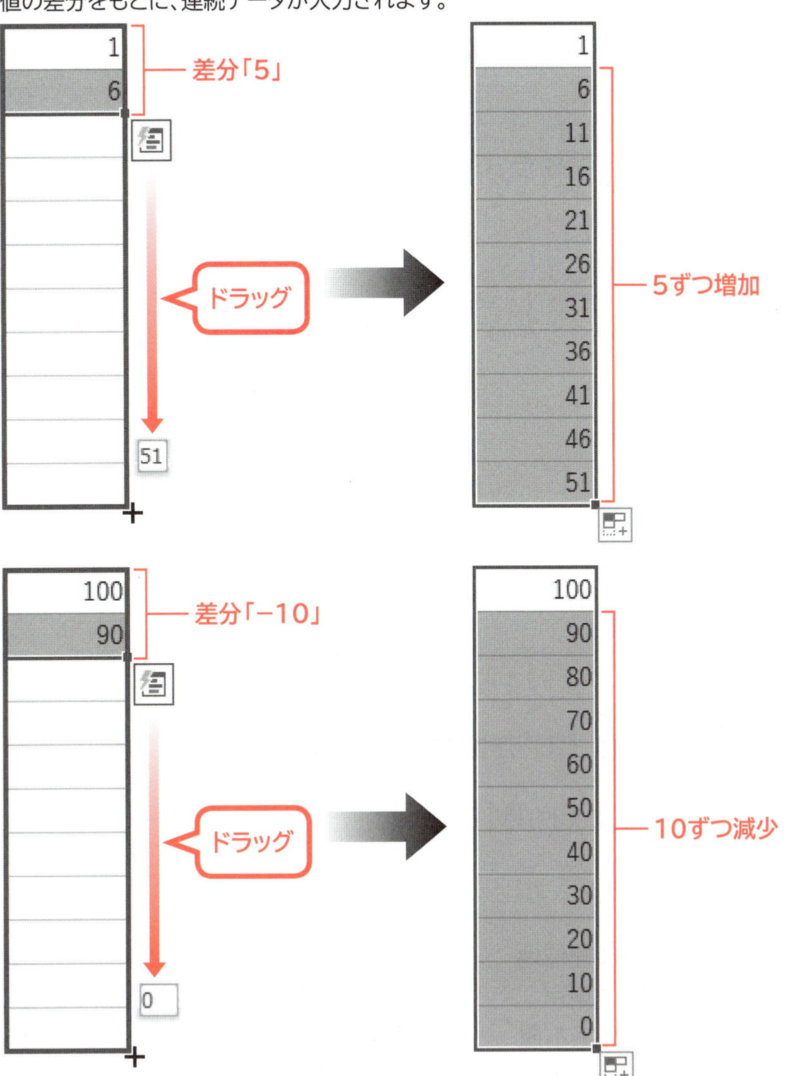

●オートフィルを実行後、増減値を設定する

数値を入力したセルをもとにオートフィルを実行後、《ホーム》タブ→《編集》グループの（フィル）→《連続データの作成》をクリックします。表示される《連続データ》ダイアログボックスで、増減単位を設定できます。

《増分値》に、増加する場合は正の数、減少する場合は負の数を入力します。

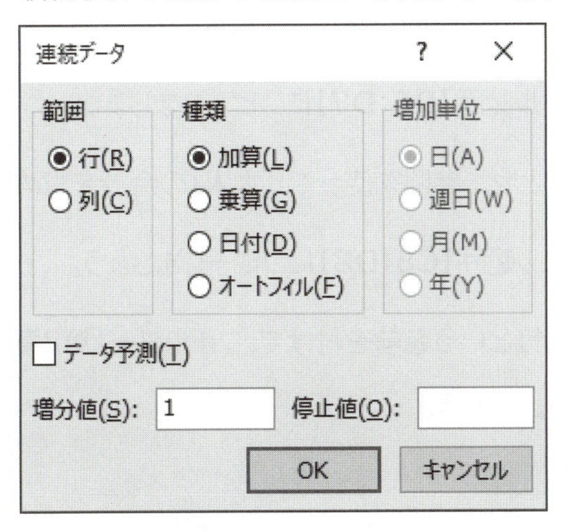

Exercise 練習問題

解答 ▶ 別冊P.1

完成図のような表を作成しましょう。

●完成図

	A	B	C	D	E
1	江戸浮世絵展来場者数				
2				10月1日	
3					
4	開催地	大人	子供	合計	
5	東京	25680	8015	33695	
6	名古屋	15601	6452	22053	
7	大阪	17960	6819	24779	
8	合計	59241	21286	80527	
9					

①新規のブックを開きましょう。

②セル**【A1】**に**「江戸浮世絵展来場者数」**と入力しましょう。

③セル**【D2】**に**「10月1日」**と入力しましょう。

④次のデータを入力しましょう。

セル【A4】：開催地	セル【B4】：大人	セル【C4】：子供
セル【A5】：東京	セル【B5】：25680	セル【C5】：8015
セル【A6】：名古屋	セル【B6】：15601	セル【C6】：6452
セル【A7】：大阪	セル【B7】：17960	セル【C7】：6819
セル【A8】：合計		

⑤セル**【A8】**の**「合計」**をセル**【D4】**にコピーしましょう。

⑥セル**【D5】**に演算記号とセル参照を使って、**「東京」**の合計を求める数式を入力しましょう。

⑦セル**【D5】**の数式をセル範囲**【D6:D7】**にコピーしましょう。

⑧セル**【B8】**に演算記号とセル参照を使って、**「大人」**の合計を求める数式を入力しましょう。

⑨セル**【B8】**の数式をセル範囲**【C8:D8】**にコピーしましょう。

⑩ブックに**「来場者数集計」**という名前を付けて、フォルダー**「第2章」**に保存しましょう。

※ブックを閉じておきましょう。

よくわかる

第3章 Chapter 3

表の作成

Chapter 3

この章で学ぶこと

学習前に習得すべきポイントを理解しておき、
学習後には確実に習得できたかどうかを振り返りましょう。

1. データの合計を求める関数を入力できる。 → P.71
2. データの平均を求める関数を入力できる。 → P.73
3. セルに罫線を付けたり、色を付けたりできる。 → P.75
4. 3桁区切りカンマを付けて、数値を読みやすくできる。 → P.79
5. 数値をパーセント表示に変更できる。 → P.80
6. 小数点以下の桁数の表示を調整できる。 → P.82
7. 日付の表示形式を変更できる。 → P.83
8. セル内のデータの配置を変更できる。 → P.85
9. 複数のセルをひとつに結合して、セル内のデータを中央に配置できる。 → P.86
10. セル内で文字列の方向を変更できる。 → P.87
11. フォントやフォントサイズ、フォントの色を変更できる。 → P.88
12. セル内のデータに合わせて、列幅や行の高さを調整できる。 → P.94
13. 行を削除したり、挿入したりできる。 → P.98
14. 一時的に列を非表示にしたり、列を再表示したりできる。 → P.101

Step 1 作成するブックを確認する

1 作成するブックの確認

次のようなブックを作成しましょう。

塗りつぶしの色
太字
中央揃え
フォント
フォントサイズ
セルのスタイル
列幅の設定
日付の表示
フォントの色

	A	B	C	D	E	F	G	H	I
1		店舗別売上管理表						2016/4/8	
2		2015年度最終報告							
3								単位：千円	
4		地区	店舗	年間予算	上期合計	下期合計	年間合計	達成率	
5		関東	渋谷	550,000	234,561	283,450	518,011	94.2%	
6			新宿	600,000	312,144	293,011	605,155	100.9%	
7			六本木	650,000	289,705	397,500	687,205	105.7%	
8			横浜	500,000	221,091	334,012	555,103	111.0%	
9		関西	梅田	650,000	243,055	378,066	621,121	95.6%	
10			なんば	550,000	275,371	288,040	563,411	102.4%	
11			神戸	400,000	260,842	140,441	401,283	100.3%	
12			京都	450,000	186,498	298,620	485,118	107.8%	
13		合計		4,350,000	2,023,267	2,413,140	4,436,407	102.0%	
14									

罫線
セルの結合
文字列の方向
SUM関数の入力
3桁区切りカンマの表示
パーセントの表示
小数点の表示
行の挿入
行の高さの設定

Step2 関数を入力する

1 関数

「関数」とは、あらかじめ定義されている数式です。演算記号を使って数式を入力する代わりに、カッコ内に必要な引数(ひきすう)を指定することによって計算を行います。

=関数名(引数1,引数2,・・・)
❶ ❷ ❸

❶先頭に**「=(等号)」**を入力します。
❷関数名を入力します。
※関数名は、英大文字で入力しても英小文字で入力してもかまいません。
❸引数をカッコで囲み、各引数は**「,(カンマ)」**で区切ります。
※関数によって、指定する引数は異なります。

2 SUM関数

合計を求めるには**「SUM関数」**を使います。
(合計)を使うと、自動的にSUM関数が入力され、簡単に合計を求めることができます。

●SUM関数

数値を合計します。

=SUM(数値1,数値2,・・・)
引数1 引数2

例:
=SUM(A1:A10)
=SUM(A5,B10,C15)
=SUM(A1:A10,A22)

※引数には、合計する対象のセルやセル範囲などを指定します。
※引数の「:(コロン)」は連続したセル、「,(カンマ)」は離れたセルを表します。

セル【D12】に「**年間予算**」の「**合計**」を求めましょう。

File OPEN フォルダー「第3章」のブック「表の作成」を開いておきましょう。

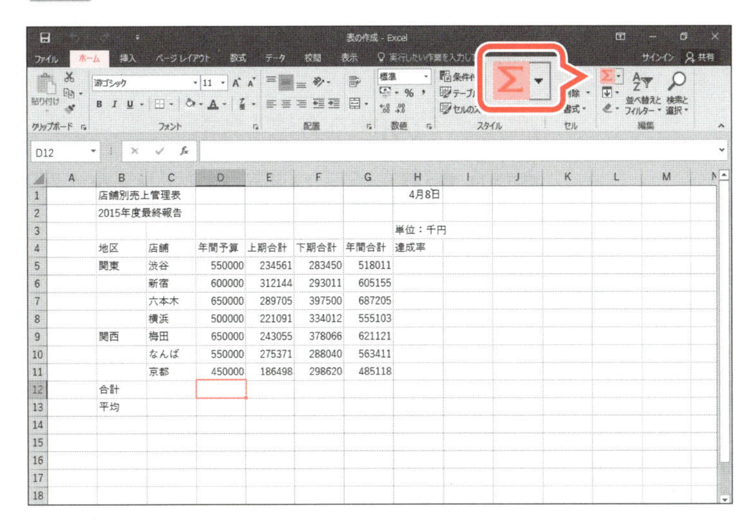

計算結果を表示するセルを選択します。

①セル【**D12**】をクリックします。

②《**ホーム**》タブを選択します。

③《**編集**》グループの Σ（合計）をクリックします。

SUM　=SUM(D5:D11)

	A	B	C	D	E	F	G	H	I
1		店舗別売上管理表						4月8日	
2		2015年度最終報告							
3								単位：千円	
4		地区	店舗	年間予算	上期合計	下期合計	年間合計	達成率	
5		関東	渋谷	550000	234561	283450	518011		
6			新宿	600000	312144	293011	605155		
7			六本木	650000	289705	397500	687205		
8			横浜	500000	221091	334012	555103		
9		関西	梅田	650000	243055	378066	621121		
10			なんば	550000	275371	288040	563411		
11			京都	450000	186498	298620	485118		
12		合計		=SUM(D5:D11)					
13		平均		SUM(数値1, [数値2], ...)					
14									

合計するセル範囲が自動的に認識され、点線で囲まれます。

④数式バーに「**=SUM(D5:D11)**」と表示されていることを確認します。

	A	B	C	D	E	F	G	H	I
1		店舗別売上管理表						4月8日	
2		2015年度最終報告							
3								単位：千円	
4		地区	店舗	年間予算	上期合計	下期合計	年間合計	達成率	
5		関東	渋谷	550000	234561	283450	518011		
6			新宿	600000	312144	293011	605155		
7			六本木	650000	289705	397500	687205		
8			横浜	500000	221091	334012	555103		
9		関西	梅田	650000	243055	378066	621121		
10			なんば	550000	275371	288040	563411		
11			京都	450000	186498	298620	485118		
12		合計		3950000					
13		平均							
14									

数式を確定します。

⑤ Enter を押します。

※ Σ（合計）を再度クリックして確定することもできます。

合計が表示されます。

	A	B	C	D	E	F	G	H	I
1		店舗別売上管理表						4月8日	
2		2015年度最終報告							
3								単位：千円	
4		地区	店舗	年間予算	上期合計	下期合計	年間合計	達成率	
5		関東	渋谷	550000	234561	283450	518011		
6			新宿	600000	312144	293011	605155		
7			六本木	650000	289705	397500	687205		
8			横浜	500000	221091	334012	555103		
9		関西	梅田	650000	243055	378066	621121		
10			なんば	550000	275371	288040	563411		
11			京都	450000	186498	298620	485118		
12		合計		3950000	1762425	2272699	4035124		
13		平均							
14									

数式をコピーします。

⑥セル【**D12**】を選択し、セル右下の■（フィルハンドル）をセル【**G12**】までドラッグします。

※数式をコピーすると、コピー先の数式のセル参照は自動的に調整されます。

STEP UP その他の方法（合計）

◆《数式》タブ→《関数ライブラリ》グループの Σオート SUM（合計）

◆ Alt ＋ Shift ＋ ＝

3　AVERAGE関数

平均を求めるには「**AVERAGE関数**」を使います。

●AVERAGE関数

数値の平均値を求めます。

=AVERAGE（数値1,数値2,・・・）

引数1　引数2

例：

=AVERAGE（A1：A10）

=AVERAGE（A5,B10,C15）

=AVERAGE（A1：A10,A22）

※引数には、平均する対象のセルやセル範囲などを指定します。

※引数の「：（コロン）」は連続したセル、「,（カンマ）」は離れたセルを表します。

セル【**D13**】に「**年間予算**」の「**平均**」を求めましょう。

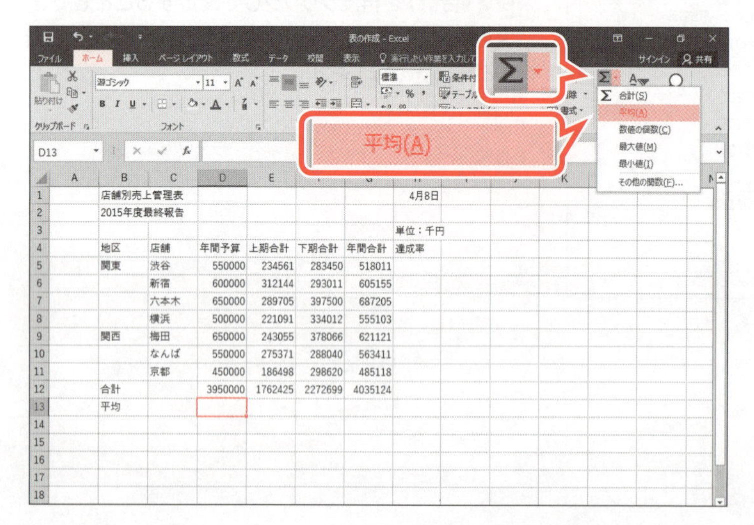

計算結果を表示するセルを選択します。

①セル【**D13**】をクリックします。

②《**ホーム**》タブを選択します。

③《**編集**》グループの Σ（合計）の ▾ をクリックします。

④《**平均**》をクリックします。

SUM	=AVERAGE(D5:D12)									
	A	B	C	D	E	F	G	H	I	J
1		店舗別売上管理表						4月8日		
2		2015年度最終報告								
3								単位：千円		
4		地区	店舗	年間予算	上期合計	下期合計	年間合計	達成率		
5		関東	渋谷	550000	234561	283450	518011			
6			新宿	600000	312144	293011	605155			
7			六本木	650000	289705	397500	687205			
8			横浜	500000	221091	334012	555103			
9		関西	梅田	650000	243055	378066	621121			
10			なんば	550000	275371	288040	563411			
11			京都	450000	186498	298620	485118			
12		合計		3950000	1762425	2272699	4035124			
13		平均		=AVERAGE(D5:D12)						
14				AVERAGE(数値1, [数値2], ...)						

⑤数式バーに「=AVERAGE(D5:D12)」と表示されていることを確認します。

D5	=AVERAGE(D5:D11)									
	A	B	C	D	E	F	G	H	I	J
1		店舗別売上管理表						4月8日		
2		2015年度最終報告								
3								単位：千円		
4		地区	店舗	年間予算	上期合計	下期合計	年間合計	達成率		
5		関東	渋谷	550000	234561	283450	518011			
6			新宿	600000	312144	293011	605155			
7			六本木	650000	289705	397500	687205			
8			横浜	500000	221091	334012	555103			
9		関西	梅田	650000	243055	378066	621121			
10			なんば	550000	275371	288040	563411			
11			京都	450000	186498	298620	485118			
12		合計		3950000	1762425	2272699	4035124			
13		平均		=AVERAGE(D5:D11)						
14				AVERAGE(数値1, [数値2], ...)						

セル範囲【D5:D12】が自動的に認識されますが、平均するのはセル範囲【D5:D11】なので、手動で選択しなおします。

⑥セル範囲【D5:D11】を選択します。

⑦数式バーに「=AVERAGE(D5:D11)」と表示されていることを確認します。

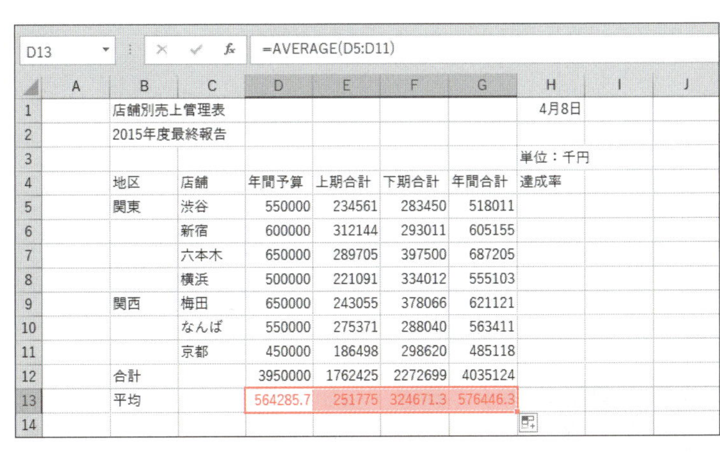

D13	=AVERAGE(D5:D11)									
	A	B	C	D	E	F	G	H	I	J
1		店舗別売上管理表						4月8日		
2		2015年度最終報告								
3								単位：千円		
4		地区	店舗	年間予算	上期合計	下期合計	年間合計	達成率		
5		関東	渋谷	550000	234561	283450	518011			
6			新宿	600000	312144	293011	605155			
7			六本木	650000	289705	397500	687205			
8			横浜	500000	221091	334012	555103			
9		関西	梅田	650000	243055	378066	621121			
10			なんば	550000	275371	288040	563411			
11			京都	450000	186498	298620	485118			
12		合計		3950000	1762425	2272699	4035124			
13		平均		564285.7	251775	324671.3	576446.3			
14										

数式を確定します。

⑧ Enter を押します。

平均が表示されます。

数式をコピーします。

⑨セル【D13】を選択し、セル右下の■（フィルハンドル）をセル【G13】までドラッグします。

POINT ▶▶▶

引数の自動認識

Σ（合計）を使ってSUM関数やAVERAGE関数を入力すると、セルの上または左の数値が引数として自動的に認識されます。

小計の合計

	A	B	C	D	E	F	G	H	I
1		店舗別売上管理表							
2		地区	店舗	年間予算	上期合計	下期合計	年間合計		
3		関東	渋谷	550000	234561	283450	518011		
4			新宿	600000	312144	293011	605155		
5			六本木	650000	289705	397500	687205		
6			横浜	500000	221091	334012	555103		
7		関東計		2300000	1057501	1307973	2365474		
8		関西	梅田	650000	243055	378066	621121		
9			なんば	550000	275371	288040	563411		
10			京都	450000	186498	298620	485118		
11		関西計		1650000	704924	964726	1669650		
12		全店舗合計		=SUM(D11,D7)					
13				SUM(数値1, [数値2], [数値3], ...)					

各項目の小計がSUM関数で入力されている場合、総計欄でΣ（合計）をクリックすると、小計が入力されているセルが引数として自動的に認識されます。

Step3 罫線や塗りつぶしを設定する

1 罫線を引く

セルの枠線に罫線を設定できます。罫線を設定できるのはセルの上下左右および斜線です。罫線には、実線・点線・破線・太線・二重線など、様々なスタイルがあり、**《ホーム》**タブの（下罫線）には、よく使う罫線のパターンがあらかじめ用意されています。
罫線を引いて、表の見栄えを整えましょう。

1 格子線を引く

表全体に格子の罫線を引きましょう。

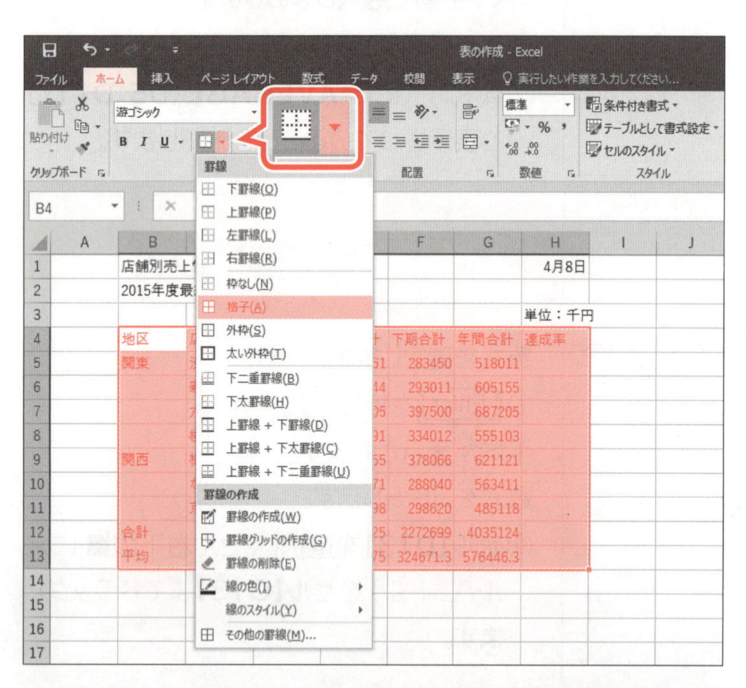

①セル範囲**【B4:H13】**を選択します。
②**《ホーム》**タブを選択します。
③**《フォント》**グループの（下罫線）のをクリックします。
④**《格子》**をクリックします。

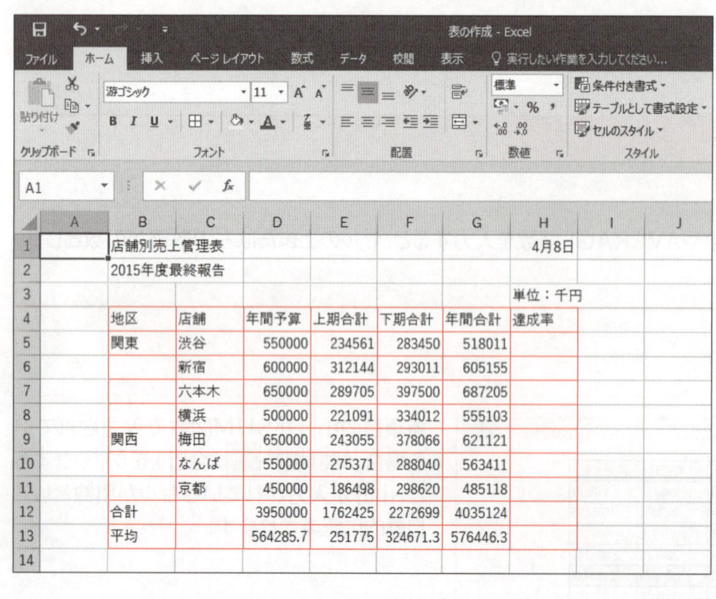

格子の罫線が引かれます。
※ボタンが直前に選択した（格子）に変わります。
※セル範囲の選択を解除して、罫線を確認しておきましょう。

STEP UP **その他の方法（罫線）**

◆セル範囲を右クリック→ミニツールバーの（下罫線）

POINT ▶▶▶

罫線の解除

罫線を解除するには、（格子）のをクリックし、一覧から《枠なし》を選択します。

2 太線を引く

表の4行目と5行目、11行目と12行目の間にそれぞれ太線を引きましょう。

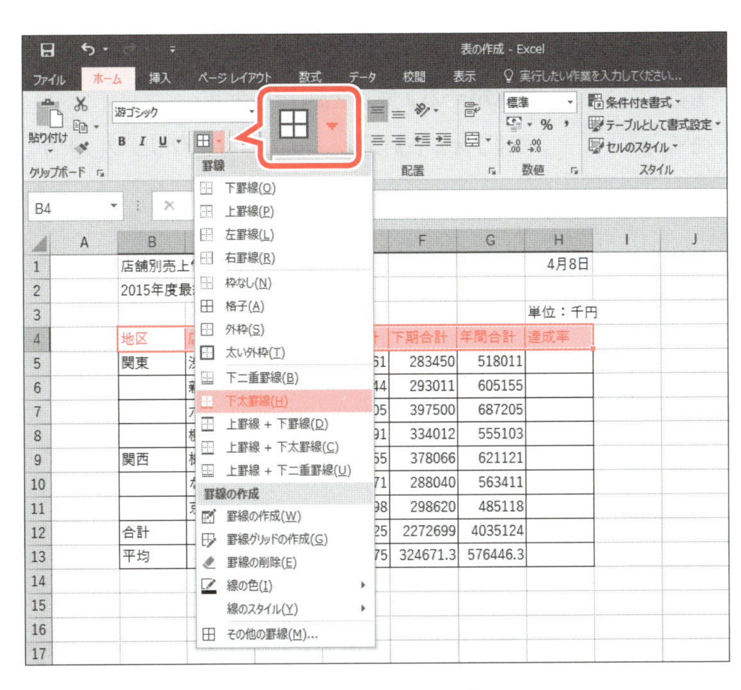

①セル範囲【B4:H4】を選択します。

②《ホーム》タブを選択します。

③《フォント》グループの［田▼］（格子）の［▼］をクリックします。

④《下太罫線》をクリックします。

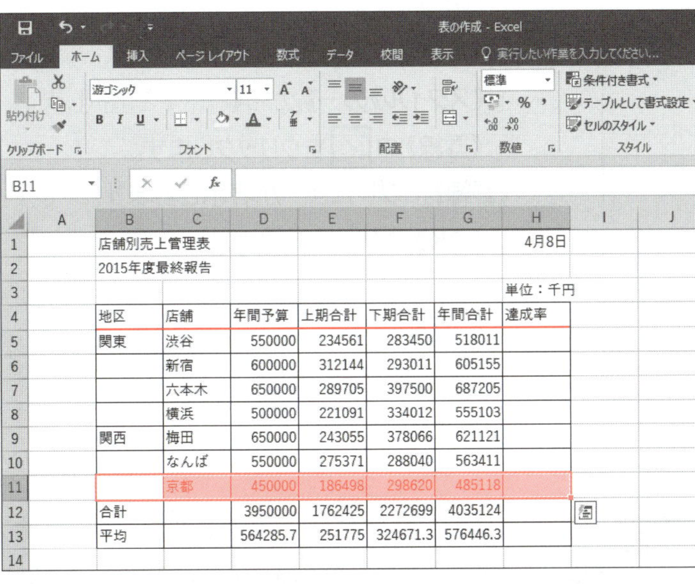

太線が引かれます。

⑤セル範囲【B11:H11】を選択します。

⑥［F4］を押します。

POINT ▶▶▶

繰り返し

［F4］を押すと、直前で実行したコマンドを繰り返すことができます。
ただし、［F4］を押してもコマンドが繰り返し実行できない場合もあります。

	A	B	C	D	E	F	G	H
1		店舗別売上管理表						4月8日
2		2015年度最終報告						
3								単位：千円
4		地区	店舗	年間予算	上期合計	下期合計	年間合計	達成率
5		関東	渋谷	550000	234561	283450	518011	
6			新宿	600000	312144	293011	605155	
7			六本木	650000	289705	397500	687205	
8			横浜	500000	221091	334012	555103	
9		関西	梅田	650000	243055	378066	621121	
10			なんば	550000	275371	288040	563411	
11			京都	450000	186498	298620	485118	
12		合計		3950000	1762425	2272699	4035124	
13		平均		564285.7	251775	324671.3	576446.3	
14								

直前のコマンドが繰り返され、太線が引かれます。

※セル範囲の選択を解除して、罫線を確認しておきましょう。

3 斜線を引く

セル【H13】に斜線を引きましょう。

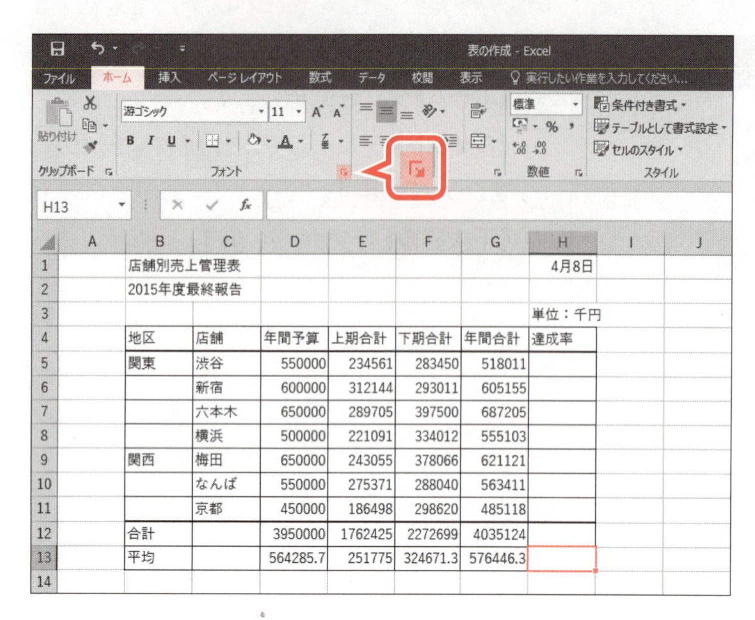

①セル【H13】をクリックします。

②《ホーム》タブを選択します。

③《フォント》グループの をクリックします。

《セルの書式設定》ダイアログボックスが表示されます。

④《罫線》タブを選択します。

⑤《スタイル》の一覧から《――》を選択します。

⑥《罫線》の をクリックします。

《罫線》にプレビューが表示されます。

⑦《OK》をクリックします。

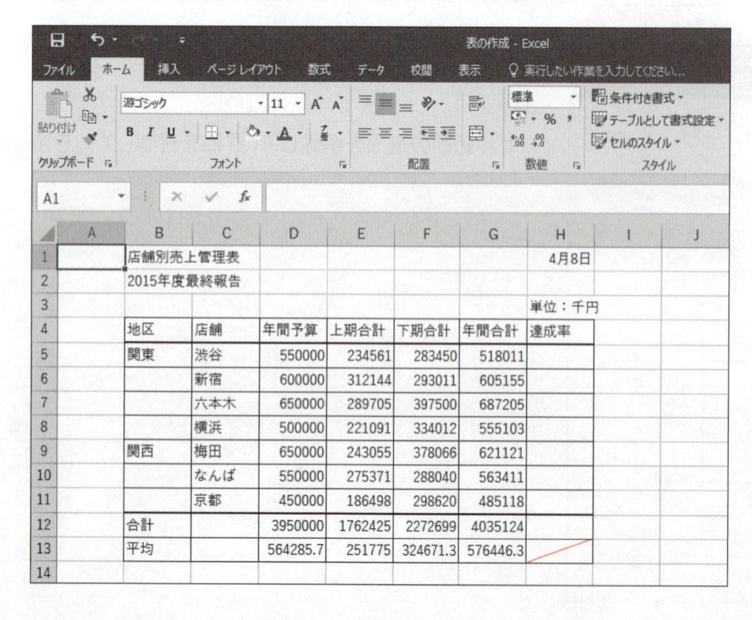

斜線が引かれます。

※セルの選択を解除して、罫線を確認しておきましょう。

STEP UP その他の方法（セルの書式設定）

◆セル範囲を右クリック→《セルの書式設定》

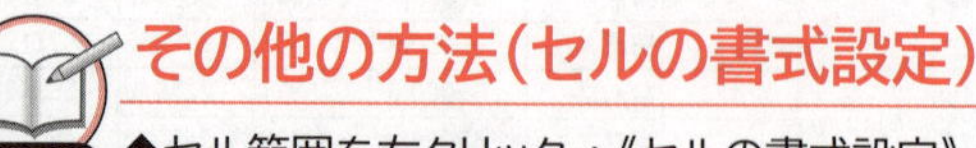

◆セル範囲を選択→Ctrl＋1

2 セルの塗りつぶし

セルの背景は、任意の色で塗りつぶすことができます。セルに色を塗ることで、表の見栄えが整います。

4行目の項目名を**「青、アクセント1、白+基本色60%」**で塗りつぶしましょう。

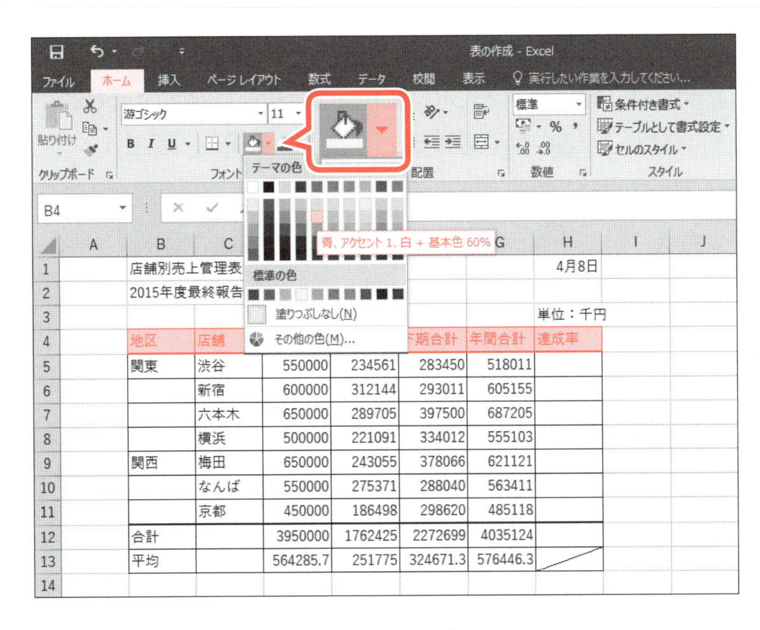

①セル範囲**【B4:H4】**を選択します。

②**《ホーム》**タブを選択します。

③**《フォント》**グループの　（塗りつぶしの色）の　をクリックします。

④**《テーマの色》**の**《青、アクセント1、白+基本色60%》**をクリックします。

※一覧の色をポイントすると、適用結果を確認できます。

POINT ▶▶▶

リアルタイムプレビュー

「リアルタイムプレビュー」とは、一覧の選択肢をポイントして、設定後の結果を確認できる機能です。設定前に確認できるため、繰り返し設定しなおす手間を省くことができます。

	A	B	C	D	E	F	G	H	I	J
1		店舗別売上管理表						4月8日		
2		2015年度最終報告								
3								単位：千円		
4		地区	店舗	年間予算	上期合計	下期合計	年間合計	達成率		
5		関東	渋谷	550000	234561	283450	518011			
6			新宿	600000	312144	293011	605155			
7			六本木	650000	289705	397500	687205			
8			横浜	500000	221091	334012	555103			
9		関西	梅田	650000	243055	378066	621121			
10			なんば	550000	275371	288040	563411			
11			京都	450000	186498	298620	485118			
12		合計		3950000	1762425	2272699	4035124			
13		平均		564285.7	251775	324671.3	576446.3			
14										

セルが選択した色で塗りつぶされます。

※ボタンが直前に選択した色に変わります。

※セル範囲の選択を解除し、塗りつぶしの色を確認しておきましょう。

その他の方法（セルの塗りつぶし）

◆セル範囲を右クリック→ミニツールバーの　（塗りつぶしの色）

POINT ▶▶▶

セルの塗りつぶしの解除

セルの塗りつぶしを解除するには、　（塗りつぶしの色）の　をクリックし、一覧から《塗りつぶしなし》を選択します。

Step4 表示形式を設定する

1 表示形式

セルに「**表示形式**」を設定すると、シート上の見た目を変更できます。例えば、数値に3桁区切りカンマを付けて表示したり、パーセントで表示したりして、数値を読み取りやすくすることができます。表示形式を設定しても、セルに格納されているもとの数値は変更されません。

2 3桁区切りカンマの表示

表の数値に3桁区切りカンマを付けて、数値を読み取りやすくしましょう。

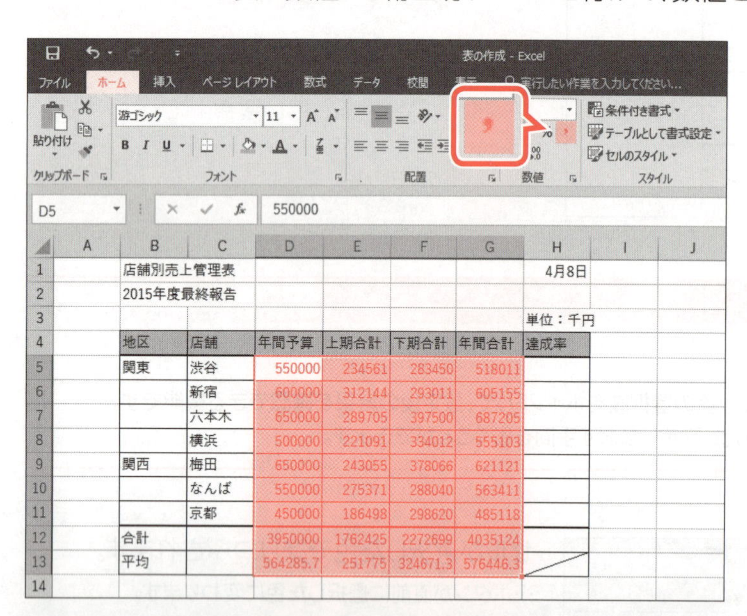

	A	B	C	D	E	F	G	H
1		店舗別売上管理表						4月8日
2		2015年度最終報告						
3								単位：千円
4		地区	店舗	年間予算	上期合計	下期合計	年間合計	達成率
5		関東	渋谷	550000	234561	283450	518011	
6			新宿	600000	312144	293011	605155	
7			六本木	650000	289705	397500	687205	
8			横浜	500000	221091	334012	555103	
9		関西	梅田	650000	243055	378066	621121	
10			なんば	550000	275371	288040	563411	
11			京都	450000	186498	298620	485118	
12		合計		3950000	1762425	2272699	4035124	
13		平均		564285.7	251775	324671.3	576446.3	

①セル範囲【**D5:G13**】を選択します。

②《**ホーム**》タブを選択します。

③《**数値**》グループの ,（桁区切りスタイル）をクリックします。

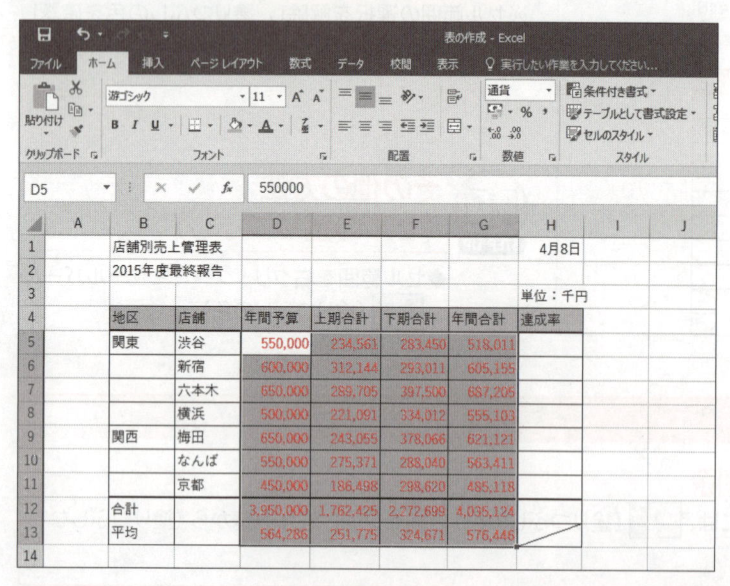

	A	B	C	D	E	F	G	H
1		店舗別売上管理表						4月8日
2		2015年度最終報告						
3								単位：千円
4		地区	店舗	年間予算	上期合計	下期合計	年間合計	達成率
5		関東	渋谷	550,000	234,561	283,450	518,011	
6			新宿	600,000	312,144	293,011	605,155	
7			六本木	650,000	289,705	397,500	687,205	
8			横浜	500,000	221,091	334,012	555,103	
9		関西	梅田	650,000	243,055	378,066	621,121	
10			なんば	550,000	275,371	288,040	563,411	
11			京都	450,000	186,498	298,620	485,118	
12		合計		3,950,000	1,762,425	2,272,699	4,035,124	
13		平均		564,286	251,775	324,671	576,446	

3桁区切りカンマが付きます。

※「平均」の小数点以下は四捨五入され、整数で表示されます。

その他の方法（3桁区切りカンマの表示）

◆セル範囲を右クリック→ミニツールバーの ,（桁区切りスタイル）

POINT ▶▶▶

通貨の表示

（通貨表示形式）を使うと、「¥3,000」のように通貨記号と3桁区切りカンマが付いた日本の通貨の表示形式に設定できます。

（通貨表示形式）の をクリックすると、一覧に外国の通貨が表示されます。ドル（$）やユーロ（€）などの通貨の表示形式を設定できます。

3 パーセントの表示

セル範囲**【H5:H12】**に**「達成率」**を求め、**「%（パーセント）」**で表示しましょう。

「達成率」は、**「年間合計÷年間予算」**で求めます。

H5 =G5/D5

	A	B	C	D	E	F	G	H	I
1		店舗別売上管理表						4月8日	
2		2015年度最終報告							
3								単位：千円	
4		地区	店舗	年間予算	上期合計	下期合計	年間合計	達成率	
5		関東	渋谷	550,000	234,561	283,450	518,011	0.941838	
6			新宿	600,000	312,144	293,011	605,155		
7			六本木	650,000	289,705	397,500	687,205		
8			横浜	500,000	221,091	334,012	555,103		
9		関西	梅田	650,000	243,055	378,066	621,121		
10			なんば	550,000	275,371	288,040	563,411		
11			京都	450,000	186,498	298,620	485,118		
12		合計		3,950,000	1,762,425	2,272,699	4,035,124		
13		平均		564,286	251,775	324,671	576,446		
14									

①セル**【H5】**をクリックします。

②**「=」**を入力します。

③セル**【G5】**をクリックします。

④**「/」**を入力します。

⑤セル**【D5】**をクリックします。

⑥数式バーに**「=G5/D5」**と表示されていることを確認します。

⑦ Enter を押します。

達成率が表示されます。

⑧セル**【H5】**を選択し、セル右下の■（フィルハンドル）をダブルクリックします。

H5 =G5/D5

	A	B	C	D	E	F	G	H	I
1		店舗別売上管理表						4月8日	
2		2015年度最終報告							
3								単位：千円	
4		地区	店舗	年間予算	上期合計	下期合計	年間合計	達成率	
5		関東	渋谷	550,000	234,561	283,450	518,011	0.941838	
6			新宿	600,000	312,144	293,011	605,155	1.008592	
7			六本木	650,000	289,705	397,500	687,205	1.057238	
8			横浜	500,000	221,091	334,012	555,103	1.110206	
9		関西	梅田	650,000	243,055	378,066	621,121	0.955571	
10			なんば	550,000	275,371	288,040	563,411	1.024384	
11			京都	450,000	186,498	298,620	485,118	1.07804	
12		合計		3,950,000	1,762,425	2,272,699	4,035,124	1.02155	
13		平均		564,286	251,775	324,671	576,446		
14									
15									
16									
17									
18									

- セルのコピー(C)
- 書式のみコピー (フィル)(F)
- 書式なしコピー (フィル)(O)
- フラッシュ フィル(F)

⑨ （オートフィルオプション）をクリックします。

⑩**《書式なしコピー（フィル）》**をクリックします。

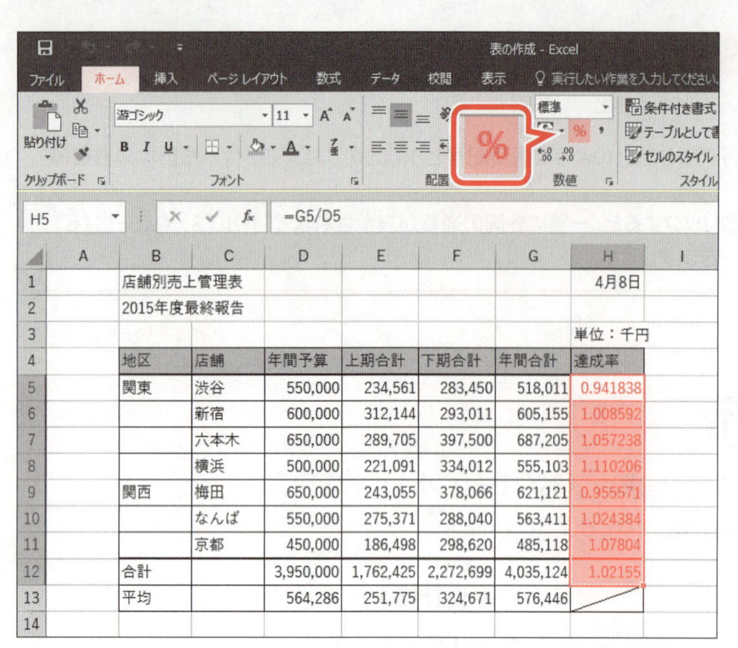

	A	B	C	D	E	F	G	H	I
1		店舗別売上管理表						4月8日	
2		2015年度最終報告							
3								単位：千円	
4		地区	店舗	年間予算	上期合計	下期合計	年間合計	達成率	
5		関東	渋谷	550,000	234,561	283,450	518,011	0.941838	
6			新宿	600,000	312,144	293,011	605,155	1.008592	
7			六本木	650,000	289,705	397,500	687,205	1.057238	
8			横浜	500,000	221,091	334,012	555,103	1.110206	
9		関西	梅田	650,000	243,055	378,066	621,121	0.955571	
10			なんば	550,000	275,371	288,040	563,411	1.024384	
11			京都	450,000	186,498	298,620	485,118	1.07804	
12		合計		3,950,000	1,762,425	2,272,699	4,035,124	1.02155	
13		平均		564,286	251,775	324,671	576,446		
14									

⑪セル範囲**【H5:H12】**が選択されていることを確認します。

⑫**《ホーム》**タブを選択します。

⑬**《数値》**グループの %（パーセントスタイル）をクリックします。

H5 =G5/D5

	A	B	C	D	E	F	G	H	I
1		店舗別売上管理表						4月8日	
2		2015年度最終報告							
3								単位：千円	
4		地区	店舗	年間予算	上期合計	下期合計	年間合計	達成率	
5		関東	渋谷	550,000	234,561	283,450	518,011	94%	
6			新宿	600,000	312,144	293,011	605,155	101%	
7			六本木	650,000	289,705	397,500	687,205	106%	
8			横浜	500,000	221,091	334,012	555,103	111%	
9		関西	梅田	650,000	243,055	378,066	621,121	96%	
10			なんば	550,000	275,371	288,040	563,411	102%	
11			京都	450,000	186,498	298,620	485,118	108%	
12		合計		3,950,000	1,762,425	2,272,699	4,035,124	102%	
13		平均		564,286	251,775	324,671	576,446		
14									

%で表示されます。

※「達成率」の小数点以下は四捨五入され、整数で表示されます。

その他の方法（パーセント表示）

◆セル範囲を選択→《ホーム》タブ→《数値》グループの 標準 （数値の書式）の ▾ →《パーセンテージ》

◆セル範囲を右クリック→ミニツールバーの %（パーセントスタイル）

◆ Ctrl + Shift + %

4 小数点の表示

[←.0 .00]（小数点以下の表示桁数を増やす）や[.00 →.0]（小数点以下の表示桁数を減らす）を使うと、簡単に小数点以下の桁数の表示を変更できます。

●[←.0 .00]（小数点以下の表示桁数を増やす）

クリックするたびに、小数点以下が1桁ずつ表示されます。

●[.00 →.0]（小数点以下の表示桁数を減らす）

クリックするたびに、小数点以下が1桁ずつ非表示になります。

「達成率」の小数点以下の表示を調整しましょう。

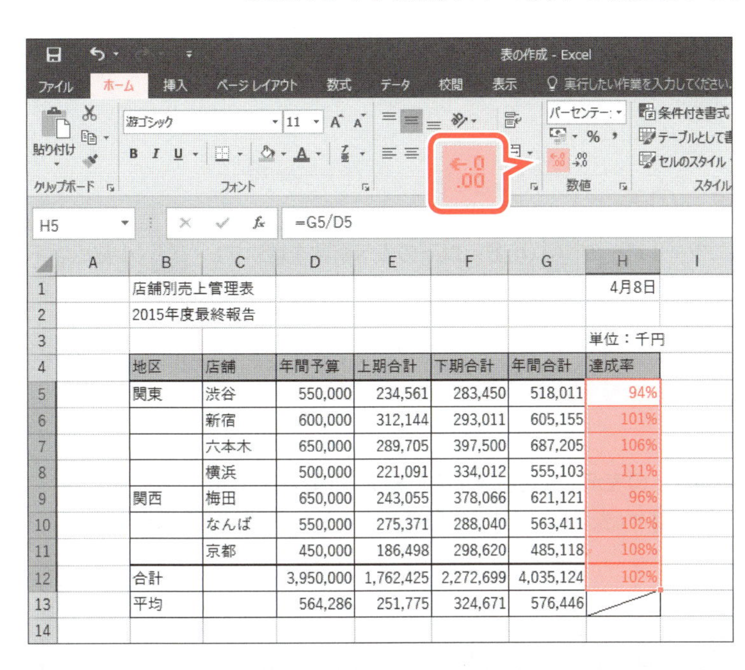

	A	B	C	D	E	F	G	H
1		店舗別売上管理表						4月8日
2		2015年度最終報告						
3								単位：千円
4		地区	店舗	年間予算	上期合計	下期合計	年間合計	達成率
5		関東	渋谷	550,000	234,561	283,450	518,011	94%
6			新宿	600,000	312,144	293,011	605,155	101%
7			六本木	650,000	289,705	397,500	687,205	106%
8			横浜	500,000	221,091	334,012	555,103	111%
9		関西	梅田	650,000	243,055	378,066	621,121	96%
10			なんば	550,000	275,371	288,040	563,411	102%
11			京都	450,000	186,498	298,620	485,118	108%
12		合計		3,950,000	1,762,425	2,272,699	4,035,124	102%
13		平均		564,286	251,775	324,671	576,446	
14								

①セル範囲**【H5：H12】**を選択します。

②**《ホーム》**タブを選択します。

③**《数値》**グループの[←.0 .00]（小数点以下の表示桁数を増やす）を2回クリックします。

※クリックするごとに、小数点以下が1桁ずつ表示されます。

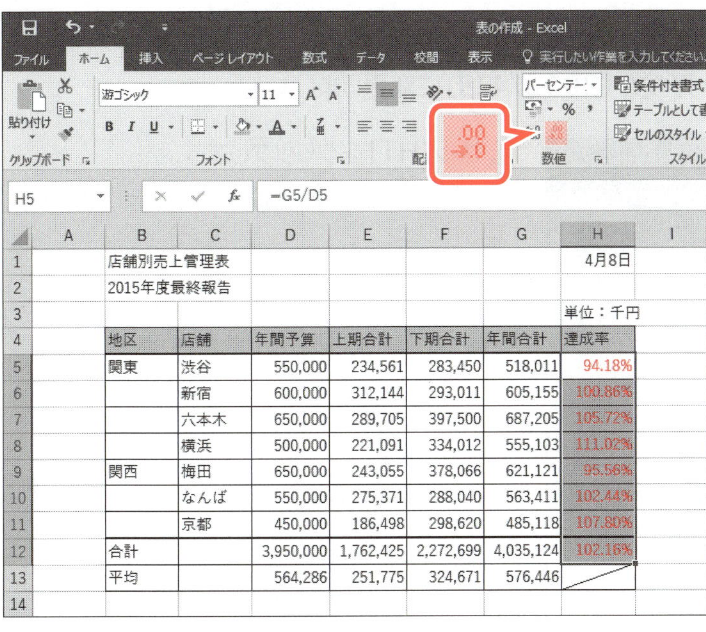

	A	B	C	D	E	F	G	H
1		店舗別売上管理表						4月8日
2		2015年度最終報告						
3								単位：千円
4		地区	店舗	年間予算	上期合計	下期合計	年間合計	達成率
5		関東	渋谷	550,000	234,561	283,450	518,011	94.18%
6			新宿	600,000	312,144	293,011	605,155	100.86%
7			六本木	650,000	289,705	397,500	687,205	105.72%
8			横浜	500,000	221,091	334,012	555,103	111.02%
9		関西	梅田	650,000	243,055	378,066	621,121	95.56%
10			なんば	550,000	275,371	288,040	563,411	102.44%
11			京都	450,000	186,498	298,620	485,118	107.80%
12		合計		3,950,000	1,762,425	2,272,699	4,035,124	102.16%
13		平均		564,286	251,775	324,671	576,446	
14								

小数点第2位までの表示になります。

※小数点第3位が自動的に四捨五入されます。

④**《数値》**グループの[.00 →.0]（小数点以下の表示桁数を減らす）をクリックします。

※クリックするごとに、小数点以下が1桁ずつ非表示になります。

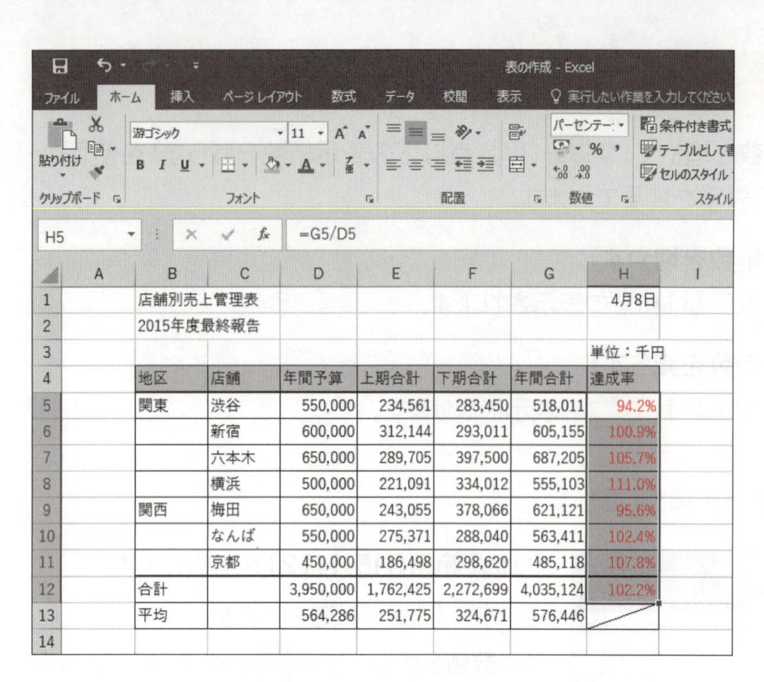

	A	B	C	D	E	F	G	H
1		店舗別売上管理表						4月8日
2		2015年度最終報告						
3								単位：千円
4		地区	店舗	年間予算	上期合計	下期合計	年間合計	達成率
5		関東	渋谷	550,000	234,561	283,450	518,011	94.2%
6			新宿	600,000	312,144	293,011	605,155	100.9%
7			六本木	650,000	289,705	397,500	687,205	105.7%
8			横浜	500,000	221,091	334,012	555,103	111.0%
9		関西	梅田	650,000	243,055	378,066	621,121	95.6%
10			なんば	550,000	275,371	288,040	563,411	102.4%
11			京都	450,000	186,498	298,620	485,118	107.8%
12		合計		3,950,000	1,762,425	2,272,699	4,035,124	102.2%
13		平均		564,286	251,775	324,671	576,446	

小数点第1位までの表示になります。

※小数点第2位が自動的に四捨五入されます。

その他の方法（小数点の表示）

◆セル範囲を右クリック→ミニツールバーの［.00］（小数点以下の表示桁数を増やす）／［.0］（小数点以下の表示桁数を減らす）

POINT ▶▶▶

表示形式の解除

3桁区切りカンマ、パーセント、小数点などの表示形式を解除する方法は、次のとおりです。

◆《ホーム》タブ→《数値》グループの［⊡］→《表示形式》タブ→《分類》の一覧から《標準》を選択

5 日付の表示

セル【H1】の「4月8日」の表示形式を「2016/4/8」に変更しましょう。

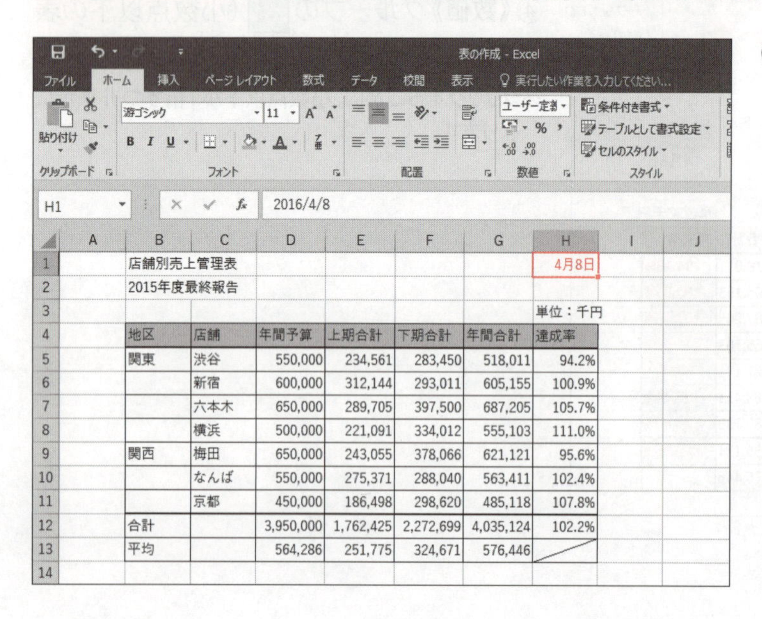

	A	B	C	D	E	F	G	H
1		店舗別売上管理表						4月8日
2		2015年度最終報告						
3								単位：千円
4		地区	店舗	年間予算	上期合計	下期合計	年間合計	達成率
5		関東	渋谷	550,000	234,561	283,450	518,011	94.2%
6			新宿	600,000	312,144	293,011	605,155	100.9%
7			六本木	650,000	289,705	397,500	687,205	105.7%
8			横浜	500,000	221,091	334,012	555,103	111.0%
9		関西	梅田	650,000	243,055	378,066	621,121	95.6%
10			なんば	550,000	275,371	288,040	563,411	102.4%
11			京都	450,000	186,498	298,620	485,118	107.8%
12		合計		3,950,000	1,762,425	2,272,699	4,035,124	102.2%
13		平均		564,286	251,775	324,671	576,446	

①セル【H1】をクリックします。

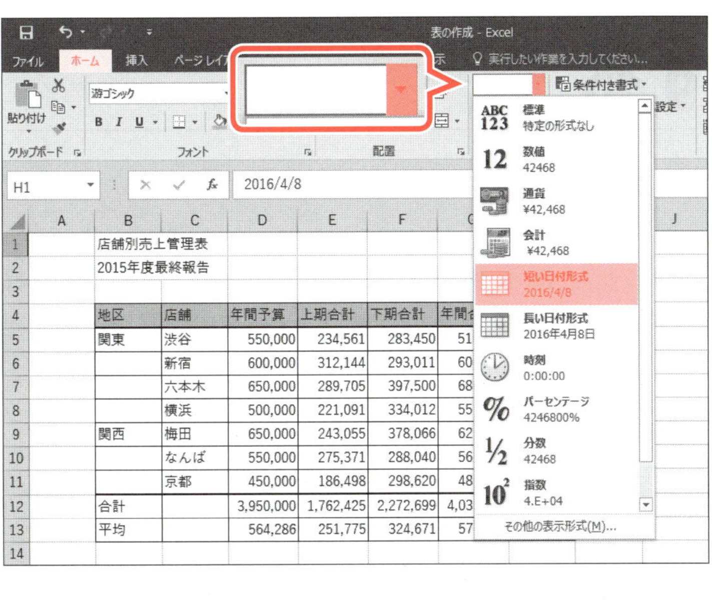

②**《ホーム》**タブを選択します。

③**《数値》**グループの ユーザー定義 ▾ （数値の書式）の ▾ をクリックし、一覧から**《短い日付形式》**を選択します。

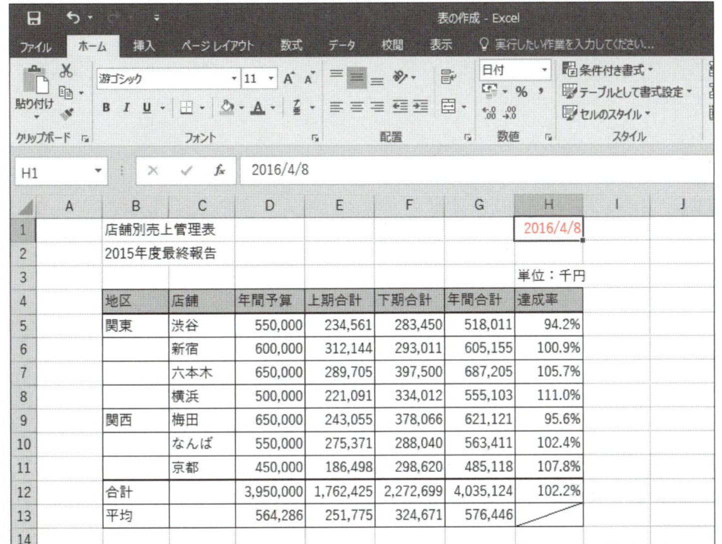

日付の表示形式が変更されます。

表示形式の詳細設定

表示形式の詳細を設定するには、《ホーム》タブ→《数値》グループの ⊡ をクリックします。
《セルの書式設定》ダイアログボックスの《表示形式》タブが表示され、詳細を設定できます。
また、《カレンダーの種類》を《和暦》にすると、和暦の表示形式を設定できます。

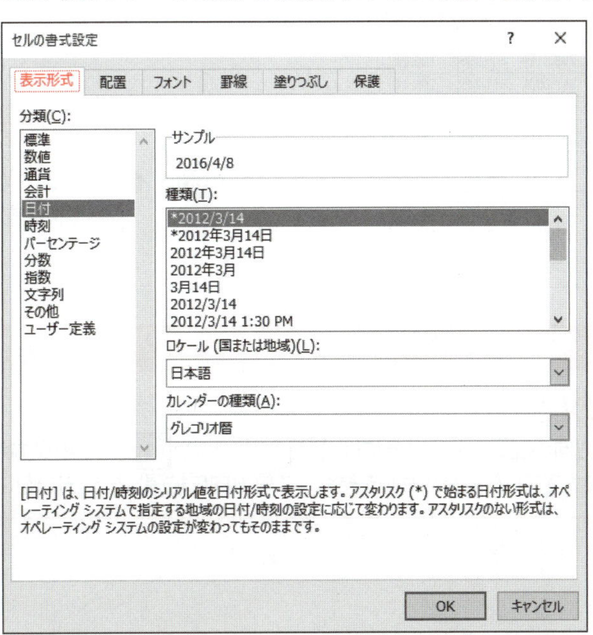

Step5 配置を設定する

1 中央揃え

データを入力すると、文字列はセル内で左揃え、数値はセル内で右揃えの状態で表示されます。（左揃え）や（中央揃え）、（右揃え）を使うと、データの配置を変更できます。

4行目の項目名を中央揃えにしましょう。

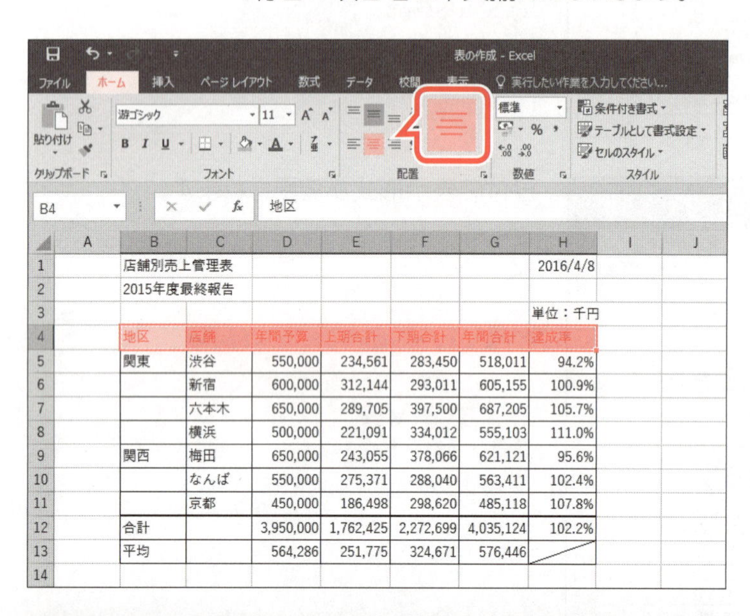

	A	B	C	D	E	F	G	H	I	J
1		店舗別売上管理表						2016/4/8		
2		2015年度最終報告								
3								単位：千円		
4		地区	店舗	年間予算	上期合計	下期合計	年間合計	達成率		
5		関東	渋谷	550,000	234,561	283,450	518,011	94.2%		
6			新宿	600,000	312,144	293,011	605,155	100.9%		
7			六本木	650,000	289,705	397,500	687,205	105.7%		
8			横浜	500,000	221,091	334,012	555,103	111.0%		
9		関西	梅田	650,000	243,055	378,066	621,121	95.6%		
10			なんば	550,000	275,371	288,040	563,411	102.4%		
11			京都	450,000	186,498	298,620	485,118	107.8%		
12		合計		3,950,000	1,762,425	2,272,699	4,035,124	102.2%		
13		平均		564,286	251,775	324,671	576,446			
14										

①セル範囲【B4:H4】を選択します。

②《ホーム》タブを選択します。

③《配置》グループの（中央揃え）をクリックします。

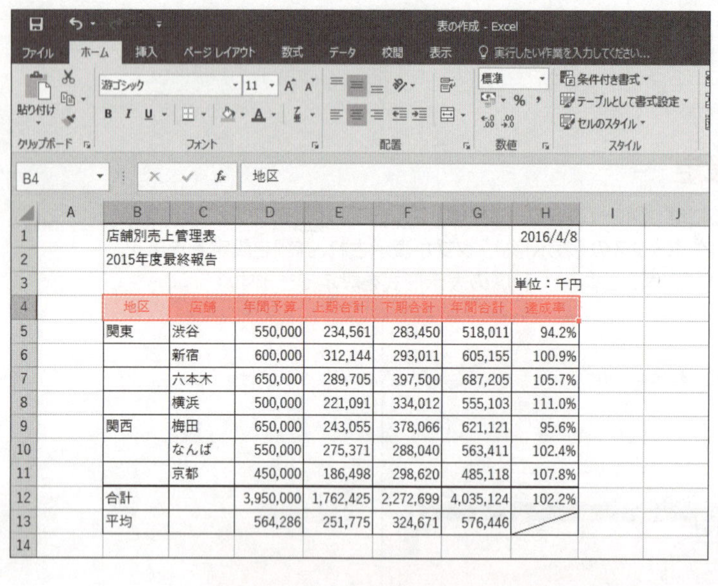

	A	B	C	D	E	F	G	H	I	J
1		店舗別売上管理表						2016/4/8		
2		2015年度最終報告								
3								単位：千円		
4		地区	店舗	年間予算	上期合計	下期合計	年間合計	達成率		
5		関東	渋谷	550,000	234,561	283,450	518,011	94.2%		
6			新宿	600,000	312,144	293,011	605,155	100.9%		
7			六本木	650,000	289,705	397,500	687,205	105.7%		
8			横浜	500,000	221,091	334,012	555,103	111.0%		
9		関西	梅田	650,000	243,055	378,066	621,121	95.6%		
10			なんば	550,000	275,371	288,040	563,411	102.4%		
11			京都	450,000	186,498	298,620	485,118	107.8%		
12		合計		3,950,000	1,762,425	2,272,699	4,035,124	102.2%		
13		平均		564,286	251,775	324,671	576,446			
14										

中央揃えになります。

※ボタンが濃い灰色になります。

STEP UP その他の方法（中央揃え）

◆セル範囲を右クリック→ミニツールバーの（中央揃え）

POINT ▶▶▶ 垂直方向の配置

データの垂直方向の配置を設定するには、（上揃え）や（上下中央揃え）、（下揃え）を使います。行の高さを大きくした場合やセルを結合して縦方向に拡張したときに使います。

2 セルを結合して中央揃え

複数のセルを結合して、ひとつのセルにできます。
セル範囲【B5:B8】とセル範囲【B9:B11】をそれぞれ結合し、文字列を結合したセルの中央に配置しましょう。

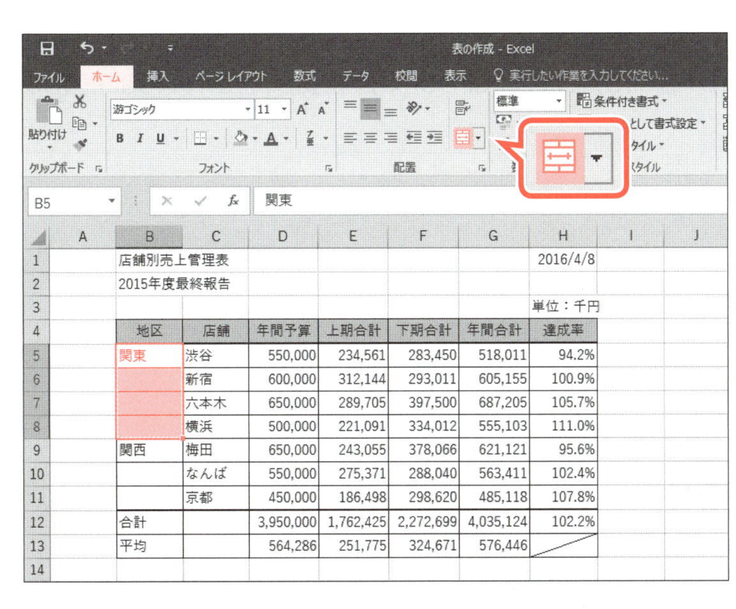

	A	B	C	D	E	F	G	H
1		店舗別売上管理表						2016/4/8
2		2015年度最終報告						
3								単位：千円
4		地区	店舗	年間予算	上期合計	下期合計	年間合計	達成率
5		関東	渋谷	550,000	234,561	283,450	518,011	94.2%
6			新宿	600,000	312,144	293,011	605,155	100.9%
7			六本木	650,000	289,705	397,500	687,205	105.7%
8			横浜	500,000	221,091	334,012	555,103	111.0%
9		関西	梅田	650,000	243,055	378,066	621,121	95.6%
10			なんば	550,000	275,371	288,040	563,411	102.4%
11			京都	450,000	186,498	298,620	485,118	107.8%
12		合計		3,950,000	1,762,425	2,272,699	4,035,124	102.2%
13		平均		564,286	251,775	324,671	576,446	
14								

①セル範囲【B5:B8】を選択します。
②《ホーム》タブを選択します。
③《配置》グループの（セルを結合して中央揃え）をクリックします。

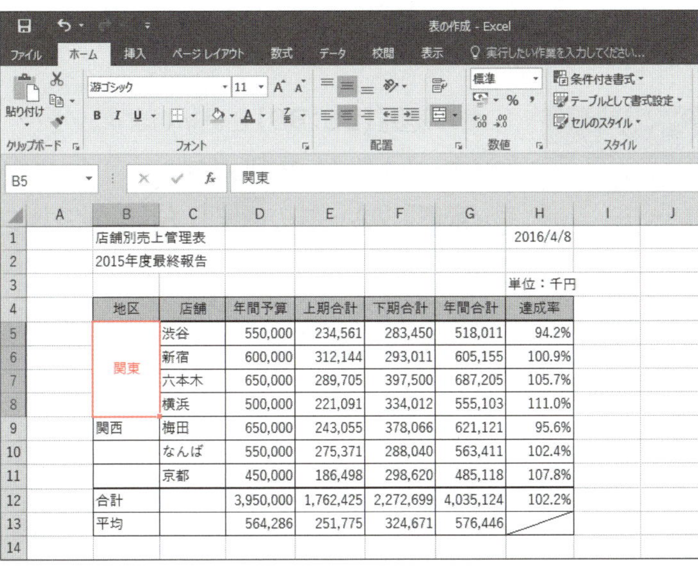

	A	B	C	D	E	F	G	H
1		店舗別売上管理表						2016/4/8
2		2015年度最終報告						
3								単位：千円
4		地区	店舗	年間予算	上期合計	下期合計	年間合計	達成率
5		関東	渋谷	550,000	234,561	283,450	518,011	94.2%
6			新宿	600,000	312,144	293,011	605,155	100.9%
7			六本木	650,000	289,705	397,500	687,205	105.7%
8			横浜	500,000	221,091	334,012	555,103	111.0%
9		関西	梅田	650,000	243,055	378,066	621,121	95.6%
10			なんば	550,000	275,371	288,040	563,411	102.4%
11			京都	450,000	186,498	298,620	485,118	107.8%
12		合計		3,950,000	1,762,425	2,272,699	4,035,124	102.2%
13		平均		564,286	251,775	324,671	576,446	
14								

セルが結合され、文字列が結合したセルの中央に配置されます。
※（セルを結合して中央揃え）と（中央揃え）の各ボタンが濃い灰色になります。

	A	B	C	D	E	F	G	H
1		店舗別売上管理表						2016/4/8
2		2015年度最終報告						
3								単位：千円
4		地区	店舗	年間予算	上期合計	下期合計	年間合計	達成率
5		関東	渋谷	550,000	234,561	283,450	518,011	94.2%
6			新宿	600,000	312,144	293,011	605,155	100.9%
7			六本木	650,000	289,705	397,500	687,205	105.7%
8			横浜	500,000	221,091	334,012	555,103	111.0%
9		関西	梅田	650,000	243,055	378,066	621,121	95.6%
10			なんば	550,000	275,371	288,040	563,411	102.4%
11			京都	450,000	186,498	298,620	485,118	107.8%
12		合計		3,950,000	1,762,425	2,272,699	4,035,124	102.2%
13		平均		564,286	251,775	324,671	576,446	
14								

④セル範囲【B9:B11】を選択します。
⑤ F4 を押します。
直前のコマンドが繰り返され、セルが結合されます。

セルの結合

セルを結合するだけで中央揃えは設定しない場合、（セルを結合して中央揃え）の をクリックし、一覧から《セルの結合》を選択します。

その他の方法（セルを結合して中央揃え）

◆セル範囲を右クリック→ミニツールバーの（セルを結合して中央揃え）

POINT ▶▶▶

セルの結合の解除

セルの結合を解除するには、[ボタン]（セルを結合して中央揃え）を再度クリックします。
ボタンが標準の色に戻ります。

ためしてみよう

セル範囲【B12:C12】とセル範囲【B13:C13】をそれぞれ結合し、文字列を結合したセルの中央に配置しましょう。

Let's Try Answer

①セル範囲【B12:C12】を選択
②《ホーム》タブを選択
③《配置》グループの[ボタン]（セルを結合して中央揃え）をクリック
④セル範囲【B13:C13】を選択
⑤ F4 を押す

3 文字列の方向の設定

《配置》グループの[ボタン]（方向）を使うと、セル内の文字列を回転させたり、縦書きにしたりできます。
セル【B5】とセル【B9】の文字列をそれぞれ縦書きにしましょう。

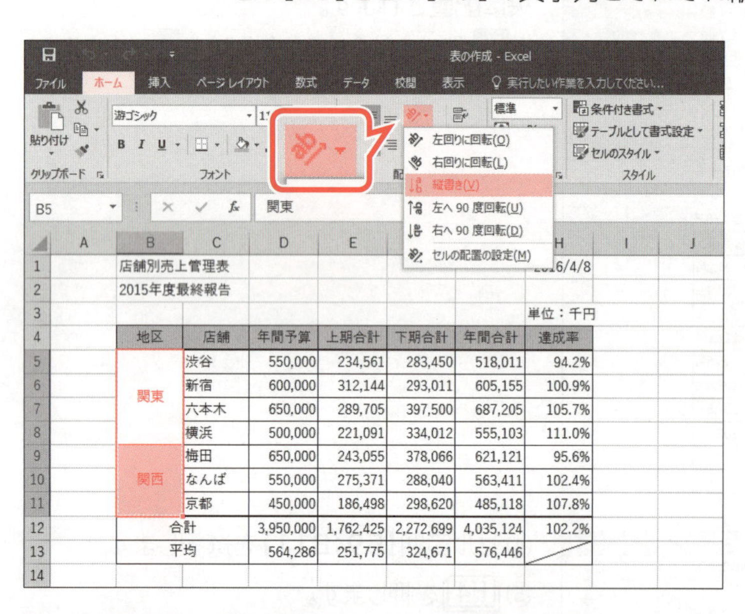

	A	B	C	D	E	F	G	H
1		店舗別売上管理表						2016/4/8
2		2015年度最終報告						
3								単位：千円
4		地区	店舗	年間予算	上期合計	下期合計	年間合計	達成率
5		関東	渋谷	550,000	234,561	283,450	518,011	94.2%
6			新宿	600,000	312,144	293,011	605,155	100.9%
7			六本木	650,000	289,705	397,500	687,205	105.7%
8			横浜	500,000	221,091	334,012	555,103	111.0%
9		関西	梅田	650,000	243,055	378,066	621,121	95.6%
10			なんば	550,000	275,371	288,040	563,411	102.4%
11			京都	450,000	186,498	298,620	485,118	107.8%
12		合計		3,950,000	1,762,425	2,272,699	4,035,124	102.2%
13		平均		564,286	251,775	324,671	576,446	
14								

①セル範囲【B5:B9】を選択します。
②《ホーム》タブを選択します。
③《配置》グループの[ボタン]（方向）をクリックします。
④《縦書き》をクリックします。

B5 関東

	A	B	C	D	E	F	G	H	I	J
1		店舗別売上管理表						2016/4/8		
2		2015年度最終報告								
3								単位：千円		
4		地区	店舗	年間予算	上期合計	下期合計	年間合計	達成率		
5		関 東	渋谷	550,000	234,561	283,450	518,011	94.2%		
6			新宿	600,000	312,144	293,011	605,155	100.9%		
7			六本木	650,000	289,705	397,500	687,205	105.7%		
8			横浜	500,000	221,091	334,012	555,103	111.0%		
9		関 西	梅田	650,000	243,055	378,066	621,121	95.6%		
10			なんば	550,000	275,371	288,040	563,411	102.4%		
11			京都	450,000	186,498	298,620	485,118	107.8%		
12		合計		3,950,000	1,762,425	2,272,699	4,035,124	102.2%		
13		平均		564,286	251,775	324,671	576,446			
14										

文字列が縦書きになります。

Step6 フォント書式を設定する

1 フォントの設定

文字の書体のことを**「フォント」**といいます。初期の設定では、入力したデータのフォントは**「游ゴシック」**になります。
セル**【B1】**のタイトルのフォントを**「HGP明朝E」**に変更しましょう。

B1　店舗別売上管理表

	A	B	C	D	E	F	G	H	I	J
1		店舗別売上管理表						2016/4/8		
2		2015年度最終報告								
3								単位：千円		
4		地区	店舗	年間予算	上期合計	下期合計	年間合計	達成率		
5		関東	渋谷	550,000	234,561	283,450	518,011	94.2%		
6			新宿	600,000	312,144	293,011	605,155	100.9%		
7			六本木	650,000	289,705	397,500	687,205	105.7%		
8			横浜	500,000	221,091	334,012	555,103	111.0%		
9		関西	梅田	650,000	243,055	378,066	621,121	95.6%		
10			なんば	550,000	275,371	288,040	563,411	102.4%		
11			京都	450,000	186,498	298,620	485,118	107.8%		
12		合計		3,950,000	1,762,425	2,272,699	4,035,124	102.2%		
13		平均		564,286	251,775	324,671	576,446			
14										

①セル**【B1】**をクリックします。

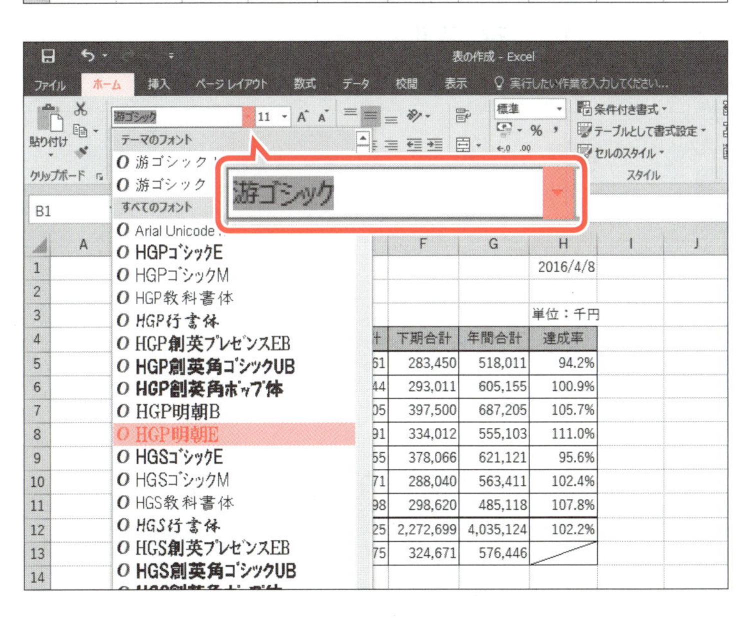

②**《ホーム》**タブを選択します。
③**《フォント》**グループの[游ゴシック]（フォント）の[▼]をクリックし、一覧から**《HGP明朝E》**を選択します。

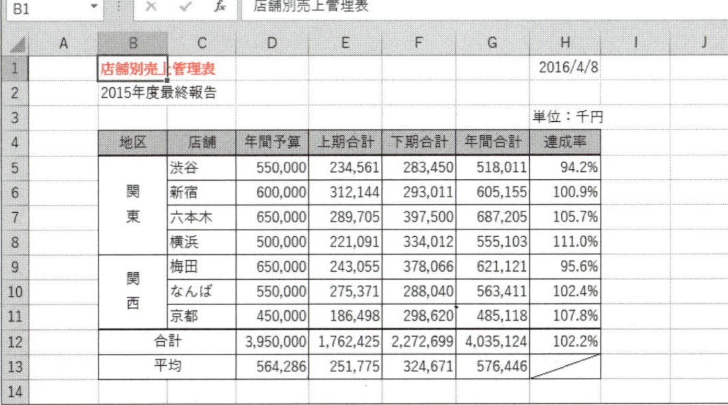

B1　店舗別売上管理表

	A	B	C	D	E	F	G	H	I	J
1		店舗別売上管理表						2016/4/8		
2		2015年度最終報告								
3								単位：千円		
4		地区	店舗	年間予算	上期合計	下期合計	年間合計	達成率		
5		関東	渋谷	550,000	234,561	283,450	518,011	94.2%		
6			新宿	600,000	312,144	293,011	605,155	100.9%		
7			六本木	650,000	289,705	397,500	687,205	105.7%		
8			横浜	500,000	221,091	334,012	555,103	111.0%		
9		関西	梅田	650,000	243,055	378,066	621,121	95.6%		
10			なんば	550,000	275,371	288,040	563,411	102.4%		
11			京都	450,000	186,498	298,620	485,118	107.8%		
12		合計		3,950,000	1,762,425	2,272,699	4,035,124	102.2%		
13		平均		564,286	251,775	324,671	576,446			
14										

フォントが変更されます。

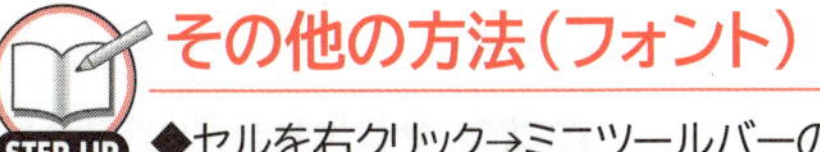

その他の方法（フォント）

STEP UP
◆セルを右クリック→ミニツールバーの[游ゴシック]（フォント）

2 フォントサイズの設定

文字の大きさのことを**「フォントサイズ」**といい**「ポイント」**という単位で表します。初期の設定では、入力したデータのフォントサイズは11ポイントになります。
セル**【B1】**のタイトルのフォントサイズを16ポイントに変更しましょう。

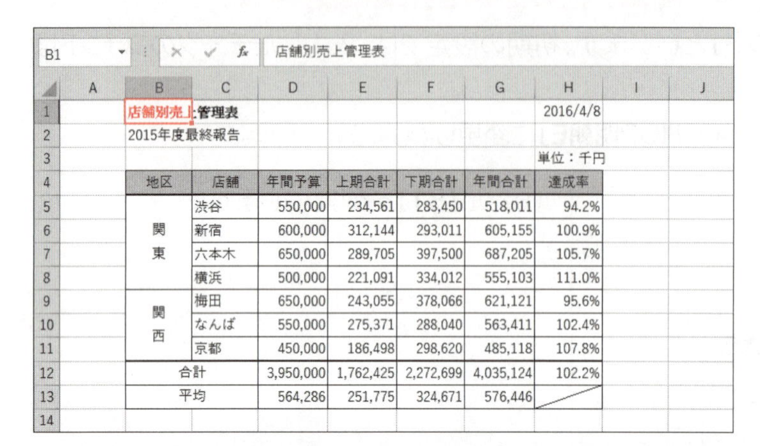

	A	B	C	D	E	F	G	H	I	J
1		店舗別売上管理表						2016/4/8		
2		2015年度最終報告								
3								単位：千円		
4		地区	店舗	年間予算	上期合計	下期合計	年間合計	達成率		
5		関東	渋谷	550,000	234,561	283,450	518,011	94.2%		
6			新宿	600,000	312,144	293,011	605,155	100.9%		
7			六本木	650,000	289,705	397,500	687,205	105.7%		
8			横浜	500,000	221,091	334,012	555,103	111.0%		
9		関西	梅田	650,000	243,055	378,066	621,121	95.6%		
10			なんば	550,000	275,371	288,040	563,411	102.4%		
11			京都	450,000	186,498	298,620	485,118	107.8%		
12		合計		3,950,000	1,762,425	2,272,699	4,035,124	102.2%		
13		平均		564,286	251,775	324,671	576,446			
14										

①セル**【B1】**をクリックします。

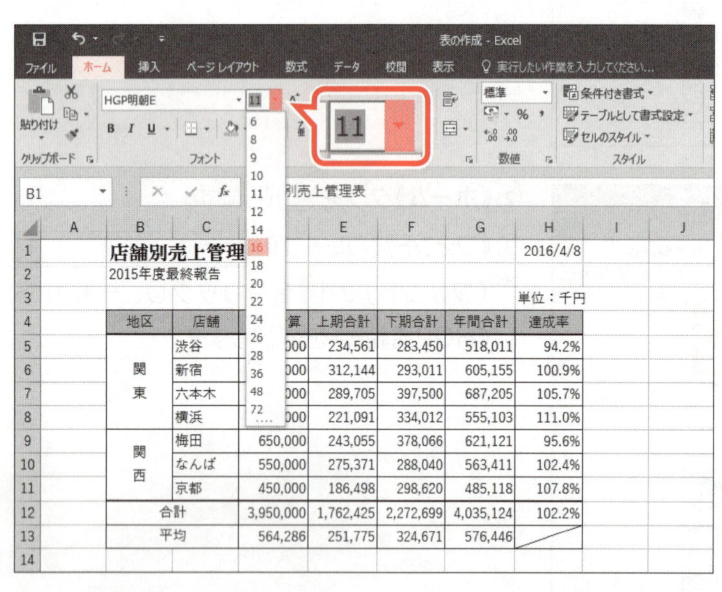

②**《ホーム》**タブを選択します。

③**《フォント》**グループの 11 ▼ （フォントサイズ）の ▼ をクリックし、一覧から**《16》**を選択します。

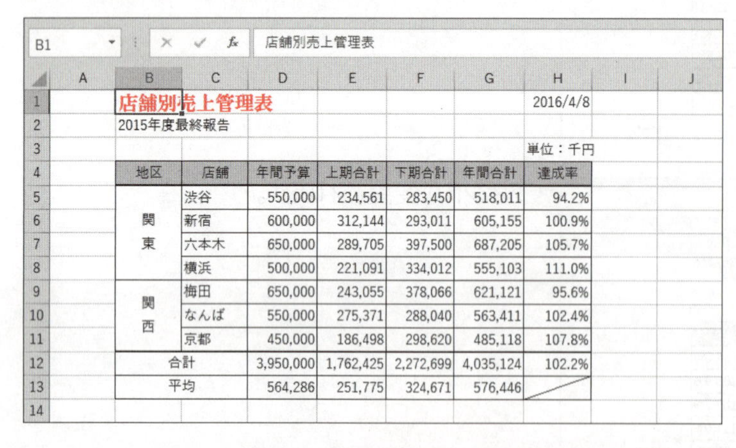

フォントサイズが変更されます。

その他の方法（フォントサイズ）

◆セルを右クリック→ミニツールバーの 11 ▼ （フォントサイズ）

フォントサイズの直接入力

11 ▼ （フォントサイズ）に数値を直接入力して、フォントサイズを設定することもできます。
11 ▼ （フォントサイズ）のボックス内に数値を入力して、Enter を押します。

3 フォントの色の設定

フォントに色を付けることができます。
セル【**H8**】のフォントの色を「**赤**」に変更しましょう。

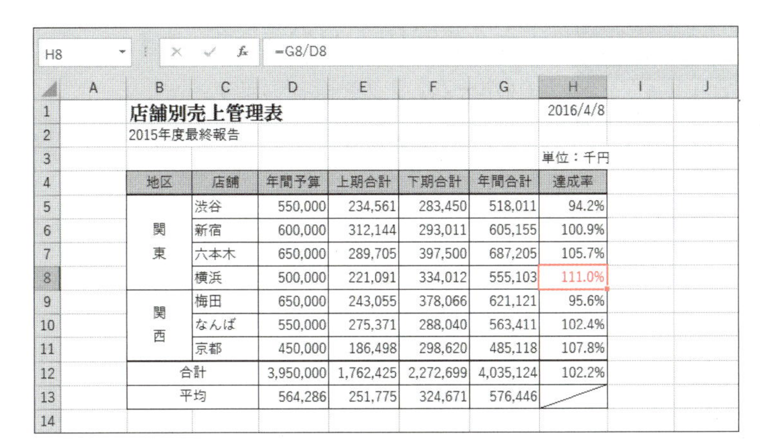

H8 =G8/D8

	A	B	C	D	E	F	G	H	I	J
1		店舗別売上管理表						2016/4/8		
2		2015年度最終報告								
3								単位：千円		
4		地区	店舗	年間予算	上期合計	下期合計	年間合計	達成率		
5		関東	渋谷	550,000	234,561	283,450	518,011	94.2%		
6			新宿	600,000	312,144	293,011	605,155	100.9%		
7			六本木	650,000	289,705	397,500	687,205	105.7%		
8			横浜	500,000	221,091	334,012	555,103	111.0%		
9		関西	梅田	650,000	243,055	378,066	621,121	95.6%		
10			なんば	550,000	275,371	288,040	563,411	102.4%		
11			京都	450,000	186,498	298,620	485,118	107.8%		
12		合計		3,950,000	1,762,425	2,272,699	4,035,124	102.2%		
13		平均		564,286	251,775	324,671	576,446			
14										

①セル【**H8**】をクリックします。

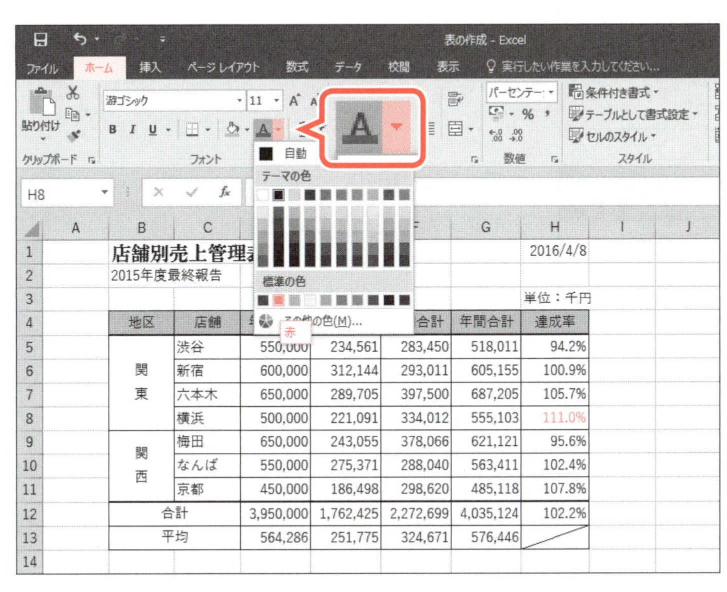

②《**ホーム**》タブを選択します。
③《**フォント**》グループの A (フォントの色)の ▾ をクリックします。
④《**標準の色**》の《**赤**》をクリックします。
フォントの色が変更されます。

その他の方法(フォントの色)

◆セルを右クリック→ミニツールバーの A (フォントの色)

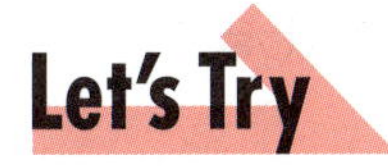

ためしてみよう

セル【H5】のフォントの色を「緑」に変更しましょう。

Let's Try Answer

①セル【H5】をクリック
②《ホーム》タブを選択
③《フォント》グループの A (フォントの色)の ▾ をクリック
④《標準の色》の《緑》(左から6番目)をクリック

4 太字の設定

太字や斜体、下線などで、データを強調できます。
表の4行目と12行目のデータを太字で強調しましょう。

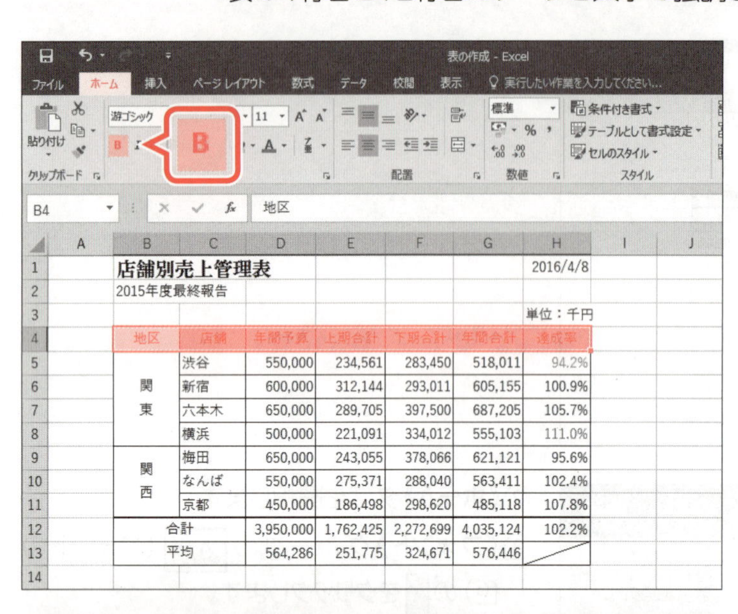

	B	C	D	E	F	G	H
1	店舗別売上管理表						2016/4/8
2	2015年度最終報告						
3							単位：千円
4	地区	店舗	年間予算	上期合計	下期合計	年間合計	達成率
5	関東	渋谷	550,000	234,561	283,450	518,011	94.2%
6		新宿	600,000	312,144	293,011	605,155	100.9%
7		六本木	650,000	289,705	397,500	687,205	105.7%
8		横浜	500,000	221,091	334,012	555,103	111.0%
9	関西	梅田	650,000	243,055	378,066	621,121	95.6%
10		なんば	550,000	275,371	288,040	563,411	102.4%
11		京都	450,000	186,498	298,620	485,118	107.8%
12	合計		3,950,000	1,762,425	2,272,699	4,035,124	102.2%
13	平均		564,286	251,775	324,671	576,446	

①セル範囲【B4:H4】を選択します。
②《ホーム》タブを選択します。
③《フォント》グループの B （太字）をクリックします。

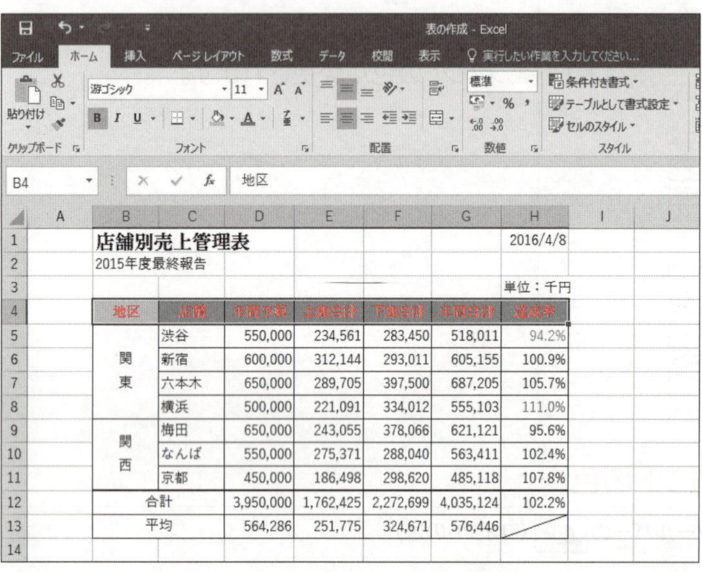

	B	C	D	E	F	G	H
1	店舗別売上管理表						2016/4/8
2	2015年度最終報告						
3							単位：千円
4	地区	店舗	年間予算	上期合計	下期合計	年間合計	達成率
5	関東	渋谷	550,000	234,561	283,450	518,011	94.2%
6		新宿	600,000	312,144	293,011	605,155	100.9%
7		六本木	650,000	289,705	397,500	687,205	105.7%
8		横浜	500,000	221,091	334,012	555,103	111.0%
9	関西	梅田	650,000	243,055	378,066	621,121	95.6%
10		なんば	550,000	275,371	288,040	563,411	102.4%
11		京都	450,000	186,498	298,620	485,118	107.8%
12	合計		3,950,000	1,762,425	2,272,699	4,035,124	102.2%
13	平均		564,286	251,775	324,671	576,446	

太字になります。
※ボタンが濃い灰色になります。

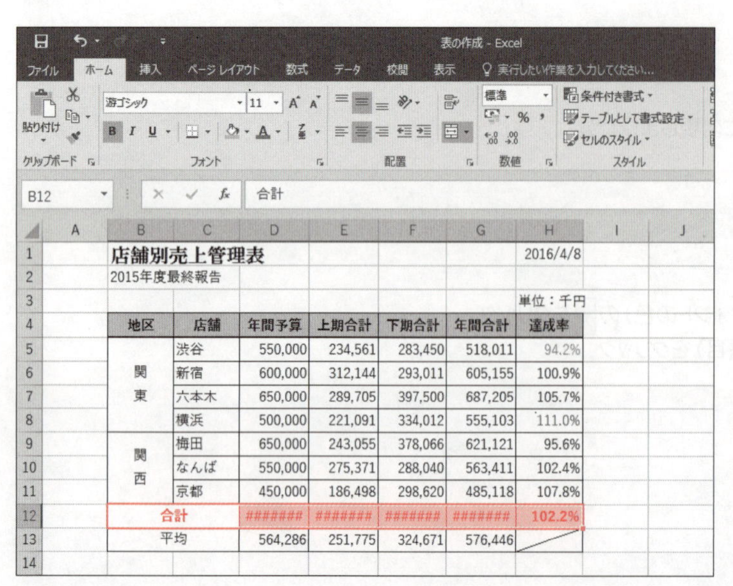

	B	C	D	E	F	G	H
1	店舗別売上管理表						2016/4/8
2	2015年度最終報告						
3							単位：千円
4	地区	店舗	年間予算	上期合計	下期合計	年間合計	達成率
5	関東	渋谷	550,000	234,561	283,450	518,011	94.2%
6		新宿	600,000	312,144	293,011	605,155	100.9%
7		六本木	650,000	289,705	397,500	687,205	105.7%
8		横浜	500,000	221,091	334,012	555,103	111.0%
9	関西	梅田	650,000	243,055	378,066	621,121	95.6%
10		なんば	550,000	275,371	288,040	563,411	102.4%
11		京都	450,000	186,498	298,620	485,118	107.8%
12	合計		#######	#######	#######	#######	102.2%
13	平均		564,286	251,775	324,671	576,446	

④セル範囲【B12:H12】を選択します。
⑤ F4 を押します。
直前のコマンドが繰り返され、太字になります。
※数値の桁数すべてがセルに表示できない場合、「#######」で表示されます。列幅を拡大すると、桁数すべてが表示されます。
列幅の設定については、P.94「STEP7 列幅や行の高さを設定する」で学習します。

その他の方法（太字）

◆セル範囲を右クリック→ミニツールバーの B （太字）
◆ Ctrl + B

POINT ▶▶▶

太字の解除

設定した太字を解除するには、**B**（太字）を再度クリックします。ボタンが標準の色に戻ります。

POINT ▶▶▶

斜体の設定

I（斜体）を使うと、データが斜体で表示されます。

2015年度最終報告

下線の設定

U（下線）を使うと、データに下線が付いて表示されます。
U▾（下線）の▾をクリックすると、二重下線を付けることもできます。

2015年度最終報告

部分的な書式設定

セル内の文字列の一部だけ、フォントサイズや色を変えることができます。
セルを編集状態にし、文字列の一部を選択して 11▾（フォントサイズ）や A▾（フォントの色）などで設定します。
※データが数値の場合、一部だけに異なる書式を設定することはできません。

2015年度最終報告

5 セルのスタイルの設定

フォントやフォントサイズ、フォントの色など複数の書式をまとめて登録し、名前を付けたものを**「スタイル」**といいます。Excelでは、セルに設定できるスタイルがあらかじめ用意されています。

セル**【B2】**のサブタイトルに、セルのスタイル**「見出し4」**を設定しましょう。

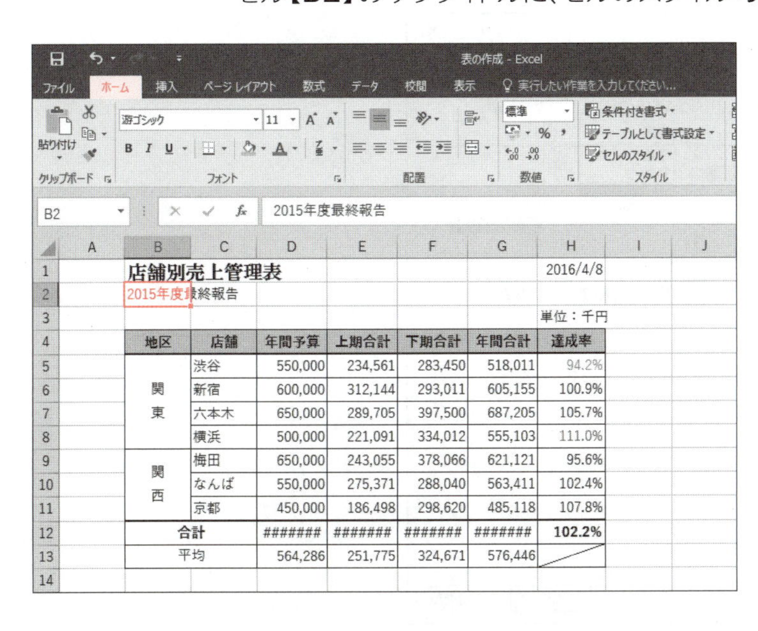

	A	B	C	D	E	F	G	H
1		店舗別売上管理表						2016/4/8
2		2015年度最終報告						
3								単位：千円
4		地区	店舗	年間予算	上期合計	下期合計	年間合計	達成率
5		関東	渋谷	550,000	234,561	283,450	518,011	94.2%
6			新宿	600,000	312,144	293,011	605,155	100.9%
7			六本木	650,000	289,705	397,500	687,205	105.7%
8			横浜	500,000	221,091	334,012	555,103	111.0%
9		関西	梅田	650,000	243,055	378,066	621,121	95.6%
10			なんば	550,000	275,371	288,040	563,411	102.4%
11			京都	450,000	186,498	298,620	485,118	107.8%
12		合計		#######	#######	#######	#######	102.2%
13		平均		564,286	251,775	324,671	576,446	
14								

①セル**【B2】**をクリックします。

②**《ホーム》**タブを選択します。

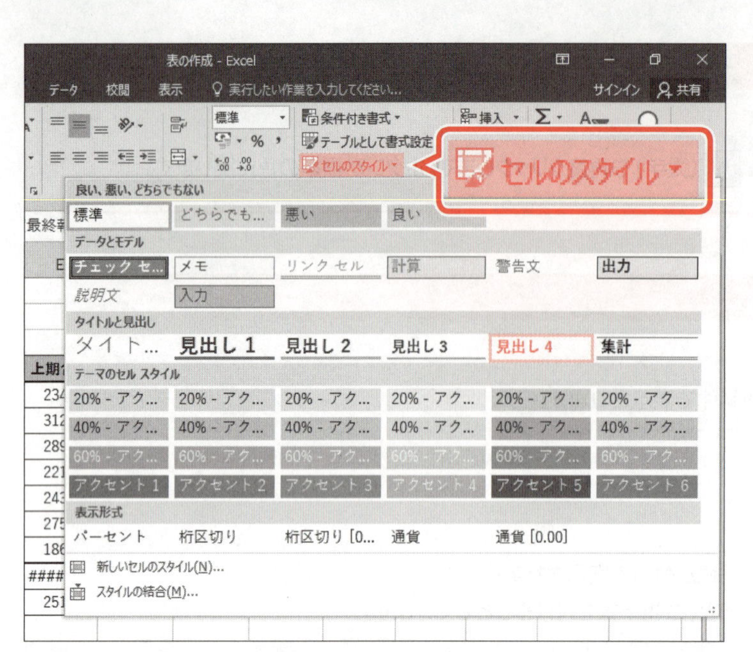

③《スタイル》グループの セルのスタイル (セルのスタイル)をクリックします。

④《タイトルと見出し》の《見出し4》をクリックします。

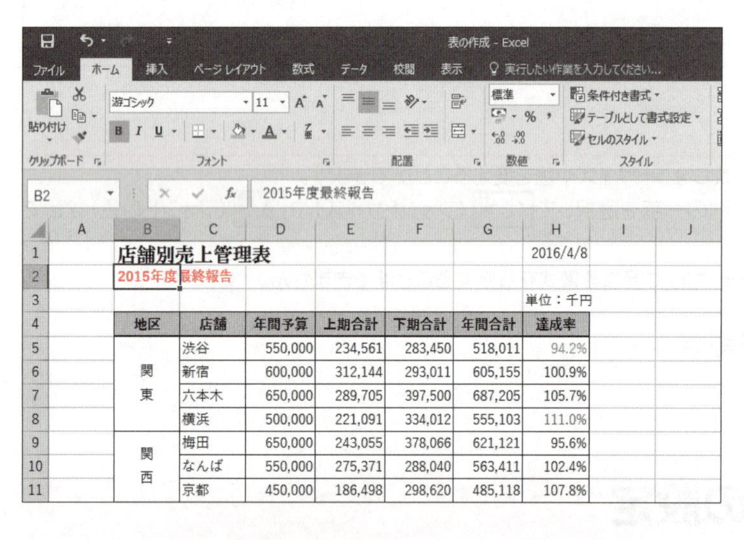

地区	店舗	年間予算	上期合計	下期合計	年間合計	達成率
関東	渋谷	550,000	234,561	283,450	518,011	94.2%
	新宿	600,000	312,144	293,011	605,155	100.9%
	六本木	650,000	289,705	397,500	687,205	105.7%
	横浜	500,000	221,091	334,012	555,103	111.0%
関西	梅田	650,000	243,055	378,066	621,121	95.6%
	なんば	550,000	275,371	288,040	563,411	102.4%
	京都	450,000	186,498	298,620	485,118	107.8%

サブタイトルにスタイルが設定されます。

フォント書式の一括設定

フォント書式をまとめて設定するには、《ホーム》タブ→《フォント》グループの をクリックします。《セルの書式設定》ダイアログボックスの《フォント》タブが表示され、《プレビュー》で確認しながら複数の書式をまとめて設定できます。

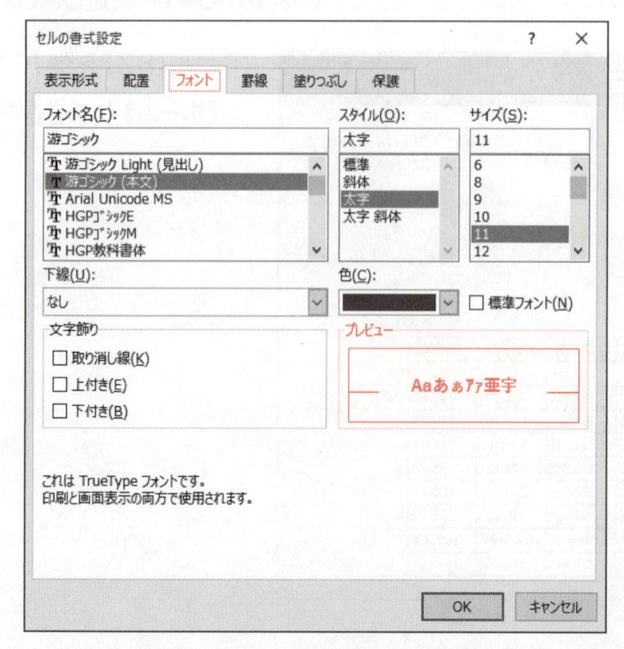

Step7 列幅や行の高さを設定する

1 列幅の設定

初期の設定で、列幅は8.38文字分になっています。列幅は自由に変更できます。

1 ドラッグによる列幅の変更

列番号の右側の境界線をドラッグして、列幅を変更できます。
A列の列幅を狭くしましょう。

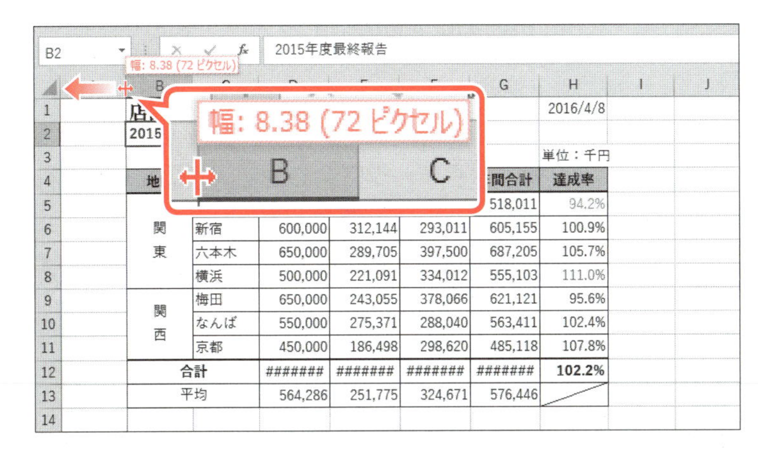

①列番号【A】の右側の境界線をポイントします。
マウスポインターの形が✛に変わります。
②マウスの左ボタンを押したままにします。
ポップヒントに現在の列幅が表示されます。
③図のようにドラッグします。

B2　2015年度最終報告　幅: 1.00 (13 ピクセル)

店舗別売上管理表
2015年度最終報告　2016/4/8
単位：千円

地区	店舗	年間予算	上期合計	下期合計	年間合計	達成率
関東	渋谷	550,000	234,561	283,450	518,011	94.2%
	新宿	600,000	312,144	293,011	605,155	100.9%
	六本木	650,000	289,705	397,500	687,205	105.7%
	横浜	500,000	221,091	334,012	555,103	111.0%
関西	梅田	650,000	243,055	378,066	621,121	95.6%
	なんば	550,000	275,371	288,040	563,411	102.4%
	京都	450,000	186,498	298,620	485,118	107.8%
合計		#######	#######	#######	#######	102.2%
平均		564,286	251,775	324,671	576,446	

ドラッグ中、A列の境界線が移動します。

B2　2015年度最終報告

店舗別売上管理表
2015年度最終報告　2016/4/8
単位：千円

地区	店舗	年間予算	上期合計	下期合計	年間合計	達成率
関東	渋谷	550,000	234,561	283,450	518,011	94.2%
	新宿	600,000	312,144	293,011	605,155	100.9%
	六本木	650,000	289,705	397,500	687,205	105.7%
	横浜	500,000	221,091	334,012	555,103	111.0%
関西	梅田	650,000	243,055	378,066	621,121	95.6%
	なんば	550,000	275,371	288,040	563,411	102.4%
	京都	450,000	186,498	298,620	485,118	107.8%
合計		#######	#######	#######	#######	102.2%
平均		564,286	251,775	324,671	576,446	

列幅が狭くなります。

2 ダブルクリックによる列幅の自動調整

列番号の右側の境界線をダブルクリックすると、列の最長データに合わせて、列幅を自動的に調整できます。

D～G列の列幅をまとめて自動調整し、最適な列幅に変更しましょう。

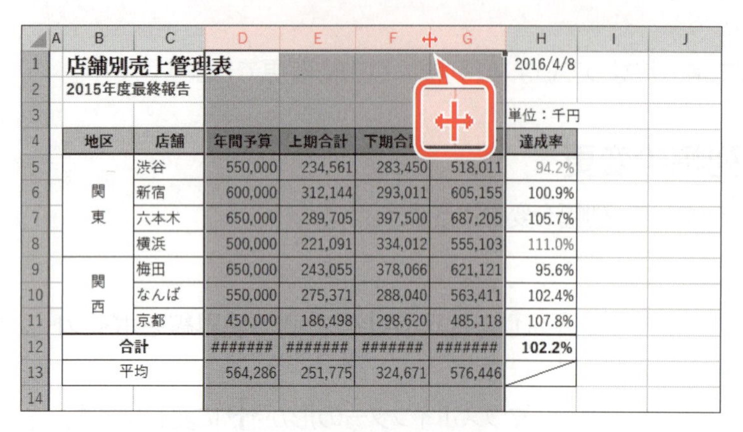

①列番号【D】から列番号【G】までドラッグします。

列が選択されます。

②選択した列の右側の境界線をポイントします。

マウスポインターの形が✛に変わります。

③ダブルクリックします。

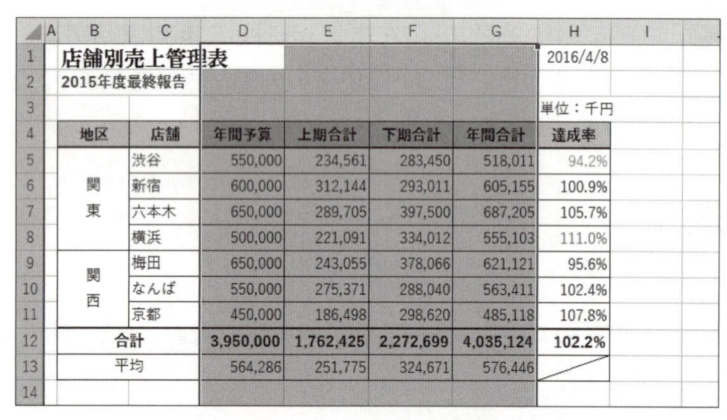

列の最長データに合わせて、列幅が調整されます。

※「#######」で表示されていた数値の桁数がすべて表示されます。

STEP UP その他の方法（列幅の自動調整）

◆列を選択→《ホーム》タブ→《セル》グループの（書式）→《列の幅の自動調整》

3 正確な列幅の指定

正確な値に列幅を設定するには、**《列幅》**ダイアログボックスを表示して、数値を指定します。

B列の列幅を5文字分に設定しましょう。

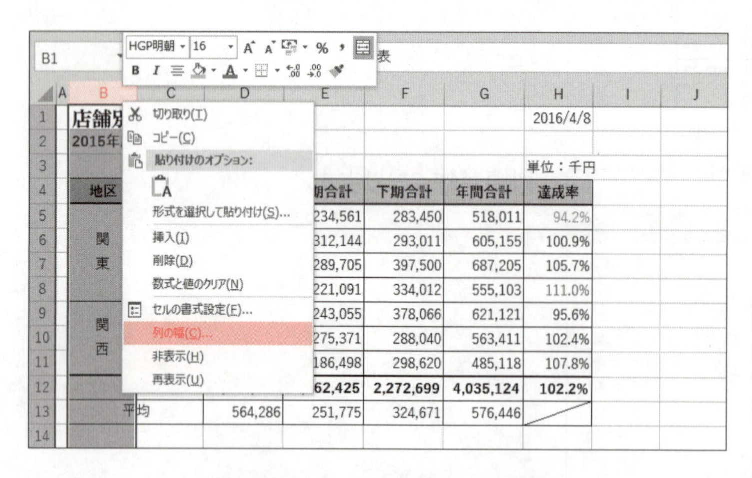

①列番号【B】を右クリックします。

列が選択され、ショートカットメニューが表示されます。

②**《列の幅》**をクリックします。

列幅 ? ×

列幅(C): 5

OK キャンセル

《列幅》ダイアログボックスが表示されます。

③**《列幅》**に「**5**」と入力します。

④**《OK》**をクリックします。

	A	B	C	D	E	F	G	H	I	J
1		店舗別売上管理表						2016/4/8		
2		2015年度最終報告								
3								単位：千円		
4		地区	店舗	年間予算	上期合計	下期合計	年間合計	達成率		
5		関東	渋谷	550,000	234,561	283,450	518,011	94.2%		
6			新宿	600,000	312,144	293,011	605,155	100.9%		
7			六本木	650,000	289,705	397,500	687,205	105.7%		
8			横浜	500,000	221,091	334,012	555,103	111.0%		
9		関西	梅田	650,000	243,055	378,066	621,121	95.6%		
10			なんば	550,000	275,371	288,040	563,411	102.4%		
11			京都	450,000	186,498	298,620	485,118	107.8%		
12			合計	3,950,000	1,762,425	2,272,699	4,035,124	102.2%		
13			平均	564,286	251,775	324,671	576,446			
14										

列幅が変更されます。

その他の方法（正確な列幅の指定）

◆列を選択→《ホーム》タブ→《セル》グループの 書式 （書式）→《列の幅》

ためしてみよう

①H列の列幅を10文字分に設定しましょう。
②セル【H3】の文字列を右揃えにしましょう。

Let's Try Answer

①列番号【H】を右クリック
②《列の幅》をクリック
③《列幅》に「10」と入力
④《OK》をクリック

①セル【H3】をクリック
②《ホーム》タブを選択
③《配置》グループの（右揃え）をクリック

文字列全体の表示

列幅より長い文字列をセル内に表示するには、次のような方法があります。

折り返して全体を表示する

列幅を変更せずに、文字列を折り返して全体を表示します。
◆《ホーム》タブ→《配置》グループの（折り返して全体を表示する）

	A	B
1	店舗別売上管理表	

→

	A	B
1	店舗別売 上管理表	

縮小して全体を表示する

列幅を変更せずに、文字列を縮小して全体を表示します。
◆《ホーム》タブ→《配置》グループの→《配置》タブ→《☑縮小して全体を表示する》

	A	B
1	店舗別売上管理表	

→

	A	B
1	店舗別売上管理表	

文字列の強制改行

セル内の文字列を強制的に改行するには、改行する位置にカーソルを表示して、Alt + Enter を押します。

2 行の高さの設定

初期の設定で、行の高さは18.75ポイントになっています。行の高さは自由に変更できます。
4～13行目の行の高さを22ポイントに変更しましょう。

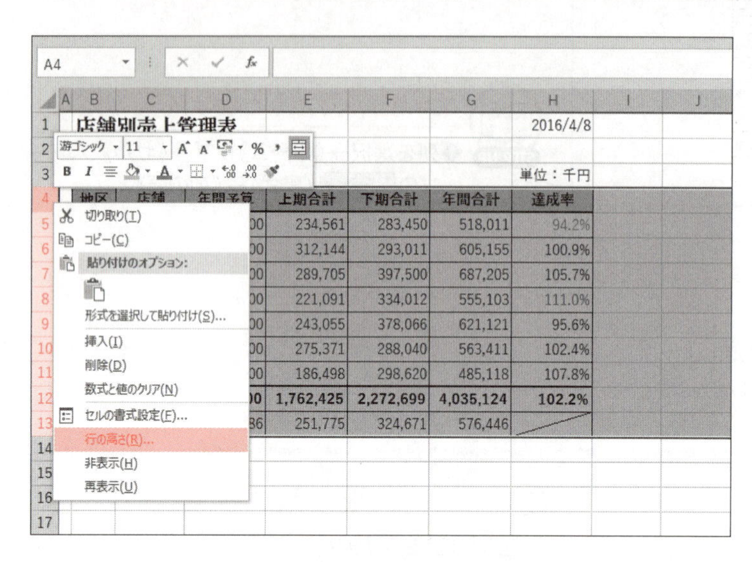

①行番号【4】から行番号【13】までドラッグします。

行が選択されます。

②選択した行を右クリックします。

ショートカットメニューが表示されます。

③**《行の高さ》**をクリックします。

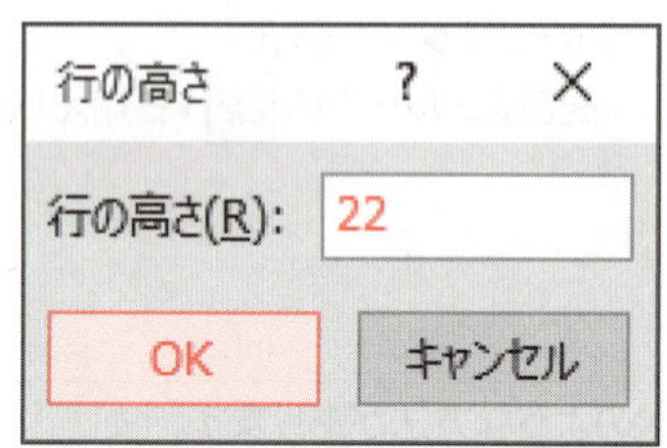

《行の高さ》ダイアログボックスが表示されます。

④**《行の高さ》**に**「22」**と入力します。

⑤**《OK》**をクリックします。

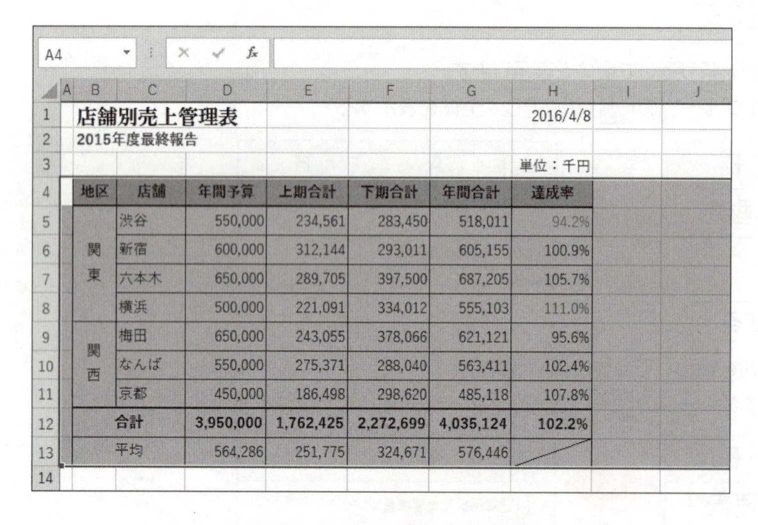

店舗別売上管理表 2016/4/8
2015年度最終報告
単位：千円

地区	店舗	年間予算	上期合計	下期合計	年間合計	達成率
関東	渋谷	550,000	234,561	283,450	518,011	94.2%
	新宿	600,000	312,144	293,011	605,155	100.9%
	六本木	650,000	289,705	397,500	687,205	105.7%
	横浜	500,000	221,091	334,012	555,103	111.0%
関西	梅田	650,000	243,055	378,066	621,121	95.6%
	なんば	550,000	275,371	288,040	563,411	102.4%
	京都	450,000	186,498	298,620	485,118	107.8%
合計		3,950,000	1,762,425	2,272,699	4,035,124	102.2%
平均		564,286	251,775	324,671	576,446	

行の高さが変更されます。

※行の選択を解除しておきましょう。

その他の方法（行の高さ）

◆行を選択→《ホーム》タブ→《セル》グループの 書式 (書式)→《行の高さ》

◆行番号の下の境界線をドラッグ

Step8 行を削除・挿入する

1 行の削除

13行目の**「平均」**の行を削除しましょう。

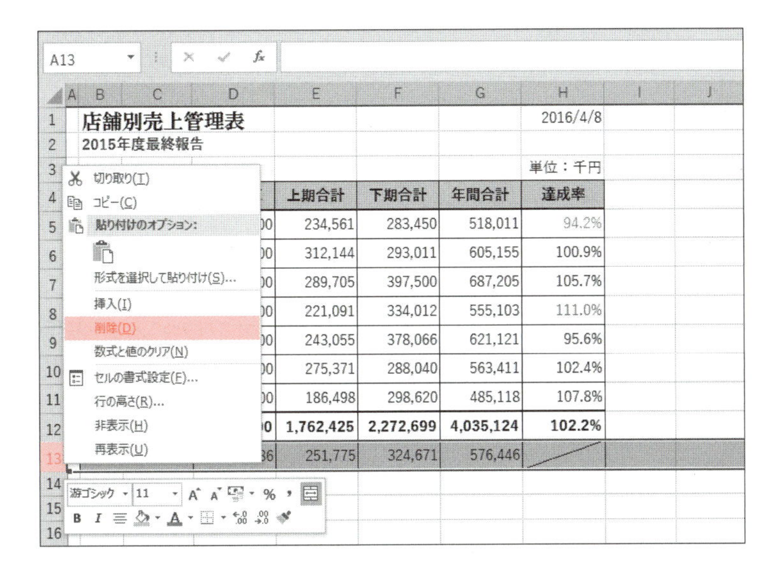

①行番号**【13】**を右クリックします。

行が選択され、ショートカットメニューが表示されます。

②**《削除》**をクリックします。

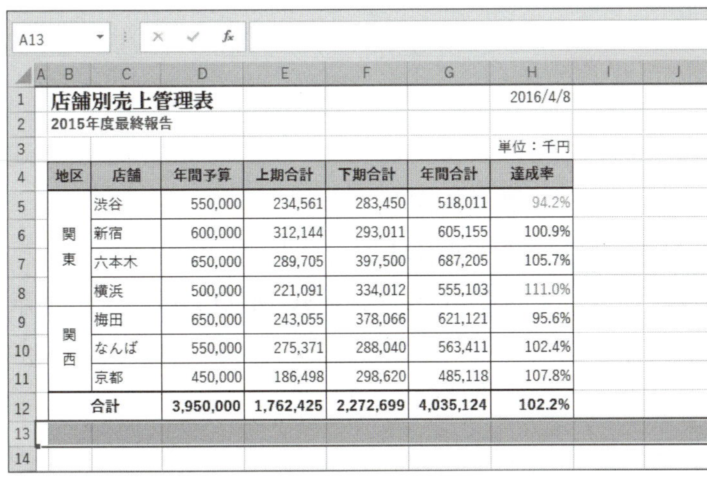

店舗別売上管理表
2015年度最終報告

2016/4/8
単位：千円

地区	店舗	年間予算	上期合計	下期合計	年間合計	達成率
関東	渋谷	550,000	234,561	283,450	518,011	94.2%
	新宿	600,000	312,144	293,011	605,155	100.9%
	六本木	650,000	289,705	397,500	687,205	105.7%
	横浜	500,000	221,091	334,012	555,103	111.0%
関西	梅田	650,000	243,055	378,066	621,121	95.6%
	なんば	550,000	275,371	288,040	563,411	102.4%
	京都	450,000	186,498	298,620	485,118	107.8%
	合計	3,950,000	1,762,425	2,272,699	4,035,124	102.2%

行が削除されます。

その他の方法（行の削除）

◆行を選択→《ホーム》タブ→《セル》グループの 削除 （セルの削除）の ▾ →《シートの行を削除》

2 行の挿入

10行目と11行目の間に1行挿入しましょう。

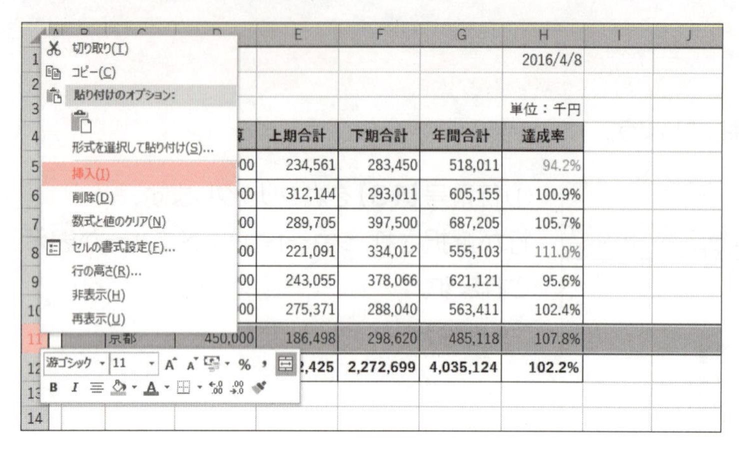

①行番号【11】を右クリックします。

②《挿入》をクリックします。

店舗別売上管理表　2016/4/8
2015年度最終報告
単位：千円

地区	店舗	年間予算	上期合計	下期合計	年間合計	達成率
関東	渋谷	550,000	234,561	283,450	518,011	94.2%
	新宿	600,000	312,144	293,011	605,155	100.9%
	六本木	650,000	289,705	397,500	687,205	105.7%
	横浜	500,000	221,091	334,012	555,103	111.0%
関西	梅田	650,000	243,055	378,066	621,121	95.6%
	なんば	550,000	275,371	288,040	563,411	102.4%
	京都	450,000	186,498	298,620	485,118	107.8%
合計		3,950,000	1,762,425	2,272,699	4,035,124	102.2%

行が挿入され、（挿入オプション）が表示されます。

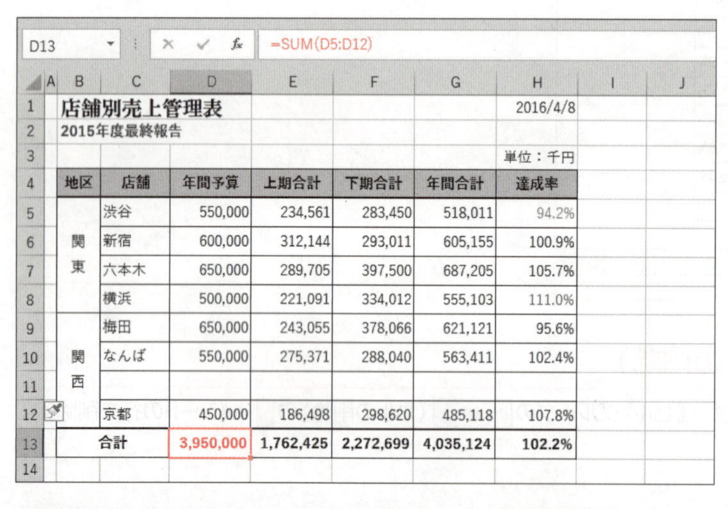

店舗別売上管理表　2016/4/8
2015年度最終報告
単位：千円

地区	店舗	年間予算	上期合計	下期合計	年間合計	達成率
関東	渋谷	550,000	234,561	283,450	518,011	94.2%
	新宿	600,000	312,144	293,011	605,155	100.9%
	六本木	650,000	289,705	397,500	687,205	105.7%
	横浜	500,000	221,091	334,012	555,103	111.0%
関西	梅田	650,000	243,055	378,066	621,121	95.6%
	なんば	550,000	275,371	288,040	563,411	102.4%
	京都	450,000	186,498	298,620	485,118	107.8%
合計		3,950,000	1,762,425	2,272,699	4,035,124	102.2%

数式を確認します。

③セル【D13】をクリックします。

④数式バーに「=SUM(D5:D12)」と表示され、引数が自動的に調整されていることを確認します。

店舗別売上管理表　2016/4/8
2015年度最終報告
単位：千円

地区	店舗	年間予算	上期合計	下期合計	年間合計	達成率
関東	渋谷	550,000	234,561	283,450	518,011	94.2%
	新宿	600,000	312,144	293,011	605,155	100.9%
	六本木	650,000	289,705	397,500	687,205	105.7%
	横浜	500,000	221,091	334,012	555,103	111.0%
関西	梅田	650,000	243,055	378,066	621,121	95.6%
	なんば	550,000	275,371	288,040	563,411	102.4%
	京都	450,000	186,498	298,620	485,118	107.8%
合計		3,950,000	1,762,425	2,272,699	4,035,124	102.2%

挿入した行にデータを入力します。

⑤セル範囲【C11:F11】を選択します。

※あらかじめセル範囲を選択して入力すると、選択されているセル範囲の中でアクティブセルが移動するので効率的です。

C11		神戸						
	A	B	C	D	E	F	G	H
1		店舗別売上管理表						2016/4/8
2		2015年度最終報告						
3								単位：千円
4		地区	店舗	年間予算	上期合計	下期合計	年間合計	達成率
5		関東	渋谷	550,000	234,561	283,450	518,011	94.2%
6			新宿	600,000	312,144	293,011	605,155	100.9%
7			六本木	650,000	289,705	397,500	687,205	105.7%
8			横浜	500,000	221,091	334,012	555,103	111.0%
9		関西	梅田	650,000	243,055	378,066	621,121	95.6%
10			なんば	550,000	275,371	288,040	563,411	102.4%
11			神戸	400,000	260,842	140,441	401,283	100.3%
12			京都	450,000	186,498	298,620	485,118	107.8%
13		合計		4,350,000	2,023,267	2,413,140	4,436,407	102.0%
14								

⑥次のデータを入力します。

セル【C11】：神戸
セル【D11】：400000
セル【E11】：260842
セル【F11】：140441

※3桁区切りカンマを入力する必要はありません。

「年間合計」「達成率」の数式が自動的に入力され、計算結果が表示されます。

その他の方法（行の挿入）

◆行を選択→《ホーム》タブ→《セル》グループの 挿入（セルの挿入）

挿入オプション

上と同じ書式を適用(A)
下と同じ書式を適用(B)
書式のクリア(C)

表内に挿入した行には、上の行と同じ書式が自動的に適用されます。
行を挿入した直後に表示される （挿入オプション）を使うと、書式をクリアしたり、下の行の書式を適用したりできます。

POINT ▶▶▶

列の削除・挿入

行と同じように、列も削除したり挿入したりできます。

列の削除

◆列を右クリック→《削除》

列の挿入

◆列を右クリック→《挿入》

POINT ▶▶▶

効率的なデータ入力

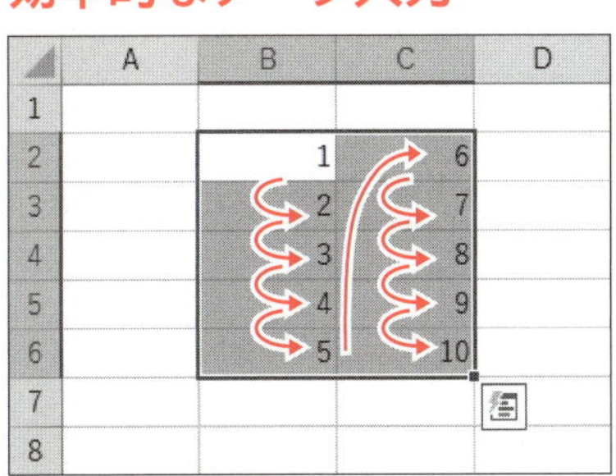

あらかじめセル範囲を選択してデータを入力すると、選択したセル範囲内でアクティブセルが移動するので、効率よく入力できます。
例えば、図のようにセル範囲を選択してデータを入力すると、矢印の順番でアクティブセルが移動します。

参考学習 列を非表示・再表示する

1 列の非表示

行や列は、一時的に非表示にできます。
行や列を非表示にしても実際のデータは残っているので、必要なときに再表示すれば、元の表示に戻ります。
E～F列を非表示にしましょう。

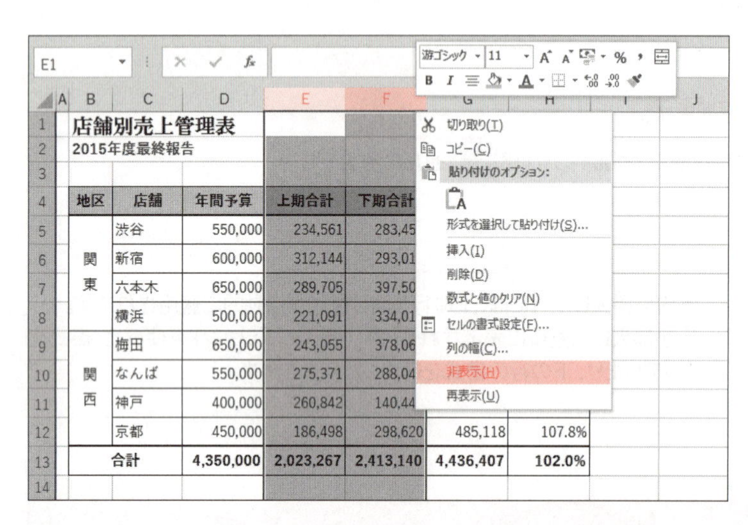

①列番号【E】から列番号【F】までドラッグします。
列が選択されます。
②選択した列番号を右クリックします。
③《非表示》をクリックします。

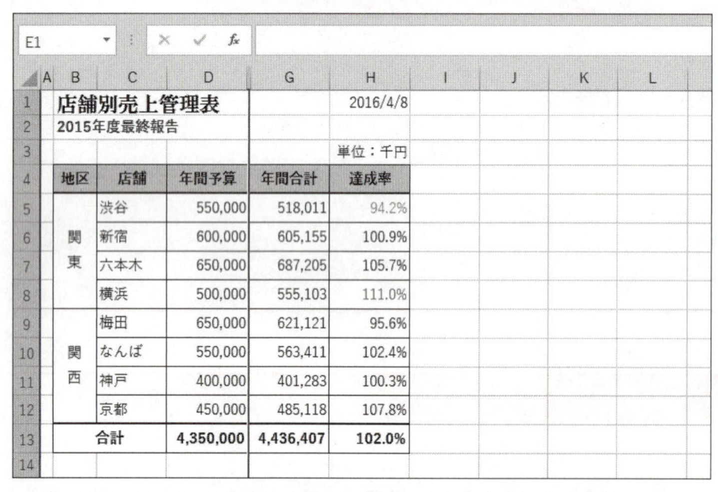

地区	店舗	年間予算	年間合計	達成率
関東	渋谷	550,000	518,011	94.2%
	新宿	600,000	605,155	100.9%
	六本木	650,000	687,205	105.7%
	横浜	500,000	555,103	111.0%
関西	梅田	650,000	621,121	95.6%
	なんば	550,000	563,411	102.4%
	神戸	400,000	401,283	100.3%
	京都	450,000	485,118	107.8%
合計		4,350,000	4,436,407	102.0%

列が非表示になります。

その他の方法（列の非表示）

◆列を選択→《ホーム》タブ→《セル》グループの 書式 （書式）→《非表示/再表示》→《列を表示しない》

2 列の再表示

非表示にした列を再表示しましょう。

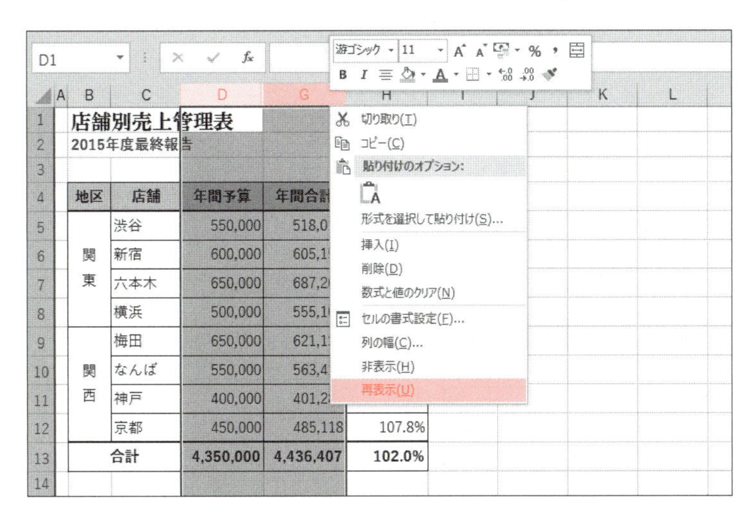

①列番号【D】から列番号【G】までドラッグします。

※非表示にした列の左右の列番号を選択します。

②選択した列番号を右クリックします。

③《再表示》をクリックします。

店舗別売上管理表　2016/4/8

2015年度最終報告　単位：千円

地区	店舗	年間予算	上期合計	下期合計	年間合計	達成率
関東	渋谷	550,000	234,561	283,450	518,011	94.2%
	新宿	600,000	312,144	293,011	605,155	100.9%
	六本木	650,000	289,705	397,500	687,205	105.7%
	横浜	500,000	221,091	334,012	555,103	111.0%
関西	梅田	650,000	243,055	378,066	621,121	95.6%
	なんば	550,000	275,371	288,040	563,411	102.4%
	神戸	400,000	260,842	140,441	401,283	100.3%
	京都	450,000	186,498	298,620	485,118	107.8%
合計		4,350,000	2,023,267	2,413,140	4,436,407	102.0%

列が再表示されます。

※ブックに「表の作成完成」と名前を付けて、フォルダー「第3章」に保存し、閉じておきましょう。

その他の方法（列の再表示）

◆再表示したい列の左右の列番号を選択→《ホーム》タブ→《セル》グループの 書式 （書式）→《非表示/再表示》→《列の再表示》

POINT ▶▶▶

行の非表示・再表示

列と同じように、行も非表示にしたり再表示したりできます。

行の非表示

◆行番号を右クリック→《非表示》

行の再表示

◆再表示したい行の上下の行番号を選択→選択した行番号を右クリック→《再表示》

Exercise 練習問題

解答 ► 別冊P.1

完成図のような表を作成しましょう。

フォルダー「第3章」のブック「第3章練習問題」を開いておきましょう。

●完成図

	A	B	C	D	E	F	G	H
1		他社競合ノートパソコン・評価結果						
2								
3		評価ポイント	A社製	C社製	G社製	M社製	R社製	
4		価格	8	7	9	8	8	
5		性能	7	10	10	7	9	
6		操作性	5	7	9	8	9	
7		拡張性	6	7	7	5	10	
8		デザイン	8	8	8	5	7	
9		合計	34	39	43	33	43	
10		平均	6.8	7.8	8.6	6.6	8.6	
11								
12		※10段階評価で、10が最高です。						
13								

①セル【**C9**】に「**A社製**」の合計を求める数式を入力しましょう。

②セル【**C10**】に「**A社製**」の平均を求める数式を入力しましょう。

③セル範囲【**C9:C10**】の数式を、セル範囲【**D9:F10**】にコピーしましょう。

④表全体に格子の罫線を引きましょう。

⑤セル範囲【**B3:F3**】の項目名に、次の書式を設定しましょう。

> **塗りつぶしの色 :オレンジ、アクセント2、白+基本色60%**
> **太字**
> **中央揃え**

⑥セル範囲【**B1:F1**】を結合し、タイトルを結合したセルの中央に配置しましょう。

⑦E列とF列の間に1列挿入しましょう。

⑧挿入した列に、次のデータを入力しましょう。

> **セル【F3】:M社製**
> **セル【F4】:8**
> **セル【F5】:7**
> **セル【F6】:8**
> **セル【F7】:5**
> **セル【F8】:5**

⑨セル範囲【**E9:E10**】の数式を、セル範囲【**F9:F10**】にコピーしましょう。

⑩A列の列幅を「**1**」、B列の列幅を「**12**」に設定しましょう。

※ブックに「第3章練習問題完成」と名前を付けて、フォルダー「第3章」に保存し、閉じておきましょう。

よくわかる

第4章

Chapter 4

数式の入力

Chapter 4

この章で学ぶこと

学習前に習得すべきポイントを理解しておき、
学習後には確実に習得できたかどうかを振り返りましょう。

1	様々な関数の入力方法を理解し、使い分けることができる。	→ P.107
2	データの中から最大値を求める関数を入力できる。	→ P.114
3	データの中から最小値を求める関数を入力できる。	→ P.115
4	数値の個数を求める関数を入力できる。	→ P.117
5	数値や文字列の個数を求める関数を入力できる。	→ P.119
6	相対参照と絶対参照の違いを理解し、使い分けることができる。	→ P.121
7	絶対参照で数式を入力できる。	→ P.123

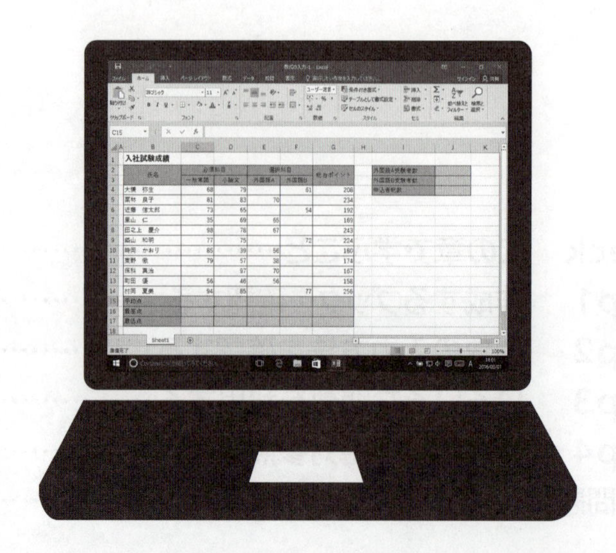

Step 1 作成するブックを確認する

1 作成するブックの確認

次のようなブックを作成しましょう。

入社試験成績

氏名	必須科目		選択科目		総合ポイント
	一般常識	小論文	外国語A	外国語B	
大橋　弥生	68	79		61	208
栗林　良子	81	83	70		234
近藤　信太郎	73	65		54	192
里山　仁	35	69	65		169
田之上　慶介	98	78	67		243
籔山　和明	77	75		72	224
時岡　かおり	85	39	56		180
東野　徹	79	57	38		174
保科　真治		97	70		167
町田　優	56	46	56		158
村岡　夏美	94	85		77	256
平均点	74.6	70.3	60.3	66.0	200.5
最高点	98	97	70	77	256
最低点	35	39	38	54	158

項目	人数
外国語A受験者数	7
外国語B受験者数	4
申込者総数	11

COUNT関数の入力

COUNTA関数の入力

AVERAGE関数の入力

MAX関数の入力

MIN関数の入力

アルバイト週給計算

名前	時給	9月7日	9月8日	9月9日	9月10日	9月11日	週勤務時間	週給
		月	火	水	木	金		
佐々木　健太	¥1,350	7.0	7.0	7.5	7.0	7.0	35.5	¥47,925
大野　英子	¥1,350	5.0		5.0		5.0	15.0	¥20,250
花田　真理	¥1,300	5.5	5.5	7.0	5.5	6.5	30.0	¥39,000
野村　剛史	¥1,300		6.0		6.0		12.0	¥15,600
吉沢　あかね	¥1,300	7.5	7.5	7.5	7.5		30.0	¥39,000
宗川　純一	¥1,250	7.0	7.0	6.5		6.5	27.0	¥33,750
竹内　彬	¥1,100				8.0	8.0	16.0	¥17,600

Sheet1　Sheet2

相対参照の数式の入力

アルバイト週給計算

時給	¥1,300

名前	9月7日	9月8日	9月9日	9月10日	9月11日	週勤務時間	週給
	月	火	水	木	金		
佐々木　健太	7.0	7.0	7.5	7.0	7.0	35.5	¥46,150
大野　英子	5.0		5.0		5.0	15.0	¥19,500
花田　真理	5.5	5.5	7.0	5.5	6.5	30.0	¥39,000
野村　剛史		6.0		6.0		12.0	¥15,600
吉沢　あかね	7.5	7.5	7.5	7.5		30.0	¥39,000
宗川　純一	7.0	7.0	6.5		6.5	27.0	¥35,100
竹内　彬				8.0	8.0	16.0	¥20,800

Sheet1　Sheet2

絶対参照の数式の入力

Step2 関数の入力方法を確認する

1 関数の入力方法

関数を入力する方法には、次のようなものがあります。

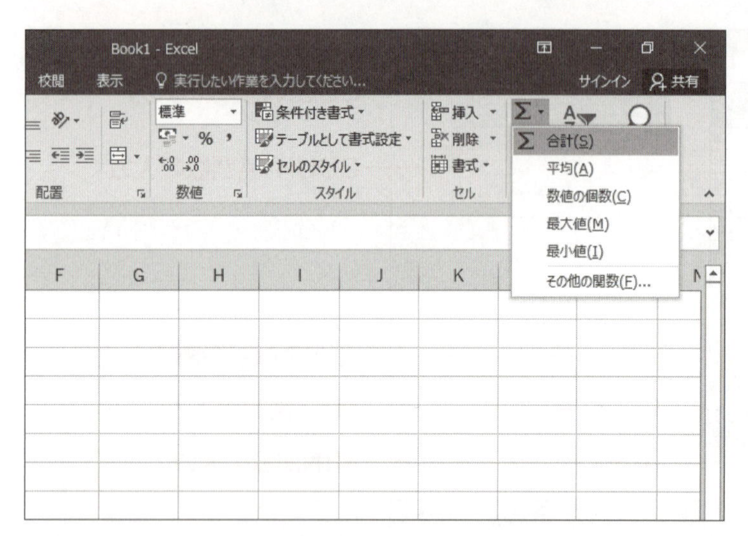

●Σ（合計）を使う

次の関数は、Σ（合計）を使うと、関数名やカッコが自動的に入力され、引数も簡単に指定できます。

関数名	機能
SUM	合計を求める
AVERAGE	平均を求める
COUNT	数値の個数を数える
MAX	最大値を求める
MIN	最小値を求める

●fx（関数の挿入）を使う

数式バーのfx（関数の挿入）を使うと、ダイアログボックス上で関数や引数の説明を確認しながら、数式を入力できます。

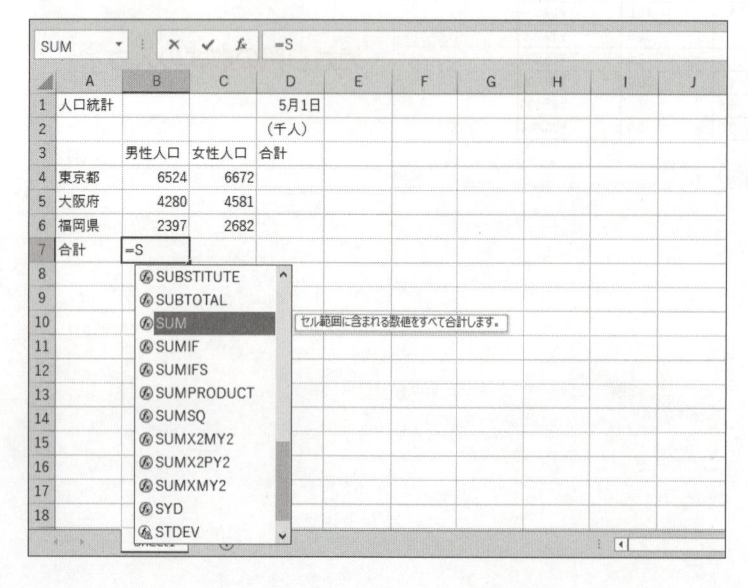

●キーボードから直接入力する

セルに関数を直接入力できます。引数に何を指定すればよいかわかっている場合には、直接入力した方が効率的な場合があります。

2 関数の入力

それぞれの方法で、AVERAGE関数を入力してみましょう。

File OPEN フォルダー「第4章」のブック「数式の入力-1」を開いておきましょう。

1 Σ (合計)を使う

Σ (合計)を使って、関数を入力しましょう。
セル【C15】に「一般常識」の「平均点」を求めましょう。

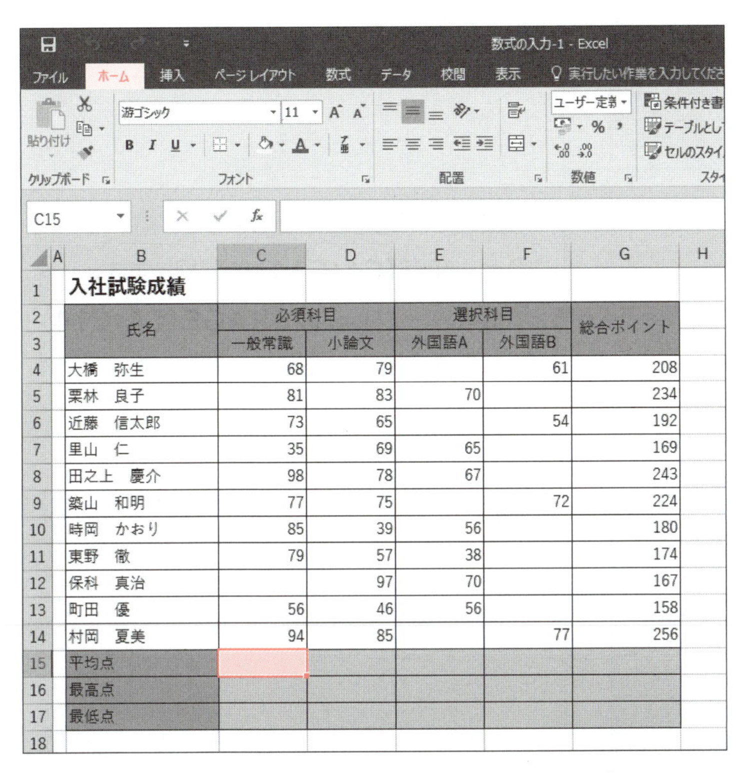

	必須科目		選択科目		
氏名	一般常識	小論文	外国語A	外国語B	総合ポイント
大橋　弥生	68	79		61	208
栗林　良子	81	83	70		234
近藤　信太郎	73	65		54	192
里山　仁	35	69	65		169
田之上　慶介	98	78	67		243
篠山　和明	77	75		72	224
時岡　かおり	85	39	56		180
東野　徹	79	57	38		174
保科　真治		97	70		167
町田　優	56	46	56		158
村岡　夏美	94	85		77	256
平均点					
最高点					
最低点					

①セル【C15】をクリックします。

②《ホーム》タブを選択します。

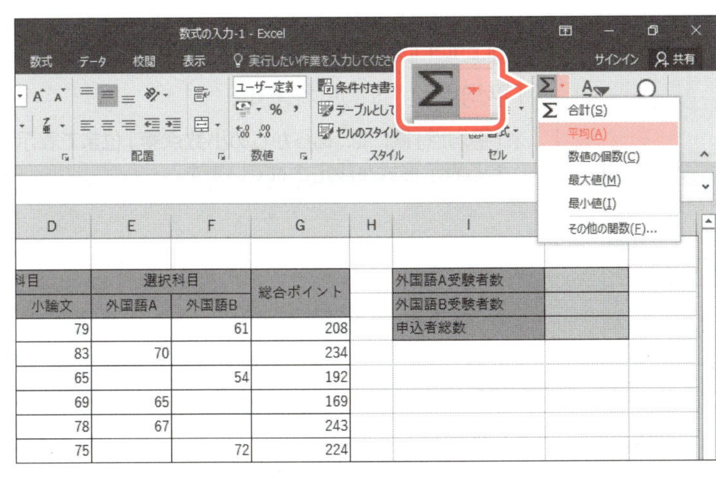

③《編集》グループの Σ (合計)の ▾ をクリックします。

④《平均》をクリックします。

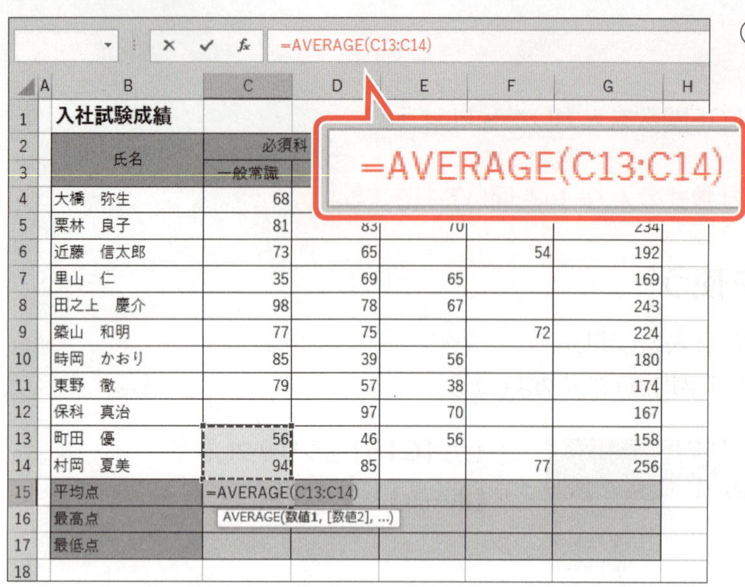

⑤数式バーに「=AVERAGE(C13:C14)」と表示されていることを確認します。

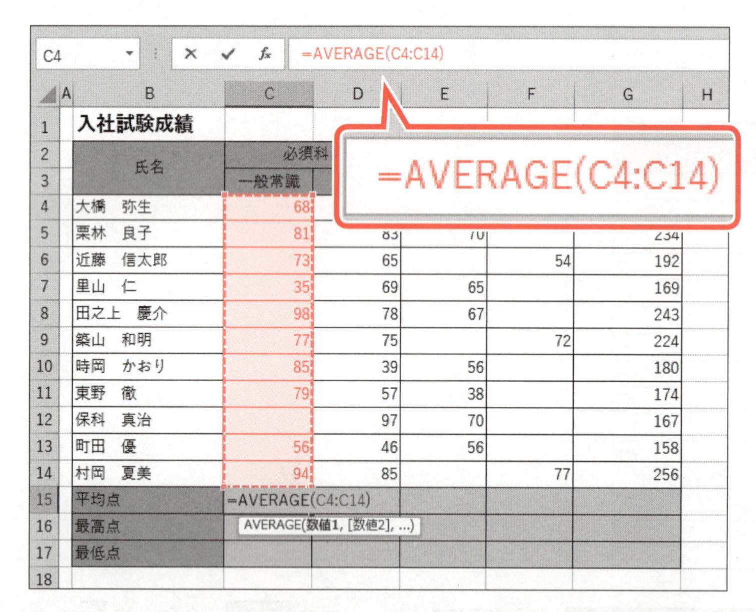

引数のセル範囲を修正します。

⑥セル範囲【C4:C14】を選択します。

⑦数式バーに「=AVERAGE(C4:C14)」と表示されていることを確認します。

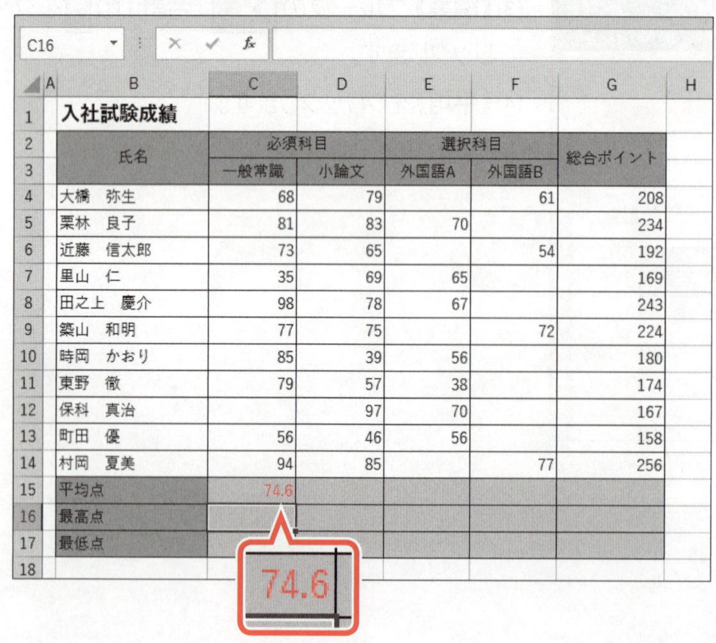

氏名	必須科目 一般常識	必須科目 小論文	選択科目 外国語A	選択科目 外国語B	総合ポイント
大橋　弥生	68	79		61	208
栗林　良子	81	83	70		234
近藤　信太郎	73	65		54	192
里山　仁	35	69	65		169
田之上　慶介	98	78	67		243
築山　和明	77	75		72	224
時岡　かおり	85	39	56		180
東野　徹	79	57	38		174
保科　真治		97	70		167
町田　優	56	46	56		158
村岡　夏美	94	85		77	256
平均点	74.6				
最高点					
最低点					

⑧Enterを押します。

「平均点」が求められます。

※「平均点」欄には、あらかじめ小数点第1位まで表示する表示形式が設定されています。

2 fx（関数の挿入）を使う

fx（関数の挿入）を使って、関数を入力しましょう。
セル【**D15**】に「**小論文**」の「**平均点**」を求めましょう。

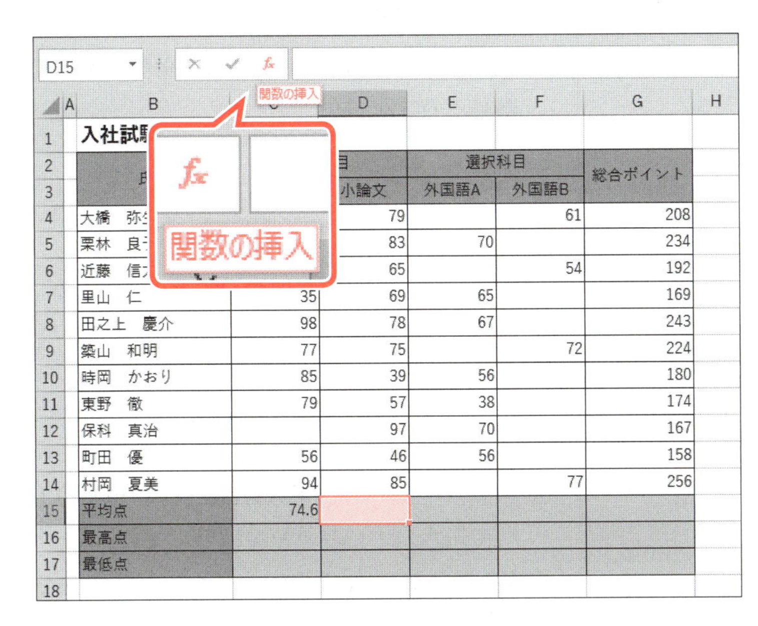

	B	C	D	E	F	G
1	入社試験					
2				選択科目		総合ポイント
3			小論文	外国語A	外国語B	
4	大橋　弥		79		61	208
5	栗林　良		83	70		234
6	近藤　信		65		54	192
7	里山　仁	35	69	65		169
8	田之上　慶介	98	78	67		243
9	築山　和明	77	75		72	224
10	時岡　かおり	85	39	56		180
11	東野　徹	79	57	38		174
12	保科　真治		97	70		167
13	町田　優	56	46	56		158
14	村岡　夏美	94	85		77	256
15	平均点	74.6				
16	最高点					
17	最低点					

①セル【**D15**】をクリックします。
②数式バーの fx（関数の挿入）をクリックします。

関数の挿入
関数の検索(S):
平均を求める　検索開始(G)
関数の分類(C): 最近使った関数
関数名(N):
SUM
AVERAGE
IF
HYPERLINK
COUNT
MAX
SIN
SUM(数値1,数値2,...)
セル範囲に含まれる数値をすべて合計します。

《**関数の挿入**》ダイアログボックスが表示されます。
③《**関数の検索**》に「**平均を求める**」と入力します。
④《**検索開始**》をクリックします。

関数の挿入
関数の検索(S):
平均を求める　検索開始(G)
関数の分類(C): 候補
関数名(N):
AVERAGE
AVERAGEA
AVEDEV
AVERAGE(数値1,数値2,...)
引数の平均値を返します。引数には、数値、数値を含む名前、配列、セル参照を指定できます。
この関数のヘルプ　OK　キャンセル

関数の説明

《**関数名**》の一覧に検索のキーワードに関連する関数が表示されます。
⑤《**関数名**》の一覧から《**AVERAGE**》を選択します。
⑥関数の説明を確認します。
⑦《**OK**》をクリックします。

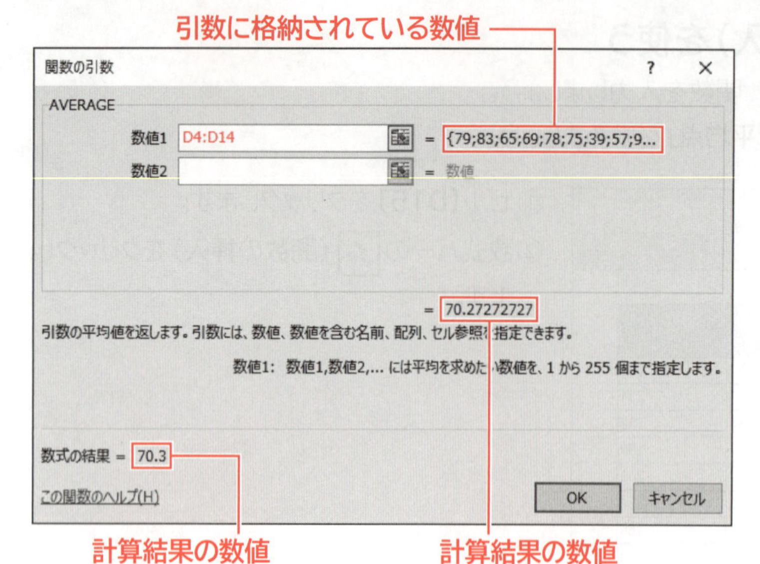

《関数の引数》ダイアログボックスが表示されます。

⑧**《数値1》**が**「D4:D14」**になっていることを確認します。

⑨引数に格納されている数値や計算結果の数値を確認します。

D15 =AVERAGE(D4:D14)
入社試験成績
関数の引数
AVERAGE
数値1 D4:D14 = {79;83;65;69;78;75;39;57;9...
数値2 = 数値
= 70.27272727
引数の平均値を返します。引数には、数値、数値を含む名前、配列、セル参照を指定できます。
数値1: 数値1,数値2,... には平均を求めたい数値を、1 から 255 個まで指定します。
数式の結果 = 70.3
この関数のヘルプ(H)
OK キャンセル

⑩数式バーに**「=AVERAGE(D4:D14)」**と表示されていることを確認します。

※数式バーが隠れている場合は、ダイアログボックスを移動します。

⑪**《OK》**をクリックします。

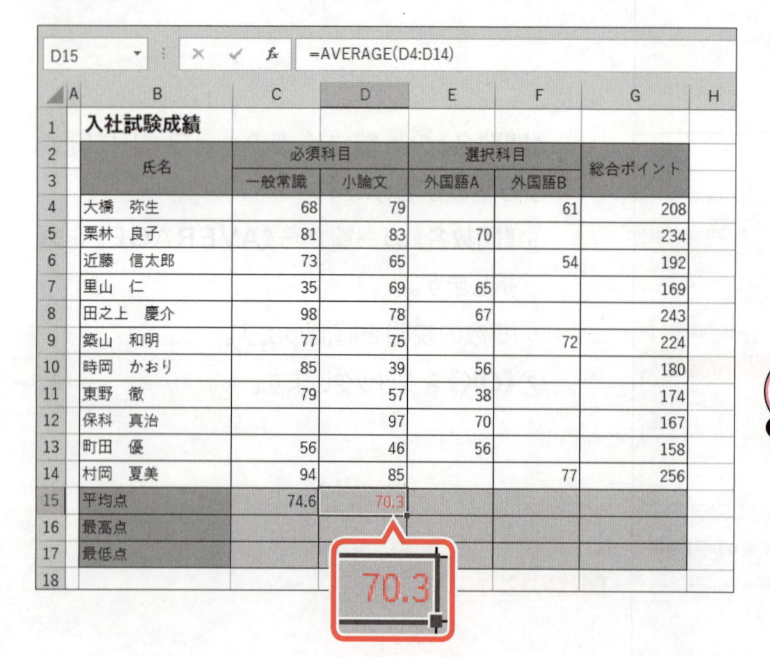

D15 =AVERAGE(D4:D14)

入社試験成績

氏名	必須科目		選択科目		総合ポイント
	一般常識	小論文	外国語A	外国語B	
大橋 弥生	68	79		61	208
栗林 良子	81	83	70		234
近藤 信太郎	73	65		54	192
里山 仁	35	69	65		169
田之上 慶介	98	78	67		243
篠山 和明	77	75		72	224
時岡 かおり	85	39	56		180
東野 徹	79	57	38		174
保科 真治		97	70		167
町田 優	56	46	56		158
村岡 夏美	94	85		77	256
平均点	74.6	70.3			
最高点					
最低点					

70.3

「平均点」が求められます。

STEP UP その他の方法(関数の挿入)

◆《ホーム》タブ→《編集》グループの Σ (合計)の ▾ →《その他の関数》

◆《数式》タブ→《関数ライブラリ》グループの fx (関数の挿入)

◆ Shift + F3

3 キーボードから直接入力する

セルに関数を直接入力しましょう。
セル**【E15】**に**「外国語A」**の**「平均点」**を求めましょう。

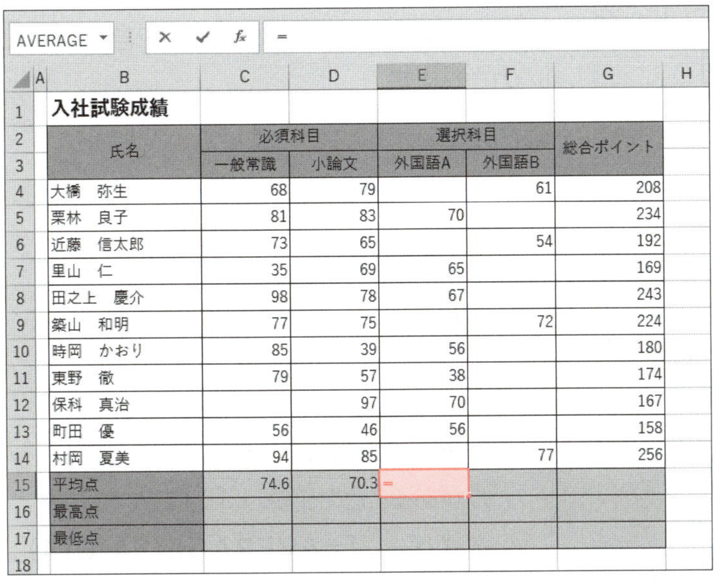

AVERAGE ✕ ✓ fx =

	A	B	C	D	E	F	G	H
1		入社試験成績						
2		氏名	必須科目		選択科目		総合ポイント	
3			一般常識	小論文	外国語A	外国語B		
4		大橋　弥生	68	79		61	208	
5		栗林　良子	81	83	70		234	
6		近藤　信太郎	73	65		54	192	
7		里山　仁	35	69	65		169	
8		田之上　慶介	98	78	67		243	
9		簗山　和明	77	75		72	224	
10		時岡　かおり	85	39	56		180	
11		東野　徹	79	57	38		174	
12		保科　真治		97	70		167	
13		町田　優	56	46	56		158	
14		村岡　夏美	94	85		77	256	
15		平均点	74.6	70.3	=			
16		最高点						
17		最低点						
18								

①セル**【E15】**をクリックします。
※入力モードを A にしておきましょう。
②**「=」**を入力します。

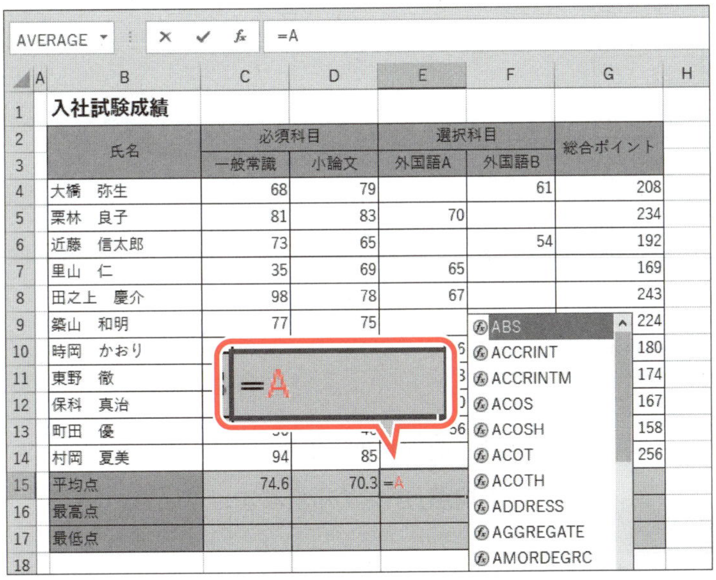

AVERAGE ✕ ✓ fx =A

	A	B	C	D	E	F	G	H
1		入社試験成績						
2		氏名	必須科目		選択科目		総合ポイント	
3			一般常識	小論文	外国語A	外国語B		
4		大橋　弥生	68	79		61	208	
5		栗林　良子	81	83	70		234	
6		近藤　信太郎	73	65		54	192	
7		里山　仁	35	69	65		169	
8		田之上　慶介	98	78	67		243	
9		簗山　和明	77	75		[illegible]	224	
10		時岡　かおり	[illegible]	[illegible]	[illegible]	[illegible]	180	
11		東野　徹	[illegible]	[illegible]	[illegible]	[illegible]	174	
12		保科　真治	[illegible]	[illegible]	[illegible]	[illegible]	167	
13		町田　優	[illegible]	[illegible]	56	[illegible]	158	
14		村岡　夏美	94	85		[illegible]	256	
15		平均点	74.6	70.3	=A			
16		最高点						
17		最低点						
18								

=A

ABS
ACCRINT
ACCRINTM
ACOS
ACOSH
ACOT
ACOTH
ADDRESS
AGGREGATE
AMORDEGRC

③**「=」**に続けて**「A」**を入力します。
※関数名は大文字でも小文字でもかまいません。
「A」で始まる関数名が一覧で表示されます。

AVERAGE ✕ ✓ fx =AV

	A	B	C	D	E	F	G	H
1		入社試験成績						
2		氏名	必須科目		選択科目		総合ポイント	
3			一般常識	小論文	外国語A	外国語B		
4		大橋　弥生	68	79		61	208	
5		栗林　良子	81	83	70		234	
6		近藤　信太郎	73	65		54	192	
7		里山　仁	35	69	65		169	
8		田之上　慶介	98	78	67		243	
9		簗山　和明	77	75		72	224	
10		時岡　かおり	[illegible]	[illegible]	[illegible]		180	
11		東野　徹	[illegible]	[illegible]	[illegible]		174	
12		保科　真治	[illegible]	[illegible]	[illegible]		167	
13		町田　優	[illegible]	[illegible]	56		158	
14		村岡　夏美	94	85		77	256	
15		平均点	74.6	70.3	=AV			
16		最高点						
17		最低点						
18								

=AV

AVEDEV
AVERAGE
AVERAGEA

引数の平均値を返します。引数には、数値、数値を含む名前、配列、セル参照を指定できます。

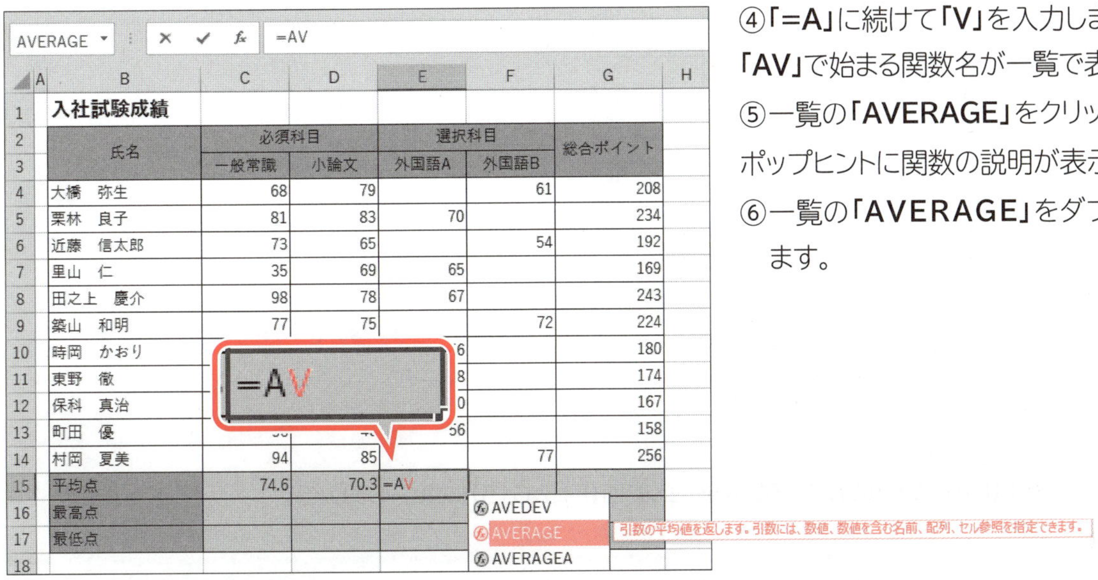

④**「=A」**に続けて**「V」**を入力します。
「AV」で始まる関数名が一覧で表示されます。
⑤一覧の**「AVERAGE」**をクリックします。
ポップヒントに関数の説明が表示されます。
⑥一覧の**「AVERAGE」**をダブルクリックします。

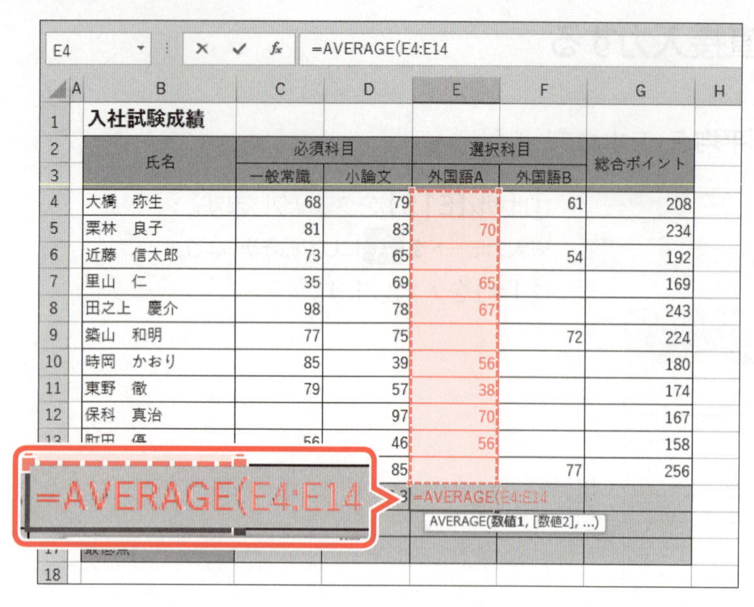

「=AVERAGE(」まで自動的に入力されます。

⑦「=AVERAGE(」の後ろにカーソルがあることを確認し、セル範囲【E4:E14】を選択します。

「=AVERAGE(E4:E14」まで自動的に入力されます。

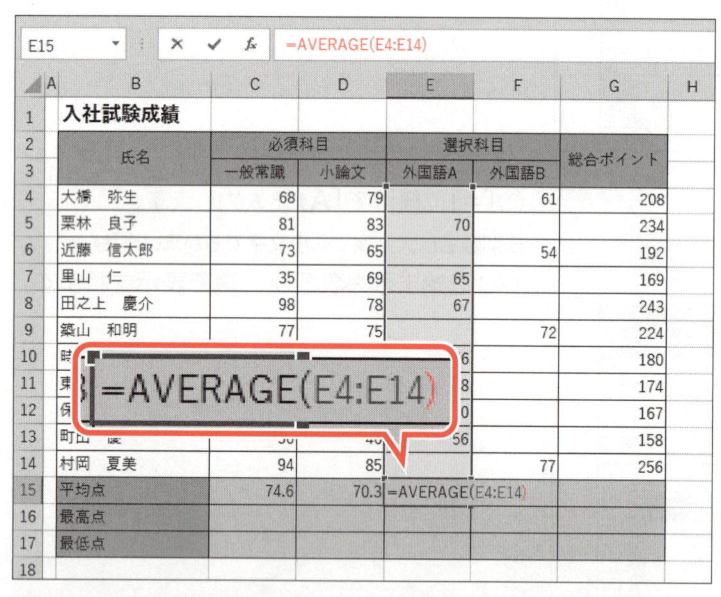

⑧「=AVERAGE(E4:E14」の後ろにカーソルがあることを確認し、「)」を入力します。

⑨数式バーに「=AVERAGE(E4:E14)」と表示されていることを確認します。

	A	B	C	D	E	F	G	H
1		入社試験成績						
2		氏名	必須科目		選択科目		総合ポイント	
3			一般常識	小論文	外国語A	外国語B		
4		大橋　弥生	68	79		61	208	
5		栗林　良子	81	83	70		234	
6		近藤　信太郎	73	65		54	192	
7		里山　仁	35	69	65		169	
8		田之上　慶介	98	78	67		243	
9		築山　和明	77	75		72	224	
10		時岡　かおり	85	39	56		180	
11		東野　徹	79	57	38		174	
12		保科　真治		97	70		167	
13		町田　優	56	46	56		158	
14		村岡　夏美	94	85		77	256	
15		平均点	74.6	70.3	60.3			
16		最高点						
17		最低点						
18								

60.3

⑩ Enter を押します。

「平均点」が求められます。

Let's Try

ためしてみよう

セル【E15】に入力されている数式を、セル範囲【F15:G15】にコピーしましょう。

① セル【E15】を選択し、セル右下の■(フィルハンドル)をセル【G15】までドラッグ

Step3 いろいろな関数を利用する

1 MAX関数

「**MAX関数**」を使うと、最大値を求めることができます。

●MAX関数

引数の数値の中から最大値を返します。

=MAX（数値1，数値2，…）

引数1　引数2

※引数には、対象のセルやセル範囲などを指定します。

Σ（合計）を使って、セル【**C16**】に関数を入力し、「**一般常識**」の「**最高点**」を求めましょう。

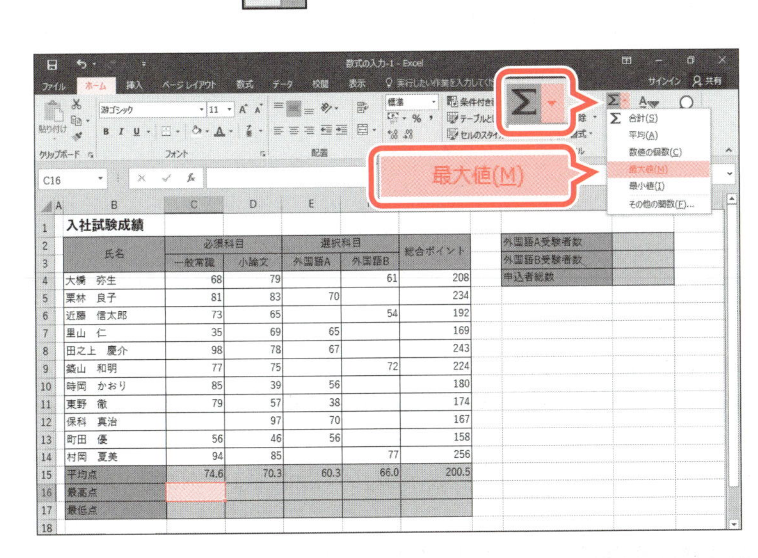

①セル【**C16**】をクリックします。

②《**ホーム**》タブを選択します。

③《**編集**》グループの Σ（合計）の ▾ をクリックします。

④《**最大値**》をクリックします。

C4　=MAX(C4:C14)

=MAX(C4:C14)

	A	B	C	D	E	F	G	H
1		入社試験成績						
2		氏名	必須科				ポイント	
3			一般常識					
4		大橋　弥生	68				208	
5		栗林　良子	81	83	70		234	
6		近藤　信太郎	73	65		54	192	
7		里山　仁	35	69	65		169	
8		田之上　慶介	98	78	67		243	
9		築山　和明	77	75		72	224	
10		時岡　かおり	85	39	56		180	
11		東野　徹	79	57	38		174	
12		保科　真治		97	70		167	
13		町田　優	56	46	56		158	
14		村岡　夏美	94	85		77	256	
15		平均点	74.6	70.3	60.3	66.0	200.5	
16		最高点	=MAX(C4:C14)					
17		最低点	MAX(数値1, [数値2], ...)					
18								

⑤数式バーに「**=MAX(C13:C15)**」と表示されていることを確認します。

引数のセル範囲を修正します。

⑥セル範囲【**C4:C14**】を選択します。

⑦数式バーに「**=MAX(C4:C14)**」と表示されていることを確認します。

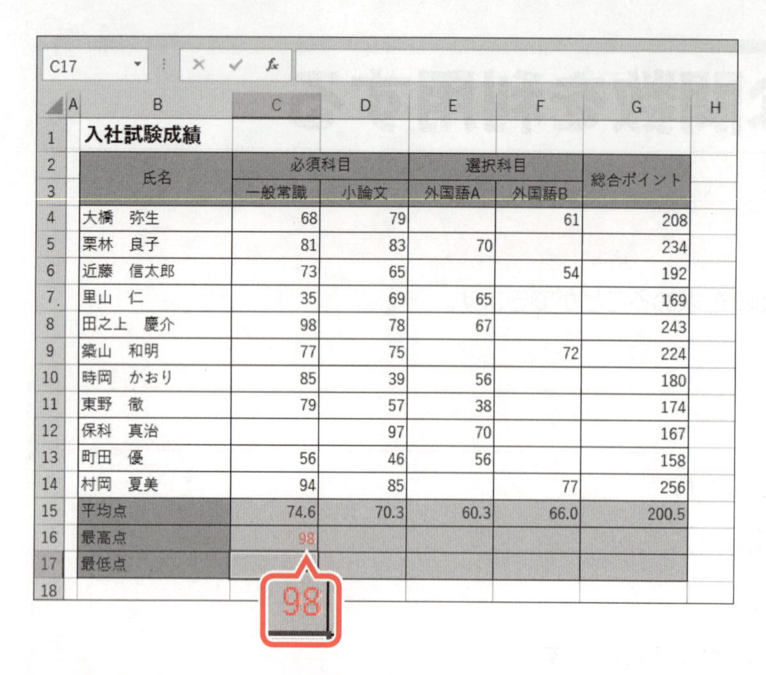

	A	B	C	D	E	F	G
1		入社試験成績					
2		氏名	必須科目		選択科目		総合ポイント
3			一般常識	小論文	外国語A	外国語B	
4		大橋　弥生	68	79		61	208
5		栗林　良子	81	83	70		234
6		近藤　信太郎	73	65		54	192
7		里山　仁	35	69	65		169
8		田之上　慶介	98	78	67		243
9		築山　和明	77	75		72	224
10		時岡　かおり	85	39	56		180
11		東野　徹	79	57	38		174
12		保科　真治		97	70		167
13		町田　優	56	46	56		158
14		村岡　夏美	94	85		77	256
15		平均点	74.6	70.3	60.3	66.0	200.5
16		最高点	98				
17		最低点					

⑧ Enter を押します。
「最高点」が求められます。

2 MIN関数

「MIN関数」を使うと、最小値を求めることができます。

●MIN関数

引数の数値の中から最小値を返します。

=MIN（数値1, 数値2, …）

引数1　引数2

※引数には、対象のセルやセル範囲などを指定します。

Σ（合計）を使って、セル**【C17】**に関数を入力し、**「一般常識」**の**「最低点」**を求めましょう。

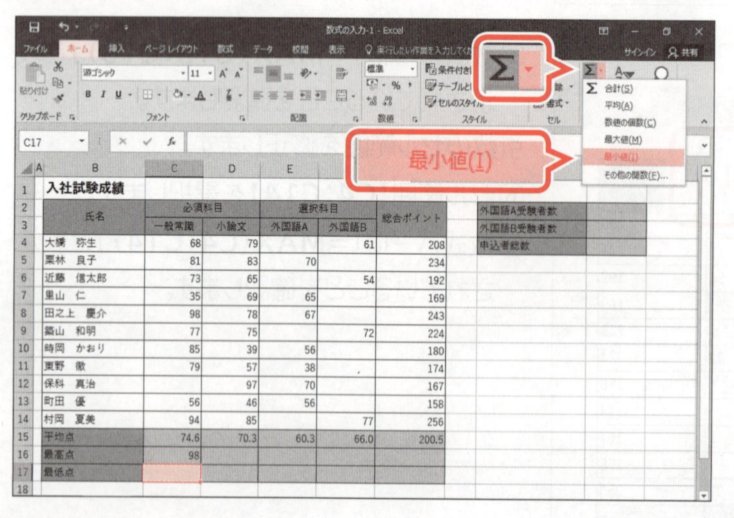

①セル**【C17】**をクリックします。
②**《ホーム》**タブを選択します。
③**《編集》**グループの Σ（合計）の ▾ をクリックします。
④**《最小値》**をクリックします。

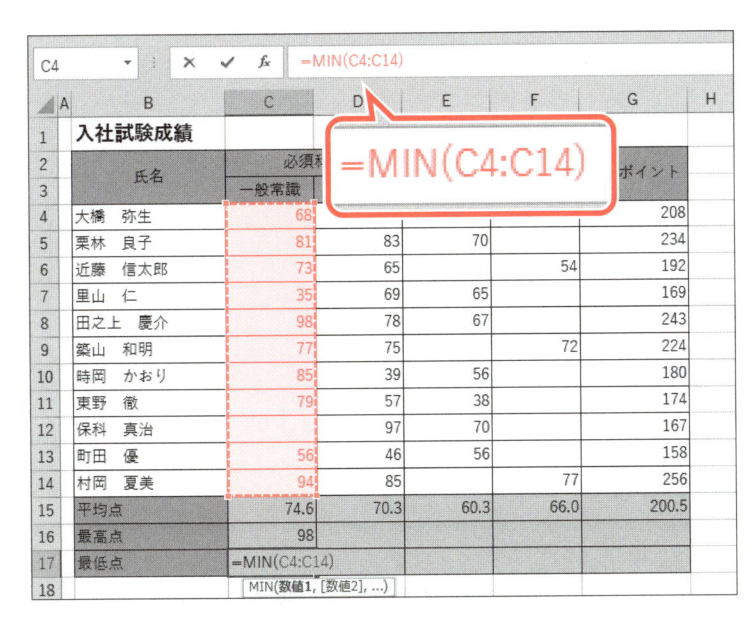

⑤数式バーに「**=MIN(C13:C16)**」と表示されていることを確認します。

引数のセル範囲を修正します。

⑥セル範囲【**C4:C14**】を選択します。

⑦数式バーに「**=MIN(C4:C14)**」と表示されていることを確認します。

	A	B	C	D	E	F	G	H
1		入社試験成績						
2		氏名	必須科目		選択科目		総合ポイント	
3			一般常識	小論文	外国語A	外国語B		
4		大橋　弥生	68	79		61	208	
5		栗林　良子	81	83	70		234	
6		近藤　信太郎	73	65		54	192	
7		里山　仁	35	69	65		169	
8		田之上　慶介	98	78	67		243	
9		築山　和明	77	75		72	224	
10		時岡　かおり	85	39	56		180	
11		東野　徹	79	57	38		174	
12		保科　真治		97	70		167	
13		町田　優	56	46	56		158	
14		村岡　夏美	94	85		77	256	
15		平均点	74.6	70.3	60.3	66.0	200.5	
16		最高点	98					
17		最低点	35					
18								

35

⑧ Enter を押します。

「最低点」が求められます。

Let's Try ためしてみよう

セル範囲【C16:C17】に入力されている数式を、セル範囲【D16:G17】にコピーしましょう。

	A	B	C	D	E	F	G	H
1		入社試験成績						
2		氏名	必須科目		選択科目		総合ポイント	
3			一般常識	小論文	外国語A	外国語B		
4		大橋　弥生	68	79		61	208	
5		栗林　良子	81	83	70		234	
6		近藤　信太郎	73	65		54	192	
7		里山　仁	35	69	65		169	
8		田之上　慶介	98	78	67		243	
9		築山　和明	77	75		72	224	
10		時岡　かおり	85	39	56		180	
11		東野　徹	79	57	38		174	
12		保科　真治		97	70		167	
13		町田　優	56	46	56		158	
14		村岡　夏美	94	85		77	256	
15		平均点	74.6	70.3	60.3	66.0	200.5	
16		最高点	98	97	70	77	256	
17		最低点	35	39	38	54	158	
18								

Let's Try Answer

①セル範囲【C16:C17】を選択し、セル範囲右下の■(フィルハンドル)をセル【G17】までドラッグ

3 COUNT関数

「**COUNT関数**」を使うと、指定した範囲内にある数値の個数を求めることができます。

> **●COUNT関数**
>
> 引数の中に含まれる数値の個数を返します。
>
> **=COUNT(数値1, 数値2, …)**
>
> 数値1：引数1　数値2：引数2
>
> ※引数には、対象のセルやセル範囲などを指定します。

Σ (合計)を使って、セル【J2】に関数を入力し、「**外国語A受験者数**」を求めましょう。
「**外国語A受験者数**」は、セル範囲【**E4:E14**】から数値の個数を数えて求めます。

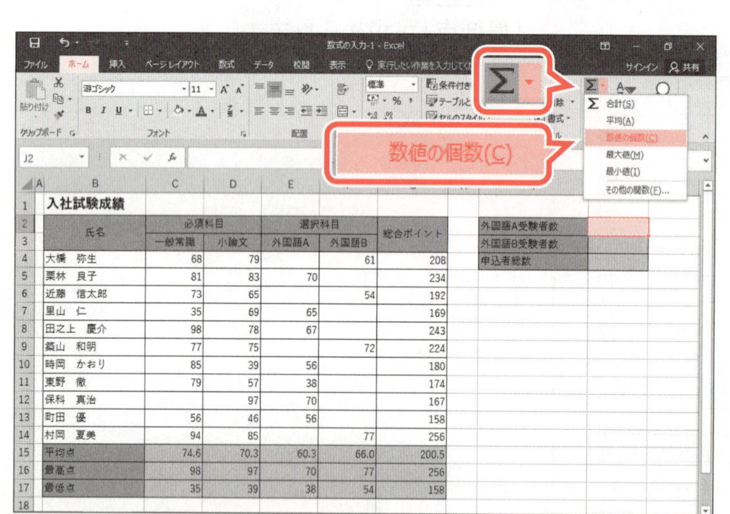

①セル【**J2**】をクリックします。
②《**ホーム**》タブを選択します。
③《**編集**》グループの Σ (合計)の ▾ をクリックします。
④《**数値の個数**》をクリックします。

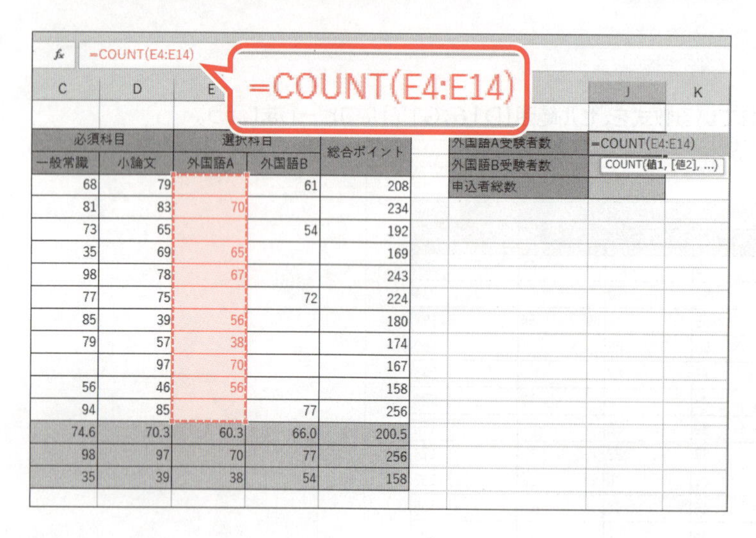

⑤数式バーに「**=COUNT()**」と表示されていることを確認します。
引数のセル範囲を選択します。
⑥セル範囲【**E4:E14**】を選択します。
⑦数式バーに「**=COUNT(E4:E14)**」と表示されていることを確認します。

C	D	E	F	G	H	I	J	K
必須科目		選択科目		総合ポイント		外国語A受験者数	7	
一般常識	小論文	外国語A	外国語B			外国語B受験者数		
68	79		61	208		申込者		
81	83	70		234				
73	65		54	192				
35	69	65		169				
98	78	67		243				
77	75		72	224				
85	39	56		180				
79	57	38		174				
	97	70		167				
56	46	56		158				
94	85		77	256				
74.6	70.3	60.3	66.0	200.5				
98	97	70	77	256				
35	39	38	54	158				

7

⑧ Enter を押します。

「外国語A受験者数」が求められます。

Let's Try ためしてみよう

セル【J3】に「外国語B受験者数」を求めましょう。

「外国語B受験者数」は、セル範囲【F4:F14】から数値の個数を数えて求めます。

	A	B	C	D	E	F	G	H	I	J	K
1		入社試験成績									
2		氏名	必須科目		選択科目		総合ポイント		外国語A受験者数	7	
3			一般常識	小論文	外国語A	外国語B			外国語B受験者数	4	
4		大橋　弥生	68	79		61	208		申込者総数		
5		栗林　良子	81	83	70		234				
6		近藤　信太郎	73	65		54	192				
7		里山　仁	35	69	65		169				
8		田之上　慶介	98	78	67		243				
9		篠山　和明	77	75		72	224				
10		時岡　かおり	85	39	56		180				
11		東野　徹	79	57	38		174				
12		保科　真治		97	70		167				
13		町田　優	56	46	56		158				
14		村岡　夏美	94	85		77	256				
15		平均点	74.6	70.3	60.3	66.0	200.5				
16		最高点	98	97	70	77	256				
17		最低点	35	39	38	54	158				
18											

Let's Try Answer

①セル【J3】をクリック

②《ホーム》タブを選択

③《編集》グループの Σ▾（合計）の ▾ をクリック

④《数値の個数》をクリック

⑤数式バーに「=COUNT(J2)」と表示されていることを確認

⑥セル範囲【F4:F14】を選択

⑦数式バーに「=COUNT(F4:F14)」と表示されていることを確認

⑧ Enter を押す

4 COUNTA関数

「COUNTA関数」を使うと、指定した範囲内のデータ（数値や文字列）の個数を求めることができます。

●COUNTA関数

引数の中に含まれるデータの個数を返します。
空白セルは数えられません。

=COUNTA（数値1，数値2，…）

引数1　引数2

※引数には、対象のセルやセル範囲などを指定します。

キーボードから関数を直接入力し、セル**【J4】**に**「申込者総数」**を求めましょう。
「申込者総数」は、セル範囲**【B4：B14】**からデータの個数を数えて求めます。

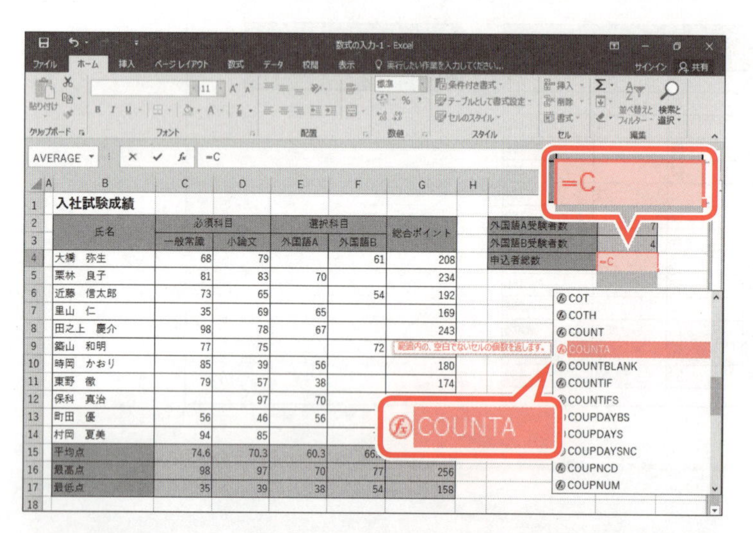

①セル**【J4】**をクリックします。

②**「=C」**を入力します。

「C」で始まる関数が一覧で表示されます。

③一覧の**「COUNTA」**をダブルクリックします。

※一覧に表示されていない場合は、スクロールして調整します。

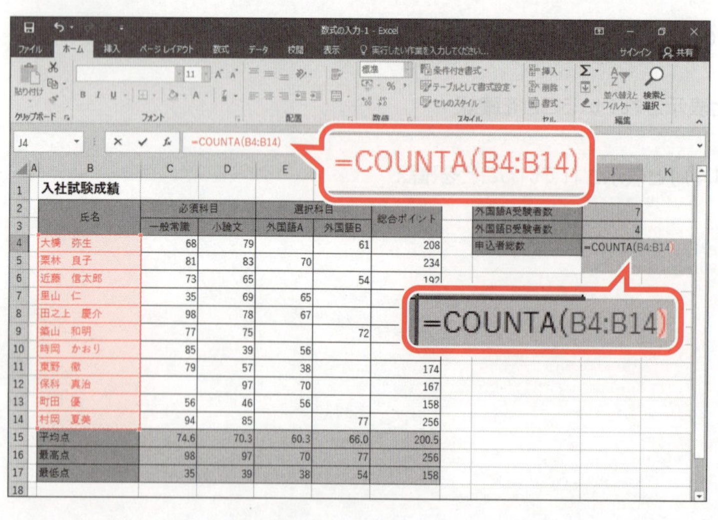

「=COUNTA（」まで自動的に入力されます。

④セル範囲**【B4：B14】**を選択します。

⑤**「）」**を入力します。

⑥数式バーに**「=COUNTA（B4：B14）」**と表示されていることを確認します。

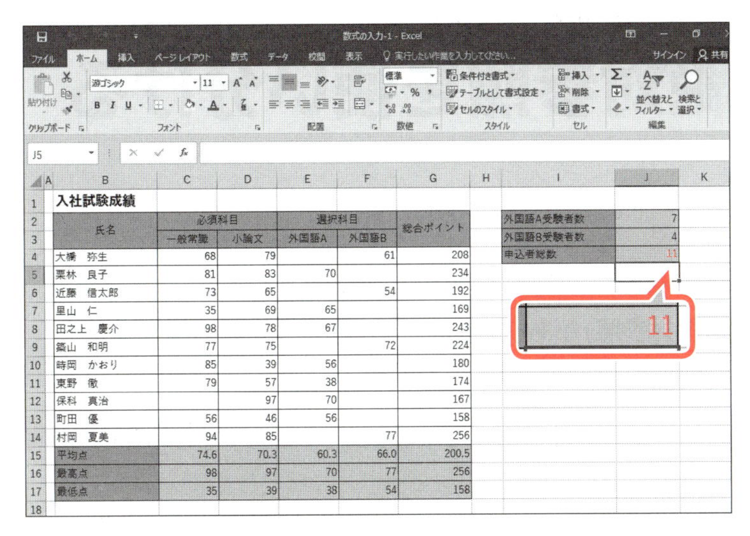
11

⑦ Enter を押します。

「申込者総数」が求められます。

※ブックに「数式の入力-1完成」と名前を付けて、フォルダー「第4章」に保存し、閉じておきましょう。

STEP UP オートカルク

「オートカルク」は、選択したセル範囲の合計や平均などをステータスバーに表示する機能です。関数を入力しなくても、セル範囲を選択するだけで計算結果を確認できます。
ステータスバーを右クリックすると表示される一覧で、表示する項目を ✓ にすると、「最大値」「最小値」「数値の個数」などをステータスバーに追加できます。

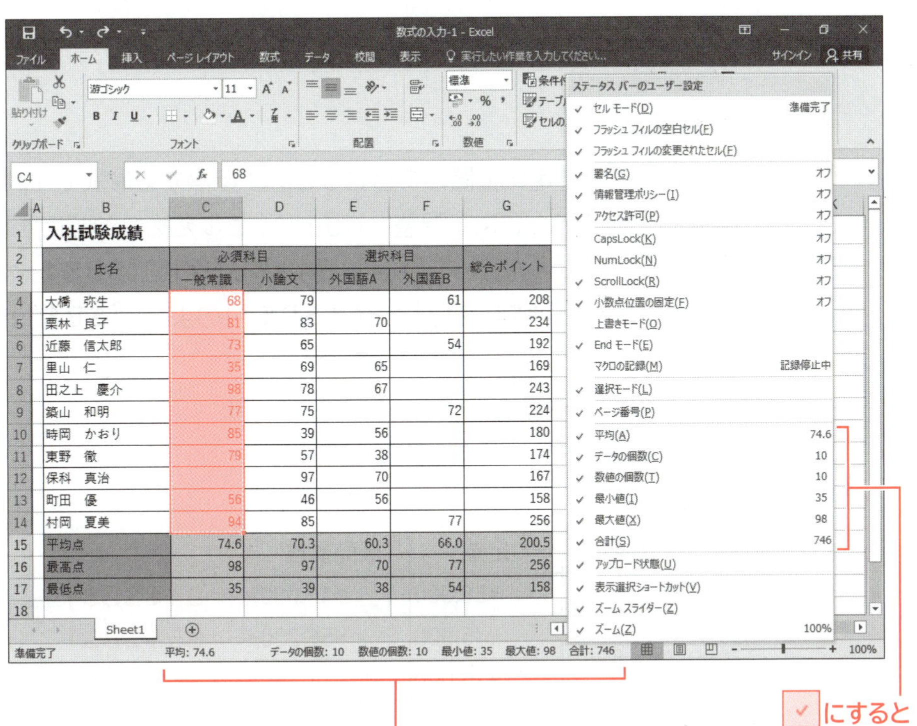
選択したセル範囲の計算結果が表示される
✓ にすると
ステータスバーに
表示される

Step4 相対参照と絶対参照を使い分ける

1 セルの参照

数式は**「=A1*A2」**のように、セルを参照して入力するのが一般的です。
セルの参照には、**「相対参照」**と**「絶対参照」**があります。

●相対参照

「相対参照」は、セルの位置を相対的に参照する形式です。数式をコピーすると、セルの参照は自動的に調整されます。
図のセル**【D2】**に入力されている**「=B2*C2」**の**「B2」**や**「C2」**は相対参照です。数式をコピーすると、コピーの方向に応じて**「=B3*C3」「=B4*C4」**のように自動的に調整されます。

	A	B	C	D	
1	商品名	定価	掛け率	販売価格	
2	スーツ	¥56,000	80%	¥44,800	=B2*C2
3	コート	¥75,000	60%	¥45,000	=B3*C3
4	シャツ	¥15,000	70%	¥10,500	=B4*C4

●絶対参照

「絶対参照」は、特定の位置にあるセルを必ず参照する形式です。数式をコピーしても、セルの参照は固定されたままで調整されません。セルを絶対参照にするには、**「$」**を付けます。
図のセル**【C4】**に入力されている**「=B4*$B$1」**の**「$B$1」**は絶対参照です。数式をコピーしても、**「=B5*$B$1」「=B6*$B$1」**のように**「$B$1」**は常に固定で調整されません。

	A	B	C	
1	掛け率	75%		
2				
3	商品名	定価	販売価格	
4	スーツ	¥56,000	¥42,000	=B4*$B$1
5	コート	¥75,000	¥56,250	=B5*$B$1
6	シャツ	¥15,000	¥11,250	=B6*$B$1

2 相対参照

相対参照を使って、**「週給」**を求める数式を入力し、コピーしましょう。
「週給」は、**「週勤務時間×時給」**で求めます。

File OPEN **フォルダー「第4章」のブック「数式の入力-2」のシート「Sheet1」を開いておきましょう。**

C5 =I5*C5

アルバイト週給計算

名前	時給	9月7日 月	9月8日 火	9月9日 水	9月10日 木	9月11日 金	週勤務時間	週給
佐々木　健太	¥1,350	7.0	7.0	7.5	7.0	7.0	35.5	=I5*C5
大野　英子	¥1,350	5.0		5.0		5.0	15.0	
花田　真理	¥1,300	5.5	5.5	7.0	5.5	6.5	30.0	
野村　剛史	¥1,300		6.0		6.0		12.0	
吉沢　あかね	¥1,300	7.5	7.5	7.5	7.5		30.0	
宗川　純一	¥1,250	7.0	7.0	6.5		6.5	27.0	
竹内　彬	¥1,100				8.0	8.0	16.0	

①セル**【J5】**をクリックします。
②**「=」**を入力します。
③セル**【I5】**をクリックします。
④**「*」**を入力します。
⑤セル**【C5】**をクリックします。
⑥数式バーに**「=I5*C5」**と表示されていることを確認します。

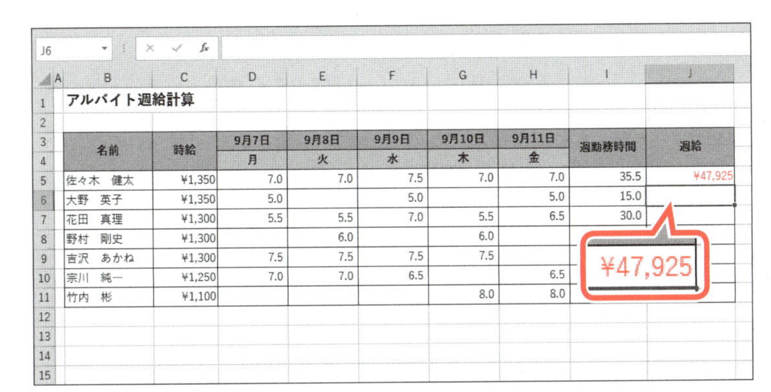

J6

アルバイト週給計算

名前	時給	9月7日 月	9月8日 火	9月9日 水	9月10日 木	9月11日 金	週勤務時間	週給
佐々木　健太	¥1,350	7.0	7.0	7.5	7.0	7.0	35.5	¥47,925
大野　英子	¥1,350	5.0		5.0		5.0	15.0	
花田　真理	¥1,300	5.5	5.5	7.0	5.5	6.5	30.0	
野村　剛史	¥1,300		6.0		6.0			
吉沢　あかね	¥1,300	7.5	7.5	7.5	7.5			
宗川　純一	¥1,250	7.0	7.0	6.5		6.5		
竹内　彬	¥1,100				8.0	8.0		

⑦ Enter を押します。
「週給」が求められます。
※「週給」欄には、あらかじめ通貨の表示形式が設定されています。

J5 =I5*C5

アルバイト週給計算

名前	時給	9月7日 月	9月8日 火	9月9日 水	9月10日 木	9月11日 金	週勤務時間	週給
佐々木　健太	¥1,350	7.0	7.0	7.5	7.0	7.0	35.5	¥47,925
大野　英子	¥1,350	5.0		5.0		5.0	15.0	¥20,250
花田　真理	¥1,300	5.5	5.5	7.0	5.5	6.5	30.0	¥39,000
野村　剛史	¥1,300		6.0		6.0		12.0	¥15,600
吉沢　あかね	¥1,300	7.5	7.5	7.5	7.5		30.0	¥39,000
宗川　純一	¥1,250	7.0	7.0	6.5		6.5	27.0	¥33,750
竹内　彬	¥1,100				8.0	8.0	16.0	¥17,600

数式をコピーします。
⑧セル**【J5】**を選択し、セル右下の■（フィルハンドル）をダブルクリックします。

J6 =I6*C6

アルバイト週給計算

名前	時給	9月7日 月	9月8日 火	9月9日 水	9月10日 木	9月11日 金	週勤務時間	週給
佐々木　健太	¥1,350	7.0	7.0	7.5	7.0	7.0	35.5	¥47,925
大野　英子	¥1,350	5.0		5.0		5.0	15.0	¥20,250
花田　真理	¥1,300	5.5	5.5	7.0	5.5	6.5	30.0	¥39,000
野村　剛史	¥1,300		6.0		6.0		12.0	¥15,600
吉沢　あかね	¥1,300	7.5	7.5	7.5	7.5		30.0	¥39,000
宗川　純一	¥1,250	7.0	7.0	6.5		6.5	27.0	¥33,750
竹内　彬	¥1,100				8.0	8.0	16.0	¥17,600

コピー先の数式を確認します。
⑨セル**【J6】**をクリックします。
⑩数式が**「=I6*C6」**になり、セルの参照が自動的に調整されていることを確認します。
※セル【J7】やセル【J8】の数式も確認しておきましょう。

3 絶対参照

絶対参照を使って、**「週給」**を求める数式を入力し、コピーしましょう。
「週給」は、**「週勤務時間×時給」**で求めます。

File OPEN **シート「Sheet2」に切り替えておきましょう。**

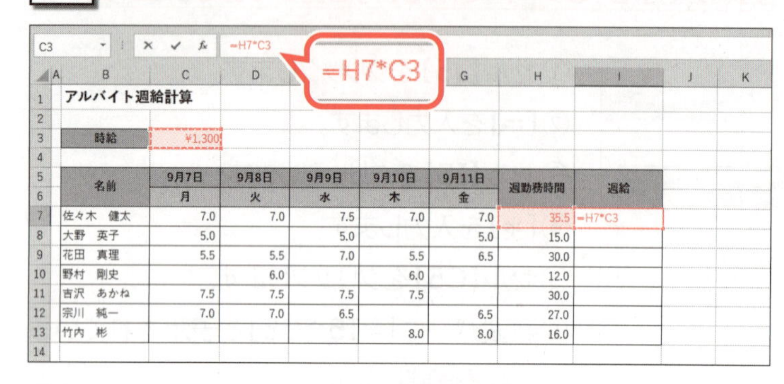

C3 =H7*C3

	A	B	C	D	E	F	G	H	I
1		アルバイト週給計算							
2									
3		時給	¥1,300						
4									
5		名前	9月7日	9月8日	9月9日	9月10日	9月11日	週勤務時間	週給
6			月	火	水	木	金		
7		佐々木 健太	7.0	7.0	7.5	7.0	7.0	35.5	=H7*C3
8		大野 英子	5.0		5.0		5.0	15.0	
9		花田 真理	5.5	5.5	7.0	5.5	6.5	30.0	
10		野村 剛史		6.0		6.0		12.0	
11		吉沢 あかね	7.5	7.5	7.5	7.5		30.0	
12		宗川 純一	7.0	7.0	6.5		6.5	27.0	
13		竹内 彬				8.0	8.0	16.0	
14									

①セル**【I7】**をクリックします。
②**「=」**を入力します。
③セル**【H7】**をクリックします。
④**「*」**を入力します。
⑤セル**【C3】**をクリックします。
⑥数式バーに**「=H7*C3」**と表示されていることを確認します。

=H7*$C$3

C3 =H7*$C$3

	A	B	C	D	E	F	G	H	I
1		アルバイト週給計算							
2									
3		時給	¥1,300						
4									
5		名前	9月7日	9月8日	9月9日	9月10日	9月11日	週勤務時間	週給
6			月	火	水	木	金		
7		佐々木 健太	7.0	7.0	7.5	7.0	7.0	35.5	=H7*$C$3
8		大野 英子	5.0		5.0		5.0	15.0	
9		花田 真理	5.5	5.5	7.0	5.5	6.5	30.0	
10		野村 剛史		6.0		6.0		12.0	
11		吉沢 あかね	7.5	7.5	7.5	7.5		30.0	
12		宗川 純一	7.0	7.0	6.5		6.5	27.0	
13		竹内 彬				8.0	8.0	16.0	
14									

⑦ F4 を押します。
※数式の入力中に F4 を押すと、「$」が自動的に付きます。
⑧数式バーに**「=H7*$C$3」**と表示されていることを確認します。

¥46,150

I8

	A	B	C	D	E	F	G	H	I
1		アルバイト週給計算							
2									
3		時給	¥1,300						
4									
5		名前	9月7日	9月8日	9月9日	9月10日	9月11日	週勤務時間	週給
6			月	火	水	木	金		
7		佐々木 健太	7.0	7.0	7.5	7.0	7.0	35.5	¥46,150
8		大野 英子	5.0		5.0		5.0	15.0	
9		花田 真理	5.5	5.5	7.0	5.5	6.5	30.0	
10		野村 剛史		6.0		6.0		12.0	
11		吉沢 あかね	7.5	7.5	7.5	7.5		30.0	
12		宗川 純一	7.0	7.0	6.5		6.5	27.0	
13		竹内 彬				8.0	8.0	16.0	
14									

⑨ Enter を押します。
「週給」が求められます。
※「週給」欄には、あらかじめ通貨の表示形式が設定されています。

I7 =H7*$C$3

	A	B	C	D	E	F	G	H	I
1		アルバイト週給計算							
2									
3		時給	¥1,300						
4									
5		名前	9月7日	9月8日	9月9日	9月10日	9月11日	週勤務時間	週給
6			月	火	水	木	金		
7		佐々木 健太	7.0	7.0	7.5	7.0	7.0	35.5	¥46,150
8		大野 英子	5.0		5.0		5.0	15.0	¥19,500
9		花田 真理	5.5	5.5	7.0	5.5	6.5	30.0	¥39,000
10		野村 剛史		6.0		6.0		12.0	¥15,600
11		吉沢 あかね	7.5	7.5	7.5	7.5		30.0	¥39,000
12		宗川 純一	7.0	7.0	6.5		6.5	27.0	¥35,100
13		竹内 彬				8.0	8.0	16.0	¥20,800
14									

数式をコピーします。
⑩セル**【I7】**を選択し、セル右下の■（フィルハンドル）をダブルクリックします。

=H8*$C$3

I8 =H8*$C$3

	A	B	C	D	E	F	G	H	I
1		アルバイト週給計算							
2									
3		時給	¥1,300						
4									
5		名前	9月7日	9月8日	9月9日	9月10日	9月11日	週勤務時間	週給
6			月	火	水	木	金		
7		佐々木 健太	7.0	7.0	7.5	7.0	7.0	35.5	¥46,150
8		大野 英子	5.0		5.0		5.0	15.0	¥19,500
9		花田 真理	5.5	5.5	7.0	5.5	6.5	30.0	¥39,000
10		野村 剛史		6.0		6.0		12.0	¥15,600
11		吉沢 あかね	7.5	7.5	7.5	7.5		30.0	¥39,000
12		宗川 純一	7.0	7.0	6.5		6.5	27.0	¥35,100
13		竹内 彬				8.0	8.0	16.0	¥20,800
14									

コピー先の数式を確認します。
⑪セル**【I8】**をクリックします。
⑫数式が**「=H8*$C$3」**になり、**「$C$3」**のセルの参照が固定であることを確認します。
※セル【I9】やセル【I10】の数式も確認しておきましょう。
※ブックに「数式の入力-2完成」と名前を付けて、フォルダー「第4章」に保存し、閉じておきましょう。

$の入力

「$」は直接入力してもかまいませんが、F4を使うと簡単に入力できます。
F4を連続して押すと、「$C$3」(列行ともに固定)、「C$3」(行だけ固定)、「$C3」(列だけ固定)、「C3」(固定しない)の順番で切り替わります。

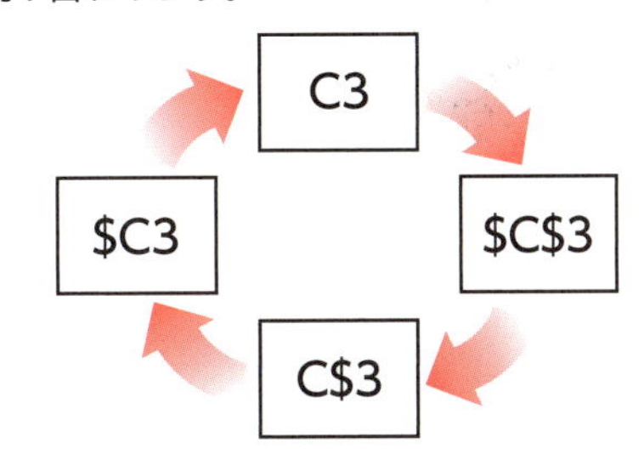

複合参照

相対参照と絶対参照を組み合わせることができます。このようなセルの参照を「複合参照」といいます。

例：列は絶対参照、行は相対参照

$A1

コピーすると、「$A2」「$A3」「$A4」･･･のように、列は固定で行は自動調整されます。

例：列は相対参照、行は絶対参照

A$1

コピーすると、「B$1」「C$1」「D$1」･･･のように、列は自動調整され、行は固定です。

絶対参照を使わない場合

セル【I7】の数式を絶対参照を使わずに相対参照で入力し、その数式をコピーすると、次のようになり、目的の計算が行われません。

	A	B	C	D	E	F	G	H	I	
1		アルバイト週給計算								
2										
3		時給	¥1,300							
4										
5		名前	9月7日	9月8日	9月9日	9月10日	9月11日	週勤務時間	週給	
6			月	火	水	木	金			
7		佐々木　健太	7.0	7.0	7.5	7.0	7.0	35.5	¥46,150	=H7*C3
8		大野　英子	5.0		5.0		5.0	15.0	¥0	=H8*C4
9		花田　真理	5.5	5.5	7.0	5.5	6.5	30.0	¥1,267,620	=H9*C5
10		野村　剛史		6.0		6.0		12.0	#VALUE!	=H10*C6
11		吉沢　あかね	7.5	7.5	7.5	7.5		30.0	¥210	
12		宗川　純一	7.0	7.0	6.5		6.5	27.0	¥135	
13		竹内　彬				8.0	8.0	16.0	¥88	
14										

数式のエラー

値のエラー
このエラーに関するヘルプ(H)
計算の過程を表示(C)...
エラーを無視する(I)
数式バーで編集(F)
エラー チェック オプション(O)...

数式にエラーがあるかもしれない場合、数式を入力したセルに(エラーチェック)とセル左上に(エラーインジケータ)が表示されます。(エラーチェック)をクリックすると表示される一覧から、エラーを確認したりエラーに対処したりできます。

Exercise 練習問題

解答 ▶ 別冊P.2

完成図のような表を作成しましょう。

フォルダー「第4章」のブック「第4章練習問題」を開いておきましょう。

●完成図

	A	B	C	D	E	F	G	H
1		支店別売上高						
2							2015年4月6日	
3								
4		地区	支店名	前年度売上(万円)	2014年度売上(万円)	前年比	構成比	
5		東京	銀座	91,000	85,550	94.0%	14.3%	
6			新宿	105,100	115,640	110.0%	19.3%	
7			渋谷	67,850	70,210	103.5%	11.7%	
8			台場	76,700	74,510	97.1%	12.5%	
9		神奈川	川崎	34,150	35,240	103.2%	5.9%	
10			横浜	23,100	23,110	100.0%	3.9%	
11			小田原	89,010	94,560	106.2%	15.8%	
12		千葉	千葉	68,260	66,570	97.5%	11.1%	
13			幕張	32,020	32,570	101.7%	5.4%	
14		合計		587,190	597,960	101.8%	100.0%	
15		最大		105,100	115,640			
16								

①セル【**F5**】に「**銀座**」の「**前年比**」を求める数式を入力しましょう。
「**前年比**」は「**2014年度売上÷前年度売上**」で求めます。
次に、セル【**F5**】の数式をセル範囲【**F6:F14**】にコピーしましょう。

Hint オートフィルを使ってコピーし、(オートフィルオプション)で《書式なしコピー(フィル)》を選択します。

②セル【**G5**】に「**銀座**」の「**構成比**」を求める数式を入力しましょう。
「**構成比**」は「**各支店の2014年度売上÷全体の2014年度売上**」で求めます。
次に、セル【**G5**】の数式をセル範囲【**G6:G14**】にコピーしましょう。

③セル【**D15**】に「**前年度売上**」の最大値を求める数式を入力しましょう。
次に、セル【**D15**】の数式をセル【**E15**】にコピーしましょう。

④完成図を参考に、セル範囲【**F15:G15**】に斜線を引きましょう。

⑤セル範囲【**D5:E15**】に3桁区切りカンマを付けましょう。

⑥セル範囲【**F5:G14**】を小数点第1位までのパーセントで表示しましょう。

⑦セル【**G2**】の「**4月6日**」の表示形式を「**2015年4月6日**」に変更しましょう。

※ブックに「第4章練習問題完成」と名前を付けて、フォルダー「第4章」に保存し、閉じておきましょう。

よくわかる

第5章 Chapter 5

複数シートの操作

Chapter 5

この章で学ぶこと

学習前に習得すべきポイントを理解しておき、
学習後には確実に習得できたかどうかを振り返りましょう。

1. シートの内容に合わせて、シート名を変更できる。 ☐☐☐ → P.129
2. シート見出しに色を付けることができる。 ☐☐☐ → P.130
3. 複数のシートに、まとめてデータの入力や書式設定ができる。 ☐☐☐ → P.131
4. シートを移動して、シートの順番を変更できる。 ☐☐☐ → P.135
5. シートをコピーして、効率よく表を作成できる。 ☐☐☐ → P.136
6. 複数のシートの同じセル位置のデータを集計できる。 ☐☐☐ → P.138
7. 別のシートのセルを参照する数式を入力できる。 ☐☐☐ → P.141
8. リンク貼り付けして、セルの値を参照できる。 ☐☐☐ → P.142

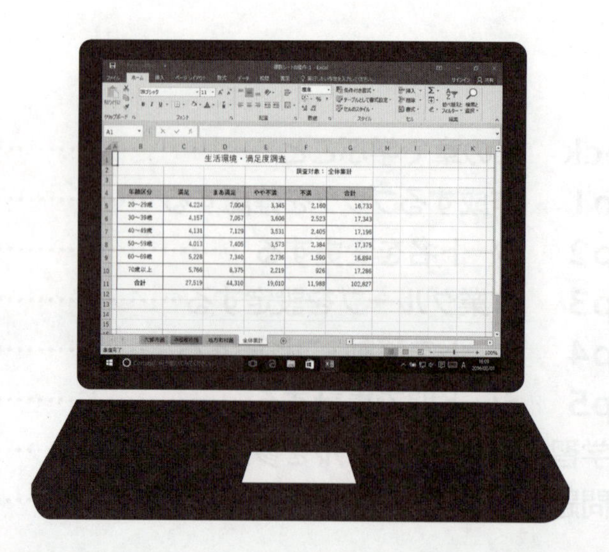

Step 1 作成するブックを確認する

1 作成するブックの確認

次のようなブックを作成しましょう。

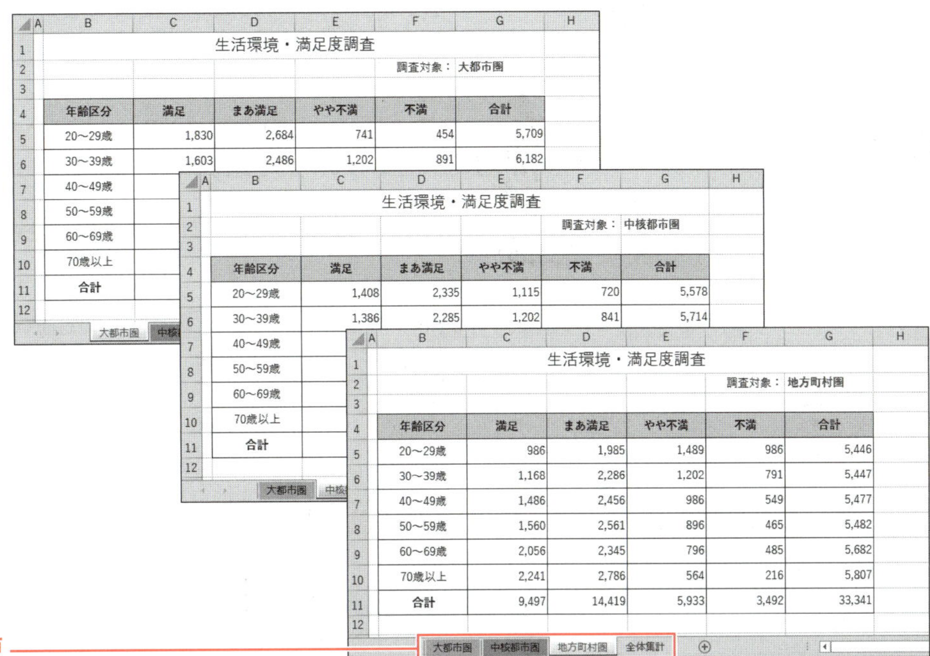

生活環境・満足度調査

調査対象： 地方町村圏

年齢区分	満足	まあ満足	やや不満	不満	合計
20～29歳	986	1,985	1,489	986	5,446
30～39歳	1,168	2,286	1,202	791	5,447
40～49歳	1,486	2,456	986	549	5,477
50～59歳	1,560	2,561	896	465	5,482
60～69歳	2,056	2,345	796	485	5,682
70歳以上	2,241	2,786	564	216	5,807
合計	9,497	14,419	5,933	3,492	33,341

シート名の変更
シート見出しの色の設定

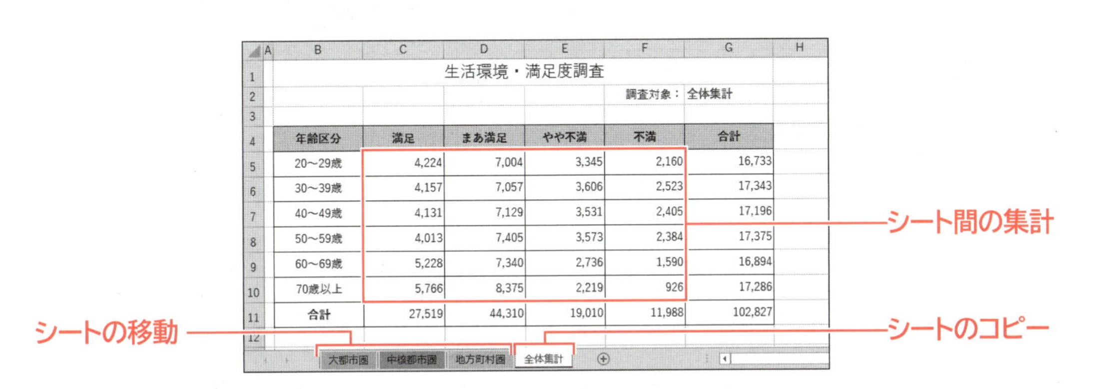

生活環境・満足度調査

調査対象： 全体集計

年齢区分	満足	まあ満足	やや不満	不満	合計
20～29歳	4,224	7,004	3,345	2,160	16,733
30～39歳	4,157	7,057	3,606	2,523	17,343
40～49歳	4,131	7,129	3,531	2,405	17,196
50～59歳	4,013	7,405	3,573	2,384	17,375
60～69歳	5,228	7,340	2,736	1,590	16,894
70歳以上	5,766	8,375	2,219	926	17,286
合計	27,519	44,310	19,010	11,988	102,827

シート間の集計

シートの移動

シートのコピー

生活環境・満足度調査

調査対象： 全体集計

調査対象	満足	まあ満足	やや不満	不満	合計
大都市圏	8,848	15,206	6,740	4,499	35,293
中核都市圏	9,174	14,685	6,337	3,997	[illegible]
地方町村圏	9,497	14,419	5,933	3,492	33,341
合計	27,519	44,310	19,010	11,988	102,827

大都市圏　中核都市圏　地方町村圏　全体集計

シート間のセル参照

リンク貼り付け

Step2 シート名を変更する

1 シート名の変更

初期の設定では、シートには「Sheet1」「Sheet2」「Sheet3」…という名前が付けられます。シート名は、シートの内容に合わせて、あとから変更できます。
シート「Sheet1」の名前を「地方町村圏」に変更しましょう。

フォルダー「第5章」のブック「複数シートの操作-1」のシート「Sheet1」を開いておきましょう。
※アクティブシートを切り替えて、各シートの内容を確認しておきましょう。

	A	B	C	D	E	F	G	H
1				生活環境・満足度調査				
2						調査対象：	地方町村圏	
3								
4			満足	まあ満足	やや不満	不満	合計	
5		20～29歳	986	1,985	1,489	986		
6		30～39歳	1,168	2,286	1,202	791		
7		40～49歳	1,486	2,456	986	549		
8		50～59歳	1,560	2,561	896	465		
9		60～69歳	2,056	2,345	796	485		
10		70歳以上	2,241	2,786	564	216		
11		合計						
12								

Sheet1 | Sheet2 | Sheet3

①シート「Sheet1」のシート見出しをダブルクリックします。
シート名が選択されます。

	A	B	C	D	E	F	G	H
1				生活環境・満足度調査				
2						調査対象：	地方町村圏	
3								
4			満足	まあ満足	やや不満	不満	合計	
5		20～29歳	986	1,985	1,489	986		
6		30～39歳	1,168	2,286	1,202	791		
7		40～49歳	1,486	2,456	986	549		
8		50～59歳	1,560	2,561	896	465		
9		60～69歳	2,056	2,345	796	485		
10		70歳以上	2,241	2,786	564	216		
11		合計						
12								

地方町村圏 | Sheet2 | Sheet3

②「地方町村圏」と入力します。
③ Enter を押します。
シート名が変更されます。

	A	B	C	D	E	F	G	H
1				生活環境・満足度調査				
2						調査対象：	大都市圏	
3								
4			満足	まあ満足	やや不満	不満	合計	
5		20～29歳	1,830	2,684	741	454		
6		30～39歳	1,603	2,486	1,202	891		
7		40～49歳	1,268	2,360	1,368	1,054		
8		50～59歳	1,115	2,331	1,486	1,124		
9		60～69歳	1,429	2,548	1,028	575		
10		70歳以上	1,603	2,797	915	401		
11		合計						
12								

地方町村圏 | 中核都市圏 | 大都市圏

④同様に、シート「Sheet2」の名前を「中核都市圏」に変更します。
⑤同様に、シート「Sheet3」の名前を「大都市圏」に変更します。

その他の方法（シート名の変更）

◆シート見出しを選択→《ホーム》タブ→《セル》グループの 書式 （書式）→《シート名の変更》
◆シート見出しを右クリック→《名前の変更》

シート名に使えない記号

次の記号はシート名に使えないので注意しましょう。

￥ [ ] ＊ : / ？

2 シート見出しの色の設定

シートを区別しやすくするために、シート見出しに色を付けることができます。
シート**「地方町村圏」**のシート見出しの色を**「オレンジ」**にしましょう。

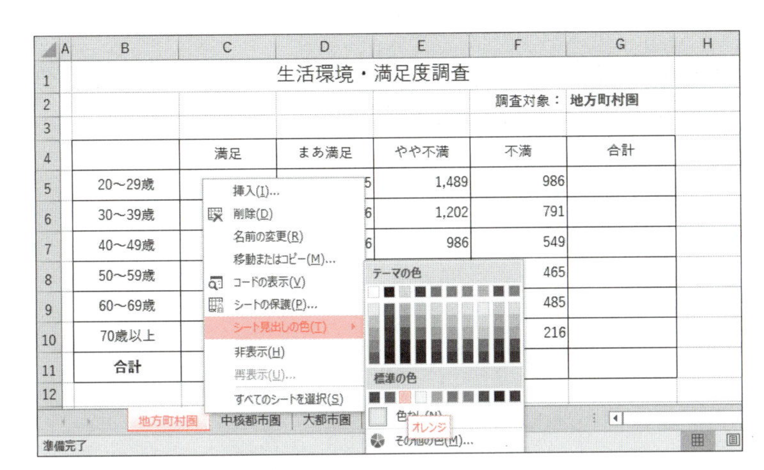

①シート**「地方町村圏」**のシート見出しを右クリックします。

②**《シート見出しの色》**をポイントします。

③**《標準の色》**の**《オレンジ》**をクリックします。

生活環境・満足度調査

調査対象： 地方町村圏

	満足	まあ満足	やや不満	不満	合計
20～29歳	986	1,985	1,489	986	
30～39歳	1,168	2,286	1,202	791	
40～49歳	1,486	2,456	986	549	
50～59歳	1,560	2,561	896	465	
60～69歳	2,056	2,345	796	485	
70歳以上	2,241	2,786	564	216	
合計					

地方町村圏 | 中核都市圏 | 大都市圏

準備完了

シート見出しに色が付きます。

※アクティブシートのシート見出しの色は、設定した色よりやや薄くなります。シートを切り替えると設定した色で表示されます。

生活環境・満足度調査

調査対象： 大都市圏

	満足	まあ満足	やや不満	不満	合計
20～29歳	1,830	2,684	741	454	
30～39歳	1,603	2,486	1,202	891	
40～49歳	1,268	2,360	1,368	1,054	
50～59歳	1,115	2,331	1,486	1,124	
60～69歳	1,429	2,548	1,028	575	
70歳以上	1,603	2,797	915	401	
合計					

地方町村圏 | 中核都市圏 | 大都市圏

④同様に、シート**「中核都市圏」**のシート見出しの色を**《標準の色》**の**《薄い青》**にします。

⑤同様に、シート**「大都市圏」**のシート見出しの色を**《標準の色》**の**《薄い緑》**にします。

その他の方法（シート見出しの色）

◆シート見出しを選択→《ホーム》タブ→《セル》グループの 書式 （書式）→《シート見出しの色》

Step3 作業グループを設定する

1 作業グループの設定

複数のシートを選択すると**「作業グループ」**が設定されます。
作業グループを設定すると、複数のシートに対してまとめてデータを入力したり、書式を設定したりできます。

1 作業グループの設定

3枚のシートを作業グループとして設定しましょう。

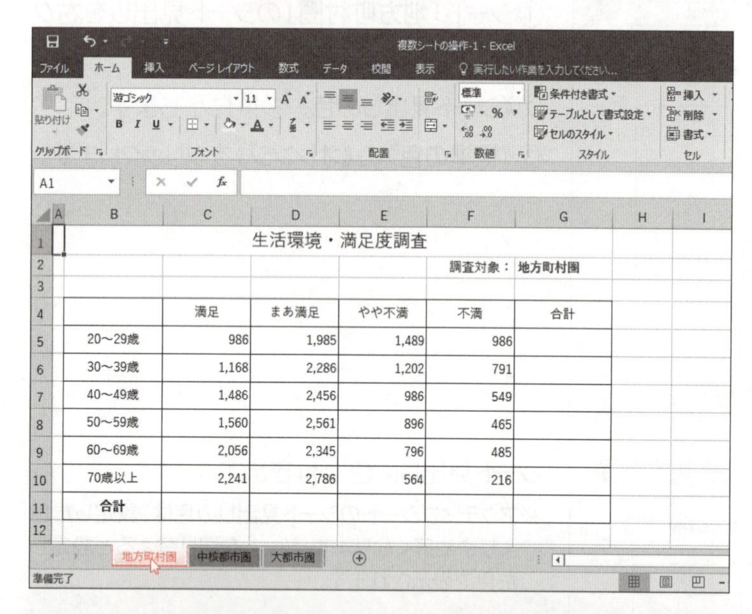

	満足	まあ満足	やや不満	不満	合計
20～29歳	986	1,985	1,489	986	
30～39歳	1,168	2,286	1,202	791	
40～49歳	1,486	2,456	986	549	
50～59歳	1,560	2,561	896	465	
60～69歳	2,056	2,345	796	485	
70歳以上	2,241	2,786	564	216	
合計					

①シート**「地方町村圏」**のシート見出しをクリックします。

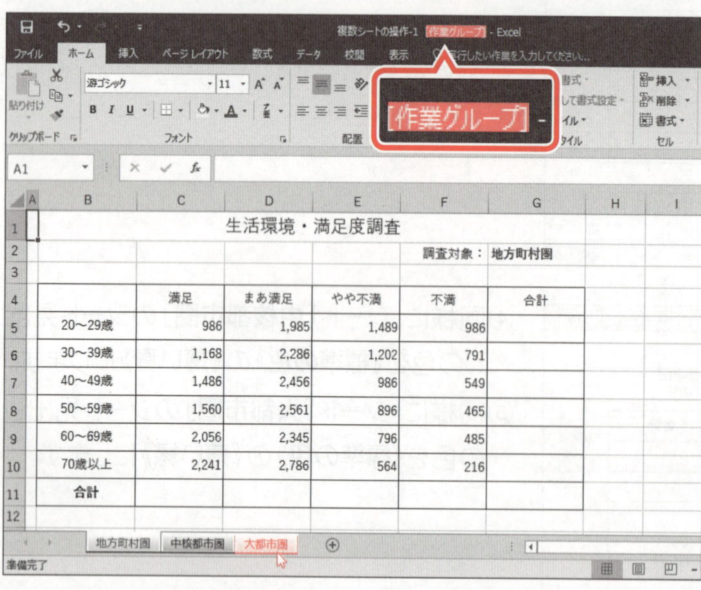

	満足	まあ満足	やや不満	不満	合計
20～29歳	986	1,985	1,489	986	
30～39歳	1,168	2,286	1,202	791	
40～49歳	1,486	2,456	986	549	
50～59歳	1,560	2,561	896	465	
60～69歳	2,056	2,345	796	485	
70歳以上	2,241	2,786	564	216	
合計					

②Shiftを押しながら、シート**「大都市圏」**のシート見出しをクリックします。
3枚のシートが選択され、作業グループが設定されます。
③タイトルバーに《**[作業グループ]**》と表示されていることを確認します。

POINT ▶▶▶

複数シートの選択

複数のシートを選択する方法は、次のとおりです。

連続しているシート

◆先頭のシート見出しをクリック→ Shift を押しながら、最終のシート見出しをクリック

連続していないシート

◆1つ目のシート見出しをクリック→ Ctrl を押しながら、2つ目以降のシート見出しをクリック

2 データ入力と書式設定

作業グループとして設定した3枚のシートに、次の操作を一括して行いましょう。

●セル【B4】に「年齢区分」と入力する
●セル範囲【B4:G4】に塗りつぶしの色「白、背景1、黒+基本色15%」、太字を設定する
●合計を求める

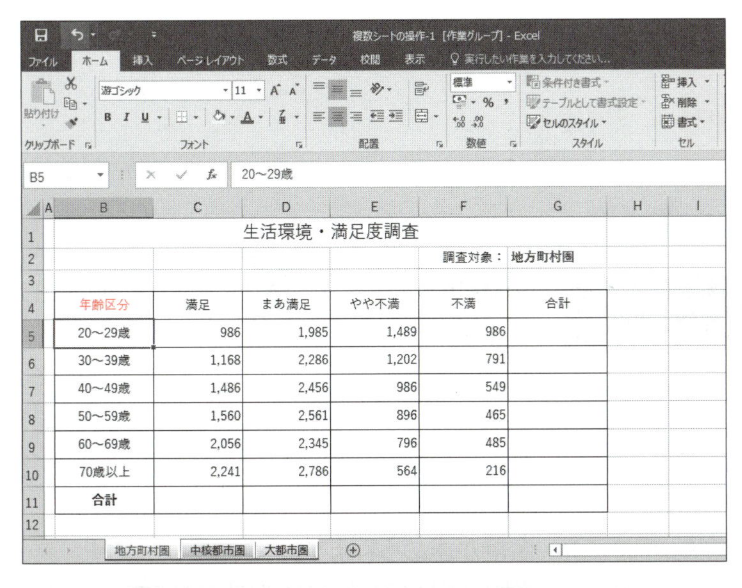

データを入力します。

①セル【B4】に**「年齢区分」**と入力します。

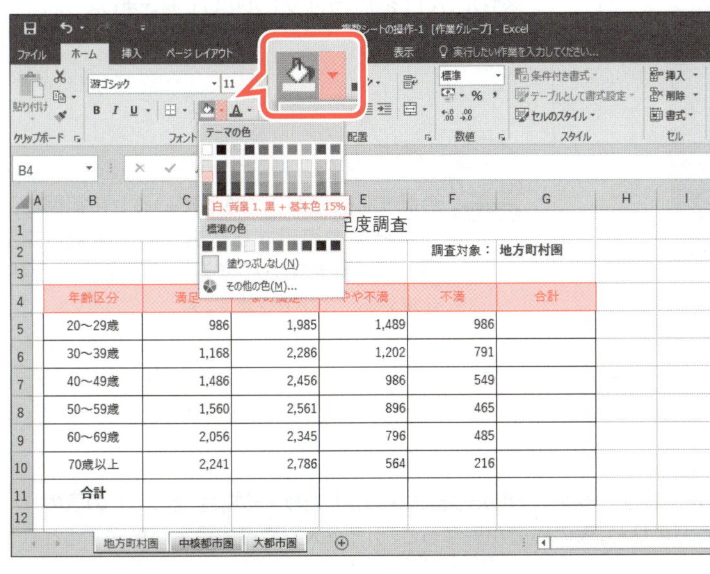

塗りつぶしの色を設定します。

②セル範囲【B4:G4】を選択します。

③《ホーム》タブを選択します。

④《フォント》グループの (塗りつぶしの色) の をクリックします。

⑤《テーマの色》の《白、背景1、黒+基本色15%》をクリックします。

塗りつぶしの色が設定されます。

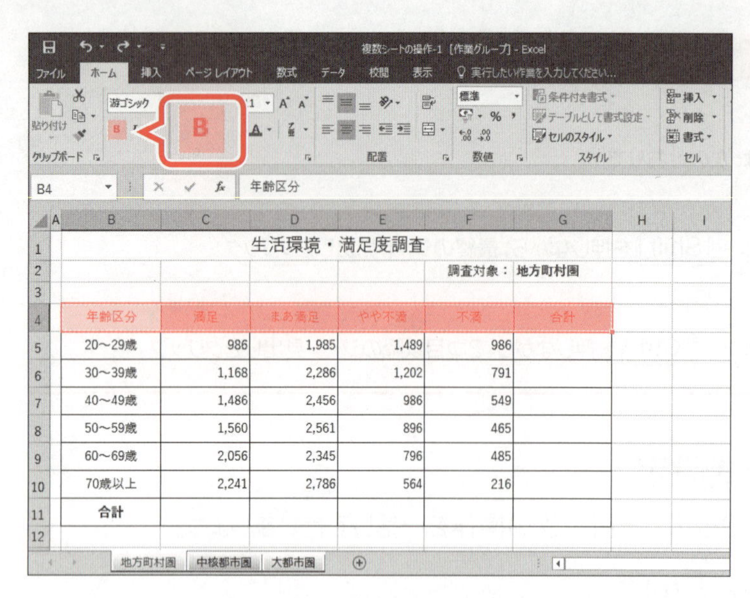

	B	C	D	E	F	G
1	生活環境・満足度調査					
2					調査対象：	地方町村圏
3						
4	年齢区分	満足	まあ満足	やや不満	不満	合計
5	20～29歳	986	1,985	1,489	986	
6	30～39歳	1,168	2,286	1,202	791	
7	40～49歳	1,486	2,456	986	549	
8	50～59歳	1,560	2,561	896	465	
9	60～69歳	2,056	2,345	796	485	
10	70歳以上	2,241	2,786	564	216	
11	合計					

太字を設定します。

⑥セル範囲【B4:G4】が選択されていることを確認します。

⑦《フォント》グループの B （太字）をクリックします。

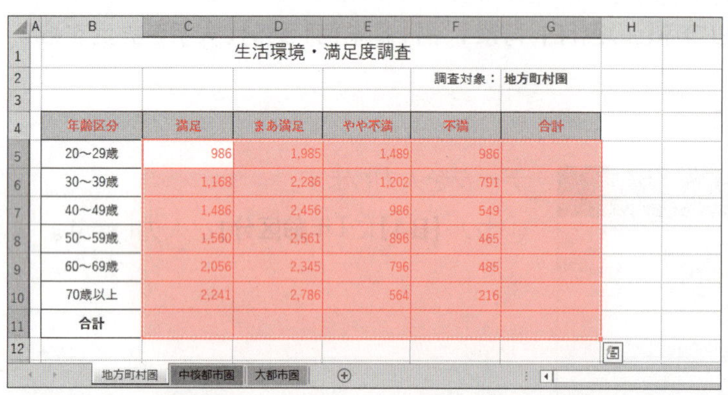

	B	C	D	E	F	G
1	生活環境・満足度調査					
2					調査対象：	地方町村圏
3						
4	年齢区分	満足	まあ満足	やや不満	不満	合計
5	20～29歳	986	1,985	1,489	986	
6	30～39歳	1,168	2,286	1,202	791	
7	40～49歳	1,486	2,456	986	549	
8	50～59歳	1,560	2,561	896	465	
9	60～69歳	2,056	2,345	796	485	
10	70歳以上	2,241	2,786	564	216	
11	合計					

太字が設定されます。

合計を求めます。

⑧セル範囲【C5:G11】を選択します。

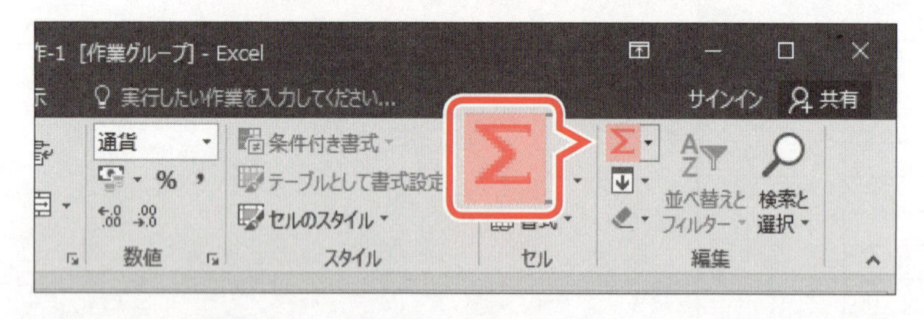

⑨《編集》グループの Σ （合計）をクリックします。

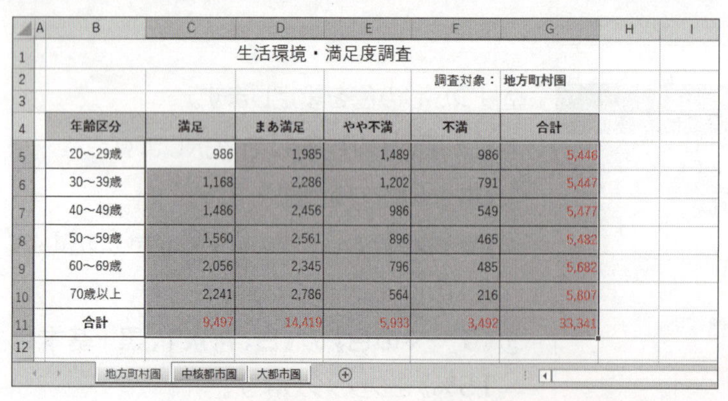

	B	C	D	E	F	G
1	生活環境・満足度調査					
2					調査対象：	地方町村圏
3						
4	年齢区分	満足	まあ満足	やや不満	不満	合計
5	20～29歳	986	1,985	1,489	986	5,446
6	30～39歳	1,168	2,286	1,202	791	5,447
7	40～49歳	1,486	2,456	986	549	5,477
8	50～59歳	1,560	2,561	896	465	5,482
9	60～69歳	2,056	2,345	796	485	5,682
10	70歳以上	2,241	2,786	564	216	5,807
11	合計	9,497	14,419	5,933	3,492	33,341

合計が求められます。

※セル【A1】をアクティブセルにしておきましょう。

縦横の合計を求める

合計する数値が入力されているセル範囲と、計算結果を表示する空白セルを選択して、Σ （合計）をクリックすると、空白セルに合計を求めることができます。

POINT ▶▶▶

作業グループ利用時の注意

作業グループを設定したシートに対して、データを入力したり書式を設定したりする場合、各シートの表の構造（作り方）が同じでなければなりません。表の構造が異なると、データ入力や書式設定が意図するとおりにならないことがあります。

2 作業グループの解除

作業グループを解除し、すべてのシートにデータ入力や書式設定が反映されていることを確認しましょう。一番手前のシート以外のシート見出しをクリックすると、作業グループが解除されます。

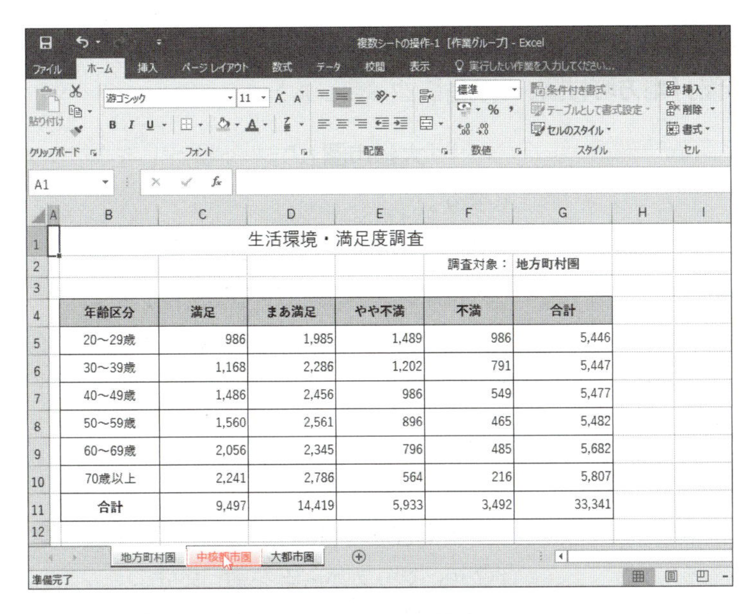

年齢区分	満足	まあ満足	やや不満	不満	合計
20～29歳	986	1,985	1,489	986	5,446
30～39歳	1,168	2,286	1,202	791	5,447
40～49歳	1,486	2,456	986	549	5,477
50～59歳	1,560	2,561	896	465	5,482
60～69歳	2,056	2,345	796	485	5,682
70歳以上	2,241	2,786	564	216	5,807
合計	9,497	14,419	5,933	3,492	33,341

①シート**「中核都市圏」**のシート見出しをクリックします。

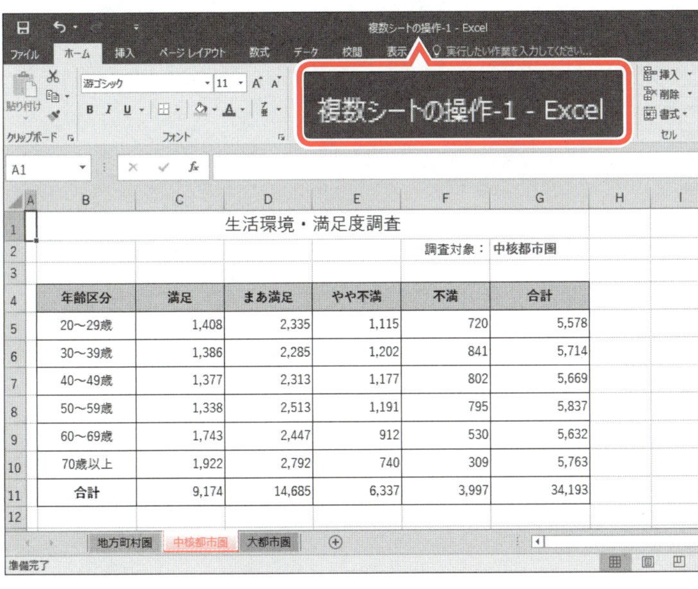

年齢区分	満足	まあ満足	やや不満	不満	合計
20～29歳	1,408	2,335	1,115	720	5,578
30～39歳	1,386	2,285	1,202	841	5,714
40～49歳	1,377	2,313	1,177	802	5,669
50～59歳	1,338	2,513	1,191	795	5,837
60～69歳	1,743	2,447	912	530	5,632
70歳以上	1,922	2,792	740	309	5,763
合計	9,174	14,685	6,337	3,997	34,193

作業グループが解除され、シート**「中核都市圏」**に切り替わります。

②タイトルバーに《**[作業グループ]**》と表示されていないことを確認します。

③データ入力や書式設定が反映されていることを確認します。

※シート「大都市圏」に切り替えて、データ入力や書式設定が反映されていることを確認しておきましょう。

その他の方法（作業グループの解除）

◆作業グループに設定されているシート見出しを右クリック→《作業グループ解除》

POINT ▶▶▶

作業グループの解除

ブック内のすべてのシートが作業グループに設定されている場合、一番手前のシート以外のシート見出しをクリックして解除します。ブック内の一部のシートだけが作業グループに設定されている場合、作業グループに含まれていないシートのシート見出しをクリックして解除します。

Step4 シートを移動・コピーする

1 シートの移動

シートを移動して、シートの順番を変更できます。
シートを**「大都市圏」「中核都市圏」「地方町村圏」**の順番に並べましょう。

生活環境・満足度調査

調査対象： 大都市圏

年齢区分	満足	まあ満足	やや不満	不満	合計
20～29歳	1,830	2,684	741	454	5,709
30～39歳	1,603	2,486	1,202	891	6,182
40～49歳	1,268	2,360	1,368	1,054	6,050
50～59歳	1,115	[illegible]	1,486	1,124	6,056
60～69歳	1,429	[illegible]	1,028	575	5,580
70歳以上	1,603	[illegible]	915	401	5,716
合計	8,848	[illegible]	6,740	4,499	35,293

地方町村圏 中核都市圏 大都市圏

①シート**「大都市圏」**のシート見出しをクリックします。

②マウスの左ボタンを押したままにします。
マウスポインターの形が に変わります。

③シート**「地方町村圏」**の左側にドラッグします。

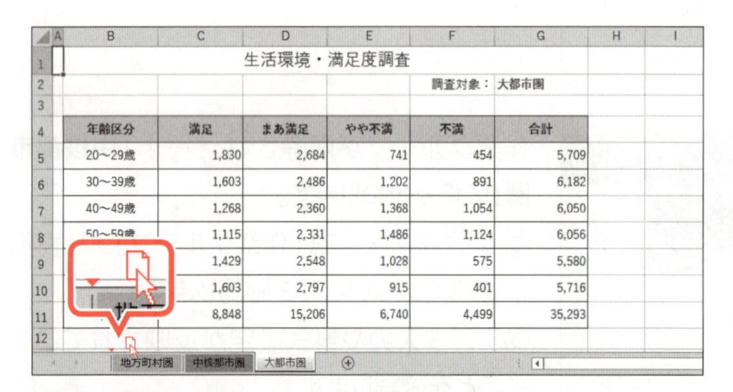

年齢区分	満足	まあ満足	やや不満	不満	合計
20～29歳	1,830	2,684	741	454	5,709
30～39歳	1,603	2,486	1,202	891	6,182
40～49歳	1,268	2,360	1,368	1,054	6,050
50～59歳	1,115	2,331	1,486	1,124	6,056
[illegible]	1,429	2,548	1,028	575	5,580
[illegible]	1,603	2,797	915	401	5,716
[illegible]	8,848	15,206	6,740	4,499	35,293

④シート**「地方町村圏」**の左側に▼が表示されたら、マウスから手を離します。

生活環境・満足度調査

調査対象： 大都市圏

年齢区分	満足	まあ満足	やや不満	不満	合計
20～29歳	1,830	2,684	741	454	5,709
30～39歳	1,603	2,486	1,202	891	6,182
40～49歳	1,268	2,360	1,368	1,054	6,050
50～59歳	1,115	2,331	1,486	1,124	6,056
60～69歳	1,429	2,548	1,028	575	5,580
70歳以上	1,603	2,797	915	401	5,716
合計	8,848	15,206	6,740	4,499	35,293

大都市圏 地方町村圏 中核都市圏

シートが移動します。

生活環境・満足度調査

調査対象： 中核都市圏

年齢区分	満足	まあ満足	やや不満	不満	合計
20～29歳	1,408	2,335	1,115	720	5,578
30～39歳	1,386	2,285	1,202	841	5,714
40～49歳	1,377	2,313	1,177	802	5,669
50～59歳	1,338	2,513	1,191	795	5,837
60～69歳	1,743	2,447	912	530	5,632
70歳以上	1,922	2,792	740	309	5,763
合計	9,174	14,685	6,337	3,997	34,193

大都市圏 中核都市圏 地方町村圏

⑤同様に、シート**「中核都市圏」**のシート見出しをシート**「大都市圏」**とシート**「地方町村圏」**の間に移動します。

STEP UP その他の方法（シートの移動）

◆移動元のシート見出しを選択→《ホーム》タブ→《セル》グループの 書式 （書式）→《シートの移動またはコピー》→《挿入先》の一覧からシートを選択

◆移動元のシート見出しを右クリック→《移動またはコピー》→《挿入先》の一覧からシートを選択

2 シートのコピー

シートをコピーすると、シートに入力されているデータもコピーされます。同じような形式の表を作成する場合、シートをコピーすると効率的です。

シート**「地方町村圏」**をコピーして、シート**「全体集計」**を作成しましょう。

●シート「全体集計」

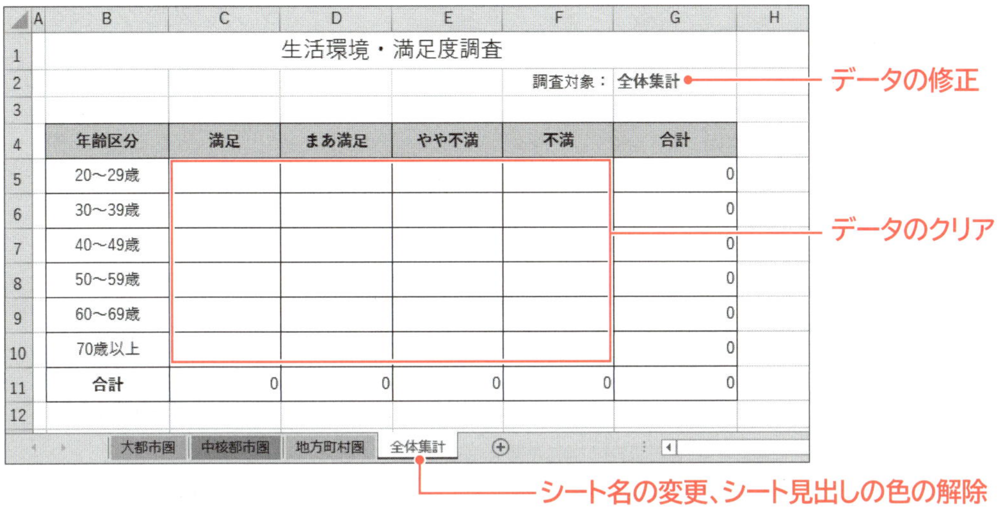

	A	B	C	D	E	F	G	H
1		生活環境・満足度調査						
2						調査対象：	全体集計	
3								
4		年齢区分	満足	まあ満足	やや不満	不満	合計	
5		20～29歳					0	
6		30～39歳					0	
7		40～49歳					0	
8		50～59歳					0	
9		60～69歳					0	
10		70歳以上					0	
11		合計	0	0	0	0	0	
12								

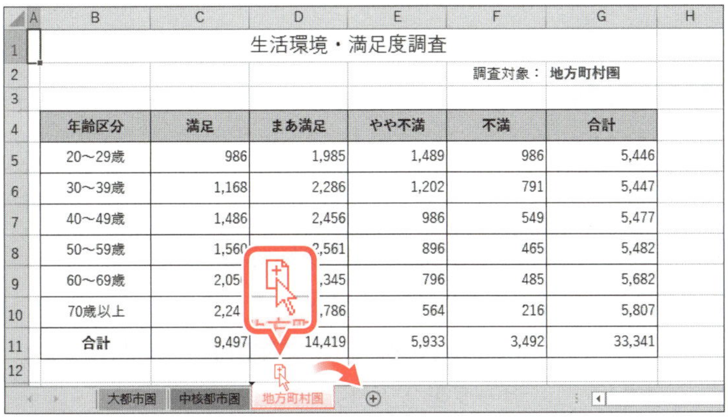

シート見出し：大都市圏　中核都市圏　地方町村圏　全体集計

データの修正

データのクリア

シート名の変更、シート見出しの色の解除

	A	B	C	D	E	F	G	H
1		生活環境・満足度調査						
2						調査対象：	地方町村圏	
3								
4		年齢区分	満足	まあ満足	やや不満	不満	合計	
5		20～29歳	986	1,985	1,489	986	5,446	
6		30～39歳	1,168	2,286	1,202	791	5,447	
7		40～49歳	1,486	2,456	986	549	5,477	
8		50～59歳	1,560	2,561	896	465	5,482	
9		60～69歳	2,056	2,345	796	485	5,682	
10		70歳以上	2,241	2,786	564	216	5,807	
11		合計	9,497	14,419	5,933	3,492	33,341	
12								

シート見出し：大都市圏　中核都市圏　地方町村圏

シート**「地方町村圏」**をコピーします。

①シート**「地方町村圏」**のシート見出しをクリックします。

② Ctrl を押しながら、マウスの左ボタンを押したままにします。

マウスポインターの形が に変わります。

③シート**「地方町村圏」**の右側にドラッグします。

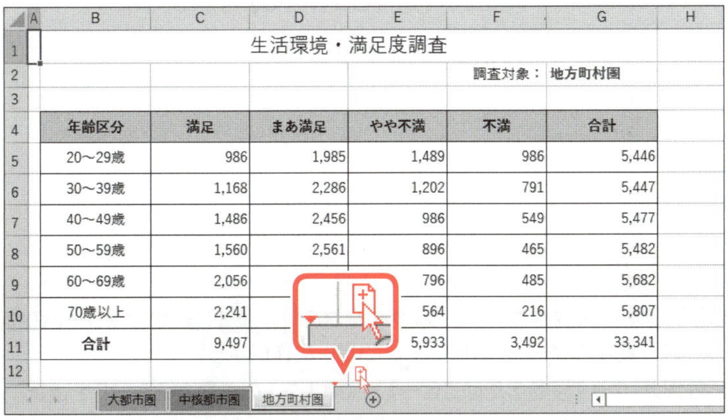

④シート**「地方町村圏」**の右側に▼が表示されたら、マウスから手を離します。

※シートのコピーが完了するまで Ctrl を押し続けます。キーボードから先に手を離すとシートの移動になるので注意しましょう。

生活環境・満足度調査					
				調査対象：	地方町村圏
年齢区分	満足	まあ満足	やや不満	不満	合計
20～29歳	986	1,985	1,489	986	5,446
30～39歳	1,168	2,286	1,202	791	5,447
40～49歳	1,486	2,456	986	549	5,477
50～59歳	1,560	2,561	896	465	5,482
60～69歳	2,056	2,345	796	485	5,682
70歳以上	2,241	2,786	564	216	5,807
合計	9,497	14,419	5,933	3,492	33,341

大都市圏　中核都市圏　地方町村圏　地方町村圏（2）

シートがコピーされます。

生活環境・満足度調査					
				調査対象：	地方町村圏
年齢区分	満足	まあ満足	やや不満	不満	合計
20～29歳	986	1,985	1,489	986	5,446
30～39歳	1,168	2,286	1,202	791	5,447
40～49歳	1,486	2,456	986	549	5,477
50～59歳	1,560	2,561	896	465	5,482
60～69歳	2,056	2,345	796	485	5,682
70歳以上	2,241	2,786	564	216	5,807
合計	9,497	14,419	5,933	3,492	33,341

大都市圏　中核都市圏　地方町村圏　全体集計

シート名を変更します。

⑤シート**「地方町村圏（2）」**のシート見出しをダブルクリックします。

⑥**「全体集計」**と入力します。

⑦ Enter を押します。

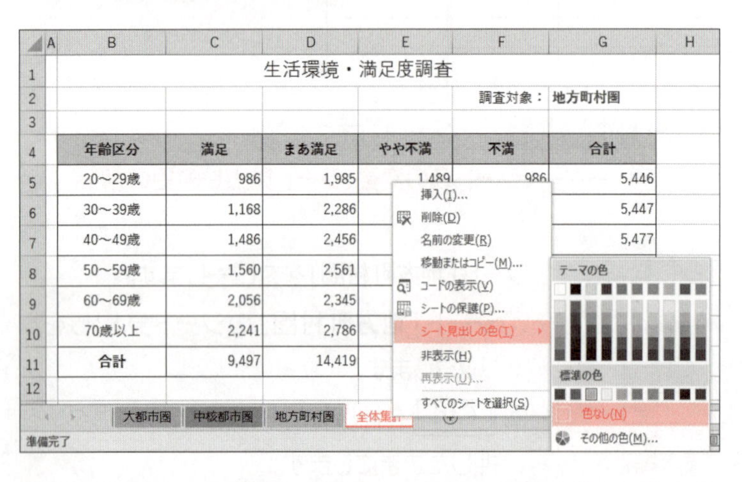

シート見出しの色を解除します。

⑧シート**「全体集計」**のシート見出しを右クリックします。

⑨**《シート見出しの色》**をポイントします。

⑩**《色なし》**をクリックします。

生活環境・満足度調査					
				調査対象：	全体集計
年齢区分	満足	まあ満足	やや不満	不満	合計
20～29歳					0
30～39歳					0
40～49歳					0
50～59歳					0
60～69歳					0
70歳以上					0
合計	0	0	0	0	0

大都市圏　中核都市圏　地方町村圏　全体集計

シート見出しの色が解除されます。

データを修正します。

⑪セル**【G2】**に**「全体集計」**と入力します。

データをクリアします。

⑫セル範囲**【C5:F10】**を選択します。

⑬ Delete を押します。

その他の方法（シートのコピー）

◆コピー元のシート見出しを選択→《ホーム》タブ→《セル》グループの 書式 （書式）→《シートの移動またはコピー》→《挿入先》の一覧からシートを選択→《☑コピーを作成する》

◆コピー元のシート見出しを右クリック→《移動またはコピー》→《挿入先》の一覧からシートを選択→《☑コピーを作成する》

Step5 シート間で集計する

1 シート間の集計

複数のシートの同じセル位置の数値を集計できます。

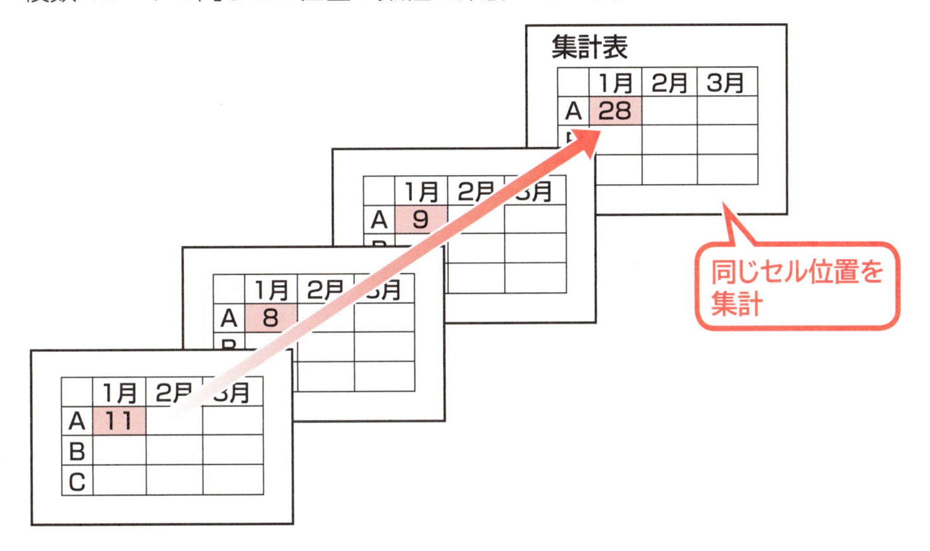

1 数式の入力

シート**「全体集計」**にシート**「大都市圏」**からシート**「地方町村圏」**までの3枚のシートの**「20～29歳」「満足」**の数値を集計しましょう。

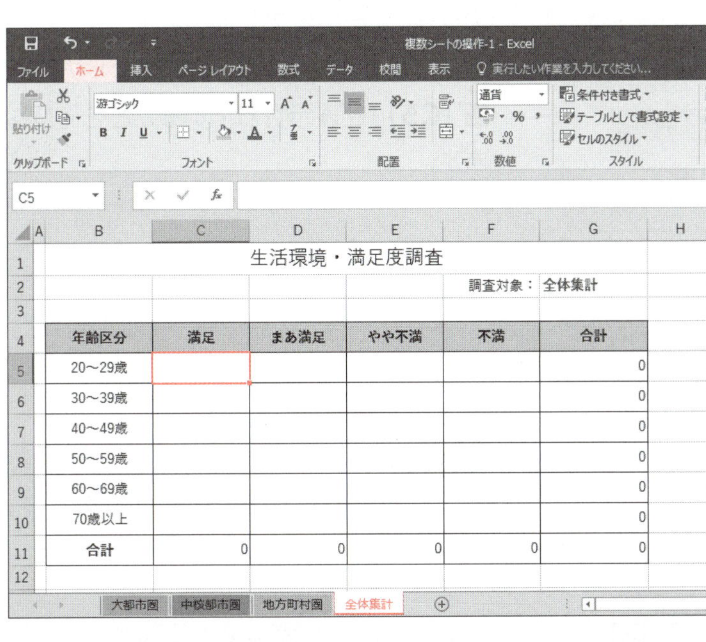

①シート**「全体集計」**がアクティブシートになっていることを確認します。

②セル**【C5】**をクリックします。

③**《ホーム》**タブを選択します。

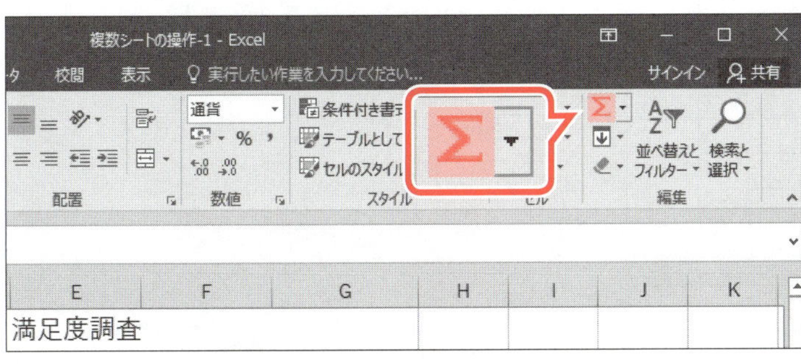

④**《編集》**グループの Σ（合計）をクリックします。

1
2
3
4
5
6
7
8
9
総合問題
付録1
付録2
付録3
付録4
索引

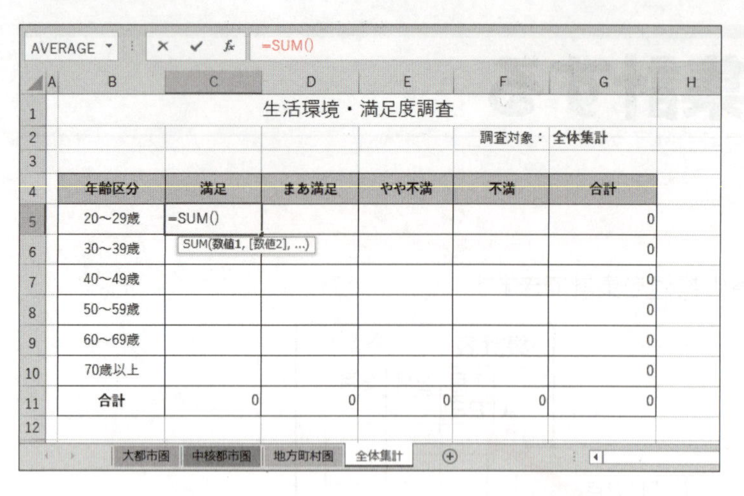

生活環境・満足度調査					
				調査対象：	全体集計
年齢区分	満足	まあ満足	やや不満	不満	合計
20～29歳	=SUM()				0
30～39歳					0
40～49歳					0
50～59歳					0
60～69歳					0
70歳以上					0
合計	0	0	0	0	0

⑤数式バーに**「=SUM()」**と表示されていることを確認します。

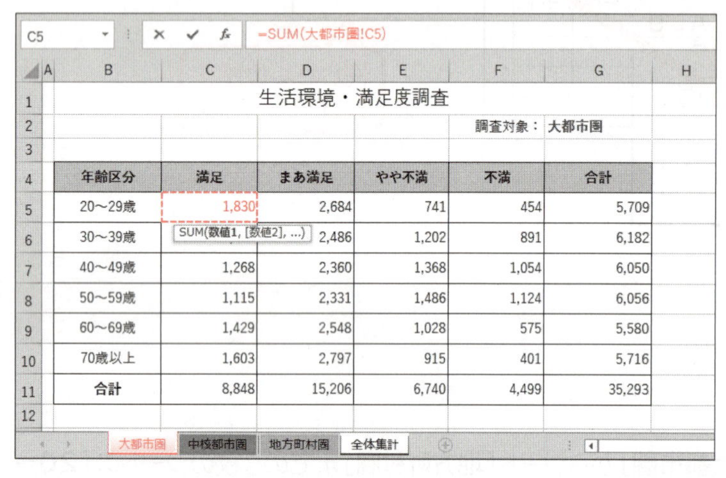

生活環境・満足度調査					
				調査対象：	大都市圏
年齢区分	満足	まあ満足	やや不満	不満	合計
20～29歳	1,830	2,684	741	454	5,709
30～39歳		2,486	1,202	891	6,182
40～49歳	1,268	2,360	1,368	1,054	6,050
50～59歳	1,115	2,331	1,486	1,124	6,056
60～69歳	1,429	2,548	1,028	575	5,580
70歳以上	1,603	2,797	915	401	5,716
合計	8,848	15,206	6,740	4,499	35,293

⑥シート**「大都市圏」**のシート見出しをクリックします。

⑦セル**【C5】**をクリックします。

⑧数式バーに**「=SUM(大都市圏!C5)」**と表示されていることを確認します。

※お使いの環境によっては、「=SUM('大都市圏'!C5)」と表示される場合があります。

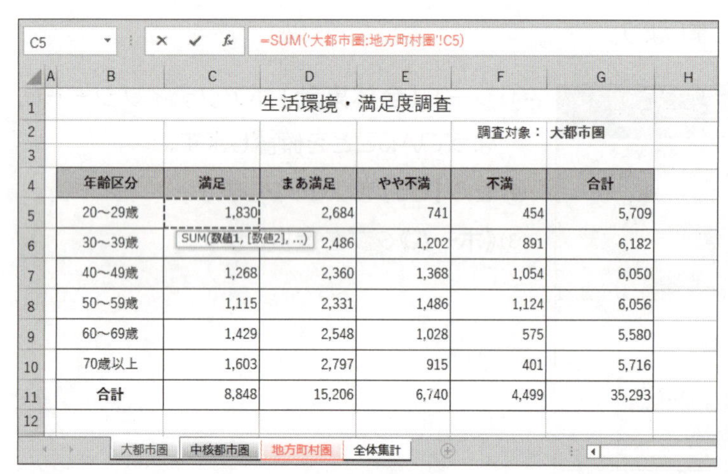

生活環境・満足度調査					
				調査対象：	大都市圏
年齢区分	満足	まあ満足	やや不満	不満	合計
20～29歳	1,830	2,684	741	454	5,709
30～39歳		2,486	1,202	891	6,182
40～49歳	1,268	2,360	1,368	1,054	6,050
50～59歳	1,115	2,331	1,486	1,124	6,056
60～69歳	1,429	2,548	1,028	575	5,580
70歳以上	1,603	2,797	915	401	5,716
合計	8,848	15,206	6,740	4,499	35,293

⑨ Shift を押しながら、シート**「地方町村圏」**のシート見出しをクリックします。

⑩数式バーに**「=SUM('大都市圏:地方町村圏'!C5)」**と表示されていることを確認します。

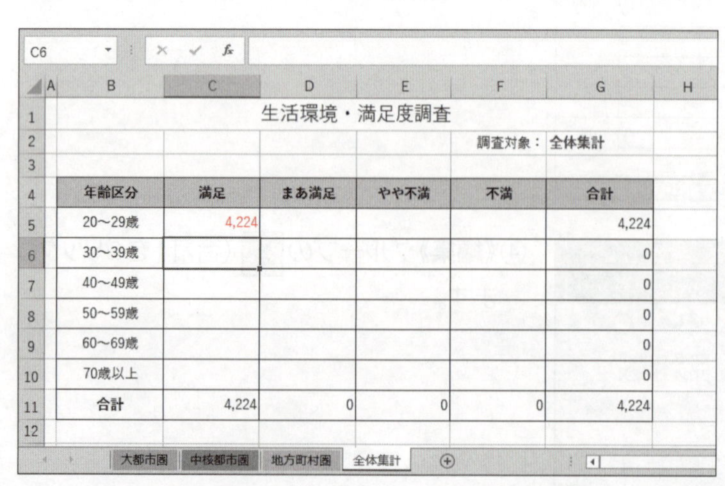

生活環境・満足度調査					
				調査対象：	全体集計
年齢区分	満足	まあ満足	やや不満	不満	合計
20～29歳	4,224				4,224
30～39歳					0
40～49歳					0
50～59歳					0
60～69歳					0
70歳以上					0
合計	4,224	0	0	0	4,224

⑪ Enter を押します。

3枚のシートのセル**【C5】**の合計が求められます。

POINT ▶▶▶

複数シートの合計

シート間をまたがって、SUM関数の引数を指定できます。

=SUM(大都市圏:地方町村圏!C5)

シート「大都市圏」からシート「地方町村圏」までのセル【C5】の合計を求める、という意味です。

2 数式のコピー

数式をコピーして、表を完成させましょう。

C5 =SUM(大都市圏:地方町村圏!C5)

生活環境・満足度調査

調査対象： 全体集計

年齢区分	満足	まあ満足	やや不満	不満	合計
20～29歳	4,224				4,224
30～39歳					0
40～49歳					0
50～59歳					0
60～69歳					0
70歳以上					0
合計	4,224	0	0	0	4,224

大都市圏 中核都市圏 地方町村圏 全体集計

①セル【C5】を選択し、セル右下の■(フィルハンドル)をダブルクリックします。

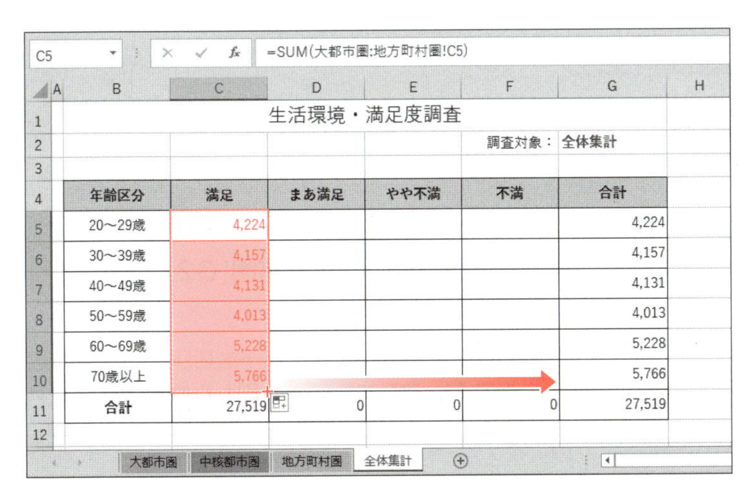

C5 =SUM(大都市圏:地方町村圏!C5)

生活環境・満足度調査

調査対象： 全体集計

年齢区分	満足	まあ満足	やや不満	不満	合計
20～29歳	4,224				4,224
30～39歳	4,157				4,157
40～49歳	4,131				4,131
50～59歳	4,013				4,013
60～69歳	5,228				5,228
70歳以上	5,766				5,766
合計	27,519	0	0	0	27,519

大都市圏 中核都市圏 地方町村圏 全体集計

数式がコピーされます。

②セル範囲【C5:C10】を選択し、セル範囲右下の■(フィルハンドル)をセル【F10】までドラッグします。

C5 =SUM(大都市圏:地方町村圏!C5)

生活環境・満足度調査

調査対象： 全体集計

年齢区分	満足	まあ満足	やや不満	不満	合計
20～29歳	4,224	7,004	3,345	2,160	16,733
30～39歳	4,157	7,057	3,606	2,523	17,343
40～49歳	4,131	7,129	3,531	2,405	17,196
50～59歳	4,013	7,405	3,573	2,384	17,375
60～69歳	5,228	7,340	2,736	1,590	16,894
70歳以上	5,766	8,375	2,219	926	17,286
合計	27,519	44,310	19,010	11,988	102,827

大都市圏 中核都市圏 地方町村圏 全体集計

数式がコピーされます。

※数式をコピーすると、数式内のセル参照は自動的に調整されます。コピーされたセルの数式を確認しておきましょう。

※ブックに「複数シートの操作-1完成」と名前を付けて、フォルダー「第5章」に保存し、閉じておきましょう。

参考学習　別シートのセルを参照する

1　別シートのセル参照

異なるシートのセルの値を参照できます。参照元のシートの値が変更されると、参照先のシートも自動的に再計算されて更新されます。
シート**「全体集計」**のセル**【B5】**に、シート**「大都市圏」**のセル**【G2】**のデータを参照するように数式を入力しましょう。

フォルダー「第5章」のブック「複数シートの操作-2」のシート「全体集計」を開いておきましょう。
※アクティブシートを切り替えて、各シートの内容を確認しておきましょう。

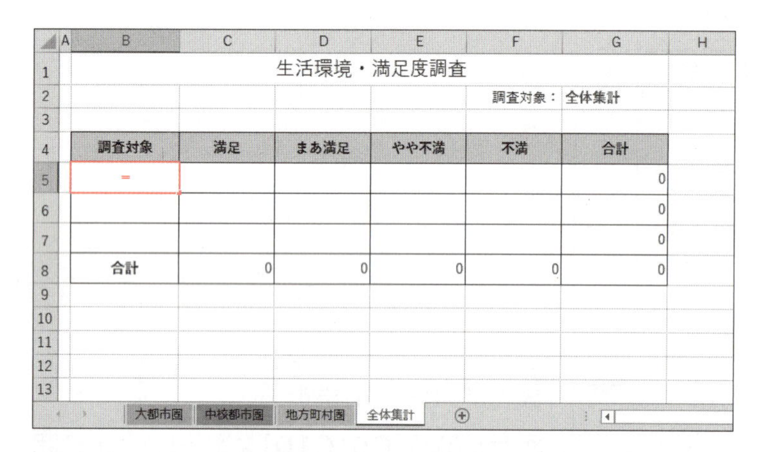

生活環境・満足度調査

調査対象：全体集計

調査対象	満足	まあ満足	やや不満	不満	合計
=					0
					0
					0
合計	0	0	0	0	0

①シート**「全体集計」**のセル**【B5】**をクリックします。
②**「=」**を入力します。

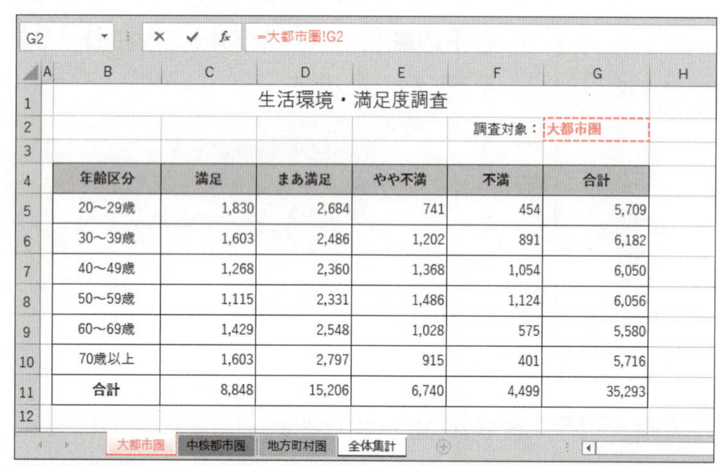

G2　=大都市圏!G2

生活環境・満足度調査

調査対象：大都市圏

年齢区分	満足	まあ満足	やや不満	不満	合計
20～29歳	1,830	2,684	741	454	5,709
30～39歳	1,603	2,486	1,202	891	6,182
40～49歳	1,268	2,360	1,368	1,054	6,050
50～59歳	1,115	2,331	1,486	1,124	6,056
60～69歳	1,429	2,548	1,028	575	5,580
70歳以上	1,603	2,797	915	401	5,716
合計	8,848	15,206	6,740	4,499	35,293

③シート**「大都市圏」**のシート見出しをクリックします。
④セル**【G2】**をクリックします。
⑤数式バーに**「=大都市圏!G2」**と表示されていることを確認します。
※「=」を入力したあとに、シートを切り替えてセルを選択すると、自動的に「シート名!セル位置」が入力されます。

生活環境・満足度調査

調査対象：全体集計

調査対象	満足	まあ満足	やや不満	不満	合計
大都市圏					0
					0
					0
合計	0	0	0	0	0

大都市圏　中核都市圏　地方町村圏　全体集計

⑥ Enter を押します。
数式が入力され、セルの値が参照されます。

調査対象	満足	まあ満足	やや不満	不満	合計
大都市圏					0
中核都市圏					0
地方町村圏					0
合計	0	0	0	0	0

生活環境・満足度調査　調査対象：全体集計

大都市圏　中核都市圏　地方町村圏　全体集計

=中核都市圏!G2　=地方町村圏!G2

⑦同様に、シート「**全体集計**」のセル【**B6**】に、シート「**中核都市圏**」のセル【**G2**】を参照する数式を入力します。

⑧同様に、シート「**全体集計**」のセル【**B7**】に、シート「**地方町村圏**」のセル【**G2**】を参照する数式を入力します。

POINT ▶▶▶

セル参照

数式では、「同じシート内」「同じブック内の別シート」「別ブック」のセルの値をそれぞれ参照できます。

●同じシート内のセルの値を参照する

=セル位置

例：
=A1

●同じブック内の別シートのセルの値を参照する

=シート名!セル位置

例：
=Sheet1!A1
='4月度'!G2

●別ブックのセルの値を参照する

=[ブック名]シート名!セル位置

例：
=[Book1.xlsx]Sheet1!$A$1
='[Book1.xlsx]4月度'!$G$2

2 リンク貼り付け

「**リンク貼り付け**」を使って、セルの値を参照できます。
リンク貼り付けすると、数式が自動的に入力され、セルの値が参照されます。
シート「**大都市圏**」のセル範囲【**C11:F11**】を、シート「**全体集計**」のセル【**C5**】を開始位置としてリンク貼り付けしましょう。

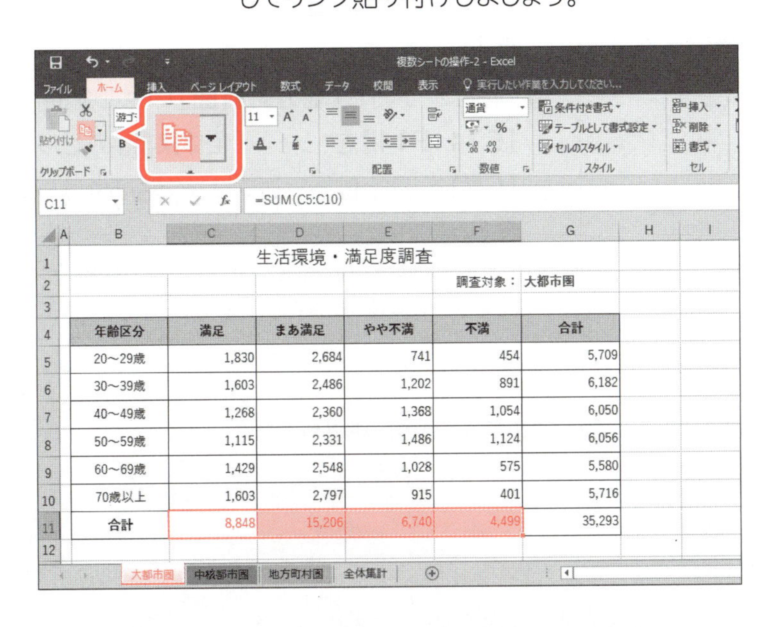

年齢区分	満足	まあ満足	やや不満	不満	合計
20～29歳	1,830	2,684	741	454	5,709
30～39歳	1,603	2,486	1,202	891	6,182
40～49歳	1,268	2,360	1,368	1,054	6,050
50～59歳	1,115	2,331	1,486	1,124	6,056
60～69歳	1,429	2,548	1,028	575	5,580
70歳以上	1,603	2,797	915	401	5,716
合計	8,848	15,206	6,740	4,499	35,293

①シート「**大都市圏**」のシート見出しをクリックします。

②セル範囲【**C11:F11**】を選択します。

③《**ホーム**》タブを選択します。

④《**クリップボード**》グループの（コピー）をクリックします。

1　2　3　4　5　6　7　8　9　総合問題　付録1　付録2　付録3　付録4　索引

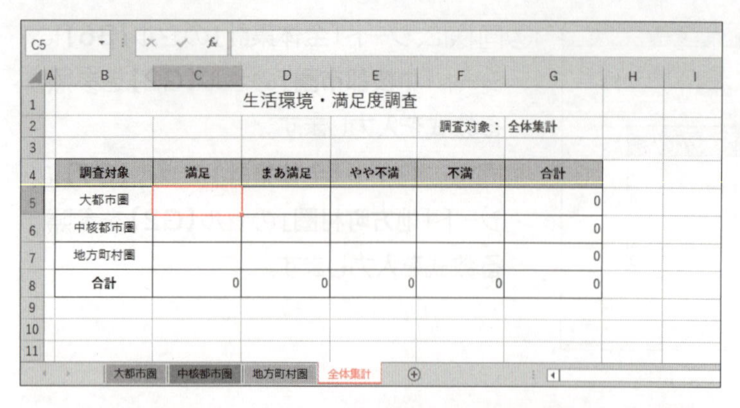

⑤シート「**全体集計**」のシート見出しをクリックします。

⑥セル【**C5**】をクリックします。

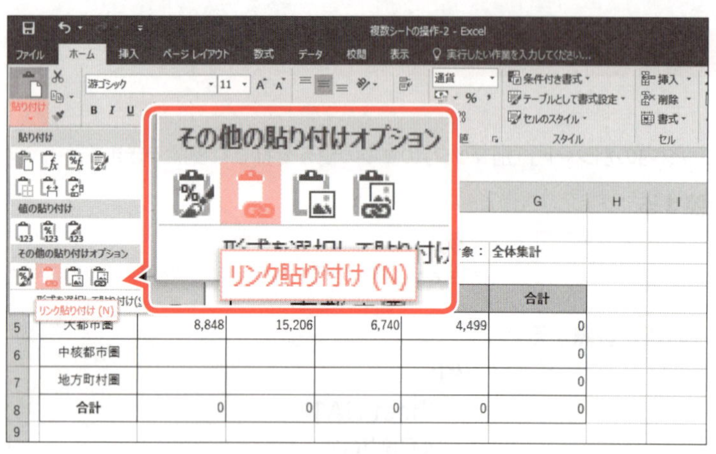

⑦《**クリップボード**》グループの（貼り付け）のをクリックします。

⑧《**その他の貼り付けオプション**》の（リンク貼り付け）をポイントします。

※ボタンをポイントすると、コピー結果をシートで確認できます。

⑨クリックします。

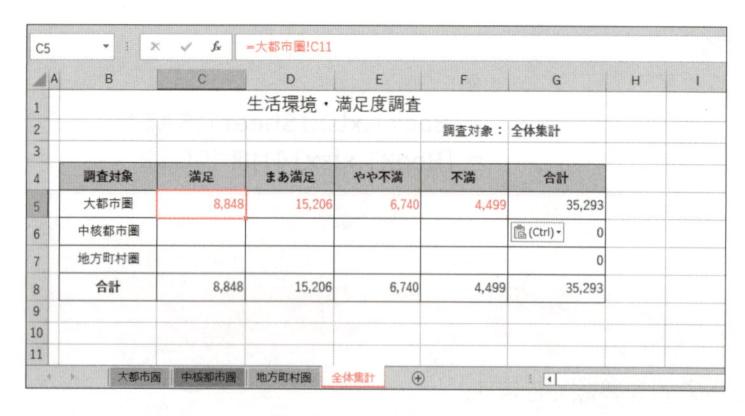

リンク貼り付けされます。

数式を確認します。

⑩シート「**全体集計**」のセル【**C5**】をクリックします。

⑪数式バーに「**=大都市圏!C11**」と表示されていることを確認します。

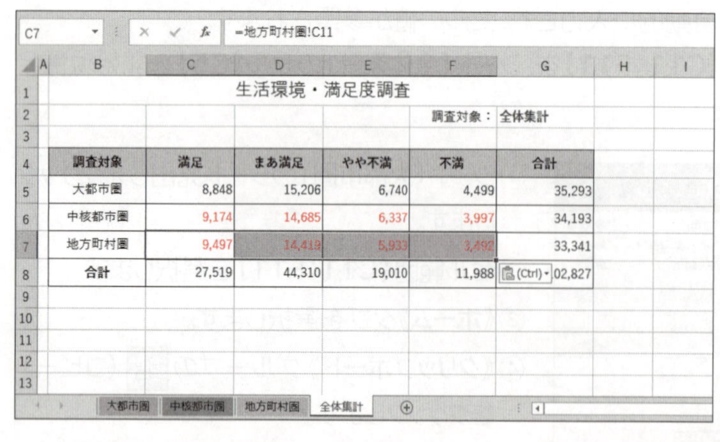

⑫同様に、シート「**中核都市圏**」のセル範囲【**C11:F11**】を、シート「**全体集計**」のセル【**C6**】を開始位置としてリンク貼り付けします。

⑬同様に、シート「**地方町村圏**」のセル範囲【**C11:F11**】を、シート「**全体集計**」のセル【**C7**】を開始位置としてリンク貼り付けします。

※ブックに「複数シートの操作-2完成」と名前を付けて、フォルダー「第5章」に保存し、閉じておきましょう。

その他の方法（リンク貼り付け）

◆コピー先を右クリック→《貼り付けのオプション》の（リンク貼り付け）

練習問題

解答 ▶ 別冊P.3

完成図のような表を作成しましょう。

フォルダー「第5章」のブック「第5章練習問題」のシート「Sheet1」を開いておきましょう。
※アクティブシートを切り替えて、各シートの内容を確認しておきましょう。

●完成図

売上管理表（シート「年間」）

単位：万円

支店名	上期合計	下期合計	年間合計
札幌支店	23,693	20,420	**44,113**
仙台支店	33,957	31,810	**65,767**
大宮支店	15,623	15,170	**30,793**
千葉支店	21,607	21,408	**43,015**
東京本社	225,186	210,006	**435,192**
横浜支店	70,141	70,369	**140,510**
静岡支店	23,180	20,232	**43,412**
名古屋支店	44,657	37,745	**82,402**
金沢支店	16,588	18,832	**35,420**
大阪支店	138,563	146,442	**285,005**
神戸支店	13,575	19,113	**32,688**
広島支店	24,127	24,266	**48,393**
高松支店	15,945	12,927	**28,872**
博多支店	29,466	28,047	**57,513**
合計	**696,308**	**676,787**	**1,373,095**

売上管理表（シート「上期」）

単位：万円

支店名	4月度	5月度	6月度	7月度	8月度	9月度	合計
札幌支店	4,289	4,140	4,418	3,688	3,654	3,504	**23,693**
仙台支店	5,183	6,840	5,189	7,438	3,845	5,462	**33,957**
大宮支店	2,189	2,394	2,774	2,789	2,829	2,648	**15,623**
千葉支店	3,839	3,645	3,539	3,540	3,360	3,684	**21,607**
東京本社	38,519	36,838	42,899	36,748	33,239	36,943	**225,186**
横浜支店	12,966	11,842	11,352	10,506	11,679	11,796	**70,141**
静岡支店	3,884	3,702	3,893	3,845	3,684	4,172	**23,180**
名古屋支店	8,429	8,280	7,289	6,682	7,301	6,676	**44,657**
金沢支店	2,343	2,524	3,014	2,788	2,940	2,979	**16,588**
大阪支店	23,471	21,990	23,939	25,177	21,843	22,143	**138,563**
神戸支店	2,189	2,338	2,183	2,338	2,183	2,344	**13,575**
広島支店	4,281	3,900	4,076	4,070	3,978	3,822	**24,127**
高松支店	2,384	2,518	2,678	2,680	2,768	2,917	**15,945**
博多支店	5,280	4,932	4,743	4,931	4,875	4,705	**29,466**
合計	**119,246**	**115,883**	**121,986**	**117,220**	**108,178**	**113,795**	**696,308**

売上管理表（シート「下期」）

単位：万円

支店名	10月度	11月度	12月度	1月度	2月度	3月度	合計
札幌支店	3,234	3,840	3,069	3,233	3,279	3,765	**20,420**
仙台支店	4,823	4,296	5,046	6,845	5,340	5,460	**31,810**
大宮支店	2,480	2,346	2,202	2,670	2,952	2,520	**15,170**
千葉支店	3,654	3,395	3,840	3,842	3,443	3,234	**21,408**
東京本社	36,839	33,193	37,034	32,338	32,189	38,413	**210,006**
横浜支店	12,684	11,933	11,184	11,115	12,188	11,265	**70,369**
静岡支店	3,020	3,218	3,690	3,384	3,695	3,225	**20,232**
名古屋支店	5,339	6,838	6,683	5,341	6,839	6,705	**37,745**
金沢支店	3,323	2,934	3,017	3,354	3,234	2,970	**18,832**
大阪支店	22,025	20,391	28,041	25,295	26,795	23,895	**146,442**
神戸支店	3,239	3,322	3,083	3,000	3,237	3,232	**19,113**
広島支店	3,978	4,063	4,011	4,228	4,105	3,881	**24,266**
高松支店	1,853	2,002	2,196	2,383	2,327	2,166	**12,927**
博多支店	4,928	4,826	4,728	4,660	4,477	4,428	**28,047**
合計	**111,419**	**106,597**	**117,824**	**111,688**	**114,100**	**115,159**	**676,787**

①シート「**Sheet1**」の名前を「**上期**」、シート「**Sheet2**」の名前を「**下期**」、シート「**Sheet3**」の名前を「**年間**」にそれぞれ変更しましょう。

②シート「**上期**」「**下期**」「**年間**」を作業グループに設定しましょう。

③作業グループとして設定した3枚のシートに、次の操作を一括して行いましょう。

●セル【B1】に「売上管理表」と入力する
●セル【B1】のフォントサイズを16ポイントに変更する
●セル【B1】に太字を設定する
●セル【B1】のフォントの色を「濃い青」に変更する

④作業グループを解除しましょう。

⑤シート「**年間**」のセル【**C4**】に、シート「**上期**」のセル【**I4**】を参照する数式を入力しましょう。
次に、シート「**年間**」のセル【**C4**】の数式を、セル範囲【**C5:C17**】にコピーしましょう。

⑥シート「**年間**」のセル【**D4**】に、シート「**下期**」のセル【**I4**】を参照する数式を入力しましょう。
次に、シート「**年間**」のセル【**D4**】の数式を、セル範囲【**D5:D17**】にコピーしましょう。

⑦シートを「**年間**」「**上期**」「**下期**」の順番に並べましょう。

※ブックに「第5章練習問題完成」と名前を付けて、フォルダー「第5章」に保存し、閉じておきましょう。

よくわかる

第6章

Chapter 6

表の印刷

Chapter 6

この章で学ぶこと

学習前に習得すべきポイントを理解しておき、
学習後には確実に習得できたかどうかを振り返りましょう。

1 表を印刷するときの手順を理解する。 → P.150

2 表示モードをページレイアウトに切り替えることができる。 → P.151

3 用紙サイズと用紙の向きを設定できる。 → P.152

4 ヘッダーとフッターを設定できる。 → P.154

5 複数ページに分かれた表に共通の見出しを付けて印刷できる。 → P.157

6 ブックを印刷できる。 → P.159

7 表示モードを改ページプレビューに切り替えることができる。 → P.160

8 印刷範囲やページ区切りを調整できる。 → P.161

Step 1 印刷する表を確認する

1 印刷する表の確認

次のような表を印刷しましょう。

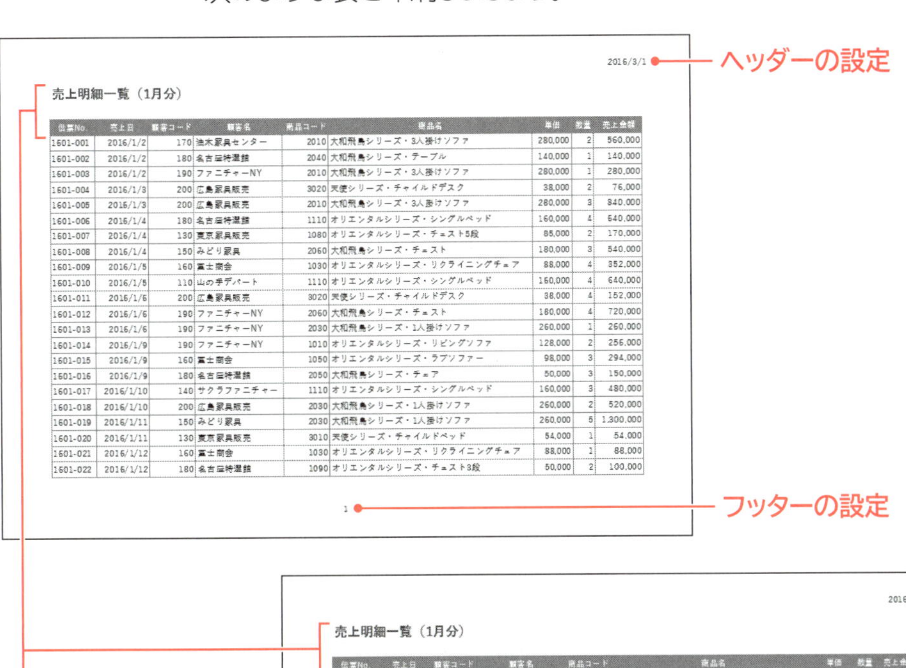

2016/3/1

売上明細一覧（1月分）

伝票No.	売上日	顧客コード	顧客名	商品コード	商品名	単価	数量	売上金額
1601-001	2016/1/2	170	油木家具センター	2010	大和飛鳥シリーズ・3人掛けソファ	280,000	2	560,000
1601-002	2016/1/2	180	名古屋特選館	2040	大和飛鳥シリーズ・テーブル	140,000	1	140,000
1601-003	2016/1/2	190	ファニチャーNY	2010	大和飛鳥シリーズ・3人掛けソファ	280,000	1	280,000
1601-004	2016/1/3	200	広島家具販売	3020	天使シリーズ・チャイルドデスク	38,000	2	76,000
1601-005	2016/1/3	200	広島家具販売	2010	大和飛鳥シリーズ・3人掛けソファ	280,000	3	840,000
1601-006	2016/1/4	180	名古屋特選館	1110	オリエンタルシリーズ・シングルベッド	160,000	4	640,000
1601-007	2016/1/4	130	東京家具販売	1080	オリエンタルシリーズ・チェスト5段	85,000	2	170,000
1601-008	2016/1/4	150	みどり家具	2060	大和飛鳥シリーズ・チェスト	180,000	3	540,000
1601-009	2016/1/5	160	冨士商会	1030	オリエンタルシリーズ・リクライニングチェア	88,000	4	352,000
1601-010	2016/1/5	110	山の手デパート	1110	オリエンタルシリーズ・シングルベッド	160,000	4	640,000
1601-011	2016/1/6	200	広島家具販売	3020	天使シリーズ・チャイルドデスク	38,000	4	152,000
1601-012	2016/1/6	190	ファニチャーNY	2060	大和飛鳥シリーズ・チェスト	180,000	4	720,000
1601-013	2016/1/6	190	ファニチャーNY	2030	大和飛鳥シリーズ・1人掛けソファ	260,000	1	260,000
1601-014	2016/1/9	190	ファニチャーNY	1010	オリエンタルシリーズ・リビングソファ	128,000	2	256,000
1601-015	2016/1/9	160	冨士商会	1050	オリエンタルシリーズ・ラブソファー	98,000	3	294,000
1601-016	2016/1/9	180	名古屋特選館	2050	大和飛鳥シリーズ・チェア	50,000	3	150,000
1601-017	2016/1/10	140	サクラファニチャー	1110	オリエンタルシリーズ・シングルベッド	160,000	3	480,000
1601-018	2016/1/10	200	広島家具販売	2030	大和飛鳥シリーズ・1人掛けソファ	260,000	2	520,000
1601-019	2016/1/11	150	みどり家具	2030	大和飛鳥シリーズ・1人掛けソファ	260,000	5	1,300,000
1601-020	2016/1/11	130	東京家具販売	3010	天使シリーズ・チャイルドベッド	54,000	1	54,000
1601-021	2016/1/12	160	冨士商会	1030	オリエンタルシリーズ・リクライニングチェア	88,000	1	88,000
1601-022	2016/1/12	180	名古屋特選館	1090	オリエンタルシリーズ・チェスト3段	50,000	2	100,000

1

2016/3/1

売上明細一覧（1月分）

伝票No.	売上日	顧客コード	顧客名	商品コード	商品名	単価	数量	売上金額
1601-023	2016/1/12	180	名古屋特選館	2040	大和飛鳥シリーズ・テーブル	140,000	3	420,000
1601-024	2016/1/16	170	油木家具センター	3020	天使シリーズ・チャイルドデスク	38,000	5	190,000
1601-025	2016/1/16	130	東京家具販売	1110	オリエンタルシリーズ・シングルベッド	160,000	4	640,000
1601-026	2016/1/16	140	サクラファニチャー	2060	大和飛鳥シリーズ・チェスト	180,000	4	720,000
1601-027	2016/1/16	160	冨士商会	2060	大和飛鳥シリーズ・チェスト	180,000	5	900,000
1601-028	2016/1/17	190	ファニチャーNY	1030	オリエンタルシリーズ・リクライニングチェア	88,000	5	440,000
1601-029	2016/1/17	170	油木家具センター	1040	オリエンタルシリーズ・ロッキングチェア	65,000	3	195,000
1601-030	2016/1/17	180	名古屋特選館	1040	オリエンタルシリーズ・ロッキングチェア	65,000	2	130,000
1601-031	2016/1/18	130	東京家具販売	2070	大和飛鳥シリーズ・スクリーン	80,000	4	320,000
1601-032	2016/1/18	110	山の手デパート	2030	大和飛鳥シリーズ・1人掛けソファ	260,000	1	260,000
1601-033	2016/1/18	160	冨士商会	1020	オリエンタルシリーズ・リビングテーブル	58,000	5	290,000
1601-034	2016/1/19	190	ファニチャーNY	1040	オリエンタルシリーズ・ロッキングチェア	65,000	2	130,000
1601-035	2016/1/19	160	冨士商会	3010	天使シリーズ・チャイルドベッド	54,000	3	162,000
1601-036	2016/1/20	200	広島家具販売	2060	大和飛鳥シリーズ・チェスト	180,000	4	720,000
1601-037	2016/1/20	200	広島家具販売	2010	大和飛鳥シリーズ・3人掛けソファ	280,000	3	840,000
1601-038	2016/1/20	150	みどり家具	2070	大和飛鳥シリーズ・スクリーン	80,000	1	80,000
1601-039	2016/1/23	170	油木家具センター	1040	オリエンタルシリーズ・ロッキングチェア	65,000	2	130,000
1601-040	2016/1/23	190	ファニチャーNY	1010	オリエンタルシリーズ・リビングソファ	128,000	1	128,000
1601-041	2016/1/23	110	山の手デパート	1040	オリエンタルシリーズ・ロッキングチェア	65,000	4	260,000
1601-042	2016/1/23	110	山の手デパート	2030	大和飛鳥シリーズ・1人掛けソファ	260,000	3	780,000
1601-043	2016/1/24	130	東京家具販売	1050	オリエンタルシリーズ・ラブソファー	98,000	1	98,000
1601-044	2016/1/24	140	サクラファニチャー	2050	大和飛鳥シリーズ・チェア	50,000	2	100,000

2

2016/3/1

売上明細一覧（1月分）

伝票No.	売上日	顧客コード	顧客名	商品コード	商品名	単価	数量	売上金額
1601-045	2016/1/24	170	油木家具センター	3020	天使シリーズ・チャイルドデスク	38,000	2	76,000
1601-046	2016/1/24	160	冨士商会	1050	オリエンタルシリーズ・ラブソファー	98,000	3	294,000
1601-047	2016/1/25	180	名古屋特選館	1030	オリエンタルシリーズ・リクライニングチェア	88,000	3	264,000
1601-048	2016/1/25	180	名古屋特選館	2030	大和飛鳥シリーズ・1人掛けソファ	260,000	1	260,000
1601-049	2016/1/25	180	名古屋特選館	1010	オリエンタルシリーズ・リビングソファ	128,000	1	128,000
1601-050	2016/1/25	190	ファニチャーNY	3020	天使シリーズ・チャイルドデスク	38,000	2	76,000
1601-051	2016/1/26	160	冨士商会	2010	大和飛鳥シリーズ・3人掛けソファ	280,000	4	1,120,000
1601-052	2016/1/27	170	油木家具センター	2030	大和飛鳥シリーズ・1人掛けソファ	260,000	1	260,000
1601-053	2016/1/27	180	名古屋特選館	2040	大和飛鳥シリーズ・テーブル	140,000	1	140,000
1601-054	2016/1/30	190	ファニチャーNY	2010	大和飛鳥シリーズ・3人掛けソファ	280,000	2	560,000
1601-055	2016/1/30	200	広島家具販売	3020	天使シリーズ・チャイルドデスク	38,000	2	76,000
1601-056	2016/1/31	200	広島家具販売	2030	大和飛鳥シリーズ・1人掛けソファ	260,000	1	260,000
1601-057	2016/1/31	180	名古屋特選館	2040	大和飛鳥シリーズ・テーブル	140,000	4	560,000

3

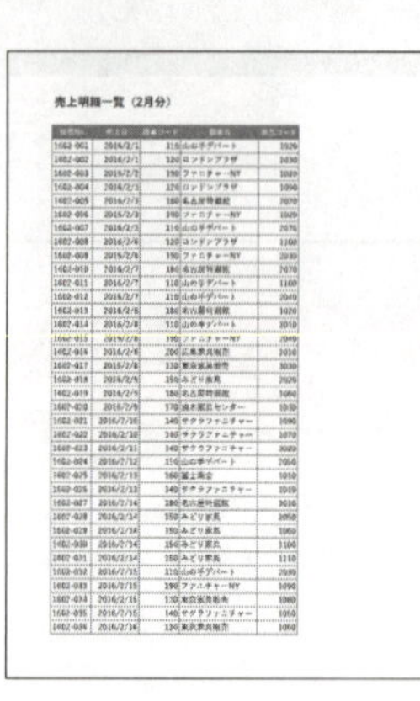

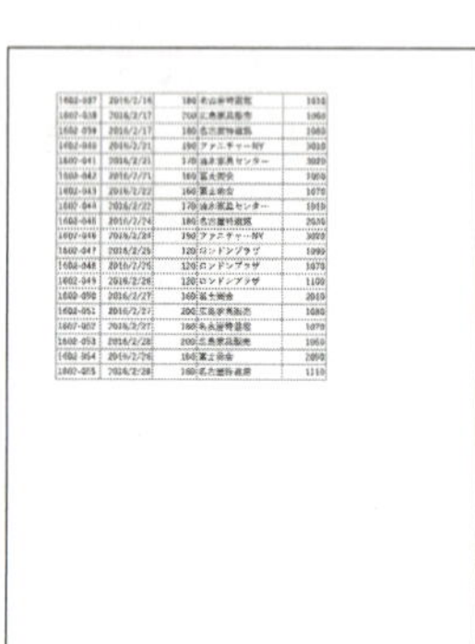

改ページプレビューを利用して
1ページに収めて印刷する

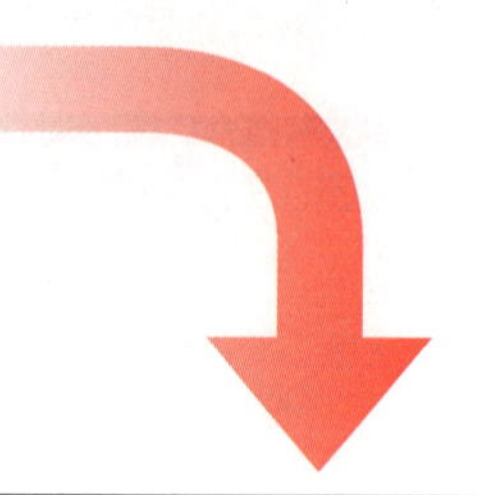

売上明細一覧（2月分）

伝票No.	売上日	顧客コード	顧客名	商品コード	商品名	単価	数量	売上金額
1602-001	2016/2/1	110	山の手デパート	1020	オリエンタルシリーズ・リビングテーブル	58,000	2	116,000
1602-002	2016/2/1	120	ロンドンプラザ	2030	大和飛鳥シリーズ・1人掛けソファ	260,000	1	260,000
1602-003	2016/2/2	190	ファニチャーNY	1020	オリエンタルシリーズ・リビングテーブル	58,000	1	58,000
1602-004	2016/2/3	120	ロンドンプラザ	1090	オリエンタルシリーズ・チェスト3段	50,000	2	100,000
1602-005	2016/2/3	180	名古屋特選館	2020	大和飛鳥シリーズ・2人掛けソファ	220,000	4	880,000
1602-006	2016/2/3	190	ファニチャーNY	1020	オリエンタルシリーズ・リビングテーブル	58,000	3	174,000
1602-007	2016/2/3	110	山の手デパート	2070	大和飛鳥シリーズ・スクリーン	80,000	1	80,000
1602-008	2016/2/6	120	ロンドンプラザ	1100	オリエンタルシリーズ・ダブルベッド	240,000	3	720,000
1602-009	2016/2/6	190	ファニチャーNY	2030	大和飛鳥シリーズ・1人掛けソファ	260,000	4	1,040,000
1602-010	2016/2/7	180	名古屋特選館	2070	大和飛鳥シリーズ・スクリーン	80,000	1	80,000
1602-011	2016/2/7	110	山の手デパート	1100	オリエンタルシリーズ・ダブルベッド	240,000	2	480,000
1602-012	2016/2/7	110	山の手デパート	2040	大和飛鳥シリーズ・テーブル	140,000	1	140,000
1602-013	2016/2/8	180	名古屋特選館	1020	オリエンタルシリーズ・リビングテーブル	58,000	2	116,000
1602-014	2016/2/8	110	山の手デパート	2010	大和飛鳥シリーズ・3人掛けソファ	280,000	2	560,000
1602-015	2016/2/8	190	ファニチャーNY	2040	大和飛鳥シリーズ・テーブル	140,000	1	140,000
1602-016	2016/2/8	200	広島家具販売	2010	大和飛鳥シリーズ・3人掛けソファ	280,000	3	840,000
1602-017	2016/2/8	130	東京家具販売	3030	天使シリーズ・チャイルドボックス	18,000	2	36,000
1602-018	2016/2/9	150	みどり家具	2020	大和飛鳥シリーズ・2人掛けソファ	220,000	3	660,000
1602-019	2016/2/9	180	名古屋特選館	1060	オリエンタルシリーズ・ダイニングテーブル	80,000	4	320,000
1602-020	2016/2/9	170	油木家具センター	1030	オリエンタルシリーズ・リクライニングチェア	88,000	2	176,000
1602-021	2016/2/10	140	サクラファニチャー	1090	オリエンタルシリーズ・チェスト3段	50,000	2	100,000
1602-022	2016/2/10	140	サクラファニチャー	1070	オリエンタルシリーズ・ダイニングチェア	25,000	6	150,000
1602-023	2016/2/11	140	サクラファニチャー	3020	天使シリーズ・チャイルドデスク	38,000	2	76,000
1602-024	2016/2/12	110	山の手デパート	2050	大和飛鳥シリーズ・チェア	50,000	2	100,000
1602-025	2016/2/13	160	冨士商会	1010	オリエンタルシリーズ・リビングソファ	128,000	5	640,000
1602-026	2016/2/13	140	サクラファニチャー	1010	オリエンタルシリーズ・リビングソファ	128,000	1	128,000
1602-027	2016/2/14	180	名古屋特選館	3010	天使シリーズ・チャイルドベッド	54,000	1	54,000
1602-028	2016/2/14	150	みどり家具	2050	大和飛鳥シリーズ・チェア	50,000	2	100,000
1602-029	2016/2/14	150	みどり家具	1060	オリエンタルシリーズ・ダイニングテーブル	80,000	4	320,000
1602-030	2016/2/14	150	みどり家具	1100	オリエンタルシリーズ・ダブルベッド	240,000	2	480,000
1602-031	2016/2/14	150	みどり家具	1110	オリエンタルシリーズ・シングルベッド	160,000	1	160,000
1602-032	2016/2/15	110	山の手デパート	2030	大和飛鳥シリーズ・1人掛けソファ	260,000	3	780,000
1602-033	2016/2/15	190	ファニチャーNY	1090	オリエンタルシリーズ・チェスト3段	50,000	2	100,000
1602-034	2016/2/15	130	東京家具販売	1080	オリエンタルシリーズ・チェスト5段	85,000	1	85,000
1602-035	2016/2/15	140	サクラファニチャー	1050	オリエンタルシリーズ・ラブソファー	98,000	5	490,000
1602-036	2016/2/16	130	東京家具販売	1060	オリエンタルシリーズ・ダイニングテーブル	80,000	3	240,000
1602-037	2016/2/16	180	名古屋特選館	1010	オリエンタルシリーズ・リビングソファ	128,000	2	256,000
1602-038	2016/2/17	200	広島家具販売	1060	オリエンタルシリーズ・ダイニングテーブル	80,000	2	160,000
1602-039	2016/2/17	180	名古屋特選館	1080	オリエンタルシリーズ・チェスト5段	85,000	4	340,000
1602-040	2016/2/21	190	ファニチャーNY	3010	天使シリーズ・チャイルドベッド	54,000	5	270,000
1602-041	2016/2/21	170	油木家具センター	3020	天使シリーズ・チャイルドデスク	38,000	4	152,000
1602-042	2016/2/21	160	冨士商会	1050	オリエンタルシリーズ・ラブソファー	98,000	3	294,000
1602-043	2016/2/22	160	冨士商会	1070	オリエンタルシリーズ・ダイニングチェア	25,000	2	50,000
1602-044	2016/2/22	170	油木家具センター	1010	オリエンタルシリーズ・リビングソファ	128,000	1	128,000
1602-045	2016/2/24	180	名古屋特選館	2030	大和飛鳥シリーズ・1人掛けソファ	260,000	3	780,000
1602-046	2016/2/24	190	ファニチャーNY	3020	天使シリーズ・チャイルドデスク	38,000	2	76,000
1602-047	2016/2/25	120	ロンドンプラザ	1090	オリエンタルシリーズ・チェスト3段	50,000	2	100,000
1602-048	2016/2/25	120	ロンドンプラザ	1070	オリエンタルシリーズ・ダイニングチェア	25,000	2	50,000
1602-049	2016/2/26	120	ロンドンプラザ	1100	オリエンタルシリーズ・ダブルベッド	240,000	3	720,000
1602-050	2016/2/27	160	冨士商会	2010	大和飛鳥シリーズ・3人掛けソファ	280,000	4	1,120,000
1602-051	2016/2/27	200	広島家具販売	1080	オリエンタルシリーズ・チェスト5段	85,000	4	340,000
1602-052	2016/2/27	180	名古屋特選館	1070	オリエンタルシリーズ・ダイニングチェア	25,000	8	200,000
1602-053	2016/2/28	200	広島家具販売	1050	オリエンタルシリーズ・ラブソファー	98,000	5	490,000
1602-054	2016/2/28	160	冨士商会	2050	大和飛鳥シリーズ・チェア	50,000	3	150,000
1602-055	2016/2/28	180	名古屋特選館	1110	オリエンタルシリーズ・シングルベッド	160,000	3	480,000

Step2 表を印刷する

1 印刷手順

表を印刷する手順は、次のとおりです。

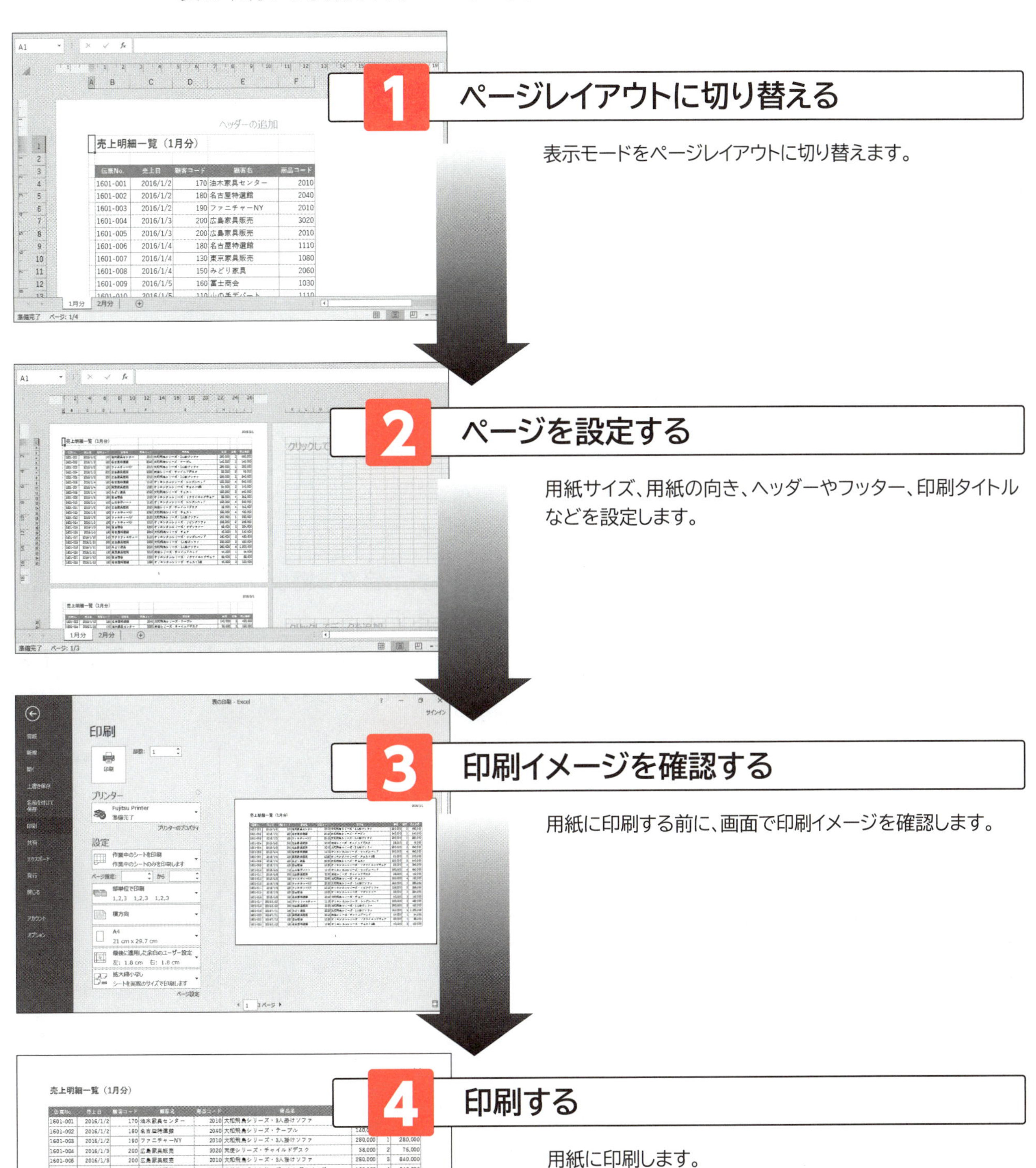

1 ページレイアウトに切り替える

表示モードをページレイアウトに切り替えます。

2 ページを設定する

用紙サイズ、用紙の向き、ヘッダーやフッター、印刷タイトルなどを設定します。

3 印刷イメージを確認する

用紙に印刷する前に、画面で印刷イメージを確認します。

4 印刷する

用紙に印刷します。

2 ページレイアウト

「ページレイアウト」は、印刷結果に近いイメージを確認できる表示モードです。ページレイアウトに切り替えると、用紙1ページにデータがどのように印刷されるかを確認したり、余白やヘッダー/フッターを直接設定したりできます。
「標準」の表示モード同様に、データを入力したり表の書式を設定したりすることもできます。
表示モードをページレイアウトに切り替えましょう。

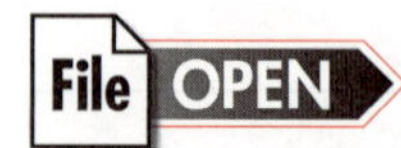

フォルダー「第6章」のブック「表の印刷」のシート「1月分」を開いておきましょう。

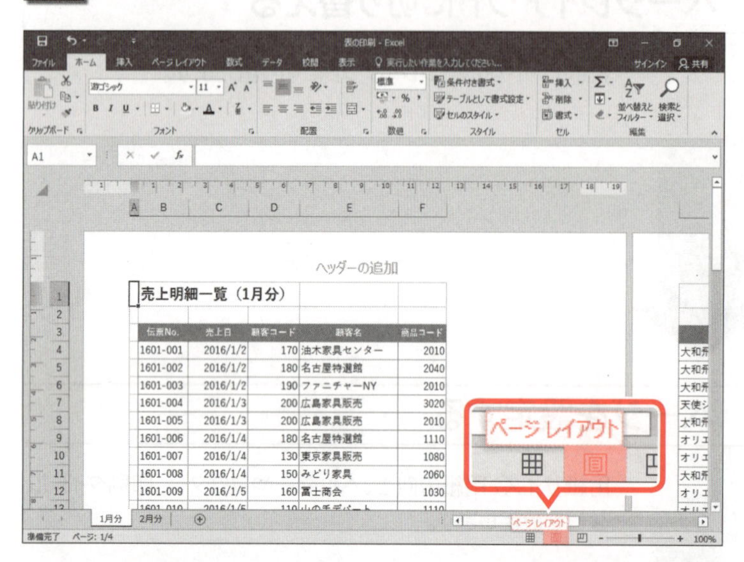

① [ページレイアウト]（ページレイアウト）をクリックします。
※ボタンが濃い灰色になります。
表示モードがページレイアウトになります。

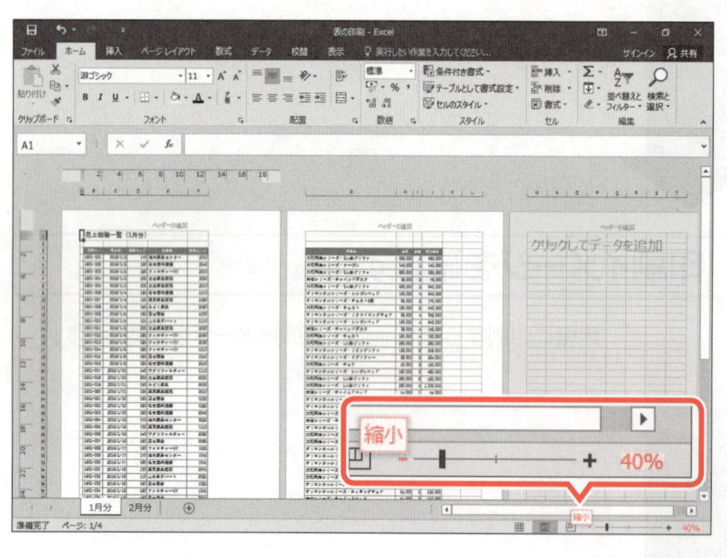

表示倍率を縮小して、ページ全体を確認します。

② ━（縮小）を6回クリックし、表示倍率を40%にします。

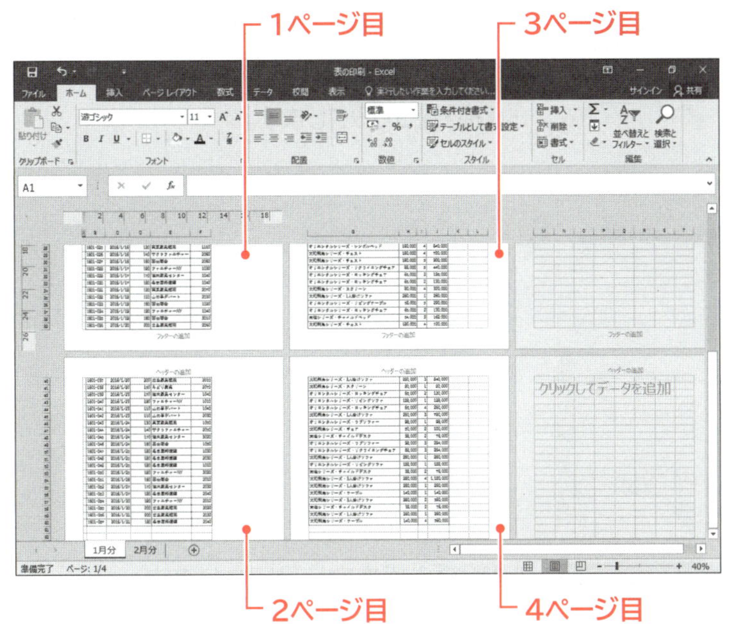

③シートをスクロールし、1枚のシートが複数のページに分けて印刷されることを確認します。

※確認できたら、シートの先頭を表示しておきましょう。

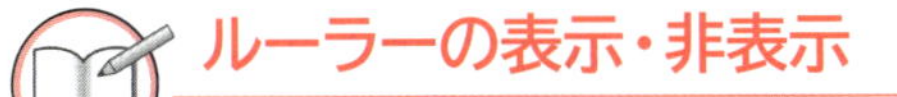

ルーラーの表示・非表示

ルーラーの表示・非表示を切り替える方法は、次のとおりです。

◆《表示》タブ→《表示》グループの《☑ルーラー》／《□ルーラー》

3 用紙サイズと用紙の向きの設定

次のようにページを設定しましょう。

用紙サイズ	**：A4**
用紙の向き	**：横**

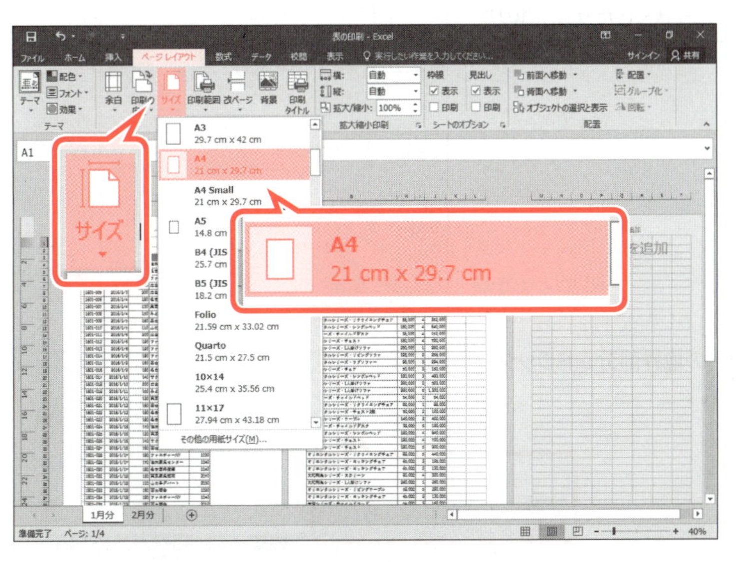

①**《ページレイアウト》**タブを選択します。

②**《ページ設定》**グループの（ページサイズの選択）をクリックします。

③**《A4》**をクリックします。

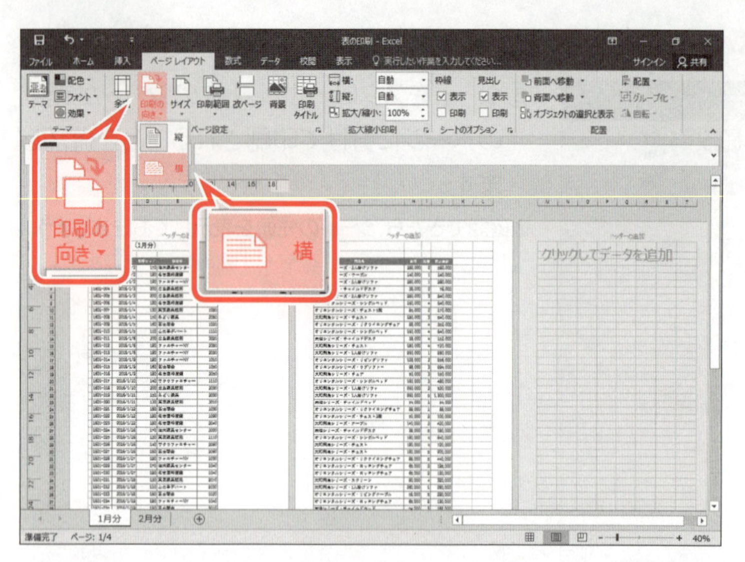

④《ページ設定》グループの（ページの向きを変更）をクリックします。
⑤《横》をクリックします。

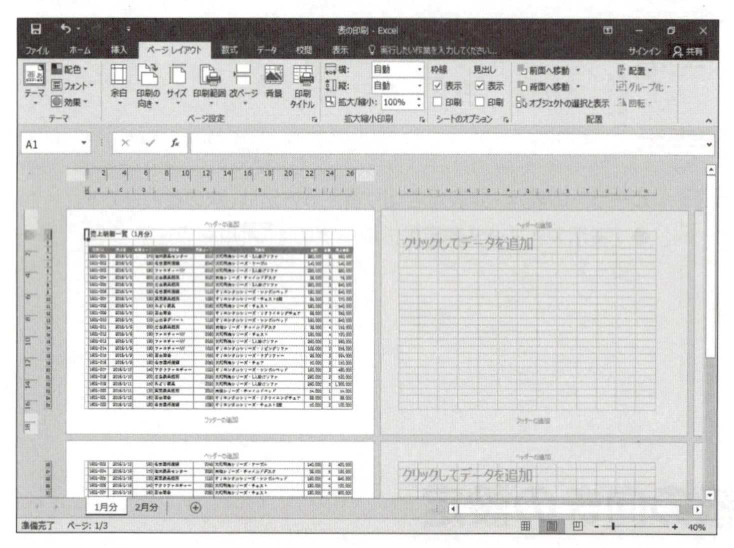

A4用紙の横方向に設定されます。
※シートをスクロールし、ページのレイアウトを確認しておきましょう。
※確認できたら、シートの先頭を表示しておきましょう。

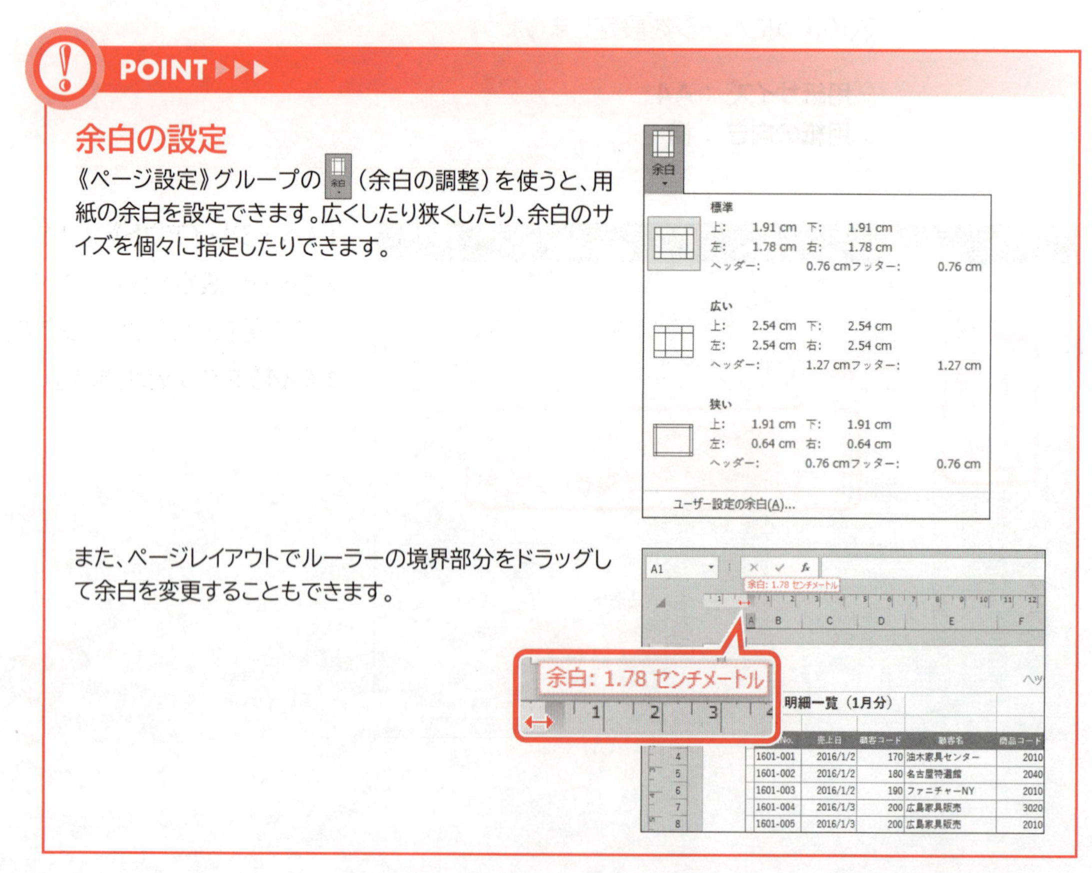

POINT ▶▶▶

余白の設定

《ページ設定》グループの（余白の調整）を使うと、用紙の余白を設定できます。広くしたり狭くしたり、余白のサイズを個々に指定したりできます。

また、ページレイアウトでルーラーの境界部分をドラッグして余白を変更することもできます。

4 ヘッダーとフッターの設定

ページ上部の余白の領域を「**ヘッダー**」、ページ下部の余白の領域を「**フッター**」といいます。ヘッダーやフッターを設定すると、すべてのページに共通のデータを印刷できます。ページ番号や日付、ブック名などをヘッダーやフッターとして設定しておくと、印刷結果を配布したり、分類したりするときに便利です。
ヘッダーとフッターを設定しましょう。

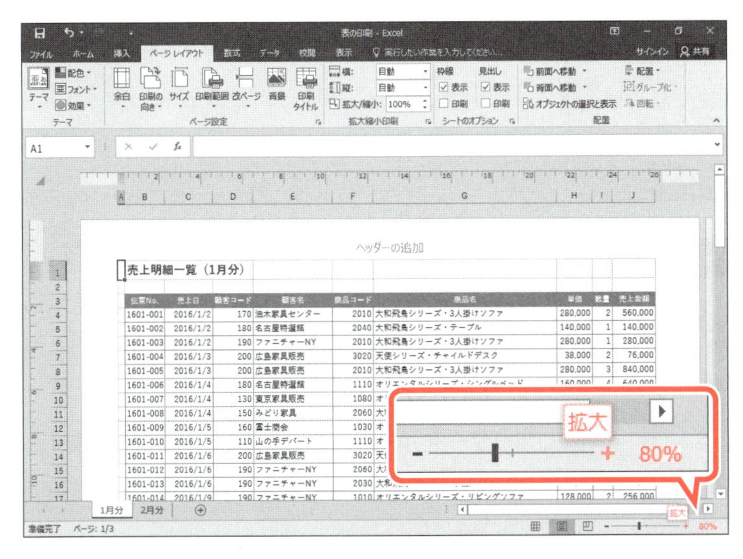

ヘッダーとフッターを確認しやすいように、表示倍率を拡大します。

①➕（拡大）を4回クリックし、表示倍率を80%にします。

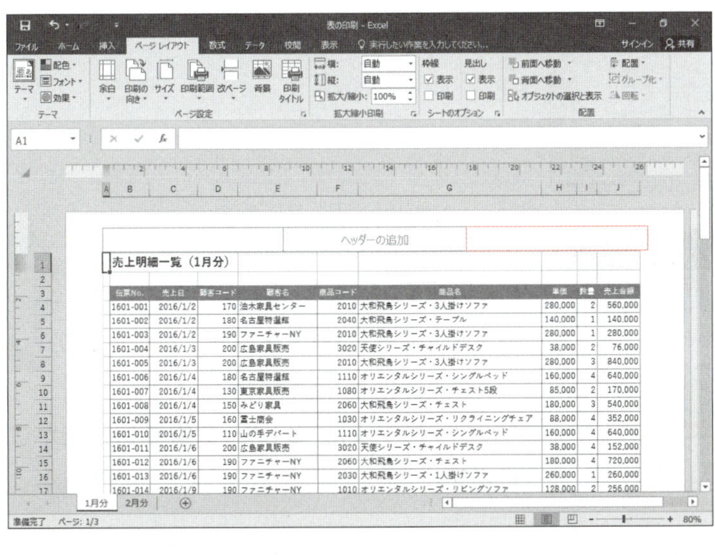

ヘッダーの右側に現在の日付を挿入します。

②ヘッダーの右側をポイントします。

ヘッダーをポイントすると、枠に色が付きます。

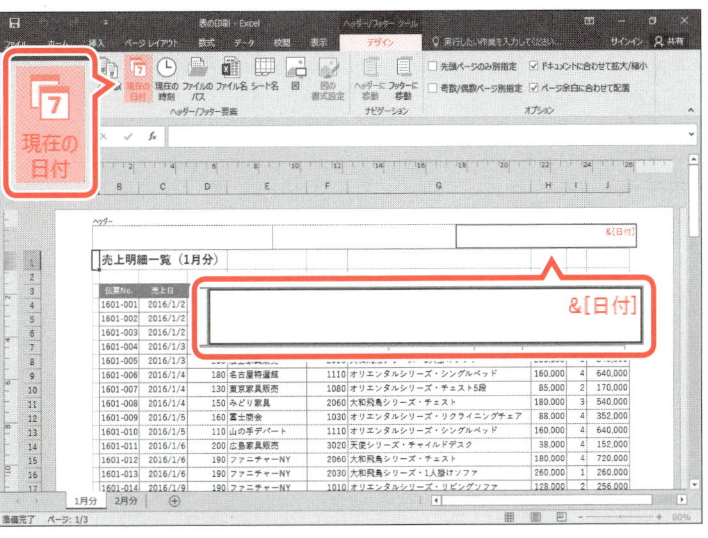

③クリックします。

リボンに**《ヘッダー/フッターツール》**の**《デザイン》**タブが表示されます。

④**《デザイン》**タブを選択します。

⑤**《ヘッダー/フッター要素》**グループの（現在の日付）をクリックします。

ヘッダーの右側に「**&[日付]**」と表示されます。

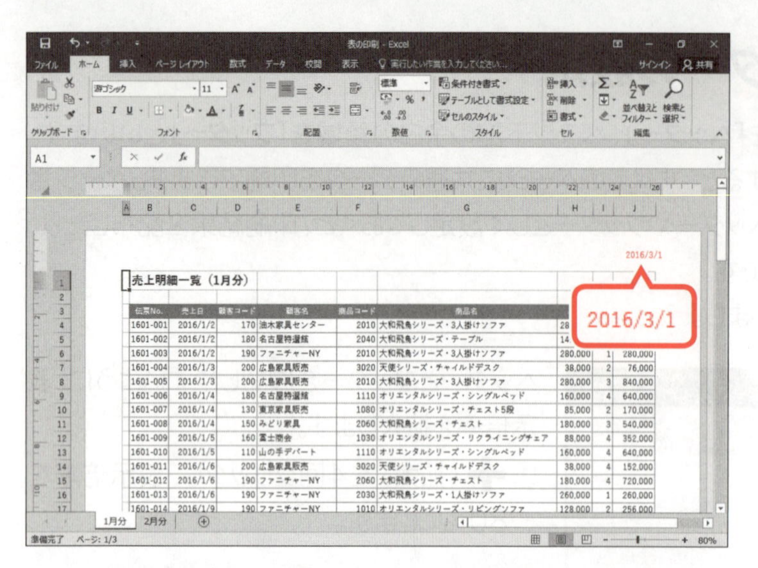

ヘッダーを確定します。

⑥ヘッダー以外の場所をクリックします。

ヘッダーの右側に現在の日付が表示されます。

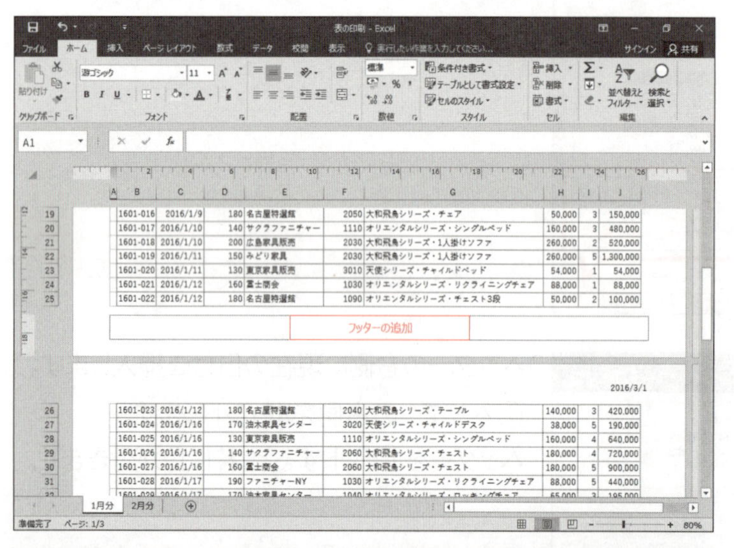

フッターの中央にページ番号を挿入します。

⑦シートをスクロールし、フッターを表示します。

⑧フッターの中央をポイントします。

フッターをポイントすると、枠に色が付きます。

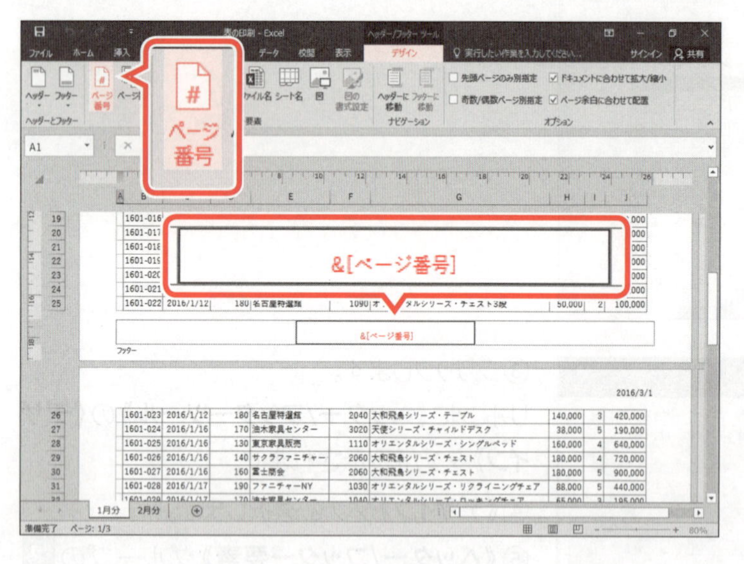

⑨クリックします。

⑩**《デザイン》**タブを選択します。

⑪**《ヘッダー/フッター要素》**グループの（ページ番号）をクリックします。

フッターの中央に**「&[ページ番号]」**と表示されます。

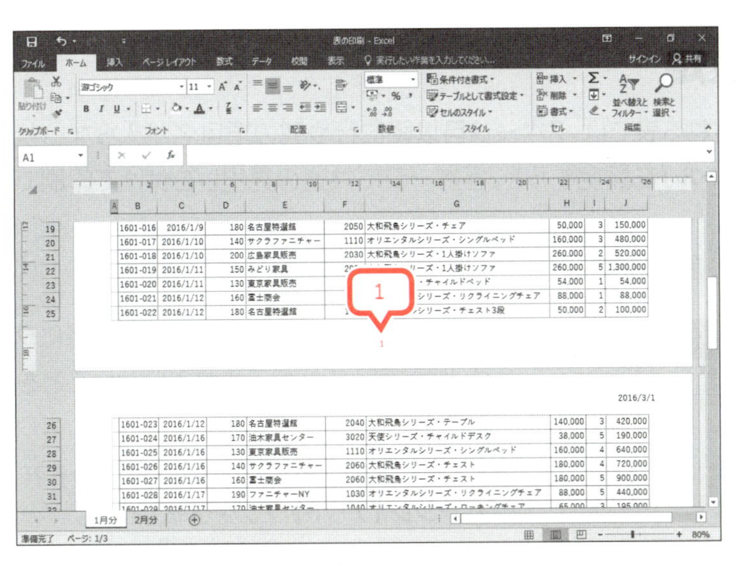

フッターを確定します。

⑫フッター以外の場所をクリックします。

フッターの中央にページ番号が表示されます。

※シートをスクロールし、2ページ目以降にヘッダーとフッターが表示されていることを確認しておきましょう。

※確認できたら、シートの先頭を表示しておきましょう。

POINT ▶▶▶

《ヘッダー/フッターツール》の《デザイン》タブ

ページレイアウトでヘッダーやフッターが選択されているとき、リボンに《ヘッダー/フッターツール》の《デザイン》タブが表示され、ヘッダーやフッターに関するコマンドが使用できる状態になります。

STEP UP

ヘッダー/フッター要素

《デザイン》タブの《ヘッダー/フッター要素》グループのボタンを使うと、ヘッダーやフッターに様々な要素を挿入できます。

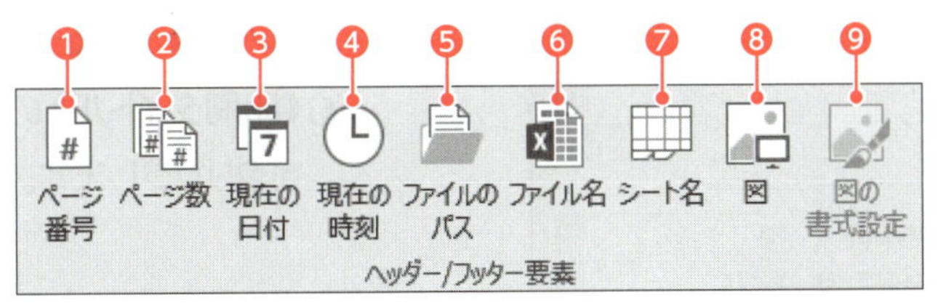

❶ページ番号を挿入します。
❷総ページ数を挿入します。
❸現在の日付を挿入します。
❹現在の時刻を挿入します。
❺保存場所のパスを含めてブック名を挿入します。
❻ブック名を挿入します。
❼シート名を挿入します。
❽図(画像)を挿入します。
❾図を挿入した場合、図のサイズや明るさなどを設定します。

POINT ▶▶▶

ヘッダー/フッターへの文字列の入力

ページレイアウトでは、ヘッダーとフッターに文字列を直接入力できます。

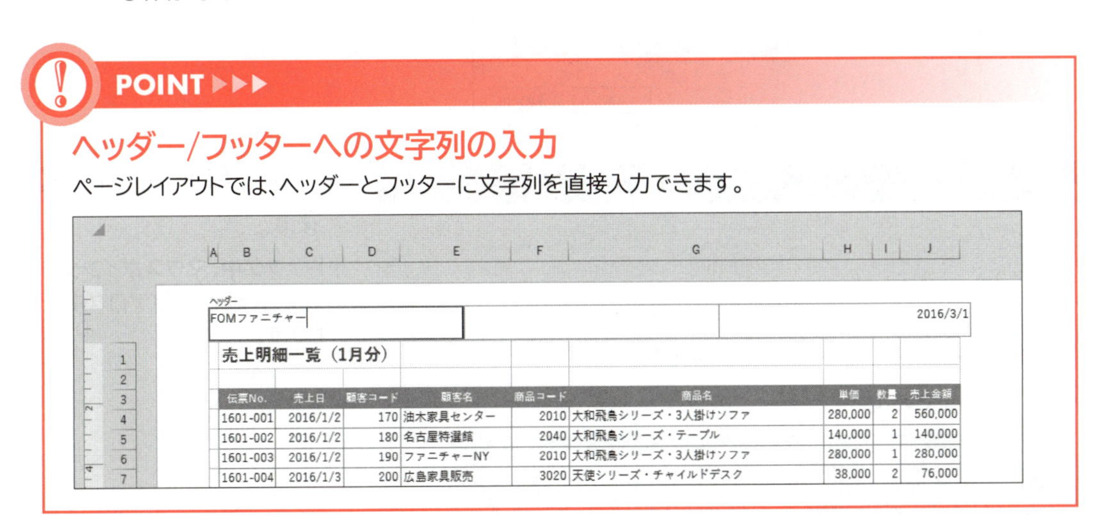

5 印刷タイトルの設定

複数ページに分かれて印刷される表では、2ページ目以降に行や列の項目名が入らない状態で印刷されます。**「印刷タイトル」**を設定すると、各ページに共通の見出しを付けて印刷できます。

1～3行目を印刷タイトルとして設定しましょう。

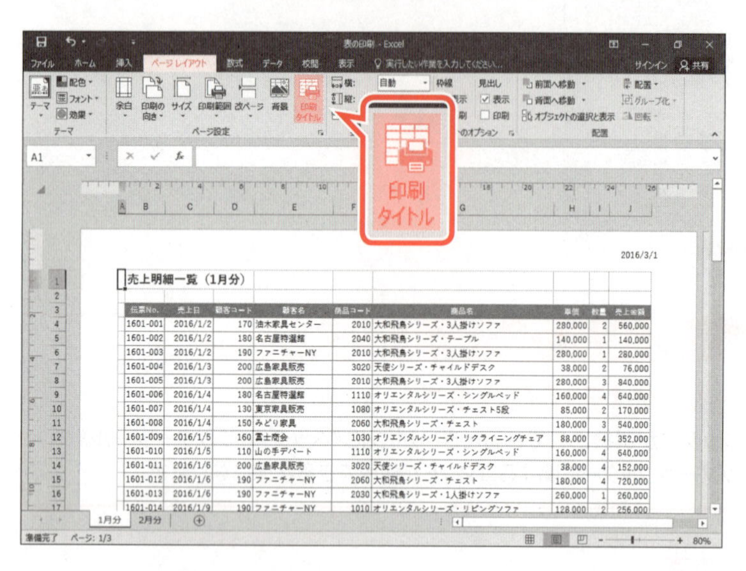

①シートをスクロールし、2ページ目以降にタイトルや項目名が表示されていないことを確認します。

※確認できたら、シートの先頭を表示しておきましょう。

②**《ページレイアウト》**タブを選択します。

③**《ページ設定》**グループの（印刷タイトル）をクリックします。

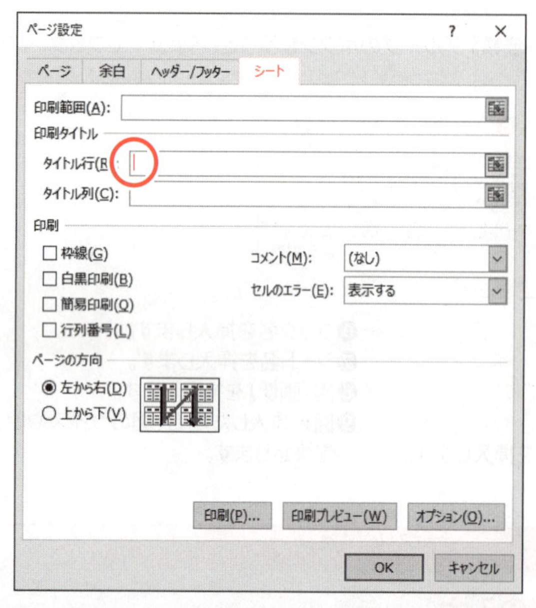

《ページ設定》ダイアログボックスが表示されます。

④**《シート》**タブを選択します。

⑤**《印刷タイトル》**の**《タイトル行》**のボックスをクリックします。

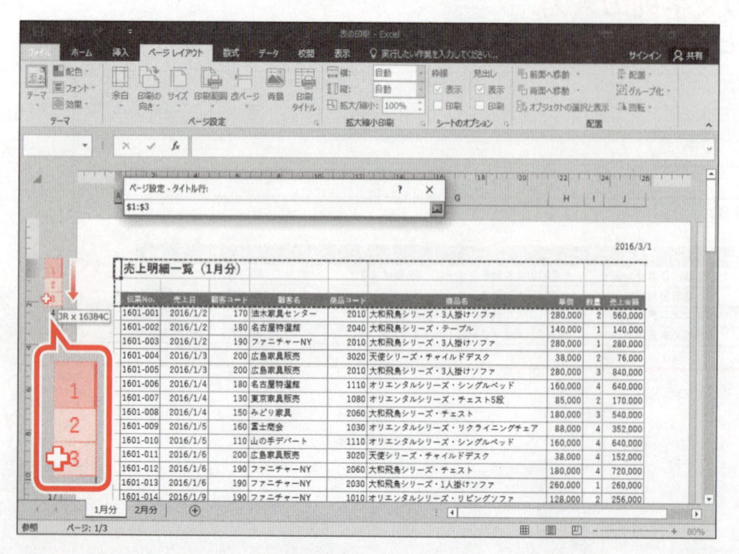

⑥行番号**【1】**から行番号**【3】**までドラッグします。

※ドラッグ中、マウスポインターの形が✚に変わり、《ページ設定》ダイアログボックスのサイズが縮小されます。

《印刷タイトル》の《タイトル行》に「$1:$3」と表示されます。

⑦《OK》をクリックします。

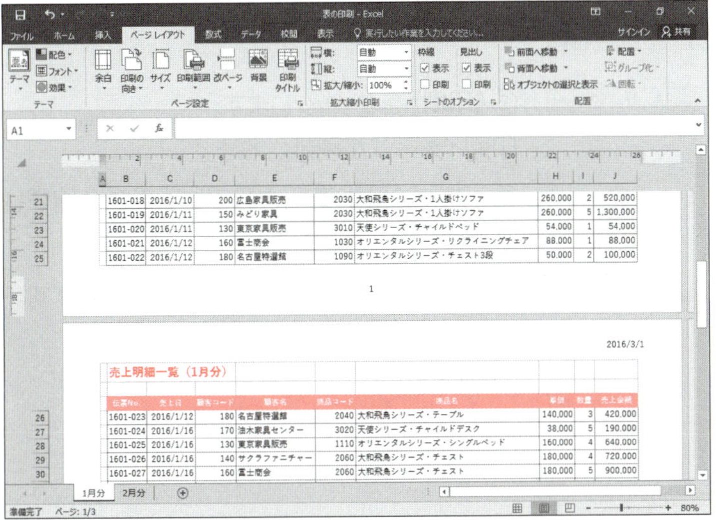

印刷タイトルが設定されます。

※シートをスクロールし、2ページ目以降にタイトルと項目名が表示されていることを確認しておきましょう。

※確認できたら、シートの先頭を表示しておきましょう。

改ページの挿入

改ページを挿入すると、指定の位置でページを区切ることができます。

改ページを挿入する方法は、次のとおりです。

◆改ページを挿入する行番号または列番号を選択→《ページレイアウト》タブ→《ページ設定》グループの（改ページ）→《改ページの挿入》

ページ設定

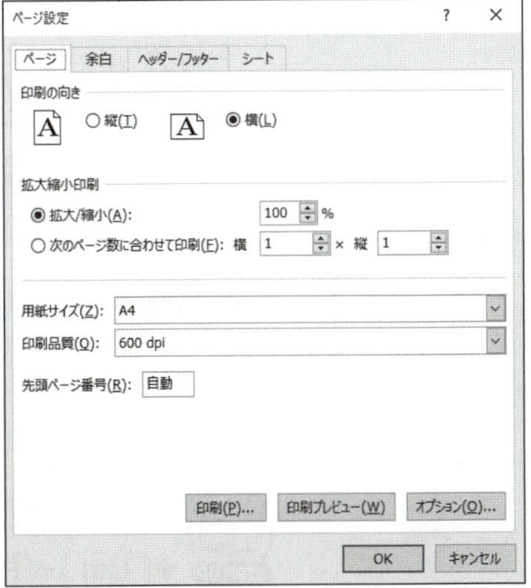

《ページレイアウト》タブ→《ページ設定》グループの をクリックすると、《ページ設定》ダイアログボックスが表示されます。《ページ設定》ダイアログボックスの各タブで、用紙サイズ、用紙の向き、ヘッダーやフッター、印刷タイトルなどを設定することもできます。

6 印刷イメージの確認

印刷前に印刷イメージを確認しましょう。

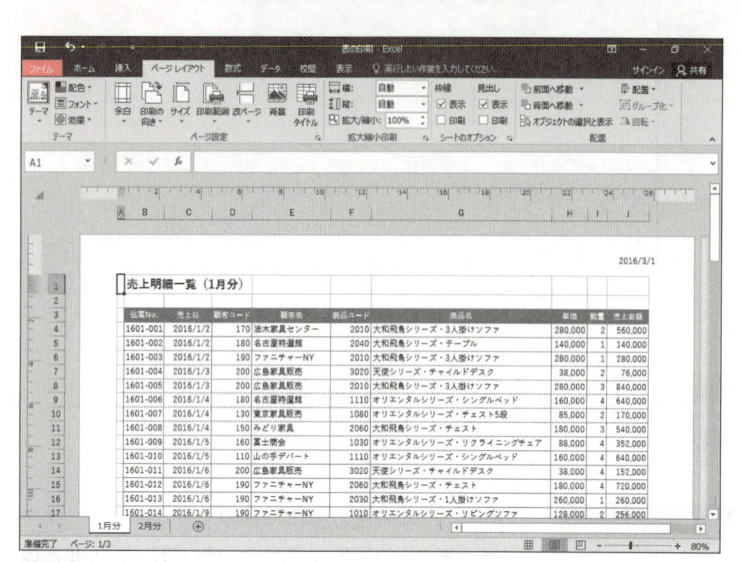

①《ファイル》タブを選択します。

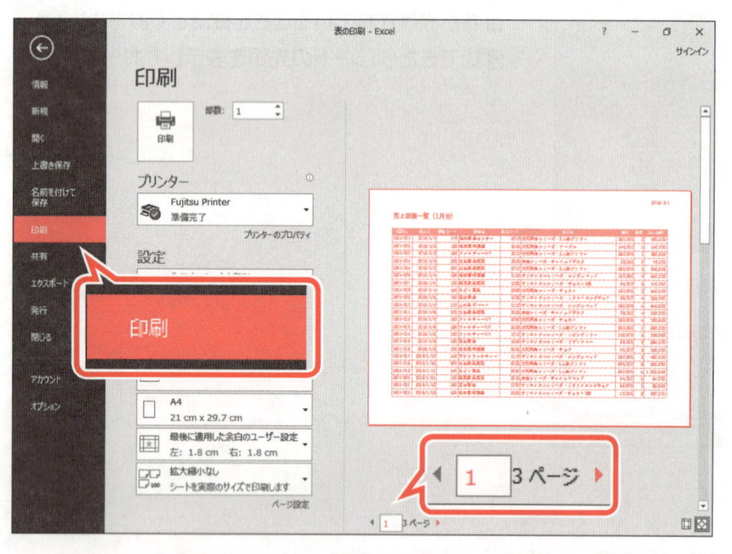

②《印刷》をクリックします。

印刷イメージが表示されます。

③1ページ目が表示されていることを確認します。

④ ▶ をクリックし、2ページ目を確認します。

※同様に、3ページ目を確認しておきましょう。

※確認できたら、1ページ目を表示しておきましょう。

7 印刷

表を1部印刷しましょう。

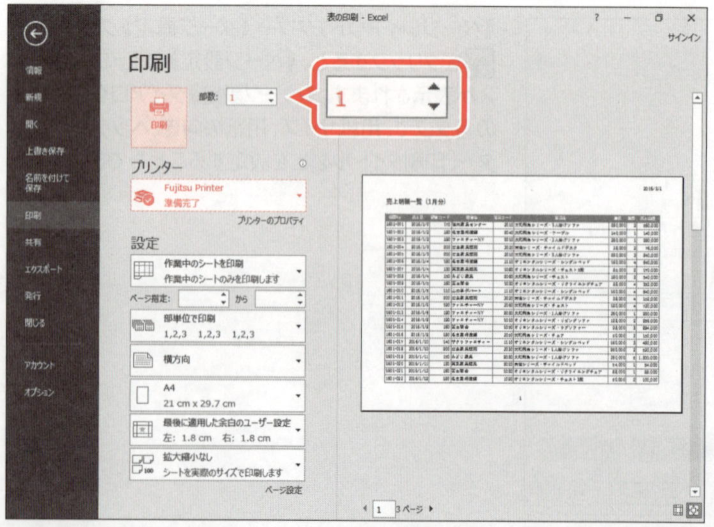

①《印刷》の《部数》が「1」になっていることを確認します。

②《プリンター》に印刷するプリンターの名前が表示されていることを確認します。

※表示されていない場合は、▾をクリックし、一覧から選択します。

③《印刷》をクリックします。

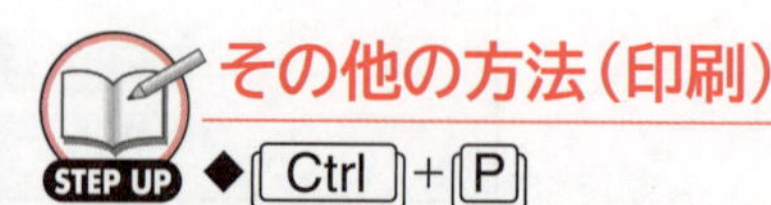

STEP UP その他の方法(印刷)

◆Ctrl+P

Step3 改ページプレビューを利用する

1 改ページプレビュー

「改ページプレビュー」は、印刷範囲や改ページ位置をひと目で確認できる表示モードです。大きな表を1ページに収めて印刷したり、各ページに印刷する領域を個々に設定したりする場合に利用します。

「標準」や**「ページレイアウト」**と同様に、データを入力したり表の書式を設定したりすることもできます。

表示モードを改ページプレビューに切り替えましょう。

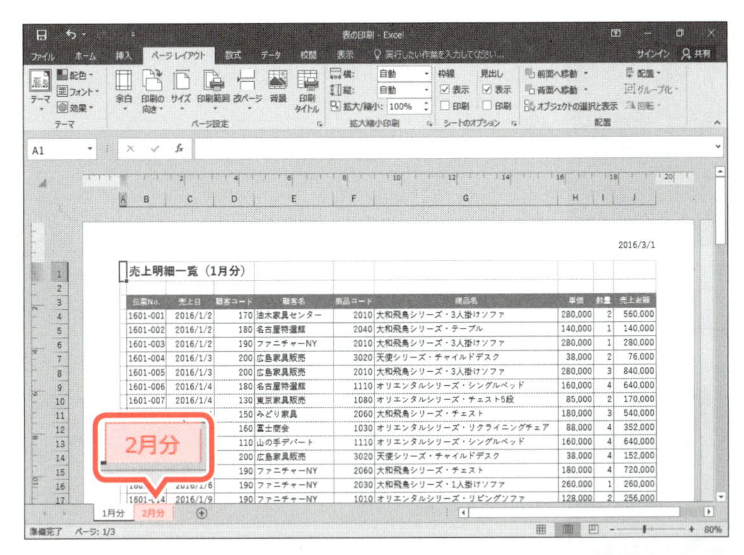

シート**「2月分」**に切り替えます。

①シート**「2月分」**のシート見出しをクリックします。

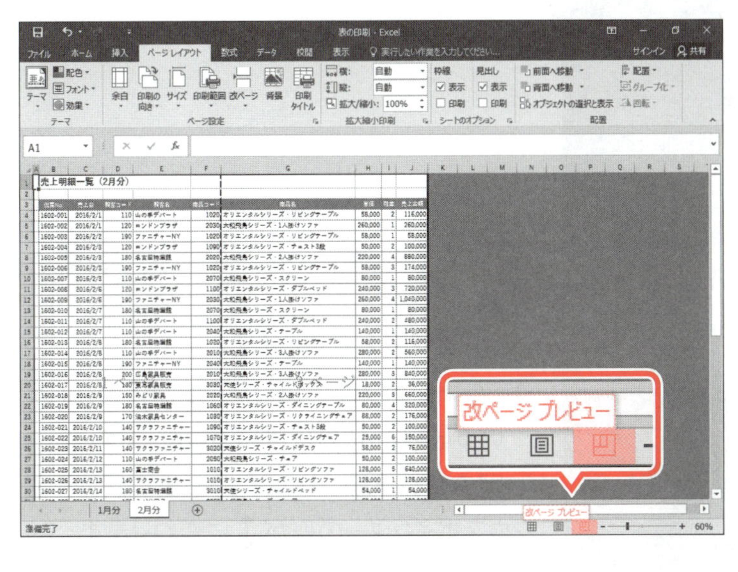

② (改ページプレビュー)をクリックします。

※ボタンが濃い灰色になります。

表示モードが改ページプレビューになります。
印刷される領域は白色の背景色、印刷されない領域は灰色の背景色で表示されます。

2 印刷範囲と改ページ位置の調整

改ページプレビューに切り替えると、シート上にページ番号やページ区切りが重なって表示されます。ページ区切りや印刷範囲をドラッグすることによって、1ページに印刷する領域を自由に設定できます。

データが入力されているセル範囲が、1ページにすべて印刷されるように設定しましょう。

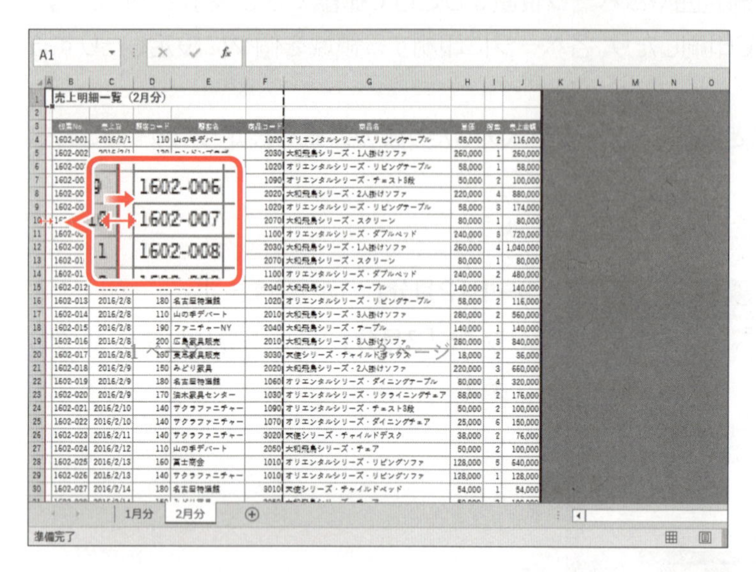

A列を印刷範囲から除外します。

①A列の左側の青い太線上をポイントします。

マウスポインターの形が ⟷ に変わります。

②B列の左側までドラッグします。

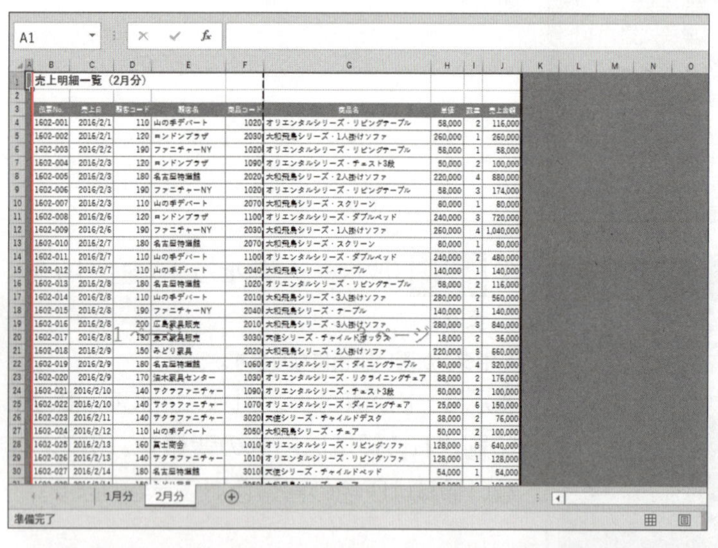

A列が印刷範囲から除かれます。

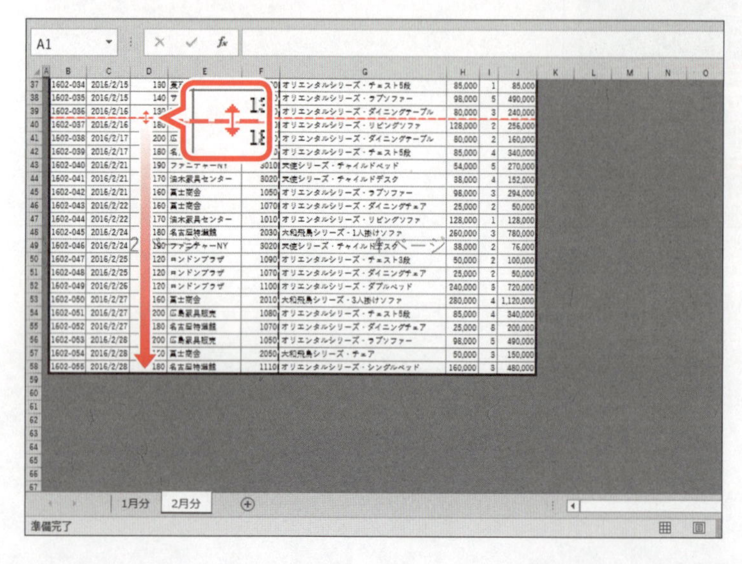

ページ区切りを変更します。

③シートをスクロールし、データが入力されている最終行（58行目）を表示します。

④図の青い点線上をポイントします。

マウスポインターの形が ↕ に変わります。

⑤58行目の下側までドラッグします。

	A	B	C	D	E	F	G	H	I	J
37		1602-034	2016/2/15	130	東京家具販売	1080	オリエンタルシリーズ・チェスト5段	85,000	1	85,000
38		1602-035	2016/2/15	140	サクラファニチャー	1050	オリエンタルシリーズ・ラブソファー	98,000	5	490,000
39		1602-036	2016/2/16	130	東京家具販売	1060	オリエンタルシリーズ・ダイニングテーブル	80,000	3	240,000
40		1602-037	2016/2/16	180	名古屋特撰館	1010	オリエンタルシリーズ・リビングソファ	128,000	2	256,000
41		1602-038	2016/2/17	200	広島家具販売	1060	オリエンタルシリーズ・ダイニングテーブル	80,000	2	160,000
42		1602-039	2016/2/17	180	名古屋特撰館	1080	オリエンタルシリーズ・チェスト5段	85,000	4	340,000
43		1602-040	2016/2/21	190	ファニチャーNY	3010	天使シリーズ・チャイルドベッド	54,000	5	270,000
44		1602-041	2016/2/21	170	油木家具センター	3020	天使シリーズ・チャイルドデスク	38,000	4	152,000
45		1602-042	2016/2/21	160	富士商会	1050	オリエンタルシリーズ・ラブソファー	98,000	3	294,000
46		1602-043	2016/2/22	160	富士商会	1070	オリエンタルシリーズ・ダイニングチェア	25,000	2	50,000
47		1602-044	2016/2/22	170	油木家具センター	1010	オリエンタルシリーズ・リビングソファ	128,000	1	128,000
48		1602-045	2016/2/24	180	名古屋特撰館	2030	大和飛鳥シリーズ・1人掛けソファ	260,000	3	780,000
49		1602-046	2016/2/24	190	ファニチャーNY	3020	天使シリーズ・チャイルドデスク	38,000	2	76,000
50		1602-047	2016/2/25	120	ロンドンプラザ	1090	オリエンタルシリーズ・チェスト3段	50,000	2	100,000
51		1602-048	2016/2/25	120	ロンドンプラザ	1070	オリエンタルシリーズ・ダイニングチェア	25,000	2	50,000
52		1602-049	2016/2/26	120	ロンドンプラザ	1100	オリエンタルシリーズ・ダブルベッド	240,000	3	720,000
53		1602-050	2016/2/27	160	富士商会	2010	大和飛鳥シリーズ・3人掛けソファ	280,000	4	1,120,000
54		1602-051	2016/2/27	200	広島家具販売	1080	オリエンタルシリーズ・チェスト5段	85,000	4	340,000
55		1602-052	2016/2/27	180	名古屋特撰館	1070	オリエンタルシリーズ・ダイニングチェア	25,000	8	200,000
56		1602-053	2016/2/28	200	広島家具販売	1050	オリエンタルシリーズ・ラブソファー	98,000	5	490,000
57		1602-054	2016/2/28	160	富士商会	2050	大和飛鳥シリーズ・チェア	50,000	3	150,000
58		1602-055	2016/2/28	180	名古屋特撰館	1110	オリエンタルシリーズ・シングルベッド	160,000	3	480,000

1月分　2月分

準備完了

1ページにすべて印刷されるように設定されます。

POINT ▶▶▶

拡大/縮小率

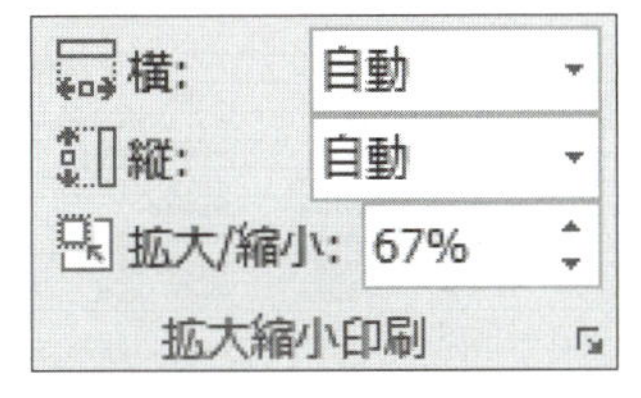

改ページプレビューで印刷範囲や改ページ位置を設定すると、用紙に合わせて拡大/縮小率が自動的に設定されます。
拡大/縮小率を確認する方法は、次のとおりです。

◆《ページレイアウト》タブ→《拡大縮小印刷》グループの《拡大/縮小》

POINT ▶▶▶

ページ数に合わせて印刷

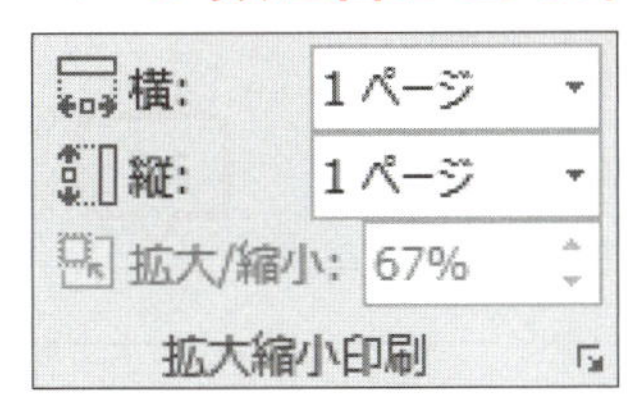

横や縦のページ数を設定すると、そのページ数に収まるように拡大/縮小率が自動的に調整されます。
例えば、横1ページ、縦1ページと設定すると、1ページにすべてを印刷するように縮小されます。
横や縦のページ数を設定する方法は、次のとおりです。

◆《ページレイアウト》タブ→《拡大縮小印刷》グループの《横》／《縦》

POINT ▶▶▶

印刷範囲や改ページ位置の解除

設定した印刷範囲や改ページ位置を解除して、元に戻す方法は、次のとおりです。

◆改ページプレビューで任意のセルを右クリック→《印刷範囲の解除》／《すべての改ページを解除》

Let's Try

ためしてみよう

印刷イメージを確認し、表を印刷しましょう。

Let's Try Answer

①《ファイル》タブを選択
②《印刷》をクリック
③印刷イメージを確認
④《印刷》をクリック

※ブックに「表の印刷完成」と名前を付けて、フォルダー「第6章」に保存し、閉じておきましょう。

Exercise 練習問題

解答 ► 別冊P.4

完成図のような表を作成しましょう。

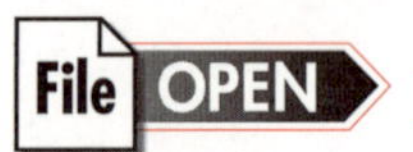

フォルダー「第6章」のブック「第6章練習問題」を開いておきましょう。

●完成図

営業推進部

発信台帳

発信番号	日付	担当者	宛先	件名
2015001	4月1日	福田	全営業所	調査依頼（上期見込みについて）
2015002	4月1日	藤田	人事部長	通勤経路変更について
2015003	4月2日	上野	北海道営業所	北海道フェア開催について
2015004	4月3日	塩谷	経理部長	請求書未着について
2015005	4月3日	塩谷	大阪営業所	調査依頼（請求書未着について）
2015006	4月3日	佐藤	総務部	見積依頼（拡販ちらし）
2015007	4月6日	上野	経理部長	支払いに伴う手数料の発生について
~~2015008~~	~~4月6日~~	~~藤田~~	~~九州営業所~~	~~調査報告書~~
2015009	4月6日	西村	経理部長	支払依頼
2015010	4月6日	福田	全営業所	ゴールデンウィークの対応について
2015011	4月7日	福田	全営業所	下期業績報告
2015012	4月7日	福田	全営業所	創立記念日の対応について
2015013	4月7日	福田	関東地区	関東販売会議について
2015014	4月8日	佐藤	総務部	稟議申請
2015015	4月8日	佐藤	総務部	押印申請
~~2015016~~	~~4月8日~~	~~藤田~~	~~大阪営業所~~	~~調査報告書~~
2015017	4月9日	上野	全営業所	営業用ノベルティについて
2015018	4月9日	塩谷	システム部	社内設備購入依頼
2015019	4月13日	塩谷	関東地区	営業研修について
2015020	4月14日	佐藤	総務部	見積依頼（パンフレット）
2015021	4月15日	福田	関西地区	関西販売会議について
2015022	4月16日	西村	経理部長	立替精算申請書
2015023	4月16日	福田	人事部長	休日出勤について
2015024	4月17日	福田	経理部長	支払いに伴う手数料の発生について
2015025	4月20日	塩谷	人事部長	新商品研修会の日程変更について
2015026	4月20日	藤田	名古屋営業所	調査報告書
2015027	4月22日	塩谷	総務部	書籍購入依頼
2015028	4月23日	西村	北海道営業所	パンフレット送付について
2015029	4月24日	福田	全営業所	関東販売会議議事録
2015030	5月7日	塩谷	システム部	アカウント発行依頼
2015031	5月7日	塩谷	総務部	押印申請
2015032	5月8日	塩谷	経理部長	支払依頼
2015033	5月8日	西村	全営業所	コード別売上一覧について
2015034	5月11日	西村	経理部長	立替精算申請書
2015035	5月11日	福田	中国・九州地区	中国・九州販売会議について
2015036	5月13日	佐藤	総務部	見積依頼（パンフレット）
2015037	5月13日	佐藤	総務部	見積依頼（拡販ちらし）
2015038	5月14日	上野	全営業所	メールマガジン配信のお知らせ
2015039	5月14日	西村	経理部長	支払いに伴う手数料の発生について
2015040	5月15日	塩谷	経理部長	立替精算申請書
2015041	5月18日	藤田	九州営業所	調査報告書
2015042	5月20日	藤田	北海道営業所	調査報告書
2015043	5月22日	福田	全営業所	関西販売会議議事録
2015044	5月26日	森	経理部長	立替精算申請書
2015045	5月27日	上野	全営業所	キャンペーン当選者への対応について
2015046	5月29日	佐藤	総務部	見積依頼（拡販ちらし）

1/2

営業推進部

発信台帳

発信番号	日付	担当者	宛先	件名
2015047	6月1日	西村	広島営業所	パンフレット送付について
2015048	6月2日	福田	中部地区	中部販売会議について
~~2015049~~	~~6月2日~~	~~森~~	~~経理部長~~	~~支払依頼~~
2015050	6月3日	塩谷	システム部	設備利用報告書
2015051	6月4日	福田	全営業所	調査依頼（見込みの修正について）
2015052	6月4日	佐藤	総務部	見積依頼（拡販ちらし）
2015053	6月5日	西村	経理部長	雑費予算枠の変更について
2015054	6月5日	佐藤	経理部長	支払いに伴う手数料の発生について
2015055	6月8日	西村	経理部長	支払依頼
2015056	6月8日	福田	関西地区	営業研修について
2015057	6月10日	西村	総務部	書籍購入依頼
2015058	6月10日	上野	関西地区	サマーキャンペーン支援について
2015059	6月12日	西村	経理部長	支払いに伴う手数料の発生について
2015060	6月15日	藤田	横浜営業所	調査報告書
2015061	6月16日	上野	経理部長	立替精算申請書
2015062	6月17日	福田	関越・東北地区	関越・東北販売会議について
2015063	6月18日	塩谷	システム部	アカウント発行依頼
2015064	6月19日	上野	全営業所	サマーキャンペーンについて
2015065	6月19日	上野	経理部長	サマーキャンペーン拡販費用について
2015066	6月22日	上野	経理部長	支払依頼
2015067	6月23日	福田	全営業所	中国・九州販売会議議事録
2015068	6月24日	福田	全営業所	中部販売会議議事録
2015069	6月26日	福田	人事部長	休日出勤について
~~2015070~~	~~6月29日~~	~~藤田~~	~~大阪営業所~~	~~調査報告書~~
2015071	7月1日	福田	全営業所	調査依頼（見込みの修正について）
2015072	7月3日	塩谷	経理部長	立替精算申請書
2015073	7月6日	西村	千葉営業所	パンフレット送付について
2015074	7月8日	塩谷	総務部	書籍購入依頼
2015075	7月8日	西村	経理部長	支払いに伴う手数料の発生について
2015076	7月9日	上野	全営業所	メールマガジン配信のお知らせ
2015077	7月10日	福田	北海道地区	北海道販売会議について
2015078	7月13日	西村	経理部長	支払依頼
2015079	7月14日	塩谷	経理部長	立替精算申請書
2015080	7月15日	佐藤	総務部	見積依頼（パンフレット）
2015081	7月15日	福田	全営業所	関越・東北販売会議議事録

2/2

①表示モードをページレイアウトに切り替えて、表示倍率を70%にしましょう。

②A4用紙の縦方向に印刷されるように、ページを設定しましょう。

③ヘッダーの左側に**「営業推進部」**という文字列が印刷されるように設定しましょう。
次に、フッターの中央に**「ページ番号/総ページ数」**が印刷されるように設定しましょう。

④4～6行目を印刷タイトルとして設定しましょう。

⑤表示モードを改ページプレビューに切り替えましょう。

⑥A列と1～3行目を印刷範囲から除きましょう。

⑦1ページ目に4・5月分のデータ、2ページ目に6・7月分のデータが印刷されるように、改ページ位置を変更しましょう。

⑧印刷イメージを確認し、表を1部印刷しましょう。

※ブックに「第6章練習問題完成」と名前を付けて、フォルダー「第6章」に保存し、閉じておきましょう。

よくわかる

第7章

Chapter 7

グラフの作成

Chapter 7

この章で学ぶこと

学習前に習得すべきポイントを理解しておき、
学習後には確実に習得できたかどうかを振り返りましょう。

1	グラフの作成手順を理解する。	→ P.167
2	円グラフを作成できる。	→ P.168
3	円グラフの構成要素を理解する。	→ P.171
4	グラフにタイトルを入力できる。	→ P.172
5	グラフの位置やサイズを調整できる。	→ P.173
6	グラフにスタイルを設定して、グラフ全体のデザインを変更できる。	→ P.175
7	グラフの色を変更できる。	→ P.176
8	円グラフから要素を切り離して強調できる。	→ P.177
9	縦棒グラフを作成できる。	→ P.180
10	縦棒グラフの構成要素を理解する。	→ P.182
11	グラフの場所を変更できる。	→ P.184
12	グラフの項目軸の基準を、行にするか列にするかを切り替えることができる。	→ P.185
13	グラフの種類を変更できる。	→ P.186
14	グラフに必要な要素を、個別に配置できる。	→ P.187
15	グラフの要素に対して、書式を設定できる。	→ P.189
16	グラフフィルターを使って、必要なデータに絞り込むことができる。	→ P.192
17	おすすめグラフを作成できる。	→ P.193

Step 1 作成するグラフを確認する

1 作成するグラフの確認

次のようなグラフを作成しましょう。

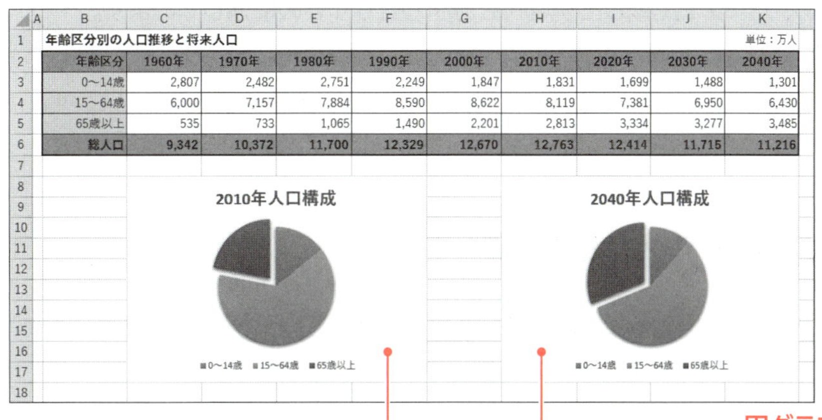

年齢区分別の人口推移と将来人口　単位：万人

年齢区分	1960年	1970年	1980年	1990年	2000年	2010年	2020年	2030年	2040年
0～14歳	2,807	2,482	2,751	2,249	1,847	1,831	1,699	1,488	1,301
15～64歳	6,000	7,157	7,884	8,590	8,622	8,119	7,381	6,950	6,430
65歳以上	535	733	1,065	1,490	2,201	2,813	3,334	3,277	3,485
総人口	9,342	10,372	11,700	12,329	12,670	12,763	12,414	11,715	11,216

円グラフの作成

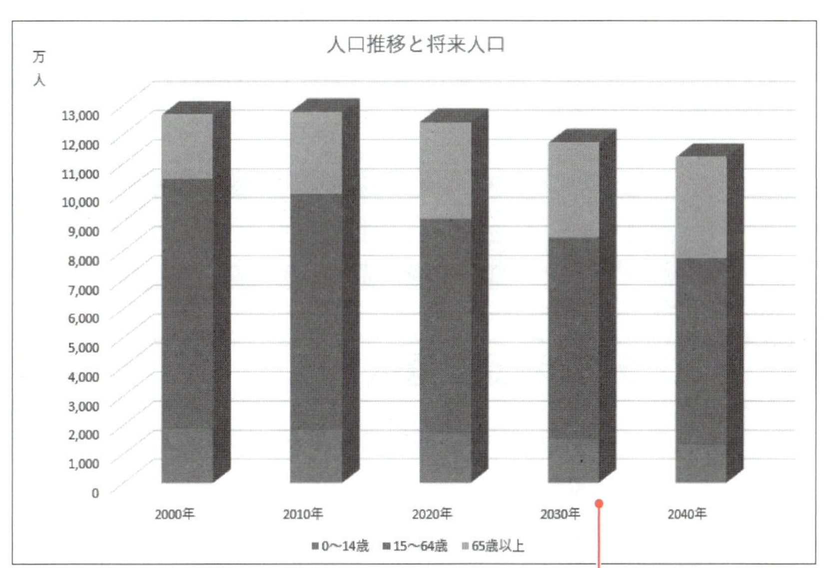

縦棒グラフの作成

男女別の人口推移　単位：千人

年次	1960年	1970年	1980年	1990年	2000年	2010年
男	46,300	51,369	57,594	60,697	62,111	62,328
女	48,001	53,296	59,467	62,914	64,815	65,730
総人口	94,301	104,665	117,061	123,611	126,926	128,058

人口推移

2010年
2000年
1990年
1980年
1970年
1960年
0　20,000　40,000　60,000　80,000　100,000　120,000　140,000
■男 ■女

横棒グラフの作成

1
2
3
4
5
6
7
8
9
総合問題
付録1
付録2
付録3
付録4
索引

Step2 グラフ機能の概要

1 グラフ機能

表のデータをもとに、簡単にグラフを作成できます。グラフはデータを視覚的に表現できるため、データを比較したり傾向を分析したりするのに適しています。
Excelには、縦棒・横棒・折れ線・円などの基本のグラフが用意されています。さらに、基本の各グラフには、形状をアレンジしたパターンが複数用意されています。

2 グラフの作成手順

グラフのもとになるセル範囲とグラフの種類を選択するだけで、グラフは簡単に作成できます。
グラフを作成する基本的な手順は、次のとおりです。

1 もとになるセル範囲を選択する

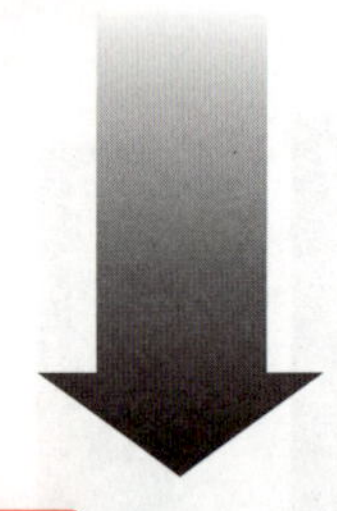

グラフのもとになるデータが入力されているセル範囲を選択します。

	A	B	C	D	E	F	G	H
1		年齢区分別の人口推移と将来人口					単位：万人	
2		年齢区分	2000年	2010年	2020年	2030年	2040年	
3		0～14歳	1,847	1,831	1,699	1,488	1,301	
4		15～64歳	8,622	8,119	7,381	6,950	6,430	
5		65歳以上	2,201	2,813	3,334	3,277	3,485	
6		総人口	12,670	12,763	12,414	11,715	11,216	
7								

2 グラフの種類を選択する

グラフの種類・パターンを選択して、グラフを作成します。

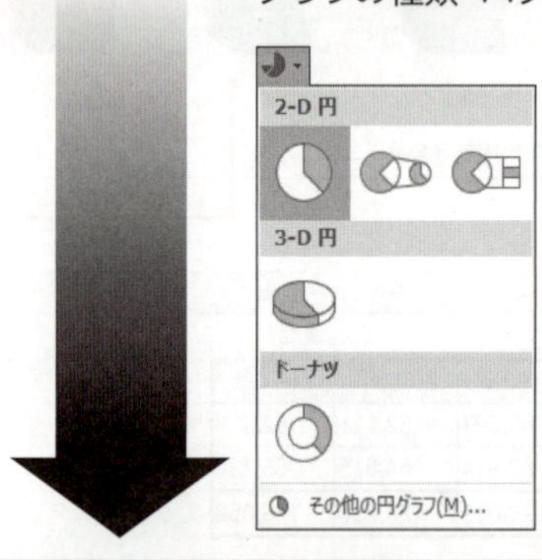

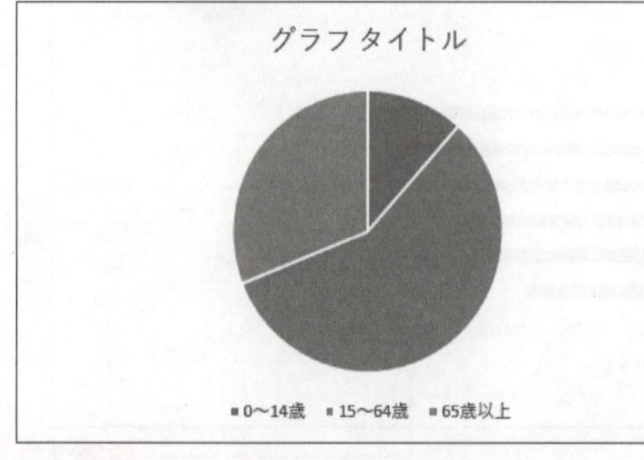

グラフが簡単に作成できる

Step3 円グラフを作成する

1 円グラフの作成

「円グラフ」は、全体に対して各項目がどれくらいの割合を占めるかを表現するときに使います。
円グラフを作成しましょう。

1 セル範囲の選択

グラフを作成する場合、まず、グラフのもとになるセル範囲を選択します。
円グラフの場合、次のようにセル範囲を選択します。

●2010年の円グラフを作成する場合

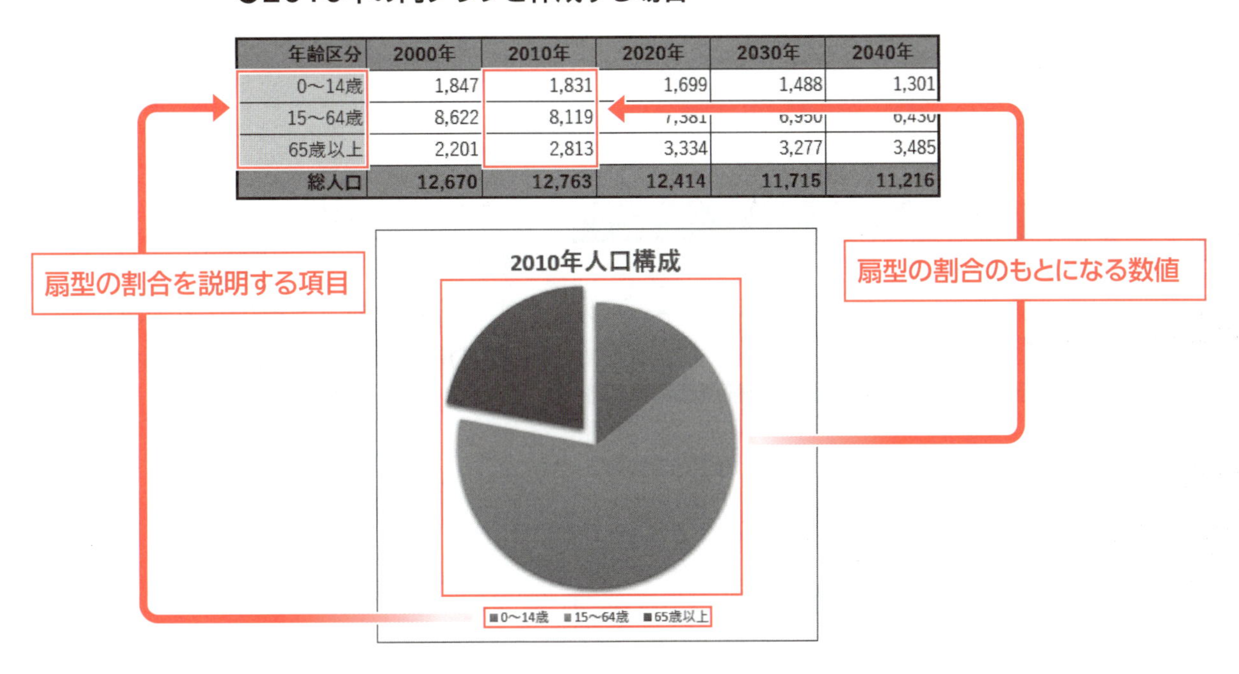

年齢区分	2000年	2010年	2020年	2030年	2040年
0～14歳	1,847	1,831	1,699	1,488	1,301
15～64歳	8,622	8,119	7,381	6,950	6,430
65歳以上	2,201	2,813	3,334	3,277	3,485
総人口	12,670	12,763	12,414	11,715	11,216

●2040年の円グラフを作成する場合

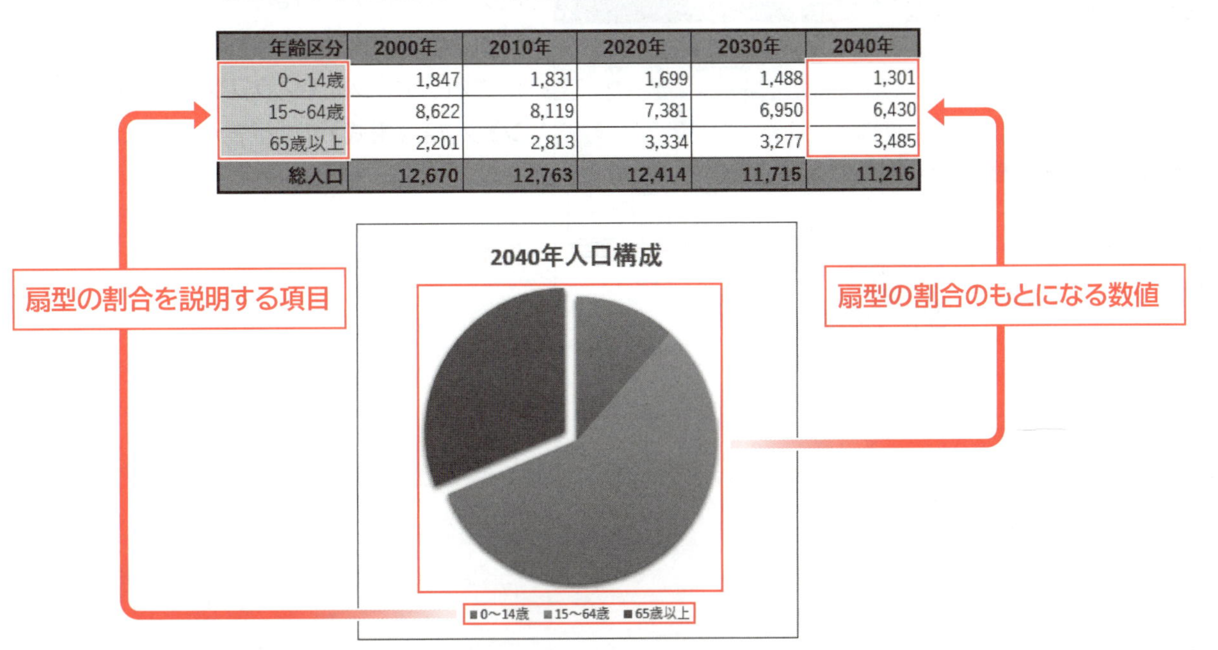

年齢区分	2000年	2010年	2020年	2030年	2040年
0～14歳	1,847	1,831	1,699	1,488	1,301
15～64歳	8,622	8,119	7,381	6,950	6,430
65歳以上	2,201	2,813	3,334	3,277	3,485
総人口	12,670	12,763	12,414	11,715	11,216

2 円グラフの作成

表のデータをもとに、**「年齢区分別の人口構成比」**を表す円グラフを作成しましょう。
「2010年」の数値をもとにグラフを作成します。

File OPEN　フォルダー「第7章」のブック「グラフの作成-1」を開いておきましょう。

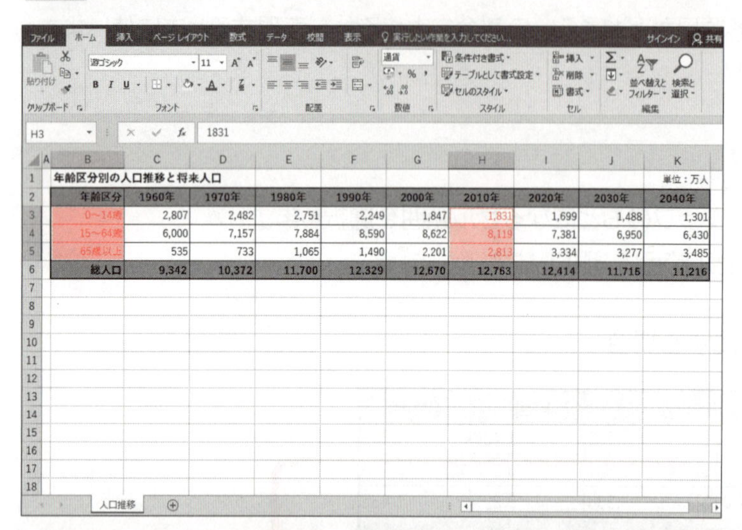

年齢区分別の人口推移と将来人口
単位：万人
年齢区分 1960年 1970年 1980年 1990年 2000年 2010年 2020年 2030年 2040年
0～14歳 2,807 2,482 2,751 2,249 1,847 1,831 1,699 1,488 1,301
15～64歳 6,000 7,157 7,884 8,590 8,622 8,119 7,381 6,950 6,430
65歳以上 535 733 1,065 1,490 2,201 2,813 3,334 3,277 3,485
総人口 9,342 10,372 11,700 12,329 12,670 12,763 12,414 11,715 11,216
人口推移

①セル範囲**【B3:B5】**を選択します。

②Ctrlを押しながら、セル範囲**【H3:H5】**を選択します。

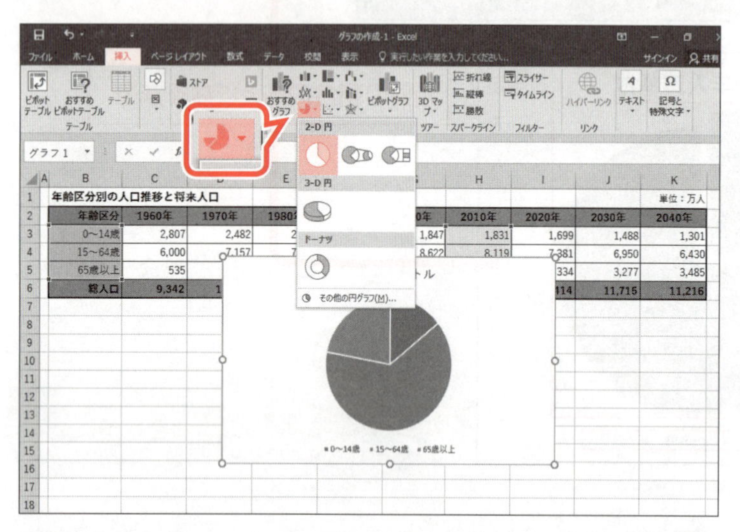

③**《挿入》**タブを選択します。

④**《グラフ》**グループの（円またはドーナツグラフの挿入）をクリックします。

⑤**《2-D円》**の**《円》**をクリックします。

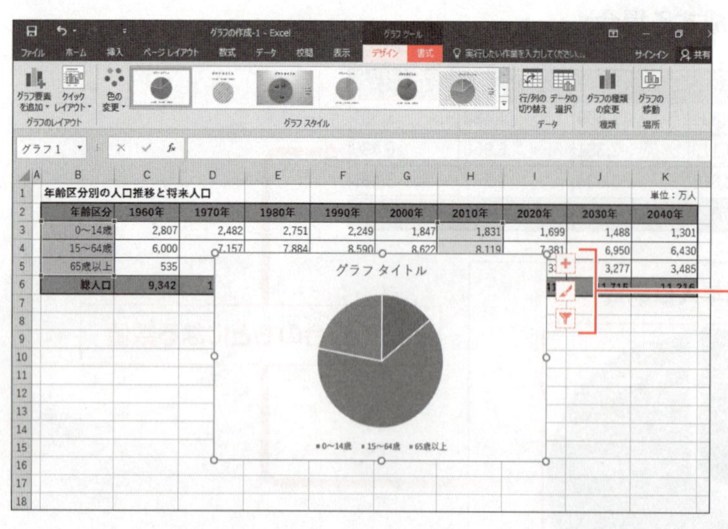

円グラフが作成されます。

グラフの右側に**「ショートカットツール」**が表示され、リボンに**《グラフツール》**の**《デザイン》**タブと**《書式》**タブが表示されます。

グラフが選択されている状態になっているので、選択を解除します。

⑥任意のセルをクリックします。

グラフの選択が解除されます。

POINT ▶▶▶

ショートカットツール

グラフを選択すると、グラフの右側に3つのボタンが表示されます。
ボタンの名称と役割は、次のとおりです。

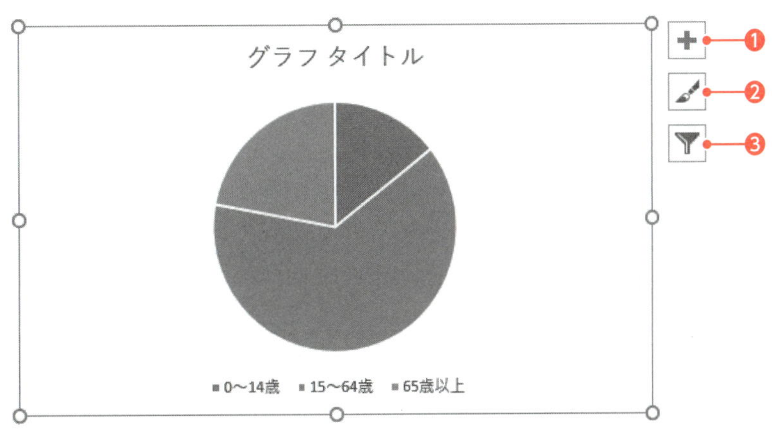

❶グラフ要素
グラフのタイトルや凡例などのグラフ要素の表示・非表示を切り替えたり、表示位置を変更したりします。

❷グラフスタイル
グラフのスタイルや配色を変更します。

❸グラフフィルター
グラフに表示するデータを絞り込みます。

POINT ▶▶▶

《グラフツール》の《デザイン》タブと《書式》タブ

グラフを選択すると、リボンに《グラフツール》の《デザイン》タブと《書式》タブが表示され、グラフに関するコマンドが使用できる状態になります。

2 円グラフの構成要素

円グラフを構成する要素を確認しましょう。

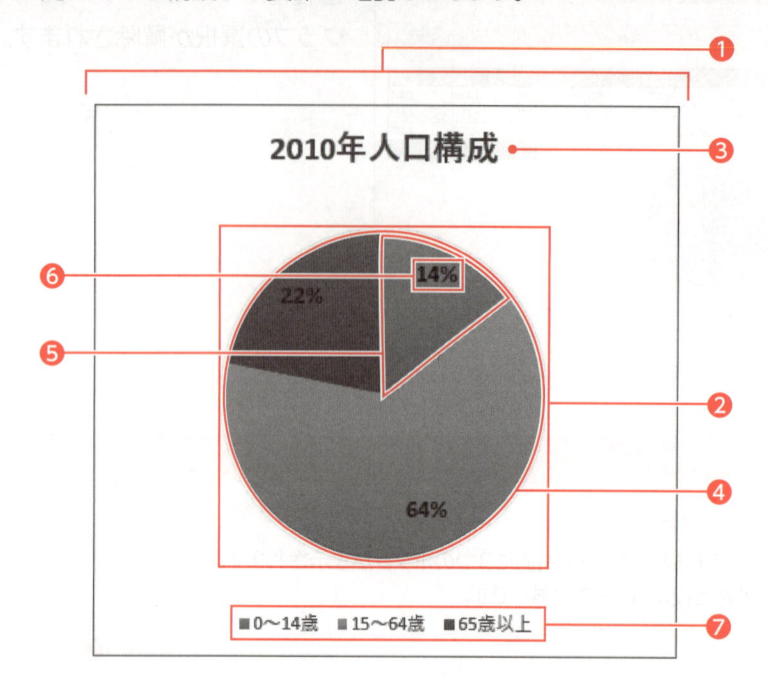

❶グラフエリア

グラフ全体の領域です。すべての要素が含まれます。

❷プロットエリア

円グラフの領域です。

❸グラフタイトル

グラフのタイトルです。

❹データ系列

もとになる数値を視覚的に表すすべての扇型です。

❺データ要素

もとになる数値を視覚的に表す個々の扇型です。

❻データラベル

データ要素を説明する文字列です。

❼凡例

データ要素に割り当てられた色を識別するための情報です。

3 グラフタイトルの入力

グラフタイトルに**「2010年人口構成」**と入力しましょう。

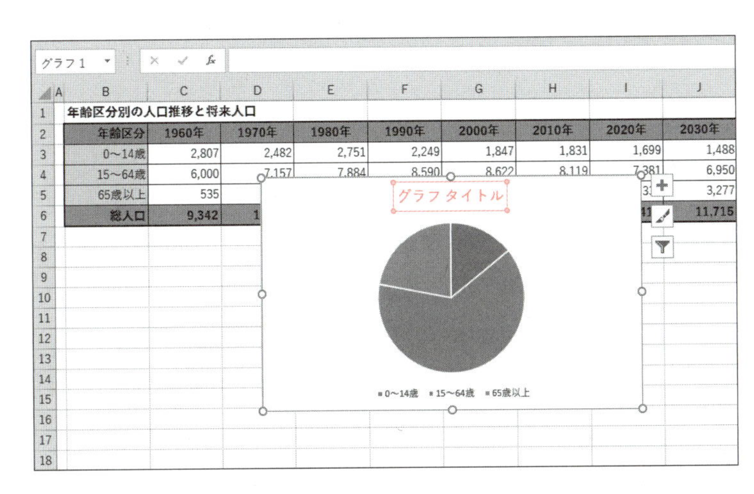

①グラフタイトルをクリックします。

※ポップヒントに《グラフタイトル》と表示されることを確認してクリックしましょう。

グラフタイトルが選択されます。

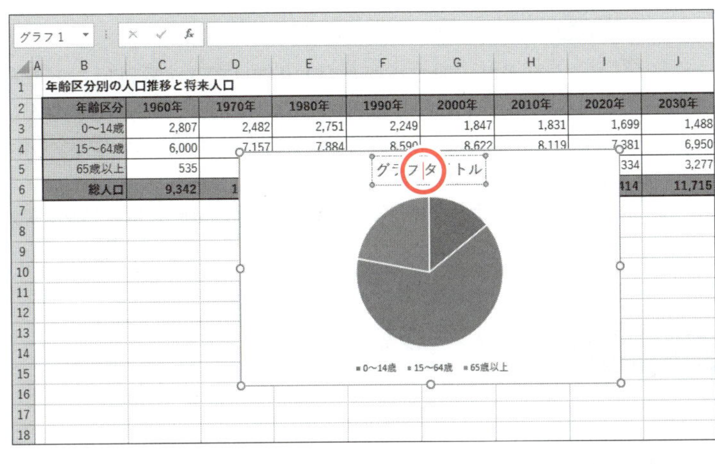

②グラフタイトルを再度クリックします。

グラフタイトルが編集状態になり、カーソルが表示されます。

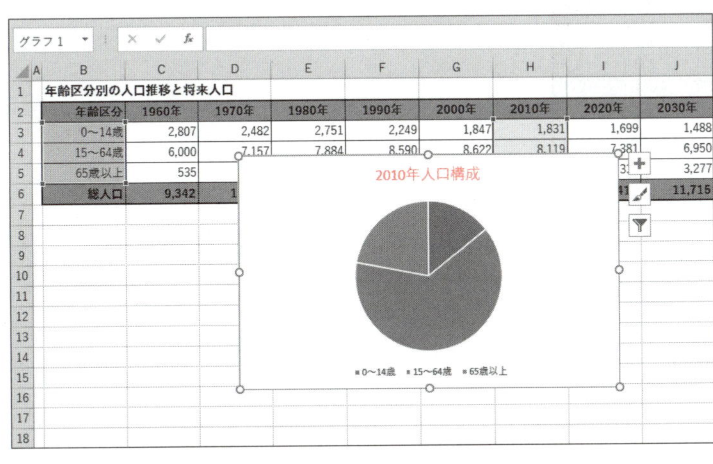

③**「グラフタイトル」**を削除し、**「2010年人口構成」**と入力します。

④グラフタイトル以外の場所をクリックします。

グラフタイトルが確定されます。

POINT ▶▶▶

グラフ要素の選択

グラフを編集する場合、まず対象となる要素を選択し、次にその要素に対して処理を行います。グラフ上の要素は、クリックすると選択できます。

要素をポイントすると、ポップヒントに要素名が表示されます。複数の要素が重なっている箇所や要素の面積が小さい箇所は、選択するときにポップヒントで確認するようにしましょう。要素の選択ミスを防ぐことができます。

4 グラフの移動とサイズ変更

グラフは、作成後に位置やサイズを調整できます。
グラフの位置とサイズを調整しましょう。

1 グラフの移動

グラフをシート上の適切な場所に移動しましょう。

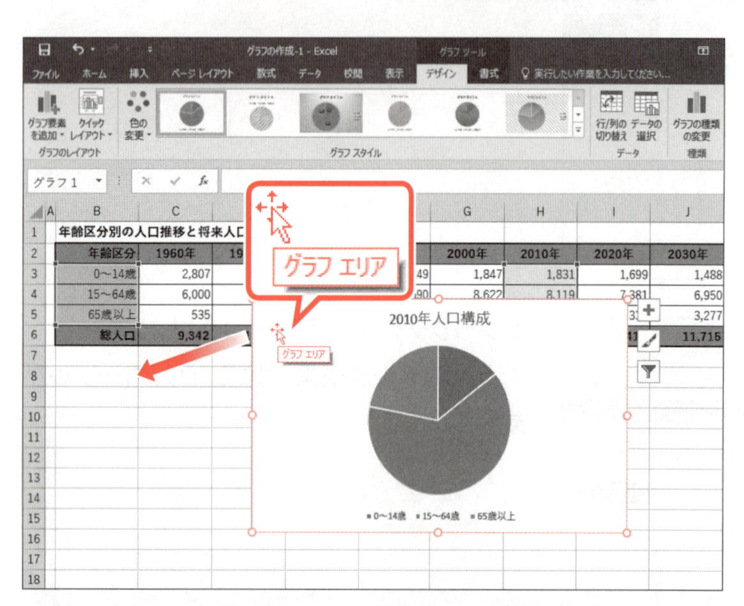

①グラフが選択されていることを確認します。

②グラフエリアをポイントします。

マウスポインターの形がに変わります。

③ポップヒントに**《グラフエリア》**と表示されていることを確認します。

④図のようにドラッグします。
（目安：セル**【C8】**）

※ポップヒントが《プロットエリア》や《系列1》など《グラフエリア》以外のものでは正しく移動できません。ポップヒントが《グラフエリア》の状態でドラッグしましょう。

※ドラッグ中、マウスポインターの形がに変わります。

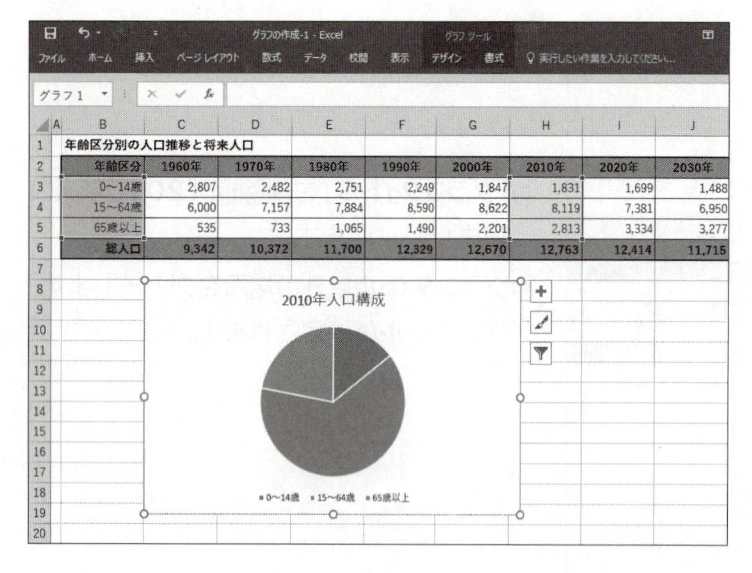

グラフが移動します。

2 グラフのサイズ変更

グラフのサイズを縮小しましょう。

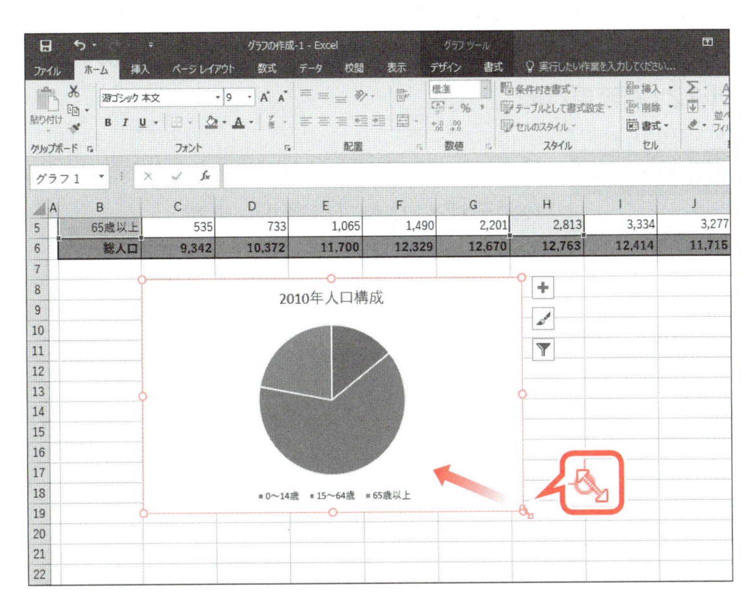

①グラフが選択されていることを確認します。

※グラフがすべて表示されていない場合は、下にスクロールして調整します。

②グラフエリア右下をポイントします。

マウスポインターの形が⤡に変わります。

③図のようにドラッグします。

（目安：セル【F17】）

※ドラッグ中、マウスポインターの形が┼に変わります。

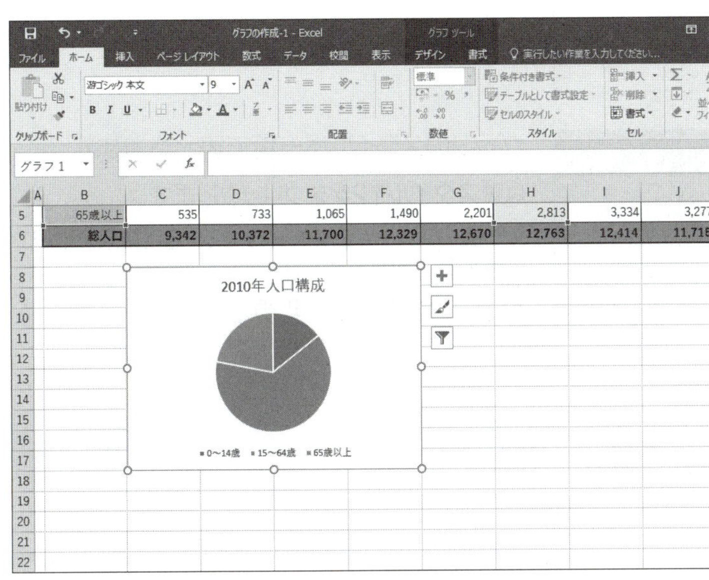

グラフのサイズが縮小されます。

POINT ▶▶▶

グラフの配置

[Alt]を押しながら、グラフの移動やサイズ変更を行うと、セルの枠線に合わせて配置されます。

5 グラフのスタイルの変更

Excelのグラフには、グラフ要素の配置や背景の色、効果などの組み合わせが**「スタイル」**として用意されています。一覧から選択するだけで、グラフ全体のデザインを変更できます。
円グラフを影の付いた**「スタイル12」**に変更しましょう。

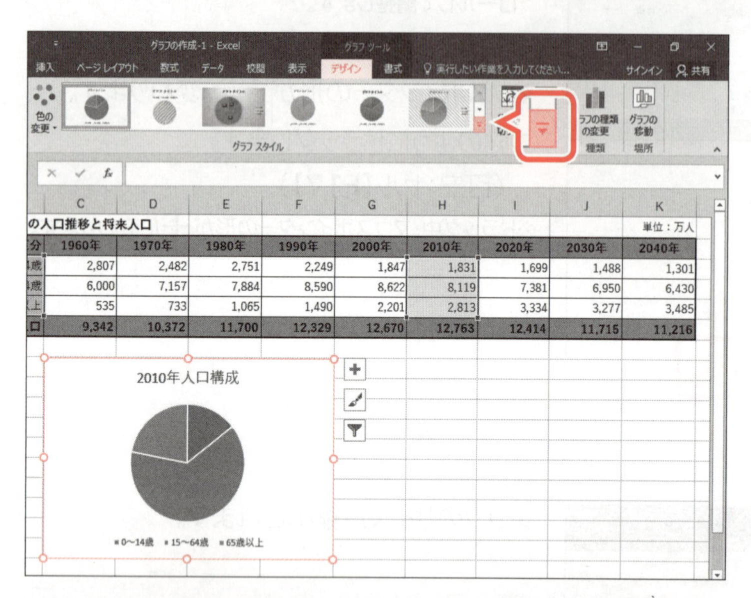

①グラフが選択されていることを確認します。
②**《デザイン》**タブを選択します。
③**《グラフスタイル》**グループの ▼ (その他) をクリックします。

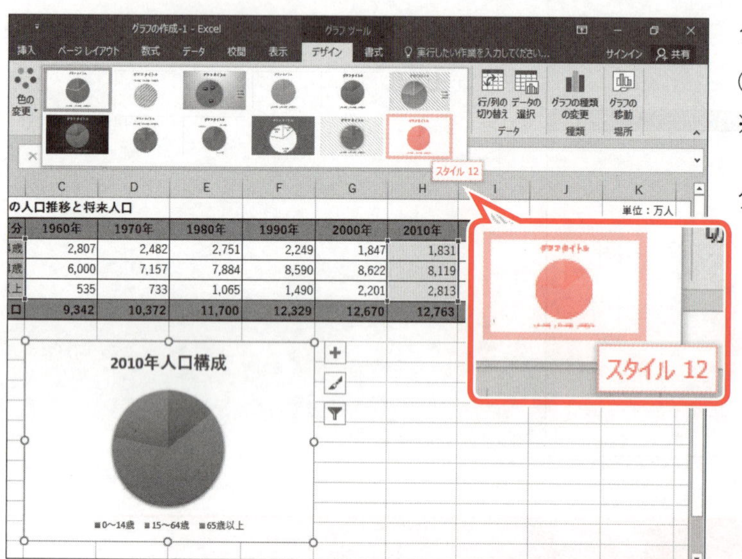

グラフのスタイルが一覧で表示されます。
④**《スタイル12》**をクリックします。
※一覧のスタイルをポイントすると、適用結果を確認できます。
グラフのスタイルが変更されます。

その他の方法（グラフのスタイルの変更）

◆グラフを選択→ショートカットツールの 🖌 (グラフスタイル)→《スタイル》→一覧から選択

6 グラフの色の変更

Excelのグラフには、データ要素ごとの配色がいくつか用意されています。この配色を使うと、グラフの色を瞬時に変更できます。
グラフの色を**「色2」**に変更しましょう。

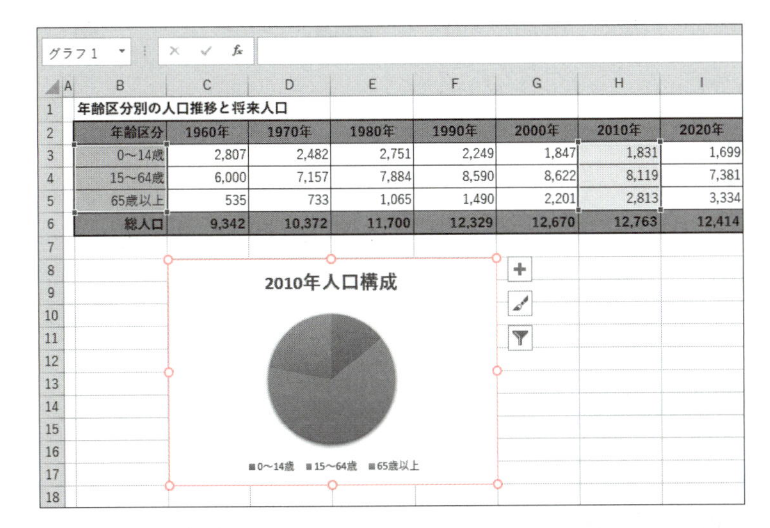

年齢区分	1960年	1970年	1980年	1990年	2000年	2010年	2020年
0～14歳	2,807	2,482	2,751	2,249	1,847	1,831	1,699
15～64歳	6,000	7,157	7,884	8,590	8,622	8,119	7,381
65歳以上	535	733	1,065	1,490	2,201	2,813	3,334
総人口	9,342	10,372	11,700	12,329	12,670	12,763	12,414

①グラフが選択されていることを確認します。

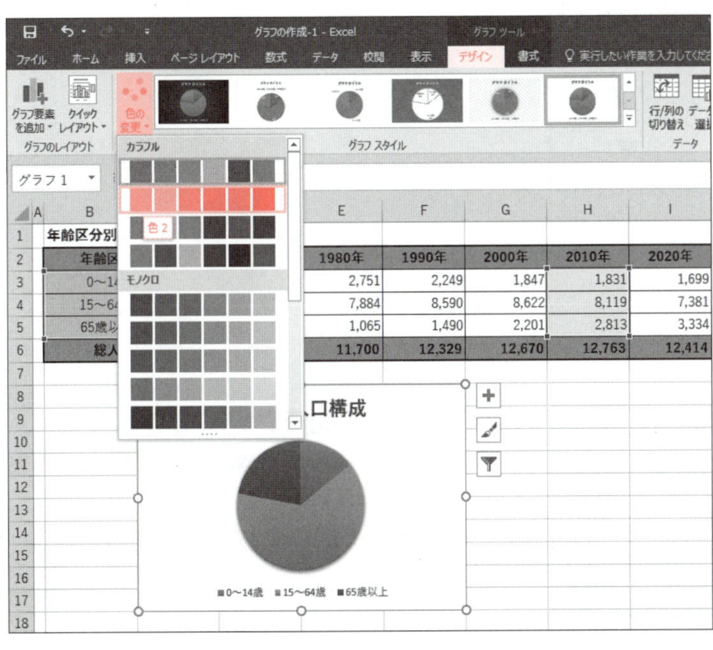

②**《デザイン》**タブを選択します。

③**《グラフスタイル》**グループの（グラフクイックカラー）をクリックします。

④**《カラフル》**の**《色2》**をクリックします。

※一覧の配色をポイントすると、適用結果を確認できます。

年齢区分	1960年	1970年	1980年	1990年	2000年	2010年	2020年
0～14歳	2,807	2,482	2,751	2,249	1,847	1,831	1,699
15～64歳	6,000	7,157	7,884	8,590	8,622	8,119	7,381
65歳以上	535	733	1,065	1,490	2,201	2,813	3,334
総人口	9,342	10,372	11,700	12,329	12,670	12,763	12,414

2010年人口構成

■0～14歳 ■15～64歳 ■65歳以上

グラフの色が変更されます。

その他の方法（グラフの色の変更）

◆グラフを選択→ショートカットツールの［ブラシ］（グラフスタイル）→《色》→一覧から選択

グラフ要素の色の変更

グラフエリアやデータ要素の色を個別に設定する方法は、次のとおりです。

◆グラフ要素を選択→《書式》タブ→《図形のスタイル》グループの［塗りつぶし］（図形の塗りつぶし）の［▼］

7 切り離し円の作成

円グラフの一部を切り離すことで、円グラフの中で特定のデータ要素を強調できます。
データ要素**「65歳以上」**を切り離して、強調しましょう。

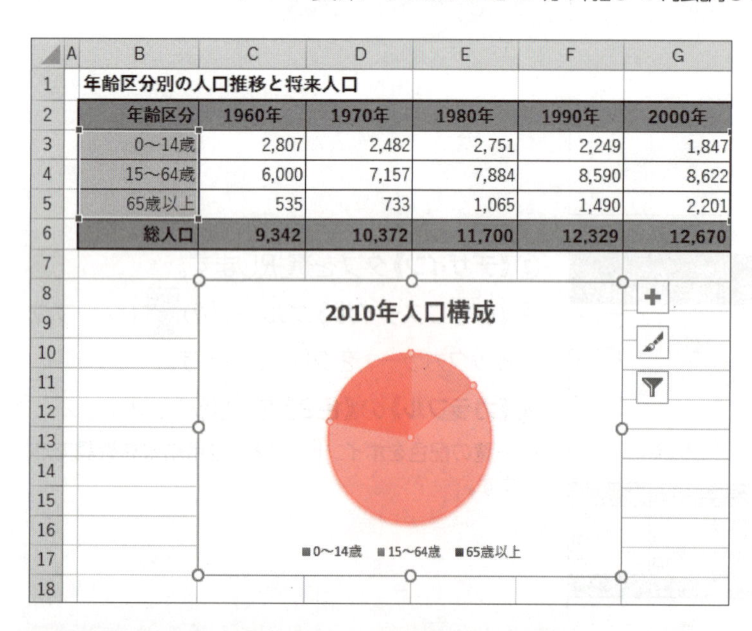

年齢区分別の人口推移と将来人口

年齢区分	1960年	1970年	1980年	1990年	2000年
0～14歳	2,807	2,482	2,751	2,249	1,847
15～64歳	6,000	7,157	7,884	8,590	8,622
65歳以上	535	733	1,065	1,490	2,201
総人口	9,342	10,372	11,700	12,329	12,670

①円の部分をクリックします。
データ系列が選択されます。

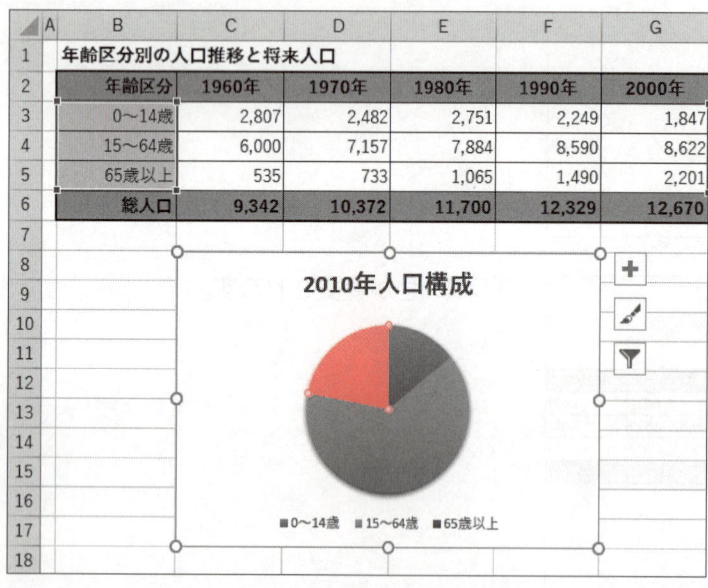

年齢区分別の人口推移と将来人口

年齢区分	1960年	1970年	1980年	1990年	2000年
0～14歳	2,807	2,482	2,751	2,249	1,847
15～64歳	6,000	7,157	7,884	8,590	8,622
65歳以上	535	733	1,065	1,490	2,201
総人口	9,342	10,372	11,700	12,329	12,670

②図の扇型の部分をクリックします。
※ポップヒントに《系列1 要素"65歳以上"・・・》と表示されることを確認してクリックしましょう。
データ要素**「65歳以上」**が選択されます。

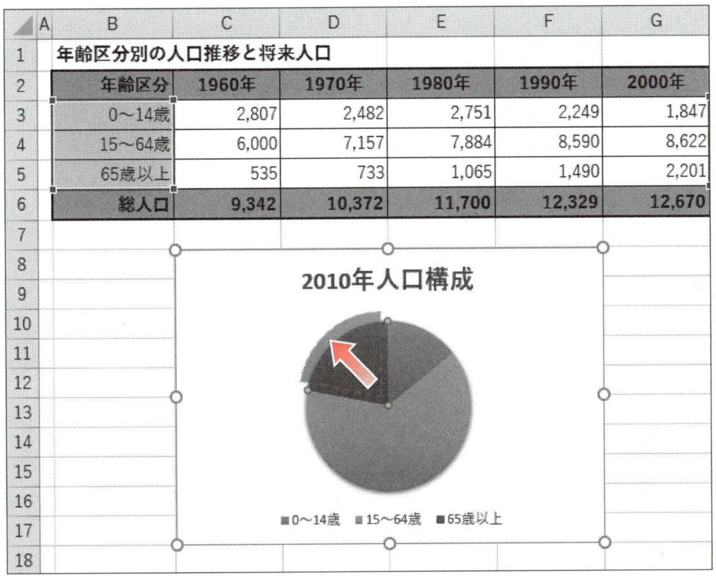

年齢区分別の人口推移と将来人口					
年齢区分	1960年	1970年	1980年	1990年	2000年
0～14歳	2,807	2,482	2,751	2,249	1,847
15～64歳	6,000	7,157	7,884	8,590	8,622
65歳以上	535	733	1,065	1,490	2,201
総人口	9,342	10,372	11,700	12,329	12,670

2010年人口構成

■0～14歳 ■15～64歳 ■65歳以上

③図のように円の外側にドラッグします。

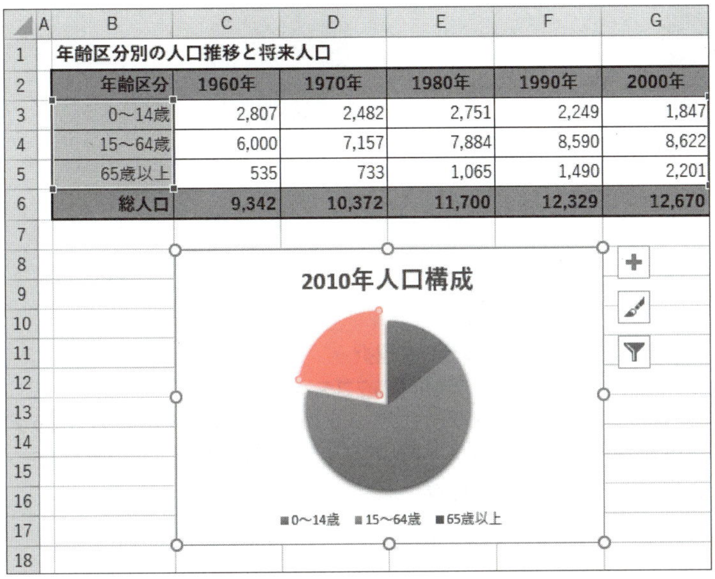

年齢区分別の人口推移と将来人口					
年齢区分	1960年	1970年	1980年	1990年	2000年
0～14歳	2,807	2,482	2,751	2,249	1,847
15～64歳	6,000	7,157	7,884	8,590	8,622
65歳以上	535	733	1,065	1,490	2,201
総人口	9,342	10,372	11,700	12,329	12,670

2010年人口構成

■0～14歳 ■15～64歳 ■65歳以上

データ要素**「65歳以上」**が切り離されます。

POINT ▶▶▶

データ要素の選択

円グラフの円の部分をクリックすると、データ系列が選択されます。続けて、円の中の扇型をクリックすると、データ系列の中のデータ要素がひとつだけ選択されます。

POINT ▶▶▶

グラフの更新

グラフは、もとになるセル範囲と連動しています。もとになるデータを変更すると、グラフも自動的に更新されます。

グラフの印刷

グラフを選択した状態で印刷を実行すると、グラフだけが用紙いっぱいに印刷されます。
セルを選択した状態で印刷を実行すると、シート上の表とグラフが印刷されます。

グラフの削除

シート上に作成したグラフを削除するには、グラフを選択して【Delete】を押します。

ためしてみよう

①2040年の数値をもとに同様の円グラフを作成しましょう。
②グラフタイトルに「2040年人口構成」と入力しましょう。
③①で作成したグラフをセル範囲【H8:K17】に配置しましょう。
④グラフのスタイルを「スタイル12」に変更しましょう。
⑤グラフの色を「色2」に変更しましょう。
⑥データ要素「65歳以上」を切り離して、強調しましょう。

年齢区分別の人口推移と将来人口　　単位：万人

年齢区分	1960年	1970年	1980年	1990年	2000年	2010年	2020年	2030年	2040年
0～14歳	2,807	2,482	2,751	2,249	1,847	1,831	1,699	1,488	1,301
15～64歳	6,000	7,157	7,884	8,590	8,622	8,119	7,381	6,950	6,430
65歳以上	535	733	1,065	1,490	2,201	2,813	3,334	3,277	3,485
総人口	9,342	10,372	11,700	12,329	12,670	12,763	12,414	11,715	11,216

2010年人口構成
■0～14歳　■15～64歳　■65歳以上

2040年人口構成
■0～14歳　■15～64歳　■65歳以上

Let's Try Answer

①セル範囲【B3:B5】を選択
② Ctrl を押しながら、セル範囲【K3:K5】を選択
③《挿入》タブを選択
④《グラフ》グループの（円またはドーナツグラフの挿入）をクリック
⑤《2-D円》の《円》（左から1番目、上から1番目）をクリック

②

①グラフタイトルをクリック
②グラフタイトルを再度クリック
③「グラフタイトル」を削除し、「2040年人口構成」と入力
④グラフタイトル以外の場所をクリック

③

①グラフエリアをドラッグし、移動（目安：セル【H8】）
②グラフエリア右下をドラッグし、サイズを変更（目安：セル【K17】）

④

①グラフを選択
②《デザイン》タブを選択
③《グラフスタイル》グループの（その他）をクリック
④《スタイル12》（左から6番目、上から2番目）をクリック

⑤

①グラフを選択
②《デザイン》タブを選択
③《グラフスタイル》グループの（グラフクイックカラー）をクリック
④《カラフル》の《色2》（上から2番目）をクリック

⑥

①円の部分をクリック
②「65歳以上」の扇型の部分をクリック
③円の外側にドラッグ

Step4 縦棒グラフを作成する

1 縦棒グラフの作成

「縦棒グラフ」は、ある期間におけるデータの推移を大小関係で表現するときに使います。
縦棒グラフを作成しましょう。

1 セル範囲の選択

グラフを作成する場合、まず、グラフのもとになるセル範囲を選択します。
縦棒グラフの場合、次のようにセル範囲を選択します。

●縦棒の種類がひとつの場合

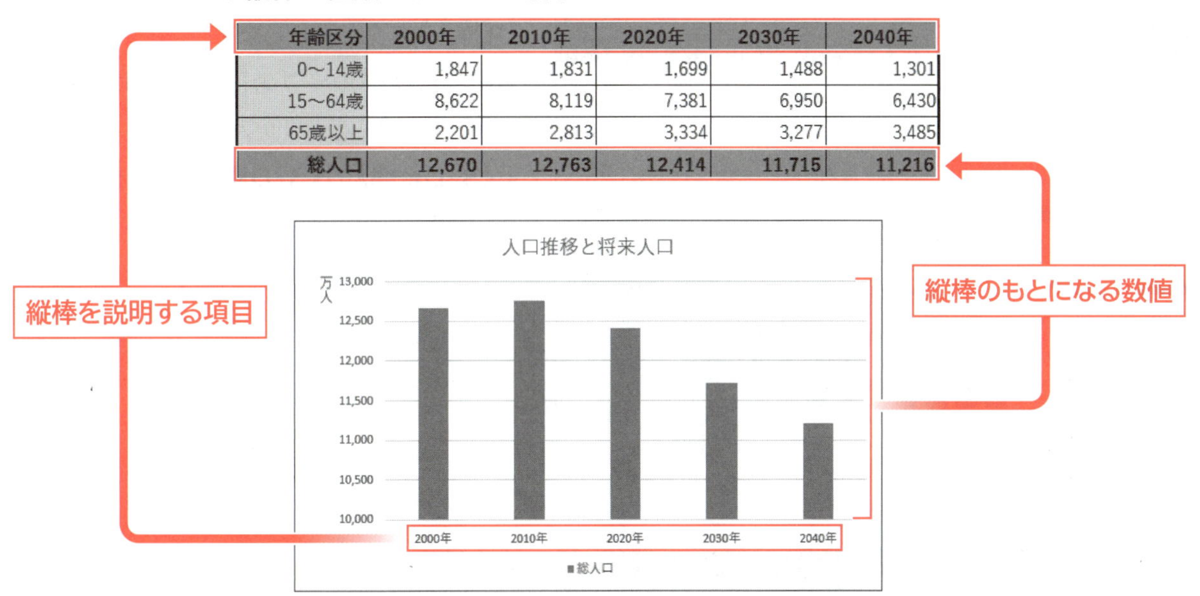

年齢区分	2000年	2010年	2020年	2030年	2040年
0～14歳	1,847	1,831	1,699	1,488	1,301
15～64歳	8,622	8,119	7,381	6,950	6,430
65歳以上	2,201	2,813	3,334	3,277	3,485
総人口	12,670	12,763	12,414	11,715	11,216

●縦棒の種類が複数の場合

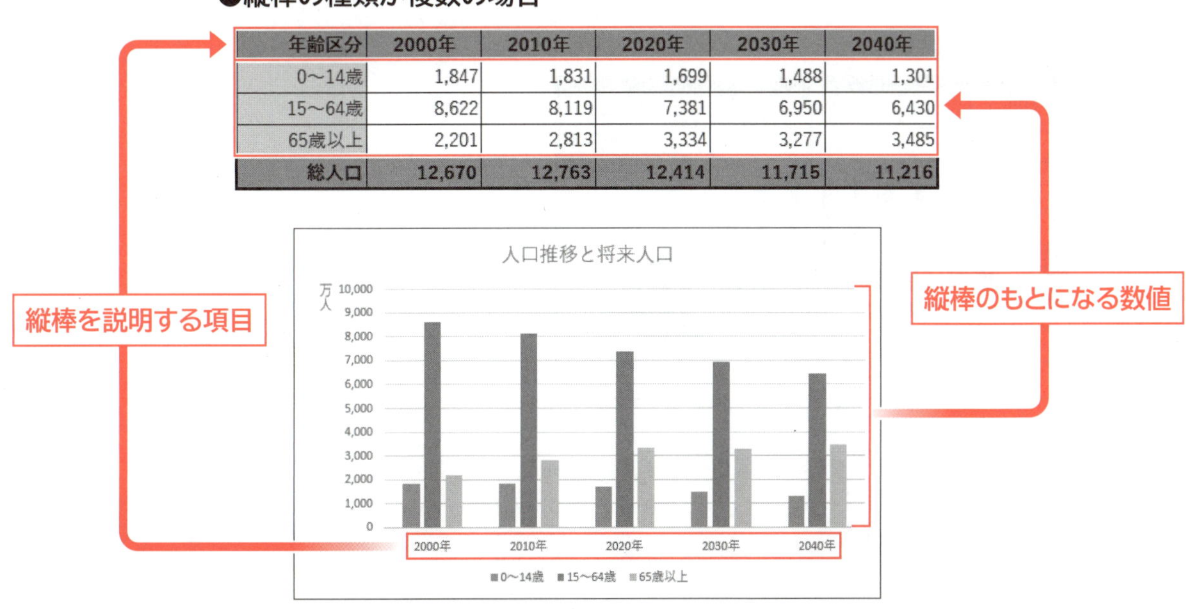

年齢区分	2000年	2010年	2020年	2030年	2040年
0～14歳	1,847	1,831	1,699	1,488	1,301
15～64歳	8,622	8,119	7,381	6,950	6,430
65歳以上	2,201	2,813	3,334	3,277	3,485
総人口	12,670	12,763	12,414	11,715	11,216

2 縦棒グラフの作成

表のデータをもとに、**「年齢区分別の人口構成の推移」**を表す縦棒グラフを作成しましょう。

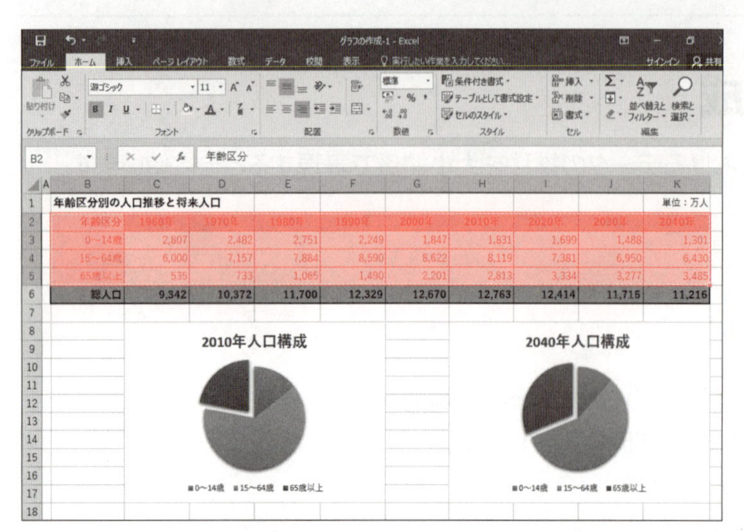

①セル範囲**【B2:K5】**を選択します。

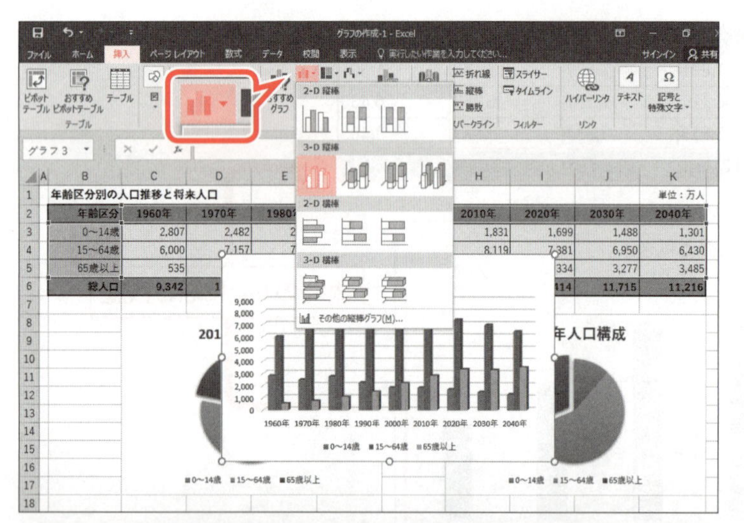

②**《挿入》**タブを選択します。

③**《グラフ》**グループの（縦棒/横棒グラフの挿入）をクリックします。

④**《3-D縦棒》**の**《3-D集合縦棒》**をクリックします。

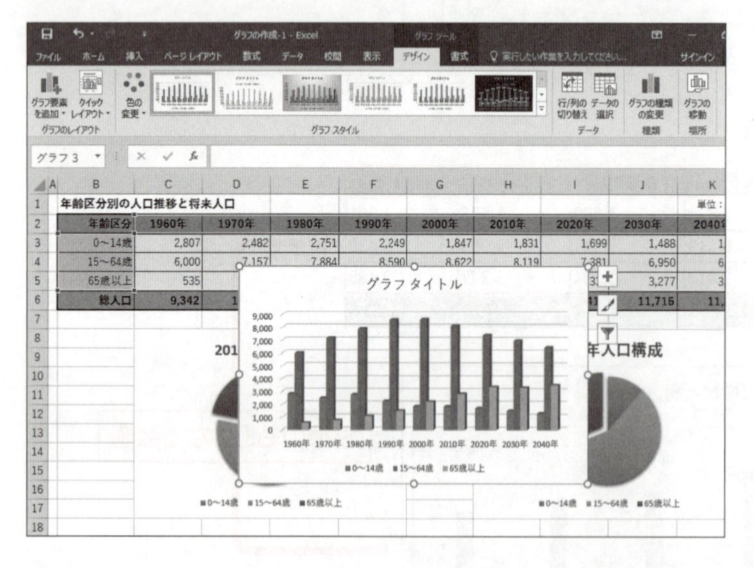

縦棒グラフが作成されます。

2 縦棒グラフの構成要素

縦棒グラフを構成する要素を確認しましょう。

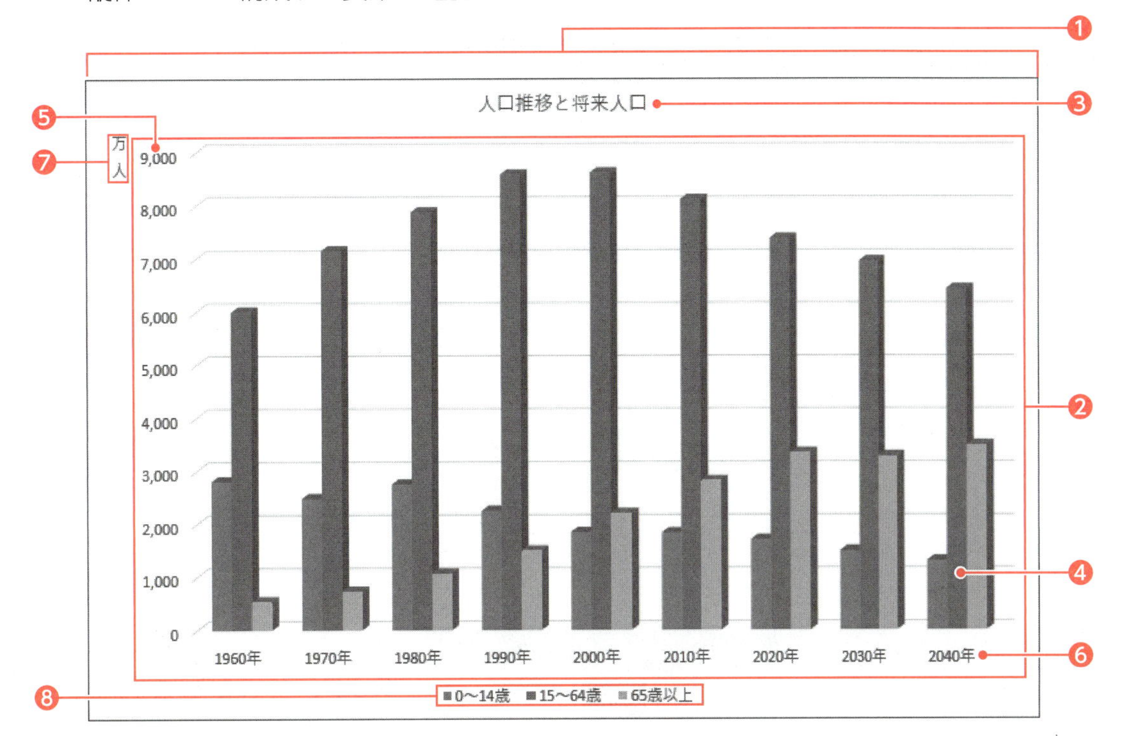

❶グラフエリア

グラフ全体の領域です。すべての要素が含まれます。

❷プロットエリア

縦棒グラフの領域です。

❸グラフタイトル

グラフのタイトルです。

❹データ系列

もとになる数値を視覚的に表す棒です。

❺値軸

データ系列の数値を表す軸です。

❻項目軸

データ系列の項目を表す軸です。

❼軸ラベル

軸を説明する文字列です。

❽凡例

データ系列に割り当てられた色を識別するための情報です。

3 グラフタイトルの入力

グラフタイトルに**「人口推移と将来人口」**と入力しましょう。

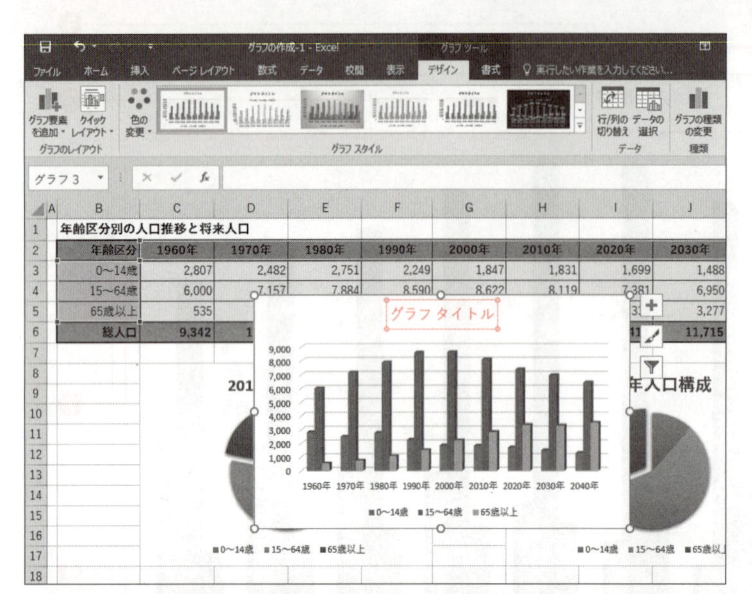

①グラフタイトルをクリックします。
グラフタイトルが選択されます。

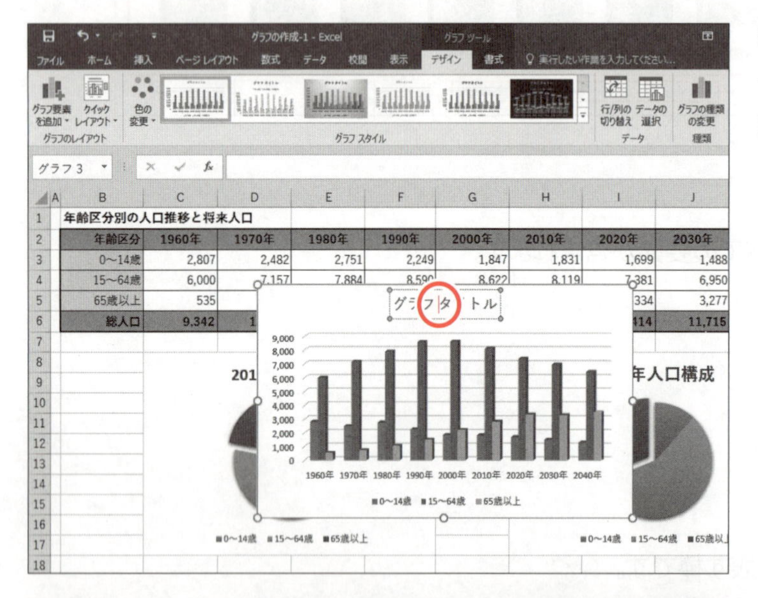

②グラフタイトルを再度クリックします。
グラフタイトルが編集状態になり、カーソルが表示されます。

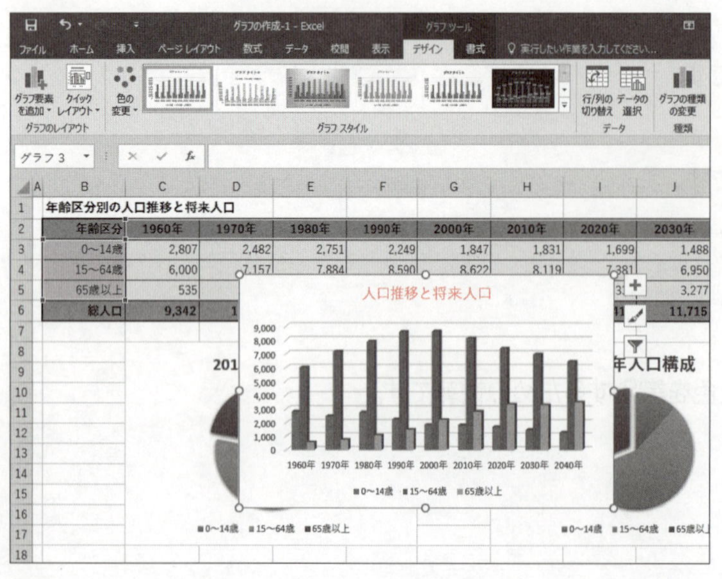

③**「グラフタイトル」**を削除し、**「人口推移と将来人口」**と入力します。
④グラフタイトル以外の場所をクリックします。
グラフタイトルが確定されます。

4 グラフの場所の変更

シート上に作成したグラフを、**「グラフシート」**に移動できます。グラフシートとは、グラフ専用のシートで、シート全体にグラフを表示します。
シート上のグラフをグラフシートに移動しましょう。

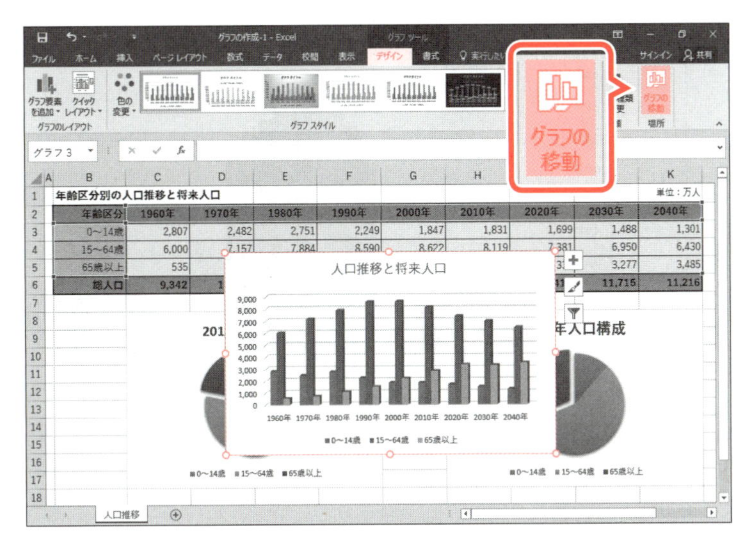

①グラフが選択されていることを確認します。
②**《デザイン》**タブを選択します。
③**《場所》**グループの (グラフの移動)をクリックします。

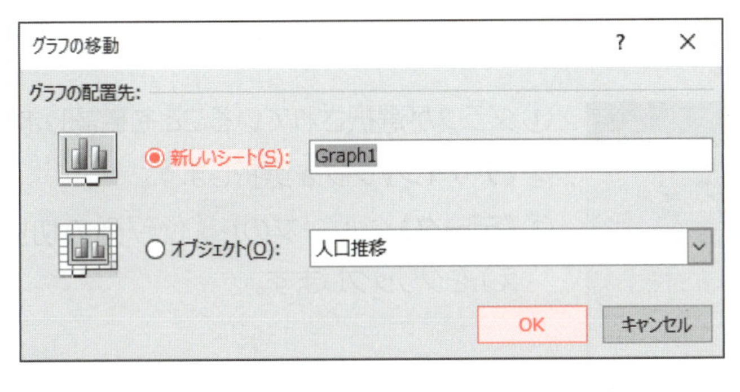

《グラフの移動》ダイアログボックスが表示されます。
④**《新しいシート》**を◉にします。
⑤**《OK》**をクリックします。

シート**「Graph1」**が挿入され、グラフの場所が移動します。

その他の方法(グラフの場所の変更)

◆グラフエリアを右クリック→《グラフの移動》

埋め込みグラフ

シート上に作成されるグラフは「埋め込みグラフ」といいます。

5 行/列の切り替え

もとになるセル範囲のうち、行の項目を基準にするか、列の項目を基準にするかを選択できます。

●「年代」を基準にする

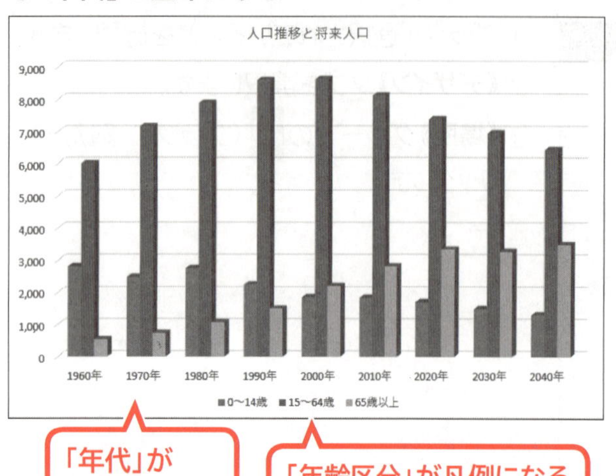

「年代」が項目軸になる

「年齢区分」が凡例になる

●「年齢区分」を基準にする

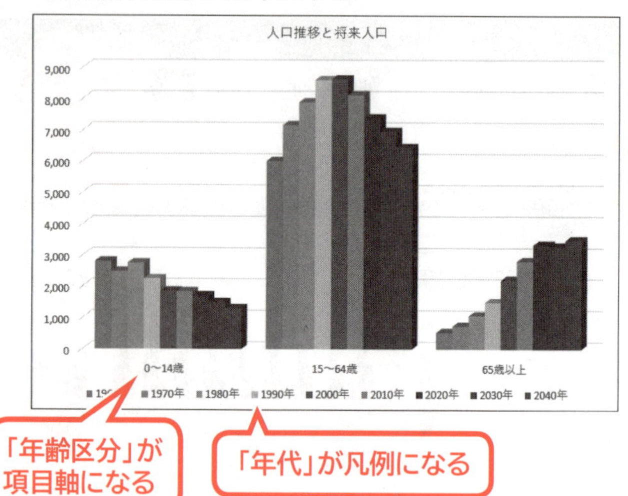

「年齢区分」が項目軸になる

「年代」が凡例になる

行の項目と列の項目を切り替えましょう。

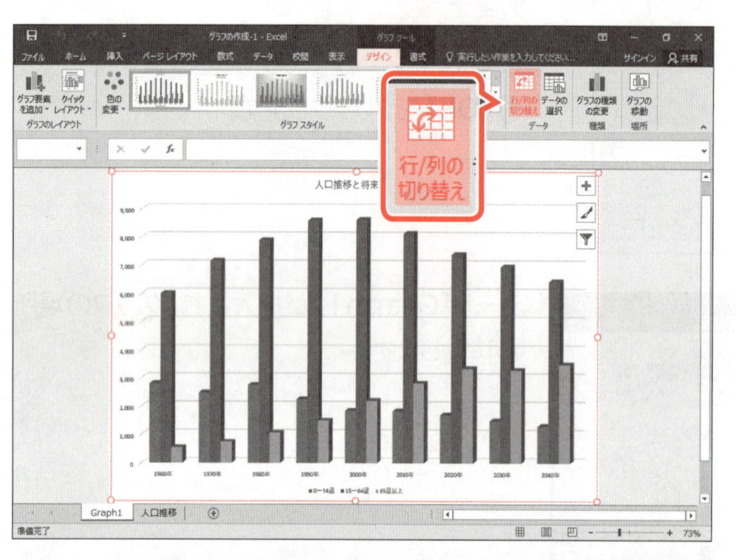

①グラフが選択されていることを確認します。

②《デザイン》タブを選択します。

③《データ》グループの（行/列の切り替え）をクリックします。

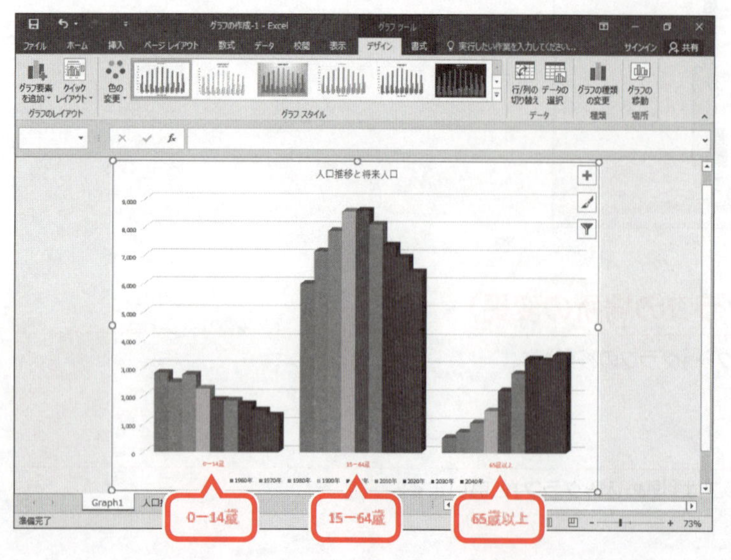

項目軸が**「年代」**から**「年齢区分」**に切り替わります。

※（行/列の切り替え）を再度クリックし、元に戻しておきましょう。

6 グラフの種類の変更

グラフを作成したあとに、グラフの種類を変更できます。
グラフの種類を**「3-D積み上げ縦棒」**に変更しましょう。

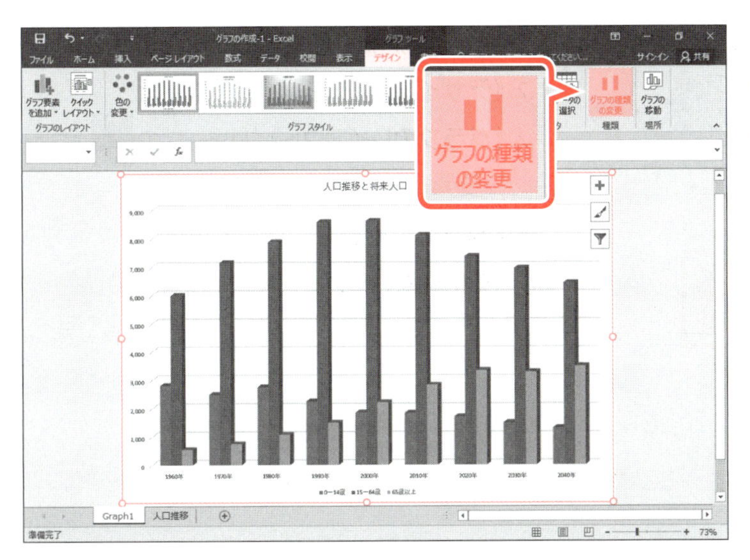

①グラフが選択されていることを確認します。
②**《デザイン》**タブを選択します。
③**《種類》**グループの（グラフの種類の変更）をクリックします。

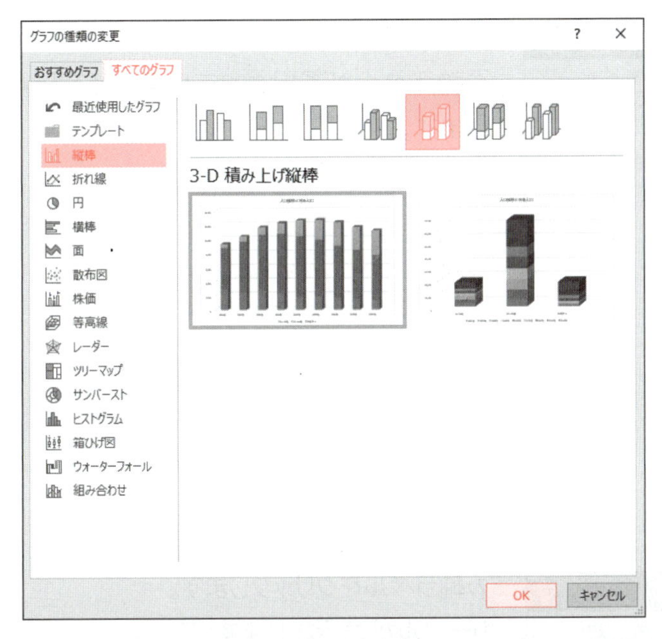

《グラフの種類の変更》ダイアログボックスが表示されます。
④**《すべてのグラフ》**タブを選択します。
⑤左側の一覧から**《縦棒》**が選択されていることを確認します。
⑥右側の一覧から**《3-D積み上げ縦棒》**を選択します。
⑦**《OK》**をクリックします。

グラフの種類が変更されます。

その他の方法（グラフの種類の変更）

◆グラフエリアを右クリック→《グラフの種類の変更》

7 グラフ要素の表示

グラフに、必要なグラフ要素が表示されていない場合は、個別に配置します。
値軸の軸ラベルを表示しましょう。

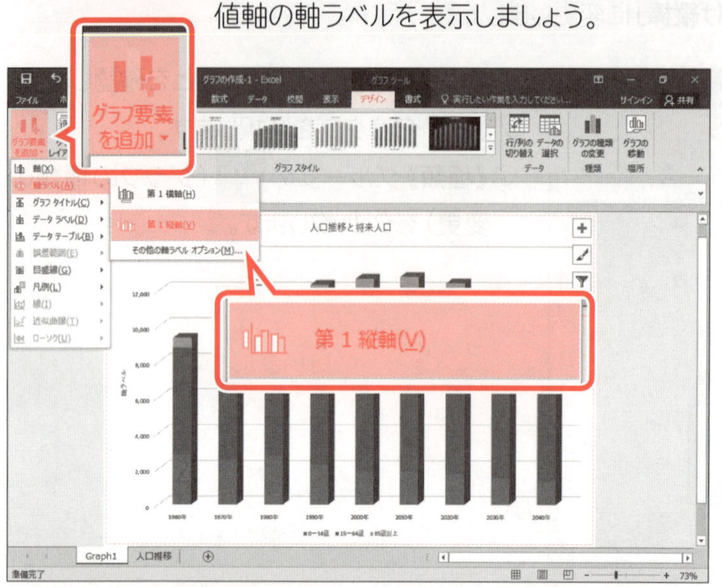

①グラフが選択されていることを確認します。
②《デザイン》タブを選択します。
③《グラフのレイアウト》グループの（グラフ要素を追加）をクリックします。
④《軸ラベル》をポイントします。
⑤《第1縦軸》をクリックします。

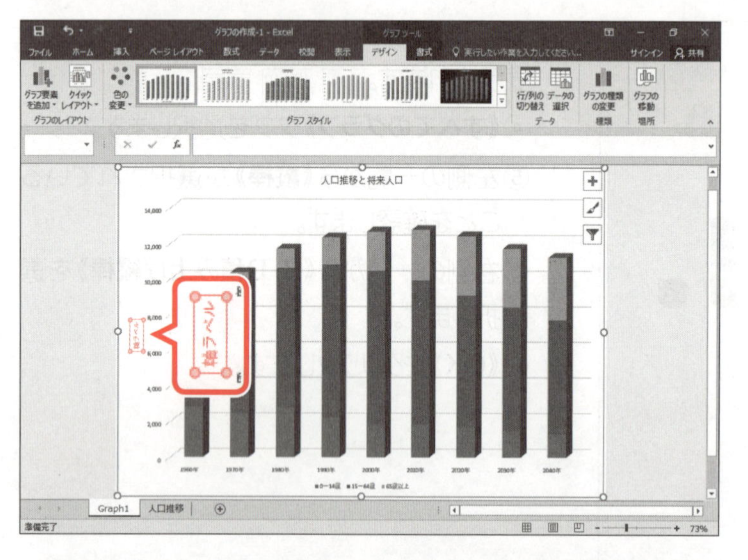

軸ラベルが表示されます。
⑥軸ラベルが選択されていることを確認します。

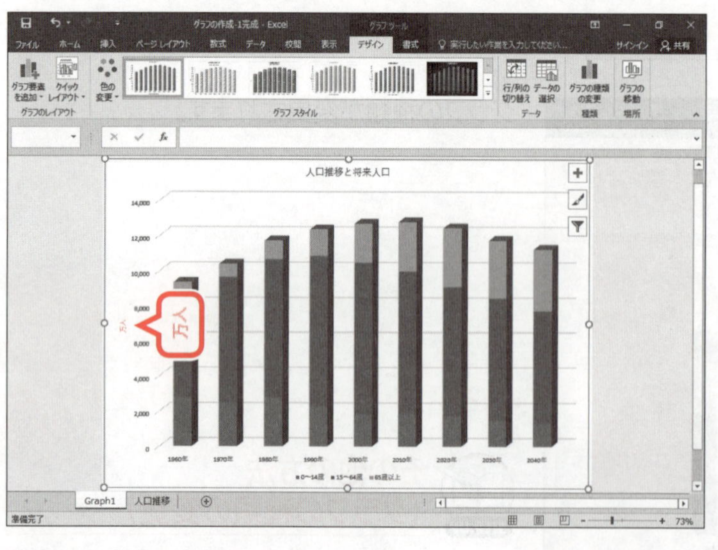

⑦軸ラベルをクリックします。
カーソルが表示されます。
⑧**「軸ラベル」**を削除し、**「万人」**と入力します。
⑨軸ラベル以外の場所をクリックします。
軸ラベルが確定されます。

その他の方法（軸ラベルの表示）

◆グラフを選択→ショートカットツールの［＋］（グラフ要素）→《軸ラベル》をポイント→▶をクリック→《☑第1横軸》または《☑第1縦軸》

POINT ▶▶▶

グラフ要素の非表示

グラフ要素を非表示にする方法は、次のとおりです。

◆グラフを選択→《デザイン》タブ→《グラフのレイアウト》グループの［グラフ要素を追加］（グラフ要素を追加）→グラフ要素名をポイント→一覧から非表示にしたいグラフ要素を選択または《なし》をクリック

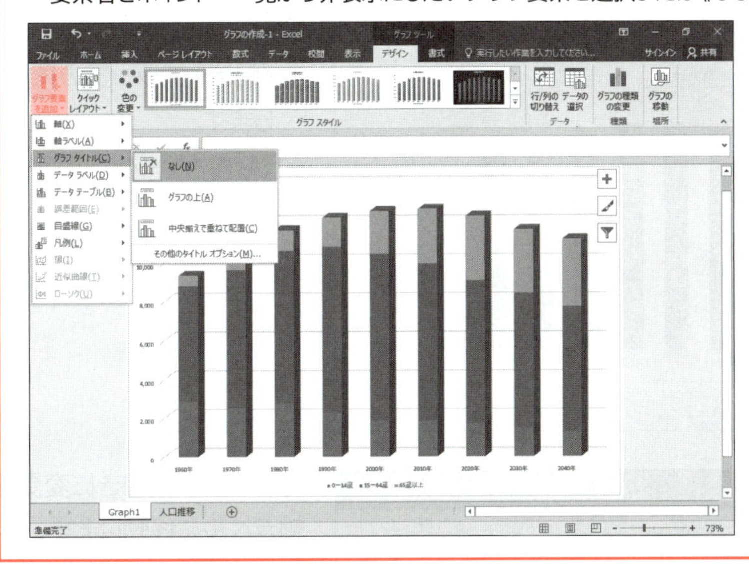

グラフのレイアウトの設定

Excelのグラフには、あらかじめいくつかの「レイアウト」が用意されており、それぞれ表示されるグラフ要素やその配置が異なります。

レイアウトを使って、グラフ要素の表示や配置を設定する方法は、次のとおりです。

◆グラフを選択→《デザイン》タブ→《グラフのレイアウト》グループの［クイックレイアウト］（クイックレイアウト）→一覧から選択

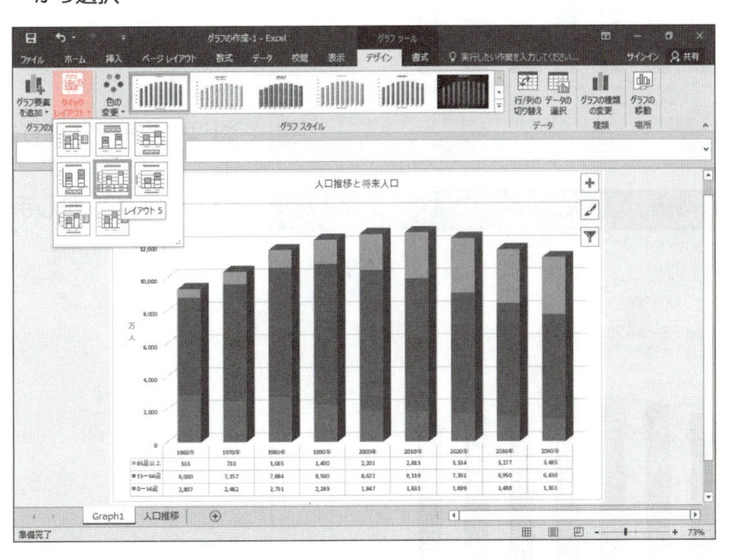

8 グラフ要素の書式設定

グラフの各要素に対して、個々に書式を設定できます。

1 軸ラベルの書式設定

値軸の軸ラベルを縦書きに変更し、移動しましょう。

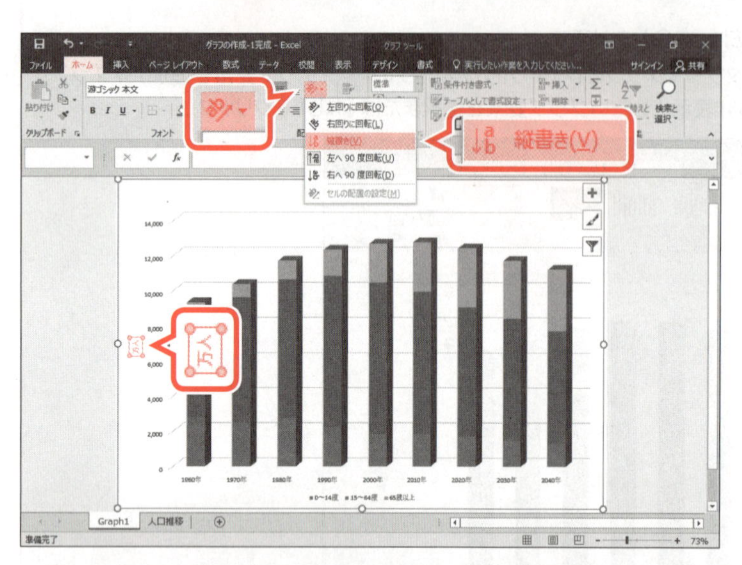

①軸ラベルをクリックします。

軸ラベルが選択されます。

②《ホーム》タブを選択します。

③《配置》グループの （方向）をクリックします。

④《縦書き》をクリックします。

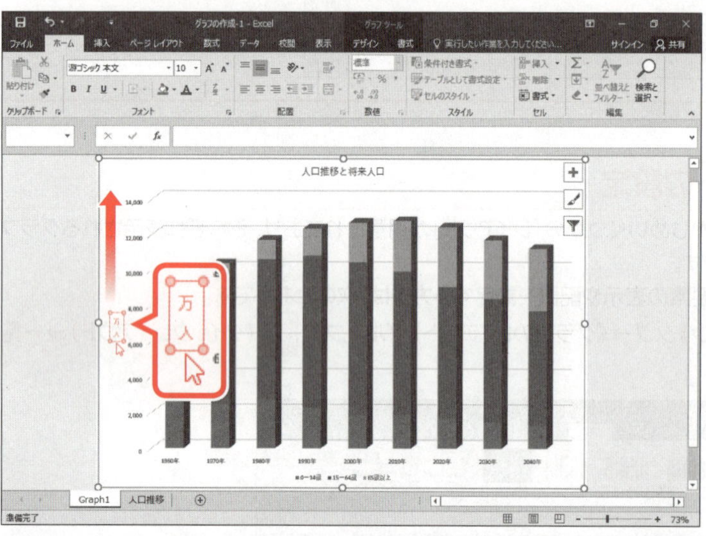

軸ラベルが縦書きに変更されます。

軸ラベルを移動します。

⑤軸ラベルが選択されていることを確認します。

⑥軸ラベルの枠線をポイントします。

マウスポインターの形が に変わります。

※軸ラベルの枠線内をポイントすると、マウスポインターの形が になり、文字列の選択になるので注意しましょう。

⑦図のように、軸ラベルの枠線をドラッグします。

※ドラッグ中、マウスポインターの形が に変わります。

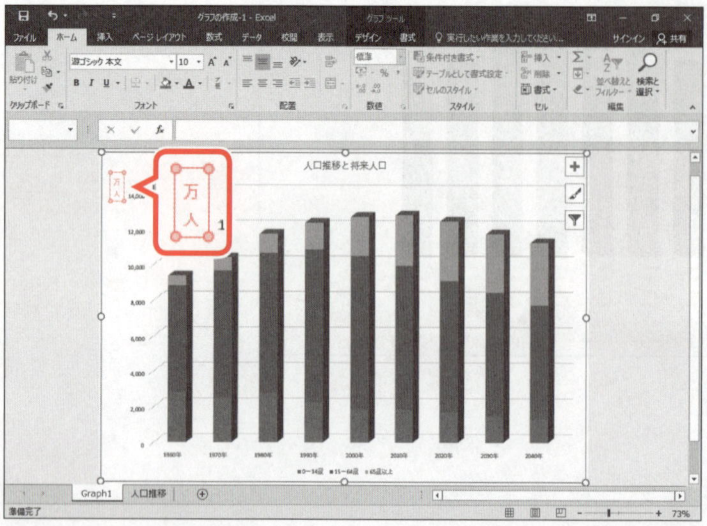

軸ラベルが移動します。

2 グラフエリアの書式設定

グラフエリアのフォントサイズを12ポイントに変更しましょう。
グラフエリアのフォントサイズを変更すると、グラフエリア内の凡例や軸ラベルなどのフォントサイズが変更されます。

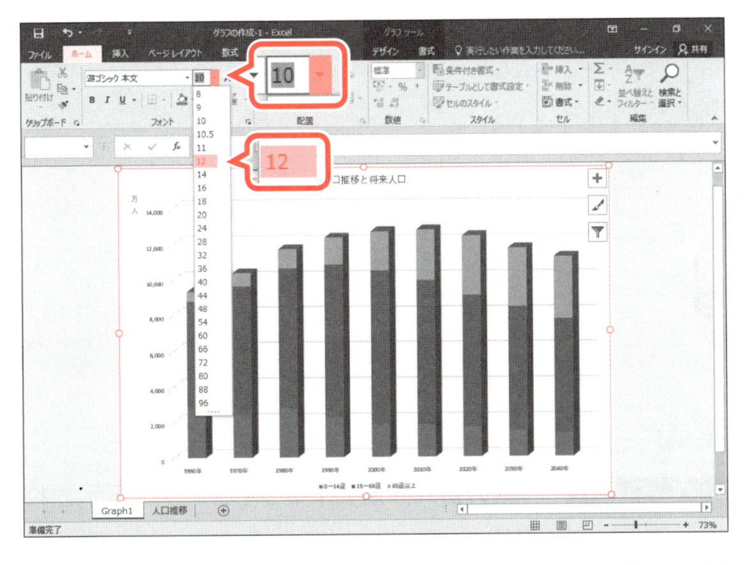

①グラフエリアをクリックします。
グラフエリアが選択されます。
②**《ホーム》**タブを選択します。
③**《フォント》**グループの 10 (フォントサイズ)の ▾ をクリックし、一覧から**《12》**を選択します。

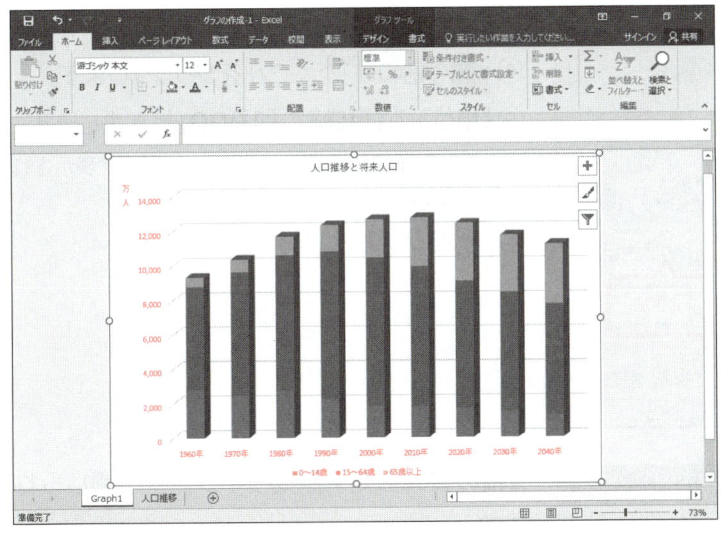

グラフエリアのフォントサイズが変更されます。

ためしてみよう

グラフタイトルのフォントサイズを18ポイントに変更しましょう。

①グラフタイトルをクリック
②《ホーム》タブを選択
③《フォント》グループの 14.4 ▾ (フォントサイズ)の ▾ をクリックし、一覧から《18》を選択

3 値軸の書式設定

値軸の目盛間隔を1,000単位に変更しましょう。

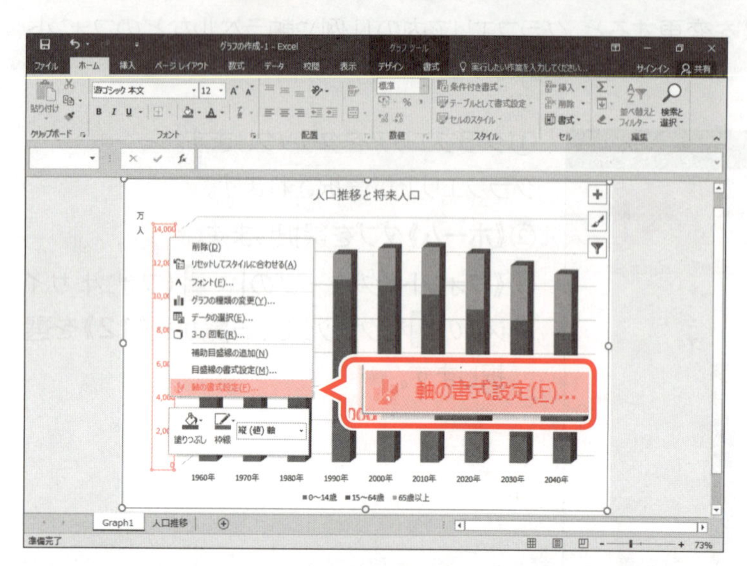

①値軸を右クリックします。

②《**軸の書式設定**》をクリックします。

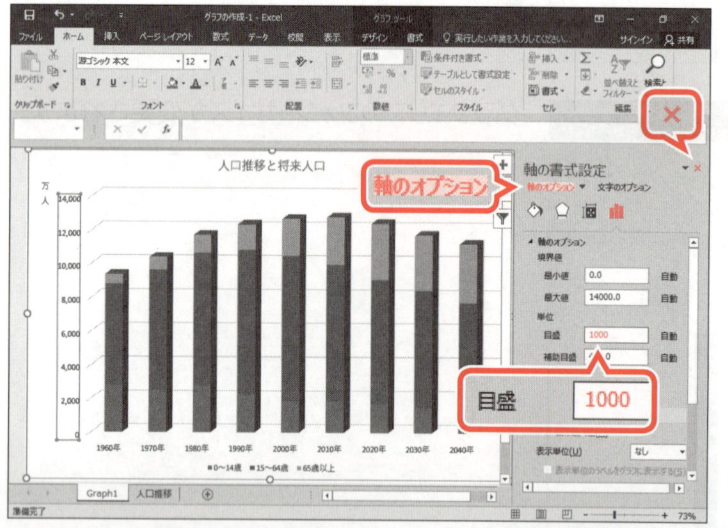

《**軸の書式設定**》作業ウィンドウが表示されます。

③《**軸のオプション**》をクリックします。

④ (軸のオプション)をクリックします。

⑤《**単位**》の《**目盛**》に「**1000**」と入力します。

※お使いの環境によっては、「目盛」が「主」と表示される場合があります。

⑥ ✕ をクリックします。

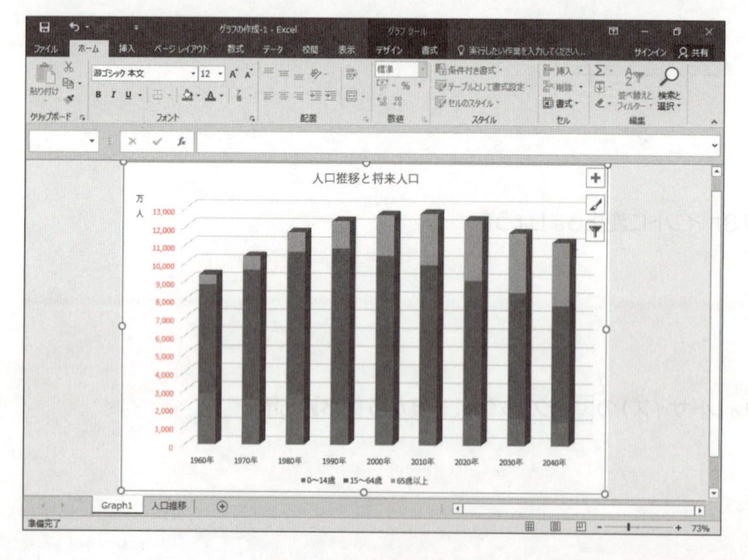

《**軸の書式設定**》作業ウィンドウが閉じられます。

目盛間隔が1,000単位になります。

STEP UP その他の方法(グラフ要素の書式設定)

◆グラフ要素を選択→《書式》タブ→《現在の選択範囲》グループの  (選択対象の書式設定)

◆グラフ要素をダブルクリック

9 グラフフィルターの利用

「グラフフィルター」を使うと、グラフを作成したあとに、グラフに表示するデータ系列を絞り込むことができます。選択したデータだけがグラフに表示され、選択していないデータは一時的に非表示になります。
グラフのデータ系列を2000年以降に絞り込みましょう。

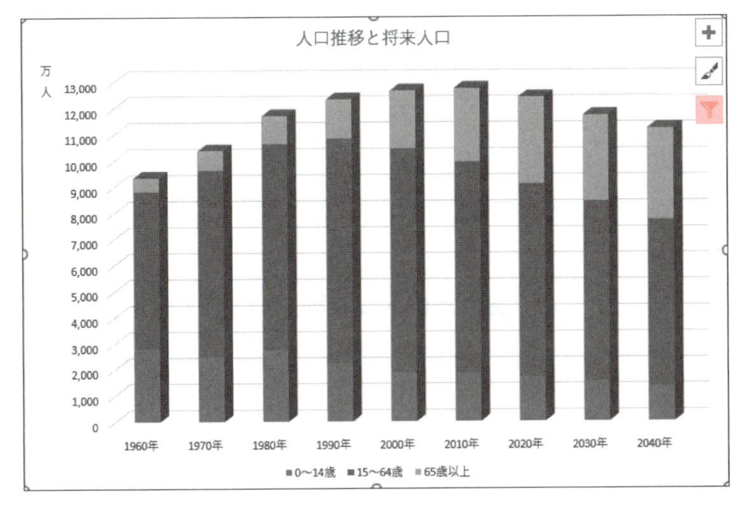

①グラフが選択されていることを確認します。

②ショートカットツールの［アイコン］（グラフフィルター）をクリックします。

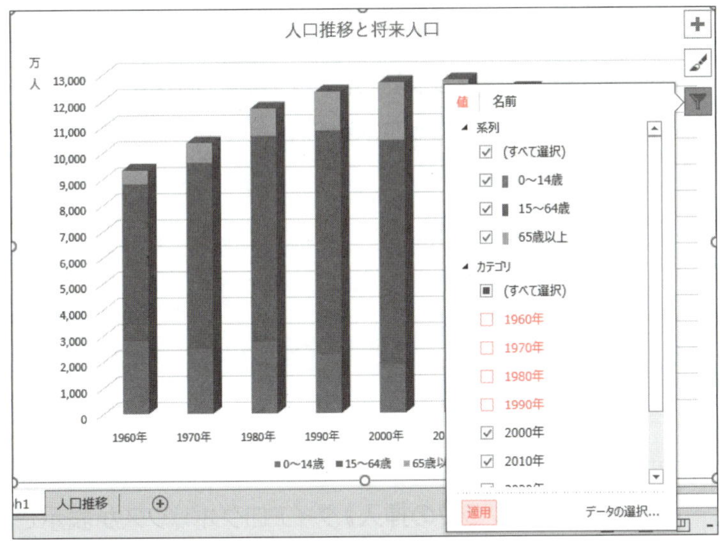

③**《値》**をクリックします。

④**《カテゴリ》**の**「1960年」「1970年」「1980年」「1990年」**を□にします。

⑤**《適用》**をクリックします。

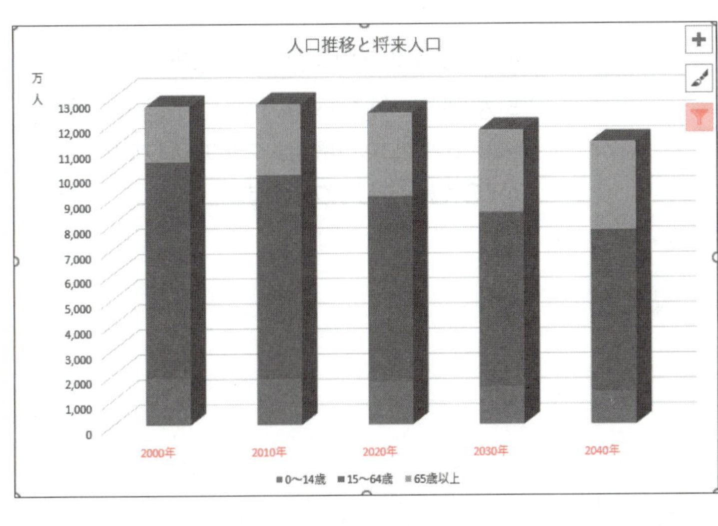

⑥［アイコン］（グラフフィルター）をクリックします。

※［Esc］を押してもかまいません。

グラフのデータ系列が2000年以降に絞り込まれます。

※ブックに「グラフの作成-1完成」と名前を付けて、フォルダー「第7章」に保存し、閉じておきましょう。

参考学習 おすすめグラフを作成する

1 おすすめグラフ

「おすすめグラフ」を使うと、選択しているデータに適した数種類のグラフが表示されます。選択したデータでどのようなグラフを作成できるかあらかじめ確認することができ、一覧から適切なグラフを選択するだけで簡単にグラフを作成できます。

2 横棒グラフの作成

表のデータをもとに、おすすめグラフを使って、**「男女別の人口推移」**を表す横棒グラフを作成しましょう。

File OPEN フォルダー「第7章」のブック「グラフの作成-2」を開いておきましょう。

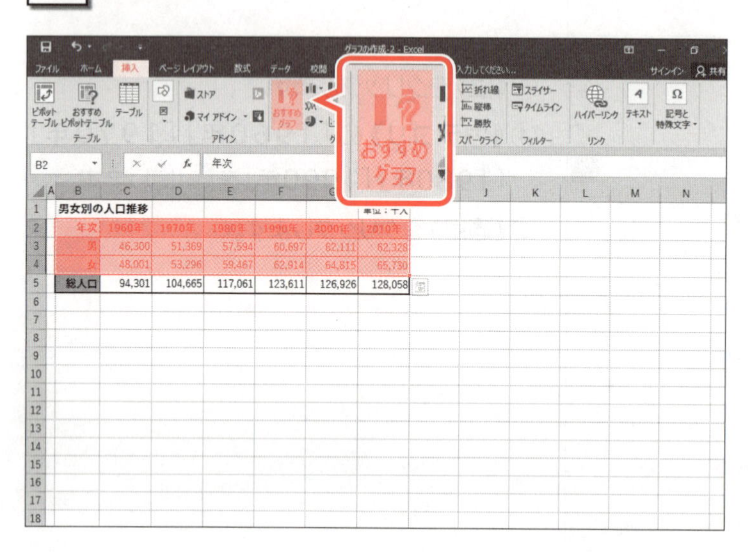

①セル範囲【B2:H4】を選択します。
②《挿入》タブを選択します。
③《グラフ》グループの（おすすめグラフ）をクリックします。

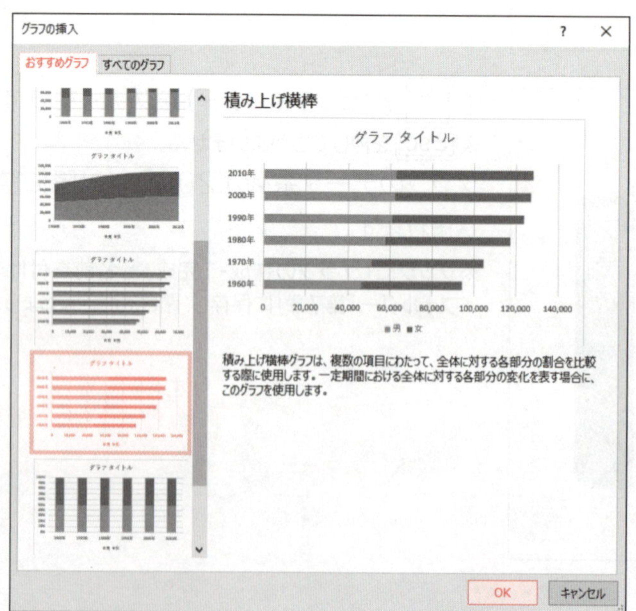

《グラフの挿入》ダイアログボックスが表示されます。
④《おすすめグラフ》タブを選択します。
⑤左側の一覧から図のグラフを選択します。
※表示されていない場合は、スクロールして調整します。
⑥《OK》をクリックします。

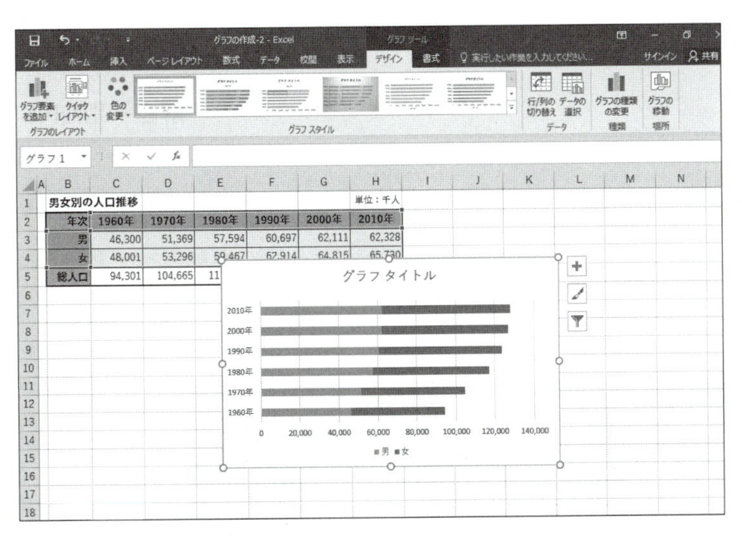

横棒グラフが作成されます。

Let's Try ためしてみよう

次のようにグラフを編集しましょう。

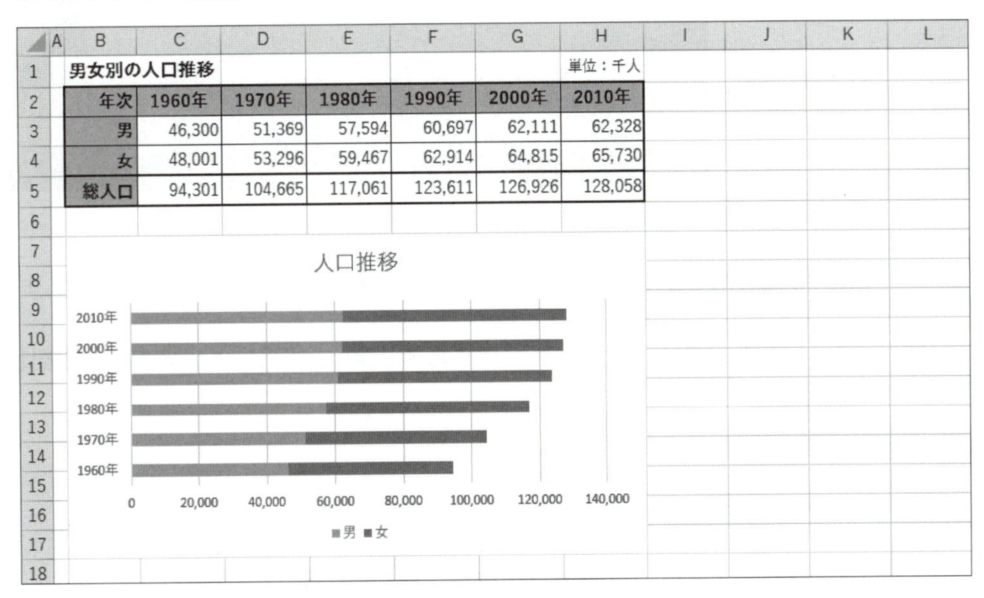

男女別の人口推移						単位：千人
年次	1960年	1970年	1980年	1990年	2000年	2010年
男	46,300	51,369	57,594	60,697	62,111	62,328
女	48,001	53,296	59,467	62,914	64,815	65,730
総人口	94,301	104,665	117,061	123,611	126,926	128,058

①グラフタイトルに「人口推移」と入力しましょう。
②上の図を参考に、グラフの位置とサイズを調整しましょう。

Let's Try Answer

①

①グラフタイトルをクリック
②グラフタイトルを再度クリック
③「グラフタイトル」を削除し、「人口推移」と入力
④グラフタイトル以外の場所をクリック

②

①グラフエリアをドラッグし、移動（目安：セル【B7】）
②グラフエリア右下をドラッグし、サイズを変更（目安：セル【H17】）

※ブックに「グラフの作成-2完成」と名前を付けて、フォルダー「第7章」に保存し、閉じておきましょう。

Exercise 練習問題

解答 ▶ 別冊P.5

完成図のようなグラフを作成しましょう。

フォルダー「第7章」のブック「第7章練習問題」を開いておきましょう。

●完成図

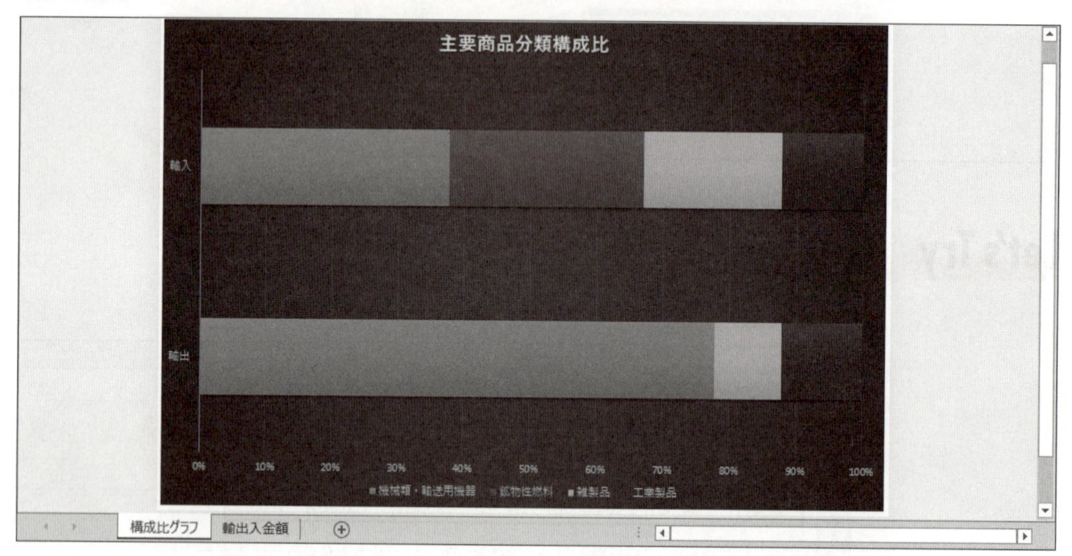

①セル範囲【B3:D12】をもとに、100%積み上げ横棒グラフを作成しましょう。

②シート上のグラフをグラフシートに移動しましょう。シートの名前は**「構成比グラフ」**にします。

Hint グラフシートの名前は、《グラフの移動》ダイアログボックスの《新しいシート》の右側のボックスで変更します。

③行の項目と列の項目を切り替えましょう。

④グラフタイトルに**「主要商品分類構成比」**と入力しましょう。

⑤グラフのスタイルを**「スタイル8」**に変更しましょう。

⑥グラフの色を**「色4」**に変更しましょう。

⑦グラフエリアのフォントサイズを11ポイント、グラフタイトルのフォントサイズを18ポイントに変更しましょう。

⑧グラフのデータ系列を**「機械類・輸送用機器」「鉱物性燃料」「雑製品」「工業製品」**に絞り込みましょう。

※ブックに「第7章練習問題完成」と名前を付けて、フォルダー「第7章」に保存し、閉じておきましょう。

よくわかる

第8章 Chapter 8

データベースの利用

Chapter 8

この章で学ぶこと

学習前に習得すべきポイントを理解しておき、
学習後には確実に習得できたかどうかを振り返りましょう。

1. データベース機能を利用するときの表の構成や、表を作成するときの注意点を理解する。 ☑☑☑ →P.200
2. 数値や文字列を条件に指定して、データを並べ替えることができる。 ☑☑☑ →P.202
3. 複数の条件を組み合わせて、データを並べ替えることができる。 ☑☑☑ →P.205
4. セルに設定されている色を条件に指定して、データを並べ替えることができる。 ☑☑☑ →P.207
5. 条件を指定して、データベースからデータを抽出できる。 ☑☑☑ →P.209
6. セルに設定されている色を条件に指定して、データベースからデータを抽出できる。 ☑☑☑ →P.212
7. 詳細な条件を指定して、データベースからデータを抽出できる。 ☑☑☑ →P.213
8. 大きな表で常に見出しが表示されるように、表の一部を固定できる。 ☑☑☑ →P.218
9. セルに設定された書式だけを、ほかのセルにコピーできる。 ☑☑☑ →P.220
10. 入力操作を軽減する機能を使って、表に繰り返し同じデータを入力できる。 ☑☑☑ →P.221
11. フラッシュフィルを使って、同じ入力パターンのデータをほかのセルにまとめて入力できる。 ☑☑☑ →P.224

Step 1 操作するデータベースを確認する

1 操作するデータベースの確認

次のように、データベースを操作しましょう。

	A	B	C	D	E	F	G	H	I	J
1				FOMビジネスコンサルティング　セミナー開催状況						
2										
3		No.	開催日	セミナー名	区分	定員	受講者数	受講率	受講費	金額
4		1	2016/4/4	経営者のための経営分析講座	経営	30	33	110.0%	¥20,000	¥660,000
5		22	2016/6/16	経営者のための経営分析講座	経営	30	30	100.0%	¥20,000	¥600,000
6		17	2016/6/2	マーケティング講座	経営	30	28	93.3%	¥18,000	¥504,000
7		2	2016/4/8	マーケティング講座	経営	30	25	83.3%	¥18,000	¥450,000
8		25	2016/6/23	人材戦略講座	経営	30	25	83.3%	¥18,000	¥450,000
9		6	2016/4/22	人材戦略講座	経営	30	24	80.0%	¥18,000	¥432,000
10		20	2016/6/10	個人投資家のための株式投資講座	投資	50	41	82.0%	¥10,000	¥410,000
11		13	2016/5/23	個人投資家のための株式投資講座	投資	50	36	72.0%	¥10,000	¥360,000
12		14	2016/5/25	個人投資家のための不動産投資講座	投資	50	44	88.0%	¥6,000	¥264,000
13		21	2016/6/13	初心者のための資産運用講座	投資	50	44	88.0%	¥6,000	¥264,000
14		10	2016/5/12	初心者のための資産運用講座	投資	50	42	84.0%	¥6,000	¥252,000
15		4	2016/4/14	初心者のための資産運用講座	投資	50	40	80.0%	¥6,000	¥240,000
16		12	2016/5/20	個人投資家のための為替投資講座	投資	50	30	60.0%	¥8,000	¥240,000
17		3	2016/4/11	初心者のためのインターネット株取引	投資	50	55	110.0%	¥4,000	¥220,000
18		23	2016/6/17	個人投資家のための不動産投資講座	投資	50	36	72.0%	¥6,000	¥216,000
19		18	2016/6/6	個人投資家のための為替投資講座	投資	50	26	52.0%	¥8,000	¥208,000
20		19	2016/6/9	初心者のためのインターネット株取引	投資	50	51	102.0%	¥4,000	¥204,000
21		9	2016/5/11	初心者のためのインターネット株取引	投資	50	50	100.0%	¥4,000	¥200,000
22		15	2016/5/26	自己分析・自己表現講座	就職	40	36	90.0%	¥2,000	¥72,000
23		7	2016/4/25	自己分析・自己表現講座	就職	40	34	85.0%	¥2,000	¥68,000
24		24	2016/6/20	一般教養攻略講座	就職	40	33	82.5%	¥2,000	¥66,000
25		8	2016/4/28	面接試験突破講座	就職	20	20	100.0%	¥3,000	¥60,000
26		26	2016/6/27	自己分析・自己表現講座	就職	40	30	75.0%	¥2,000	¥60,000
27		16	2016/5/30	面接試験突破講座	就職	20	19	95.0%	¥3,000	¥57,000
28		5	2016/4/18	一般教養攻略講座	就職	40	25	62.5%	¥2,000	¥50,000
29		11	2016/5/18	一般教養攻略講座	就職	40	23	57.5%	¥2,000	¥46,000
30										

「金額」が高い順に並べ替え

	A	B	C	D	E	F	G	H	I	J
1				FOMビジネスコンサルティング　セミナー開催状況						
2										
3		No.	開催日	セミナー名	区分	定員	受講者数	受講率	受講費	金額
4		1	2016/4/4	経営者のための経営分析講座	経営	30	3	110.0%	¥20,000	¥660,000
5		3	2016/4/11	初心者のためのインターネット株取引	投資	50	5	110.0%	¥4,000	¥220,000
6		19	2016/6/9	初心者のためのインターネット株取引	投資	50	5	102.0%	¥4,000	¥204,000
7		2	2016/4/8	マーケティング講座	経営	30	25	3.3%	¥18,000	¥450,000
8		4	2016/4/14	初心者のための資産運用講座	投資	50	40	0.0%	¥6,000	¥240,000
9		5	2016/4/18	一般教養攻略講座	就職	40	25	2.5%	¥2,000	¥50,000
10		6	2016/4/22	人材戦略講座	経営	30	24	0.0%	¥18,000	¥432,000
11		7	2016/4/25	自己分析・自己表現講座	就職	40	34	5.0%	¥2,000	¥68,000
12		8	2016/4/28	面接試験突破講座	就職	20	20	1 0.0%	¥3,000	¥60,000
13		9	2016/5/11	初心者のためのインターネット株取引	投資	50	50	1 0.0%	¥4,000	¥200,000
14		10	2016/5/12	初心者のための資産運用講座	投資	50	42	4.0%	¥6,000	¥252,000
15		11	2016/5/18	一般教養攻略講座	就職	40	23	7.5%	¥2,000	¥46,000
16		12	2016/5/20	個人投資家のための為替投資講座	投資	50	30	0.0%	¥8,000	¥240,000
17		13	2016/5/23	個人投資家のための株式投資講座	投資	50	36	2.0%	¥10,000	¥360,000
18		14	2016/5/25	個人投資家のための不動産投資講座	投資	50	44	8.0%	¥6,000	¥264,000
19		15	2016/5/26	自己分析・自己表現講座	就職	40	36	0.0%	¥2,000	¥72,000
20		16	2016/5/30	面接試験突破講座	就職	20	19	5.0%	¥3,000	¥57,000
21		17	2016/6/2	マーケティング講座	経営	30	28	3.3%	¥18,000	¥504,000
22		18	2016/6/6	個人投資家のための為替投資講座	投資	50	26	2.0%	¥8,000	¥208,000
23		20	2016/6/10	個人投資家のための株式投資講座	投資	50	41	2.0%	¥10,000	¥410,000
24		21	2016/6/13	初心者のための資産運用講座	投資	50	44	8.0%	¥6,000	¥264,000
25		22	2016/6/16	経営者のための経営分析講座	経営	30	30	1 0.0%	¥20,000	¥600,000
26		23	2016/6/17	個人投資家のための不動産投資講座	投資	50	36	2.0%	¥6,000	¥216,000
27		24	2016/6/20	一般教養攻略講座	就職	40	33	2.5%	¥2,000	¥66,000
28		25	2016/6/23	人材戦略講座	経営	30	25	3.3%	¥18,000	¥450,000
29		26	2016/6/27	自己分析・自己表現講座	就職	40	30	5.0%	¥2,000	¥60,000
30										

セルがオレンジ色のデータを上部に表示

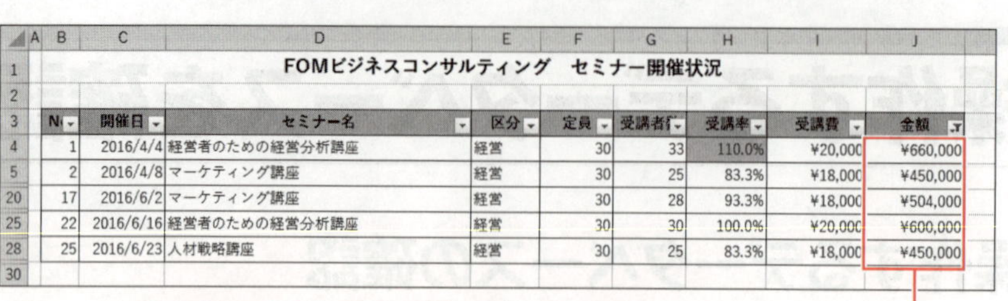

FOMビジネスコンサルティング　セミナー開催状況

	No.	開催日	セミナー名	区分	定員	受講者数	受講率	受講費	金額
4	1	2016/4/4	経営者のための経営分析講座	経営	30	33	110.0%	¥20,000	¥660,000
5	2	2016/4/8	マーケティング講座	経営	30	25	83.3%	¥18,000	¥450,000
20	17	2016/6/2	マーケティング講座	経営	30	28	93.3%	¥18,000	¥504,000
25	22	2016/6/16	経営者のための経営分析講座	経営	30	30	100.0%	¥20,000	¥600,000
28	25	2016/6/23	人材戦略講座	経営	30	25	83.3%	¥18,000	¥450,000

「金額」が高い上位5件のデータを抽出

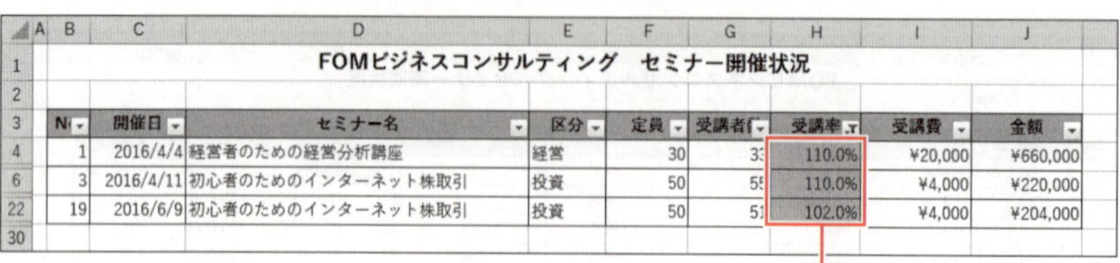

FOMビジネスコンサルティング　セミナー開催状況

	No.	開催日	セミナー名	区分	定員	受講者数	受講率	受講費	金額
4	1	2016/4/4	経営者のための経営分析講座	経営	30	33	110.0%	¥20,000	¥660,000
6	3	2016/4/11	初心者のためのインターネット株取引	投資	50	55	110.0%	¥4,000	¥220,000
22	19	2016/6/9	初心者のためのインターネット株取引	投資	50	51	102.0%	¥4,000	¥204,000

セルがオレンジ色のデータを抽出

1～3行目の見出しを固定

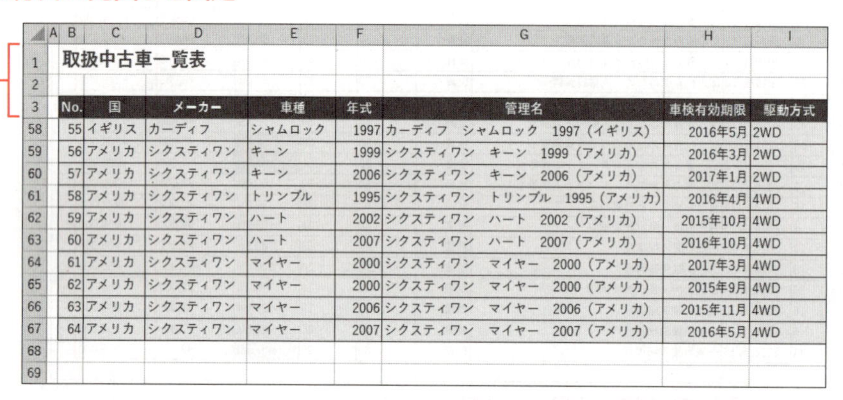

取扱中古車一覧表

	No.	国	メーカー	車種	年式	管理名	車検有効期限	駆動方式
58	55	イギリス	カーディフ	シャムロック	1997	カーディフ　シャムロック　1997（イギリス）	2016年5月	2WD
59	56	アメリカ	シクスティワン	キーン	1999	シクスティワン　キーン　1999（アメリカ）	2016年3月	2WD
60	57	アメリカ	シクスティワン	キーン	2006	シクスティワン　キーン　2006（アメリカ）	2017年1月	2WD
61	58	アメリカ	シクスティワン	トリンプル	1995	シクスティワン　トリンプル　1995（アメリカ）	2016年4月	4WD
62	59	アメリカ	シクスティワン	ハート	2002	シクスティワン　ハート　2002（アメリカ）	2015年10月	4WD
63	60	アメリカ	シクスティワン	ハート	2007	シクスティワン　ハート　2007（アメリカ）	2016年10月	4WD
64	61	アメリカ	シクスティワン	マイヤー	2000	シクスティワン　マイヤー　2000（アメリカ）	2017年3月	4WD
65	62	アメリカ	シクスティワン	マイヤー	2000	シクスティワン　マイヤー　2000（アメリカ）	2015年9月	4WD
66	63	アメリカ	シクスティワン	マイヤー	2006	シクスティワン　マイヤー　2006（アメリカ）	2015年11月	4WD
67	64	アメリカ	シクスティワン	マイヤー	2007	シクスティワン　マイヤー　2007（アメリカ）	2016年5月	4WD

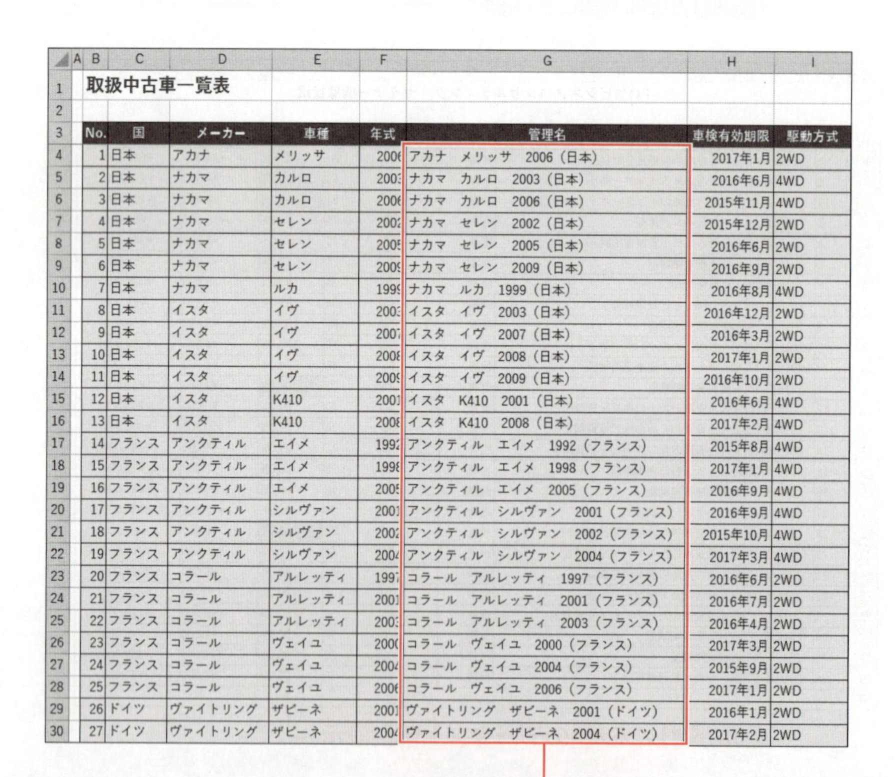

取扱中古車一覧表

	No.	国	メーカー	車種	年式	管理名	車検有効期限	駆動方式
4	1	日本	アカナ	メリッサ	2006	アカナ　メリッサ　2006（日本）	2017年1月	2WD
5	2	日本	ナカマ	カルロ	2003	ナカマ　カルロ　2003（日本）	2016年6月	4WD
6	3	日本	ナカマ	カルロ	2006	ナカマ　カルロ　2006（日本）	2015年11月	4WD
7	4	日本	ナカマ	セレン	2002	ナカマ　セレン　2002（日本）	2015年12月	2WD
8	5	日本	ナカマ	セレン	2005	ナカマ　セレン　2005（日本）	2016年6月	2WD
9	6	日本	ナカマ	セレン	2009	ナカマ　セレン　2009（日本）	2016年9月	2WD
10	7	日本	ナカマ	ルカ	1999	ナカマ　ルカ　1999（日本）	2016年8月	4WD
11	8	日本	イスタ	イヴ	2003	イスタ　イヴ　2003（日本）	2016年12月	2WD
12	9	日本	イスタ	イヴ	2007	イスタ　イヴ　2007（日本）	2016年3月	2WD
13	10	日本	イスタ	イヴ	2008	イスタ　イヴ　2008（日本）	2017年1月	2WD
14	11	日本	イスタ	イヴ	2009	イスタ　イヴ　2009（日本）	2016年10月	2WD
15	12	日本	イスタ	K410	2001	イスタ　K410　2001（日本）	2016年6月	4WD
16	13	日本	イスタ	K410	2008	イスタ　K410　2008（日本）	2017年2月	4WD
17	14	フランス	アンクティル	エイメ	1992	アンクティル　エイメ　1992（フランス）	2015年8月	4WD
18	15	フランス	アンクティル	エイメ	1998	アンクティル　エイメ　1998（フランス）	2017年1月	4WD
19	16	フランス	アンクティル	エイメ	2005	アンクティル　エイメ　2005（フランス）	2016年9月	4WD
20	17	フランス	アンクティル	シルヴァン	2001	アンクティル　シルヴァン　2001（フランス）	2016年9月	4WD
21	18	フランス	アンクティル	シルヴァン	2002	アンクティル　シルヴァン　2002（フランス）	2015年10月	4WD
22	19	フランス	アンクティル	シルヴァン	2004	アンクティル　シルヴァン　2004（フランス）	2017年3月	4WD
23	20	フランス	コラール	アルレッティ	1997	コラール　アルレッティ　1997（フランス）	2016年6月	2WD
24	21	フランス	コラール	アルレッティ	2001	コラール　アルレッティ　2001（フランス）	2016年7月	2WD
25	22	フランス	コラール	アルレッティ	2003	コラール　アルレッティ　2003（フランス）	2016年4月	2WD
26	23	フランス	コラール	ヴェイユ	2000	コラール　ヴェイユ　2000（フランス）	2017年3月	2WD
27	24	フランス	コラール	ヴェイユ	2004	コラール　ヴェイユ　2004（フランス）	2015年9月	2WD
28	25	フランス	コラール	ヴェイユ	2006	コラール　ヴェイユ　2006（フランス）	2017年1月	2WD
29	26	ドイツ	ヴァイトリング	ザビーネ	2001	ヴァイトリング　ザビーネ　2001（ドイツ）	2016年1月	2WD
30	27	ドイツ	ヴァイトリング	ザビーネ	2004	ヴァイトリング　ザビーネ　2004（ドイツ）	2017年2月	2WD

フラッシュフィルを使って、
同じ入力パターンのデータを一括入力

Step2 データベース機能の概要

1 データベース機能

商品台帳、社員名簿、売上台帳などのように関連するデータをまとめたものを**「データベース」**といいます。このデータベースを管理・運用する機能が**「データベース機能」**です。
データベース機能を使うと、大量のデータを効率よく管理できます。
データベース機能には、次のようなものがあります。

●並べ替え

指定した基準に従って、データを並べ替えます。

●フィルター

データベースから条件を満たすデータだけを抽出します。

2 データベース用の表

データベース機能を利用するには、データベースを**「フィールド」**と**「レコード」**から構成される表にする必要があります。

1 表の構成

データベース用の表では、1件分のデータを横1行で管理します。

❶

No.	開催日	セミナー名	区分	定員	受講者数	受講率	受講費	金額
1	2016/4/4	経営者のための経営分析講座	経営	30	33	110.0%	¥20,000	¥660,000
2	2016/4/8	マーケティング講座	経営	30	25	83.3%	¥18,000	¥450,000
3	2016/4/11	初心者のためのインターネット株取引	投資	50	55	110.0%	¥4,000	¥220,000
4	2016/4/14	初心者のための資産運用講座	投資	50	40	80.0%	¥6,000	¥240,000
5	2016/4/18	一般教養攻略講座	就職	40	25	62.5%	¥2,000	¥50,000
6	2016/4/22	人材戦略講座	経営	30	24	80.0%	¥18,000	¥432,000
7	2016/4/25	自己分析・自己表現講座	就職	40	34	85.0%	¥2,000	¥68,000
8	2016/4/28	面接試験突破講座	就職	20	20	100.0%	¥3,000	¥60,000
9	2016/5/11	初心者のためのインターネット株取引	投資	50	50	100.0%	¥4,000	¥200,000
10	2016/5/12	初心者のための資産運用講座	投資	50	42	84.0%	¥6,000	¥252,000
11	2016/5/18	一般教養攻略講座	就職	40	23	57.5%	¥2,000	¥46,000
12	2016/5/20	個人投資家のための為替投資講座	投資	50	30	60.0%	¥8,000	¥240,000
13	2016/5/23	個人投資家のための株式投資講座	投資	50	36	72.0%	¥10,000	¥360,000
14	2016/5/25	個人投資家のための不動産投資講座	投資	50	44	88.0%	¥6,000	¥264,000
15	2016/5/26	自己分析・自己表現講座	就職	40	36	90.0%	¥2,000	¥72,000
16	2016/5/30	面接試験突破講座	就職	20	19	95.0%	¥3,000	¥57,000
17	2016/6/2	マーケティング講座	経営	30	28	93.3%	¥18,000	¥504,000
18	2016/6/6	個人投資家のための為替投資講座	投資	50	26	52.0%	¥8,000	¥208,000
19	2016/6/9	初心者のためのインターネット株取引	投資	50	51	102.0%	¥4,000	¥204,000
20	2016/6/10	個人投資家のための株式投資講座	投資	50	41	82.0%	¥10,000	¥410,000
21	2016/6/13	初心者のための資産運用講座	投資	50	44	88.0%	¥6,000	¥264,000

❸ ❷

❶列見出し(フィールド名)

データを分類する項目名です。列見出しを必ず設定し、レコード部分と異なる書式にします。

❷フィールド

列単位のデータです。列見出しに対応した同じ種類のデータを入力します。

❸レコード

行単位のデータです。1件分のデータを入力します。

2 表作成時の注意点

データベース用の表を作成するとき、次のような点に注意します。

FOMビジネスコンサルティング　セミナー開催状況

No.	開催日	セミナー名	区分	定員	受講者数	受講率	受講費	金額
1	2016/4/4	経営者のための経営分析講座	経営	30	33	110.0%	¥20,000	¥660,000
2	2016/4/8	マーケティング講座	経営	30	25	83.3%	¥18,000	¥450,000
3	2016/4/11	初心者のためのインターネット株取引	投資	50	55	110.0%	¥4,000	¥220,000
4	2016/4/14	初心者のための資産運用講座	投資	50	40	80.0%	¥6,000	¥240,000
5	2016/4/18	一般教養攻略講座	就職	40	25	62.5%	¥2,000	¥50,000
6	2016/4/22	人材戦略講座	経営	30	24	80.0%	¥18,000	¥432,000
7	2016/4/25	自己分析・自己表現講座	就職	40	34	85.0%	¥2,000	¥68,000
8	2016/4/28	面接試験突破講座	就職	20	20	100.0%	¥3,000	¥60,000
9	2016/5/11	初心者のためのインターネット株取引	投資	50	50	100.0%	¥4,000	¥200,000
10	2016/5/12	初心者のための資産運用講座	投資	50	42	84.0%	¥6,000	¥252,000
11	2016/5/18	一般教養攻略講座	就職	40	23	57.5%	¥2,000	¥46,000
12	2016/5/20	個人投資家のための為替投資講座	投資	50	30	60.0%	¥8,000	¥240,000
13	2016/5/23	個人投資家のための株式投資講座	投資	50	36	72.0%	¥10,000	¥360,000
14	2016/5/25	個人投資家のための不動産投資講座	投資	50	44	88.0%	¥6,000	¥264,000
15	2016/5/26	自己分析・自己表現講座	就職	40	36	90.0%	¥2,000	¥72,000
16	[illegible]	面接試験突破講座	就職	20	19	95.0%	¥3,000	¥57,000
17	2016/6/2	マーケティング講座	経営	30	28	93.3%	¥18,000	¥504,000
18	2016/6/6	個人投資家のための為替投資講座	投資	50	26	52.0%	¥8,000	¥208,000
19	2016/6/9	初心者のためのインターネット株取引	投資	50	51	102.0%	¥4,000	¥204,000

開催状況

❶表に隣接するセルには、データを入力しない

データベースのセル範囲を自動的に認識させるには、表に隣接するセルを空白にしておきます。セル範囲を手動で選択する手間が省けるので、効率的に操作できます。

❷1枚のシートにひとつの表を作成する

1枚のシートに複数の表が作成されている場合、一方の抽出結果が、もう一方に影響することがあります。できるだけ、1枚のシートにひとつの表を作成するようにしましょう。

❸先頭行は列見出しにする

表の先頭行には、必ず列見出しを入力します。列見出しをもとに、並べ替えやフィルターが実行されます。

❹列見出しは異なる書式にする

列見出しは、太字にしたり塗りつぶしの色を設定したりして、レコードと異なる書式にします。先頭行が列見出しであるかレコードであるかは、書式が異なるかどうかによって認識されます。

❺フィールドには同じ種類のデータを入力する

ひとつのフィールドには、同じ種類のデータを入力します。文字列と数値を混在させないようにしましょう。

❻1件分のデータは横1行で入力する

1件分のデータを横1行に入力します。複数行に分けて入力すると、意図したとおりに並べ替えやフィルターが行われません。

❼セルの先頭に余分な空白は入力しない

セルの先頭に余分な空白を入力してはいけません。余分な空白が入力されていると、意図したとおりに並べ替えやフィルターが行われません。

インデント

セルの先頭を字下げする場合、《ホーム》タブ→《配置》グループの（インデントを増やす）を字下げする文字数分クリックします。インデントを設定しても、実際のデータは変わらないので、並べ替えやフィルターに影響しません。

Step3 データを並べ替える

1 並べ替え

「並べ替え」を使うと、レコードを指定したキー（基準）に従って、並べ替えることができます。
並べ替えの順序には、**「昇順」**と**「降順」**があります。

●昇順

データ	順序
数値	0→9
英字	A→Z
日付	古→新
かな	あ→ん
JISコード	小→大

●降順

データ	順序
数値	9→0
英字	Z→A
日付	新→古
かな	ん→あ
JISコード	大→小

※空白セルは、昇順でも降順でも表の末尾に並びます。

2 昇順・降順で並べ替え

キーを指定して、表を並べ替えましょう。

File OPEN　フォルダー「第8章」のブック「データベースの利用-1」を開いておきましょう。

1 数値の並べ替え

並べ替えのキーがひとつの場合には、（昇順）や（降順）を使うと簡単です。
「金額」が高い順に並べ替えましょう。

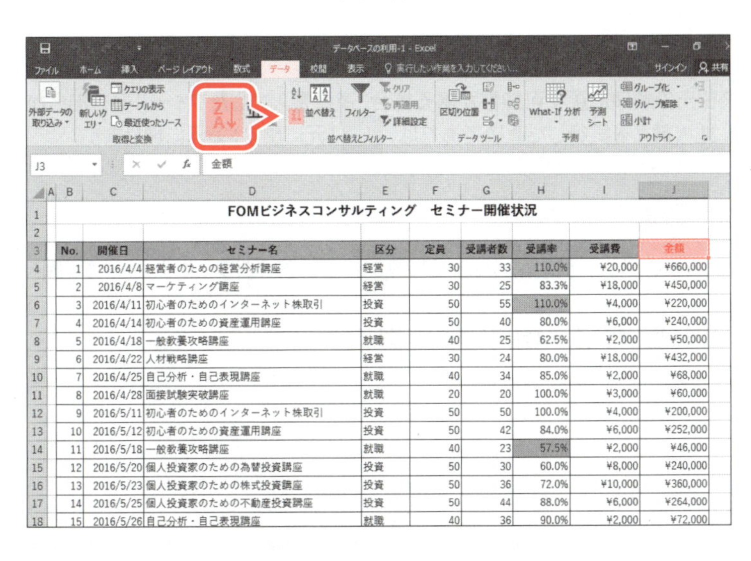

FOMビジネスコンサルティング　セミナー開催状況

No.	開催日	セミナー名	区分	定員	受講者数	受講率	受講費	金額
1	2016/4/4	経営者のための経営分析講座	経営	30	33	110.0%	¥20,000	¥660,000
2	2016/4/8	マーケティング講座	経営	30	25	83.3%	¥18,000	¥450,000
3	2016/4/11	初心者のためのインターネット株取引	投資	50	55	110.0%	¥4,000	¥220,000
4	2016/4/14	初心者のための資産運用講座	投資	50	40	80.0%	¥6,000	¥240,000
5	2016/4/18	一般教養攻略講座	就職	40	25	62.5%	¥2,000	¥50,000
6	2016/4/22	人材戦略講座	経営	30	24	80.0%	¥18,000	¥432,000
7	2016/4/25	自己分析・自己表現講座	就職	40	34	85.0%	¥2,000	¥68,000
8	2016/4/28	面接試験突破講座	就職	20	20	100.0%	¥3,000	¥60,000
9	2016/5/11	初心者のためのインターネット株取引	投資	50	50	100.0%	¥4,000	¥200,000
10	2016/5/12	初心者のための資産運用講座	投資	50	42	84.0%	¥6,000	¥252,000
11	2016/5/18	一般教養攻略講座	就職	40	23	57.5%	¥2,000	¥46,000
12	2016/5/20	個人投資家のための為替投資講座	投資	50	30	60.0%	¥8,000	¥240,000
13	2016/5/23	個人投資家のための株式投資講座	投資	50	36	72.0%	¥10,000	¥360,000
14	2016/5/25	個人投資家のための不動産投資講座	投資	50	44	88.0%	¥6,000	¥264,000
15	2016/5/26	自己分析・自己表現講座	就職	40	36	90.0%	¥2,000	¥72,000

並べ替えのキーとなるセルを選択します。

①セル**【J3】**をクリックします。

※表内のJ列のセルであれば、どこでもかまいません。

②**《データ》**タブを選択します。

③**《並べ替えとフィルター》**グループの（降順）をクリックします。

「**金額**」が高い順に並べ替えられます。

「**No.**」順に並べ替えます。

④セル【**B3**】をクリックします。

※表内のB列のセルであれば、どこでもかまいません。

⑤《**並べ替えとフィルター**》グループの［昇順アイコン］（昇順）をクリックします。

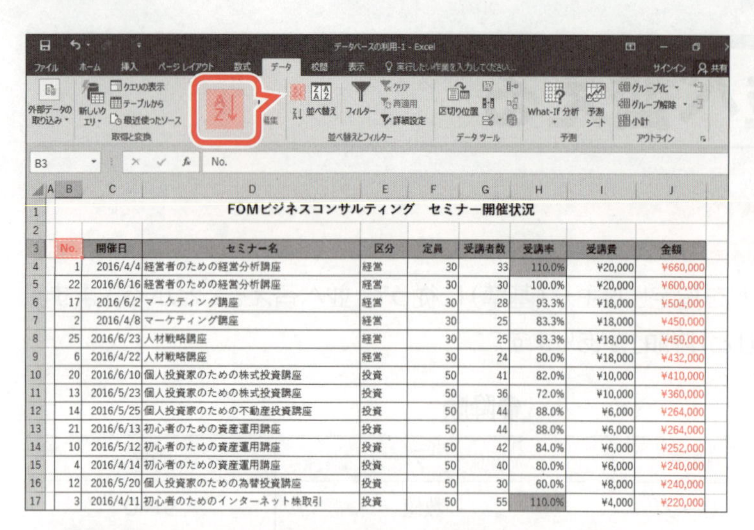

	A	B	C	D	E	F	G	H	I	J
1		FOMビジネスコンサルティング　セミナー開催状況								
2										
3		No.	開催日	セミナー名	区分	定員	受講者数	受講率	受講費	金額
4		1	2016/4/4	経営者のための経営分析講座	経営	30	33	110.0%	¥20,000	¥660,000
5		22	2016/6/16	経営者のための経営分析講座	経営	30	30	100.0%	¥20,000	¥600,000
6		17	2016/6/2	マーケティング講座	経営	30	28	93.3%	¥18,000	¥504,000
7		2	2016/4/8	マーケティング講座	経営	30	25	83.3%	¥18,000	¥450,000
8		25	2016/6/23	人材戦略講座	経営	30	25	83.3%	¥18,000	¥450,000
9		6	2016/4/22	人材戦略講座	経営	30	24	80.0%	¥18,000	¥432,000
10		20	2016/6/10	個人投資家のための株式投資講座	投資	50	41	82.0%	¥10,000	¥410,000
11		13	2016/5/23	個人投資家のための株式投資講座	投資	50	36	72.0%	¥10,000	¥360,000
12		14	2016/5/25	個人投資家のための不動産投資講座	投資	50	44	88.0%	¥6,000	¥264,000
13		21	2016/6/13	初心者のための資産運用講座	投資	50	44	88.0%	¥6,000	¥264,000
14		10	2016/5/12	初心者のための資産運用講座	投資	50	42	84.0%	¥6,000	¥252,000
15		4	2016/4/14	初心者のための資産運用講座	投資	50	40	80.0%	¥6,000	¥240,000
16		12	2016/5/20	個人投資家のための為替投資講座	投資	50	30	60.0%	¥8,000	¥240,000
17		3	2016/4/11	初心者のためのインターネット株取引	投資	50	55	110.0%	¥4,000	¥220,000

「**No.**」順に並べ替えられます。

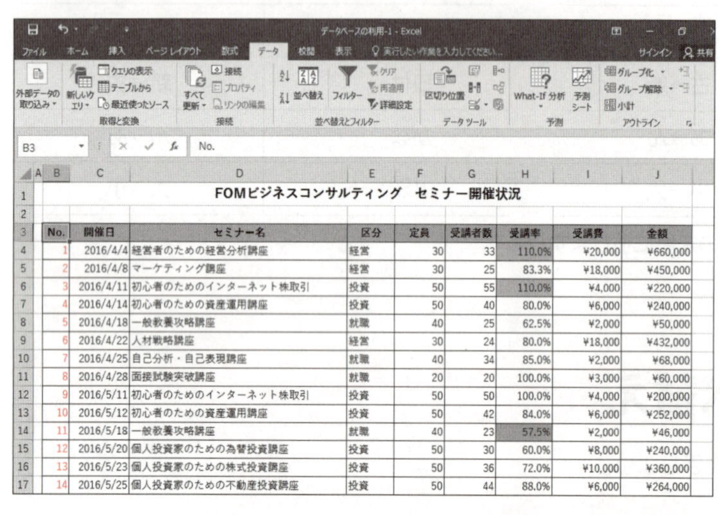

	A	B	C	D	E	F	G	H	I	J
1		FOMビジネスコンサルティング　セミナー開催状況								
2										
3		No.	開催日	セミナー名	区分	定員	受講者数	受講率	受講費	金額
4		1	2016/4/4	経営者のための経営分析講座	経営	30	33	110.0%	¥20,000	¥660,000
5		2	2016/4/8	マーケティング講座	経営	30	25	83.3%	¥18,000	¥450,000
6		3	2016/4/11	初心者のためのインターネット株取引	投資	50	55	110.0%	¥4,000	¥220,000
7		4	2016/4/14	初心者のための資産運用講座	投資	50	40	80.0%	¥6,000	¥240,000
8		5	2016/4/18	一般教養攻略講座	就職	40	25	62.5%	¥2,000	¥50,000
9		6	2016/4/22	人材戦略講座	経営	30	24	80.0%	¥18,000	¥432,000
10		7	2016/4/25	自己分析・自己表現講座	就職	40	34	85.0%	¥2,000	¥68,000
11		8	2016/4/28	面接試験突破講座	就職	20	20	100.0%	¥3,000	¥60,000
12		9	2016/5/11	初心者のためのインターネット株取引	投資	50	50	100.0%	¥4,000	¥200,000
13		10	2016/5/12	初心者のための資産運用講座	投資	50	42	84.0%	¥6,000	¥252,000
14		11	2016/5/18	一般教養攻略講座	就職	40	23	57.5%	¥2,000	¥46,000
15		12	2016/5/20	個人投資家のための為替投資講座	投資	50	30	60.0%	¥8,000	¥240,000
16		13	2016/5/23	個人投資家のための株式投資講座	投資	50	36	72.0%	¥10,000	¥360,000
17		14	2016/5/25	個人投資家のための不動産投資講座	投資	50	44	88.0%	¥6,000	¥264,000

POINT ▶▶▶

表のセル範囲の認識

表内の任意のセルを選択して並べ替えを実行すると、自動的にセル範囲が認識されます。
セル範囲を正しく認識させるには、表に隣接するセルを空白にしておきます。

表を元の順序に戻す

並べ替えを実行したあと、表を元の順序に戻す可能性がある場合、連番を入力したフィールドをあらかじめ用意しておきます。また、並べ替えを実行した直後であれば、［元に戻すアイコン］（元に戻す）で元に戻ります。

その他の方法（昇順・降順で並べ替え）

◆キーとなるセルを選択→《ホーム》タブ→《編集》グループの［並べ替えとフィルターアイコン］（並べ替えとフィルター）→《昇順》または《降順》

◆キーとなるセルを右クリック→《並べ替え》→《昇順》または《降順》

ためしてみよう

「受講率」が高い順に並べ替えましょう。

①セル【H3】をクリック

②《データ》タブを選択

③《並べ替えとフィルター》グループの［降順アイコン］（降順）をクリック

※「No.」順に並べ替えておきましょう。

2 日本語の並べ替え

漢字やひらがな、カタカナなどの日本語のフィールドをキーに並べ替えると、五十音順になります。漢字を入力すると、ふりがな情報も一緒にセルに格納されます。漢字は、そのふりがな情報をもとに並べ替えられます。

「セミナー名」を五十音順（あ→ん）に並べ替えましょう。

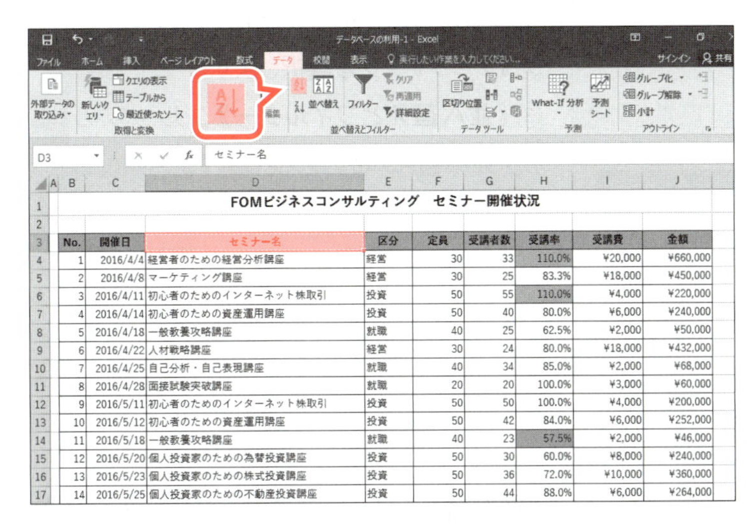

FOMビジネスコンサルティング　セミナー開催状況

No.	開催日	セミナー名	区分	定員	受講者数	受講率	受講費	金額
1	2016/4/4	経営者のための経営分析講座	経営	30	33	110.0%	¥20,000	¥660,000
2	2016/4/8	マーケティング講座	経営	30	25	83.3%	¥18,000	¥450,000
3	2016/4/11	初心者のためのインターネット株取引	投資	50	55	110.0%	¥4,000	¥220,000
4	2016/4/14	初心者のための資産運用講座	投資	50	40	80.0%	¥6,000	¥240,000
5	2016/4/18	一般教養攻略講座	就職	40	25	62.5%	¥2,000	¥50,000
6	2016/4/22	人材戦略講座	経営	30	24	80.0%	¥18,000	¥432,000
7	2016/4/25	自己分析・自己表現講座	就職	40	34	85.0%	¥2,000	¥68,000
8	2016/4/28	面接試験突破講座	就職	20	20	100.0%	¥3,000	¥60,000
9	2016/5/11	初心者のためのインターネット株取引	投資	50	50	100.0%	¥4,000	¥200,000
10	2016/5/12	初心者のための資産運用講座	投資	50	42	84.0%	¥6,000	¥252,000
11	2016/5/18	一般教養攻略講座	就職	40	23	57.5%	¥2,000	¥46,000
12	2016/5/20	個人投資家のための為替投資講座	投資	50	30	60.0%	¥8,000	¥240,000
13	2016/5/23	個人投資家のための株式投資講座	投資	50	36	72.0%	¥10,000	¥360,000
14	2016/5/25	個人投資家のための不動産投資講座	投資	50	44	88.0%	¥6,000	¥264,000

①セル**【D3】**をクリックします。

※表内のD列のセルであれば、どこでもかまいません。

②**《データ》**タブを選択します。

③**《並べ替えとフィルター》**グループの［昇順ボタン］（昇順）をクリックします。

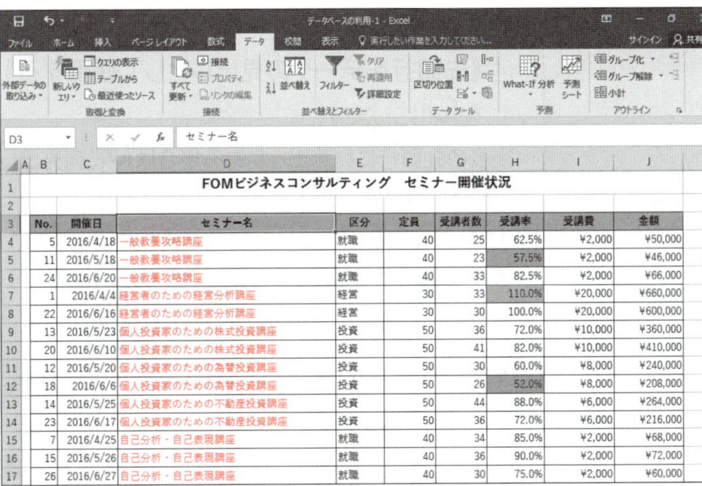

FOMビジネスコンサルティング　セミナー開催状況

No.	開催日	セミナー名	区分	定員	受講者数	受講率	受講費	金額
5	2016/4/18	一般教養攻略講座	就職	40	25	62.5%	¥2,000	¥50,000
11	2016/5/18	一般教養攻略講座	就職	40	23	57.5%	¥2,000	¥46,000
24	2016/6/20	一般教養攻略講座	就職	40	33	82.5%	¥2,000	¥66,000
1	2016/4/4	経営者のための経営分析講座	経営	30	33	110.0%	¥20,000	¥660,000
22	2016/6/16	経営者のための経営分析講座	経営	30	30	100.0%	¥20,000	¥600,000
13	2016/5/23	個人投資家のための株式投資講座	投資	50	36	72.0%	¥10,000	¥360,000
20	2016/6/10	個人投資家のための株式投資講座	投資	50	41	82.0%	¥10,000	¥410,000
12	2016/5/20	個人投資家のための為替投資講座	投資	50	30	60.0%	¥8,000	¥240,000
18	2016/6/6	個人投資家のための為替投資講座	投資	50	26	52.0%	¥8,000	¥208,000
14	2016/5/25	個人投資家のための不動産投資講座	投資	50	44	88.0%	¥6,000	¥264,000
23	2016/6/17	個人投資家のための不動産投資講座	投資	50	36	72.0%	¥6,000	¥216,000
7	2016/4/25	自己分析・自己表現講座	就職	40	34	85.0%	¥2,000	¥68,000
15	2016/5/26	自己分析・自己表現講座	就職	40	36	90.0%	¥2,000	¥72,000
26	2016/6/27	自己分析・自己表現講座	就職	40	30	75.0%	¥2,000	¥60,000

「セミナー名」が五十音順に並べ替えられます。

※「No.」順に並べ替えておきましょう。

STEP UP ふりがなの表示

No.	開催日	セミナー名	区分
1	2016/4/4	ケイエイシャ　ケイエイブンセキコウザ 経営者のための経営分析講座	経営
2	2016/4/8	コウザ マーケティング講座	経営
3	2016/4/11	ショシンシャ　カブトリヒキ 初心者のためのインターネット株取引	投資
4	2016/4/14	ショシンシャ　シサン ウンヨウコウザ 初心者のための資産運用講座	投資

セルに格納されているふりがなを表示するには、セルを選択して、《ホーム》タブ→《フォント》グループの［ふりがなボタン］（ふりがなの表示/非表示）をクリックします。

※表示したふりがなを非表示にするには、［ふりがなボタン］（ふりがなの表示/非表示）を再度クリックします。

STEP UP ふりがなの編集

No.	開催日	セミナー名	区分
1	2016/4/4	ケイエイシャ　ケイエイブンセキコウザ 経営者のための経営分析講座	経営
2	2016/4/8	コウザ マーケティング講座	経営
3	2016/4/11	ショシンシャ　カブトリヒキ 初心者のためのインターネット株取引	投資
4	2016/4/14	ショシンシャ　シサン ウンヨウコウザ 初心者のための資産運用講座	投資

ふりがなを編集するには、セルを選択して、《ホーム》タブ→《フォント》グループの［ふりがなボタン］▼（ふりがなの表示/非表示）の▼→《ふりがなの編集》をクリックします。ふりがなの末尾にカーソルが表示され、編集できる状態になります。

1
2
3
4
5
6
7
8
9
総合問題
付録1
付録2
付録3
付録4
索引

3 複数キーによる並べ替え

複数のキーで並べ替えるには、（並べ替え）を使います。
「定員」が多い順に並べ替え、**「定員」**が同じ場合は**「受講者数」**が多い順に並べ替えましょう。

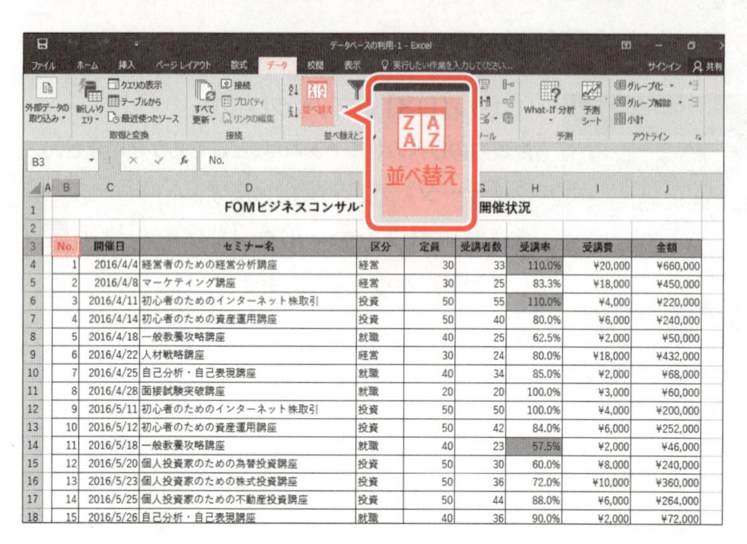

No.	開催日	セミナー名	区分	定員	受講者数	受講率	受講費	金額
1	2016/4/4	経営者のための経営分析講座	経営	30	33	110.0%	¥20,000	¥660,000
2	2016/4/8	マーケティング講座	経営	30	25	83.3%	¥18,000	¥450,000
3	2016/4/11	初心者のためのインターネット株取引	投資	50	55	110.0%	¥4,000	¥220,000
4	2016/4/14	初心者のための資産運用講座	投資	50	40	80.0%	¥6,000	¥240,000
5	2016/4/18	一般教養攻略講座	就職	40	25	62.5%	¥2,000	¥50,000
6	2016/4/22	人材戦略講座	経営	30	24	80.0%	¥18,000	¥432,000
7	2016/4/25	自己分析・自己表現講座	就職	40	34	85.0%	¥2,000	¥68,000
8	2016/4/28	面接試験突破講座	就職	20	20	100.0%	¥3,000	¥60,000
9	2016/5/11	初心者のためのインターネット株取引	投資	50	50	100.0%	¥4,000	¥200,000
10	2016/5/12	初心者のための資産運用講座	投資	50	42	84.0%	¥6,000	¥252,000
11	2016/5/18	一般教養攻略講座	就職	40	23	57.5%	¥2,000	¥46,000
12	2016/5/20	個人投資家のための為替投資講座	投資	50	30	60.0%	¥8,000	¥240,000
13	2016/5/23	個人投資家のための株式投資講座	投資	50	36	72.0%	¥10,000	¥360,000
14	2016/5/25	個人投資家のための不動産投資講座	投資	50	44	88.0%	¥6,000	¥264,000
15	2016/5/26	自己分析・自己表現講座	就職	40	36	90.0%	¥2,000	¥72,000

①セル**【B3】**をクリックします。
※表内のセルであれば、どこでもかまいません。
②**《データ》**タブを選択します。
③**《並べ替えとフィルター》**グループの（並べ替え）をクリックします。

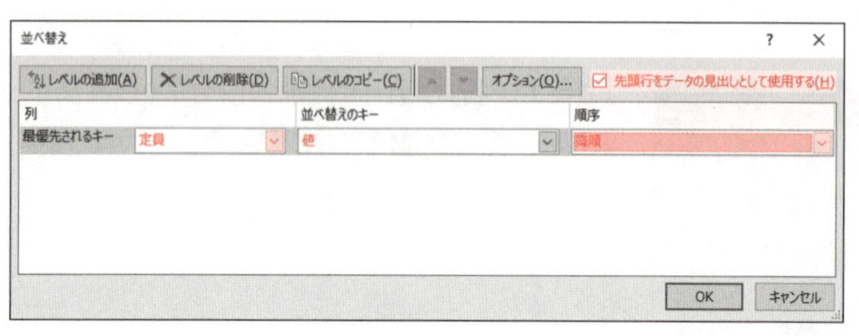

《並べ替え》ダイアログボックスが表示されます。
④**《先頭行をデータの見出しとして使用する》**を☑にします。
※表の先頭行に列見出しがある場合は☑、列見出しがない場合は☐にします。
1番目に優先されるキーを設定します。
⑤**《最優先されるキー》**の**《列》**のをクリックし、一覧から**「定員」**を選択します。
⑥**《並べ替えのキー》**が**《値》**になっていることを確認します。
⑦**《順序》**のをクリックし、一覧から**《降順》**を選択します。

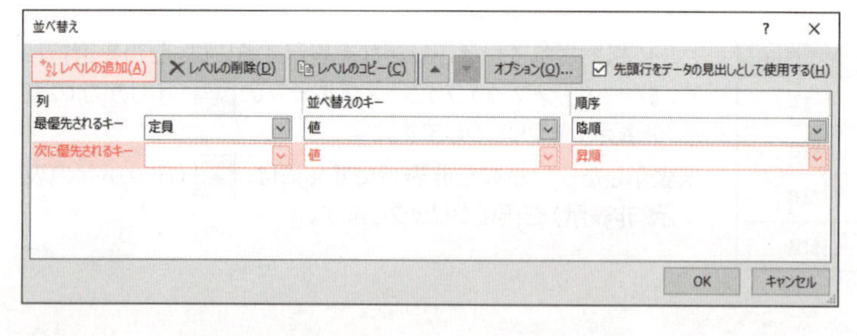

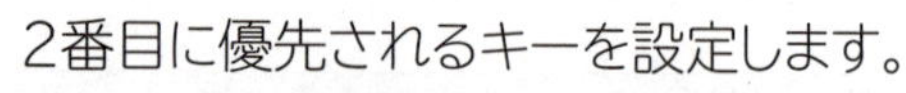

2番目に優先されるキーを設定します。
⑧**《レベルの追加》**をクリックします。
《次に優先されるキー》が表示されます。

⑨**《次に優先されるキー》**の**《列》**のをクリックし、一覧から**「受講者数」**を選択します。
⑩**《並べ替えのキー》**が**《値》**になっていることを確認します。
⑪**《順序》**のをクリックし、一覧から**《降順》**を選択します。
⑫**《OK》**をクリックします。

FOMビジネスコンサルティング　セミナー開催状況

No.	開催日	セミナー名	区分	定員	受講者数	受講率	受講費	金額
3	2016/4/11	初心者のためのインターネット株取引	投資	50	55	110.0%	¥4,000	¥220,000
19	2016/6/9	初心者のためのインターネット株取引	投資	50	51	102.0%	¥4,000	¥204,000
9	2016/5/11	初心者のためのインターネット株取引	投資	50	50	100.0%	¥4,000	¥200,000
14	2016/5/25	個人投資家のための不動産投資講座	投資	50	44	88.0%	¥6,000	¥264,000
21	2016/6/13	初心者のための資産運用講座	投資	50	44	88.0%	¥6,000	¥264,000
10	2016/5/12	初心者のための資産運用講座	投資	50	42	84.0%	¥6,000	¥252,000
20	2016/6/10	個人投資家のための株式投資講座	投資	50	41	82.0%	¥10,000	¥410,000
4	2016/4/14	初心者のための資産運用講座	投資	50	40	80.0%	¥6,000	¥240,000
13	2016/5/23	個人投資家のための株式投資講座	投資	50	36	72.0%	¥10,000	¥360,000
23	2016/6/17	個人投資家のための不動産投資講座	投資	50	36	72.0%	¥6,000	¥216,000
12	2016/5/20	個人投資家のための為替投資講座	投資	50	30	60.0%	¥8,000	¥240,000
18	2016/6/6	個人投資家のための為替投資講座	投資	50	26	52.0%	¥8,000	¥208,000
15	2016/5/26	自己分析・自己表現講座	就職	40	36	90.0%	¥2,000	¥72,000
7	2016/4/25	自己分析・自己表現講座	就職	40	34	85.0%	¥2,000	¥68,000
24	2016/6/20	一般教養攻略講座	就職	40	33	82.5%	¥2,000	¥66,000

「定員」が多い順に並べ替えられ、**「定員」**が同じ場合は**「受験者数」**が多い順に並べ替えられます。

※「No.」順に並べ替えておきましょう。

POINT ▶▶▶

並べ替えのキー

1回の並べ替えで指定できるキーは、最大64レベルです。

その他の方法（複数キーによる並べ替え）

◆表内のセルを選択→《ホーム》タブ→《編集》グループの（並べ替えとフィルター）→《ユーザー設定の並べ替え》

◆表内のセルを右クリック→《並べ替え》→《ユーザー設定の並べ替え》

ためしてみよう

「区分」を昇順で並べ替え、「区分」が同じ場合は「金額」を昇順で並べ替えましょう。

Let's Try Answer

①セル【B3】をクリック
②《データ》タブを選択
③《並べ替えとフィルター》グループの（並べ替え）をクリック
④《先頭行をデータの見出しとして使用する》を☑にする
⑤《最優先されるキー》の《列》のをクリックし、一覧から「区分」を選択
⑥《並べ替えのキー》が《値》になっていることを確認
⑦《順序》が《昇順》になっていることを確認
⑧《レベルの追加》をクリック
⑨《次に優先されるキー》の《列》のをクリックし、一覧から「金額」を選択
⑩《並べ替えのキー》が《値》になっていることを確認
⑪《順序》が《昇順》になっていることを確認
⑫《OK》をクリック

※「No.」順に並べ替えておきましょう。

4 セルの色で並べ替え

セルにフォントの色や塗りつぶしの色が設定されている場合、その色をキーにデータを並べ替えることができます。

「受講率」が100%より大きいセルは、あらかじめオレンジ色で塗りつぶされています。

「受講率」のセルがオレンジ色のレコードを表の上部に表示しましょう。

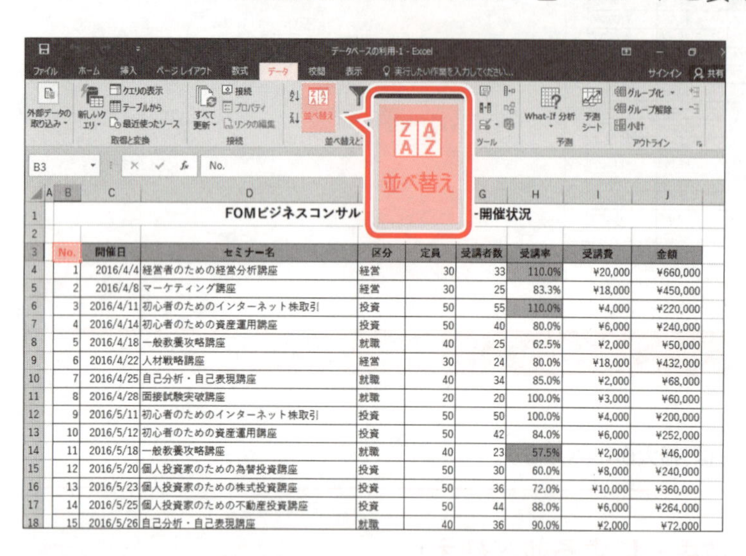

①セル**【B3】**をクリックします。

※表内のセルであれば、どこでもかまいません。

②**《データ》**タブを選択します。

③**《並べ替えとフィルター》**グループの（並べ替え）をクリックします。

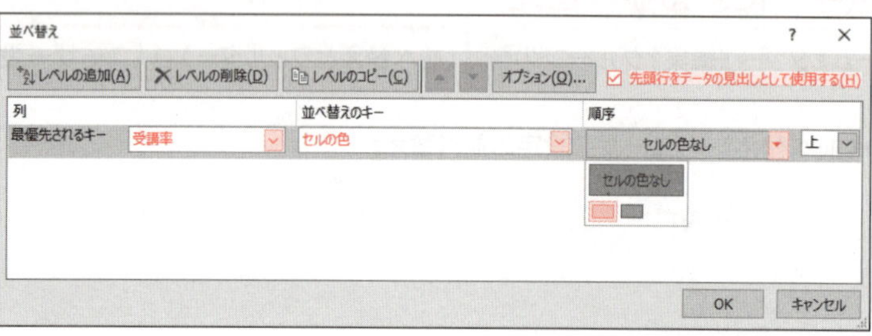

《並べ替え》ダイアログボックスが表示されます。

④**《先頭行をデータの見出しとして使用する》**を☑にします。

⑤**《最優先されるキー》**の**《列》**のをクリックし、一覧から**「受講率」**を選択します。

⑥**《並べ替えのキー》**のをクリックし、一覧から**《セルの色》**を選択します。

⑦**《順序》**のをクリックし、一覧からオレンジ色を選択します。

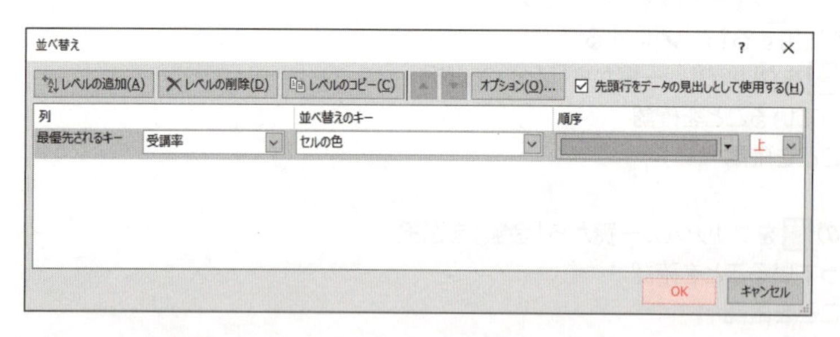

⑧**《順序》**が**《上》**になっていることを確認します。

⑨**《OK》**をクリックします。

FOMビジネスコンサルティング　セミナー開催状況

No.	開催日	セミナー名	区分	定員	受講者数	受講率	受講費	金額
1	2016/4/4	経営者のための経営分析講座	経営	30	33	110.0%	¥20,000	¥660,000
3	2016/4/11	初心者のためのインターネット株取引	投資	50	55	110.0%	¥4,000	¥220,000
19	2016/6/9	初心者のためのインターネット株取引	投資	50	51	102.0%	¥4,000	¥204,000
2	2016/4/8	マーケティング講座	経営	30	25	83.3%	¥18,000	¥450,000
4	2016/4/14	初心者のための資産運用講座	投資	50	40	80.0%	¥6,000	¥240,000
5	2016/4/18	一般教養攻略講座	就職	40	25	62.5%	¥2,000	¥50,000
6	2016/4/22	人材戦略講座	経営	30	24	80.0%	¥18,000	¥432,000
7	2016/4/25	自己分析・自己表現講座	就職	40	34	85.0%	¥2,000	¥68,000
8	2016/4/28	面接試験突破講座	就職	20	20	100.0%	¥3,000	¥60,000
9	2016/5/11	初心者のためのインターネット株取引	投資	50	50	100.0%	¥4,000	¥200,000
10	2016/5/12	初心者のための資産運用講座	投資	50	42	84.0%	¥6,000	¥252,000
11	2016/5/18	一般教養攻略講座	就職	40	23	57.5%	¥2,000	¥46,000
12	2016/5/20	個人投資家のための為替投資講座	投資	50	30	60.0%	¥8,000	¥240,000
13	2016/5/23	個人投資家のための株式投資講座	投資	50	36	72.0%	¥10,000	¥360,000
14	2016/5/25	個人投資家のための不動産投資講座	投資	50	44	88.0%	¥6,000	¥264,000

セルがオレンジ色のレコードが表の上部に表示されます。

その他の方法（セルの色で並べ替え）

◆キーとなるセルを右クリック→《並べ替え》→《選択したセルの色を上に表示》

ためしてみよう

「受講率」が60%未満のセルは、あらかじめ黄緑色で塗りつぶされています。
「受講率」のセルが黄緑色のレコードを表の下部に表示しましょう。

FOMビジネスコンサルティング　セミナー開催状況

No.	開催日	セミナー名	区分	定員	受講者数	受講率	受講費	金額
1	2016/4/4	経営者のための経営分析講座	経営	30	33	110.0%	¥20,000	¥660,000
3	2016/4/11	初心者のためのインターネット株取引	投資	50	55	110.0%	¥4,000	¥220,000
19	2016/6/9	初心者のためのインターネット株取引	投資	50	51	102.0%	¥4,000	¥204,000
2	2016/4/8	マーケティング講座	経営	30	25	83.3%	¥18,000	¥450,000
4	2016/4/14	初心者のための資産運用講座	投資	50	40	80.0%	¥6,000	¥240,000
5	2016/4/18	一般教養攻略講座	就職	40	25	62.5%	¥2,000	¥50,000
6	2016/4/22	人材戦略講座	経営	30	24	80.0%	¥18,000	¥432,000
7	2016/4/25	自己分析・自己表現講座	就職	40	34	85.0%	¥2,000	¥68,000
8	2016/4/28	面接試験突破講座	就職	20	20	100.0%	¥3,000	¥60,000
9	2016/5/11	初心者のためのインターネット株取引	投資	50	50	100.0%	¥4,000	¥200,000
10	2016/5/12	初心者のための資産運用講座	投資	50	42	84.0%	¥6,000	¥252,000
12	2016/5/20	個人投資家のための為替投資講座	投資	50	30	60.0%	¥8,000	¥240,000
13	2016/5/23	個人投資家のための株式投資講座	投資	50	36	72.0%	¥10,000	¥360,000
14	2016/5/25	個人投資家のための不動産投資講座	投資	50	44	88.0%	¥6,000	¥264,000
15	2016/5/26	自己分析・自己表現講座	就職	40	36	90.0%	¥2,000	¥72,000
16	2016/5/30	面接試験突破講座	就職	20	19	95.0%	¥3,000	¥57,000
17	2016/6/2	マーケティング講座	経営	30	28	93.3%	¥18,000	¥504,000
20	2016/6/10	個人投資家のための株式投資講座	投資	50	41	82.0%	¥10,000	¥410,000
21	2016/6/13	初心者のための資産運用講座	投資	50	44	88.0%	¥6,000	¥264,000
22	2016/6/16	経営者のための経営分析講座	経営	30	30	100.0%	¥20,000	¥600,000
23	2016/6/17	個人投資家のための不動産投資講座	投資	50	36	72.0%	¥6,000	¥216,000
24	2016/6/20	一般教養攻略講座	就職	40	33	82.5%	¥2,000	¥66,000
25	2016/6/23	人材戦略講座	経営	30	25	83.3%	¥18,000	¥450,000
26	2016/6/27	自己分析・自己表現講座	就職	40	30	75.0%	¥2,000	¥60,000
11	2016/5/18	一般教養攻略講座	就職	40	23	57.5%	¥2,000	¥46,000
18	2016/6/6	個人投資家のための為替投資講座	投資	50	26	52.0%	¥8,000	¥208,000

開催状況

Let's Try Answer

①セル【B3】をクリック
②《データ》タブを選択
③《並べ替えとフィルター》グループの（並べ替え）をクリック
④《先頭行をデータの見出しとして使用する》を☑にする
⑤《最優先されるキー》の《列》が「受講率」になっていることを確認
⑥《並べ替えのキー》が《セルの色》になっていることを確認
⑦《順序》の▾をクリックし、一覧から黄緑色を選択
⑧《順序》の▾をクリックし、一覧から《下》を選択
⑨《OK》をクリック

※「No.」順に並べ替えておきましょう。

Step4 データを抽出する

1 フィルター

「フィルター」を使うと、条件を満たすレコードだけを抽出できます。条件を満たすレコードだけが表示され、条件を満たさないレコードは一時的に非表示になります。

2 フィルターの実行

条件を指定して、フィルターを実行しましょう。

1 レコードの抽出

「区分」が**「投資」**と**「経営」**のレコードを抽出しましょう。

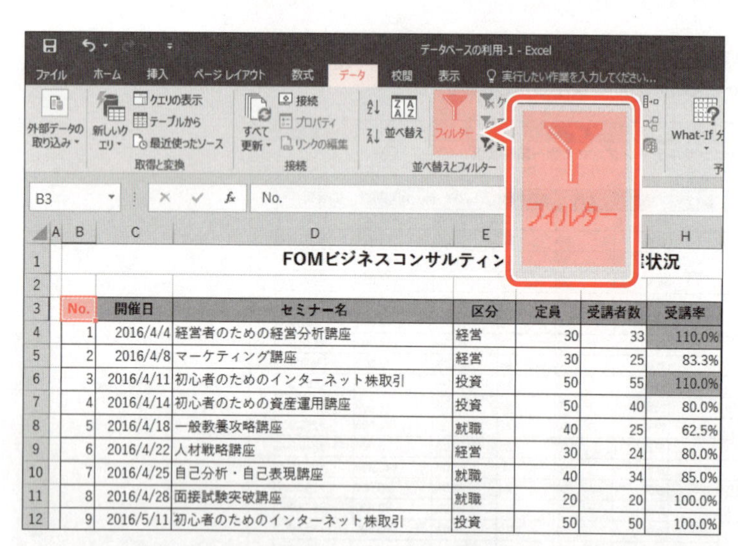

①セル**【B3】**をクリックします。

※表内のセルであれば、どこでもかまいません。

②**《データ》**タブを選択します。

③**《並べ替えとフィルター》**グループの（フィルター）をクリックします。

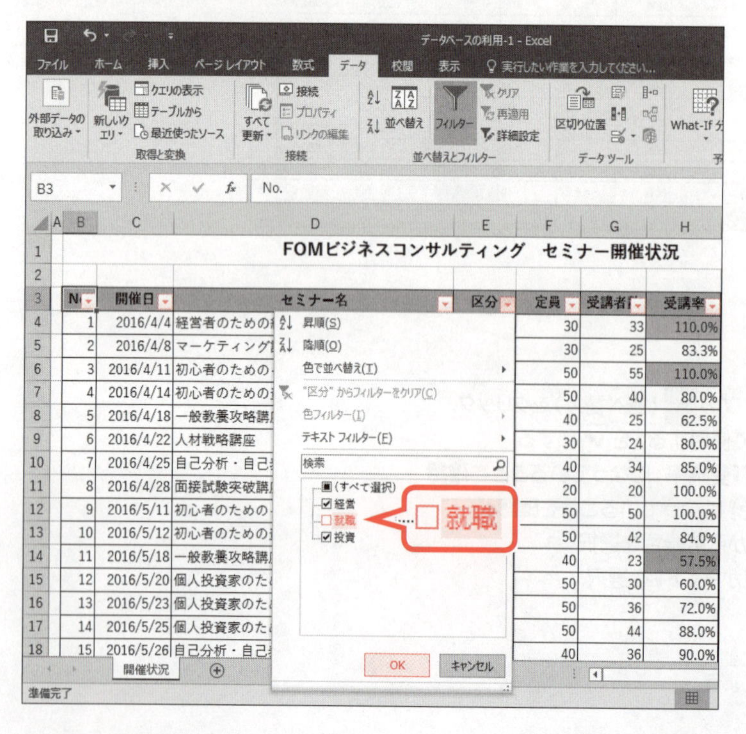

列見出しに▼が付き、フィルターモードになります。

※ボタンが濃い灰色になります。

④**「区分」**の▼をクリックします。

⑤**「就職」**を□にします。

⑥**《OK》**をクリックします。

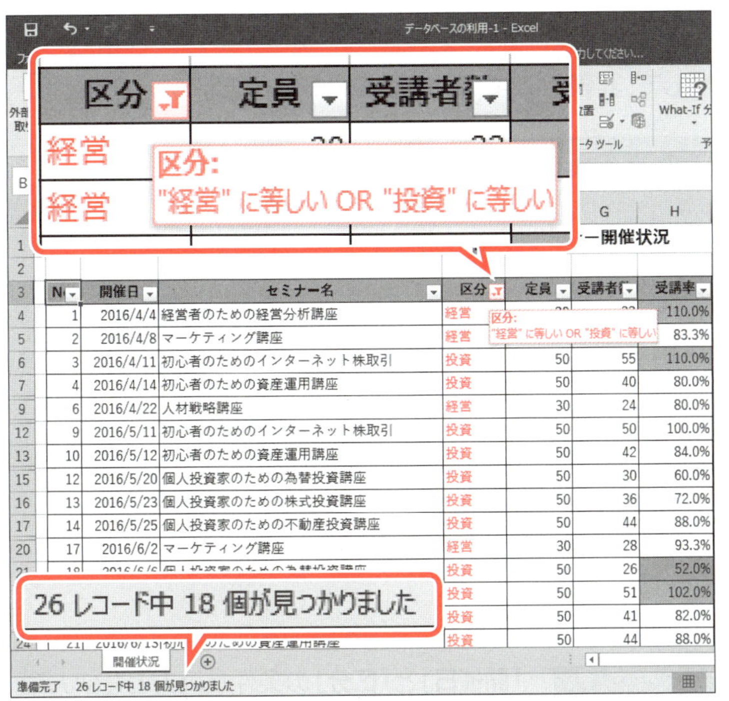

指定した条件でレコードが抽出されます。

⑦**「区分」**の[▼]が[フィルター]になっていることを確認します。

⑧**「区分」**の[フィルター]をポイントします。

ポップヒントに指定した条件が表示されます。

※抽出されたレコードの行番号が青色になります。また、条件を満たすレコードの件数がステータスバーに表示されます。

その他の方法（フィルター）

STEP UP

◆表内のセルを選択→《ホーム》タブ→《編集》グループの[並べ替えとフィルター]（並べ替えとフィルター）→《フィルター》

◆[Ctrl]+[Shift]+[L]

2 抽出結果の絞り込み

現在の抽出結果を、さらに**「開催日」**が**「6月」**のレコードに絞り込みましょう。

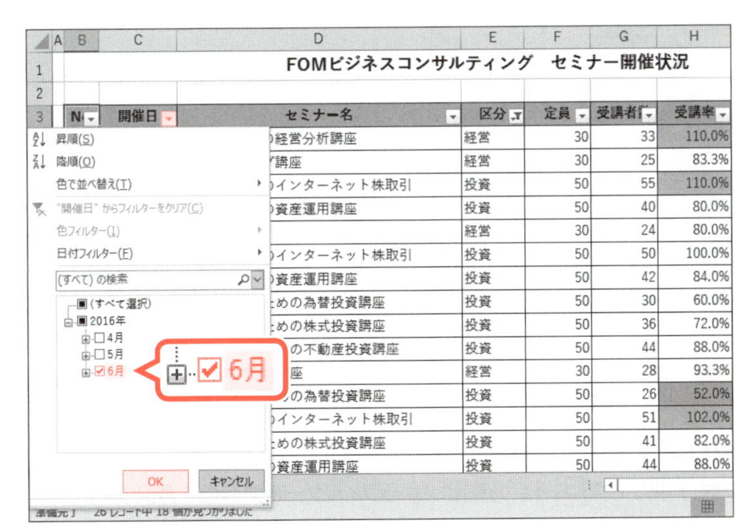

①**「開催日」**の[▼]をクリックします。

②**《（すべて選択）》**を☐にします。

※下位の項目がすべて☐になります。

③**「6月」**を☑にします。

④**《OK》**をクリックします。

FOMビジネスコンサルティング　セミナー開催状況

	No	開催日	セミナー名	区分	定員	受講者数	受講率
20	17	2016/6/	講座	経営	30	28	93.3%
21	18	2016/6/	めの為替投資講座	投資	50	26	52.0%
22	19	2016/6/9	初心者 ためのインターネット株取引	投資	50	51	102.0%
23	20	2016/6/10				41	82.0%
24	21	2016/6/13				44	88.0%
25	22	2016/6/16				30	100.0%
26	23	2016/6/17				36	72.0%
28	25	2016/6/23				25	83.3%

開催日:
"2016年 6月" に等しい

指定した条件でレコードが抽出されます。

⑤**「開催日」**の[▼]が[フィルター]になっていることを確認します。

⑥**「開催日」**の[フィルター]をポイントします。

ポップヒントに指定した条件が表示されます。

1
2
3
4
5
6
7
8
9
総合問題
付録1
付録2
付録3
付録4

索引

3 条件のクリア

フィルターの条件をすべてクリアして、非表示になっているレコードを再表示しましょう。

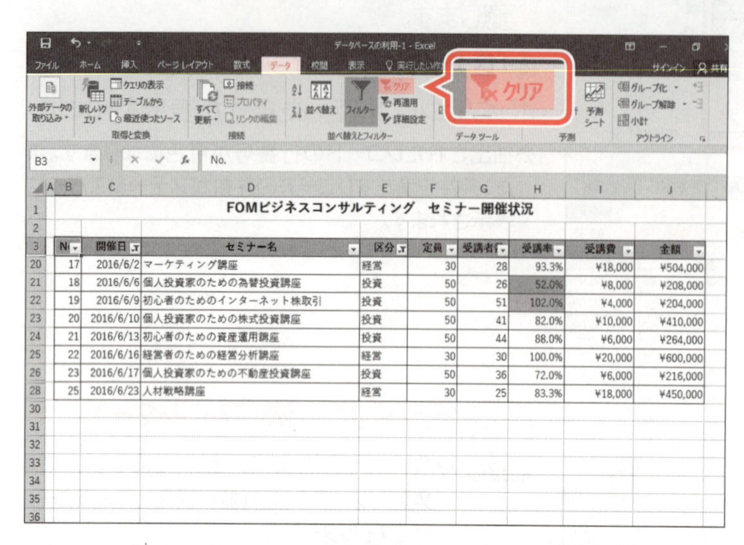

①《データ》タブを選択します。

②《並べ替えとフィルター》グループの（クリア）をクリックします。

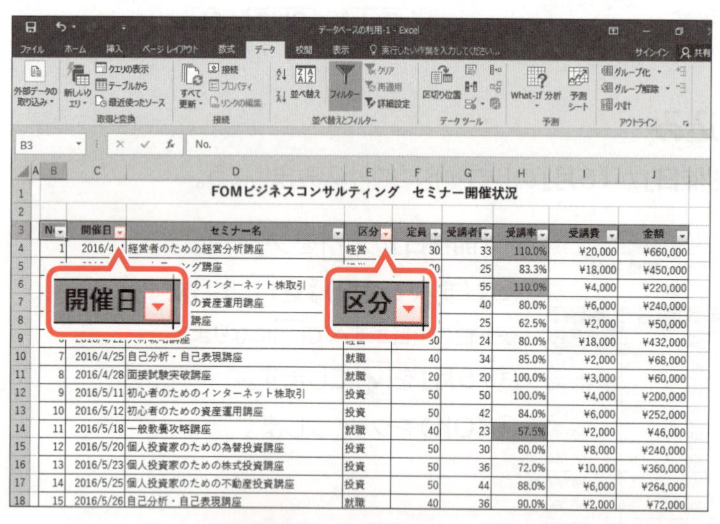

「開催日」と「区分」の条件が両方ともクリアされ、すべてのレコードが表示されます。

③「開催日」と「区分」のがになっていることを確認します。

POINT ▶▶▶

列見出しごとに条件をクリアする

列見出しごとに条件をクリアするには、列見出しの→《"列見出し"からフィルターをクリア》を選択します。

ためしてみよう

「セミナー名」が「初心者のためのインターネット株取引」と「初心者のための資産運用講座」のレコードを抽出しましょう。

Let's Try Answer

①「セミナー名」のをクリック
②《（すべて選択）》を☐にする
③「初心者のためのインターネット株取引」を☑にする
④「初心者のための資産運用講座」を☑にする
⑤《OK》をクリック
※6件のレコードが抽出されます。

※（クリア）をクリックし、条件をクリアしておきましょう。

3 色フィルターの実行

セルにフォントの色や塗りつぶしの色が設定されている場合、その色を条件にフィルターを実行できます。

「受講率」が100%より大きいセルは、あらかじめオレンジ色で塗りつぶされています。

「受講率」のセルがオレンジ色のレコードを抽出しましょう。

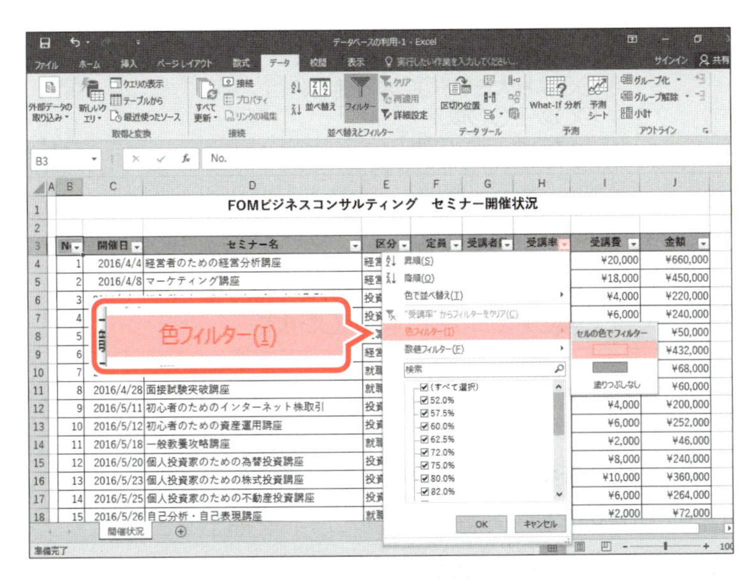

①**「受講率」**の ▼ をクリックします。

②**《色フィルター》**をポイントします。

③オレンジ色をクリックします。

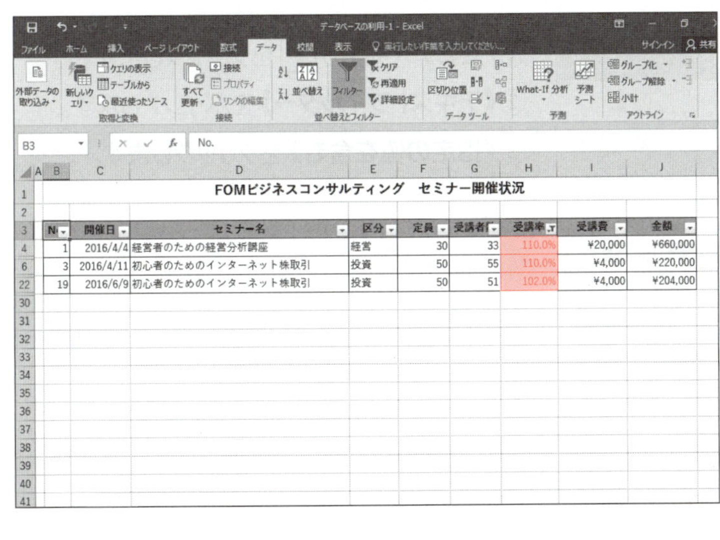

セルがオレンジ色のレコードが抽出されます。

※ クリア （クリア）をクリックし、条件をクリアしておきましょう。

ためしてみよう

「受講率」が60%未満のセルは、あらかじめ黄緑色で塗りつぶされています。

「受講率」のセルが黄緑色のレコードを抽出しましょう。

Let's Try Answer

①「受講率」の ▼ をクリック

②《色フィルター》をポイント

③黄緑色をクリック

※2件のレコードが抽出されます。

※ クリア （クリア）をクリックし、条件をクリアしておきましょう。

4 詳細なフィルターの実行

フィールドに入力されているデータの種類に応じて、詳細なフィルターを実行できます。

フィールドの データの種類	詳細な フィルター	抽出条件の例
文字列	テキストフィルター	○○○で始まる、○○○で終わる ○○○を含む、○○○を含まない　など
数値	数値フィルター	○○以上、○○以下 ○○より大きい、○○より小さい ○○以上○○以下 上位○件、下位○件　など
日付	日付フィルター	昨日、今日、明日 先月、今月、来月 昨年、今年、来年 ○年○月○日より前、○年○月○日より後 ○年○月○日から○年○月○日まで　など

1 テキストフィルター

データの種類が文字列のフィールドでは、**「テキストフィルター」**が用意されています。
特定の文字列で始まるレコードや特定の文字列を一部に含むレコードを抽出できます。
「セミナー名」に**「株」**が含まれるレコードを抽出しましょう。

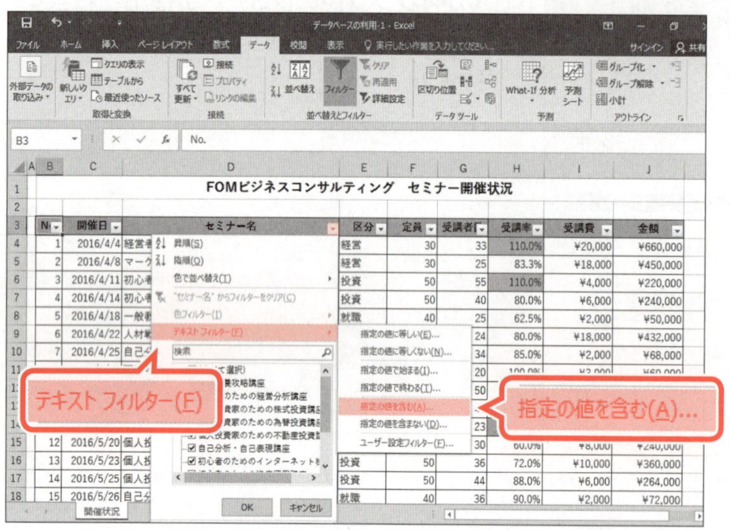

①**「セミナー名」**の▼をクリックします。
②**《テキストフィルター》**をポイントします。
③**《指定の値を含む》**をクリックします。

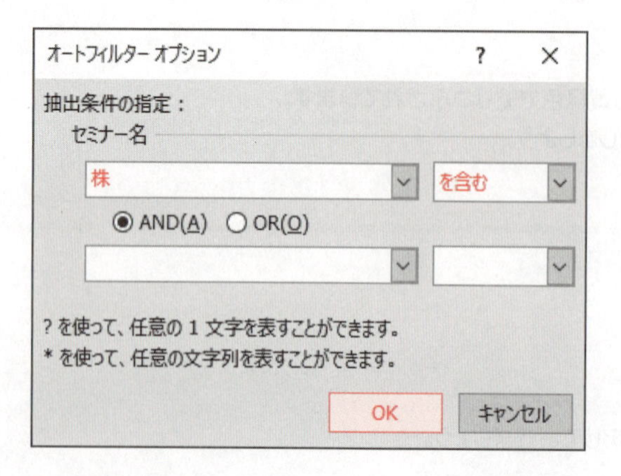

《オートフィルターオプション》ダイアログボックスが表示されます。
④左上のボックスに**「株」**と入力します。
⑤右上のボックスが**《を含む》**になっていることを確認します。
⑥**《OK》**をクリックします。

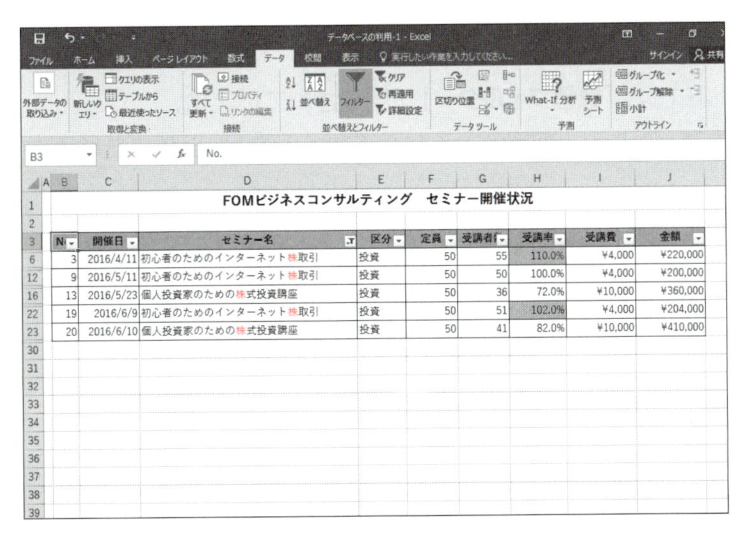

「**セミナー名**」に「**株**」が含まれるレコードが抽出されます。

※ 《クリア》(クリア)をクリックし、条件をクリアしておきましょう。

STEP UP 《検索》ボックスを使ったフィルター

列見出しの ▼ をクリックすると表示される《検索》ボックスを使って、特定の文字列を一部に含むレコードを抽出できます。

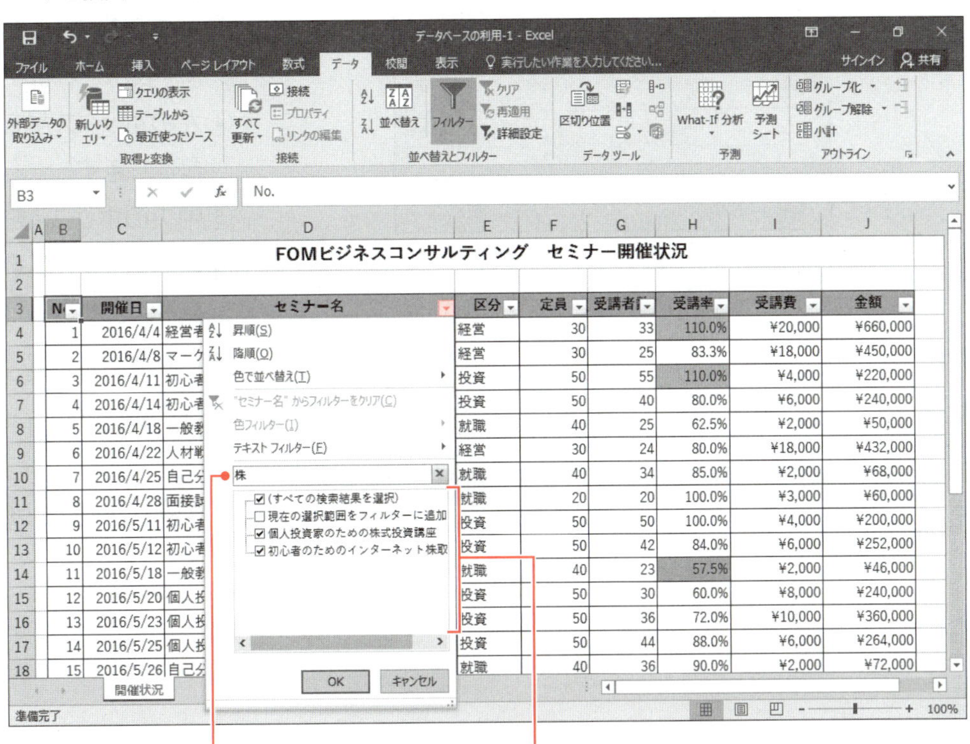

《検索》ボックスに文字列を入力

一覧に文字列を含む項目が表示される

2 数値フィルター

データの種類が数値のフィールドでは、**「数値フィルター」**が用意されています。

「～以上」「～未満」「～から～まで」のように範囲のある数値を抽出したり、上位または下位の数値を抽出したりできます。

「金額」が高いレコードの上位5件を抽出しましょう。

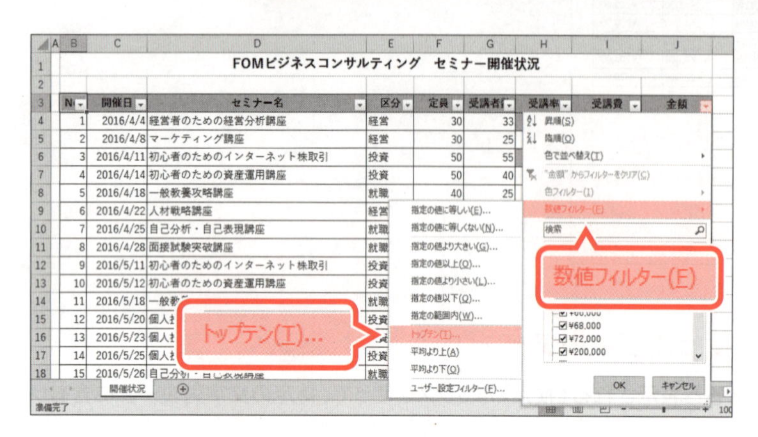

①**「金額」**の ▼ をクリックします。

②**《数値フィルター》**をポイントします。

③**《トップテン》**をクリックします。

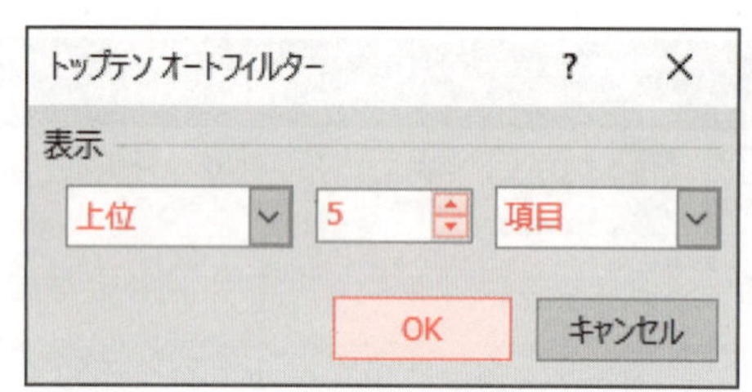

《トップテンオートフィルター》ダイアログボックスが表示されます。

④左のボックスが**《上位》**になっていることを確認します。

⑤中央のボックスを**「5」**に設定します。

⑥右のボックスが**《項目》**になっていることを確認します。

⑦**《OK》**をクリックします。

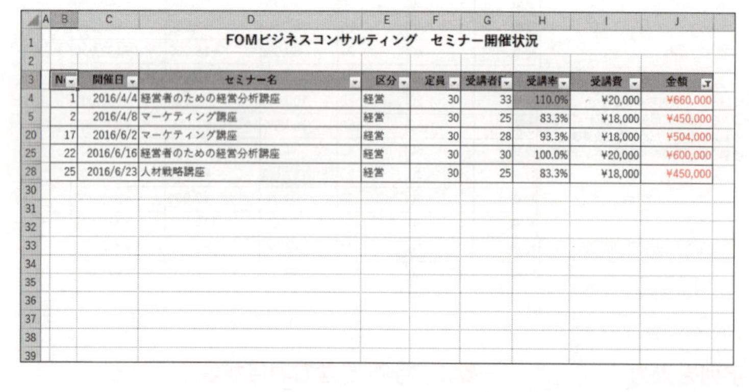

「金額」が高いレコードの上位5件が抽出されます。

※ クリア (クリア)をクリックし、条件をクリアしておきましょう。

STEP UP パーセントを使った抽出

《トップテンオートフィルター》ダイアログボックスを使って、上位○%に含まれる項目、下位○%に含まれる項目を抽出することもできます。

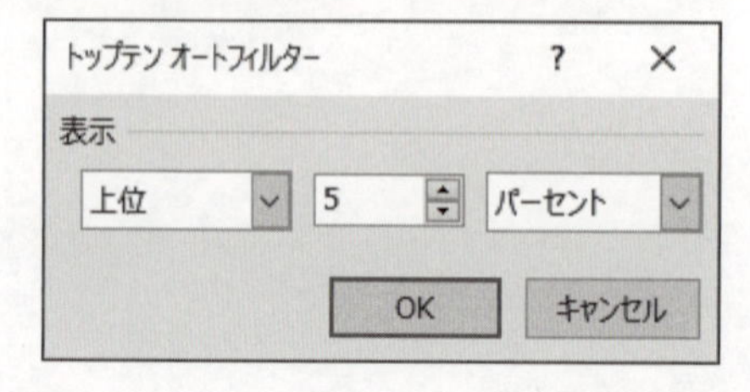

3 日付フィルター

データの種類が日付のフィールドでは、**「日付フィルター」**が用意されています。
パソコンの日付をもとに**「今日」**や**「昨日」**、**「今年」**や**「昨年」**のようなレコードを抽出できます。また、ある日付からある日付までのように期間を指定して抽出することもできます。
「開催日」が**「2016/5/16」**から**「2016/5/31」**までのレコードを抽出しましょう。

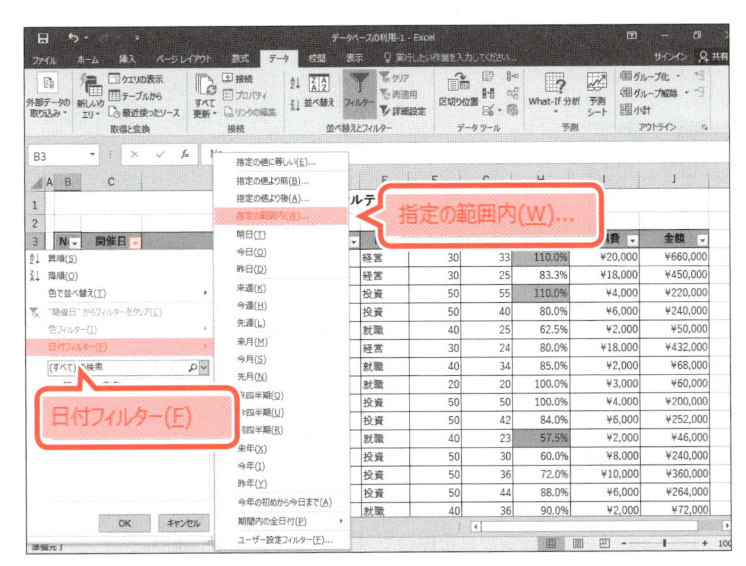

①**「開催日」**の[▼]をクリックします。
②**《日付フィルター》**をポイントします。
③**《指定の範囲内》**をクリックします。

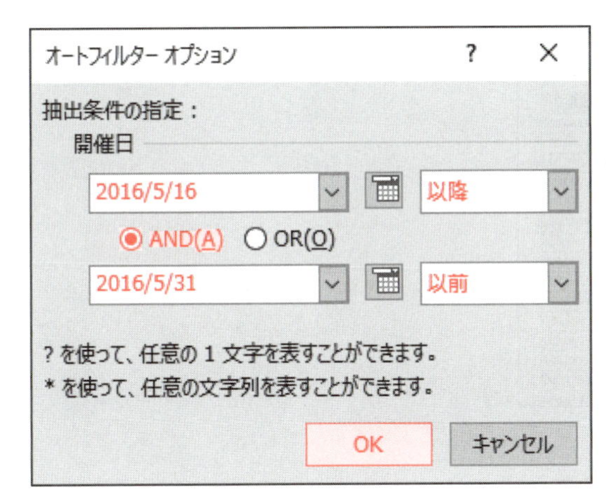

《オートフィルターオプション》ダイアログボックスが表示されます。
④左上のボックスに**「2016/5/16」**と入力します。
※「5/16」のように西暦年を省略して入力すると、現在の西暦年として認識します。
⑤右上のボックスが**《以降》**になっていることを確認します。
⑥**《AND》**を◉にします。
⑦左下のボックスに**「2016/5/31」**と入力します。
⑧右下のボックスが**《以前》**になっていることを確認します。
⑨**《OK》**をクリックします。

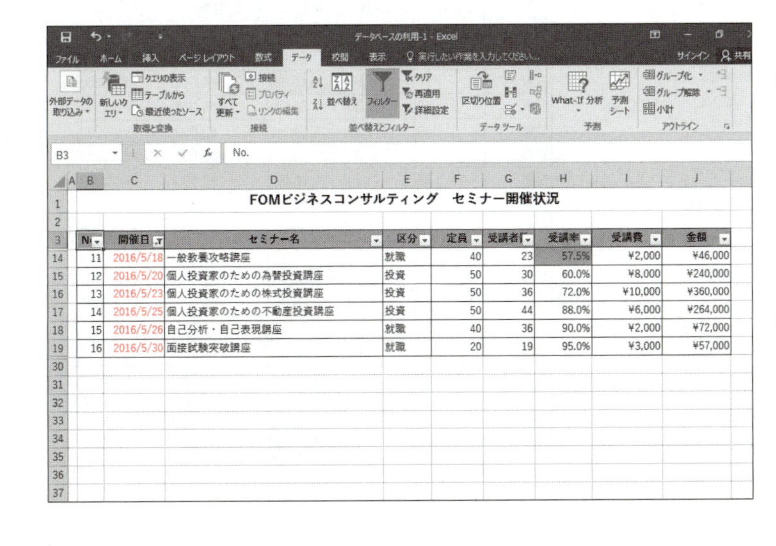

FOMビジネスコンサルティング　セミナー開催状況

No.	開催日	セミナー名	区分	定員	受講者	受講率	受講費	金額
11	2016/5/18	一般教養攻略講座	就職	40	23	57.5%	¥2,000	¥46,000
12	2016/5/20	個人投資家のための為替投資講座	投資	50	30	60.0%	¥8,000	¥240,000
13	2016/5/23	個人投資家のための株式投資講座	投資	50	36	72.0%	¥10,000	¥360,000
14	2016/5/25	個人投資家のための不動産投資講座	投資	50	44	88.0%	¥6,000	¥264,000
15	2016/5/26	自己分析・自己表現講座	就職	40	36	90.0%	¥2,000	¥72,000
16	2016/5/30	面接試験突破講座	就職	20	19	95.0%	¥3,000	¥57,000

「2016/5/16」から**「2016/5/31」**までのレコードが抽出されます。
※[クリア]（クリア）をクリックし、条件をクリアしておきましょう。

STEP UP 日付の選択

《オートフィルターオプション》ダイアログボックスの[日付の選択]（日付の選択）をクリックすると、カレンダーが表示されます。
カレンダーから日付を選択して、抽出条件の日付を指定することもできます。

5 フィルターの解除

フィルターモードを解除しましょう。

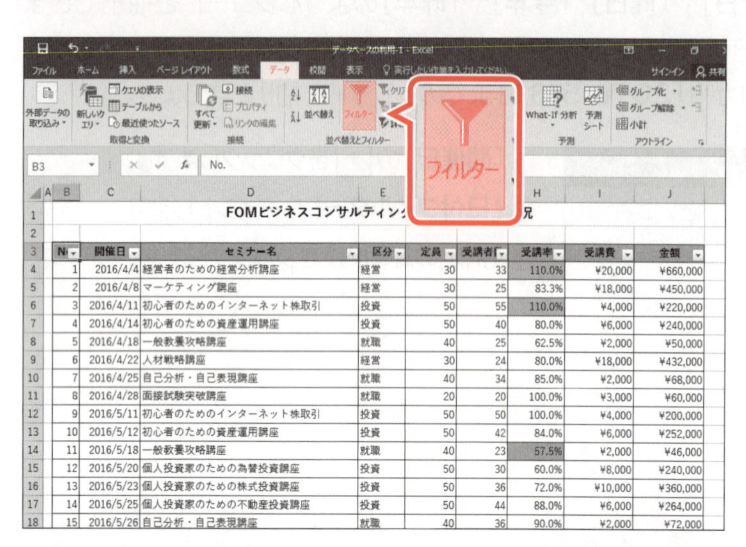

	No.	開催日	セミナー名	区分	定員	受講者数	受講率	受講費	金額
4	1	2016/4/4	経営者のための経営分析講座	経営	30	33	110.0%	¥20,000	¥660,000
5	2	2016/4/8	マーケティング講座	経営	30	25	83.3%	¥18,000	¥450,000
6	3	2016/4/11	初心者のためのインターネット株取引	投資	50	55	110.0%	¥4,000	¥220,000
7	4	2016/4/14	初心者のための資産運用講座	投資	50	40	80.0%	¥6,000	¥240,000
8	5	2016/4/18	一般教養攻略講座	就職	40	25	62.5%	¥2,000	¥50,000
9	6	2016/4/22	人材戦略講座	経営	30	24	80.0%	¥18,000	¥432,000
10	7	2016/4/25	自己分析・自己表現講座	就職	40	34	85.0%	¥2,000	¥68,000
11	8	2016/4/28	面接試験突破講座	就職	20	20	100.0%	¥3,000	¥60,000
12	9	2016/5/11	初心者のためのインターネット株取引	投資	50	50	100.0%	¥4,000	¥200,000
13	10	2016/5/12	初心者のための資産運用講座	投資	50	42	84.0%	¥6,000	¥252,000
14	11	2016/5/18	一般教養攻略講座	就職	40	23	57.5%	¥2,000	¥46,000
15	12	2016/5/20	個人投資家のための為替投資講座	投資	50	30	60.0%	¥8,000	¥240,000
16	13	2016/5/23	個人投資家のための株式投資講座	投資	50	36	72.0%	¥10,000	¥360,000
17	14	2016/5/25	個人投資家のための不動産投資講座	投資	50	44	88.0%	¥6,000	¥264,000
18	15	2016/5/26	自己分析・自己表現講座	就職	40	36	90.0%	¥2,000	¥72,000

①《データ》タブを選択します。

②《並べ替えとフィルター》グループの（フィルター）をクリックします。

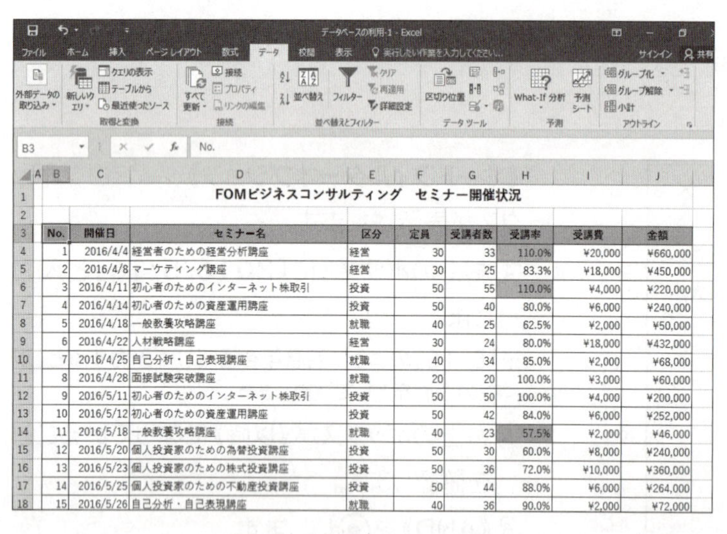

	No.	開催日	セミナー名	区分	定員	受講者数	受講率	受講費	金額
4	1	2016/4/4	経営者のための経営分析講座	経営	30	33	110.0%	¥20,000	¥660,000
5	2	2016/4/8	マーケティング講座	経営	30	25	83.3%	¥18,000	¥450,000
6	3	2016/4/11	初心者のためのインターネット株取引	投資	50	55	110.0%	¥4,000	¥220,000
7	4	2016/4/14	初心者のための資産運用講座	投資	50	40	80.0%	¥6,000	¥240,000
8	5	2016/4/18	一般教養攻略講座	就職	40	25	62.5%	¥2,000	¥50,000
9	6	2016/4/22	人材戦略講座	経営	30	24	80.0%	¥18,000	¥432,000
10	7	2016/4/25	自己分析・自己表現講座	就職	40	34	85.0%	¥2,000	¥68,000
11	8	2016/4/28	面接試験突破講座	就職	20	20	100.0%	¥3,000	¥60,000
12	9	2016/5/11	初心者のためのインターネット株取引	投資	50	50	100.0%	¥4,000	¥200,000
13	10	2016/5/12	初心者のための資産運用講座	投資	50	42	84.0%	¥6,000	¥252,000
14	11	2016/5/18	一般教養攻略講座	就職	40	23	57.5%	¥2,000	¥46,000
15	12	2016/5/20	個人投資家のための為替投資講座	投資	50	30	60.0%	¥8,000	¥240,000
16	13	2016/5/23	個人投資家のための株式投資講座	投資	50	36	72.0%	¥10,000	¥360,000
17	14	2016/5/25	個人投資家のための不動産投資講座	投資	50	44	88.0%	¥6,000	¥264,000
18	15	2016/5/26	自己分析・自己表現講座	就職	40	36	90.0%	¥2,000	¥72,000

フィルターモードが解除されます。

※ボタンが標準の色に戻ります。

※ブックを保存せずに閉じておきましょう。

フィルターモードの並べ替え

フィルターモードで並べ替えを実行できます。

並べ替えのキーになる列見出しの▼をクリックし、《昇順》または《降順》を選択します。

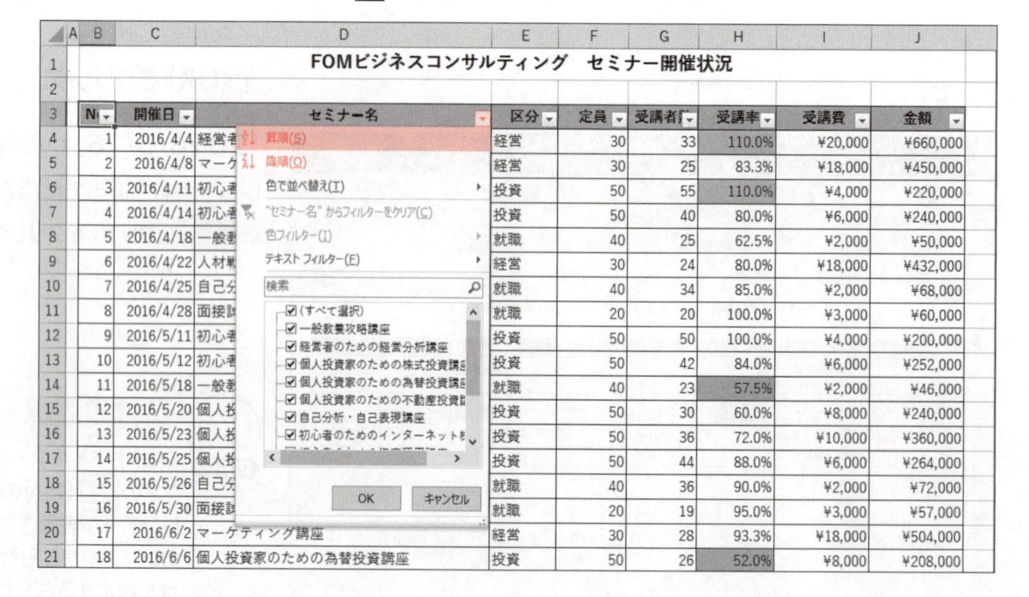

	No.	開催日	セミナー名	区分	定員	受講者数	受講率	受講費	金額
4	1	2016/4/4	経営者	経営	30	33	110.0%	¥20,000	¥660,000
5	2	2016/4/8	マーケ	経営	30	25	83.3%	¥18,000	¥450,000
6	3	2016/4/11	初心者	投資	50	55	110.0%	¥4,000	¥220,000
7	4	2016/4/14	初心者	投資	50	40	80.0%	¥6,000	¥240,000
8	5	2016/4/18	一般教	就職	40	25	62.5%	¥2,000	¥50,000
9	6	2016/4/22	人材戦	経営	30	24	80.0%	¥18,000	¥432,000
10	7	2016/4/25	自己分	就職	40	34	85.0%	¥2,000	¥68,000
11	8	2016/4/28	面接試	就職	20	20	100.0%	¥3,000	¥60,000
12	9	2016/5/11	初心者	投資	50	50	100.0%	¥4,000	¥200,000
13	10	2016/5/12	初心者	投資	50	42	84.0%	¥6,000	¥252,000
14	11	2016/5/18	一般教	就職	40	23	57.5%	¥2,000	¥46,000
15	12	2016/5/20	個人投	投資	50	30	60.0%	¥8,000	¥240,000
16	13	2016/5/23	個人投	投資	50	36	72.0%	¥10,000	¥360,000
17	14	2016/5/25	個人投	投資	50	44	88.0%	¥6,000	¥264,000
18	15	2016/5/26	自己分	就職	40	36	90.0%	¥2,000	¥72,000
19	16	2016/5/30	面接試	就職	20	19	95.0%	¥3,000	¥57,000
20	17	2016/6/2	マーケティング講座	経営	30	28	93.3%	¥18,000	¥504,000
21	18	2016/6/6	個人投資家のための為替投資講座	投資	50	26	52.0%	¥8,000	¥208,000

Step5 データベースを効率的に操作する

1 ウィンドウ枠の固定

大きな表で、表の下側や右側を確認するために画面をスクロールすると、表の見出しが見えなくなることがあります。
ウィンドウ枠を固定すると、スクロールしても常に見出しが表示されます。
1～3行目の見出しを固定しましょう。

File OPEN フォルダー「第8章」のブック「データベースの利用-2」を開いておきましょう。

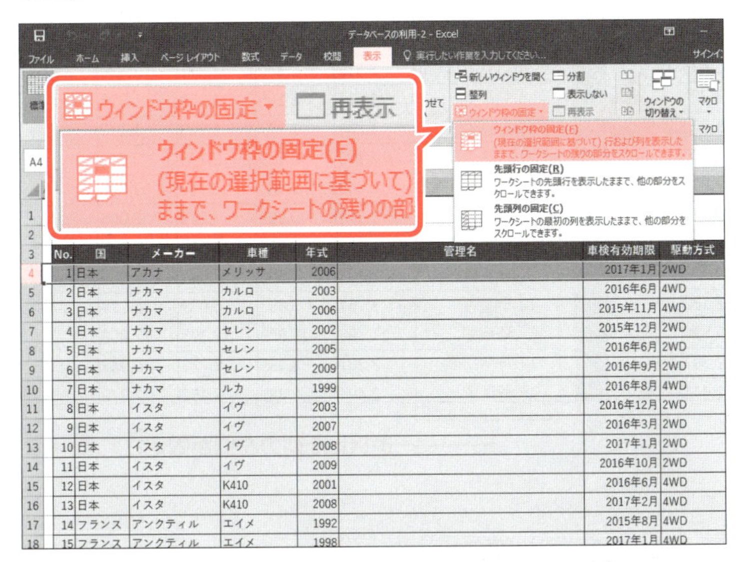

①1～3行目が表示されていることを確認します。
※固定する見出しを画面に表示しておく必要があります。
②行番号**【4】**をクリックします。
※固定する行の下の行を選択します。
③**《表示》**タブを選択します。
④**《ウィンドウ》**グループの ウィンドウ枠の固定 (ウィンドウ枠の固定)をクリックします。
⑤**《ウィンドウ枠の固定》**をクリックします。

1～3行目が固定されます。
⑥シートを下方向にスクロールし、1～3行目が固定されていることを確認します。

POINT ▶▶▶

ウィンドウ枠固定の解除

固定したウィンドウ枠を解除する方法は、次のとおりです。

◆《表示》タブ→《ウィンドウ》グループの ウィンドウ枠の固定 (ウィンドウ枠の固定)→《ウィンドウ枠固定の解除》

1 2 3 4 5 6 7 8 9 総合問題 付録1 付録2 付録3 付録4 索引

行と列の固定

列を固定したり、行と列を同時に固定したりできます。
あらかじめ選択しておく場所によって、見出しとして固定される部分が異なります。

列の固定

列を選択してウィンドウ枠を固定すると、選択した列の左側が固定されます。
例えば、A～C列の見出しを固定する場合は、D列を選択して、コマンドを実行します。

◆固定する列の右側の列を選択→《表示》タブ→《ウィンドウ》グループの ウィンドウ枠の固定▼ (ウィンドウ枠の固定)→《ウィンドウ枠の固定》

	A	B	C	D	E	F	G	H
1		人口統計						
2								
3		No.	都道府県名	1929年	1934年	1939年	1944年	1949年
4		1	北海道	2,730	3,015	3,205	3,256	4,178
5		2	青森県	861	949	984	1,009	1,253
6		3	岩手県	957	1,027	1,071	1,104	1,327
7		4	宮城県	1,118	1,233	1,236	1,276	1,635
8		5	秋田県	966	1,030	1,046	1,049	[illegible]
9		6	山形県	1,070	[illegible]	[illegible]	1,084	[illegible]
10		7	福島県	1,497	[illegible]	[illegible]	1,599	2,040
11		8	茨城県	1,467	[illegible]	[illegible]	1,657	2,036
12		9	栃木県	1,125	1,184	1,179	1,204	1,547
13		10	群馬県	1,190	1,230	1,271	1,320	1,594
14		11	埼玉県	1,447	1,512	1,553	1,648	2,129
15		12	千葉県	1,447	1,532	1,557	1,659	2,122
16		13	東京都	5,300	6,177	7,082	7,271	5,896
17		14	神奈川県	1,581	1,774	2,074	2,474	2,397
18		15	新潟県	1,912	1,991	2,049	1,995	2,442

D列を選択

	A	B	C	Q	R	S	T	U
1		人口統計				(単位：千人)		
2								
3		No.	都道府県名	1994年	1999年	2004年	2009年	
4		1	北海道	5,681	5,689	5,644	5,507	
5		2	青森県	1,480	1,477	1,452	1,379	
6		3	岩手県	1,418	1,417	1,395	1,340	
7		4	宮城県	2,313	2,360	2,371	2,336	
8		5	秋田県	1,216	1,195	1,159	1,096	
9		6	山形県	1,256	1,247	1,223	1,179	
10		7	福島県	2,129	2,129	2,106	2,040	
11		8	茨城県	2,940	2,981	2,989	2,960	
12		9	栃木県	1,977	2,003	2,013	2,006	
13		10	群馬県	1,996	2,020	2,033	2,007	
14		11	埼玉県	6,703	6,906	7,047	7,130	
15		12	千葉県	5,767	5,893	6,039	6,139	
16		13	東京都	11,796	11,983	12,378	12,868	
17		14	神奈川県	8,207	8,432	8,732	8,943	
18		15	新潟県	2,484	2,482	2,452	2,378	

選択した列の左側が固定される

行と列の固定

セルを選択してウィンドウ枠を固定すると、選択したセルの上側と左側が固定されます。
例えば、A～C列および1～3行目の見出しを固定する場合は、固定する見出し部分が交わるセル【D4】を選択して、コマンドを実行します。

◆固定する見出しが交わる右下のセルを選択→《表示》タブ→《ウィンドウ》グループの ウィンドウ枠の固定▼ (ウィンドウ枠の固定)→《ウィンドウ枠の固定》

	A	B	C	D	E	F	G	H
1		人口統計						
2								
3		No.	都道府県名	1929年	1934年	1939年	1944年	1949年
4		1	北海道	2,730	[illegible]	[illegible]	[illegible]	4,178
5		2	青森県	861	[illegible]	[illegible]	[illegible]	1,253
6		3	岩手県	957	[illegible]	[illegible]	[illegible]	1,327
7		4	宮城県	1,118	1,233	1,236	1,276	1,635
8		5	秋田県	966	1,030	1,046	1,049	[illegible]
9		6	山形県	1,070	1,115	1,098	1,084	[illegible]
10		7	福島県	1,497	1,568	1,606	1,599	2,040
11		8	茨城県	1,467	1,533	1,567	1,657	2,036
12		9	栃木県	1,125	1,184	1,179	1,204	1,547
13		10	群馬県	1,190	1,230	1,271	1,320	1,594
14		11	埼玉県	1,447	1,512	1,553	1,648	2,129
15		12	千葉県	1,447	1,532	1,557	1,659	2,122
16		13	東京都	5,300	6,177	7,082	7,271	5,896
17		14	神奈川県	1,581	1,774	2,074	2,474	2,397
18		15	新潟県	1,912	1,991	2,049	1,995	2,442

セル【D4】を選択

	A	B	C	Q	R	S	T	U
1		人口統計				(単位：千人)		
2								
3		No.	都道府県名	1994年	1999年	2004年	2009年	
39		36	徳島県	830	827	813	789	
40		37	香川県	1,026	1,025	1,018	999	
41		38	愛媛県	1,508	1,496	1,477	1,436	
42		39	高知県	817	815	803	766	
43		40	福岡県	4,909	5,002	5,058	5,053	
44		41	佐賀県	883	879	870	852	
45		42	長崎県	1,549	1,520	1,495	1,430	
46		43	熊本県	1,855	1,861	1,852	1,814	
47		44	大分県	1,232	1,224	1,215	1,195	
48		45	宮崎県	1,174	1,172	1,162	1,132	
49		46	鹿児島県	1,791	1,788	1,769	1,708	
50		47	沖縄県	1,262	1,308	1,359	1,382	
51								
52								
53								

選択したセルの上側と
左側が固定される

2 書式のコピー/貼り付け

「書式のコピー/貼り付け」を使うと、書式だけを簡単にコピーできます。
表の最終行の書式を下の行にコピーしましょう。

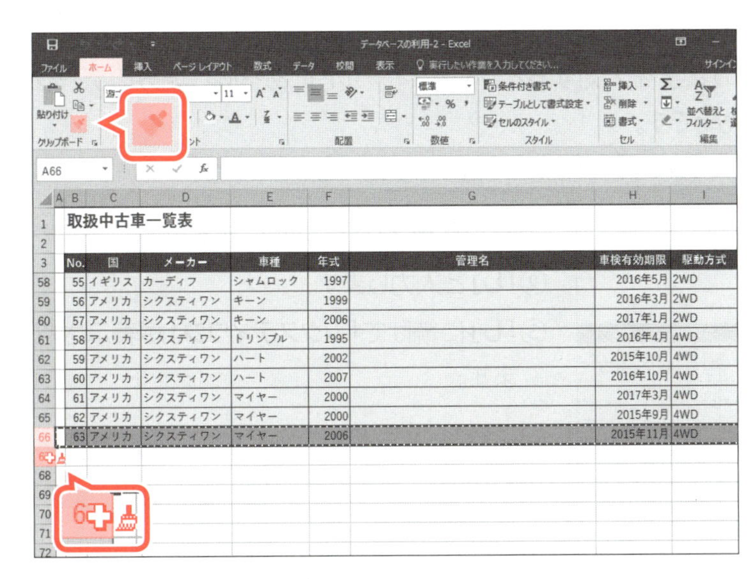

	No.	国	メーカー	車種	年式	管理名	車検有効期限	駆動方式
58	55	イギリス	カーディフ	シャムロック	1997		2016年5月	2WD
59	56	アメリカ	シクスティワン	キーン	1999		2016年3月	2WD
60	57	アメリカ	シクスティワン	キーン	2006		2017年1月	2WD
61	58	アメリカ	シクスティワン	トリンプル	1995		2016年4月	4WD
62	59	アメリカ	シクスティワン	ハート	2002		2015年10月	4WD
63	60	アメリカ	シクスティワン	ハート	2007		2016年10月	4WD
64	61	アメリカ	シクスティワン	マイヤー	2000		2017年3月	4WD
65	62	アメリカ	シクスティワン	マイヤー	2000		2015年9月	4WD
66	63	アメリカ	シクスティワン	マイヤー	2006		2015年11月	4WD

①行番号**【66】**をクリックします。
②**《ホーム》**タブを選択します。
③**《クリップボード》**グループの（書式のコピー/貼り付け）をクリックします。
マウスポインターの形がに変わります。
④行番号**【67】**をクリックします。

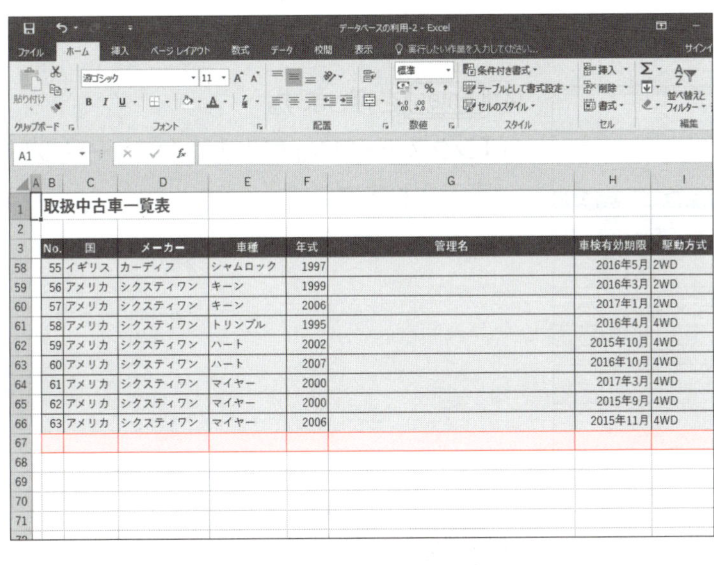

	No.	国	メーカー	車種	年式	管理名	車検有効期限	駆動方式
58	55	イギリス	カーディフ	シャムロック	1997		2016年5月	2WD
59	56	アメリカ	シクスティワン	キーン	1999		2016年3月	2WD
60	57	アメリカ	シクスティワン	キーン	2006		2017年1月	2WD
61	58	アメリカ	シクスティワン	トリンプル	1995		2016年4月	4WD
62	59	アメリカ	シクスティワン	ハート	2002		2015年10月	4WD
63	60	アメリカ	シクスティワン	ハート	2007		2016年10月	4WD
64	61	アメリカ	シクスティワン	マイヤー	2000		2017年3月	4WD
65	62	アメリカ	シクスティワン	マイヤー	2000		2015年9月	4WD
66	63	アメリカ	シクスティワン	マイヤー	2006		2015年11月	4WD

書式だけがコピーされます。
※行の選択を解除して、罫線や塗りつぶしの色が設定されていることを確認しておきましょう。

POINT ▶▶▶

書式のコピー/貼り付けの連続処理

ひとつの書式を複数の箇所に連続してコピーできます。
コピー元のセルを選択し、（書式のコピー/貼り付け）をダブルクリックして、貼り付け先のセルを選択する操作を繰り返します。書式のコピーを終了するには、（書式のコピー/貼り付け）を再度クリックします。

3 レコードの追加

表に繰り返し同じデータを入力する場合、入力操作を軽減する機能があります。

1 オートコンプリート

「オートコンプリート」は、先頭の文字を入力すると、同じフィールドにある同じ読みのデータを自動的に認識し、表示する機能です。

オートコンプリートを使って、セル**【D67】**に**「シクスティワン」**と入力しましょう。

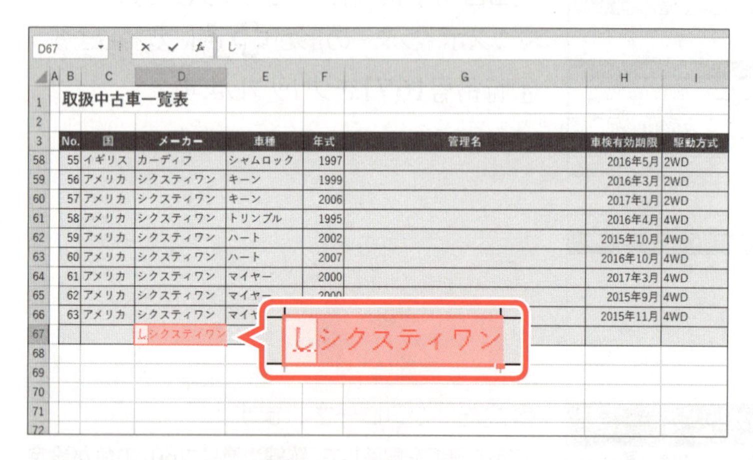

①セル**【D67】**をクリックします。

②**「し」**と入力します。

③**「し」**に続けて**「シクスティワン」**が表示されます。

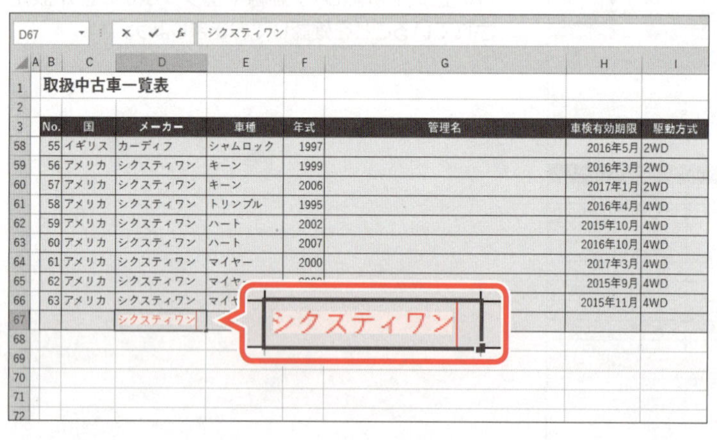

④ Enter を押します。

⑤**「シクスティワン」**が入力され、カーソルが表示されます。

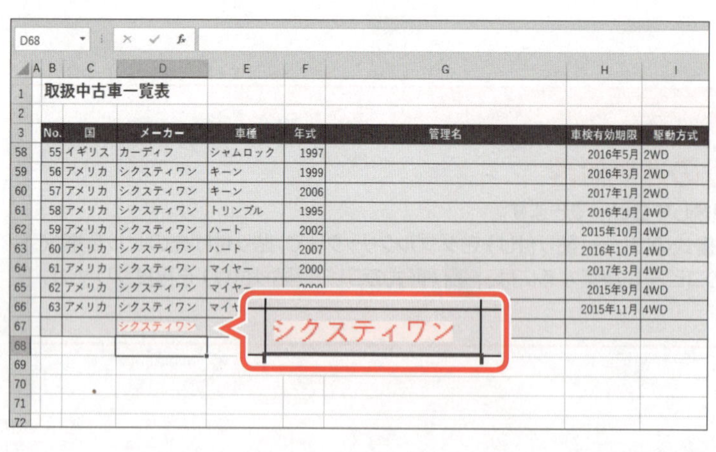

⑥ Enter を押します。

データが入力されます。

取扱中古車一覧表

No.	国	メーカー	車種	年式	管理名	車検有効期限	駆動方式	走行距離(km)	ミッション
55	イギリス	カーディフ	シャムロック	1997		2016年5月	2WD	10,000	MT
56	アメリカ	シクスティワン	キーン	1999		2016年3月	2WD	5,000	AT
57	アメリカ	シクスティワン	キーン	2006		2017年1月	2WD	2,000	MT
58	アメリカ	シクスティワン	トリンプル	1995		2016年4月	4WD	10,000	AT
59	アメリカ	シクスティワン	ハート	2002		2015年10月	4WD	8,000	AT
60	アメリカ	シクスティワン	ハート	2007		2016年10月	4WD	6,000	MT
61	アメリカ	シクスティワン	マイヤー	2000		2017年3月	4WD	9,000	AT
62	アメリカ	シクスティワン	マイヤー	2000		2015年9月	4WD	7,000	MT
63	アメリカ	シクスティワン	マイヤー	2006		2015年11月	4WD	6,000	AT
64	アメリカ	シクスティワン	マイヤー	2007		2016年5月	4WD	5,000	AT

⑦セル範囲**【B67:C67】**、セル範囲**【E67:F67】**、セル範囲**【H67:K67】**に次のようにデータを入力します。

セル【B67】：64
セル【C67】：アメリカ
セル【E67】：マイヤー
セル【F67】：2007
セル【H67】：2016/5/10
セル【I67】：4WD
セル【J67】：5000
セル【K67】：AT

※H列にはあらかじめ日付の表示形式が設定されています。
※G列とセル【L67:O67】にはあとからデータを入力します。

STEP UP

オートコンプリート

同じ読みで始まるデータが複数ある場合は、異なる読みが入力された時点で自動的に表示されます。

取扱中古車一覧表

No.	国	メーカー	車種	年式	管理名	車検有効期限
14	フランス	アンクティル	エイメ	1992		2015年8月
22	フランス	コラール	アルレッティ	2003		2016年4月
37	ドイツ	ウルトラオート	ボリス	2001		2016年6月
51	イタリア	カスタ	ミケーレ	2009		2016年6月
52	イギリス	カーディフ				2015年10月
60	アメリカ	シクスティワン				2016年10月
		かすカスタ				

かすカスタ

2 ドロップダウンリストから選択

フィールドのデータが文字列の場合、**「ドロップダウンリストから選択」**を使うと、フィールドのデータが一覧で表示されます。この一覧から選択するだけで、効率的にデータを入力できます。
ドロップダウンリストから選択して、セル**【L67】**に**「ホワイト系」**と入力しましょう。

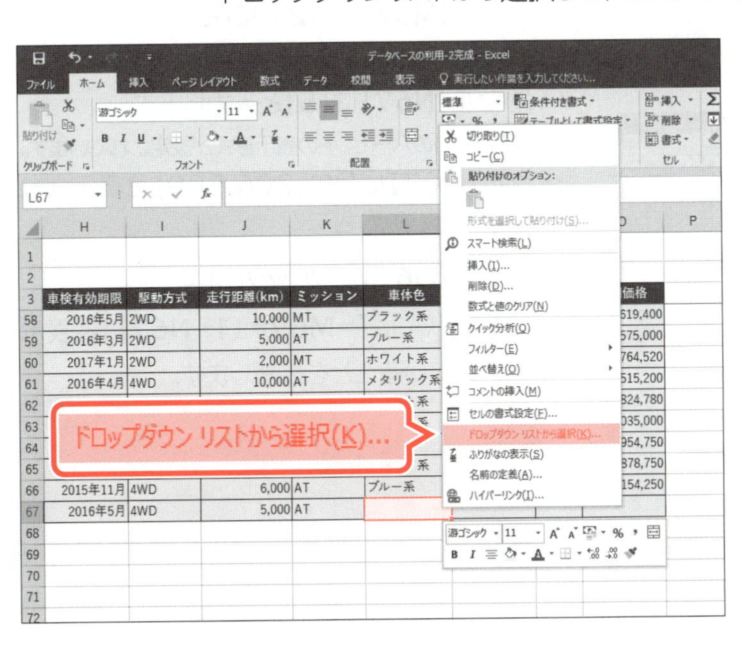

①セル**【L67】**を右クリックします。
②**《ドロップダウンリストから選択》**をクリックします。

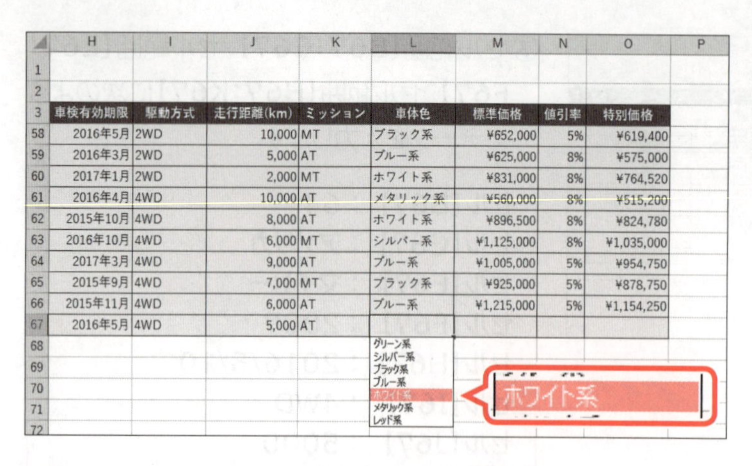

	H	I	J	K	L	M	N	O
3	車検有効期限	駆動方式	走行距離(km)	ミッション	車体色	標準価格	値引率	特別価格
58	2016年5月	2WD	10,000	MT	ブラック系	¥652,000	5%	¥619,400
59	2016年3月	2WD	5,000	AT	ブルー系	¥625,000	8%	¥575,000
60	2017年1月	2WD	2,000	MT	ホワイト系	¥831,000	8%	¥764,520
61	2016年4月	4WD	10,000	AT	メタリック系	¥560,000	8%	¥515,200
62	2015年10月	4WD	8,000	AT	ホワイト系	¥896,500	8%	¥824,780
63	2016年10月	4WD	6,000	MT	シルバー系	¥1,125,000	8%	¥1,035,000
64	2017年3月	4WD	9,000	AT	ブルー系	¥1,005,000	5%	¥954,750
65	2015年9月	4WD	7,000	MT	ブラック系	¥925,000	5%	¥878,750
66	2015年11月	4WD	6,000	AT	ブルー系	¥1,215,000	5%	¥1,154,250
67	2016年5月	4WD	5,000	AT				

セル【L67】にフィールドのデータが一覧で表示されます。

③一覧から**「ホワイト系」**を選択します。

	H	I	J	K	L	M	N	O
3	車検有効期限	駆動方式	走行距離(km)	ミッション	車体色	標準価格	値引率	特別価格
58	2016年5月	2WD	10,000	MT	ブラック系	¥652,000	5%	¥619,400
59	2016年3月	2WD	5,000	AT	ブルー系	¥625,000	8%	¥575,000
60	2017年1月	2WD	2,000	MT	ホワイト系	¥831,000	8%	¥764,520
61	2016年4月	4WD	10,000	AT	メタリック系	¥560,000	8%	¥515,200
62	2015年10月	4WD	8,000	AT	ホワイト系	¥896,500	8%	¥824,780
63	2016年10月	4WD	6,000	MT	シルバー系	¥1,125,000	8%	¥1,035,000
64	2017年3月	4WD	9,000	AT	ブルー系	¥1,005,000	5%	¥954,750
65	2015年9月	4WD	7,000	MT	ブラック系	¥925,000	5%	¥878,750
66	2015年11月	4WD	6,000	AT	ブルー系	¥1,215,000	5%	¥1,154,250
67	2016年5月	4WD	5,000	AT	ホワイト系			

データが入力されます。

その他の方法(ドロップダウンリストから選択)

◆セルを選択→[Alt]+[↓]

3 数式の自動入力

表にレコードを新しく追加すると、上の行に設定されている数式が自動的に入力されます。**「標準価格」「値引率」**の数値を入力し、**「特別価格」**の数式が自動的に入力されることを確認しましょう。

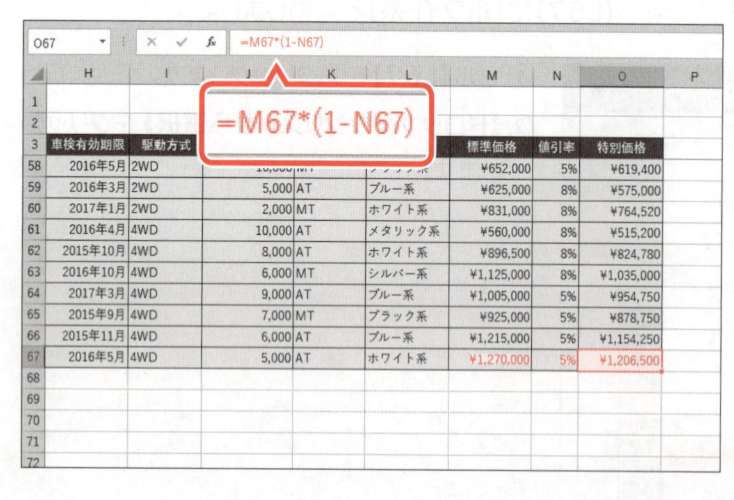

	H	I	J	K	L	M	N	O
3	車検有効期限	駆動方式				標準価格	値引率	特別価格
58	2016年5月	2WD				¥652,000	5%	¥619,400
59	2016年3月	2WD	5,000	AT	ブルー系	¥625,000	8%	¥575,000
60	2017年1月	2WD	2,000	MT	ホワイト系	¥831,000	8%	¥764,520
61	2016年4月	4WD	10,000	AT	メタリック系	¥560,000	8%	¥515,200
62	2015年10月	4WD	8,000	AT	ホワイト系	¥896,500	8%	¥824,780
63	2016年10月	4WD	6,000	MT	シルバー系	¥1,125,000	8%	¥1,035,000
64	2017年3月	4WD	9,000	AT	ブルー系	¥1,005,000	5%	¥954,750
65	2015年9月	4WD	7,000	MT	ブラック系	¥925,000	5%	¥878,750
66	2015年11月	4WD	6,000	AT	ブルー系	¥1,215,000	5%	¥1,154,250
67	2016年5月	4WD	5,000	AT	ホワイト系	¥1,270,000	5%	¥1,206,500

①セル**【M67】**に**「1270000」**と入力します。

※あらかじめ通貨の表示形式が設定されています。

②セル**【N67】**に**「5」**と入力します。

※あらかじめパーセントの表示形式が設定されています。

セル**【O67】**に**「¥1,206,500」**と表示されます。

③セル**【O67】**をクリックします。

④数式バーに**「=M67*(1-N67)」**と表示されていることを確認します。

4 フラッシュフィルの利用

「フラッシュフィル」とは、入力済みのデータをもとに、Excelが入力パターンを読み取り、まだ入力されていない残りのセルに入力パターンに合ったデータを自動で埋め込む機能のことです。
例えば、英字の小文字をすべて大文字にしたり、電話番号に**「-（ハイフン）」**を付けたり、姓と名を1つのセルに結合して氏名を表示したり、メールアドレスの**「@」**より前の部分を取り出したりといったことなどが簡単に行えます。
複雑な関数やマクロを使わなくても自動入力できるため、大量のデータを加工したい場合などに効率的に作業できます。

	A	B	C	D	E
1		社員名簿			
2					
3		社員No.	姓	名	氏名
4		161001	木村	陽子	木村　陽子
5		161002	峰岸	智也	
6		161003	斉藤	健司	
7		161004	山田	悠斗	
8		161005	金谷	美紀	
9		161006	石野	さとみ	
10		161007	小川	隆太	
11		161008	鈴木	通	
12		161009	山脇	一郎	
13		161010	浜田	明子	
14		161011	鮫島	京子	
15		161012	内藤	隆一郎	
16		161013	杉村	壮太郎	

最初のセルだけ入力して、
（フラッシュフィル）をクリック！

	A	B	C	D	E
1		社員名簿			
2					
3		社員No.	姓	名	氏名
4		161001	木村	陽子	木村　陽子
5		161002	峰岸	智也	峰岸　智也
6		161003	斉藤	健司	斉藤　健司
7		161004	山田	悠斗	山田　悠斗
8		161005	金谷	美紀	金谷　美紀
9		161006	石野	さとみ	石野　さとみ
10		161007	小川	隆太	小川　隆太
11		161008	鈴木	通	鈴木　通
12		161009	山脇	一郎	山脇　一郎
13		161010	浜田	明子	浜田　明子
14		161011	鮫島	京子	鮫島　京子
15		161012	内藤	隆一郎	内藤　隆一郎
16		161013	杉村	壮太郎	杉村　壮太郎

入力パターン（「姓」と「名」を空白1文字分入れて結合）を認識し、ほかのセルにも同じパターンのデータが自動入力される！

フラッシュフィルを使って、セル範囲**【G4:G67】**に次のような入力パターンの**「管理名」**を入力しましょう。

●セル【G4】

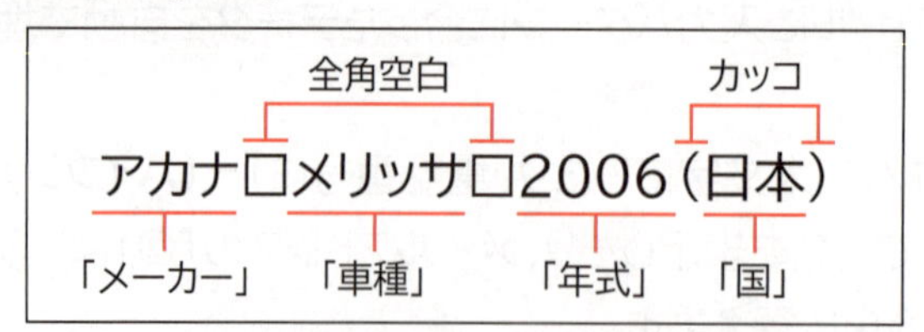

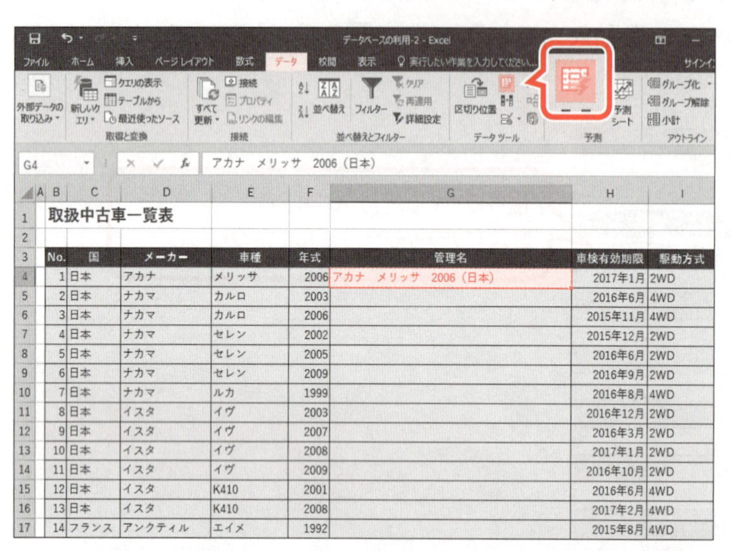

①セル**【G4】**に**「アカナ□メリッサ□2006（日本）」**と入力します。

※□は全角空白を表します。

※「2006」は半角で入力します。

②セル**【G4】**をクリックします。

※表内のG列のセルであれば、どこでもかまいません。

③**《データ》**タブを選択します。

④**《データツール》**グループの（フラッシュフィル）をクリックします。

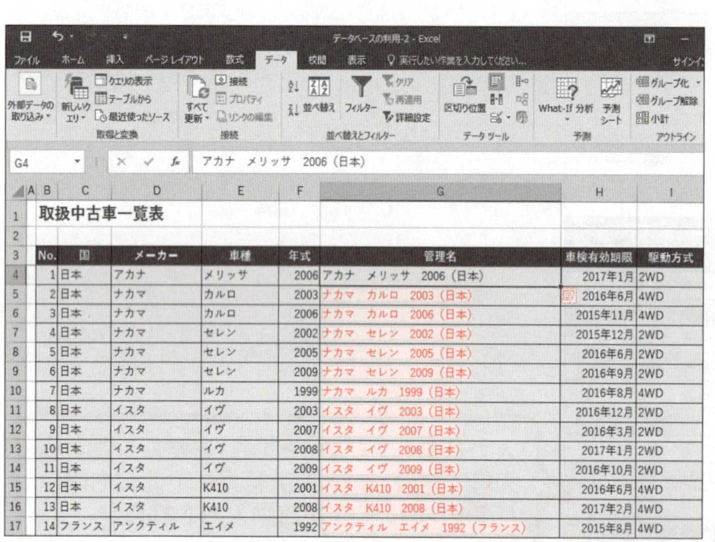

セル範囲**【G5:G67】**に同じ入力パターンでデータが入力され、（フラッシュフィルオプション）が表示されます。

※ブックに「データベースの利用-2完成」と名前を付けて、フォルダー「第8章」に保存し、閉じておきましょう。

POINT ▶▶▶

フラッシュフィル利用時の注意点

●列内のデータは同じ規則性にする

列内のデータはすべて同じ規則で入力されている必要があります。例えば、姓と名の間に半角スペースと全角スペースが混在していたり、電話番号の数値に半角と全角が混在していたりする場合は、パターンを読み取れず正しく実行することができません。

●表に隣接するセルで操作する

フラッシュフィルは離れた列で実行することはできません。必ず表に隣接する列で操作します。

●1列ずつ操作する

複数の列やセルを選択してフラッシュフィルを実行することはできません。必ず設定する列のセルを1つだけ選択して実行します。

その他の方法（フラッシュフィル）

STEP UP

◆1つ目のセルに入力→セルを選択→《ホーム》タブ→《編集》グループの（フィル）→《フラッシュフィル》

◆1つ目のセルに入力→セルを選択→セル右下の■（フィルハンドル）をダブルクリック→（オートフィルオプション）→《フラッシュフィル》

◆1つ目のセルに入力→2つ目のセルに入力→候補の一覧が表示されたら、Enterを押す

◆1つ目のセルに入力→Ctrl＋E

POINT ▶▶▶

フラッシュフィルの候補の一覧

1つ目のセルに入力後、2つ目のセルに続けて入力し始めると、自動的にパターンを読み取り、候補の一覧が表示されます。Enterを押すと、自動でほかのセルに入力できます。

※データによっては、候補の一覧が表示されない場合もあります。

取扱中古車一覧表

No.	国	メーカー	車種	年式	管理名	車検有効期限	駆動方式
1	日本	アカナ	メリッサ	2006	アカナ　メリッサ　2006（日本）	2017年1月	2WD
2	日本	ナカマ	カルロ	2003	ナカマナカマ　カルロ　2003（日本）	2016年6月	4WD
3	日本	ナカマ	カルロ	2006	ナカマ　カルロ　2006（日本）	2015年11月	4WD
4	日本	ナカマ	セレン	2002	ナカマ　セレン　2002（日本）	2015年12月	2WD
5	日本	ナカマ	セレン	2005	ナカマ　セレン　2005（日本）	2016年6月	2WD
6	日本	ナカマ	セレン	2009	ナカマ　セレン　2009（日本）	2016年9月	2WD
7	日本	ナカマ	ルカ	1999	ナカマ　ルカ　1999（日本）	2016年8月	4WD
8	日本	イスタ	イヴ	2003	イスタ　イヴ　2003（日本）	2016年12月	2WD
9	日本	イスタ	イヴ	2007	イスタ　イヴ　2007（日本）	2016年3月	2WD
10	日本	イスタ	イヴ	2008	イスタ　イヴ　2008（日本）	2017年1月	2WD
11	日本	イスタ	イヴ	2009	イスタ　イヴ　2009（日本）	2016年10月	2WD
12	日本	イスタ	K410	2001	イスタ　K410　2001（日本）	2016年6月	4WD
13	日本	イスタ	K410	2008	イスタ　K410　2008（日本）	2017年2月	4WD
14	フランス	アンクティィル	エイメ	1992	アンクティィル　エイメ　1992（フランス）	2015年8月	4WD
15	フランス	アンクティィル	エイメ	1998	アンクティィル　エイメ　1998（フランス）	2017年1月	4WD

POINT ▶▶▶

フラッシュフィルオプション

フラッシュフィルを実行したあとに表示されるを「フラッシュフィルオプション」といいます。ボタンをクリックするとフラッシュフィルを元に戻すか、候補を反映するかなどを選択できます。（フラッシュフィルオプション）を使わない場合は、Escを押します。

Exercise 練習問題

解答 ► 別冊P.6

次の表をもとに、データベースを操作しましょう。

フォルダー「第8章」のブック「第8章練習問題」を開いておきましょう。

●完成図

	B	C	D	E	F	G	H	I	J	K
1	横浜市沿線別住宅情報									
2										
3	管理No.	沿線	最寄駅	徒歩(分)	賃料	管理費	毎月支払額	間取り	築年月	アクセス
4	1	市営地下鉄	中川	5	¥78,000	¥3,000	¥81,000	1LDK	2010年4月	市営地下鉄　中川駅　徒歩5分
5	2	田園都市線	青葉台	13	¥175,000	¥0	¥175,000	4LDK	2015年10月	田園都市線　青葉台駅　徒歩13分
6	3	市営地下鉄	センター南	10	¥90,000	¥0	¥90,000	1LDK	2009年4月	市営地下鉄　センター南駅　徒歩10分
7	4	市営地下鉄	新横浜	15	¥79,000	¥9,000	¥88,000	1DK	2007年8月	市営地下鉄　新横浜駅　徒歩15分
8	5	田園都市線	あざみ野	10	¥69,000	¥0	¥69,000	1DK	2010年5月	田園都市線　あざみ野駅　徒歩10分
9	6	根岸線	関内	20	¥72,000	¥1,500	¥73,500	1DK	2015年3月	根岸線　関内駅　徒歩20分
10	7	東横線	日吉	5	¥120,000	¥6,000	¥126,000	2LDK	2008年8月	東横線　日吉駅　徒歩5分
11	8	東横線	菊名	2	¥130,000	¥6,000	¥136,000	3LDK	2011年5月	東横線　菊名駅　徒歩2分
12	9	東横線	大倉山	8	¥65,000	¥8,000	¥73,000	2DK	2005年8月	東横線　大倉山駅　徒歩8分
13	10	根岸線	石川町	7	¥99,000	¥5,000	¥104,000	2DK	2012年7月	根岸線　石川町駅　徒歩7分
14	11	東横線	綱島	4	¥200,000	¥15,000	¥215,000	3DK	2000年9月	東横線　綱島駅　徒歩4分
15	12	田園都市線	青葉台	4	¥150,000	¥9,000	¥159,000	3LDK	2005年6月	田園都市線　青葉台駅　徒歩4分
16	13	市営地下鉄	センター南	1	¥100,000	¥0	¥100,000	3LDK	1998年7月	市営地下鉄　センター南駅　徒歩1分
17	14	市営地下鉄	新横浜	3	¥100,000	¥12,000	¥112,000	3LDK	2007年9月	市営地下鉄　新横浜駅　徒歩3分
18	15	田園都市線	あざみ野	18	¥130,000	¥9,000	¥139,000	4LDK	2010年12月	田園都市線　あざみ野駅　徒歩18分
19	16	東横線	菊名	6	¥80,000	¥5,500	¥85,500	2LDK	2005年9月	東横線　菊名駅　徒歩6分
20	17	市営地下鉄	中川	15	¥55,000	¥3,000	¥58,000	2DK	2009年2月	市営地下鉄　中川駅　徒歩15分
21	18	東横線	大倉山	9	¥180,000	¥8,000	¥188,000	3DK	2014年4月	東横線　大倉山駅　徒歩9分
22	19	根岸線	石川町	6	¥150,000	¥7,000	¥157,000	3DK	2002年6月	根岸線　石川町駅　徒歩6分
23	20	東横線	綱島	17	¥320,000	¥15,000	¥335,000	5LDK	2006年3月	東横線　綱島駅　徒歩17分

①完成図を参考に、フラッシュフィルを使って、セル範囲【K4:K30】に次のような入力パターンのデータを入力しましょう。

●セル【K4】

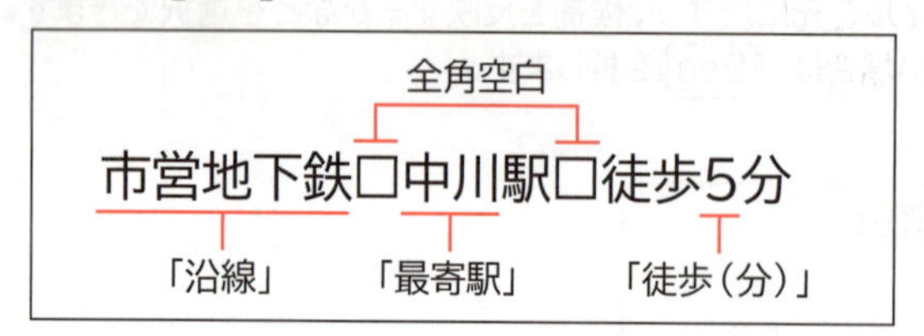

②**「築年月」**を日付の新しい順に並べ替えましょう。

③**「間取り」**を昇順で並べ替え、さらに**「間取り」**が同じ場合は、**「毎月支払額」**を降順で並べ替えましょう。

④**「管理No.」**順に並べ替えましょう。

⑤**「賃料」**が安いレコード5件を抽出しましょう。
※抽出できたら、フィルターの条件をクリアしておきましょう。

⑥**「築年月」**が2013年1月1日から2015年12月31日までのレコードを抽出しましょう。
※抽出できたら、フィルターの条件をクリアしておきましょう。

⑦**「徒歩(分)」**が10分以内で、**「間取り」**が3LDKまたは4LDKのレコードを抽出しましょう。
※抽出できたら、フィルターモードを解除しておきましょう。
※ブックに「第8章練習問題完成」と名前を付けて、フォルダー「第8章」に保存し、閉じておきましょう。

よくわかる

第9章

Chapter 9

便利な機能

Chapter 9

この章で学ぶこと

学習前に習得すべきポイントを理解しておき、
学習後には確実に習得できたかどうかを振り返りましょう。

1 ブック内のデータを検索できる。 →P.230

2 ブック内のデータを別のデータに置換できる。 →P.232

3 ブック内の書式を別の書式に置換できる。 →P.233

4 ブックをPDFファイルとして保存できる。 →P.237

Step 1 検索・置換する

1 検索

「**検索**」を使うと、シート内やブック内から目的のデータをすばやく探すことができます。
文字列「**リラックス効果**」を検索しましょう。

File OPEN フォルダー「第9章」のブック「便利な機能」を開いておきましょう。

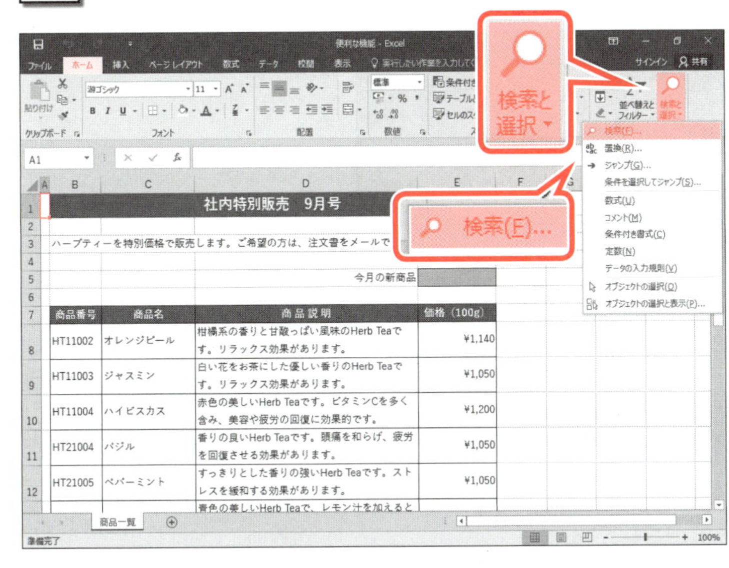

①セル【**A1**】をクリックします。

※アクティブセルから検索を開始します。

②《**ホーム**》タブを選択します。

③《**編集**》グループの（検索と選択）をクリックします。

④《**検索**》をクリックします。

検索と置換

検索(D)　置換(P)

検索する文字列(N):　リラックス効果

オプション(T) >>

すべて検索(I)　次を検索(F)　閉じる

《**検索と置換**》ダイアログボックスが表示されます。

⑤《**検索**》タブを選択します。

⑥《**検索する文字列**》に「**リラックス効果**」と入力します。

⑦《**次を検索**》をクリックします。

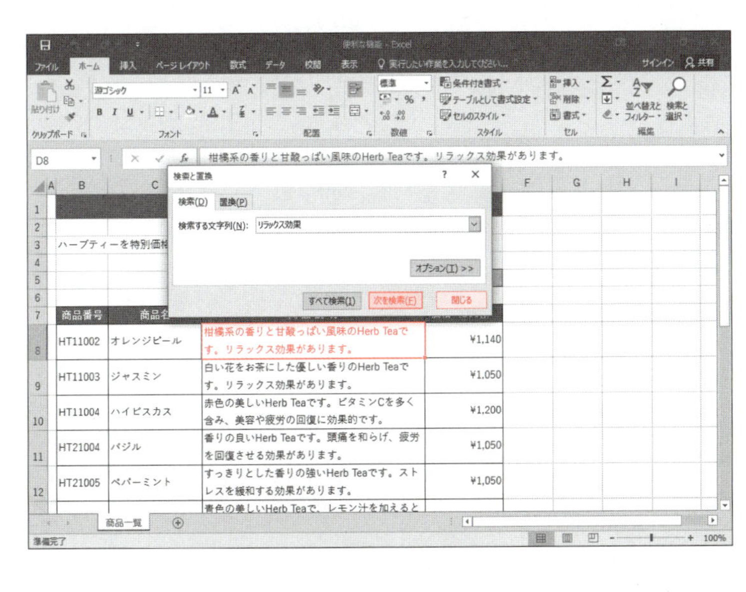

文字列「**リラックス効果**」を含むセルが検索されます。

⑧《**次を検索**》を数回クリックし、検索結果をすべて確認します。

※4件検索されます。

⑨《**閉じる**》をクリックします。

STEP UP その他の方法（検索）

◆ Ctrl + F

すべて検索

《検索と置換》ダイアログボックスの《すべて検索》をクリックすると、検索結果が一覧で表示されます。検索結果をクリックすると、シート上のセルが選択されます。すべての検索結果をまとめて選択するには、先頭の検索結果をクリックし、Shift を押しながら最終の検索結果をクリックします。

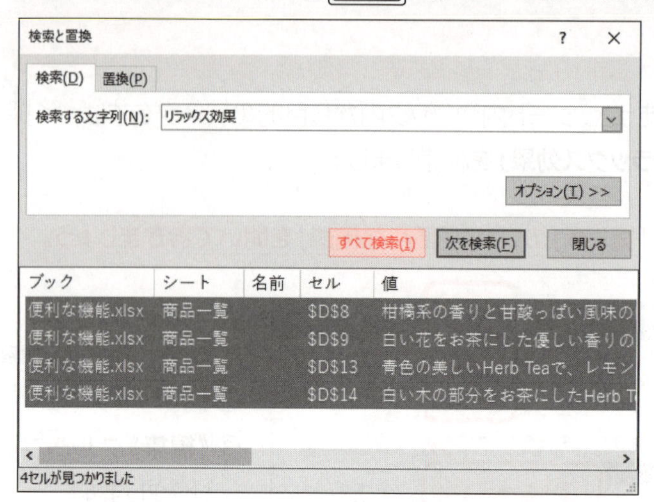

検索場所

《検索と置換》ダイアログボックスの《オプション》をクリックすると、検索や置換の詳細な設定ができます。《検索場所》の ▼ →《シート》または《ブック》を選択すると、現在選択しているシートまたはブック全体を対象に検索や置換を行うことができます。
特定のセル範囲だけを検索や置換の対象としたい場合は、あらかじめセル範囲を選択してからコマンドを実行します。

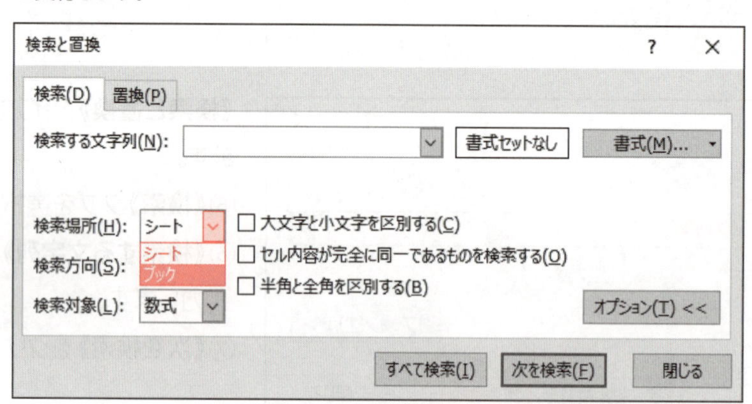

2 置換

「置換」を使うと、データを検索して別のデータに置き換えることができます。また、設定されている書式を別の書式に置き換えることもできます。

1 文字列の置換

「Herb Tea」を「ハーブティー」に置換しましょう。

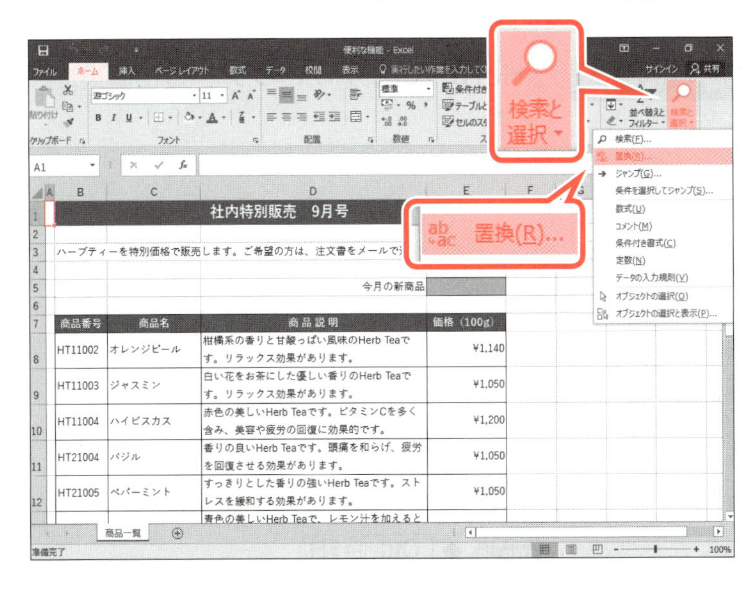

①セル**【A1】**をクリックします。
②**《ホーム》**タブを選択します。
③**《編集》**グループの（検索と選択）をクリックします。
④**《置換》**をクリックします。

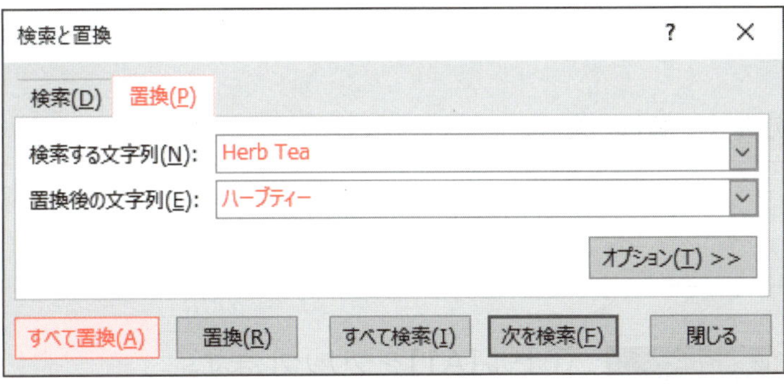

《検索と置換》ダイアログボックスが表示されます。
⑤**《置換》**タブを選択します。
⑥**《検索する文字列》**に**「Herb Tea」**と入力します。
※Excelを終了するまで、《検索と置換》ダイアログボックスには直前に指定した内容が表示されます。
※初期の設定では、英字の大文字・小文字、英字や空白の全角・半角は区別されません。
⑦**《置換後の文字列》**に**「ハーブティー」**と入力します。
⑧**《すべて置換》**をクリックします。

図のようなメッセージが表示されます。
※9件置換されます。
⑨**《OK》**をクリックします。

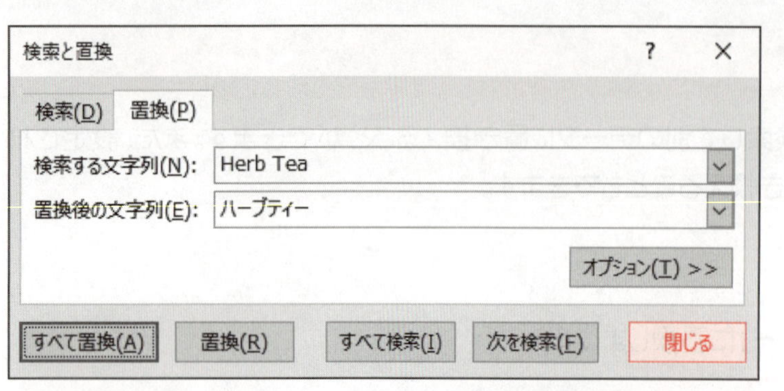

⑩《閉じる》をクリックします。

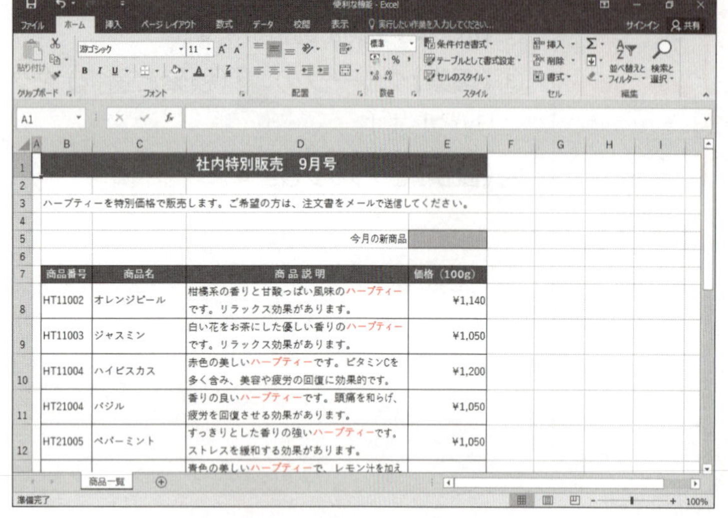

「Herb Tea」が「ハーブティー」に置換されます。

◆Ctrl+H

2 書式の置換

「今月の新商品」の書式を、次の書式に置換しましょう。

太字
塗りつぶしの色：黄色

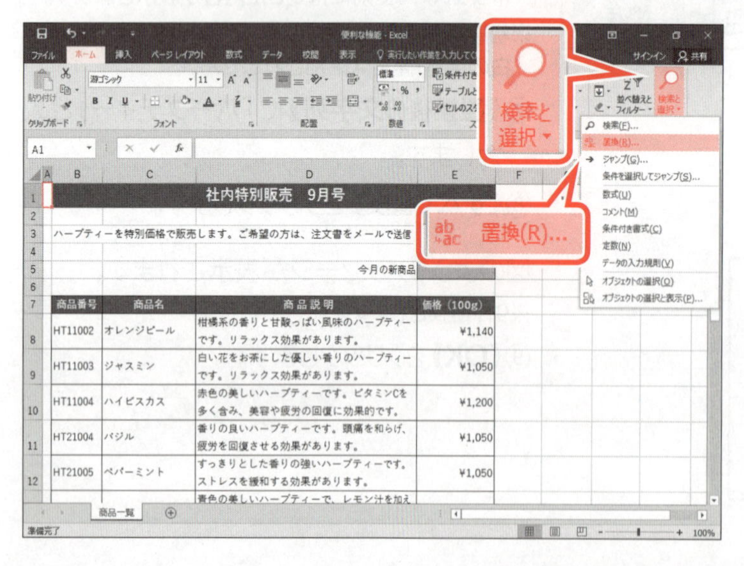

①セル【A1】をクリックします。

②《ホーム》タブを選択します。

③《編集》グループの（検索と選択）をクリックします。

④《置換》をクリックします。

《検索と置換》ダイアログボックスが表示されます。

⑤《置換》タブを選択します。

⑥《検索する文字列》の内容を削除します。

⑦《置換後の文字列》の内容を削除します。

⑧《オプション》をクリックします。

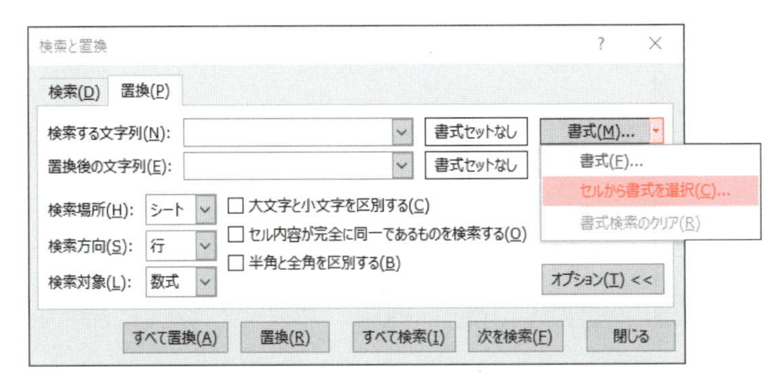

置換の詳細が設定できるようになります。

⑨《検索する文字列》の《書式》の ▾ をクリックします。

⑩《セルから書式を選択》をクリックします。

《検索と置換》ダイアログボックスが非表示になります。

マウスポインターの形が ✚🖊 に変わります。

⑪セル【E5】をクリックします。

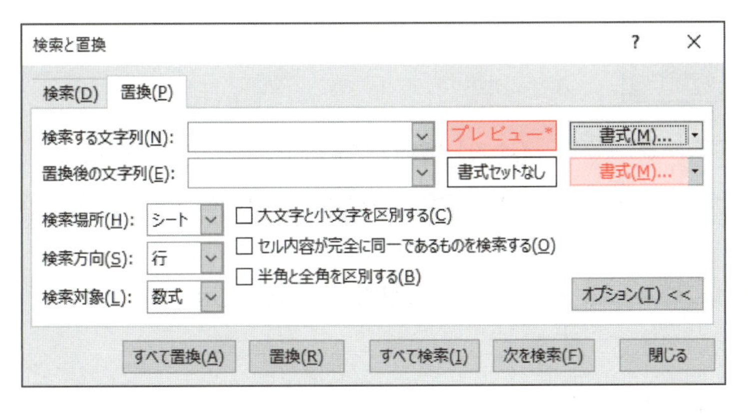

《検索と置換》ダイアログボックスが再表示されます。

《検索する文字列》の《プレビュー》に書式が表示されます。

※選択したセルに設定されている書式が検索する対象として認識されます。

⑫《置換後の文字列》の《書式》をクリックします。

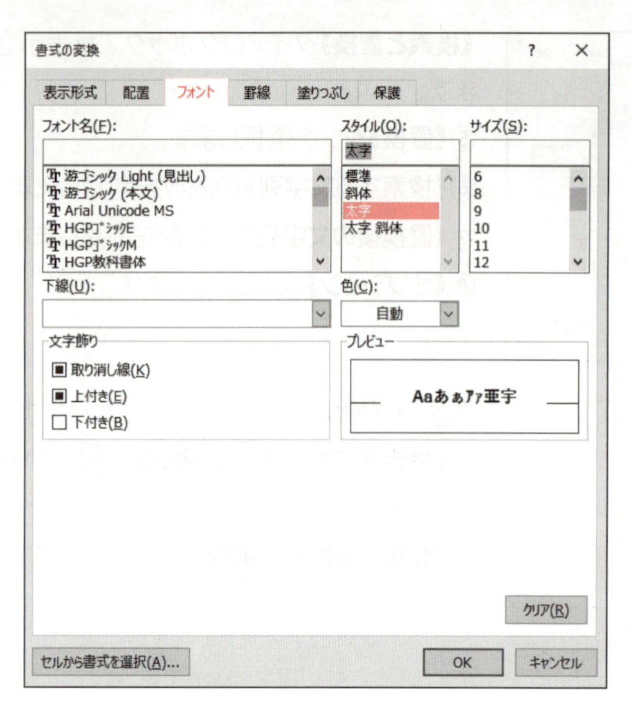

《**書式の変換**》ダイアログボックスが表示されます。

⑬《**フォント**》タブを選択します。

⑭《**スタイル**》の一覧から《**太字**》を選択します。

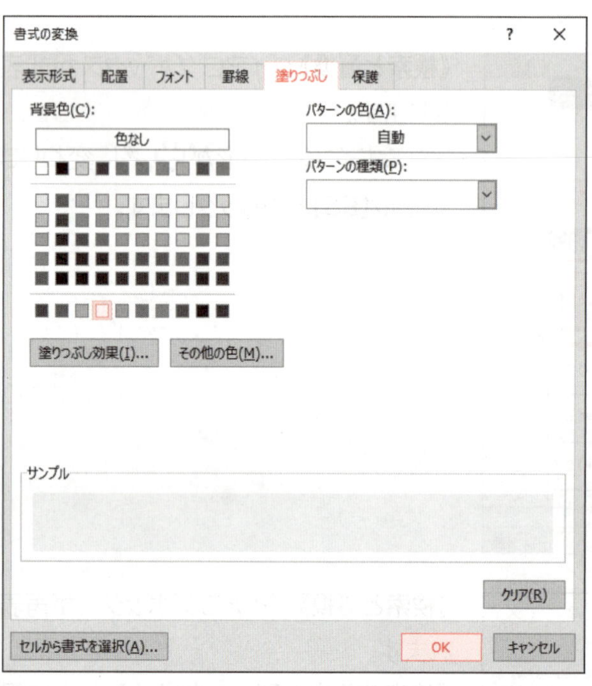

⑮《**塗りつぶし**》タブを選択します。

⑯《**背景色**》の一覧から図の黄色を選択します。

⑰《**OK**》をクリックします。

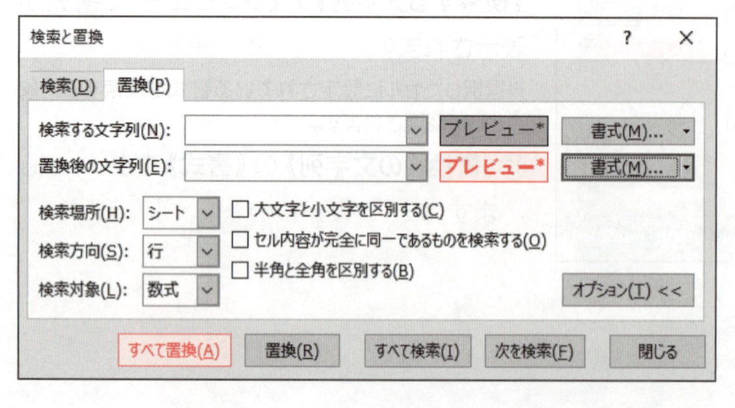

《**検索と置換**》ダイアログボックスに戻ります。

《**置換後の文字列**》の《**プレビュー**》に書式が表示されます。

⑱《**すべて置換**》をクリックします。

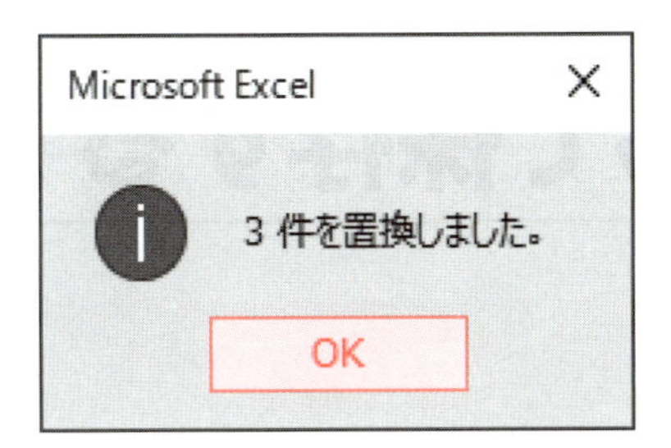

図のようなメッセージが表示されます。
※3件置換されます。
⑲《OK》をクリックします。

⑳《閉じる》をクリックします。

	A	B	C	D	E	F
11		HT21004	バジル	香りの良いハーブティーです。頭痛を和らげ、疲労を回復させる効果があります。	¥1,050	
12		HT21005	ペパーミント	すっきりとした香りの強いハーブティーです。ストレスを緩和する効果があります。	¥1,050	
13		HT21006	ラベンダー	青色の美しいハーブティーで、レモン汁を加えると色が変化します。香りがとても良く、ストレスを和らげ、リラックス効果があります。	¥1,200	
14		HT21007	リンデン	白い木の部分をお茶にしたハーブティーです。リラックス効果、安眠効果があります。	¥1,140	
15		HT26008	レモン	ビタミンCが多く含まれたハーブティーです。美肌効果があるため、うっかり日焼けをしてしまった方などにもおすすめです。	¥1,050	
16		HT26009	レモングラス	レモンの酸味がするハーブティーです。気分をリフレッシュさせる効果があるので、朝早起きが苦手な方におすすめです。	¥1,050	
17						

書式が置換されます。
㉑シートをスクロールして、書式を確認します。
※ブックに「便利な機能完成」と名前を付けて、フォルダー「第9章」に保存しておきましょう。次の操作のために、ブックは開いたままにしておきましょう。

書式のクリア

書式の検索や書式の置換を行うと、《検索と置換》ダイアログボックスには直前に指定した書式の内容が表示されます。書式を削除するには、《書式》の▾→《書式検索のクリア》または《書式置換のクリア》を選択します。

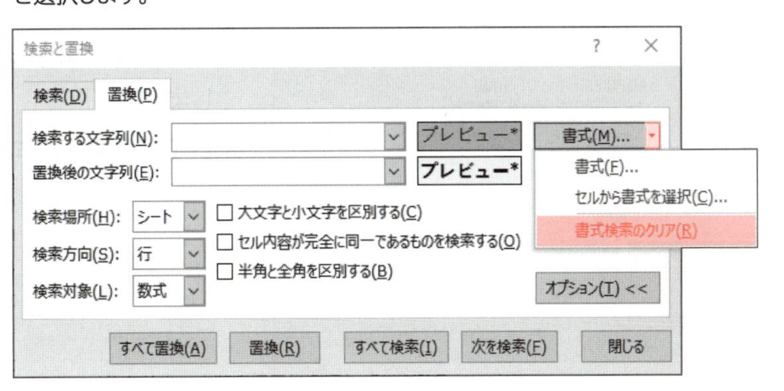

Step2 PDFファイルとして保存する

1 PDFファイル

「PDFファイル」とは、パソコンの機種や環境にかかわらず、もとのアプリで作成したとおりに正確に表示できるファイル形式です。作成したアプリがなくても表示用のアプリがあればファイルを表示できるので、閲覧用によく利用されています。
Excelでは、保存時にファイル形式を指定するだけで、PDFファイルを作成できます。

2 PDFファイルとして保存

ブックに**「社内販売（配布用）」**と名前を付けて、PDFファイルとしてフォルダー**「第9章」**に保存しましょう。

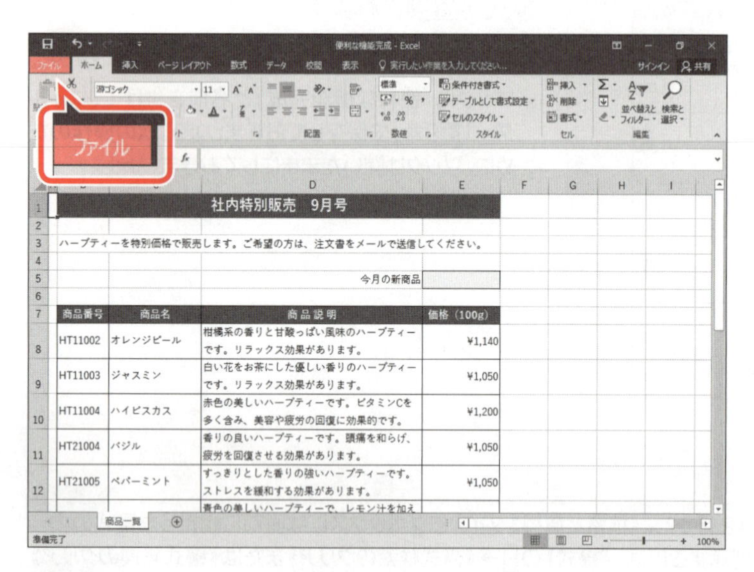

①**《ファイル》**タブを選択します。

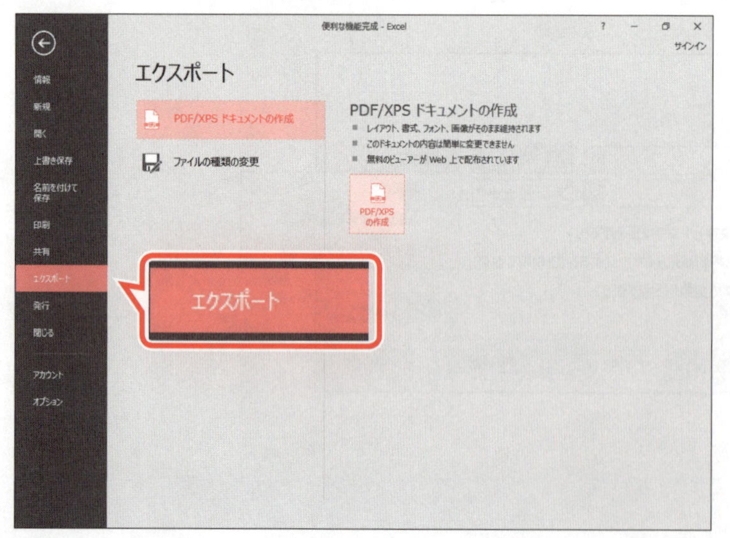

②**《エクスポート》**をクリックします。
③**《PDF/XPSドキュメントの作成》**をクリックします。
④**《PDF/XPSの作成》**をクリックします。

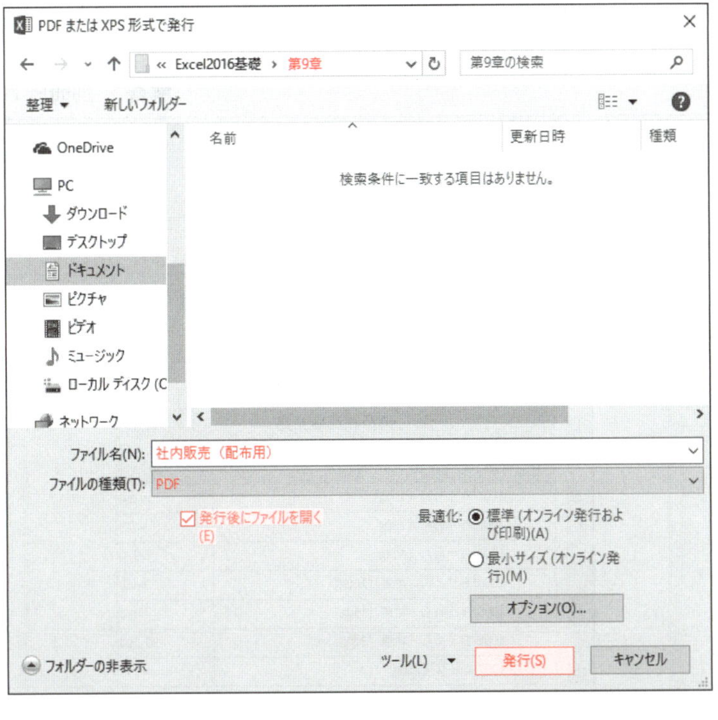

《**PDFまたはXPS形式で発行**》ダイアログボックスが表示されます。

PDFファイルを保存する場所を指定します。

⑤フォルダー「**第9章**」が開かれていることを確認します。

※開かれていない場合は、《PC》→《ドキュメント》→「Excel2016基礎」→「第9章」を選択します。

⑥《**ファイル名**》に「**社内販売（配布用）**」と入力します。

⑦《**ファイルの種類**》が《**PDF**》になっていることを確認します。

⑧《**発行後にファイルを開く**》を☑にします。

⑨《**発行**》をクリックします。

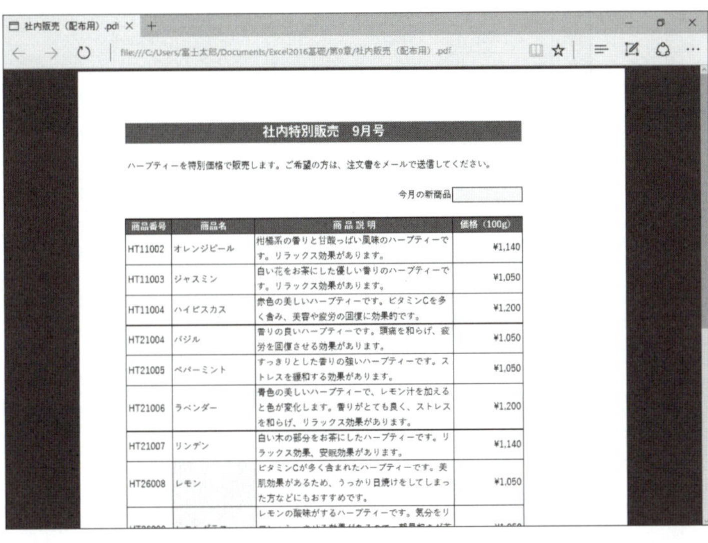

社内特別販売　9月号

ハーブティーを特別価格で販売します。ご希望の方は、注文書をメールで送信してください。

今月の新商品

商品番号	商品名	商品説明	価格（100g）
HT11002	オレンジピール	柑橘系の香りと甘酸っぱい風味のハーブティーです。リラックス効果があります。	¥1,140
HT11003	ジャスミン	白い花をお茶にした優しい香りのハーブティーです。リラックス効果があります。	¥1,050
HT11004	ハイビスカス	赤色の美しいハーブティーです。ビタミンCを多く含み、美容や疲労の回復に効果的です。	¥1,200
HT21004	バジル	香りの良いハーブティーです。頭痛を和らげ、疲労を回復させる効果があります。	¥1,050
HT21005	ペパーミント	すっきりとした香りの強いハーブティーです。ストレスを緩和する効果があります。	¥1,050
HT21006	ラベンダー	青色の美しいハーブティーで、レモン汁を加えると色が変化します。香りがとても良く、ストレスを和らげ、リラックス効果があります。	¥1,200
HT21007	リンデン	白い木の部分をお茶にしたハーブティーです。リラックス効果、安眠効果があります。	¥1,140
HT26008	レモン	ビタミンCが多く含まれたハーブティーです。美肌効果があるため、うっかり日焼けをしてしまった方などにもおすすめです。	¥1,050

PDFファイルが作成されます。

PDFファイルを表示するアプリが起動し、PDFファイルが開かれます。

※アプリを選択する画面が表示された場合は、《Microsoft Edge》を選択します。

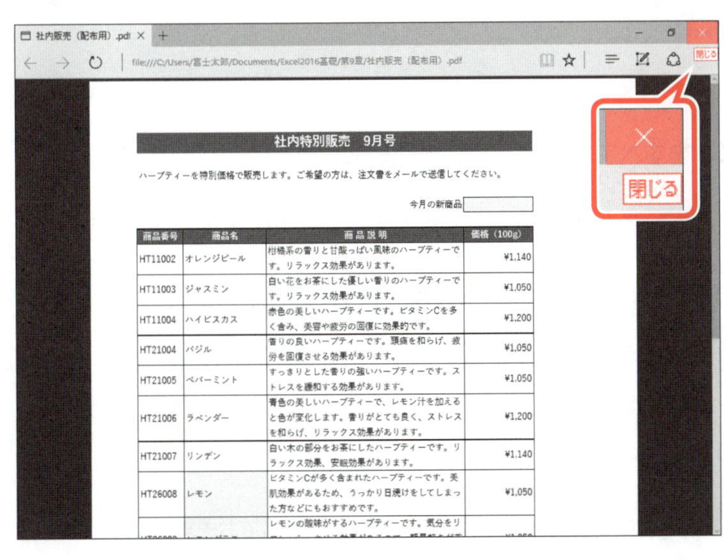

PDFファイルを閉じます。

⑩ × （閉じる）をクリックします。

※ブック「便利な機能完成」を閉じておきましょう。

練習問題

解答 ▶ 別冊P.7

完成図のような表を作成しましょう。

フォルダー「第9章」のブック「第9章練習問題」のシート「FAX注文書」を開いておきましょう。

※アクティブシートを切り替えて、各シートの内容を確認しておきましょう。

●完成図

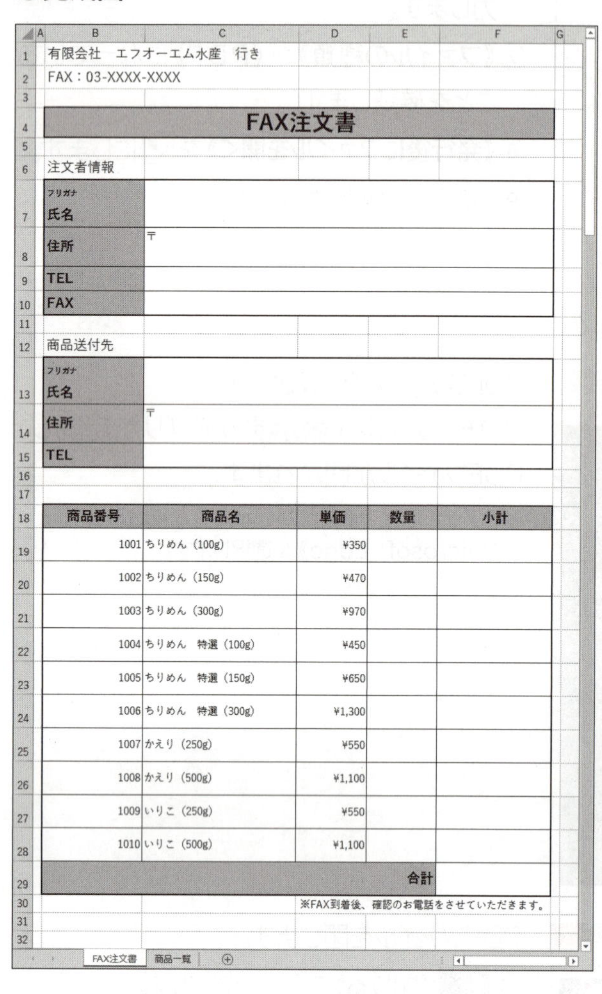

有限会社　エフオーエム水産　行き
FAX：03-XXXX-XXXX

FAX注文書

注文者情報

フリガナ 氏名	
住所	〒
TEL	
FAX	

商品送付先

フリガナ 氏名	
住所	〒
TEL	

商品番号	商品名	単価	数量	小計
1001	ちりめん（100g）	¥350		
1002	ちりめん（150g）	¥470		
1003	ちりめん（300g）	¥970		
1004	ちりめん　特選（100g）	¥450		
1005	ちりめん　特選（150g）	¥650		
1006	ちりめん　特選（300g）	¥1,300		
1007	かえり（250g）	¥550		
1008	かえり（500g）	¥1,100		
1009	いりこ（250g）	¥550		
1010	いりこ（500g）	¥1,100		
			合計	

※FAX到着後、確認のお電話をさせていただきます。

FAX注文書　商品一覧

海産物商品一覧

単位：円

商品番号	商品名	単価
1001	ちりめん（100g）	¥350
1002	ちりめん（150g）	¥470
1003	ちりめん（300g）	¥970
1004	ちりめん　特選（100g）	¥450
1005	ちりめん　特選（150g）	¥650
1006	ちりめん　特選（300g）	¥1,300
1007	かえり（250g）	¥550
1008	かえり（500g）	¥1,100
1009	いりこ（250g）	¥550
1010	いりこ（500g）	¥1,100

FAX注文書　商品一覧

①ブック全体の文字列**「グラム」**をすべて**「g」**に置換しましょう。

②ブック全体で太字が設定されているセルの色を、任意のオレンジ色に置換しましょう。

③シート**「FAX注文書」**をPDFファイルとして、**「FAX注文書」**と名前を付けて、フォルダー**「第9章」**に保存しましょう。また、保存後、PDFファイルを表示しましょう。

Hint 選択したシートをPDFファイルにするには、《オプション》から《◉選択したシート》を設定します。

※PDFファイルを閉じておきましょう。

※ブックに「第9章練習問題完成」と名前を付けて、フォルダー「第9章」に保存し、閉じておきましょう。

よくわかる

Exercise

総合問題

Exercise 総合問題1

解答 ► 別冊P.8

完成図のような表を作成しましょう。

フォルダー「総合問題」のブック「総合問題1」を開いておきましょう。

●完成図

B	C	D	E	F	G	H	I
週間行動予定表					2016/8/1	～	2016/8/7
月日	8月1日	8月2日	8月3日	8月4日	8月5日	8月6日	8月7日
曜日	月	火	水	木	金	土	日
田中							
井上							
大野							
吉野							
近藤							

第1週　第2週

B	C	D	E	F	G	H	I
週間行動予定表					2016/8/8	～	2016/8/14
月日	8月8日	8月9日	8月10日	8月11日	8月12日	8月13日	8月14日
曜日	月	火	水	木	金	土	日
田中							
井上							
大野							
吉野							
近藤							

第1週　第2週

①セル【**B1**】のタイトルを**「行動予定」**から**「週間行動予定表」**に修正しましょう。

②オートフィルを使って、**「月日」**欄と**「曜日」**欄を完成させましょう。

③セル範囲【**H5:H14**】を**「青、アクセント1、白+基本色80%」**、セル範囲【**I5:I14**】を**「オレンジ、アクセント2、白+基本色80%」**でそれぞれ塗りつぶしましょう。

④完成図を参考に、表内のセルを結合し、セル内で中央に配置しましょう。

⑤完成図を参考に、表内に点線の罫線を引きましょう。

⑥セル【**G1**】に、セル範囲【**C3:I3**】の最小値を求める数式を入力しましょう。

⑦セル【**I1**】に、セル範囲【**C3:I3**】の最大値を求める数式を入力しましょう。

⑧セル【**G1**】とセル【**I1**】の日付が**「2016/8/1」**や**「2016/8/7」**と表示されるように、表示形式を設定しましょう。

⑨C～I列の列幅を**「14」**に設定しましょう。

⑩5～14行目の行の高さを**「40」**に設定しましょう。

⑪シート**「第1週」**をシート**「第1週」**の右側にコピーしましょう。
次に、コピーしたシートの名前を**「第2週」**に変更しましょう。

⑫シート**「第2週」**のセル【**C3**】の**「8月1日」**を**「8月8日」**に修正しましょう。
次に、オートフィルを使って**「月日」**欄を完成させましょう。

※ブックに「総合問題1完成」と名前を付けて、フォルダー「総合問題」に保存し、閉じておきましょう。

Exercise 総合問題2

解答 ► 別冊P.9

完成図のような表を作成しましょう。

フォルダー「総合問題」のブック「総合問題2」を開いておきましょう。

●完成図

	A	B	C	D	E	F	G	H	I	J	K	L
1		FOMサッカーリーグ・成績一覧									勝利ポイント	引分ポイント
2											3	1
3												
4		順位	チーム名	試合数	勝利数	引分数	敗北数	得点	失点	得失点差	勝率	勝点
5		1	ブラックイーグルス	30	24	5	1	60	19	41	80.0%	77
6		2	サンウィング	30	21	4	5	63	24	39	70.0%	67
7		3	エンゼルフィッシュ	30	19	6	5	53	22	31	63.3%	63
8		4	MINAMIイレブン	30	16	8	6	54	29	25	53.3%	56
9		5	ユナイテッドFC	30	17	5	8	48	30	18	56.7%	56
10		6	オレンジレンジャー	30	11	11	8	38	34	4	36.7%	44
11		7	中町ファイアー	30	11	11	8	31	32	-1	36.7%	44
12		8	サザンクロス	30	10	12	8	38	36	2	33.3%	42
13		9	元町ラビット	30	9	11	10	38	42	-4	30.0%	38
14		10	ロングホーン	30	10	7	13	42	38	4	33.3%	37
15		11	レッドモンキース	30	8	13	9	31	34	-3	26.7%	37
16		12	トライスター	30	9	9	12	34	43	-9	30.0%	36
17		13	翼ブラザーズ	30	9	8	13	33	48	-15	30.0%	35
18		14	パープルフロッグ	30	8	9	13	32	43	-11	26.7%	33
19		15	シャープウォーター	30	8	8	14	29	47	-18	26.7%	32
20		16	東山ホープ	30	8	7	15	28	44	-16	26.7%	31
21		17	FCドラゴン	30	5	12	13	27	40	-13	16.7%	27
22		18	ビックチルドレン	30	7	6	17	30	51	-21	23.3%	27
23		19	エックスダイヤモンド	30	4	7	19	20	46	-26	13.3%	19
24		20	アクアマリンFC	30	2	9	19	17	44	-27	6.7%	15

成績一覧

①セル【J5】に「FCドラゴン」の「得失点差」を求めましょう。
「得失点差」は**「得点－失点」**で求めます。
次に、セル【J5】の数式をセル範囲【J6:J24】にコピーしましょう。

②セル【K5】に「FCドラゴン」の「勝率」を求めましょう。
「勝率」は**「勝利数÷試合数」**で求めます。
次に、セル【K5】の数式をセル範囲【K6:K24】にコピーしましょう。

③セル範囲【K5:K24】を小数点第1位までのパーセントで表示しましょう。

④セル【L5】に「FCドラゴン」の「勝点」を求めましょう。
「勝点」は**「勝利数×勝利ポイント＋引分数×引分ポイント」**で求めます。なお、**「勝利ポイント」**はセル【K2】、**「引分ポイント」**はセル【L2】をそれぞれ参照して数式を入力すること。
次に、セル【L5】の数式をセル範囲【L6:L24】にコピーしましょう。

⑤表を「勝点」が大きい順に並べ替え、さらに「勝点」が同じ場合は、「得失点差」が大きい順に並べ替えましょう。

⑥並べ替え後の表の「順位」欄に「1」「2」「3」・・・と連番を入力しましょう。

⑦シート「Sheet1」の名前を「成績一覧」に変更しましょう。

※ブックに「総合問題2完成」と名前を付けて、フォルダー「総合問題」に保存し、閉じておきましょう。

Exercise 総合問題3

解答 ▶ 別冊P.10

完成図のような表を作成しましょう。

フォルダー「総合問題」のブック「総合問題3」のシート「上期売上」を開いておきましょう。

※アクティブシートを切り替えて、各シートの内容を確認しておきましょう。

●完成図

ひばりレンタカーサービス　上期売上

単位：千円

車種	月	本店	大通り店	港町店	駅前北店	駅前南店	合計
乗用車(1500cc)	4月	132,500	169,800	158,500	114,500	100,200	675,500
	5月	152,500	189,600	110,200	254,100	127,500	833,900
	6月	110,200	254,100	139,000	182,000	125,000	810,300
	7月	375,200	393,700	110,200	302,500	281,000	1,462,600
	8月	365,900	217,500	110,200	254,100	178,500	1,126,200
	9月	221,500	289,000	139,000	159,000	125,100	933,600
小計		1,357,800	1,513,700	767,100	1,266,200	937,300	5,842,100
乗用車(1800cc)	4月	61,500	266,000	112,800	21,000	182,000	643,300
	5月	386,500	139,000	370,000	125,000	186,500	1,207,000
	6月	186,500	247,300	125,300	14,000	247,300	820,400
	7月	221,500	186,500	110,200	302,500	186,500	1,007,200
	8月	139,000	182,000	162,500	289,000	162,000	934,500
	9月	118,600	266,000	114,200	113,000	182,000	793,800
小計		1,113,600	1,286,800	995,000	864,500	1,146,300	5,406,200
RV・4WD	4月	370,000	145,000	158,000	178,500	167,000	1,018,500
	5月	217,500	181,500	112,000	127,500	181,500	820,000
	6月	162,000	158,500	114,500	125,000	250,000	810,000
	7月	365,900	217,500	223,000	281,000	158,500	1,245,900
	8月	370,000	145,000	158,000	178,500	167,000	1,018,500
	9月	218,500	181,500	101,000	96,300	181,500	778,800
小計		1,703,900	1,029,000	866,500	986,800	1,105,500	5,691,700
スポーツカー	4月	184,000	225,500	102,300	100,200	225,500	837,500
	5月	247,300	184,000	101,100	100,600	184,000	817,000
	6月	181,500	221,500	104,700	108,000	221,500	837,200
	7月	126,400	79,000	279,100	320,700	266,000	1,071,200
	8月	184,000	225,500	210,200	113,500	225,500	958,700
	9月	247,300	184,000	100,200	100,300	184,000	815,800
小計		1,170,500	1,119,500	897,600	843,300	1,306,500	5,337,400
軽自動車	4月	247,300	184,000	145,000	139,000	158,000	873,300
	5月	113,000	182,000	181,500	118,600	101,000	696,100
	6月	266,000	114,200	158,500	257,600	181,500	977,800
	7月	181,500	221,500	289,000	162,000	218,500	1,072,500
	8月	113,000	103,000	102,000	105,000	118,600	541,600
	9月	184,000	225,500	266,000	182,000	162,500	1,020,000
小計		1,104,800	1,030,200	1,142,000	964,200	940,100	5,181,300
総計		6,450,600	5,979,200	4,668,200	4,925,000	5,435,700	27,458,700

上期売上　車種別集計

ひばりレンタカーサービス　上期車種別集計

単位：千円

車種	本店	大通り店	港町店	駅前北店	駅前南店	合計	構成比
乗用車(1500cc)	1,357,800	1,513,700	767,100	1,266,200	937,300	5,842,100	21.3%
乗用車(1800cc)	1,113,600	1,286,800	995,000	864,500	1,146,300	5,406,200	19.7%
RV・4WD	1,703,900	1,029,000	866,500	986,800	1,105,500	5,691,700	20.7%
スポーツカー	1,170,500	1,119,500	897,600	843,300	1,306,500	5,337,400	19.4%
軽自動車	1,104,800	1,030,200	1,142,000	964,200	940,100	5,181,300	18.9%
合計	6,450,600	5,979,200	4,668,200	4,925,000	5,435,700	27,458,700	100.0%

上期売上　車種別集計

①シート**「上期売上」**の1～4行目の見出しを固定しましょう。

②I列の**「合計」**欄、11行目、18行目、25行目、32行目、39行目の**「小計」**欄に合計を求めましょう。

③セル範囲**【D40:I40】**に**「総計」**を求めましょう。

④セル範囲**【D5:I40】**に3桁区切りカンマを付けましょう。

⑤シート**「上期売上」**のシート見出しの色を**「薄い青」**、シート**「車種別集計」**のシート見出しの色を**「薄い緑」**にしましょう。

⑥シート**「上期売上」**の車種別の小計(D～H列)を、シート**「車種別集計」**の表にリンク貼り付けしましょう。

⑦シート**「車種別集計」**のセル**【I5】**に**「乗用車(1500cc)」**の**「構成比」**を求める数式を入力しましょう。
「構成比」は**「車種別の合計÷全体の合計」**で求めます。
次に、セル**【I5】**の数式をセル範囲**【I6:I10】**にコピーしましょう。

⑧**「構成比」**欄を小数点第1位までのパーセントで表示しましょう。

※ブックに「総合問題3完成」と名前を付けて、フォルダー「総合問題」に保存し、閉じておきましょう。

Exercise 総合問題4

解答 ► 別冊P.11

完成図のような表を作成しましょう。

フォルダー「総合問題」のブック「総合問題4」のシート「平成25年度」を開いておきましょう。

※アクティブシートを切り替えて、各シートの内容を確認しておきましょう。

●完成図

一般会計内訳（平成25年度）

単位：千円

【歳入】No.	税目	金額	【歳出】No.	費目	金額
1	市税	¥ 26,497,700	1	議会費	¥ 743,365
2	繰入金	¥ 4,356,230	2	総務費	¥ 8,337,520
3	地方消費税交付金	¥ 932,875	3	民生費	¥ 17,352,350
4	地方譲与税	¥ 4,988,295	4	衛生費	¥ 6,895,269
5	地方交付税	¥ 12,667,400	5	労働費	¥ 1,123,560
6	交通安全対策特別交付金	¥ 13,230	6	農林水産費	¥ 613,483
7	分担金および負担金	¥ 1,403,500	7	商工費	¥ 2,148,630
8	使用料および手数料	¥ 3,768,930	8	土木費	¥ 19,282,710
9	国庫支出金	¥ 4,687,230	9	消防費	¥ 1,647,500
10	県支出金	¥ 4,232,351	10	教育費	¥ 7,965,226
11	財産収入	¥ 358,290	11	公債費	¥ 9,745,620
12	その他諸収入	¥ 5,077,953	12	その他諸支出	¥ 739,101
13	市債	¥ 7,620,350	13	予備費	¥ 10,000
	歳入額合計	¥ 76,604,334		歳出額合計	¥ 76,604,334

平成25年度　平成26年度　前年度比較

一般会計内訳（平成26年度）

単位：千円

【歳入】No.	税目	金額	【歳出】No.	費目	金額
1	市税	¥ 28,027,654	1	議会費	¥ 832,568
2	繰入金	¥ 4,138,418	2	総務費	¥ 9,617,577
3	地方消費税交付金	¥ 1,100,786	3	民生費	¥ 17,178,826
4	地方譲与税	¥ 5,387,364	4	衛生費	¥ 7,998,512
5	地方交付税	¥ 13,187,488	5	労働費	¥ 1,213,444
6	交通安全対策特別交付金	¥ 16,537	6	農林水産費	¥ 699,370
7	分担金および負担金	¥ 1,347,360	7	商工費	¥ 2,335,383
8	使用料および手数料	¥ 4,258,890	8	土木費	¥ 18,125,747
9	国庫支出金	¥ 4,359,123	9	消防費	¥ 1,977,575
10	県支出金	¥ 3,982,145	10	教育費	¥ 7,328,710
11	財産収入	¥ 386,953	11	公債費	¥ 12,206,025
12	その他諸収入	¥ 5,281,071	12	その他諸支出	¥ 787,358
13	市債	¥ 8,839,606	13	予備費	¥ 12,300
	歳入額合計	¥ 80,313,395		歳出額合計	¥ 80,313,395

平成25年度　平成26年度　前年度比較

一般会計内訳（前年度比較）

単位：千円

【歳入】No.	税目	増減額	【歳出】No.	費目	増減額
1	市税	¥ 1,529,954	1	議会費	¥ 89,203
2	繰入金	¥ -217,812	2	総務費	¥ 1,280,057
3	地方消費税交付金	¥ 167,911	3	民生費	¥ -173,524
4	地方譲与税	¥ 399,069	4	衛生費	¥ 1,103,243
5	地方交付税	¥ 520,088	5	労働費	¥ 89,884
6	交通安全対策特別交付金	¥ 3,307	6	農林水産費	¥ 85,887
7	分担金および負担金	¥ -56,140	7	商工費	¥ 186,753
8	使用料および手数料	¥ 489,960	8	土木費	¥ -1,156,963
9	国庫支出金	¥ -328,107	9	消防費	¥ 330,075
10	県支出金	¥ -250,206	10	教育費	¥ -636,516
11	財産収入	¥ 28,663	11	公債費	¥ 2,460,405
12	その他諸収入	¥ 203,118	12	その他諸支出	¥ 48,257
13	市債	¥ 1,219,256	13	予備費	¥ 2,300
	歳入額合計	¥ 3,709,061		歳出額合計	¥ 3,709,061

平成25年度　平成26年度　前年度比較

①シート**「平成26年度」**をシート**「平成26年度」**の右側にコピーしましょう。
次に、コピーしたシートの名前を**「前年度比較」**に変更しましょう。

②シート**「前年度比較」**のセル**【B1】**を**「一般会計内訳（前年度比較）」**、セル**【D4】**を**「増減額」**に修正しましょう。
次に、セル**【D4】**の**「増減額」**をセル**【H4】**にコピーしましょう。

③シート**「前年度比較」**のセル範囲**【D5:D17】**とセル範囲**【H5:H17】**の数値をクリアしましょう。

④シート**「前年度比較」**のセル**【D5】**に、**「市税」**の**「増減額」**を求める数式を入力しましょう。
「増減額」は、シート**「平成26年度」**のセル**【D5】**からシート**「平成25年度」**のセル**【D5】**を減算して求めます。
次に、シート**「前年度比較」**のセル**【D5】**の数式を、セル範囲**【D6:D17】**にコピーしましょう。

⑤シート**「前年度比較」**のセル**【H5】**に、**「議会費」**の**「増減額」**を求める数式を入力しましょう。
「増減額」は、シート**「平成26年度」**のセル**【H5】**からシート**「平成25年度」**のセル**【H5】**を減算して求めます。
次に、シート**「前年度比較」**のセル**【H5】**の数式を、セル範囲**【H6:H17】**にコピーしましょう。

⑥シート**「平成25年度」「平成26年度」「前年度比較」**を作業グループに設定しましょう。

⑦作業グループとして設定した3枚のシートに、次の操作を一括して行いましょう。

●セル【H2】に「単位：千円」と入力する
●セル【H2】の「単位：千円」を右揃えにする
●セル範囲【D5：D18】とセル範囲【H5：H18】に「会計」の表示形式を設定する

⑧作業グループを解除しましょう。

※ブックに「総合問題4完成」と名前を付けて、フォルダー「総合問題」に保存し、閉じておきましょう。

Exercise 総合問題5

解答 ▶ 別冊P.12

完成図のような表とグラフを作成しましょう。

フォルダー「総合問題」のブック「総合問題5」を開いておきましょう。

●完成図

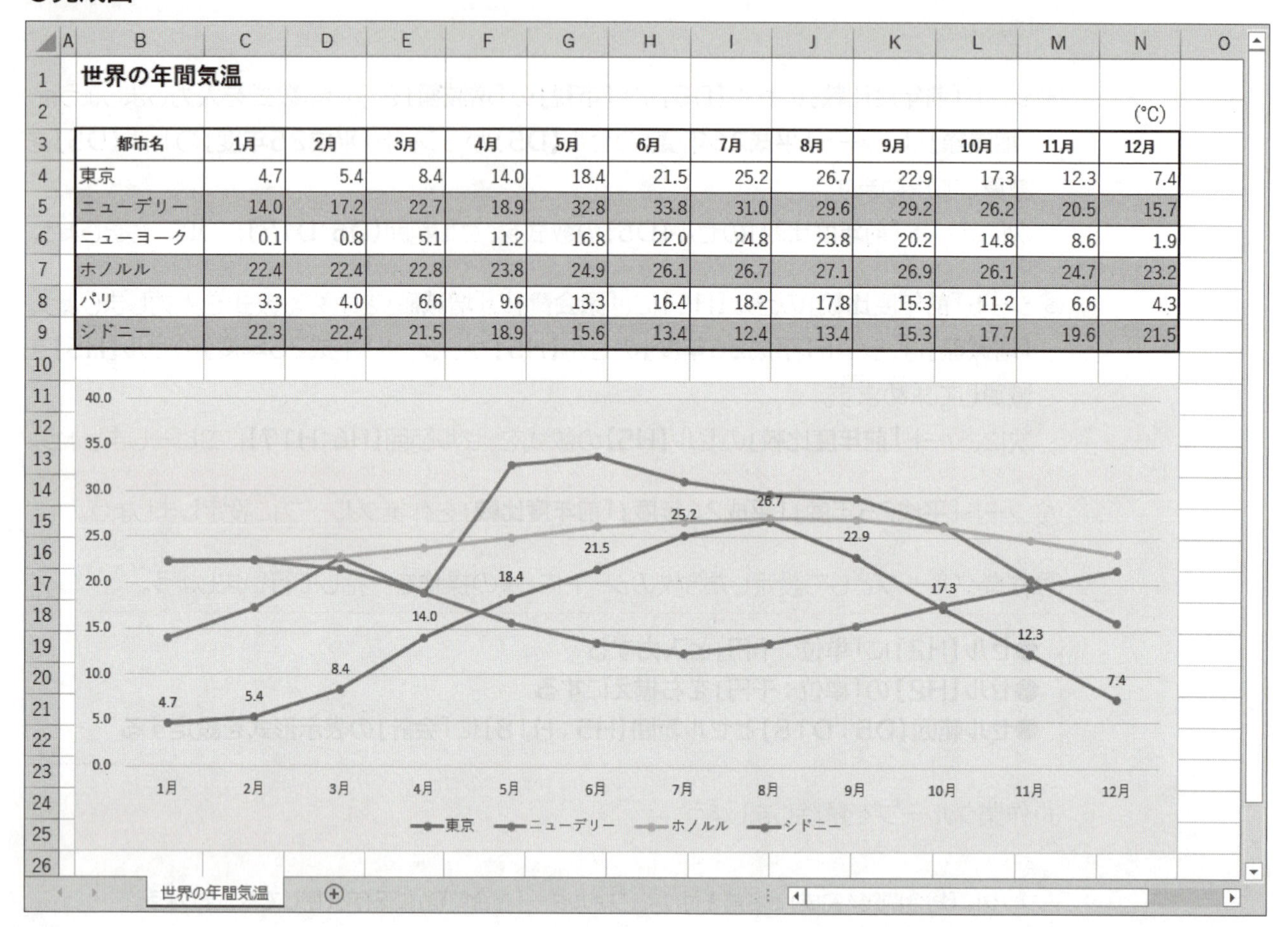

世界の年間気温

(℃)

都市名	1月	2月	3月	4月	5月	6月	7月	8月	9月	10月	11月	12月
東京	4.7	5.4	8.4	14.0	18.4	21.5	25.2	26.7	22.9	17.3	12.3	7.4
ニューデリー	14.0	17.2	22.7	18.9	32.8	33.8	31.0	29.6	29.2	26.2	20.5	15.7
ニューヨーク	0.1	0.8	5.1	11.2	16.8	22.0	24.8	23.8	20.2	14.8	8.6	1.9
ホノルル	22.4	22.4	22.8	23.8	24.9	26.1	26.7	27.1	26.9	26.1	24.7	23.2
パリ	3.3	4.0	6.6	9.6	13.3	16.4	18.2	17.8	15.3	11.2	6.6	4.3
シドニー	22.3	22.4	21.5	18.9	15.6	13.4	12.4	13.4	15.3	17.7	19.6	21.5

①セル範囲**【C3:N3】**に**「1月」**から**「12月」**までのデータを入力しましょう。

②表全体に格子の罫線を引きましょう。

③表の周囲に太い罫線を引きましょう。

④セル範囲**【B3:N3】**の項目名に、次の書式を設定しましょう。

フォントサイズ:10ポイント
太字
中央揃え

⑤完成図を参考に、表内を1行おきに**「白、背景1、黒+基本色15%」**で塗りつぶしましょう。

⑥セル範囲**【C4:N9】**の数値がすべて小数点第1位まで表示されるように、表示形式を設定しましょう。

⑦セル範囲**【B3:N9】**をもとに、折れ線グラフを作成しましょう。

⑧グラフのスタイルを**「スタイル12」**に変更しましょう。

⑨グラフタイトルを非表示にしましょう。

Hint 《デザイン》タブ→《グラフのレイアウト》グループの (グラフ要素を追加)を使います。

⑩作成したグラフをセル範囲**【B11:N25】**に配置しましょう。

⑪グラフエリアを**「白、背景1、黒+基本色5%」**で塗りつぶしましょう。

⑫**「東京」**のデータ系列の上に、データラベルを表示しましょう。

⑬グラフのデータ系列を**「東京」「ニューデリー」「ホノルル」「シドニー」**に絞り込みましょう。

※ブックに「総合問題5完成」と名前を付けて、フォルダー「総合問題」に保存し、閉じておきましょう。

Exercise 総合問題6

解答 ▶ 別冊P.13

完成図のような表とグラフを作成しましょう。

フォルダー「総合問題」のブック「総合問題6」を開いておきましょう。

●完成図

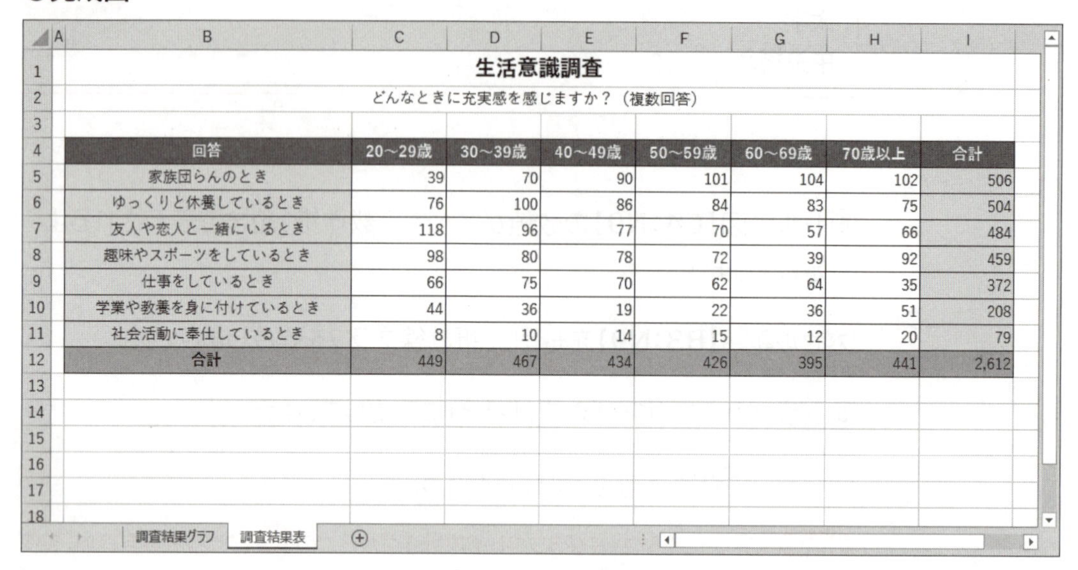

	A	B	C	D	E	F	G	H	I
1		生活意識調査							
2		どんなときに充実感を感じますか？（複数回答）							
3									
4		回答	20～29歳	30～39歳	40～49歳	50～59歳	60～69歳	70歳以上	合計
5		家族団らんのとき	39	70	90	101	104	102	506
6		ゆっくりと休養しているとき	76	100	86	84	83	75	504
7		友人や恋人と一緒にいるとき	118	96	77	70	57	66	484
8		趣味やスポーツをしているとき	98	80	78	72	39	92	459
9		仕事をしているとき	66	75	70	62	64	35	372
10		学業や教養を身に付けているとき	44	36	19	22	36	51	208
11		社会活動に奉仕しているとき	8	10	14	15	12	20	79
12		合計	449	467	434	426	395	441	2,612

調査結果グラフ　調査結果表

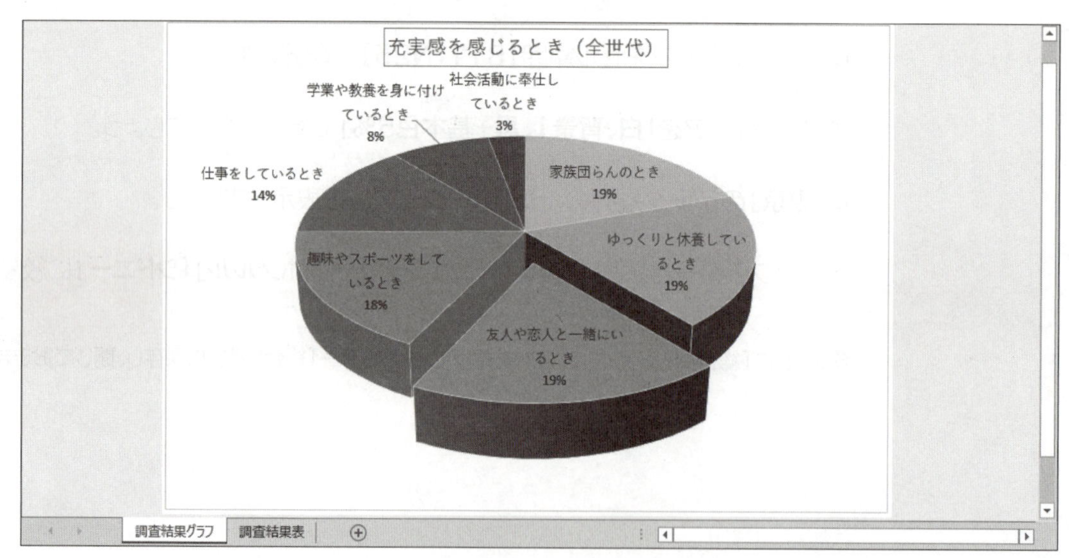

①表内の**「合計」**のセルにSUM関数を入力して、表を完成させましょう。

②表をI列の**「合計」**が大きい順に並べ替えましょう。

Hint 並べ替え対象のセル範囲をあらかじめ選択しておきます。12行目の「合計」は並べ替え対象ではないので、注意しましょう。

③セル範囲**【B5:B11】**とセル範囲**【I5:I11】**をもとに、3-D円グラフを作成しましょう。

④シート上のグラフをグラフシートに移動しましょう。シートの名前は**「調査結果グラフ」**にします。

⑤グラフタイトルに**「充実感を感じるとき（全世代）」**と入力しましょう。

⑥グラフのレイアウトを**「レイアウト1」**に変更しましょう。

⑦グラフの色を**「色13」**に変更しましょう。

⑧グラフタイトルのフォントサイズを20ポイント、データラベルのフォントサイズを14ポイントに変更しましょう。

⑨グラフタイトルに次の枠線を付けましょう。

枠線の色　：オレンジ、アクセント2
枠線の太さ：1.5pt

Hint 《書式》タブ→《図形のスタイル》グループの（図形の枠線）のを使います。

⑩**「友人や恋人と一緒にいるとき」**のデータ系列を切り離して、強調しましょう。

※ブックに「総合問題6完成」と名前を付けて、フォルダー「総合問題」に保存し、閉じておきましょう。

Exercise 総合問題7

解答 ▶ 別冊P.14

完成図のような表を作成しましょう。

フォルダー「総合問題」のブック「総合問題7」のシート「会員名簿」を開いておきましょう。

※アクティブシートを切り替えて、各シートの内容を確認しておきましょう。

●完成図

会員名簿

会員No.	氏名	姓	名	郵便番号	住所	電話番号	会員種別	生年月日	誕生月	DM発送
20160011	赤井　桃花	赤井	桃花	150-00XX	東京都渋谷区恵比寿4-6-X	03-3554-XXXX	一般	1978/3/20	3	
20160007	遠藤　みれ	遠藤	みれ	160-00XX	東京都新宿区西新宿2-5-X	03-5635-XXXX	一般	1976/7/23	7	○
20150007	大木　紗枝	大木	紗枝	231-00XX	神奈川県横浜市中区石川町6-4-X	045-213-XXXX	一般	1985/5/2	5	
20150002	大原　友香	大原	友香	222-00XX	神奈川県横浜市港北区篠原東1-8-X	045-331-XXXX	一般	1982/1/7	1	
20160013	小野寺　真由美	小野寺	真由美	100-00XX	東京都千代田区丸の内6-2-X	03-3311-XXXX	一般	1980/8/13	8	
20150008	影山　真子	影山	真子	231-00XX	神奈川県横浜市中区扇町1-2-X	045-355-XXXX	一般	1977/7/24	7	○
20160008	菊池　倫子	菊池	倫子	231-00XX	神奈川県横浜市中区桜木町1-4-X	045-254-XXXX	プレミア	1981/11/21	11	
20160001	北村　容子	北村	容子	107-00XX	東京都港区南青山2-4-X	03-5487-XXXX	一般	1986/4/28	4	
20150004	紀藤　江里	紀藤	江里	160-00XX	東京都新宿区四谷3-4-X	03-3355-XXXX	一般	1975/7/21	7	○
20160004	黒田　英華	黒田	英華	113-00XX	東京都文京区根津2-5-X	03-3443-XXXX	ゴールド	1959/11/27	11	
20160018	河野　愛美	河野	愛美	251-00XX	神奈川県藤沢市辻堂1-3-X	0466-45-XXXX	ゴールド	1977/7/24	7	○
20160016	近藤　真紀	近藤	真紀	231-00XX	神奈川県横浜市中区山下町2-5-X	045-832-XXXX	一般	1965/5/19	5	
20150005	斉藤　順子	斉藤	順子	101-00XX	東京都千代田区外神田8-9-X	03-3425-XXXX	一般	1975/4/5	4	
20150011	桜田　美弥	桜田	美弥	249-00XX	神奈川県逗子市逗子5-4-X	046-866-XXXX	プレミア	1980/10/12	10	
20160003	佐奈　京香	佐奈	京香	223-00XX	神奈川県横浜市港北区日吉1-8-X	045-232-XXXX	一般	1978/8/24	8	
20160019	白石　真知子	白石	真知子	105-00XX	東京都港区芝公園1-1-X	03-3455-XXXX	一般	1977/6/28	6	○
20150003	住吉　奈々	住吉	奈々	220-00XX	神奈川県横浜市西区高島2-16-X	045-535-XXXX	ゴールド	1959/12/20	12	
20160006	高木　沙耶香	高木	沙耶香	220-00XX	神奈川県横浜市西区みなとみらい2-1-X	045-544-XXXX	ゴールド	1981/9/20	9	
20160002	田嶋　あかね	田嶋	あかね	106-00XX	東京都港区麻布十番3-3-X	03-5644-XXXX	一般	1988/2/28	2	
20160005	田中　久仁子	田中	久仁子	100-00XX	東京都千代田区大手町3-1-X	03-3351-XXXX	一般	1967/8/18	8	
20150006	富田　圭子	富田	圭子	241-00XX	神奈川県横浜市旭区柏町1-4-X	045-821-XXXX	一般	1979/11/13	11	
20160017	西村　玲子	西村	玲子	236-00XX	神奈川県横浜市金沢区洲崎町3-4-X	045-772-XXXX	一般	1980/9/23	9	
20160012	野村　せいら	野村	せいら	249-00XX	神奈川県逗子市新宿3-4-X	046-861-XXXX	プレミア	1989/2/2	2	
20160015	花田　亜希子	花田	亜希子	101-00XX	東京都千代田区内神田4-3-X	03-3425-XXXX	一般	1959/6/27	6	○
20150001	浜口　ふみ	浜口	ふみ	105-00XX	東京都港区海岸1-5-X	03-5401-XXXX	ゴールド	1972/5/29	5	
20160014	星乃　恭子	星乃	恭子	166-00XX	東京都杉並区阿佐谷南2-6-X	03-3312-XXXX	ゴールド	1980/5/17	5	
20160009	前原　美智子	前原	美智子	230-00XX	神奈川県横浜市鶴見区鶴見中央5-1-X	045-443-XXXX	一般	1967/6/26	6	○
20150009	保井　美鈴	保井	美鈴	150-00XX	東京都渋谷区広尾5-14-X	03-5563-XXXX	一般	1980/10/21	10	
20150010	吉岡　まり	吉岡	まり	251-00XX	神奈川県藤沢市川名1-5-X	0466-33-XXXX	一般	1969/12/15	12	
20160010	吉田　晴香	吉田	晴香	236-00XX	神奈川県横浜市金沢区釜利谷東2-2-X	045-983-XXXX	一般	1982/9/23	9	

会員名簿　特別会員

特別会員

会員No.	氏名	姓	名	郵便番号	住所	電話番号	会員種別	生年月日	誕生月	DM発送
20160008	菊池　倫子	菊池	倫子	231-00XX	神奈川県横浜市中区桜木町1-4-X	045-254-XXXX	プレミア	1981/11/21	11	
20160004	黒田　英華	黒田	英華	113-00XX	東京都文京区根津2-5-X	03-3443-XXXX	ゴールド	1959/11/27	11	
20160018	河野　愛美	河野	愛美	251-00XX	神奈川県藤沢市辻堂1-3-X	0466-45-XXXX	ゴールド	1977/7/24	7	
20150011	桜田　美弥	桜田	美弥	249-00XX	神奈川県逗子市逗子5-4-X	046-866-XXXX	プレミア	1980/10/12	10	
20150003	住吉　奈々	住吉	奈々	220-00XX	神奈川県横浜市西区高島2-16-X	045-535-XXXX	ゴールド	1959/12/20	12	
20160006	高木　沙耶香	高木	沙耶香	220-00XX	神奈川県横浜市西区みなとみらい2-1-X	045-544-XXXX	ゴールド	1981/9/20	9	
20160012	野村　せいら	野村	せいら	249-00XX	神奈川県逗子市新宿3-4-X	046-861-XXXX	プレミア	1989/2/2	2	
20150001	浜口　ふみ	浜口	ふみ	105-00XX	東京都港区海岸1-5-X	03-5401-XXXX	ゴールド	1972/5/29	5	
20160014	星乃　恭子	星乃	恭子	166-00XX	東京都杉並区阿佐谷南2-6-X	03-3312-XXXX	ゴールド	1980/5/17	5	

会員名簿　特別会員

①フラッシュフィルを使って、シート**「会員名簿」**のセル範囲**【D4:D33】**に**「氏名」**欄から姓の部分だけを取り出したデータを入力しましょう。
次に、セル範囲**【E4:E33】**に**「氏名」**欄から名の部分だけを取り出したデータを入力しましょう。

②**「氏名」**のふりがなを表示し、五十音順(あ→ん)に並べ替えましょう。

③**「住所」**に**「横浜市」**が含まれるレコードを抽出しましょう。
※抽出できたら、フィルターの条件をクリアしておきましょう。

④**「生年月日」**が1980年以降のレコードを抽出しましょう。

Hint 《オートフィルターオプション》ダイアログボックスで《以降》を選択します。

※抽出できたら、フィルターの条件をクリアしておきましょう。

⑤**「会員種別」**が**「プレミア」**または**「ゴールド」**のレコードを抽出しましょう。
次に、抽出結果のレコードをシート**「特別会員」**のセル**【B4】**を開始位置としてコピーしましょう。
※コピーできたら、シート「会員名簿」に切り替えて、フィルターの条件をクリアしておきましょう。

⑥シート**「会員名簿」**の**「誕生月」**が**「6」**または**「7」**のレコードを抽出しましょう。
次に、抽出結果の**「DM発送」**のセルに**「○」**を入力しましょう。
※「○」は「まる」と入力して変換します。
※入力できたら、フィルターモードを解除しておきましょう。

※ブックに「総合問題7完成」と名前を付けて、フォルダー「総合問題」に保存し、閉じておきましょう。

Exercise 総合問題8

解答 ▶ 別冊P.15

完成図のような表を作成しましょう。

フォルダー「総合問題」のブック「総合問題8」を開いておきましょう。

●完成図

	A	B	C	D	E	F	G	H	I	J
1		会員名簿								
2										
3		会員総数	31							
4		DM発送人数	8							
5										
6		会員No.	氏名	郵便番号	住所	電話番号	会員種別	生年月日	誕生月	DM発送
7		20150001	浜口　ふみ	105-00XX	東京都港区海岸1-5-X	03-5401-XXXX	ゴールド	1972/5/29	5	
8		20150003	住吉　奈々	220-00XX	神奈川県横浜市西区高島2-16-X	045-535-XXXX	ゴールド	1959/12/20	12	
9		20160004	黒田　英華	113-00XX	東京都文京区根津2-5-X	03-3443-XXXX	ゴールド	1959/11/27	11	
10		20160006	高木　沙耶香	220-00XX	神奈川県横浜市西区みなとみらい2-1-X	045-544-XXXX	ゴールド	1981/9/20	9	
11		20160014	星乃　恭子	166-00XX	東京都杉並区阿佐谷南2-6-X	03-3312-XXXX	ゴールド	1980/5/17	5	
12		20160018	河野　愛美	251-00XX	神奈川県藤沢市辻堂1-3-X	0466-45-XXXX	ゴールド	1977/7/24	7	○
13		20150002	大原　友香	222-00XX	神奈川県横浜市港北区篠原東1-8-X	045-331-XXXX	一般	1982/1/7	1	
14		20150004	紀藤　江里	160-00XX	東京都新宿区四谷3-4-X	03-3355-XXXX	一般	1975/7/21	7	○
15		20150005	斉藤　順子	101-00XX	東京都千代田区外神田8-9-X	03-3425-XXXX	一般	1975/4/5	4	
16		20150006	富田　圭子	241-00XX	神奈川県横浜市旭区柏町1-4-X	045-821-XXXX	一般	1979/11/13	11	
17		20150007	大木　紗枝	231-00XX	神奈川県横浜市中区石川町6-4-X	045-213-XXXX	一般	1985/5/2	5	
18		20150008	影山　真子	231-00XX	神奈川県横浜市中区扇町1-2-X	045-355-XXXX	一般	1977/7/24	7	○
19		20150009	保井　美鈴	150-00XX	東京都渋谷区広尾5-14-X	03-5563-XXXX	一般	1980/10/21	10	
20		20150010	吉岡　まり	251-00XX	神奈川県藤沢市川名1-5-X	0466-33-XXXX	一般	1969/12/15	12	
21		20150011	桜田　美弥	249-00XX	神奈川県逗子市逗子5-4-X	046-866-XXXX	プレミア	1980/10/12	10	
22		20160001	北村　容子	107-00XX	東京都港区南青山2-4-X	03-5487-XXXX	一般	1986/4/28	4	
23		20160002	田嶋　あかね	106-00XX	東京都港区麻布十番3-3-X	03-5644-XXXX	一般	1988/2/28	2	
24		20160003	佐奈　京香	223-00XX	神奈川県横浜市港北区日吉1-8-X	045-232-XXXX	一般	1978/8/24	8	
25		20160005	田中　久仁子	100-00XX	東京都千代田区大手町3-1-X	03-3351-XXXX	一般	1967/8/18	8	
26		20160007	遠藤　みれ	160-00XX	東京都新宿区西新宿2-5-X	03-5635-XXXX	一般	1976/7/23	7	○
27		20160008	菊池　倫子	231-00XX	神奈川県横浜市中区桜木町1-4-X	045-254-XXXX	プレミア	1981/11/21	11	
28		20160009	前原　美智子	230-00XX	神奈川県横浜市鶴見区鶴見中央5-1-X	045-443-XXXX	一般	1967/6/26	6	○
29		20160010	吉田　晴香	236-00XX	神奈川県横浜市金沢区釜利谷東2-2-X	045-983-XXXX	一般	1982/9/23	9	
30		20160011	赤井　桃花	150-00XX	東京都渋谷区恵比寿4-6-X	03-3554-XXXX	一般	1978/3/20	3	
31		20160012	野村　せいら	249-00XX	神奈川県逗子市新宿3-4-X	046-861-XXXX	プレミア	1989/2/2	2	
32		20160013	小野寺　真由美	100-00XX	東京都千代田区丸の内6-2-X	03-3311-XXXX	一般	1980/8/13	8	
33		20160015	花田　亜希子	101-00XX	東京都千代田区内神田4-3-X	03-3425-XXXX	一般	1959/6/27	6	○
34		20160016	近藤　真紀	231-00XX	神奈川県横浜市中区山下町2-5-X	045-832-XXXX	一般	1965/5/19	5	
35		20160017	西村　玲子	236-00XX	神奈川県横浜市金沢区洲崎町3-4-X	045-772-XXXX	一般	1980/9/23	9	
36		20160019	白石　真知子	105-00XX	東京都港区芝公園1-1-X	03-3455-XXXX	一般	1977/6/28	6	○
37		20160020	佐々木　緑	150-00XX	東京都渋谷区神宮前2-1-X	03-3401-XXXX	プレミア	1968/7/10	7	○
38										

会員名簿

①セル【C3】に**「会員総数」**を求めましょう。
「会員総数」は、**「会員No.」**の個数を数えて求めます。

②セル【C4】に**「DM発送人数」**を求めましょう。
「DM発送人数」は、**「DM発送」**の**「○」**の個数を数えて求めます。

③表の最終行の書式を下の行にコピーしましょう。

④37行目に次のデータを追加しましょう。

セル【B37】：20160020
セル【C37】：佐々木　緑
セル【D37】：150-00XX
セル【E37】：東京都渋谷区神宮前2-1-X
セル【F37】：03-3401-XXXX
セル【G37】：プレミア
セル【H37】：1968/7/10
セル【I37】：7
セル【J37】：○

※「○」は「まる」と入力して変換します。

⑤セル【C3】の**「会員総数」**の数式が正しい範囲を参照するように、数式を修正しましょう。

⑥セル【C4】の**「DM発送人数」**の数式が正しい範囲を参照するように、数式を修正しましょう。

⑦**「ゴールド」**が入力されているセルの書式を、次の書式に置換しましょう。

太字
フォントの色：赤

⑧**「会員種別」**のフォントの色が赤のレコードを表の上部に表示しましょう。

※ブックに「総合問題8完成」と名前を付けて、フォルダー「総合問題」に保存し、閉じておきましょう。

Exercise 総合問題9

解答 ▶ 別冊P.16

完成図のような表を作成しましょう。

フォルダー「総合問題」のブック「総合問題9」のシート「1月」を開いておきましょう。

※アクティブシートを切り替えて、各シートの内容を確認しておきましょう。

●完成図

	B	C	D	E	F	G	H	I	J	K	L	M
1	家計簿											
2												
3	日付	曜日	食費	住居	医療	光熱	被服	交際	娯楽	保険	合計	累計
4	1月1日	金						4,000			¥4,000	¥4,000
5	1月2日	土	1,023								¥1,023	¥5,023
6	1月3日	日	982								¥982	¥6,005
7	1月4日	月	592								¥592	¥6,597
8	1月5日	火				13,480			500		¥13,980	¥20,577
9	1月6日	水									¥0	¥20,577
10	1月7日	木	1,572								¥1,572	¥22,149
11	1月8日	金									¥0	¥22,149
12	1月9日	土									¥0	¥22,149
13	1月10日	日									¥0	¥22,149
14	1月11日	月							1,800		¥1,800	¥23,949
15	1月12日	火				15,530					¥15,530	¥39,479
16	1月13日	水	2,460								¥2,460	¥41,939
17	1月14日	木	583								¥583	¥42,522
18	1月15日	金									¥0	¥42,522
19	1月16日	土			1,800			5,000			¥6,800	¥49,322
20	1月17日	日									¥0	¥49,322
21	1月18日	月									¥0	¥49,322
22	1月19日	火									¥0	¥49,322
23	1月20日	水	1,735								¥1,735	¥51,057
24	1月21日	木									¥0	¥51,057
25	1月22日	金									¥0	¥51,057
26	1月23日	土					3,500				¥3,500	¥54,557
27	1月24日	日			900						¥900	¥55,457
28	1月25日	月	5,610								¥5,610	¥61,067
29	1月26日	火		65,000						7,000	¥72,000	¥133,067
30	1月27日	水									¥0	¥133,067
31	1月28日	木									¥0	¥133,067
32	1月29日	金									¥0	¥133,067
33	1月30日	土									¥0	¥133,067
34	1月31日	日	4,560								¥4,560	¥137,627
35	費目合計		¥19,117	¥65,000	¥2,700	¥29,010	¥3,500	¥9,000	¥2,300	¥7,000	¥137,627	
36												

1月　2月　年間集計

	B	C	D	E	F	G	H	I	J	K	L	M
1	家計簿											
2												
3	日付	曜日	食費	住居	医療	光熱	被服	交際	娯楽	保険	合計	累計
4	2月1日	月									¥0	¥0
5	2月2日	火									¥0	¥0
6	2月3日	水									¥0	¥0
7	2月4日	木									¥0	¥0
8	2月5日	金									¥0	¥0
9	2月6日	土									¥0	¥0
10	2月7日	日									¥0	¥0
11	2月8日	月									¥0	¥0
12	2月9日	火									¥0	¥0
13	2月10日	水									¥0	¥0
14	2月11日	木									¥0	¥0
15	2月12日	金									¥0	¥0
16	2月13日	土									¥0	¥0
17	2月14日	日									¥0	¥0
18	2月15日	月									¥0	¥0
19	2月16日	火									¥0	¥0
20	2月17日	水									¥0	¥0
21	2月18日	木									¥0	¥0
22	2月19日	金									¥0	¥0
23	2月20日	土									¥0	¥0
24	2月21日	日									¥0	¥0
25	2月22日	月									¥0	¥0
26	2月23日	火									¥0	¥0
27	2月24日	水									¥0	¥0
28	2月25日	木									¥0	¥0
29	2月26日	金									¥0	¥0
30	2月27日	土									¥0	¥0
31	2月28日	日									¥0	¥0
32	2月29日	月									¥0	¥0
33	費目合計		¥0	¥0	¥0	¥0	¥0	¥0	¥0	¥0	¥0	
34												
35												
36												

1月　2月　年間集計

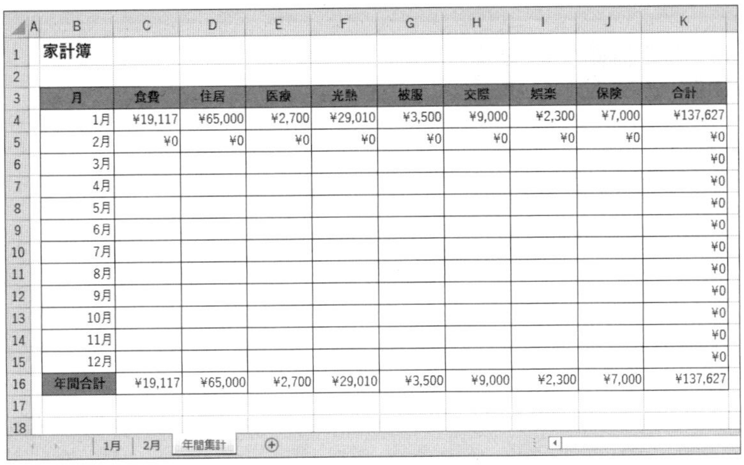

家計簿

月	食費	住居	医療	光熱	被服	交際	娯楽	保険	合計
1月	¥19,117	¥65,000	¥2,700	¥29,010	¥3,500	¥9,000	¥2,300	¥7,000	¥137,627
2月	¥0	¥0	¥0	¥0	¥0	¥0	¥0	¥0	¥0
3月									¥0
4月									¥0
5月									¥0
6月									¥0
7月									¥0
8月									¥0
9月									¥0
10月									¥0
11月									¥0
12月									¥0
年間合計	¥19,117	¥65,000	¥2,700	¥29,010	¥3,500	¥9,000	¥2,300	¥7,000	¥137,627

1月 2月 年間集計

①シート**「1月」**の1～3行目の見出しを固定しましょう。

②セル**【M4】**に、セル**【L4】**を参照する数式を入力しましょう。

③セル**【M5】**に、セル**【M4】**とセル**【L5】**を加算する数式を入力しましょう。
次に、セル**【M5】**の数式をセル範囲**【M6:M34】**にコピーしましょう。

④セル範囲**【D4:K34】**に3桁区切りカンマを付けましょう。
次に、セル範囲**【L4:M34】**とセル範囲**【D35:L35】**に通貨記号の**「¥」**と3桁区切りカンマを付けましょう。

⑤シート**「1月」**をシート**「1月」**とシート**「年間集計」**の間にコピーしましょう。
次に、コピーしたシートの名前を**「2月」**に変更しましょう。

⑥シート**「2月」**のセル範囲**【B4:K34】**のデータをクリアしましょう。

⑦シート**「2月」**のセル**【B4】**に**「2月1日」**、セル**【C4】**に**「月」**と入力しましょう。
次に、オートフィルを使って、**「日付」**欄と**「曜日」**欄を完成させましょう。

⑧シート**「2月」**の33～34行目を削除しましょう。

⑨シート**「年間集計」**のセル**【C4】**に、シート**「1月」**のセル**【D35】**を参照する数式を入力しましょう。
次に、シート**「年間集計」**のセル**【C4】**の数式を、セル範囲**【D4:J4】**にコピーしましょう。

⑩シート**「年間集計」**のセル**【C5】**に、シート**「2月」**のセル**【D33】**を参照する数式を入力しましょう。
次に、シート**「年間集計」**のセル**【C5】**の数式を、セル範囲**【D5:J5】**にコピーしましょう。

⑪シート**「年間集計」**のシート見出しの色を**「オレンジ」**にしましょう。

※ブックに「総合問題9完成」と名前を付けて、フォルダー「総合問題」に保存し、閉じておきましょう。

Exercise 総合問題10

解答 ▶ 別冊P.17

完成図のような表を作成しましょう。

フォルダー「総合問題」のブック「総合問題10」を開いておきましょう。

●完成図

人口統計　　（単位：千人）

No.	都道府県名	1930年	1935年	1940年	1945年	1950年	1955年	1960年	1965年	1970年	1975年	1980年	1985年	1990年	1995年	2000年	2005年	2010年	人口増減率
1	北海道	2,812	3,068	3,229	3,518	4,296	4,773	5,039	5,172	5,184	5,338	5,576	5,679	5,644	5,692	5,683	5,628	5,506	195.8%
2	青森県	880	967	985	1,083	1,283	1,383	1,427	1,417	1,428	1,469	1,524	1,524	1,483	1,482	1,476	1,437	1,373	156.0%
3	岩手県	976	1,046	1,078	1,228	1,347	1,427	1,449	1,411	1,371	1,386	1,422	1,434	1,417	1,420	1,416	1,385	1,330	136.3%
4	宮城県	1,143	1,235	1,247	1,462	1,663	1,727	1,743	1,753	1,819	1,955	2,082	2,176	2,249	2,329	2,365	2,360	2,348	205.4%
5	秋田県	988	1,038	1,035	1,212	1,309	1,349	1,336	1,280	1,241	1,232	1,257	1,254	1,227	1,214	1,189	1,146	1,086	109.9%
6	山形県	1,080	1,117	1,100	1,326	1,357	1,354	1,321	1,263	1,226	1,220	1,252	1,262	1,258	1,257	1,244	1,216	1,169	108.2%
7	福島県	1,508	1,582	1,595	1,957	2,062	2,095	2,051	1,984	1,946	1,971	2,035	2,080	2,104	2,134	2,127	2,091	2,029	134.5%
8	茨城県	1,487	1,549	1,595	1,944	2,039	2,064	2,047	2,056	2,144	2,342	2,558	2,725	2,845	2,956	2,986	2,975	2,970	199.7%
9	栃木県	1,142	1,195	1,187	1,546	1,550	1,548	1,514	1,522	1,580	1,698	1,792	1,866	1,935	1,984	2,005	2,017	2,008	175.8%
10	群馬県	1,186	1,242	1,280	1,546	1,601	1,614	1,578	1,606	1,659	1,756	1,849	1,921	1,966	2,004	2,025	2,024	2,008	169.3%
11	埼玉県	1,459	1,529	1,583	2,047	2,146	2,263	2,431	3,015	3,866	4,821	5,420	5,864	6,405	6,759	6,938	7,054	7,195	493.1%
12	千葉県	1,470	1,546	1,561	1,967	2,139	2,205	2,306	2,702	3,367	4,149	4,735	5,148	5,555	5,798	5,926	6,056	6,216	422.9%
13	東京都	5,409	6,370	7,284	3,488	6,278	8,037	9,684	10,869	11,408	11,674	11,618	11,829	11,856	11,774	12,064	12,577	13,159	243.3%
14	神奈川県	1,620	1,840	2,158	1,866	2,488	2,919	3,443	4,431	5,472	6,398	6,924	7,432	7,980	8,246	8,490	8,792	9,048	558.5%
15	新潟県	1,933	1,996	2,022	2,390	2,461	2,473	2,442	2,399	2,361	2,392	2,451	2,478	2,475	2,488	2,476	2,431	2,374	122.8%
16	富山県	779	799	810	954	1,009	1,021	1,033	1,025	1,030	1,071	1,103	1,118	1,120	1,123	1,121	1,112	1,093	140.3%
17	石川県	757	768	746	888	957	966	973	980	1,002	1,070	1,119	1,152	1,165	1,180	1,181	1,174	1,170	154.6%
18	福井県	618	647	635	725	752	754	753	751	744	774	794	818	824	827	829	822	806	130.4%
19	山梨県	631	647	651	839	811	807	782	763	762	783	804	833	853	882	888	885	863	136.8%
20	長野県	1,717	1,714	1,683	2,121	2,061	2,021	1,981	1,958	1,957	2,018	2,084	2,137	2,157	2,194	2,215	2,196	2,152	125.3%
21	岐阜県	1,178	1,226	1,243	1,519	1,545	1,584	1,638	1,700	1,759	1,868	1,960	2,029	2,067	2,100	2,108	2,107	2,081	176.7%
22	静岡県	1,798	1,940	1,983	2,220	2,471	2,650	2,756	2,913	3,090	3,309	3,447	3,575	3,671	3,738	3,767	3,792	3,765	209.4%
23	愛知県	2,567	2,863	3,120	2,858	3,391	3,769	4,206	4,799	5,386	5,924	6,222	6,455	6,691	6,868	7,043	7,255	7,411	288.7%
24	三重県	1,157	1,175	1,178	1,394	1,461	1,486	1,485	1,514	1,543	1,626	1,687	1,747	1,793	1,841	1,857	1,867	1,855	160.3%
25	滋賀県	692	711	692	861	861	854	843	853	890	986	1,080	1,156	1,222	1,287	1,343	1,380	1,411	203.9%
26	京都府	1,553	1,703	1,705	1,604	1,833	1,935	1,993	2,103	2,250	2,425	2,527	2,587	2,602	2,630	2,644	2,648	2,636	169.7%
27	大阪府	3,540	4,297	4,737	2,801	3,857	4,618	5,505	6,657	7,620	8,279	8,473	8,668	8,735	8,797	8,805	8,817	8,865	250.4%
28	兵庫県	2,646	2,923	3,174	2,822	3,310	3,621	3,906	4,310	4,668	4,992	5,145	5,278	5,405	5,402	5,551	5,591	5,588	211.2%
29	奈良県	596	620	610	780	764	777	781	826	930	1,077	1,209	1,305	1,375	1,431	1,443	1,421	1,401	235.1%
30	和歌山県	831	864	847	936	982	1,007	1,002	1,027	1,043	1,072	1,087	1,087	1,074	1,080	1,070	1,036	1,002	120.6%
31	鳥取県	489	490	475	563	600	614	599	580	569	581	604	616	616	615	613	607	589	120.4%
32	島根県	740	747	725	860	913	929	889	822	774	769	785	795	781	771	762	742	717	96.9%
33	岡山県	1,284	1,333	1,308	1,565	1,661	1,690	1,670	1,645	1,707	1,814	1,871	1,917	1,926	1,951	1,951	1,957	1,945	151.5%
34	広島県	1,692	1,805	1,823	1,885	2,082	2,149	2,184	2,281	2,436	2,646	2,739	2,819	2,850	2,882	2,879	2,877	2,861	169.1%
35	山口県	1,136	1,191	1,266	1,356	1,541	1,610	1,602	1,544	1,511	1,555	1,587	1,602	1,573	1,556	1,528	1,493	1,451	127.7%
36	徳島県	717	729	707	836	879	878	847	815	791	805	825	835	832	832	824	810	785	109.5%
37	香川県	733	749	716	864	946	944	919	901	908	961	1,000	1,023	1,023	1,027	1,023	1,012	996	135.9%
38	愛媛県	1,142	1,165	1,159	1,361	1,522	1,541	1,501	1,446	1,418	1,465	1,507	1,530	1,515	1,507	1,493	1,468	1,431	125.3%
39	高知県	718	715	698	776	874	883	855	813	787	808	831	840	825	817	814	796	764	106.4%
40	福岡県	2,527	2,756	3,041	2,747	3,530	3,860	4,007	3,965	4,027	4,293	4,553	4,719	4,811	4,933	5,016	5,050	5,072	200.7%
41	佐賀県	692	686	686	830	945	974	943	872	838	838	866	880	878	884	877	866	850	122.8%
42	長崎県	1,233	1,297	1,341	1,319	1,645	1,748	1,760	1,641	1,570	1,572	1,591	1,594	1,563	1,545	1,517	1,479	1,427	115.7%
43	熊本県	1,354	1,387	1,338	1,556	1,828	1,896	1,856	1,771	1,700	1,715	1,790	1,838	1,840	1,860	1,859	1,842	1,817	134.2%
44	大分県	946	980	953	1,125	1,253	1,277	1,240	1,187	1,156	1,190	1,229	1,250	1,237	1,231	1,221	1,210	1,197	126.5%
45	宮崎県	760	824	823	914	1,091	1,139	1,135	1,081	1,051	1,085	1,152	1,176	1,169	1,176	1,170	1,153	1,135	149.3%
46	鹿児島県	1,557	1,591	1,554	1,538	1,804	2,044	1,963	1,854	1,729	1,724	1,785	1,819	1,798	1,794	1,786	1,753	1,706	109.6%
47	沖縄県	578	592	566	－	－	－	－	－	－	1,043	1,107	1,179	1,222	1,273	1,318	1,362	1,393	241.0%

シート：都道府県別　上位5件

出典：人口推計「都道府県別人口」（総務省統計局）

	A
1	神奈川県
2	埼玉県
3	千葉県
4	愛知県
5	大阪府
6	

シート：都道府県別　上位5件

都道府県別

人口統計

No.	都道府県名	1930年	1935年	1940年	1945年	1950年	1955年	1960年	1965年	1970年	1975年	1980年
1	北海道	2,812	3,068	3,229	3,518	4,296	4,773	5,039	5,172	5,184	5,338	5,576
2	青森県	880	967	985	1,083	1,283	1,383	1,427	1,417	1,428	1,469	1,524
3	岩手県	976	1,046	1,078	1,228	1,347	1,427	1,449	1,411	1,371	1,386	1,422
4	宮城県	1,143	1,235	1,247	1,462	1,663	1,727	1,743	1,753	1,819	1,955	2,082
5	秋田県	988	1,038	1,035	1,212	1,309	1,349	1,336	1,280	1,241	1,232	1,257
6	山形県	1,080	1,117	1,100	1,326	1,357	1,354	1,321	1,263	1,226	1,220	1,252
7	福島県	1,508	1,582	1,595	1,957	2,062	2,095	2,051	1,984	1,946	1,971	2,035
8	茨城県	1,487	1,549	1,595	1,944	2,039	2,064	2,047	2,056	2,144	2,342	2,558
9	栃木県	1,142	1,195	1,187	1,546	1,550	1,548	1,514	1,522	1,580	1,698	1,792
10	群馬県	1,186	1,242	1,280	1,546	1,601	1,614	1,578	1,606	1,659	1,756	1,849
11	埼玉県	1,459	1,529	1,583	2,047	2,146	2,263	2,431	3,015	3,866	4,821	5,420
12	千葉県	1,470	1,546	1,561	1,967	2,139	2,205	2,306	2,702	3,367	4,149	4,735
13	東京都	5,409	6,370	7,284	3,488	6,278	8,037	9,684	10,869	11,408	11,674	11,618
14	神奈川県	1,620	1,840	2,158	1,866	2,488	2,919	3,443	4,431	5,472	6,398	6,924
15	新潟県	1,933	1,996	2,022	2,390	2,461	2,473	2,442	2,399	2,361	2,392	2,451
16	富山県	779	799	810	954	1,009	1,021	1,033	1,025	1,030	1,071	1,103
17	石川県	757	768	746	888	957	966	973	980	1,002	1,070	1,119
18	福井県	618	647	635	725	752	754	753	751	744	774	794
19	山梨県	631	647	651	839	811	807	782	763	762	783	804
20	長野県	1,717	1,714	1,683	2,121	2,061	2,021	1,981	1,958	1,957	2,018	2,084
21	岐阜県	1,178	1,226	1,243	1,519	1,545	1,584	1,638	1,700	1,759	1,868	1,960
22	静岡県	1,798	1,940	1,983	2,220	2,471	2,650	2,756	2,913	3,090	3,309	3,447
23	愛知県	2,567	2,863	3,120	2,858	3,391	3,769	4,206	4,799	5,386	5,924	6,222
24	三重県	1,157	1,175	1,178	1,394	1,461	1,486	1,485	1,514	1,543	1,626	1,687
25	滋賀県	692	711	692	861	861	854	843	853	890	986	1,080
26	京都府	1,553	1,703	1,705	1,604	1,833	1,935	1,993	2,103	2,250	2,425	2,527
27	大阪府	3,540	4,297	4,737	2,801	3,857	4,618	5,505	6,657	7,620	8,279	8,473
28	兵庫県	2,646	2,923	3,174	2,822	3,310	3,621	3,906	4,310	4,668	4,992	5,145
29	奈良県	596	620	610	780	764	777	781	826	930	1,077	1,209
30	和歌山県	831	864	847	936	982	1,007	1,002	1,027	1,043	1,072	1,087
31	鳥取県	489	490	475	563	600	614	599	580	569	581	604
32	島根県	740	747	725	860	913	929	889	822	774	769	785
33	岡山県	1,284	1,333	1,308	1,565	1,661	1,690	1,670	1,645	1,707	1,814	1,871
34	広島県	1,692	1,805	1,823	1,885	2,082	2,149	2,184	2,281	2,436	2,646	2,739
35	山口県	1,136	1,191	1,266	1,356	1,541	1,610	1,602	1,544	1,511	1,555	1,587
36	徳島県	717	729	707	836	879	878	847	815	791	805	825
37	香川県	733	749	716	864	946	944	919	901	908	961	1,000
38	愛媛県	1,142	1,165	1,159	1,361	1,522	1,541	1,501	1,446	1,418	1,465	1,507
39	高知県	718	715	698	776	874	883	855	813	787	808	831
40	福岡県	2,527	2,756	3,041	2,747	3,530	3,860	4,007	3,965	4,027	4,293	4,553
41	佐賀県	692	686	686	830	945	974	943	872	838	838	866
42	長崎県	1,233	1,297	1,341	1,319	1,645	1,748	1,760	1,641	1,570	1,572	1,591
43	熊本県	1,354	1,387	1,338	1,556	1,828	1,896	1,856	1,771	1,700	1,715	1,790
44	大分県	946	980	953	1,125	1,253	1,277	1,240	1,187	1,156	1,190	1,229
45	宮崎県	760	824	823	914	1,091	1,139	1,135	1,081	1,051	1,085	1,152
46	鹿児島県	1,557	1,591	1,554	1,538	1,804	2,044	1,963	1,854	1,729	1,724	1,785
47	沖縄県	578	592	566	−	−	−	−	−	−	1,043	1,107

1

都道府県別

人口統計　（単位：千人）

No.	都道府県名	1985年	1990年	1995年	2000年	2005年	2010年	人口増減率
1	北海道	5,679	5,644	5,692	5,683	5,628	5,506	195.8%
2	青森県	1,524	1,483	1,482	1,476	1,437	1,373	156.0%
3	岩手県	1,434	1,417	1,420	1,416	1,385	1,330	136.3%
4	宮城県	2,176	2,249	2,329	2,365	2,360	2,348	205.4%
5	秋田県	1,254	1,227	1,214	1,189	1,146	1,086	109.9%
6	山形県	1,262	1,258	1,257	1,244	1,216	1,169	108.2%
7	福島県	2,080	2,104	2,134	2,127	2,091	2,029	134.5%
8	茨城県	2,725	2,845	2,956	2,986	2,975	2,970	199.7%
9	栃木県	1,866	1,935	1,984	2,005	2,017	2,008	175.8%
10	群馬県	1,921	1,966	2,004	2,025	2,024	2,008	169.3%
11	埼玉県	5,864	6,405	6,759	6,938	7,054	7,195	493.1%
12	千葉県	5,148	5,555	5,798	5,926	6,056	6,216	422.9%
13	東京都	11,829	11,856	11,774	12,064	12,577	13,159	243.3%
14	神奈川県	7,432	7,980	8,246	8,490	8,792	9,048	558.5%
15	新潟県	2,478	2,475	2,488	2,476	2,431	2,374	122.8%
16	富山県	1,118	1,120	1,123	1,121	1,112	1,093	140.3%
17	石川県	1,152	1,165	1,180	1,181	1,174	1,170	154.6%
18	福井県	818	824	827	829	822	806	130.4%
19	山梨県	833	853	882	888	885	863	136.8%
20	長野県	2,137	2,157	2,194	2,215	2,196	2,152	125.3%
21	岐阜県	2,029	2,067	2,100	2,108	2,107	2,081	176.7%
22	静岡県	3,575	3,671	3,738	3,767	3,792	3,765	209.4%
23	愛知県	6,455	6,691	6,868	7,043	7,255	7,411	288.7%
24	三重県	1,747	1,793	1,841	1,857	1,867	1,855	160.3%
25	滋賀県	1,156	1,222	1,287	1,343	1,380	1,411	203.9%
26	京都府	2,587	2,602	2,630	2,644	2,648	2,636	169.7%
27	大阪府	8,668	8,735	8,797	8,805	8,817	8,865	250.4%
28	兵庫県	5,278	5,405	5,402	5,551	5,591	5,588	211.2%
29	奈良県	1,305	1,375	1,431	1,443	1,421	1,401	235.1%
30	和歌山県	1,087	1,074	1,080	1,070	1,036	1,002	120.6%
31	鳥取県	616	616	615	613	607	589	120.4%
32	島根県	795	781	771	762	742	717	96.9%
33	岡山県	1,917	1,926	1,951	1,951	1,957	1,945	151.5%
34	広島県	2,819	2,850	2,882	2,879	2,877	2,861	169.1%
35	山口県	1,602	1,573	1,556	1,528	1,493	1,451	127.7%
36	徳島県	835	832	832	824	810	785	109.5%
37	香川県	1,023	1,023	1,027	1,023	1,012	996	135.9%
38	愛媛県	1,530	1,515	1,507	1,493	1,468	1,431	125.3%
39	高知県	840	825	817	814	796	764	106.4%
40	福岡県	4,719	4,811	4,933	5,016	5,050	5,072	200.7%
41	佐賀県	880	878	884	877	866	850	122.8%
42	長崎県	1,594	1,563	1,545	1,517	1,479	1,427	115.7%
43	熊本県	1,838	1,840	1,860	1,859	1,842	1,817	134.2%
44	大分県	1,250	1,237	1,231	1,221	1,210	1,197	126.5%
45	宮崎県	1,176	1,169	1,176	1,170	1,153	1,135	149.3%
46	鹿児島県	1,819	1,798	1,794	1,786	1,753	1,706	109.6%
47	沖縄県	1,179	1,222	1,273	1,318	1,362	1,393	241.0%

2

①E～S列を非表示にしましょう。

②セル**【U4】**に**「北海道」**の1930年から2010年までの**「人口増減率」**を求めましょう。
「人口増減率」は**「2010年の人口÷1930年の人口」**で求めます。
次に、セル**【U4】**の数式をコピーし、**「人口増減率」**欄を完成させましょう。

③表内の**「人口増減率」**欄を小数点第1位までのパーセントで表示しましょう。

④新しいシートを挿入し、**「上位5件」**という名前を付けましょう。
※シート名を変更したら、シート「都道府県別」に切り替えておきましょう。

⑤シート**「都道府県別」**の**「人口増減率」**が高い上位5都道府県のレコードを抽出しましょう。
次に、抽出結果のレコードを降順で並べ替えましょう。

⑥⑤の抽出結果のレコードのうち**「都道府県名」**だけを、シート**「上位5件」**のセル**【A1】**を開始位置としてコピーしましょう。
※コピーしたら、シート「都道府県別」に切り替えて、フィルターモードを解除しておきましょう。

⑦シート**「都道府県別」**を**「No.」**順に並べ替えましょう。

⑧E～S列を再表示しましょう。

⑨ページレイアウトに切り替えて、シート**「都道府県別」**が次の設定で印刷されるようにページを設定しましょう。

用紙サイズ　：A4
用紙の向き　：縦
余白　　　　：狭い
印刷タイトル：B～C列
ヘッダー右側：シート名
フッター右側：ページ番号

⑩改ページプレビューに切り替えて、シート**「都道府県別」**の沖縄県(50行目)までが1ページ目に入るように設定しましょう。また、A列を印刷範囲から除きましょう。
次に、1部印刷しましょう。

⑪シート**「都道府県別」**をPDFファイルとして、**「人口統計」**と名前を付けて、フォルダー**「総合問題」**に保存しましょう。また、保存後、PDFファイルを表示しましょう。
※PDFファイルを閉じておきましょう。

※ブックに「総合問題10完成」と名前を付けて、フォルダー「総合問題」に保存し、閉じておきましょう。

よくわかる

付録1

Appendix 1

ショートカットキー一覧

Appendix ショートカットキー一覧

ブックを開く	Ctrl + O
上書き保存	Ctrl + S
名前を付けて保存	F12
ブックを閉じる	Ctrl + W
Excelの終了	Alt + F4
コピー	Ctrl + C
切り取り	Ctrl + X
貼り付け	Ctrl + V
元に戻す	Ctrl + Z
やり直し	Ctrl + Y
検索	Ctrl + F
置換	Ctrl + H
印刷	Ctrl + P
ヘルプ	F1
セルの編集	F2
繰り返し	F4（書式設定後）
絶対参照	F4（数式入力中）
次のセルへ移動	Tab
前のセルへ移動	Shift + Tab
ホームポジションへ移動	Ctrl + Home
データ入力の最終セルへ移動	Ctrl + End
ドロップダウンリストから選択	Alt + ↓
フラッシュフィル	Ctrl + E
太字	Ctrl + B
斜体	Ctrl + I
下線	Ctrl + U
パーセントスタイル	Ctrl + Shift + %
セルの書式設定	Ctrl + 1
文字列の強制改行	Alt + Enter（文字列入力中）
数式バーの折りたたみ・展開	Ctrl + Shift + U
関数の挿入	Shift + F3
シートの挿入	Shift + F11
フィルター	Ctrl + Shift + L
テーブルの作成	Ctrl + T
コメントの挿入	Shift + F2
マクロの表示	Alt + F8

よくわかる

付録2

Appendix 2

関数一覧

Appendix 関数一覧

※代表的な関数を記載しています。
※[]は省略可能な引数を表します。

●財務関数

関数名	書式	説明
FV	=FV(利率,期間,定期支払額,[現在価値],[支払期日])	貯金した場合の満期後の受け取り金額を返す。利率と期間は、時間的な単位を一致させる。 例=FV(5%/12,2*12,-5000) 毎月5,000円を年利5%で2年間(24回)定期的に積立貯金した場合の受け取り金額を返す。
PMT	=PMT(利率,期間,現在価値,[将来価値],[支払期日])	借り入れをした場合の定期的な返済金額を返す。利率と期間は、時間的な単位を一致させる。 例=PMT(9%/12,12,100000) 100,000円を年利9%の1年(12回)ローンで借り入れた場合の毎月の返済金額を返す。

●日付と時刻の関数

関数名	書式	説明
TODAY	=TODAY()	現在の日付を表すシリアル値を返す。
DATE	=DATE(年,月,日)	指定した日付を表すシリアル値を返す。
NOW	=NOW()	現在の日付と時刻を表すシリアル値を返す。
TIME	=TIME(時,分,秒)	指定した時刻を表すシリアル値を返す。
WEEKDAY	=WEEKDAY(シリアル値,[種類])	シリアル値に対応する曜日を返す。 種類には返す値の種類を指定する。 種類の例 1または省略 :1(日曜)~7(土曜) 2 :1(月曜)~7(日曜) 3 :0(月曜)~6(日曜) 例=WEEKDAY(A3) セル【A3】の日付の曜日を1(日曜)~7(土曜)の値で返す。 =WEEKDAY(TODAY(),2) 今日の日付を1(月曜)~7(日曜)の値で返す。
YEAR	=YEAR(シリアル値)	シリアル値に対応する年(1900~9999)を返す。
MONTH	=MONTH(シリアル値)	シリアル値に対応する月(1~12)を返す。
DAY	=DAY(シリアル値)	シリアル値に対応する日(1~31)を返す。
HOUR	=HOUR(シリアル値)	シリアル値に対応する時刻(0~23)を返す。
MINUTE	=MINUTE(シリアル値)	シリアル値に対応する時刻の分(0~59)を返す。
SECOND	=SECOND(シリアル値)	シリアル値に対応する時刻の秒(0~59)を返す。

POINT ▶▶▶

シリアル値

Excelで日付や時刻の計算に使用されるコードです。1900年1月1日をシリアル値1として1日ごとに1加算します。例えば、「2016年1月1日」は「1900年1月1日」から42370日後になるので、シリアル値は「42370」になります。表示形式が日付の場合、数式バーには編集しやすいように「2016/1/1」と表示されますが、表示形式を《標準》にするとシリアル値が表示されます。

●数学/三角関数

関数名	書式	説明
MOD	=MOD(数値,除数)	数値(割り算の分子となる数)を除数(割り算の分母となる数)で割った余りを返す。 例=MOD(5,2) 「5」を「2」で割った余りを返す。(結果は「1」になる)
RAND	=RAND()	0から1の間の乱数(それぞれが同じ確率で現れるランダムな数)を返す。
ROMAN	=ROMAN(数値,[書式])	数値をローマ数字を表す文字列に変換する。書式に0を指定または省略すると正式な形式、1～4を指定すると簡略化した形式になる。 例=ROMAN(6) 「6」をローマ数字「Ⅵ」に変換する。
ROUND	=ROUND(数値,桁数)	数値を四捨五入して指定された桁数にする。
ROUNDDOWN	=ROUNDDOWN(数値,桁数)	数値を指定された桁数で切り捨てる。
ROUNDUP	=ROUNDUP(数値,桁数)	数値を指定された桁数に切り上げる。
SUBTOTAL	=SUBTOTAL(集計方法,範囲1,[範囲2],…)	指定した範囲の集計値を返す。集計方法は1～11または101～111の番号で指定し、番号により使用される関数が異なる。 集計方法の例 1:AVERAGE 4:MAX 9:SUM 例=SUBTOTAL(9,A5:A20) SUM関数を使用して、セル範囲【A5:A20】の集計を行う。セル範囲【A5:A20】にほかの集計(SUBTOTAL関数)が含まれる場合は、重複を防ぐために、無視される。
AGGREGATE	=AGGREGATE(集計方法,オプション,範囲1,[範囲2],…)	指定した範囲の集計値を返す。集計方法は1～19の番号で指定し、番号により使用される関数が異なる。また、オプションとして非表示の行やエラー値など無視する値を0～7の番号で指定する。 集計方法の例 1:AVERAGE 4:MAX 9:SUM オプションの例 5:非表示の行を無視する。 6:エラー値を無視する。 7:非表示の行とエラー値を無視する。 例=AGGREGATE(9,6,C5:C25) SUM関数を使用して、セル範囲【C5:C25】の集計を行う。セル範囲【C5:C25】にあるエラー値は無視される。
SUM	=SUM(数値1,[数値2],…)	引数の合計値を返す。
SUMIF	=SUMIF(範囲,検索条件,[合計範囲])	範囲内で検索条件に一致するセルの値を合計する。合計範囲を指定すると、範囲の検索条件を満たすセルに対応する合計範囲のセルが計算対象になる。 例=SUMIF(A3:A10,"りんご",B3:B10) セル範囲【A3:A10】で「りんご」のセルを検索し、セル範囲【B3:B10】で対応するセルの値を合計する。 条件に合うのがセル【A3】とセル【A5】なら、セル【B3】とセル【B5】を合計する。
SUMIFS	=SUMIFS(合計対象範囲,条件範囲1,条件1,[条件範囲2,条件2],…)	範囲内で複数の検索条件に一致するセルの値を合計する。 例=SUMIFS(C3:C10,A3:A10,"りんご",B3:B10,"青森") セル範囲【A3:A10】から「りんご」、セル範囲【B3:B10】から「青森」のセルを検索し、両方に対応するセル範囲【C3:C10】の値を合計する。

●統計関数

関数名	書式	説明
AVERAGE	=AVERAGE(数値1,[数値2],…)	引数の平均値を返す。
AVERAGEIF	=AVERAGEIF(範囲, 検索条件,[平均範囲])	範囲内で検索条件に一致するセルの値を平均する。平均範囲を指定すると、範囲の検索条件を満たすセルに対応する平均範囲のセルが計算対象になる。 例=AVERAGEIF(A3:A10,"りんご",B3:B10) セル範囲【A3:A10】で「りんご」のセルを検索し、セル範囲【B3:B10】で対応するセル範囲の値を平均する。 条件に合うのがセル【A3】とセル【A5】なら、セル【B3】とセル【B5】を平均する。
AVERAGEIFS	=AVERAGEIFS(平均対象範囲,条件範囲1,条件1,[条件範囲2,条件2],…)	範囲内で複数の検索条件に一致するセルの値を平均する。 例=AVERAGEIFS(C3:C10, A3:A10, "りんご", B3:B10, "青森") セル範囲【A3:A10】から「りんご」、セル範囲【B3:B10】から「青森」のセルを検索し、両方に対応するセル範囲【C3:C10】の値を平均する。
COUNT	=COUNT(値1,[値2],・・・)	引数に含まれる数値の個数を返す。
COUNTA	=COUNTA(値1,[値2],・・・)	引数に含まれる空白でないセルの個数を返す。
COUNTBLANK	=COUNTBLANK(範囲)	範囲に含まれる空白セルの個数を返す。
COUNTIF	=COUNTIF(範囲,検索条件)	範囲内で検索条件に一致するセルの個数を返す。 例=COUNTIF(A5:A20,"東京") セル範囲【A5:A20】で「東京」と入力されているセルの個数を返す。 =COUNTIF(A5:A20,"<20") セル範囲【A5:A20】で20より小さい値が入力されているセルの個数を返す。
COUNTIFS	=COUNTIFS (条件範囲1, 条件1, [条件範囲2, 条件2], ・・・)	範囲内で複数の検索条件に一致するセルの個数を返す。 例=COUNTIFS(A3:A10, "東京", B3:B10, "日帰り") セル範囲【A3:A10】から「東京」、セル範囲【B3:B10】から「日帰り」のセルを検索し、「東京」かつ「日帰り」のセルの個数を返す。
LARGE	=LARGE(範囲,順位)	範囲内で、指定した順位にあたる値を返す。順位は大きい順(降順)で数えられる。 例=LARGE(A1:A10,2) セル範囲【A1:A10】で2番目に大きい値を返す。
SMALL	=SMALL(範囲,順位)	範囲内で、指定した順位にあたる値を返す。順位は小さい順(昇順)で数えられる。 例=SMALL(A1:A10,3) セル範囲【A1:A10】で3番目に小さい値を返す。
MAX	=MAX(数値1,[数値2],・・・)	引数の最大値を返す。
MEDIAN	=MEDIAN (数値1,[数値2],・・・)	引数の中央値を返す。
MIN	=MIN(数値1,[数値2],・・・)	引数の最小値を返す。
RANK.EQ	=RANK.EQ(数値,範囲, [順序])	範囲内で指定した数値の順位を返す。順序には、降順であれば0または省略、昇順であれば0以外の数値を指定する。同じ順位の数値が複数ある場合、最上位の順位を返す。 例=RANK.EQ(A2,A1:A10) セル範囲【A1:A10】の中でセル【A2】の値が何番目に大きいかを返す。 範囲内にセル【A2】と同じ数値がある場合、最上位の順位を返す。
RANK.AVG	=RANK.AVG(数値,範囲, [順序])	範囲内で指定した数値の順位を返す。順序には、降順であれば0または省略、昇順であれば0以外の数値を指定する。同じ順位の数値が複数ある場合、順位の平均値を返す。 例=RANK.AVG(A2,A1:A10) セル範囲【A1:A10】の中でセル【A2】の値が何番目に大きいかを返す。 範囲内にセル【A2】と同じ数値がある場合、順位の平均値を返す。 (セル【A2】とセル【A7】が同じ数値で、並べ替えたときに順位が「2」「3」となる場合、順位の「2」と「3」を平均して、「2.5」を返す。)

●検索/行列関数

関数名	書式	説明
ADDRESS	=ADDRESS(行番号,列番号,[参照の型],[参照形式],[シート名])	行番号と列番号で指定したセル参照を文字列で返す。参照の型を省略すると絶対参照の形式になる。参照形式でTRUEを指定または省略するとA1形式で、FALSEを指定するとR1C1形式でセル参照を返す。シート名を指定するとシート参照も返す。 参照の型 1または省略 :絶対参照 2 :行は絶対参照、列は相対参照 3 :行は相対参照、列は絶対参照 4 :相対参照 例=ADDRESS(1,5) 絶対参照で1行5列目のセル参照を返す。(結果は「$E$1」になる)
CHOOSE	=CHOOSE(インデックス,値1,[値2],・・・)	値のリスト(最大254個)からインデックスに指定した番号に該当する値を返す。 例=CHOOSE(3,"日","月","火","水","木","金","土") 「日」~「土」のリストの3番目を返す。(結果は「火」になる)
COLUMN	=COLUMN([範囲])	範囲の列番号を返す。 範囲を省略すると、関数が入力されているセルの列番号を返す。
ROW	=ROW([範囲])	範囲の行番号を返す。 範囲を省略すると、関数が入力されているセルの行番号を返す。
HLOOKUP	=HLOOKUP(検索値,範囲,行番号,[検索の型])	範囲の先頭行を検索値で検索し、一致した列の範囲上端から指定した行番号目のデータを返す。検索の型でTRUEを指定または省略すると検索値が見つからない場合に、検索値未満で最も大きい値を一致する値とし、FALSEを指定すると完全に一致する値だけを検索する。検索の型がTRUEまたは省略の場合は、範囲の先頭行は昇順に並んでいる必要がある。 例=HLOOKUP("名前",A3:G10,3,FALSE) セル範囲【A3:G10】の先頭行から「名前」を検索し、一致した列の3番目の行の値を返す。
VLOOKUP	=VLOOKUP(検索値,範囲,列番号,[検索の型])	範囲の先頭列を検索値で検索し、一致した行の範囲左端から指定した列番号目のデータを返す。検索の型でTRUEを指定または省略すると検索値が見つからない場合に、検索値未満で最も大きい値を一致する値とし、FALSEを指定すると完全に一致する値だけを検索する。検索の型がTRUEまたは省略の場合は、範囲の先頭列は昇順に並んでいる必要がある。 例=VLOOKUP("部署",A3:G10,5,FALSE) セル範囲【A3:G10】の先頭列から「部署」を検索し、一致した行の5番目の列の値を返す。
HYPERLINK	=HYPERLINK(リンク先,[別名])	リンク先にジャンプするショートカットを作成する。別名を省略するとリンク先がセルに表示される。 例=HYPERLINK("http://www.fom.fujitsu.com/goods/","FOM出版テキストのご案内") セルには「FOM出版テキストのご案内」と表示され、クリックすると指定したURLのWebページが表示される。
INDIRECT	=INDIRECT(参照文字列,[参照形式])	参照文字列(セル)に入力されている文字列の参照値を返す。参照形式でTRUEを指定または省略するとA1形式で、FALSEを指定するとR1C1形式でセル参照を返す。 例=INDIRECT(B5) セル【B5】の値が「C10」、セル【C10】の値が「ABC」だった場合、セル【C10】の値「ABC」を返す。
LOOKUP	=LOOKUP(検査値,検査範囲,[対応範囲])	検査範囲(1行または1列で構成されるセル範囲)から検査値を検索し、一致したセルの次の行または列の同じ位置にあるセルの値を返す。対応範囲を指定した場合、対応範囲の同じ位置にあるセルの値を返す。 例=LOOKUP("田中",A5:A20,B5:B20) セル範囲【A5:A20】で「田中」を検索し、同じ行にある列【B】の値を返す。(セル【A7】が「田中」だった場合、セル【B7】の値を返す)

関数名	書式	説明
MATCH	=MATCH(検査値,検査範囲,[照合の型])	検査範囲を検査値で検索し、一致するセルの相対位置を返す。照合の型で1を指定または省略すると、検査値以下の最大の値を検索し、0を指定すると、検査値と一致する値だけを検索し、−1を指定すると検査値以上の最小の値が検索される。1の場合は昇順に、−1の場合は降順に並べ替えてある必要がある。 例=MATCH("みかん",C3:C10,0) セル範囲【C3:C10】で「みかん」を検索し、一致したセルが何番目かを返す。(一致するセルがセル【C5】なら結果は「3」になる)
OFFSET	=OFFSET(基準,行数,列数,[高さ],[幅])	基準のセルから指定した行数と列数分を移動した位置にあるセルを参照する。高さと幅を指定すると、指定した高さ(行数)、幅(列数)のセル範囲を参照する。 例=OFFSET(A1,3,5) セル【A1】から3行5列移動したセル【F4】を参照する。

POINT ▶▶▶

参照形式

セル参照をA1のようにA列の1行目と指定する方式を「A1形式」といい、行・列の両方に番号を指定する形式を「R1C1形式」といいます。R1C1形式では、Rに続けて行番号を、Cに続けて列番号を指定します。

●データベース関数

関数名	書式	説明
DAVERAGE	=DAVERAGE(データベース,フィールド,検索条件)	データベースを検索条件で検索し、検索条件に一致したレコードの指定したフィールドのセルの平均値を返す。フィールドには、列見出しまたは何番目の列かを指定する。
DCOUNT	=DCOUNT(データベース,フィールド,検索条件)	データベースを検索条件で検索し、検索条件に一致したレコードの指定したフィールドのセルのうち、数値が入力されているセルの個数を返す。フィールドには、列見出しまたは何番目の列かを指定する。
DCOUNTA	=DCOUNTA(データベース,フィールド,検索条件)	データベースを検索条件で検索し、検索条件に一致したレコードの指定したフィールドのセルのうち、空白でないセルの個数を返す。フィールドには、列見出しまたは何番目の列かを指定する。
DMAX	=DMAX(データベース,フィールド,検索条件)	データベースを検索条件で検索し、検索条件に一致したレコードの指定したフィールドのセルの最大値を返す。フィールドには、列見出しまたは何番目の列かを指定する。
DMIN	=DMIN(データベース,フィールド,検索条件)	データベースを検索条件で検索し、検索条件に一致したレコードの指定したフィールドのセルの最小値を返す。フィールドには、列見出しまたは何番目の列かを指定する。
DSUM	=DSUM(データベース,フィールド,検索条件)	データベースを検索条件で検索し、検索条件に一致したレコードの指定したフィールドのセルの合計値を返す。フィールドには、列見出しまたは何番目の列かを指定する。

●文字列関数

関数名	書式	説明
ASC	=ASC(文字列)	文字列の全角英数カナ文字を半角の文字に変換する。
JIS	=JIS(文字列)	文字列の半角英数カナ文字を全角の文字に変換する。
CONCATENATE	=CONCATENATE(文字列1,[文字列2],…)	引数をすべてつなげた文字列にして返す。 例=CONCATENATE("〒",A3," ",B3,C3) セル【A3】:「105-6891」 セル【B3】:「東京都港区」 セル【C3】:「海岸X-XX-XX」 の場合、「〒105-6891 東京都港区海岸X-XX-XX」を返す。

関数名	書式	説明
YEN	=YEN(数値,[桁数])	数値を指定された桁数で四捨五入し、通貨書式¥を設定した文字列にする。桁数を省略すると、0を指定したものとして計算される。
DOLLAR	=DOLLAR(数値,[桁数])	数値を指定された桁数で四捨五入し、通貨書式$を設定した文字列にする。桁数を省略すると、2を指定したものとして計算される。
EXACT	=EXACT(文字列1,文字列2)	2つの文字列を比較し、同じならTRUEを、異なればFALSEを返す。英語の大文字小文字は区別され、書式の違いは無視される。
FIND	=FIND(検索文字列,対象,[開始位置])	対象を検索文字列で検索し、検索文字列が最初に現れる位置が先頭から何番目かを返す。英字の大文字小文字は区別される。検索文字列にワイルドカード文字を使えない。開始位置で、対象の何文字目以降から検索するかを指定でき、省略すると1文字目から検索される。
SEARCH	=SEARCH(検索文字列,対象,[開始位置])	対象を検索文字列で検索し、検索文字列が最初に現れる位置が先頭から何番目かを返す。英字の大文字小文字は区別されない。検索文字列にワイルドカード文字を使える。開始位置で、対象の何文字目以降から検索するかを指定でき、省略すると1文字目から検索される。
LEN	=LEN(文字列)	文字列の文字数を返す。全角半角に関係なく1文字を1と数える。
LEFT	=LEFT(文字列,[文字数])	文字列の先頭から指定された数の文字を返す。文字数を省略すると1文字を返す。
RIGHT	=RIGHT(文字列,[文字数])	文字列の末尾から指定された数の文字を返す。文字数を省略すると1文字を返す。
MID	=MID(文字列,開始位置,文字数)	文字列の指定した開始位置から指定された数の文字を返す。開始位置には取り出す文字の位置を指定する。
LOWER	=LOWER(文字列)	文字列の中のすべての英字を小文字に変換する。
UPPER	=UPPER(文字列)	文字列の中のすべての英字を大文字に変換する。
PROPER	=PROPER(文字列)	文字列の英単語の先頭を大文字に、2文字目以降を小文字に変換する。
REPT	=REPT(文字列,繰り返し回数)	文字列を指定した回数繰り返して表示する。
REPLACE	=REPLACE(文字列,開始位置,文字数,置換文字列)	文字列の指定した開始位置から指定された数の文字を置換文字列に置き換える。
SUBSTITUTE	=SUBSTITUTE(文字列,検索文字列,置換文字列,[置換対象])	文字列中の検索文字列を置換文字列に置き換える。置換対象で、文字列に含まれる検索文字列の何番目を置き換えるかを指定する。省略するとすべてを置き換える。
TEXT	=TEXT(値,表示形式)	数値に表示形式の書式を設定し、文字列として返す。 例=TEXT(B2,"¥#,##0") セル【B2】の値を3桁区切りカンマと¥記号を含む文字列にする。
TRIM	=TRIM(文字列)	文字列に空白が連続して含まれている場合、単語間の空白はひとつずつ残して不要な空白を削除する。
VALUE	=VALUE(文字列)	数値や日付、時刻を表す文字列を数値に変換する。

POINT ▶▶▶

ワイルドカード文字

検索条件を指定する場合、ワイルドカード文字を使って条件を指定すると、部分的に等しい文字列を検索できます。フィルターの条件にも指定できます。

ワイルドカード文字	検索対象	例	
?(疑問符)	任意の1文字	み?ん	「みかん」「みりん」は検索されるが、「みんかん」は検索されない。
*(アスタリスク)	任意の数の文字	東京都*	「東京都」の後ろに何文字続いても検索される。
~(チルダ)	ワイルドカード文字「?(疑問符)」「*(アスタリスク)」「~(チルダ)」	~*	「*」が検索される。

●論理関数

関数名	書式	説明
IF	=IF(論理式,[真の場合],[偽の場合])	論理式の結果に応じて、真の場合・偽の場合の値を返す。 例=IF(A3=30,"人間ドック","健康診断") セル【A3】が「30」と等しければ「人間ドック」、等しくなければ「健康診断」という結果になる。
IFERROR	=IFERROR(値,エラーの場合の値)	値で指定した数式の結果がエラーの場合は、エラーの場合の値を返す。 例=IFERROR(10/0,"エラーです") 10÷0の結果はエラーになるため、「エラーです」という結果になる。
AND	=AND(論理式1,[論理式2],…)	すべての論理式がTRUEの場合、TRUEを返す。
OR	=OR(論理式1,[論理式2],…)	論理式にひとつでもTRUEがあれば、TRUEを返す。
NOT	=NOT(論理式)	論理式がTRUEの場合はFALSEを、FALSEの場合はTRUEを返す。

●情報関数

関数名	書式	説明
ISBLANK	=ISBLANK(テストの対象)	テストの対象(セル)が空白セルの場合、TRUEを返す。
ISERR	=ISERR(テストの対象)	テストの対象(セル)が#N/A以外のエラー値の場合、TRUEを返す。
ISERROR	=ISERROR(テストの対象)	テストの対象(セル)がエラー値の場合、TRUEを返す。
ISNA	=ISNA(テストの対象)	テストの対象(セル)が#N/Aのエラー値の場合、TRUEを返す。
ISTEXT	=ISTEXT(テストの対象)	テストの対象(セル)が文字列の場合、TRUEを返す。
ISNONTEXT	=ISNONTEXT(テストの対象)	テストの対象(セル)が文字列以外の場合、TRUEを返す。
ISNUMBER	=ISNUMBER(テストの対象)	テストの対象(セル)が数値の場合、TRUEを返す。
PHONETIC	=PHONETIC(範囲)	範囲のふりがなの文字列を取り出して返す。
TYPE	=TYPE(値)	値のデータ型を返す。 データ型の例 数値　　:1 テキスト:2 論理値　:4
ERROR.TYPE	=ERROR.TYPE(エラー値)	エラー値に対応するエラー値の種類を数値で返す。エラーがない場合は、#N/Aを返す。 エラー値の例 #NULL!　:1 #NAME?:5 #N/A　　:7

よくわかる

付録3

Appendix 3

Office 2016の基礎知識

Step 1 コマンドの実行方法

1 コマンドの実行

作業を進めるための指示を**「コマンド」**、指示を与えることを**「コマンドを実行する」**といいます。
コマンドを実行して、書式を設定したり、ファイルを保存したりします。
コマンドを実行する方法には、次のようなものがあります。
作業状況や好みに合わせて、使いやすい方法で操作しましょう。

- **●リボン**
- **●バックステージビュー**
- **●ミニツールバー**
- **●クイックアクセスツールバー**
- **●ショートカットメニュー**
- **●ショートカットキー**

2 リボン

「リボン」には、機能を実現するための様々なコマンドが用意されています。ユーザーはリボンを使って、行いたい作業を選択します。
リボンの各部の名称と役割は、次のとおりです。

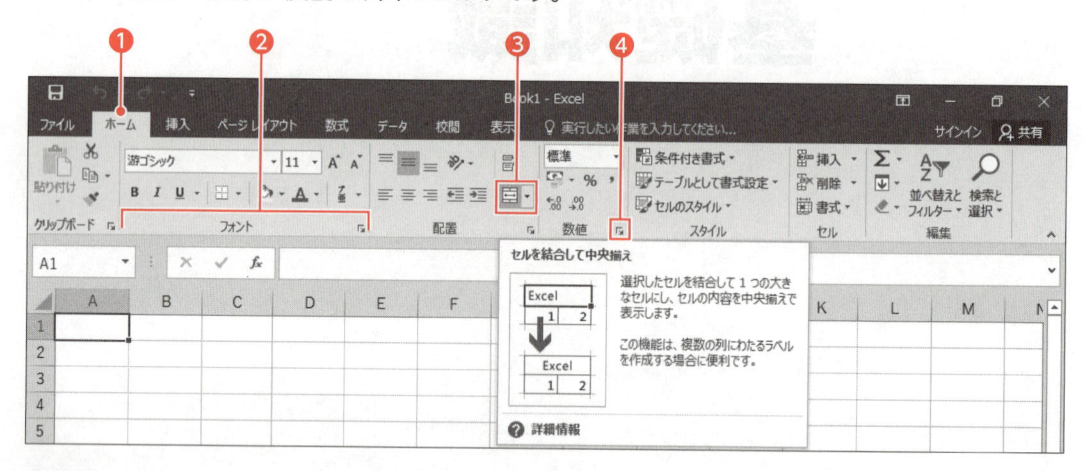

❶タブ

関連する機能ごとに、ボタンが分類されています。

❷グループ

各タブの中で、関連するボタンがグループごとにまとめられています。

❸ボタン

ポイントすると、ボタンの名前と説明が表示されます。クリックすると、コマンドが実行されます。▼が表示されているボタンは、▼をクリックすると、一覧に詳細なコマンドが表示されます。

❹起動ツール

クリックすると、**「ダイアログボックス」**や**「作業ウィンドウ」**が表示されます。

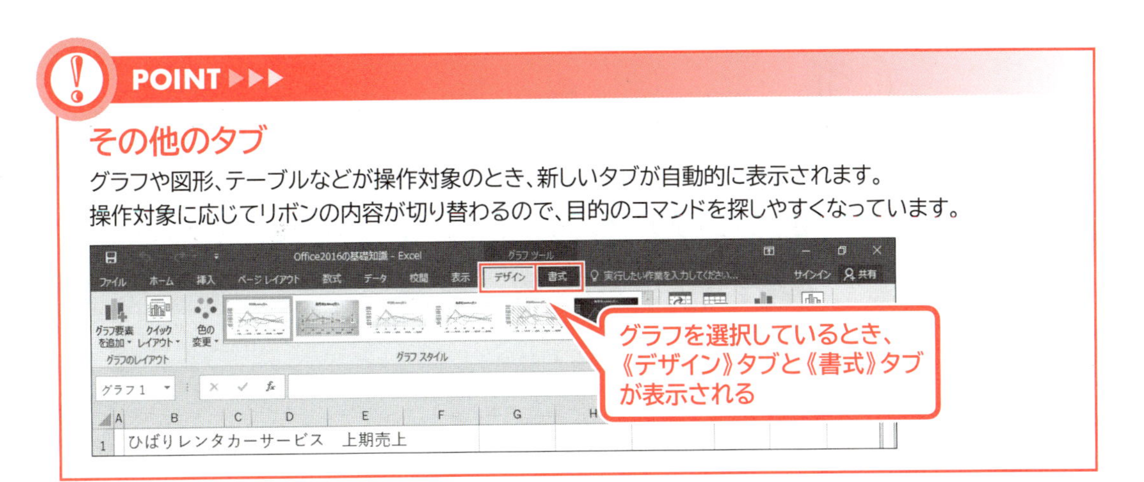

POINT ▶▶▶

その他のタブ

グラフや図形、テーブルなどが操作対象のとき、新しいタブが自動的に表示されます。
操作対象に応じてリボンの内容が切り替わるので、目的のコマンドを探しやすくなっています。

ダイアログボックス

STEP UP

リボンのボタンをクリックすると、「ダイアログボックス」が表示される場合があります。
ダイアログボックスでは、コマンドを実行するための詳細な設定を行います。
ダイアログボックスの各部の名称と役割は、次のとおりです。

●《ホーム》タブ→《フォント》グループの をクリックした場合

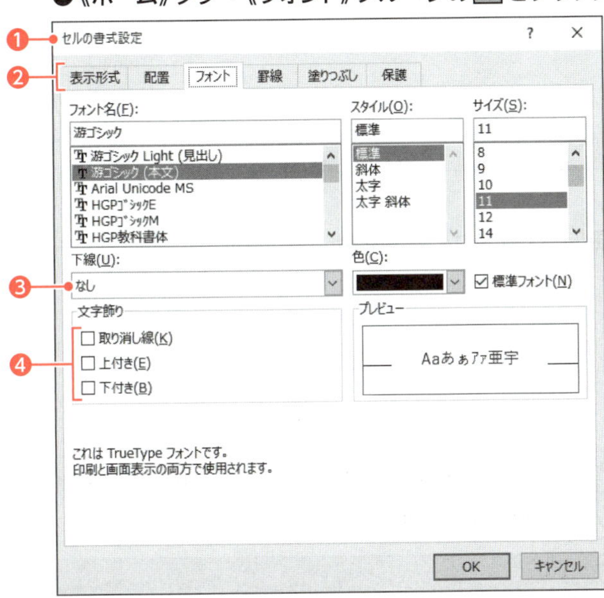

❶タイトルバー
ダイアログボックスの名称が表示されます。

❷タブ
ダイアログボックス内の項目が多い場合に、関連する項目ごとに見出し（タブ）が表示されます。タブを切り替えて、複数の項目をまとめて設定できます。

❸ドロップダウンリストボックス
をクリックすると、選択肢が一覧で表示されます。

❹チェックボックス
クリックして、選択します。
☑オン（選択されている状態）
☐オフ（選択されていない状態）

●《ページレイアウト》タブ→《ページ設定》グループの をクリックした場合

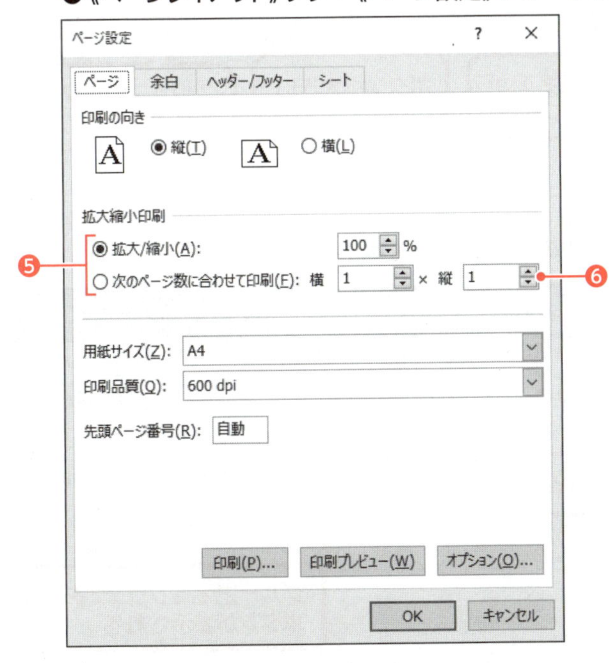

❺オプションボタン
クリックして、選択肢の中からひとつだけ選択します。
◉オン（選択されている状態）
〇オフ（選択されていない状態）

❻スピンボタン
クリックして、数値を指定します。
テキストボックスに数値を直接入力することもできます。

作業ウィンドウ

リボンのボタンをクリックすると、「作業ウィンドウ」が表示される場合があります。
選択したコマンドによって、作業ウィンドウの使い方は異なります。
作業ウィンドウの各部の名称と役割は、次のとおりです。

●《ホーム》タブ→《クリップボード》グループの をクリックした場合

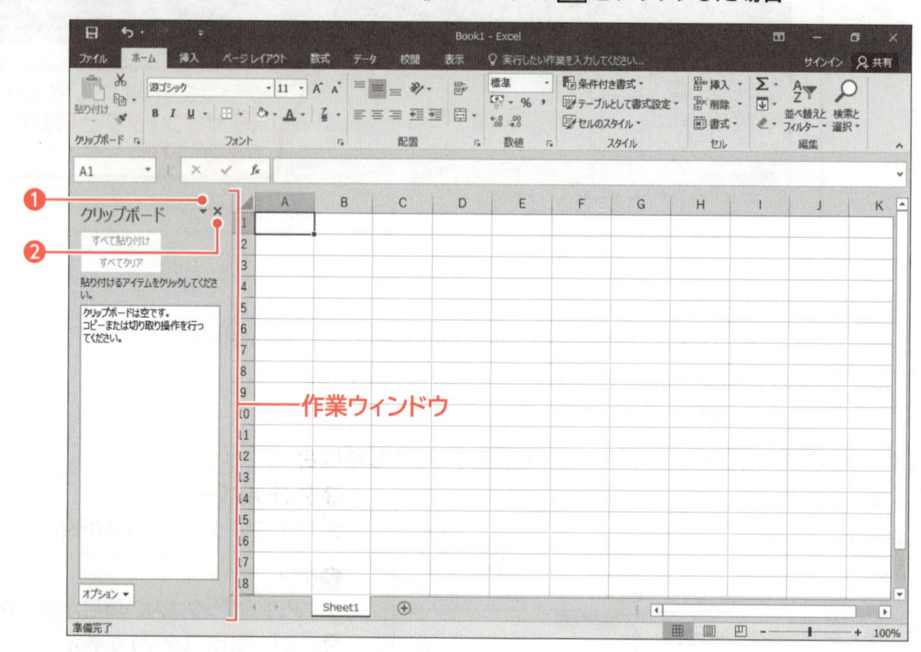

❶ （作業ウィンドウオプション）
作業ウィンドウのサイズや位置を変更したり、作業ウィンドウを閉じたりします。

❷ （閉じる）
作業ウィンドウを閉じます。

ボタンの形状

ディスプレイの画面解像度やウィンドウのサイズによって、ボタンの形状やサイズが異なる場合があります。

●画面解像度が高い場合／ウィンドウのサイズが大きい場合

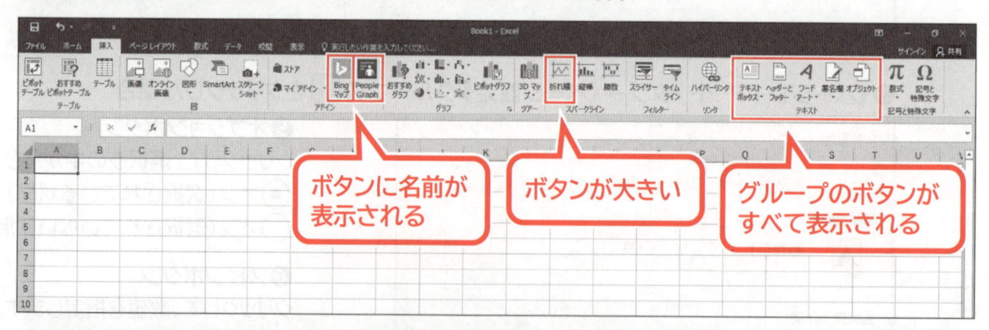

●画面解像度が低い場合／ウィンドウのサイズが小さい場合

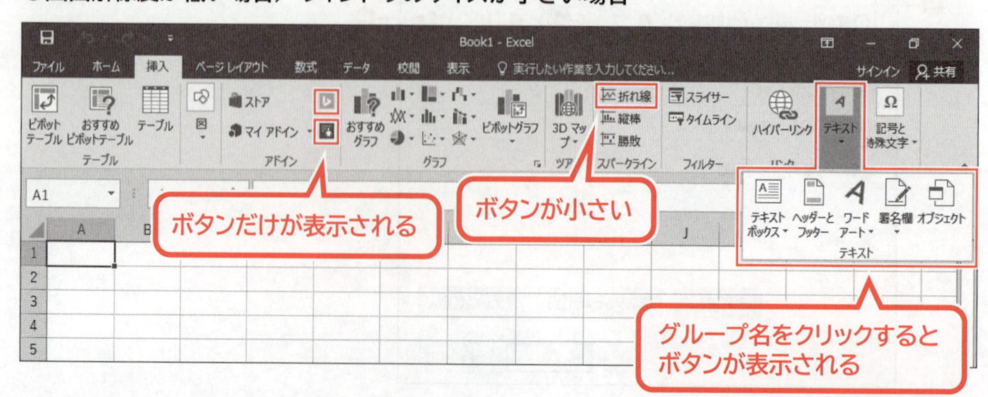

リボンのユーザー設定

STEP UP

ユーザーが独自にリボンのタブやグループを作成して、必要なコマンドを登録できます。

◆リボンを右クリック→《リボンのユーザー設定》

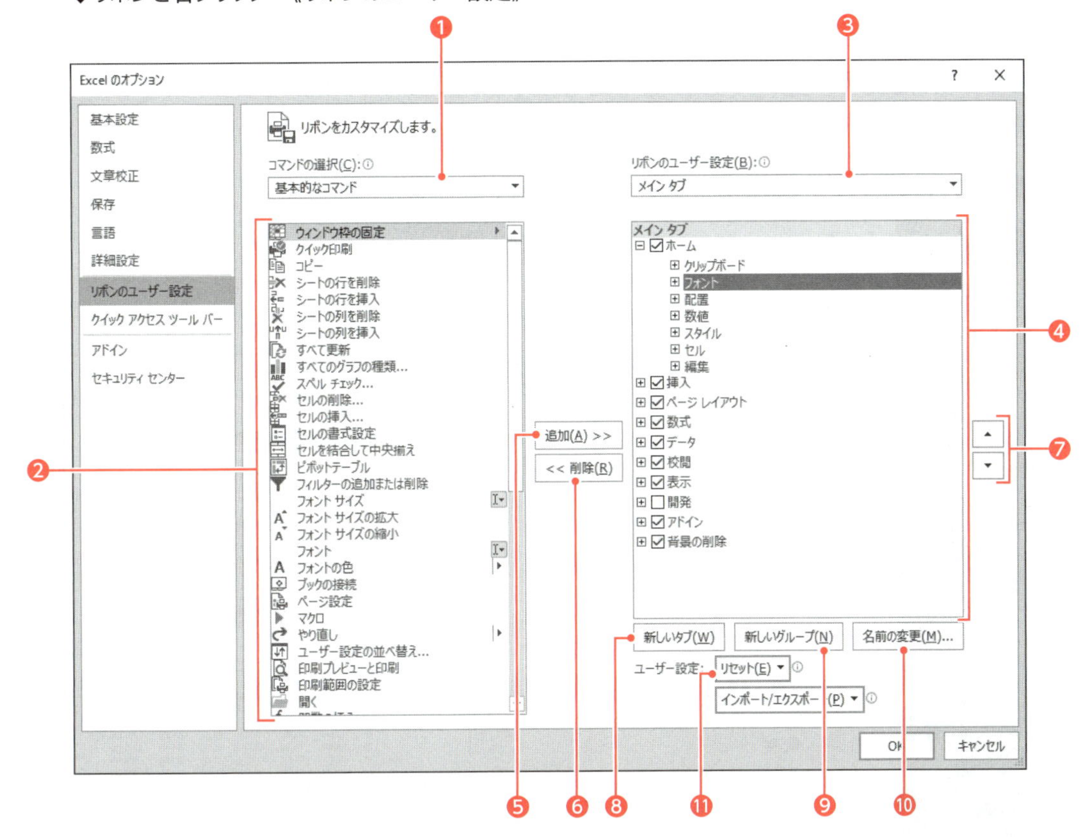

❶コマンドの種類
リボンに追加するコマンドの種類を選択します。

❷コマンドの一覧
❶で選択する種類に応じて、コマンドが表示されます。この一覧からリボンに追加するコマンドを選択します。

❸タブの種類
設定するタブの種類を選択します。

❹現在のタブの設定
❸で選択する種類に応じて、現在のタブの設定状況が表示されます。この一覧から操作対象のタブやグループを選択します。

❺追加
❷で選択したコマンドを、タブ内のグループに追加します。

❻削除
タブに追加したコマンドを削除します。また、作成したタブやグループを削除します。

❼上へ／下へ
タブ内のコマンドの順番を入れ替えます。

❽新しいタブ
リボンに《新しいタブ（ユーザー設定）》と、そのタブ内に《新しいグループ（ユーザー設定）》を作成します。

❾新しいグループ
タブ内に《新しいグループ（ユーザー設定）》を作成します。

❿名前の変更
タブやグループの名前を変更します。

⓫リセット
ユーザーが設定したリボンをリセットして、もとの状態に戻します。

3 バックステージビュー

《ファイル》タブをクリックすると表示される画面を**「バックステージビュー」**といいます。
バックステージビューには、ファイルや印刷などのブック全体を管理するコマンドが用意されています。左側の一覧にコマンドが表示され、右側にはコマンドに応じて、操作をサポートする様々な情報が表示されます。

●《ファイル》タブ→《印刷》をクリックした場合

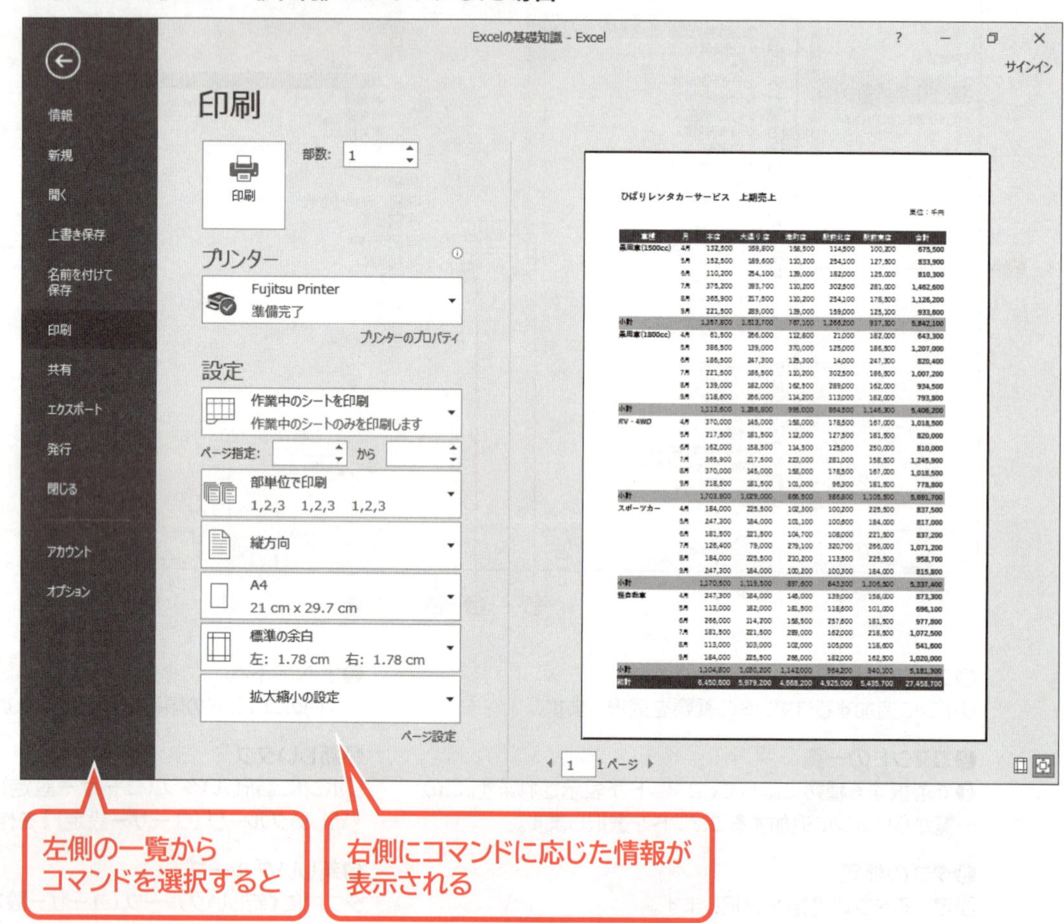

※コマンドによっては、クリックするとすぐにコマンドが実行され、右側に情報が表示されない場合もあります。

バックステージビューの表示の解除

《ファイル》タブをクリックしたあと、バックステージビューを解除してもとの表示に戻る方法は、次のとおりです。

◆左上の をクリック
◆ Esc

4 ミニツールバー

文字を選択したり、選択した範囲を右クリックしたりすると、**「ミニツールバー」**が表示されます。ミニツールバーには、よく使う書式設定のボタンが用意されています。

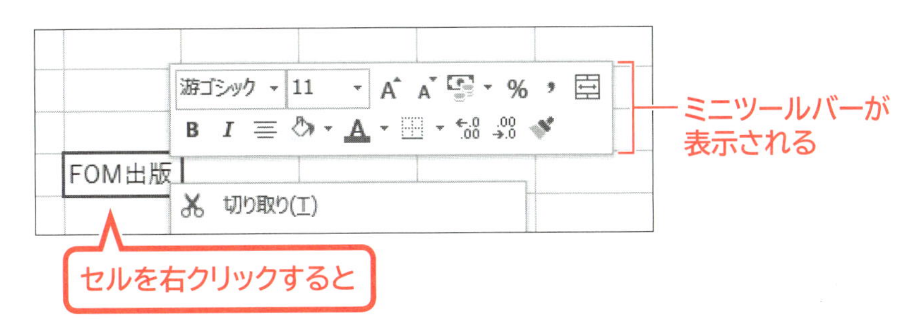

ミニツールバーの表示の解除

STEP UP

ミニツールバーの表示を解除する方法は、次のとおりです。

◆ Esc

◆ミニツールバーが表示されていない場所をクリック

5 クイックアクセスツールバー

「クイックアクセスツールバー」には、あらかじめいくつかのコマンドが登録されていますが、あとからユーザーがよく使うコマンドを自由に登録することもできます。クイックアクセスツールバーにコマンドを登録しておくと、リボンのタブを切り替えたり階層をたどったりする手間が省けるので効率的です。

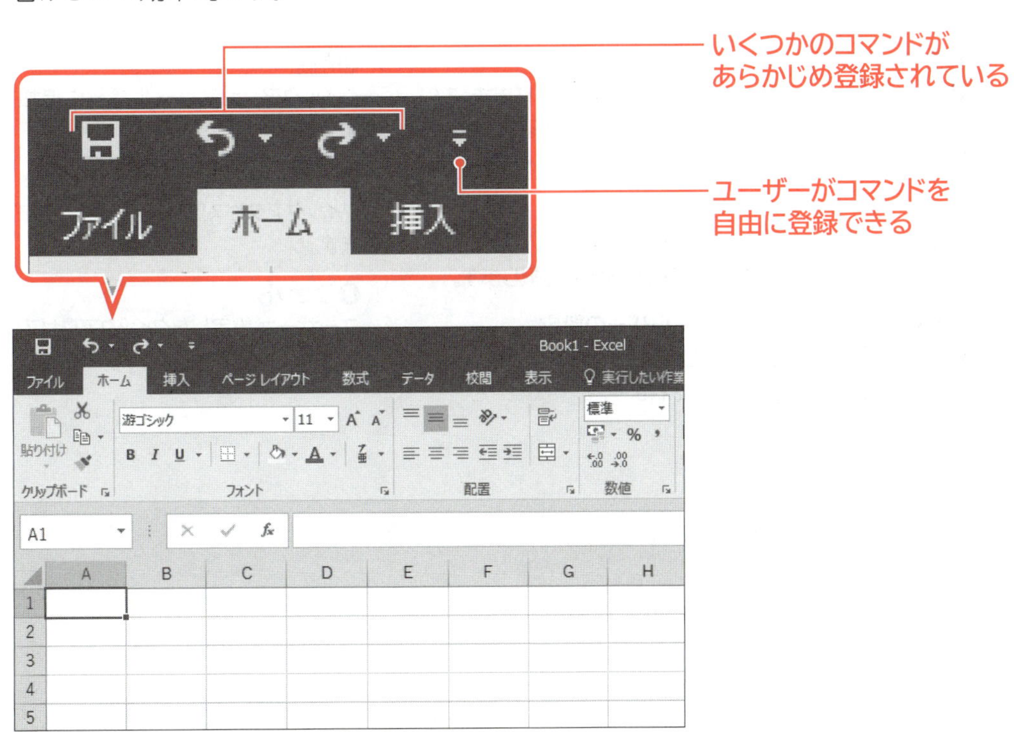

クイックアクセスツールバーのユーザー設定

ユーザーが独自にクイックアクセスツールバーに必要なコマンドを登録できます。

◆クイックアクセスツールバーの ▾ (クイックアクセスツールバーのユーザー設定)→《その他のコマンド》

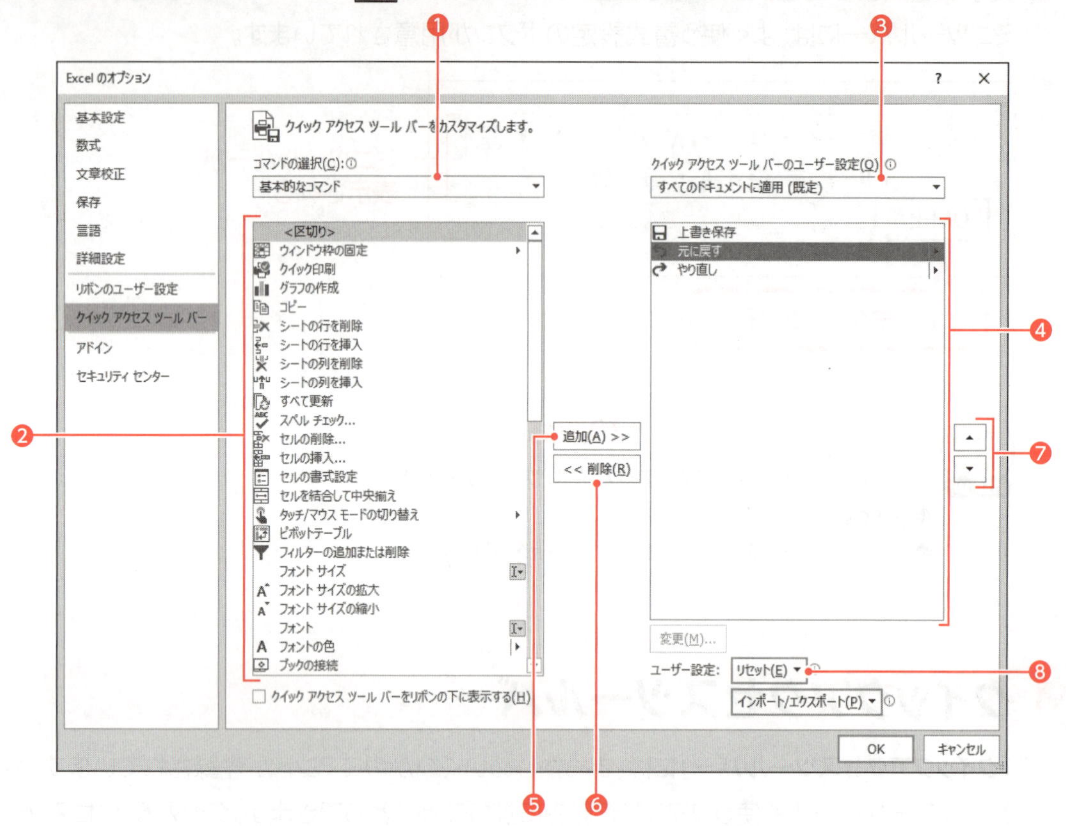

❶コマンドの種類
クイックアクセスツールバーに追加するコマンドの種類を選択します。

❷コマンドの一覧
❶で選択する種類に応じて、コマンドが表示されます。この一覧からクイックアクセスツールバーに追加するコマンドを選択します。

❸クイックアクセスツールバーの適用範囲
設定するクイックアクセスツールバーをすべてのブックに適用するか、現在のブックだけに適用するかを選択します。

❹現在のクイックアクセスツールバーの設定
❸で選択する適用範囲に応じて、クイックアクセスツールバーの現在の設定状況が表示されます。

❺追加
❷で選択したコマンドを、クイックアクセスツールバーに追加します。

❻削除
クイックアクセスツールバーに追加したコマンドを削除します。

❼上へ／下へ
クイックアクセスツールバー内のコマンドの順番を入れ替えます。

❽リセット
ユーザーが設定したクイックアクセスツールバーをリセットして、もとの状態に戻します。

6 ショートカットメニュー

任意の場所を右クリックすると、**「ショートカットメニュー」**が表示されます。ショートカットメニューには、作業状況に合ったコマンドが表示されます。

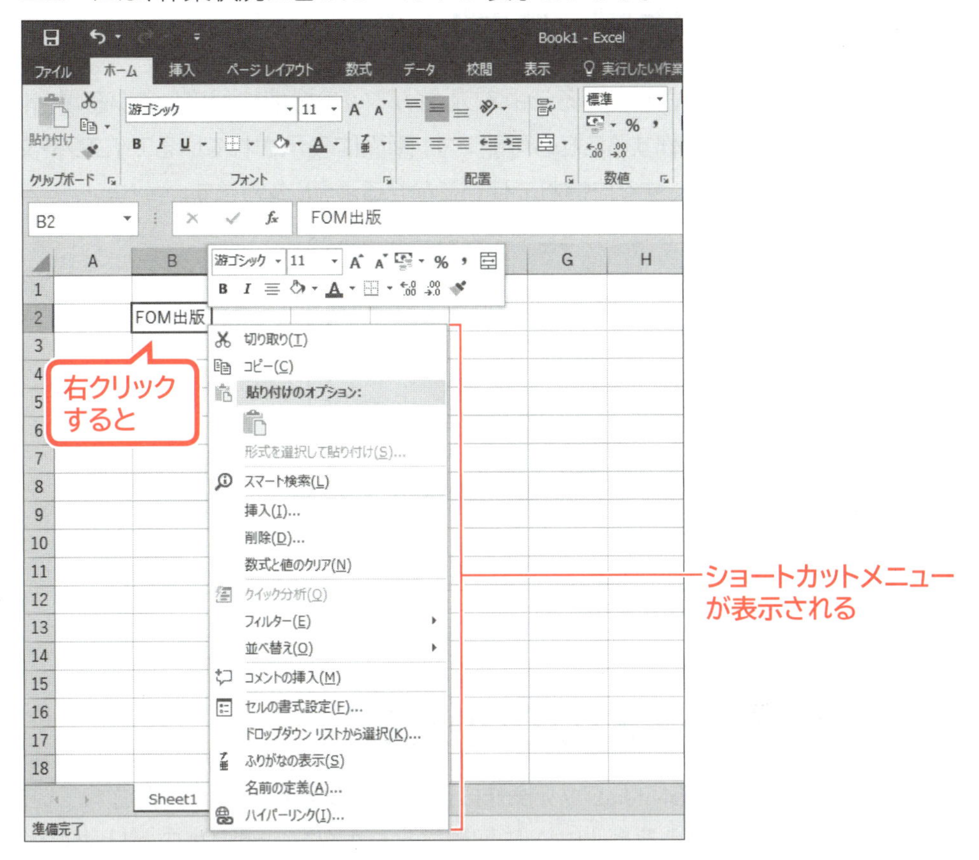

ショートカットメニューの表示の解除

ショートカットメニューの表示を解除する方法は、次のとおりです。

◆ Esc

◆ショートカットメニューが表示されていない場所をクリック

7 ショートカットキー

よく使うコマンドには、**「ショートカットキー」**が割り当てられています。キーボードのキーを押すことでコマンドが実行されます。

キーボードからデータを入力したり編集したりしているときに、マウスに持ち替えることなくコマンドを実行できるので効率的です。

リボンやクイックアクセスツールバーのボタンをポイントすると、コマンドによって対応するショートカットキーが表示されます。

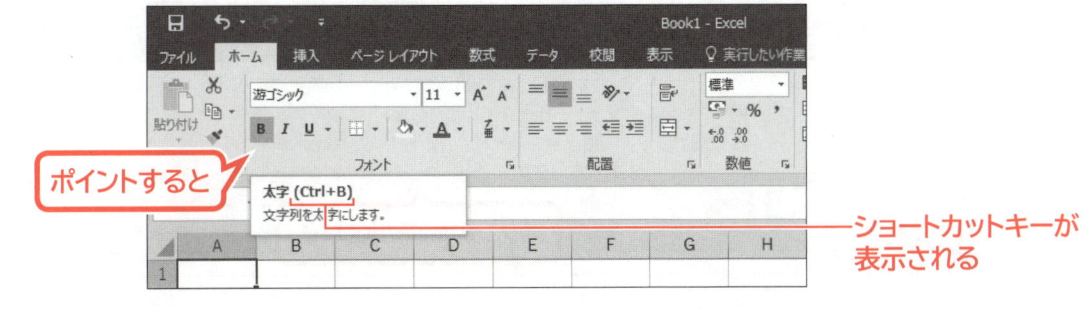

Step2 タッチモードへの切り替え

1 タッチ対応ディスプレイ

パソコンに接続されているディスプレイがタッチ機能に対応している場合は、マウスの代わりに**「タッチ」**で操作することも可能です。画面に表示されているアイコンや文字に、直接触れるだけでよいので、すぐに慣れて使いこなせるようになります。

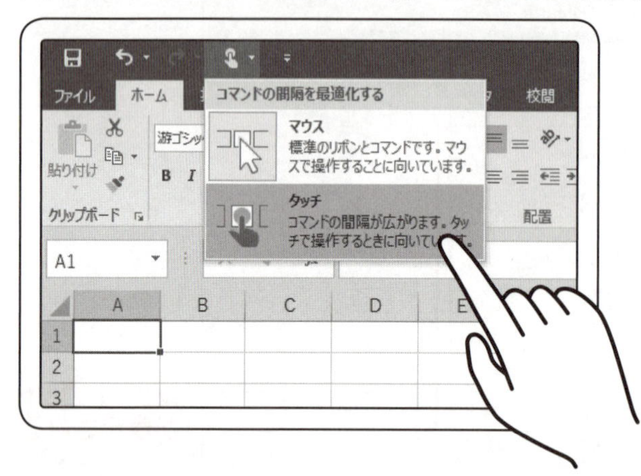

2 タッチモードへの切り替え

Office 2016には、タッチ操作に適した**「タッチモード」**が用意されています。画面をタッチモードに切り替えると、リボンに配置されたボタンの間隔が広がり、指でボタンを押しやすくなります。

POINT ▶▶▶

マウスモード

タッチモードに対して、マウス操作に適した標準の画面を「マウスモード」といいます。

●マウスモードのリボン

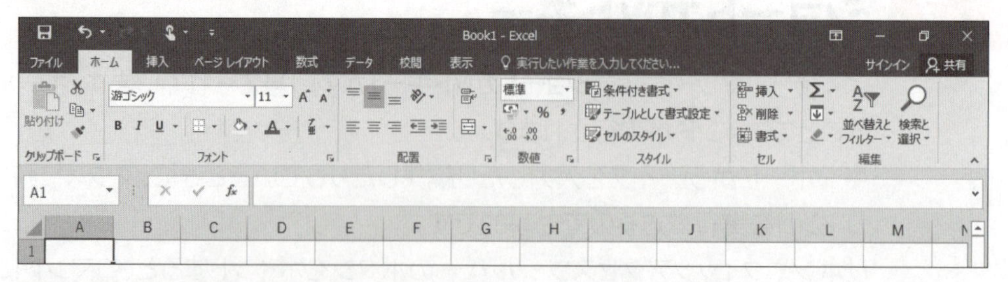

●タッチモードのリボン

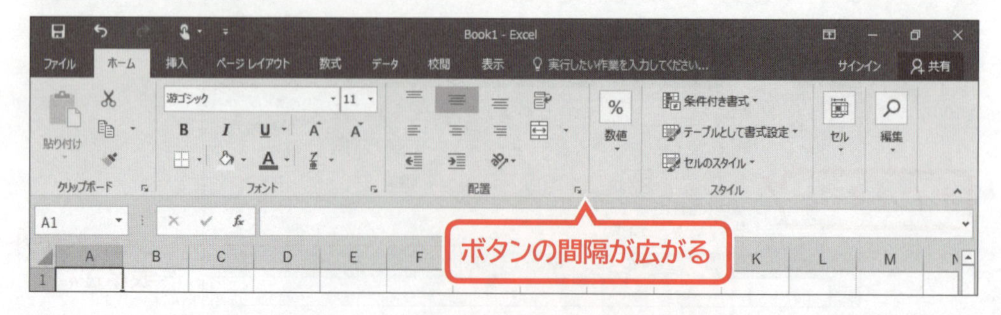

マウスモードからタッチモードに切り替えましょう。

File OPEN Excelを起動し、フォルダー「付録3」のブック「Office2016の基礎知識」を開いておきましょう。

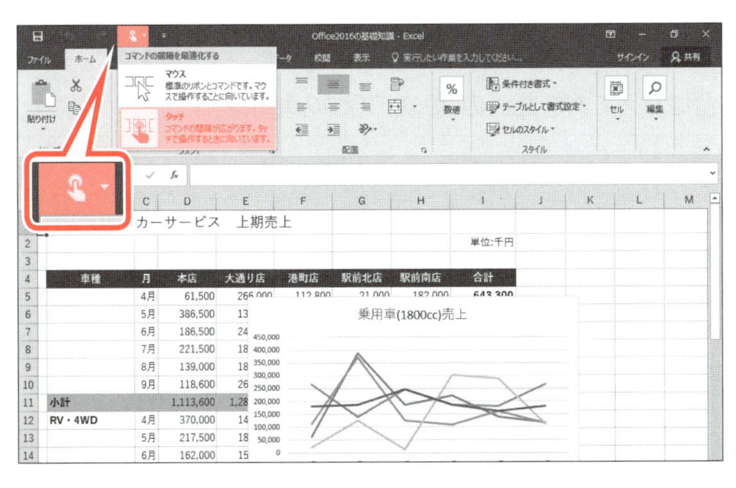

①クイックアクセスツールバーの（タッチ/マウスモードの切り替え）を選択します。

※表示されていない場合は、クイックアクセスツールバーの（クイックアクセスツールバーのユーザー設定）→《タッチ/マウスモードの切り替え》を選択します。

②**《タッチ》**を選択します。

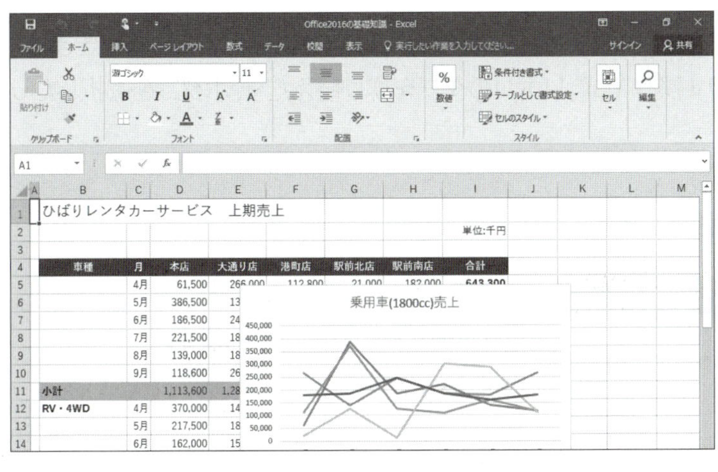

タッチモードに切り替わります。

③ボタンの間隔が広がっていることを確認します。

STEP UP インク注釈

タッチ対応のパソコンでは、《校閲》タブに（インク注釈）が表示されます。

（インク注釈）を選択すると、リボンに《ペン》タブが表示され、フリーハンドでオリジナルのイラストや文字を描画できます。

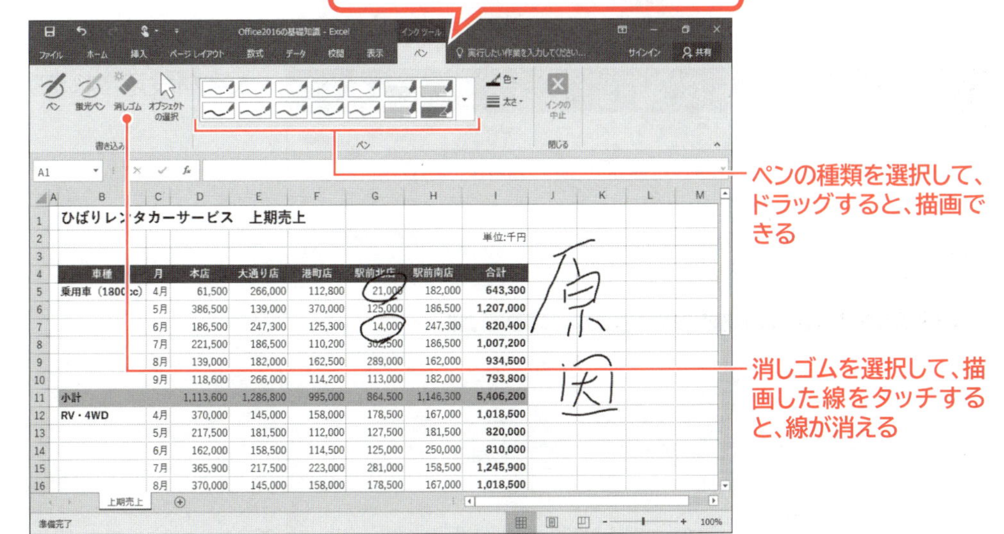
《校閲》タブの（インク注釈）を選択すると、《ペン》タブが表示される
ペンの種類を選択して、ドラッグすると、描画できる
消しゴムを選択して、描画した線をタッチすると、線が消える

Step3 タッチの基本操作

1 タッチの基本操作

Officeをタッチで操作する場合に覚えておきたいのは、次の5つの基本操作です。

- ●タップ
- ●スライド
- ●ズーム
- ●ドラッグ
- ●長押し

2 タップ

マウスでクリックする操作は、タッチの**「タップ」**という操作にほぼ置き換えることができます。
タップとは、選択対象を軽く押す操作です。リボンのタブを切り替えたり、ボタンを選択したりするときに使います。
実際にタップを試してみましょう。
ここでは、セル【B1】に太字を設定します。

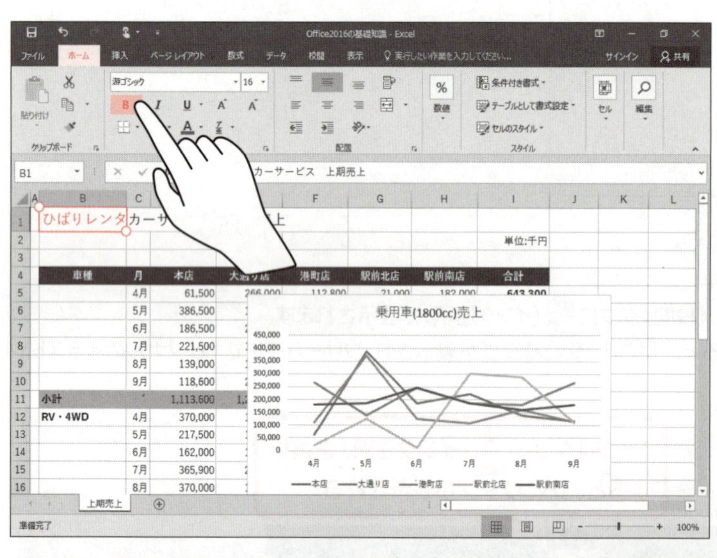

①セル【B1】をタップします。
②《ホーム》タブをタップします。
③《フォント》グループの B (太字)をタップします。

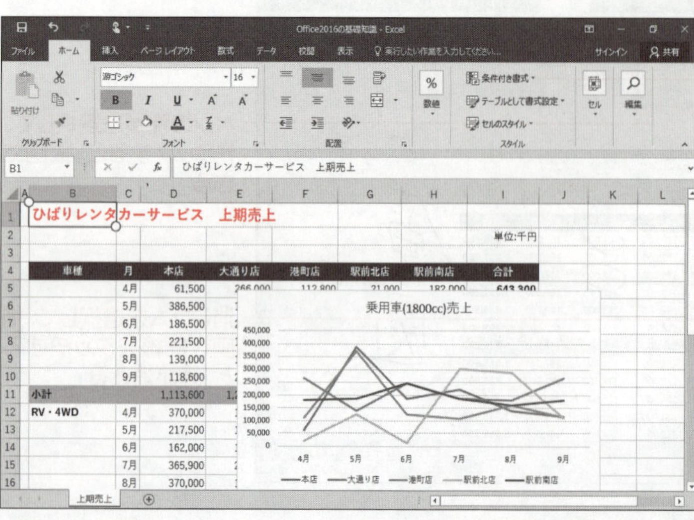

太字が設定されます。

3 スライド

「スライド」とは、指を目的の方向に払うように動かす操作です。画面をスクロールするときに使います。
実際にスライドを試してみましょう。

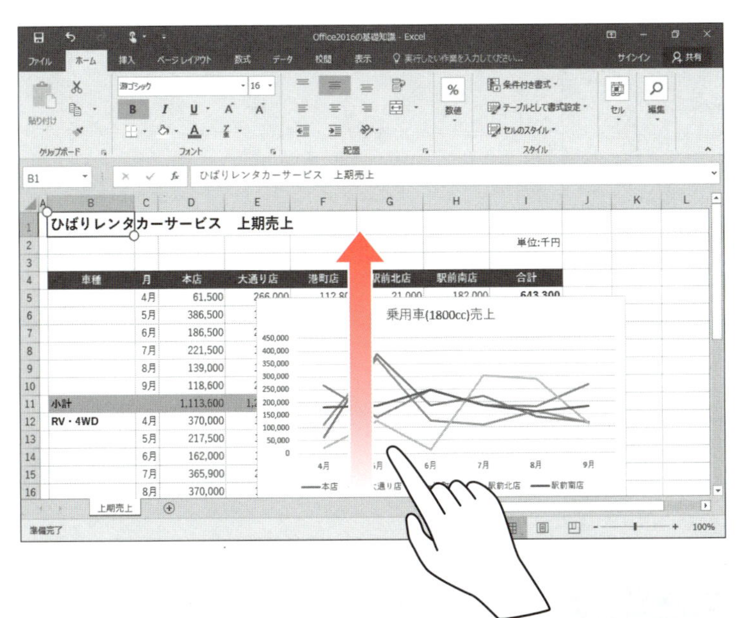

①下から上に軽く払うようにスライドします。

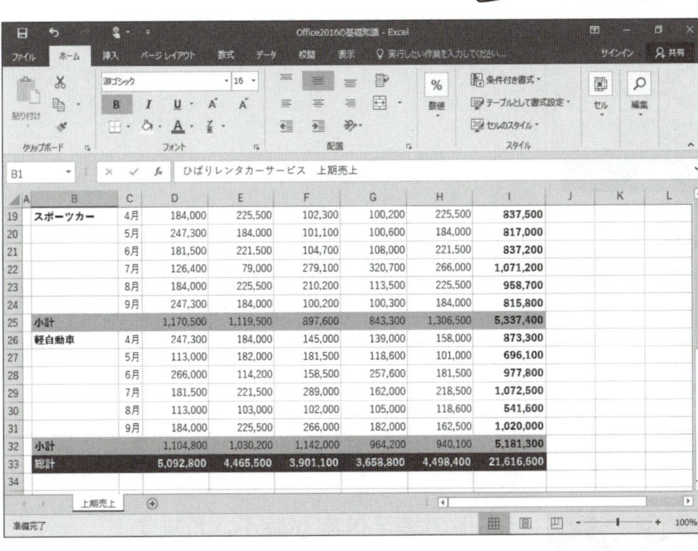

画面がスクロールされます。

POINT ▶▶▶

画面のスクロール幅

指が画面に軽く触れた状態で払うと、大きくスクロールします。
指が画面にしっかり触れた状態でなぞるように動かすと、動かした分だけスクロールします。

4 ズーム

「ズーム」とは、2本の指を使って、指と指の間を広げたり狭めたりする操作です。
シートの表示倍率を拡大したり縮小したりするときに使います。
実際にズームを試してみましょう。

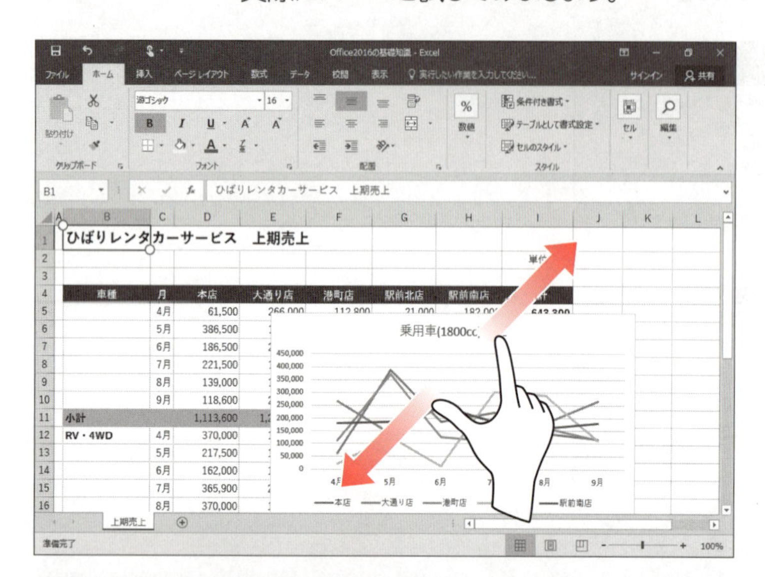

①シートの上で指と指の間を広げます。

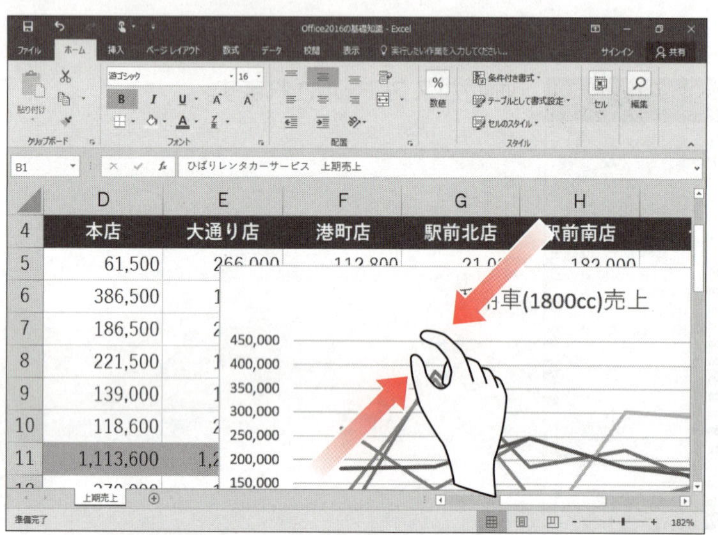

シートの表示倍率が拡大されます。
②シートの上で指と指の間を狭めます。

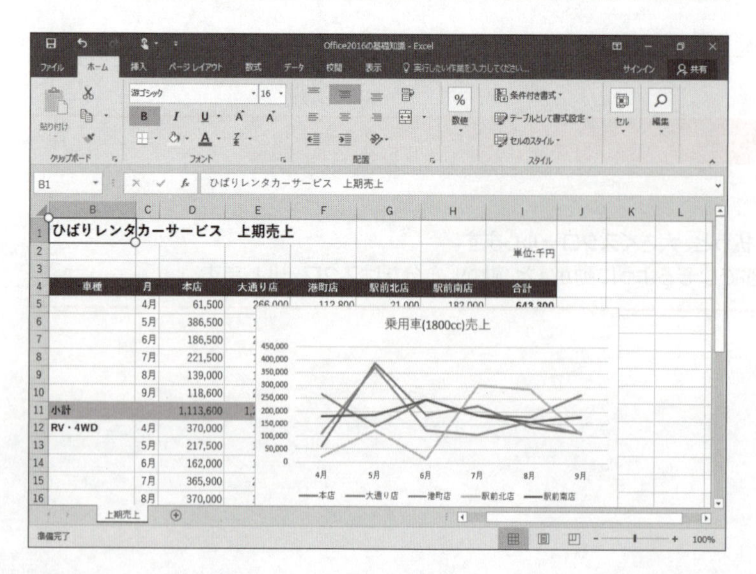

シートの表示倍率が縮小されます。

5 ドラッグ

操作対象を選択して、引きずるように動かす操作をマウスで**「ドラッグ」**といいますが、タッチでも同様の操作を**「ドラッグ」**といいます。
マウスでは机上をドラッグしますが、タッチでは指を使って画面上をドラッグします。
グラフや画像を移動したり、サイズを変更したりするときなどに使います。
実際にドラッグを試してみましょう。
ここでは、グラフのサイズを変更し、移動します。

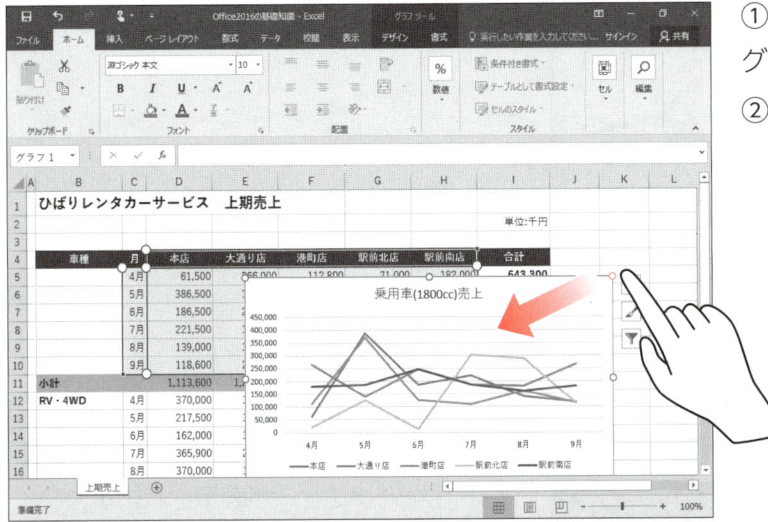

①グラフエリアをタップします。
グラフが選択されます。
②グラフの○（ハンドル）を引きずるように動かしてドラッグします。

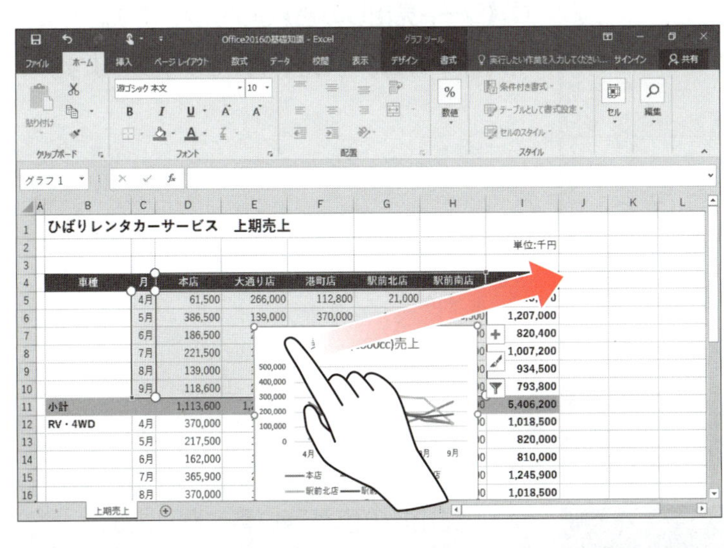

グラフのサイズが変更されます。
③グラフを引きずるように動かします。

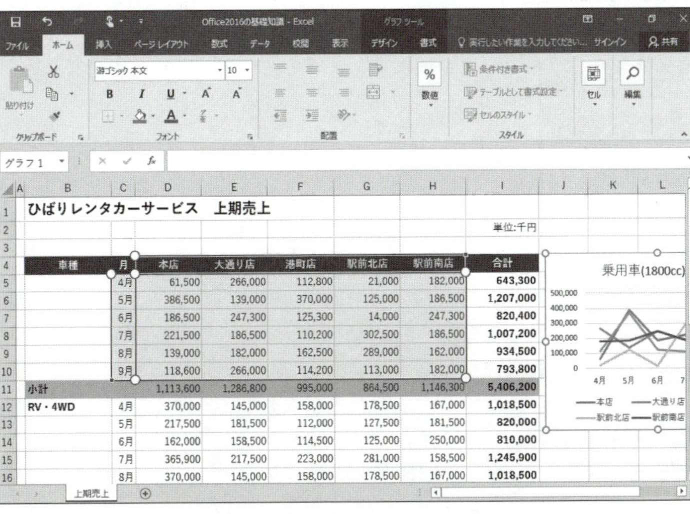

グラフが移動します。
※グラフ以外の場所をタップして、グラフの選択を解除しておきましょう。

6 長押し

マウスを右クリックする操作は、タッチで**「長押し」**という操作に置き換えることができます。
長押しは、操作対象を選択して、長めに押したままにすることです。
ショートカットメニューやミニツールバーを表示するときなどに使います。
実際に長押しを試してみましょう。
ここでは、ショートカットメニューを使って、シート見出しの色を**「薄い青」**にします。

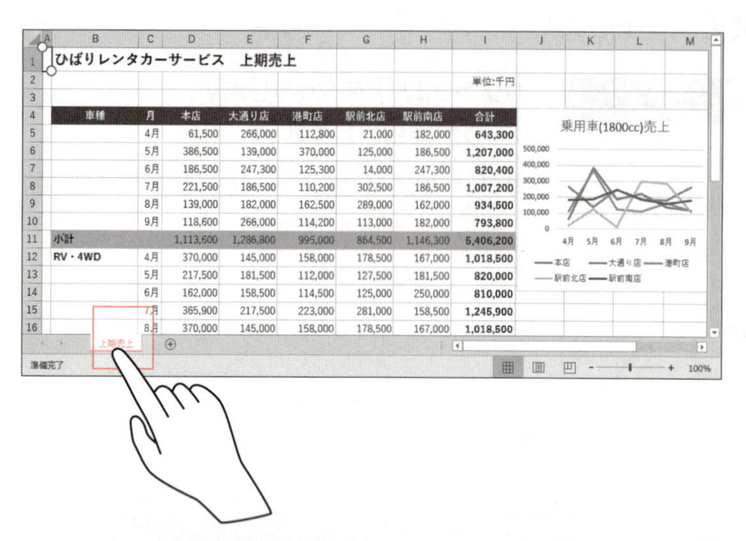

①シート見出しを長押しして、枠が表示されたら指を離します。

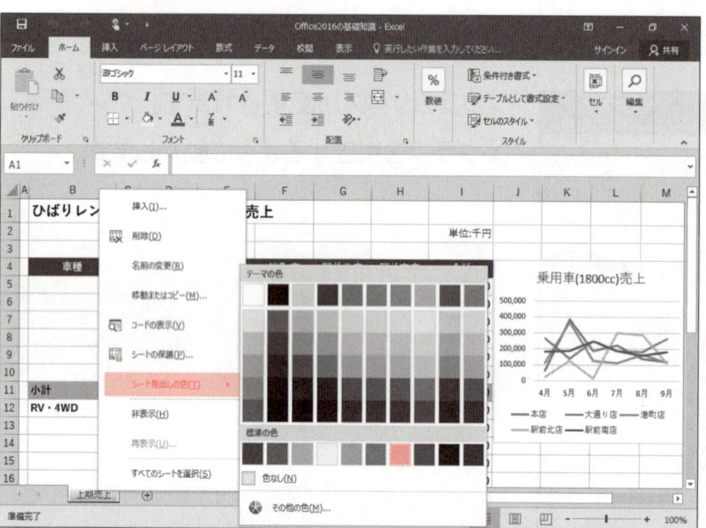

ショートカットメニューが表示されます。
②**《シート見出しの色》**をタップします。
③**《標準の色》**の**《薄い青》**をタップします。

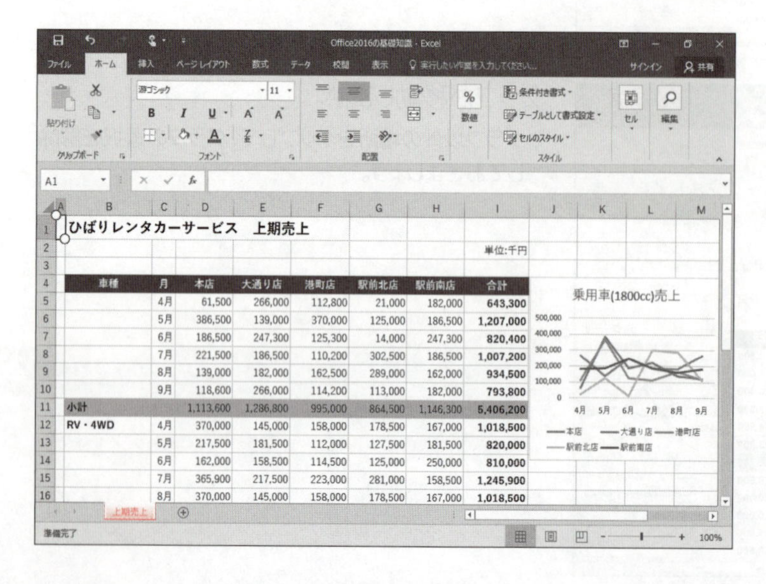

シート見出しの色が薄い青になります。

Step4 タッチキーボード

1 タッチキーボード

タッチ操作で文字を入力する場合は、**「タッチキーボード」**を使います。
タッチキーボードは、タスクバーの （タッチキーボード）をタップして表示します。
タッチキーボードを使って、セル**【B5】**に**「乗用車（1800cc）」**を入力しましょう。

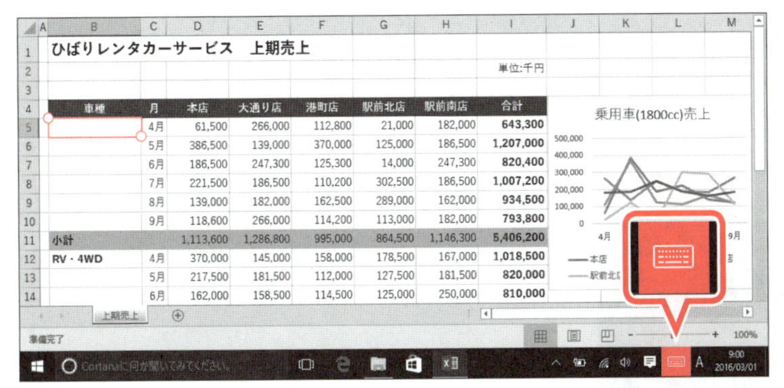

①セル**【B5】**をタップします。

② （タッチキーボード）をタップします。

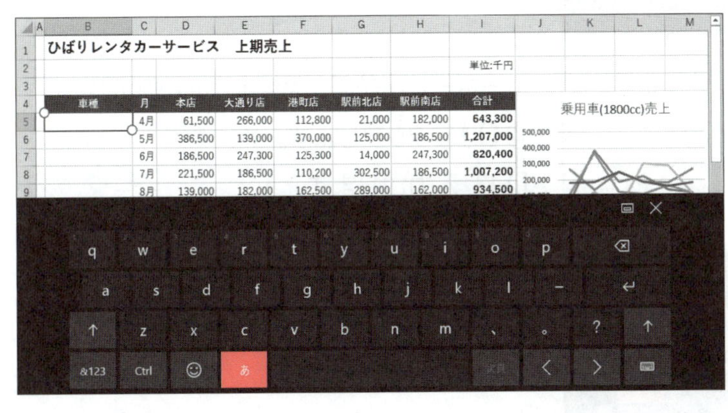

タッチキーボードが表示されます。

③スペースキーの隣が**《あ》**になっていることを確認します。

※《A》になっている場合は、《A》をタップして《あ》に切り替えます。

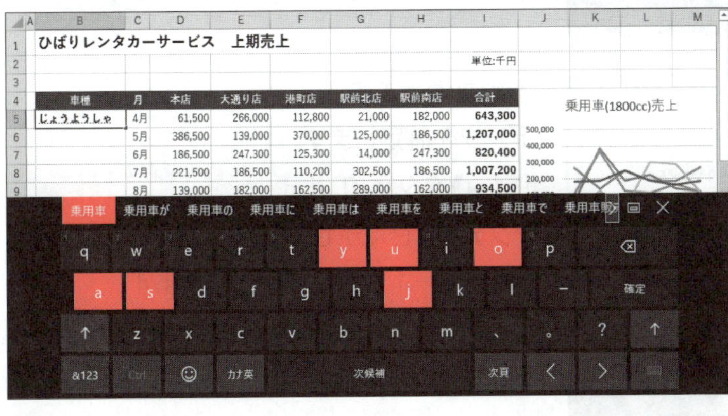

④**《j》《y》《o》《u》《y》《o》《u》《s》《y》《a》**を順番にタップします。

※誤ってタップした場合は、 をタップして、直前の文字を削除します。

タッチキーボード上部に予測変換の一覧が表示されます。

⑤予測変換の一覧から**《乗用車》**をタップします。

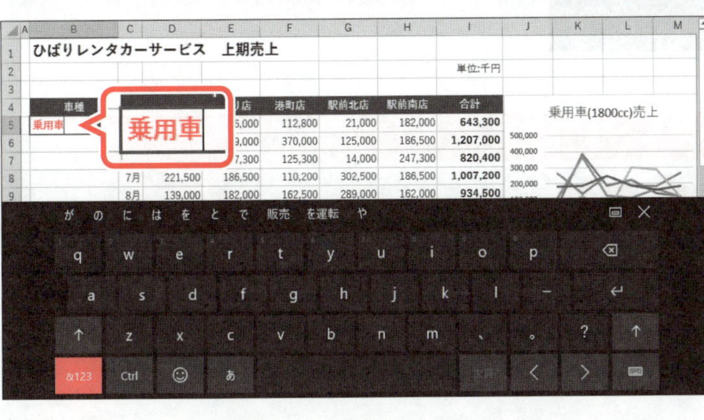

セル**【B5】**に**「乗用車」**と入力されます。

⑥**《&123》**をタップします。

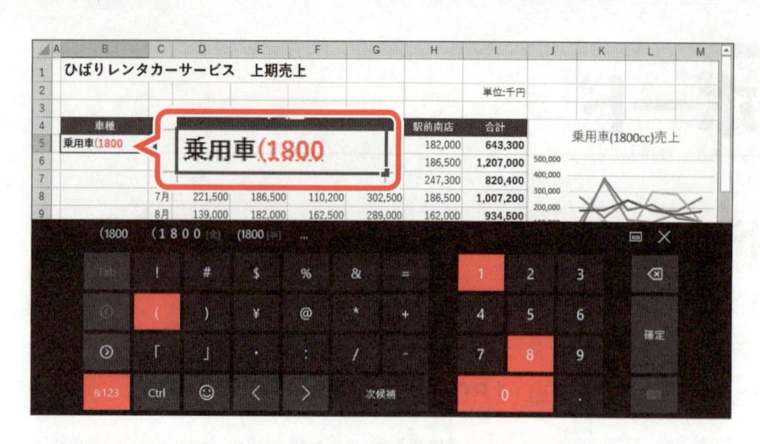

キーボードが記号と数字に切り替わります。

⑦《(》《1》《8》《0》《0》を順番にタップします。

「(1800」と入力されます。

⑧《&123》をタップします。

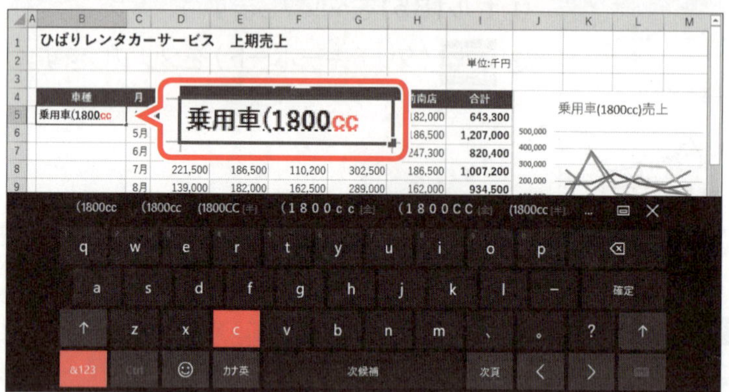

キーボードが英字の小文字に戻ります。

⑨《c》《c》を順番にタップします。

「cc」と入力されます。

⑩《&123》をタップします。

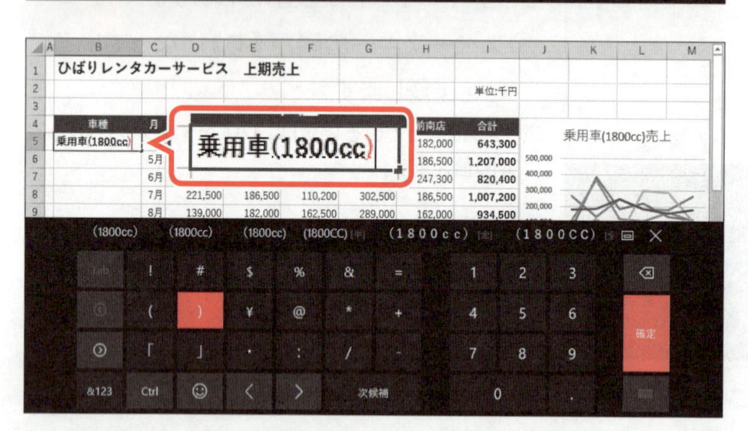

キーボードが記号と数字に切り替わります。

⑪《)》をタップします。

「)」と入力されます。

文字を確定します。

⑫《確定》をタップします。

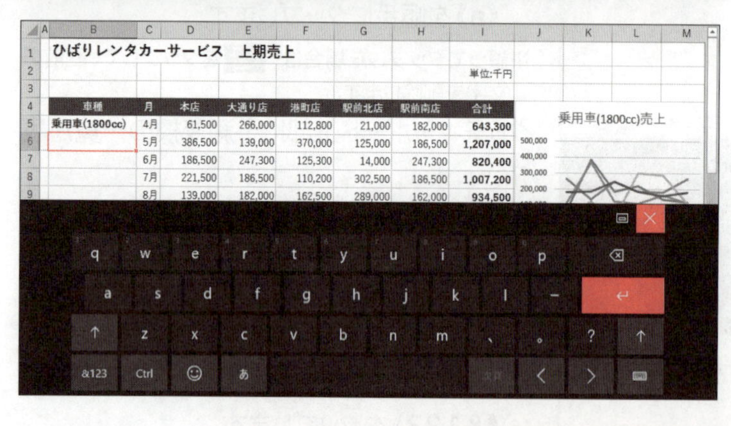

下線が消えます。

データを確定します。

⑬《↵》をタップします。

アクティブセルがセル【B6】に移動します。

タッチキーボードを非表示にします。

⑭ × (閉じる)をタップします。

POINT ▶▶▶

英字の大文字・小文字の切り替え

タッチキーボードの《↑》をタップすると、キーボードの英字が小文字から大文字に切り替わります。再度タップすると、小文字に戻ります。

Step5 タッチ操作の範囲選択

1 セル範囲の選択

タッチでセル範囲を選択するには、**「○(範囲選択ハンドル)」**を使います。まず、開始位置のセルをタップし、次に○(範囲選択ハンドル)を終了位置のセルまでドラッグします。
セル範囲**【C4:H10】**を選択しましょう。

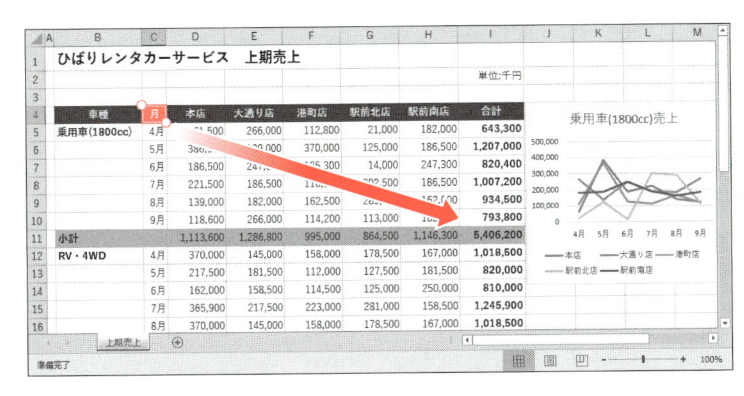

ひばりレンタカーサービス　上期売上

単位:千円

車種	月	本店	大通り店	港町店	駅前北店	駅前南店	合計
乗用車(1800cc)	4月	[illegible]	266,000	112,800	21,000	182,000	643,300
	5月	[illegible]	[illegible]	370,000	125,000	186,500	1,207,000
	6月	186,500	[illegible]	[illegible]	14,000	247,300	820,400
	7月	221,500	186,500	[illegible]	[illegible]	186,500	1,007,200
	8月	139,000	182,000	162,500	[illegible]	[illegible]	934,500
	9月	118,600	266,000	114,200	113,000	[illegible]	793,800
小計		1,113,600	1,286,800	995,000	864,500	1,146,300	5,406,200
RV・4WD	4月	370,000	145,000	158,000	178,500	167,000	1,018,500
	5月	217,500	181,500	112,000	127,500	181,500	820,000
	6月	162,000	158,500	114,500	125,000	250,000	810,000
	7月	365,900	217,500	223,000	281,000	158,500	1,245,900
	8月	370,000	145,000	158,000	178,500	167,000	1,018,500

①セル**【C4】**をタップします。
セルが選択され、セルの左上と右下に○(範囲選択ハンドル)が表示されます。
②セル**【C4】**の右下の○(範囲選択ハンドル)をセル**【H10】**までドラッグします。

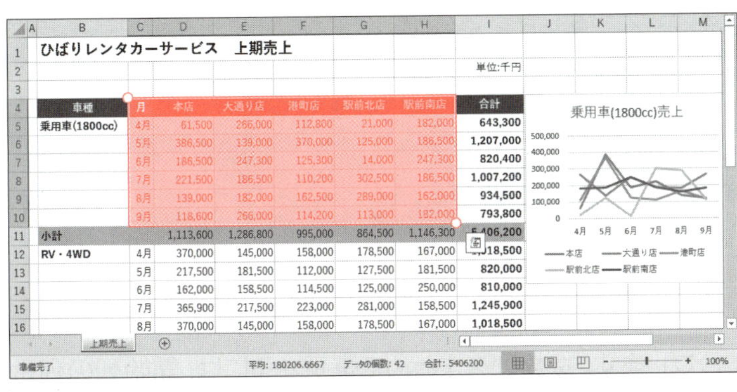

ひばりレンタカーサービス　上期売上

単位:千円

車種	月	本店	大通り店	港町店	駅前北店	駅前南店	合計
乗用車(1800cc)	4月	61,500	266,000	112,800	21,000	182,000	643,300
	5月	386,500	139,000	370,000	125,000	186,500	1,207,000
	6月	186,500	247,300	125,300	14,000	247,300	820,400
	7月	221,500	186,500	110,200	302,500	186,500	1,007,200
	8月	139,000	182,000	162,500	289,000	162,000	934,500
	9月	118,600	266,000	114,200	113,000	182,000	793,800
小計		1,113,600	1,286,800	995,000	864,500	1,146,300	[illegible]
RV・4WD	4月	370,000	145,000	158,000	178,500	167,000	[illegible]
	5月	217,500	181,500	112,000	127,500	181,500	820,000
	6月	162,000	158,500	114,500	125,000	250,000	810,000
	7月	365,900	217,500	223,000	281,000	158,500	1,245,900
	8月	370,000	145,000	158,000	178,500	167,000	1,018,500

セル範囲**【C4:H10】**が選択されます。

POINT ▶▶▶

複数のセル範囲の選択

マウス操作では、1つ目のセル範囲を選択して、Ctrl を押しながら2つ目以降のセル範囲を選択すると、離れた場所にある複数のセル範囲を選択できますが、タッチ操作にはこれに相当する機能がありません。
複数のセル範囲に同一の書式を設定する場合は、(書式のコピー/貼り付け)を使います。

1 2 3 4 5 6 7 8 9 総合問題 付録1 付録2 付録3 付録4 索引

2 行の選択

行を選択するには、行番号をタップします。複数行をまとめて選択するには、開始行の行番号をタップし、○(範囲選択ハンドル)を最終行までドラッグします。
4～11行目を選択しましょう。

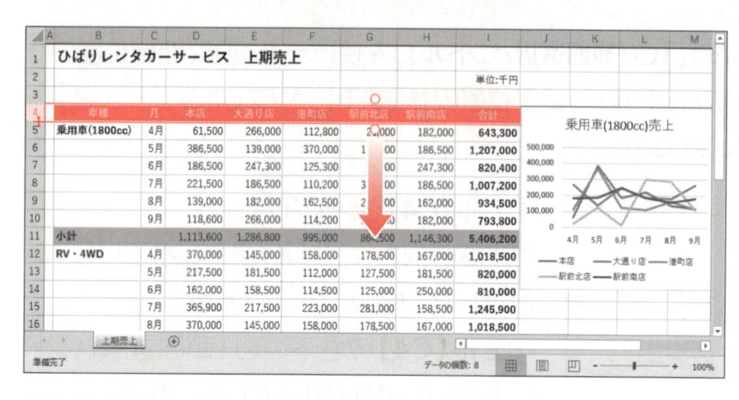

①行番号【4】をタップします。
行が選択され、行の上下に○(範囲選択ハンドル)が表示されます。
②4行目の下の○(範囲選択ハンドル)を11行目までドラッグします。

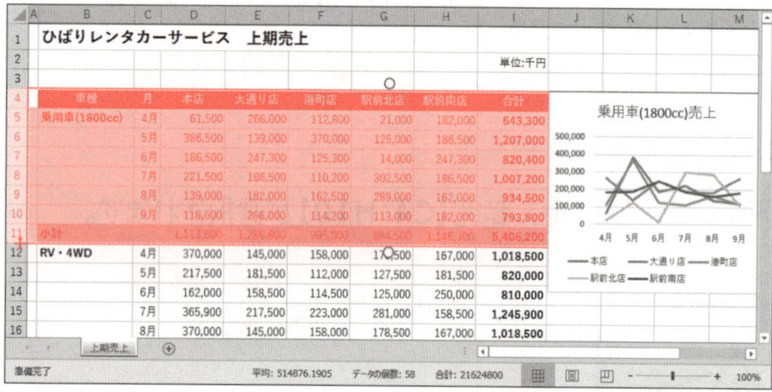
ひばりレンタカーサービス　上期売上

単位:千円

車種	月	本店	大通り店	港町店	駅前北店	駅前南店	合計
乗用車(1800cc)	4月	61,500	266,000	112,800	21,000	182,000	643,300
	5月	386,500	139,000	370,000	125,000	186,500	1,207,000
	6月	186,500	247,300	125,300	14,000	247,300	820,400
	7月	221,500	186,500	110,200	302,500	186,500	1,007,200
	8月	139,000	182,000	162,500	289,000	162,000	934,500
	9月	118,600	266,000	114,200	113,000	182,000	793,800
小計		1,113,600	1,286,800	995,000	864,500	1,146,300	5,406,200
RV・4WD	4月	370,000	145,000	158,000	178,500	167,000	1,018,500
	5月	217,500	181,500	112,000	127,500	181,500	820,000
	6月	162,000	158,500	114,500	125,000	250,000	810,000
	7月	365,900	217,500	223,000	281,000	158,500	1,245,900
	8月	370,000	145,000	158,000	178,500	167,000	1,018,500

4～11行目が選択されます。

3 列の選択

列を選択するには、列番号をタップします。複数列をまとめて選択するには、開始列の列番号をタップし、○(範囲選択ハンドル)を最終列までドラッグします。
D～H列を選択しましょう。

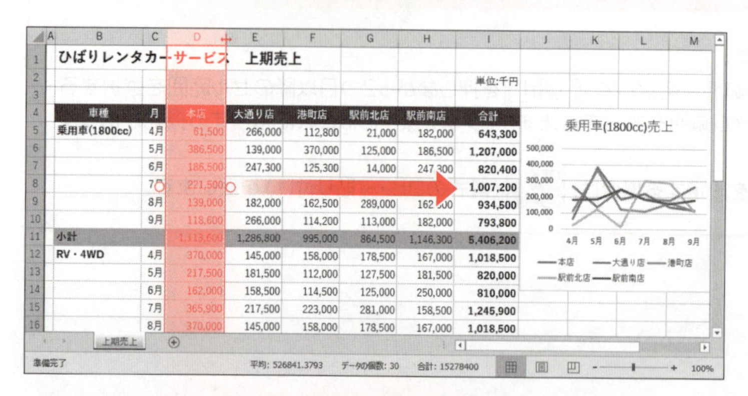

①列番号【D】をタップします。
列が選択され、列の左右に○(範囲選択ハンドル)が表示されます。
②D列の右の○(範囲選択ハンドル)をH列までドラッグします。

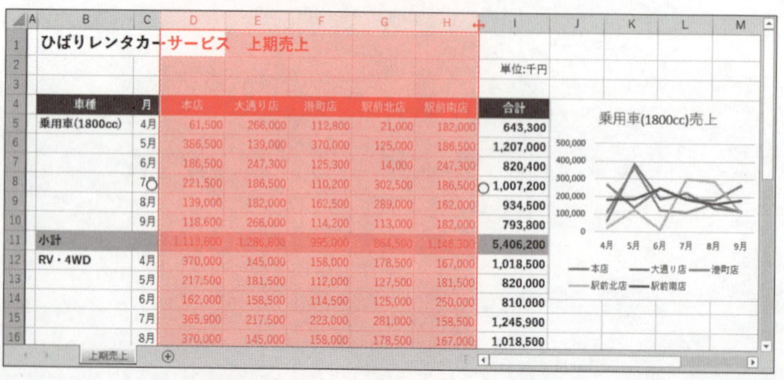

D～H列が選択されます。
※ブックを保存せずに閉じ、Excelを終了しておきましょう。

Step6 タッチ操作の留意点

1 タッチ操作の留意点

マウス操作であれば、ダブルクリックやドラッグで簡単に実現できる機能も、タッチ操作では同様の手軽さで実現できないことがあります。その場合には、リボンからボタンを使ってコマンドを実行します。

●データの入力

機能	マウス操作	タッチ機能
セルの編集状態	◆セルをダブルクリック	◆セルを3回タップ
セル内の文字列の選択	◆セルをダブルクリック→文字列をドラッグ	◆セルを3回タップ→開始文字列をタップ→○(範囲選択ハンドル)を終了文字列までドラッグ
データのクリア	◆セルを選択→【Delete】	◆セルをタップ→《ホーム》タブ→《編集》グループの (クリア)→《数式と値のクリア》
オートフィル	◆セルを選択→セル右下の■(フィルハンドル)をドラッグ	◆セルを長押し→ミニツールバーの (オートフィル)→ をドラッグ
ドロップダウンリストから選択	◆セルを右クリック→《ドロップダウンリストから選択》	◆セルを長押し→ミニツールバーの (ショートカットメニューの表示)→《ドロップダウンリストから選択》

●表の作成

機能	マウス操作	タッチ機能
列幅の変更	◆列番号を右クリック→《列の幅》	◆列番号を長押し→ミニツールバーの (ショートカットメニューの表示)→《列の幅》
列幅の自動調整	◆列番号の右側の境界線をダブルクリック	◆列番号をタップ→《ホーム》タブ→《セル》グループの (書式)→《セルのサイズ》の《列の幅の自動調整》
行の高さの変更	◆行番号を右クリック→《行の高さ》	◆行番号を長押し→ミニツールバーの (ショートカットメニューの表示)→《行の高さ》
列の挿入・削除	◆列番号を右クリック→《挿入》または《削除》	◆列番号を長押し→ミニツールバーの (挿入)または (削除)
行の挿入・削除	◆行番号を右クリック→《挿入》または《削除》	◆行番号を長押し→ミニツールバーの (挿入)または (削除)
列の非表示	◆列番号を右クリック→《非表示》	◆列番号を長押し→ミニツールバーの (非表示)
列の再表示	◆再表示する列の左右の列番号を範囲選択→選択した列番号を右クリック→《再表示》	◆再表示する列の左右の列番号を範囲選択→選択した列番号を長押し→ミニツールバーの (再表示)

機能	マウス操作	タッチ機能
行の非表示	◆行番号を右クリック→《非表示》	◆行番号を長押し→ミニツールバーの（非表示）
行の再表示	◆再表示する行の上下の行番号を範囲選択→選択した行番号を右クリック→《再表示》	◆再表示する行の上下の行番号を範囲選択→選択した行番号を長押し→ミニツールバーの（再表示）

●複数シートの操作

機能	マウス操作	タッチ機能
シート名の変更	◆シート見出しをダブルクリック	◆シート見出しをタップ→《ホーム》タブ→《セル》グループの（書式）→《シートの整理》の《シート名の変更》
シートの移動	◆シート見出しをドラッグ	◆移動元のシート見出しをタップ→《ホーム》タブ→《セル》グループの（書式）→《シートの整理》の《シートの移動またはコピー》→《挿入先》の一覧からシートを選択
シートのコピー	◆[Ctrl]を押しながらシート見出しをドラッグ	◆コピー元のシート見出しをタップ→《ホーム》タブ→《セル》グループの（書式）→《シートの整理》の《シートの移動またはコピー》→《挿入先》の一覧からシートを選択→《✓コピーを作成する》
シートの削除	◆シート見出しを右クリック→《削除》	◆シート見出しを長押し→《削除》
作業グループの設定	◆先頭のシート見出しをクリック→[Shift]を押しながら最終のシート見出しをクリック	◆先頭のシート見出しを長押し→《すべてのシートを選択》

●グラフの作成

機能	マウス操作	タッチ機能
グラフタイトルの入力	◆グラフタイトルを選択→グラフタイトルをクリック→入力	◆グラフタイトルをタップ→グラフタイトルを長押し→ミニツールバーの（テキストの編集）
グラフ要素の書式設定	◆グラフ要素を右クリック→《（グラフ要素名）の書式設定》	◆グラフ要素を長押し→ミニツールバーの（ショートカットメニューの表示）→《（グラフ要素名）の書式設定》
グラフのスタイルの設定	◆グラフを選択→《デザイン》タブ→《グラフスタイル》グループの（その他）→一覧から選択	◆グラフをタップ→《デザイン》タブ→《グラフスタイル》グループの（その他）→一覧から選択

よくわかる

付録4

Appendix 4

Excel 2016の新機能

Step 1 新しくなった標準フォントを確認する

1 新しい標準フォント

Excel 2013までは、標準フォントとして、**「MSPゴシック」**が使われていました。
この標準フォントがExcel 2016では変更になり、**「游ゴシック」**が採用されました。

●Excel 2013の場合

標準フォントは**「MSPゴシック」**

2016年度売上実績

●Excel 2016の場合

標準フォントは**「游ゴシック」**

2016年度売上実績

2 標準フォントの確認

Excelの標準フォントが**「游ゴシック」**になっていることを確認しましょう。

File OPEN Excelを起動し、新しいブックを作成しておきましょう。

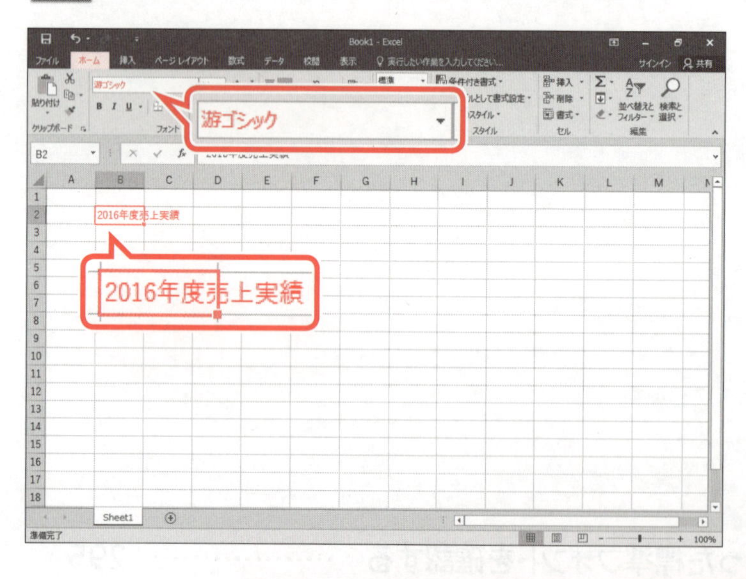

①セル**【B2】**をクリックします。
②**《ホーム》**タブを選択します。
③**《フォント》**グループの 游ゴシック (フォント)が**《游ゴシック》**になっていることを確認します。
④セル**【B2】**に**「2016年度売上実績」**と入力します。
入力した文字が游ゴシックで表示されます。
※ブックを保存せずに閉じておきましょう。

POINT ▶▶▶

Excel 2016の標準フォントの変更

Excel 2016の標準フォントを、Excel 2013以前の標準フォントに変更する方法は、次のとおりです。

◆《ファイル》タブ→《オプション》→左側の一覧から《基本設定》を選択→《新しいブックの作成時》の《次を既定フォントとして使用》の ▼ →一覧から《MSPゴシック》を選択→《OK》→《OK》→Excelを再起動

※Excel 2016の標準フォントに戻す場合は、《本文のフォント》を選択します。

Step2 操作アシストを使ってわからない機能を調べる

1 操作アシスト

Excel 2016には、ヘルプ機能を強化した**「操作アシスト」**が用意されています。操作アシストを使うと、機能や用語の意味を調べるだけでなく、リボンから探し出せないコマンドをダイレクトに実行することもできます。
操作アシストは、WordやPowerPointにも共通の機能です。

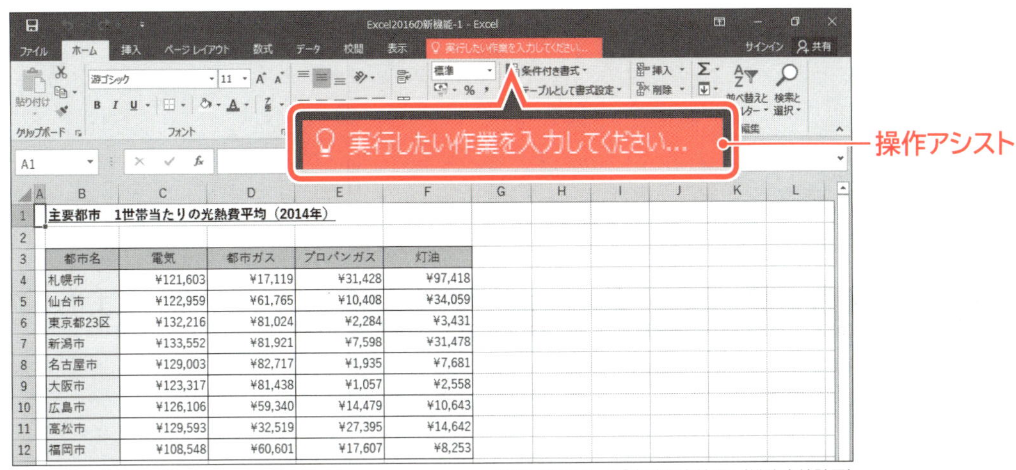

主要都市　1世帯当たりの光熱費平均（2014年）

都市名	電気	都市ガス	プロパンガス	灯油
札幌市	¥121,603	¥17,119	¥31,428	¥97,418
仙台市	¥122,959	¥61,765	¥10,408	¥34,059
東京都23区	¥132,216	¥81,024	¥2,284	¥3,431
新潟市	¥133,552	¥81,921	¥7,598	¥31,478
名古屋市	¥129,003	¥82,717	¥1,935	¥7,681
大阪市	¥123,317	¥81,438	¥1,057	¥2,558
広島市	¥126,106	¥59,340	¥14,479	¥10,643
高松市	¥129,593	¥32,519	¥27,395	¥14,642
福岡市	¥108,548	¥60,601	¥17,607	¥8,253

出典：統計データ「家計調査結果」（総務省統計局）

2 操作アシストを使ったコマンドの実行

操作アシストに実行したい作業の一部を入力すると、対応するコマンドを検索し、検索結果の一覧から直接コマンドを実行できます。
操作アシストを使ってグラフを作成しましょう。

フォルダー「付録4」のブック「Excel2016の新機能-1」を開いておきましょう。

①セル範囲**【B3:F12】**を選択します。
②**《実行したい作業を入力してください》**に**「グラフ」**と入力します。
検索結果に、グラフに関するコマンドが一覧で表示されます。
③一覧から**《グラフの作成》**を選択します。

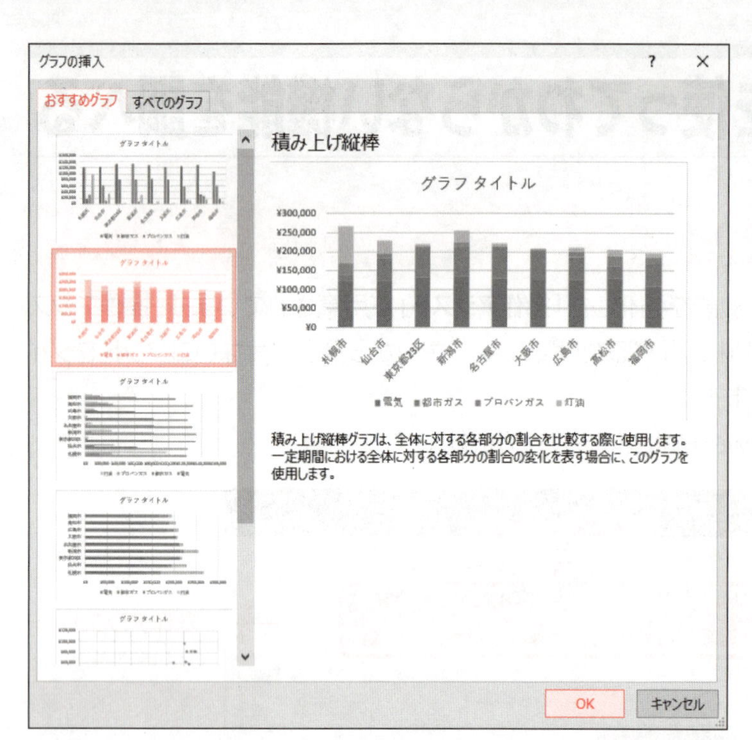

《グラフの挿入》ダイアログボックスが表示されます。

④**《おすすめグラフ》**タブを選択します。

⑤左側の一覧から図のグラフを選択します。

⑥**《OK》**をクリックします。

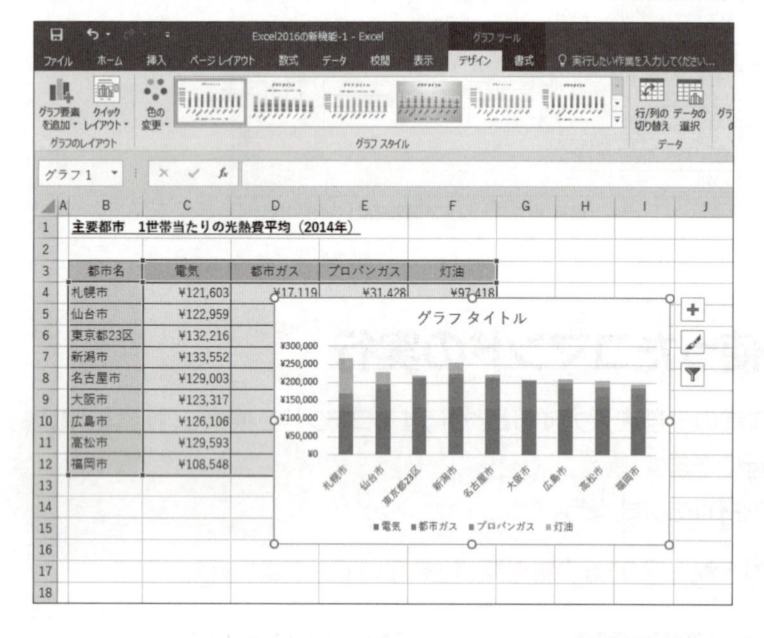

グラフが作成されます。

3 操作アシストを使ったヘルプ機能の実行

操作アシストを使って、従来のバージョンのヘルプ機能を実行できます。
「予測シート」の使い方を調べてみましょう。

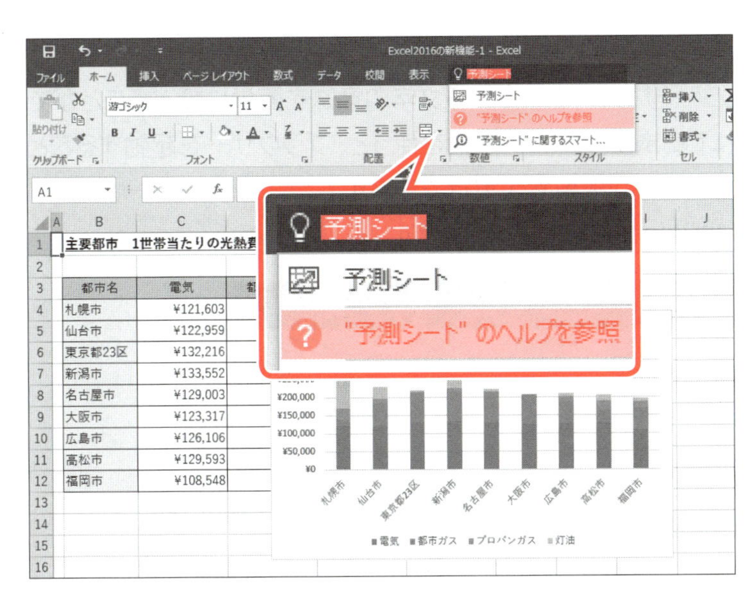

①**《実行したい作業を入力してください》**に**「予測シート」**と入力します。

検索結果に、予測シートに関するコマンドが一覧で表示されます。

②一覧から**《"予測シート"のヘルプを参照》**を選択します。

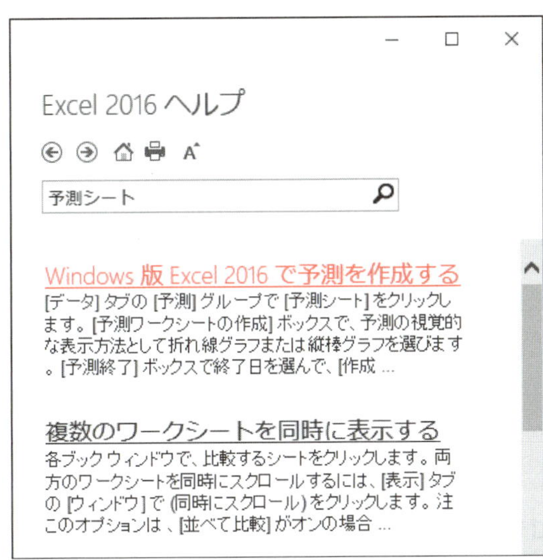

《Excel 2016ヘルプ》ウィンドウが表示されます。

③**《Windows版Excel2016で予測を作成する》**をクリックします。

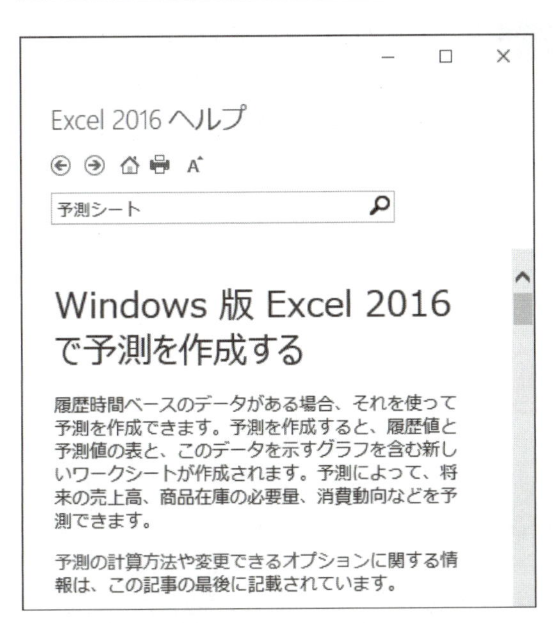

選択したヘルプの内容が表示されます。

※《Excel 2016ヘルプ》ウィンドウを閉じておきましょう。

Step3 スマート検索を使って用語の意味を調べる

1 スマート検索

Excel 2016には、作業中のシートに入力されている文字の意味を簡単に調べることができる**「スマート検索」**が用意されています。スマート検索を使うと、ブラウザーを起動することなく、作業中のウィンドウ内でインターネット検索を実行できます。
スマート検索は、WordやPowerPointにも共通の機能です。

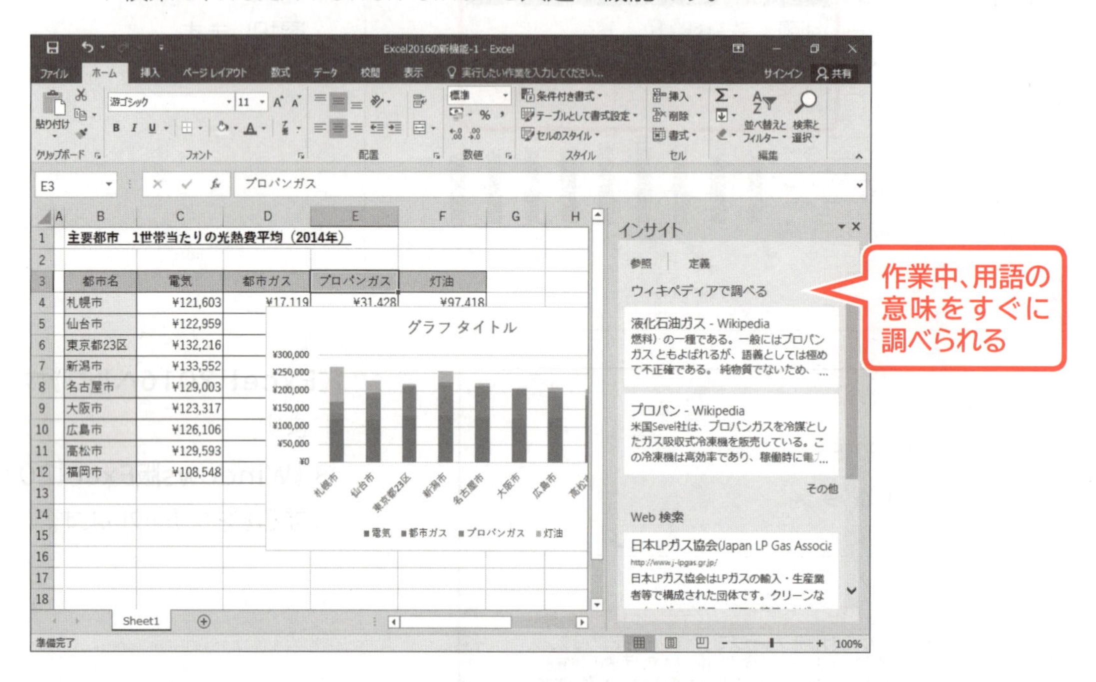
作業中、用語の意味をすぐに調べられる

2 スマート検索の利用

シートに入力されている**「プロパンガス」**の意味を調べてみましょう。

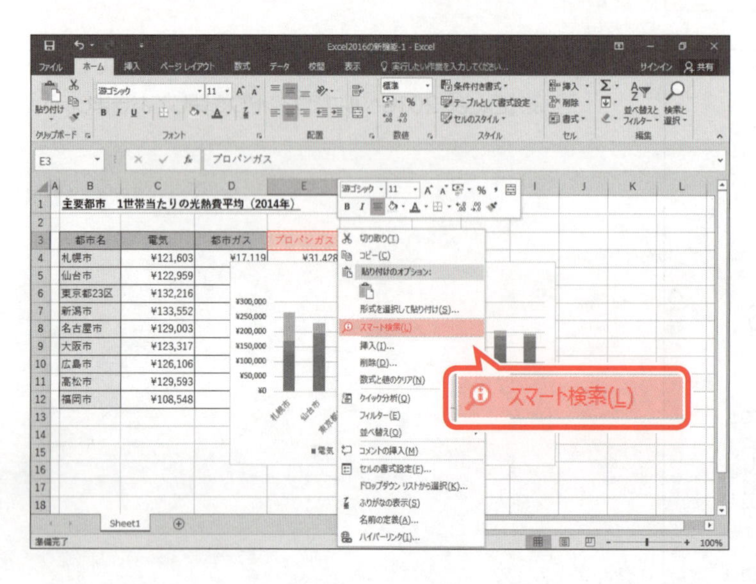
スマート検索(L)

①**「プロパンガス」**が入力されているセル**【E3】**を右クリックします。
②**《スマート検索》**をクリックします。

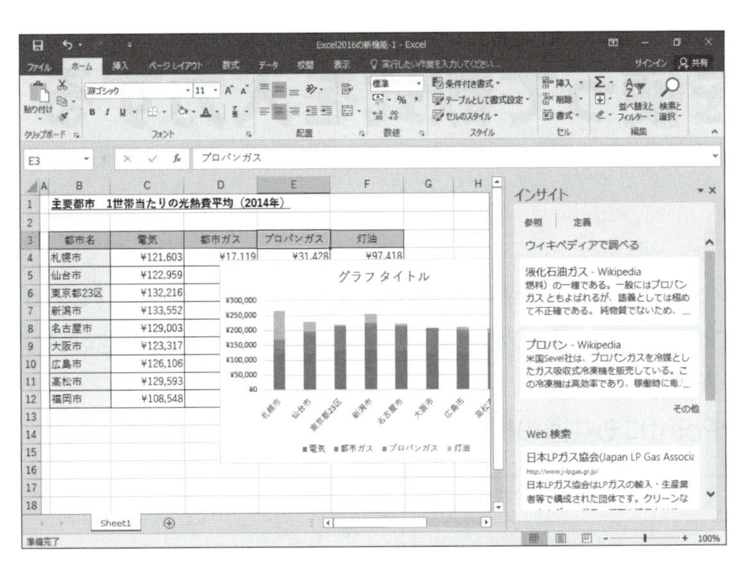

《インサイト検索》作業ウィンドウが表示されます。

※お使いの環境によっては、作業ウィンドウの名前が《スマート検索》と表示される場合があります。

※《Microsoftは、お客様のプライバシーを尊重しています》というメッセージが表示される場合は、《OK》をクリックします。

③検索結果が表示されていることを確認します。

※《インサイト検索》作業ウィンドウを閉じておきましょう。

※ブックを保存せずに閉じておきましょう。

STEP UP その他の方法（スマート検索）

◆セルまたは文字を選択→《校閲》タブ→《インサイト》グループの［スマート検索］（スマート検索）

POINT ▶▶▶

《インサイト検索》作業ウィンドウ

《インサイト検索》作業ウィンドウには、次のような情報が表示されます。

※お使いの環境によっては、作業ウィンドウの名前が《スマート検索》と表示される場合があります。

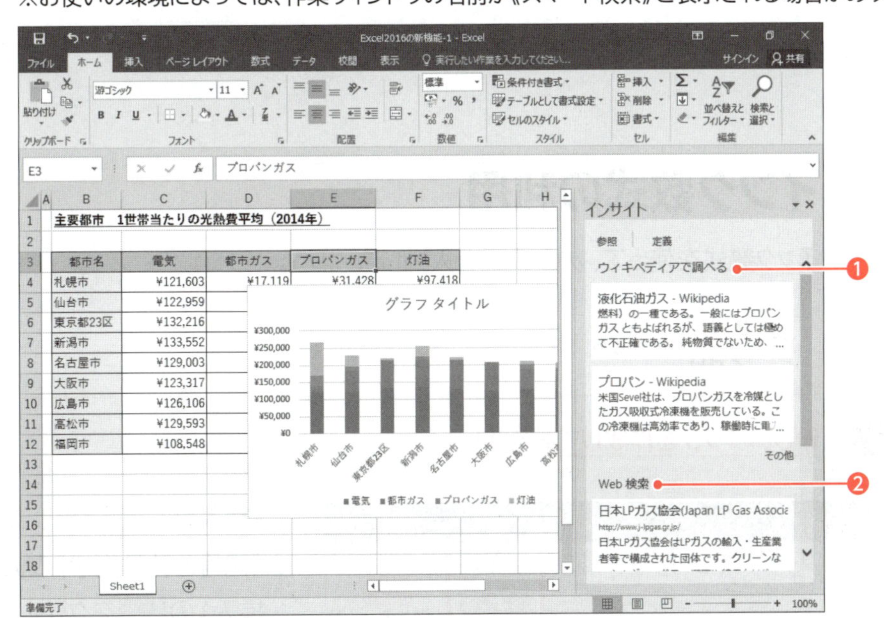

❶ウィキペディアで調べる

Wikipediaでの検索結果が表示されます。検索結果の文章が省略されている場合は、タイトルをクリックすると、ブラウザーが起動し、文章をすべて確認できます。

また、《その他》をクリックすると、別の検索結果を表示することができます。

❷Web検索

マイクロソフトの検索サイト「Bing」での上位の検索結果が表示されます。検索結果の文章が省略されている場合は、タイトルをクリックすると、ブラウザーが起動し、文章をすべて確認できます。

また、《その他》をクリックすると、別の検索結果を表示することができます。

Step4 インク数式を使って数式を入力する

1 インク数式

Excel 2016には、マウスやタッチで手書きした数式を自動的にデータに変換してくれる**「インク数式」**という機能が用意されています。インク数式を使うと、分数や特殊記号を含むような複雑な数式も簡単に入力できます。
インク数式は、WordやPowerPointにも共通の機能です。

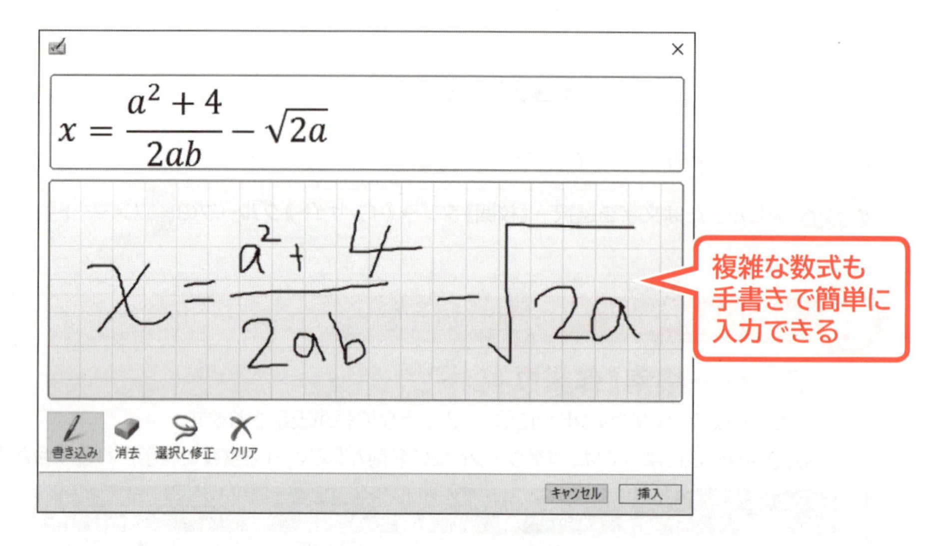

2 インク数式の利用

インク数式を使って、次の数式を入力しましょう。

$$x=\frac{a^2+4}{2ab}-\sqrt{2a}$$

File OPEN 新しいブックを作成しておきましょう。

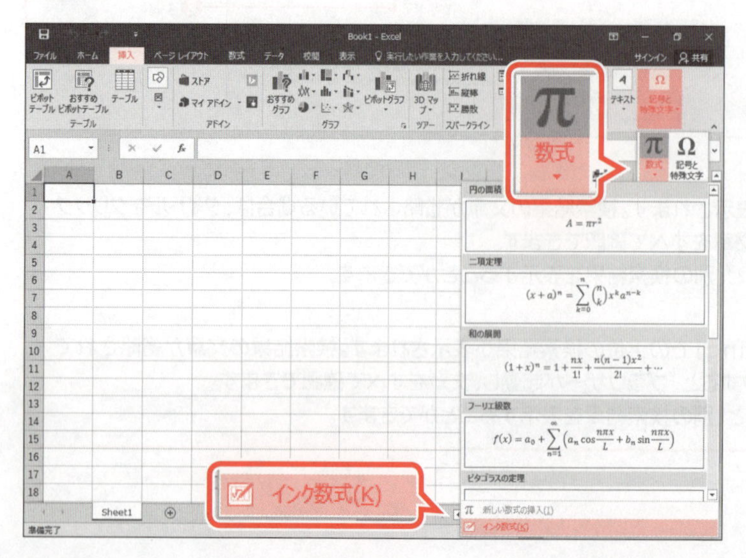

①《**挿入**》タブを選択します。
②《**記号と特殊文字**》グループの（数式の挿入）の をクリックします。
※《記号と特殊文字》グループが表示されていない場合は、 をクリックします。
③《**インク数式**》をクリックします。

数式を入力する画面が表示されます。

④ （書き込み）がオンになっていることを確認します。

⑤**《ここに数式を書きます》**に図のように手書きします。

※マウス操作の場合、机上でマウスを動かして数式を書きます。タッチ操作の場合、画面上を指でなぞって数式を書きます。

⑥**《挿入》**をクリックします。

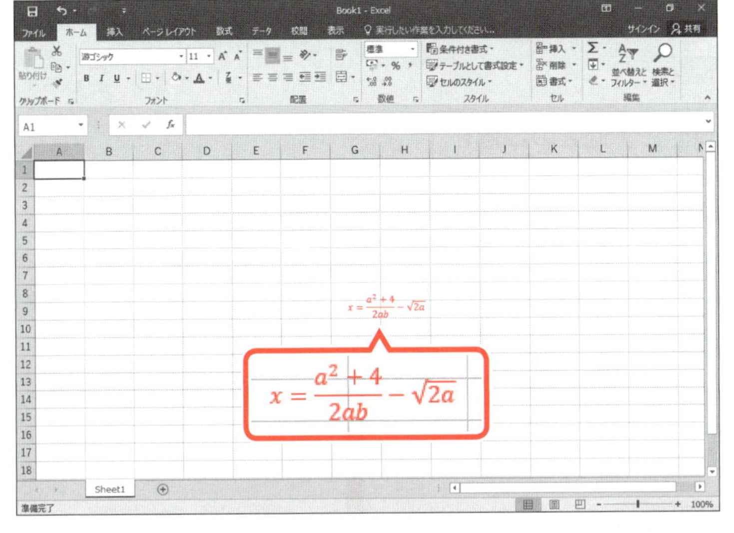

シート上にテキストボックスが挿入され、数式が表示されます。

⑦数式以外の場所をクリックし、数式を確定します。

※ブックを保存せずに閉じておきましょう。

POINT ▶▶▶

数式の入力画面

数式の入力画面には、次のようなボタンが用意されています。

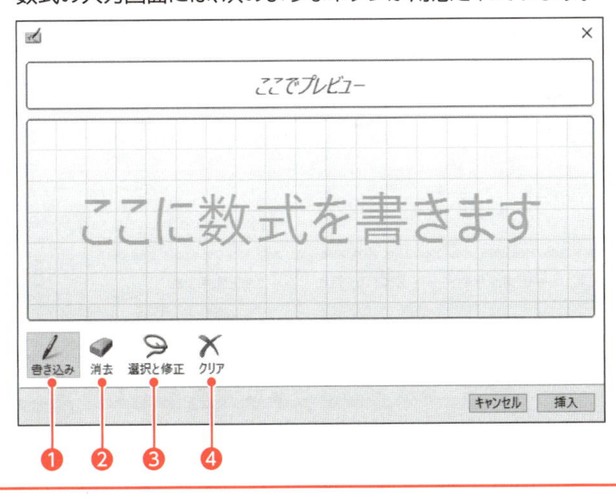

❶書き込み
数式を書き込むときに使います。

❷消去
書き込んだ数式の一部を消去するときに使います。
ドラッグした部分の記号や数字を消去できます。

❸間違って認識されたインクの選択と修正
書き込んだ数式が意図したとおりに表示されないときに使います。
クリックした部分の記号や数字を、形状がよく似た別の候補から選択して、置き換えることができます。

❹クリア
書き込んだ数式をすべて消去するときに使います。

Step5 予測シートを使って未来の数値を予測する

1 予測シート

Excel 2016では、過去の数値の推移をもとに、未来の数値の傾向を予測する**「予測シート」**という機能が用意されています。予測シートを使うと、未来の予測値が入った表とグラフを新しいシートに作成できます。

商品の出荷数を予測して在庫を管理したり、売上を予測して製造計画を立てたりする場合に、予測シートを活用するとよいでしょう。

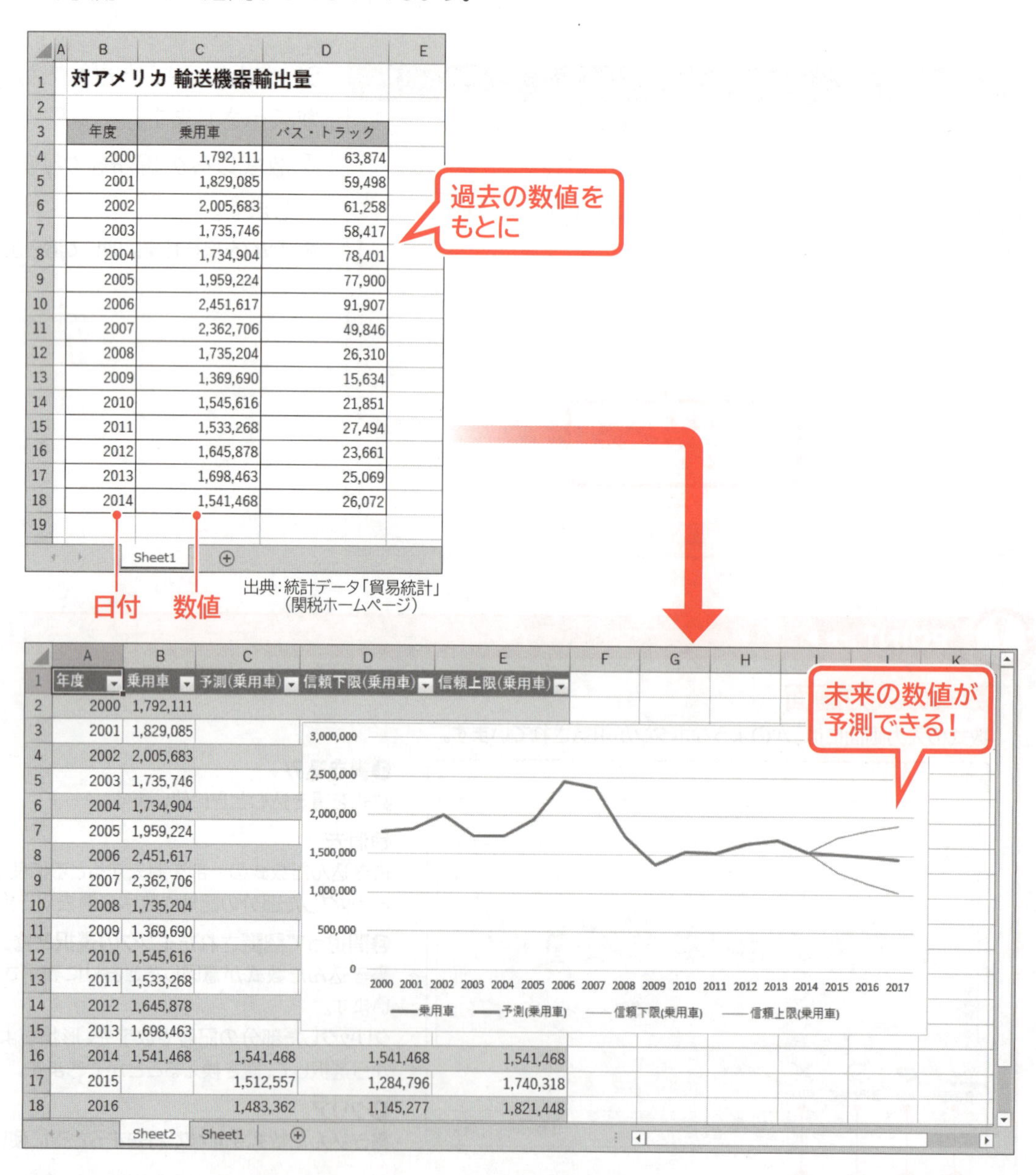

対アメリカ 輸送機器輸出量

年度	乗用車	バス・トラック
2000	1,792,111	63,874
2001	1,829,085	59,498
2002	2,005,683	61,258
2003	1,735,746	58,417
2004	1,734,904	78,401
2005	1,959,224	77,900
2006	2,451,617	91,907
2007	2,362,706	49,846
2008	1,735,204	26,310
2009	1,369,690	15,634
2010	1,545,616	21,851
2011	1,533,268	27,494
2012	1,645,878	23,661
2013	1,698,463	25,069
2014	1,541,468	26,072

年度	乗用車	予測(乗用車)	信頼下限(乗用車)	信頼上限(乗用車)
2000	1,792,111			
2001	1,829,085			
2002	2,005,683			
2003	1,735,746			
2004	1,734,904			
2005	1,959,224			
2006	2,451,617			
2007	2,362,706			
2008	1,735,204			
2009	1,369,690			
2010	1,545,616			
2011	1,533,268			
2012	1,645,878			
2013	1,698,463			
2014	1,541,468	1,541,468	1,541,468	1,541,468
2015		1,512,557	1,284,796	1,740,318
2016		1,483,362	1,145,277	1,821,448

出典：統計データ「貿易統計」（関税ホームページ）

2 予測シートの作成

予測シートの機能を使って、乗用車の輸出動向を予測しましょう。未来予測の終了日付は2017年4月1日とし、信頼区間は60%に設定します。

File OPEN フォルダー「付録4」のブック「Excel2016の新機能-2」を開いておきましょう。

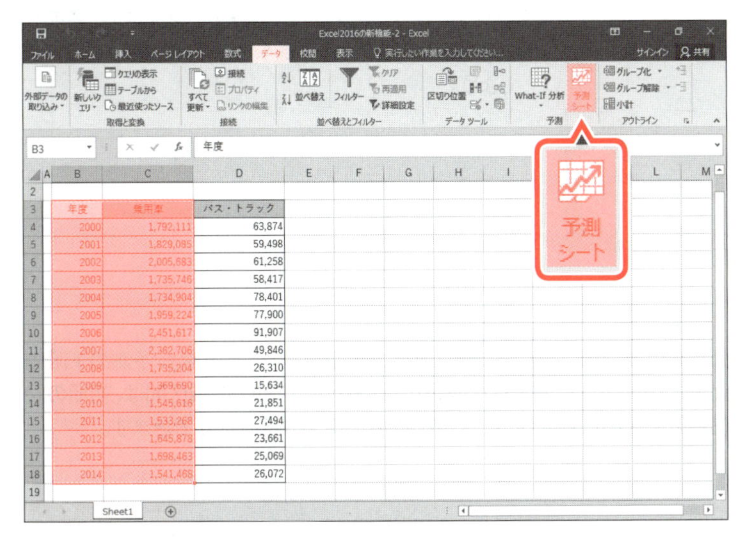

①表のB列に日付、C列に対応する数値がそれぞれ入力されていることを確認します。

②セル範囲【B3:C18】を選択します。

③《データ》タブを選択します。

④《予測》グループの（予測シート）をクリックします。

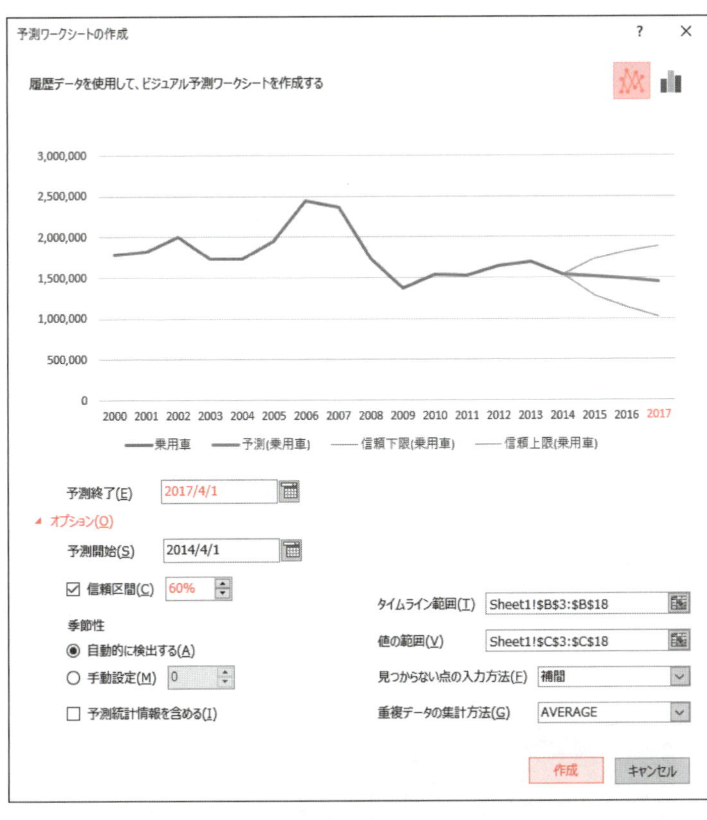

《予測ワークシートの作成》ダイアログボックスが表示されます。

予測シートが折れ線グラフでプレビューされます。

※過去の数値は青色の線、未来の予測値はオレンジ色の線で表されます。

⑤（折れ線グラフの作成）が選択されていることを確認します。

⑥《予測終了》を「2017/4/1」に設定します。

※をクリックすると、カレンダーが表示されます。◀や▶をクリックして、目的の日付の月に切り替えた後、日付をクリックします。

折れ線グラフの未来予測の終了日付が変更されます。

⑦《オプション》をクリックします。

⑧《信頼区間》を「60%」に設定します。

⑨《作成》をクリックします。

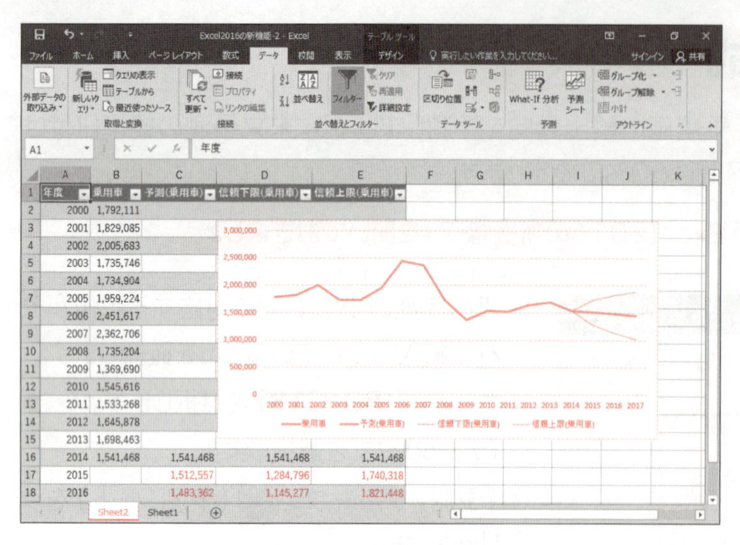

新しいシート「**Sheet2**」が作成されます。

⑩過去の数値と未来の予測値が入った表と折れ線グラフが作成されていることを確認します。

※《予測シート》のメッセージが表示された場合は、《了解》をクリックします。

※ブックに「Excel2016の新機能-2完成」と名前を付けて、フォルダー「付録4」に保存し、閉じておきましょう。

STEP UP 信頼区間の設定

グラフでは、予測の範囲がオレンジ色の細線で表されます。予測の上限値を「信頼上限」、予測の下限値を「信頼下限」といい、信頼上限と信頼下限に囲まれた範囲が「信頼区間」です。信頼区間は、初期の設定で95%になっています。信頼区間を小さくすることで、予測の範囲を狭めることができます。

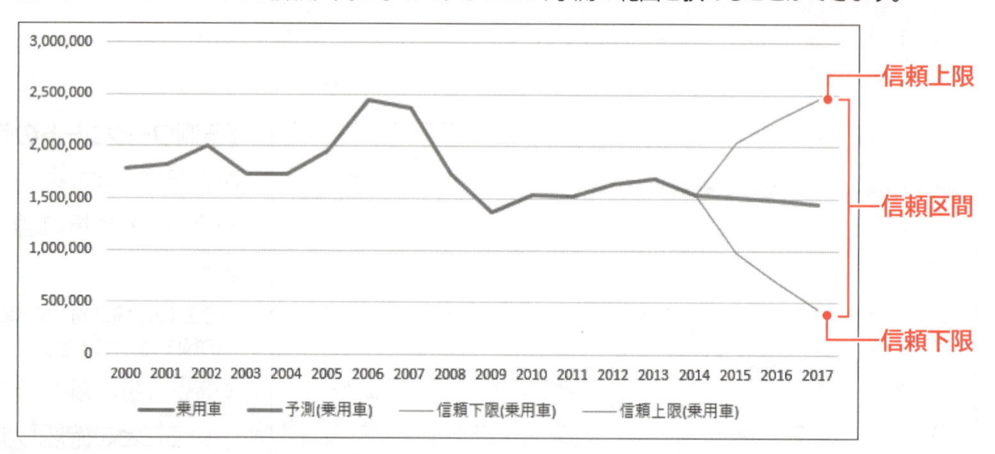

STEP UP 予測シートに縦棒グラフを作成する

《予測ワークシートの作成》ダイアログボックスの（縦棒グラフの作成）を選択すると、予測シートに縦棒グラフを作成できます。

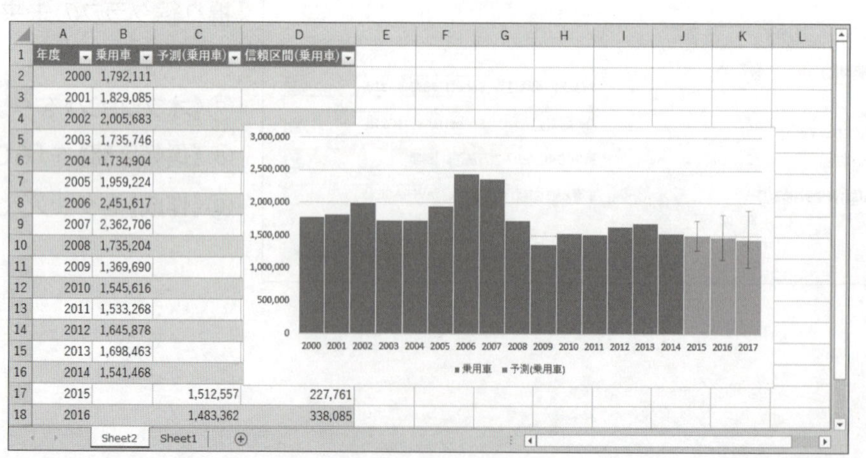

新しいグラフを作成する

1 グラフ機能の強化

Excel 2016では、グラフ機能が強化され、階層構造のデータをグラフにする**「ツリーマップ」「サンバースト」**、統計データをグラフにする**「ヒストグラム」「箱ひげ図」**、増減するデータをグラフにする**「ウォーターフォール」**の5つのグラフを新しく作成できるようになりました。

1 ツリーマップ

ツリーマップは、全体に対する各データの割合を長方形の面積の大小で表すグラフです。
作物の生産量や商品の販売数などの市場シェアを表現する場合によく使われます。

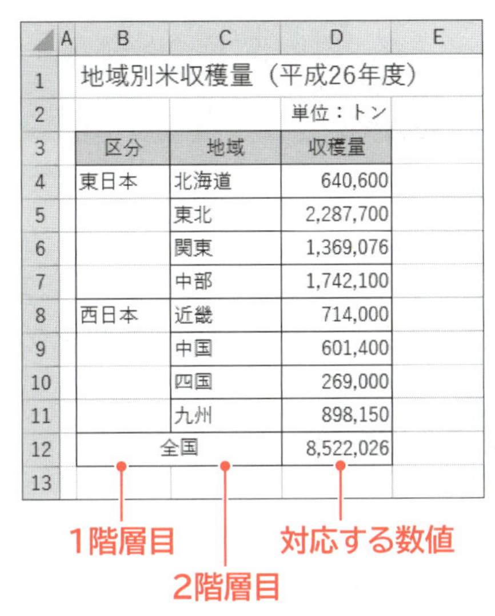

地域別米収穫量（平成26年度）

区分	地域	収穫量
		単位：トン
東日本	北海道	640,600
	東北	2,287,700
	関東	1,369,076
	中部	1,742,100
西日本	近畿	714,000
	中国	601,400
	四国	269,000
	九州	898,150
全国		8,522,026

1階層目
2階層目
対応する数値

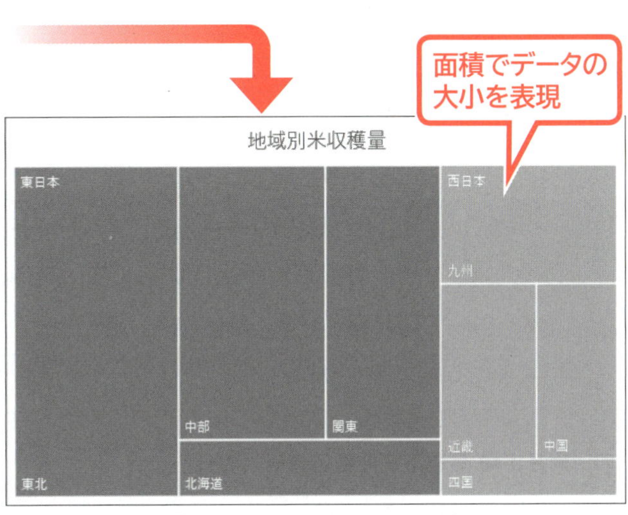

2 サンバースト

サンバーストは、全体に対する各データの割合をドーナツの輪で表すグラフです。
地域別の人口比率や部署別の売上金額など、複数の階層があるデータの割合を比較する場合によく使われます。

地方区分別人口比較（平成25年）

区分	地方区分	都道府県	人口
			単位：千人
東日本	北海道		5,431
	東北		9,095
	関東	茨城	2,931
		栃木	1,986
		群馬	1,984
		埼玉	7,222
		千葉	6,192
		東京	13,300
		神奈川	9,079
	中部		21,546
西日本	近畿	三重	1,833
		滋賀	1,416
		京都	2,617
		大阪	8,849
		兵庫	5,558

1階層目
2階層目
3階層目
対応する数値

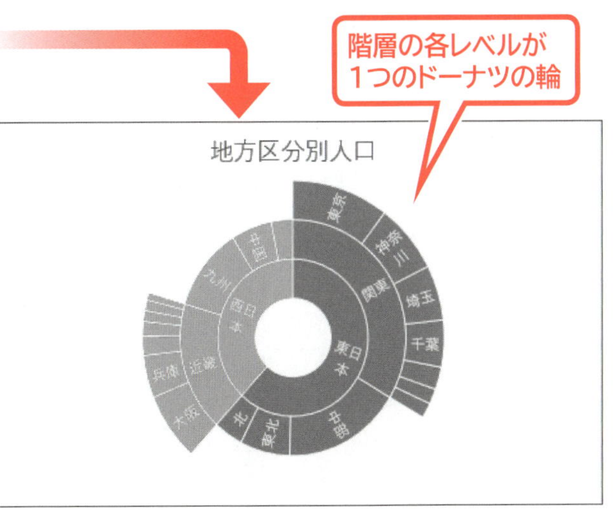

3 ヒストグラム

ヒストグラムは、データの出現頻度を表すグラフです。値軸にはデータ件数、項目軸には区間を表示し、データの分布状態を表します。

人口や売上などの傾向把握や異常値の発見によく使われます。

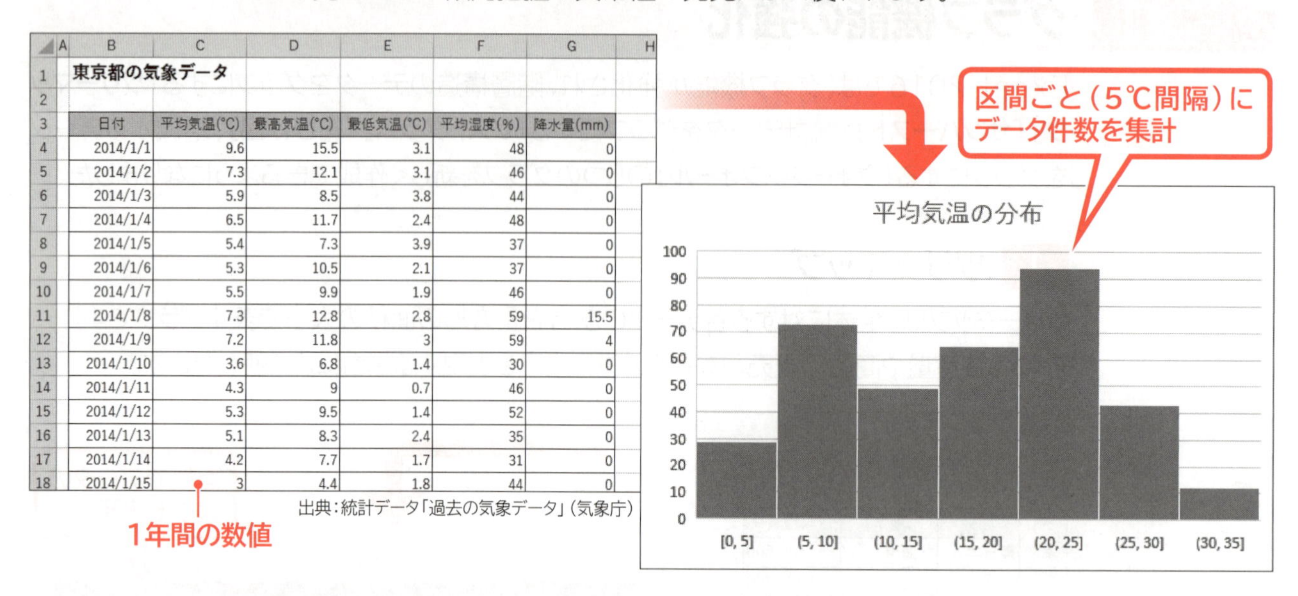

東京都の気象データ

日付	平均気温(℃)	最高気温(℃)	最低気温(℃)	平均湿度(%)	降水量(mm)
2014/1/1	9.6	15.5	3.1	48	0
2014/1/2	7.3	12.1	3.1	46	0
2014/1/3	5.9	8.5	3.8	44	0
2014/1/4	6.5	11.7	2.4	48	0
2014/1/5	5.4	7.3	3.9	37	0
2014/1/6	5.3	10.5	2.1	37	0
2014/1/7	5.5	9.9	1.9	46	0
2014/1/8	7.3	12.8	2.8	59	15.5
2014/1/9	7.2	11.8	3	59	4
2014/1/10	3.6	6.8	1.4	30	0
2014/1/11	4.3	9	0.7	46	0
2014/1/12	5.3	9.5	1.4	52	0
2014/1/13	5.1	8.3	2.4	35	0
2014/1/14	4.2	7.7	1.7	31	0
2014/1/15	3	4.4	1.8	44	0

出典：統計データ「過去の気象データ」（気象庁）

ヒストグラムの一種として**「パレート図」**も作成できます。パレート図は、項目別に集計したデータを数値の大きい順に並べた縦棒グラフと、その累積値を折れ線グラフで表現した複合グラフです。

商品の欠陥原因の分析など、品質管理の問題解決によく使われます。

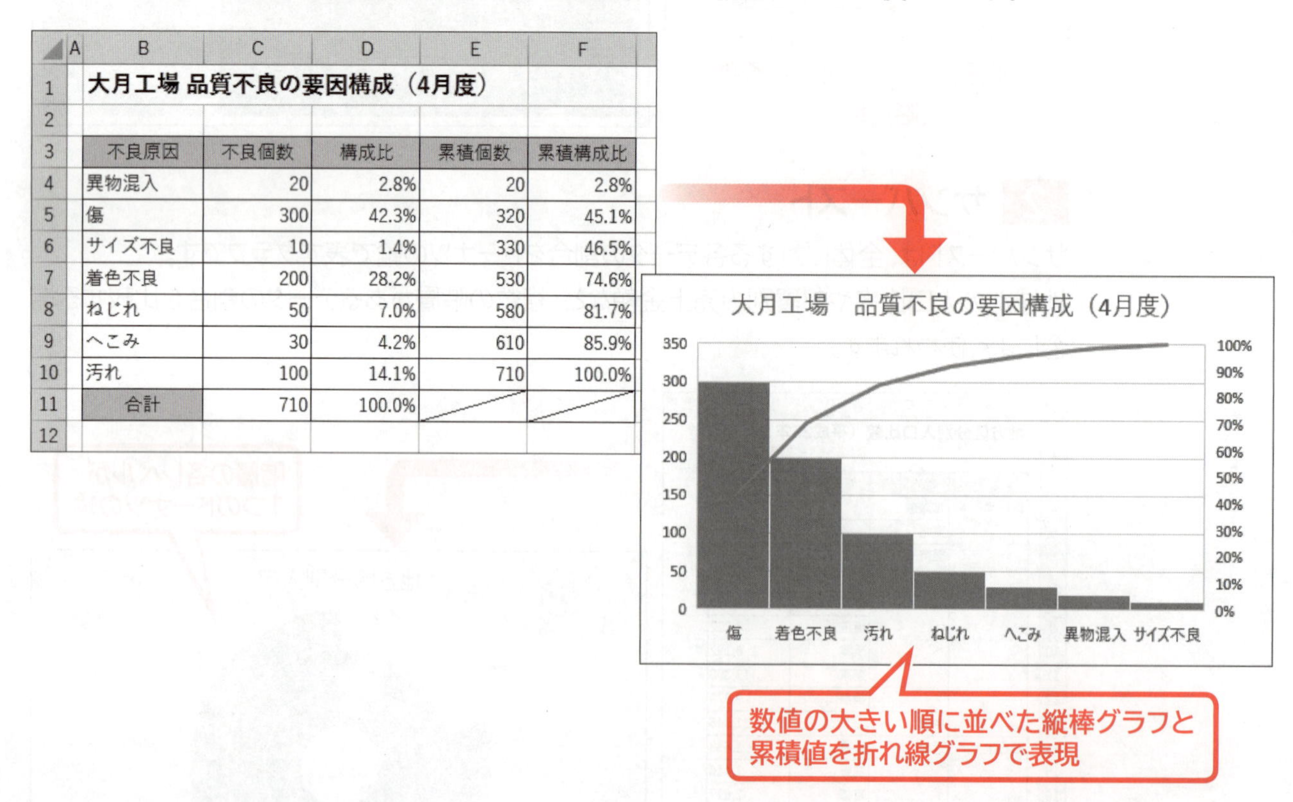

大月工場 品質不良の要因構成（4月度）

不良原因	不良個数	構成比	累積個数	累積構成比
異物混入	20	2.8%	20	2.8%
傷	300	42.3%	320	45.1%
サイズ不良	10	1.4%	330	46.5%
着色不良	200	28.2%	530	74.6%
ねじれ	50	7.0%	580	81.7%
へこみ	30	4.2%	610	85.9%
汚れ	100	14.1%	710	100.0%
合計	710	100.0%		

4 箱ひげ図

箱ひげ図は、データのばらつきを表すグラフです。箱ひげ図で表現される長方形の箱とその上下のひげは次の5つの値を示します。
ヒストグラムと同様、人口や売上などの傾向把握や異常値の発見によく使われます。複数の項目で分析する場合に便利です。

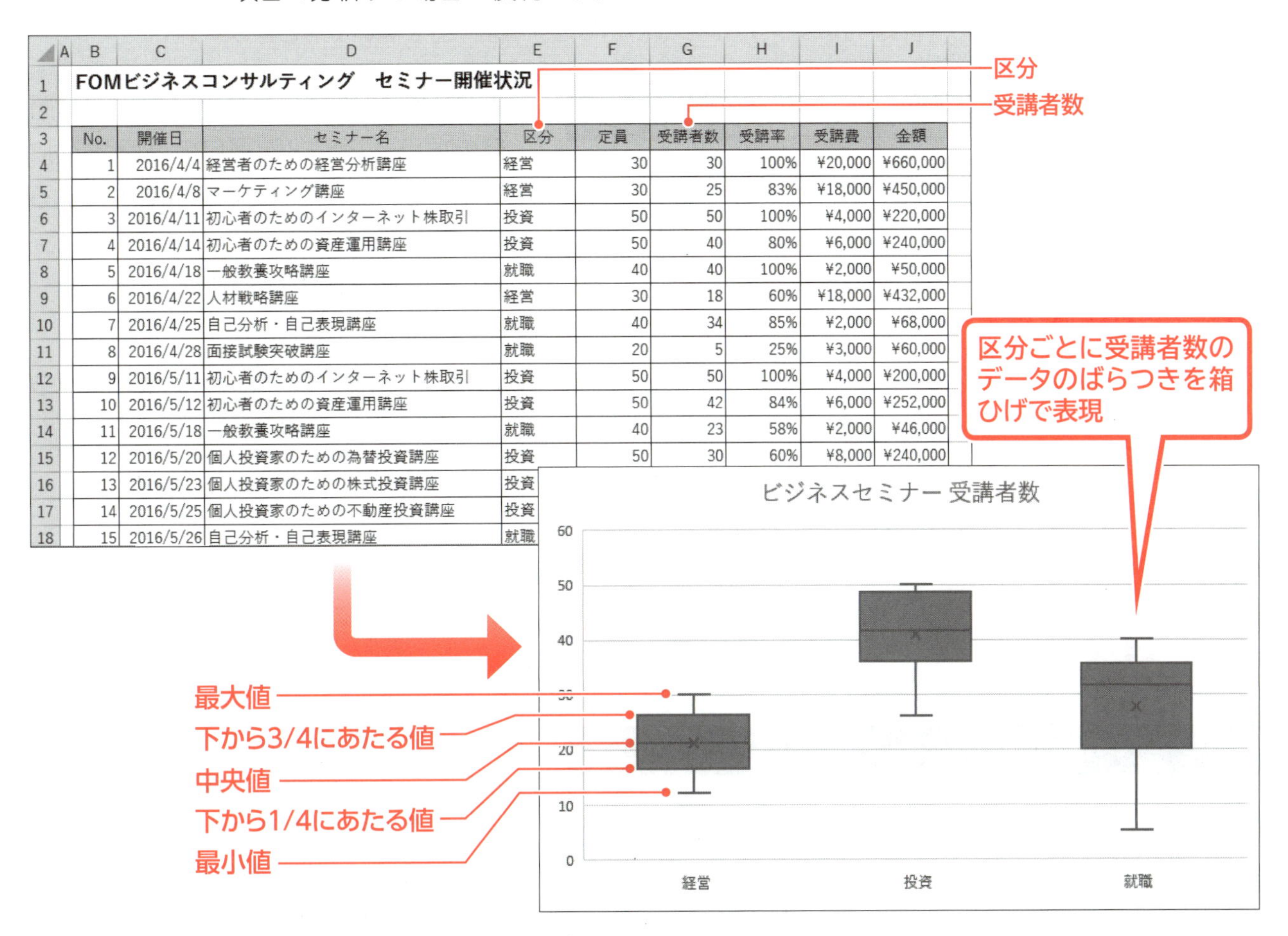

FOMビジネスコンサルティング　セミナー開催状況

No.	開催日	セミナー名	区分	定員	受講者数	受講率	受講費	金額
1	2016/4/4	経営者のための経営分析講座	経営	30	30	100%	¥20,000	¥660,000
2	2016/4/8	マーケティング講座	経営	30	25	83%	¥18,000	¥450,000
3	2016/4/11	初心者のためのインターネット株取引	投資	50	50	100%	¥4,000	¥220,000
4	2016/4/14	初心者のための資産運用講座	投資	50	40	80%	¥6,000	¥240,000
5	2016/4/18	一般教養攻略講座	就職	40	40	100%	¥2,000	¥50,000
6	2016/4/22	人材戦略講座	経営	30	18	60%	¥18,000	¥432,000
7	2016/4/25	自己分析・自己表現講座	就職	40	34	85%	¥2,000	¥68,000
8	2016/4/28	面接試験突破講座	就職	20	5	25%	¥3,000	¥60,000
9	2016/5/11	初心者のためのインターネット株取引	投資	50	50	100%	¥4,000	¥200,000
10	2016/5/12	初心者のための資産運用講座	投資	50	42	84%	¥6,000	¥252,000
11	2016/5/18	一般教養攻略講座	就職	40	23	58%	¥2,000	¥46,000
12	2016/5/20	個人投資家のための為替投資講座	投資	50	30	60%	¥8,000	¥240,000
13	2016/5/23	個人投資家のための株式投資講座	投資					
14	2016/5/25	個人投資家のための不動産投資講座	投資					
15	2016/5/26	自己分析・自己表現講座	就職					

5 ウォーターフォール

ウォーターフォールは、データの増減を棒グラフで表します。グラフは値がプラスかマイナスかがわかるように色分けされるので、増減を簡単に把握できます。
在庫や金融資産の推移を表現する場合によく使われます。

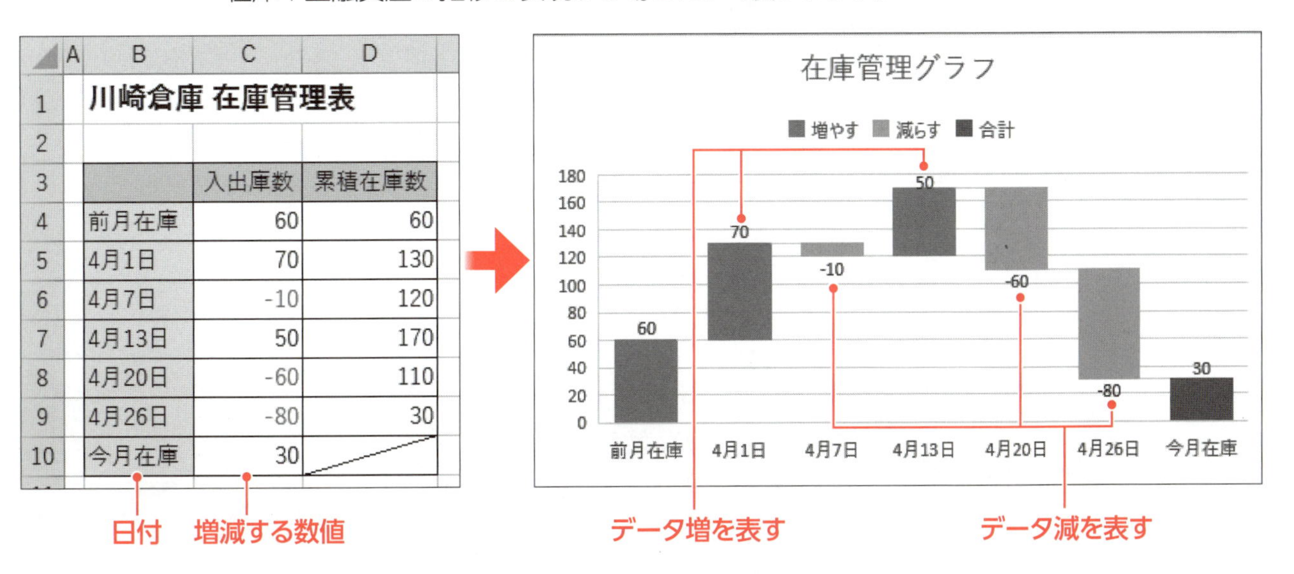

川崎倉庫 在庫管理表

	入出庫数	累積在庫数
前月在庫	60	60
4月1日	70	130
4月7日	-10	120
4月13日	50	170
4月20日	-60	110
4月26日	-80	30
今月在庫	30	

2 サンバーストの作成

グラフを作成する手順は、Excel 2010やExcel 2013と同じです。グラフのもとになるデータ範囲を選択して、**《挿入》**タブの**《グラフ》**グループを使って作成します。
地方区分別人口の割合を表すサンバーストを作成しましょう。

File OPEN フォルダー「付録4」のブック「Excel2016の新機能-3」を開いておきましょう。

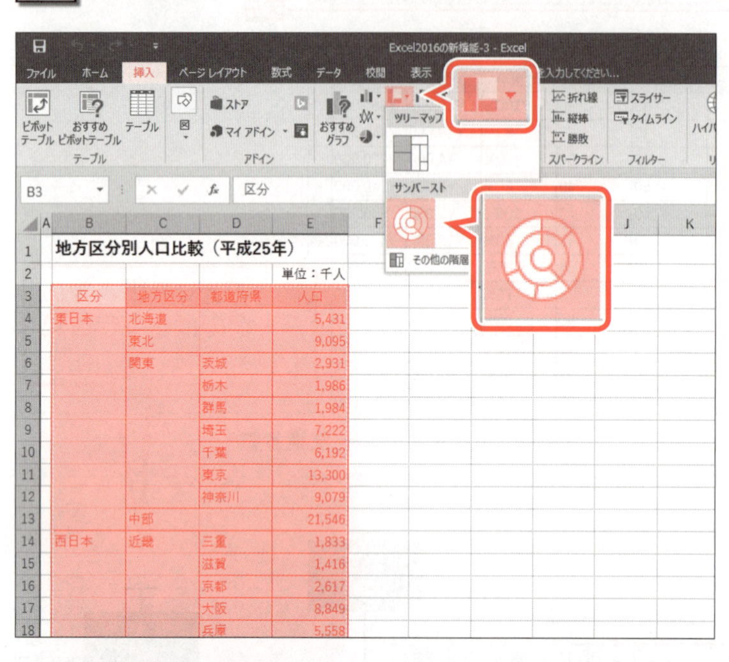

①表のB列に1階層目の項目、C列に2階層目の項目、D列に3階層目の項目、E列に対応する人口がそれぞれ入力されていることを確認します。
②セル範囲**【B3:E23】**を選択します。
③**《挿入》**タブを選択します。
④**《グラフ》**グループの（階層構造グラフの挿入）をクリックします。
⑤（サンバースト）をクリックします。

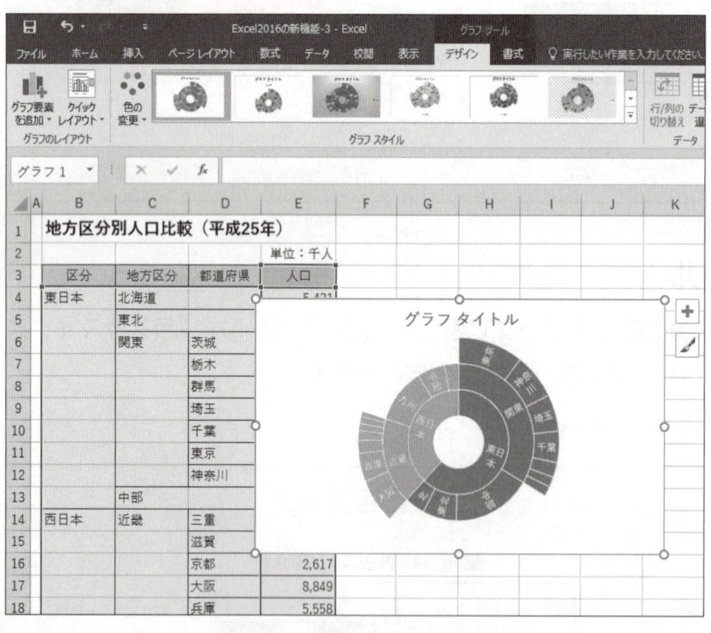

サンバーストが作成されます。
表のデータの割合の大きい順番でドーナツの輪が表示されます。内側のドーナツの輪が1階層目、外側のドーナツの輪が3階層目です。

※ブックに「Excel2016の新機能-3完成」と名前を付けて、フォルダー「付録4」に保存し、閉じておきましょう。

3 ヒストグラムの作成

以前のバージョンのExcel 2013では、ヒストグラムを作成する場合、区間ごとのデータ件数を集計した表が必要でした。Excel 2016では、集計前の1行1レコードのデータベース用の表からデータを選択するだけで、自動的にデータ件数を集計してヒストグラムを作成できます。

ヒストグラムを作成し、書式を設定しましょう。

フォルダー「付録4」のブック「Excel2016の新機能-4」を開いておきましょう。

1 ヒストグラムの作成

年間の平均気温の分布を表すヒストグラムを作成しましょう。

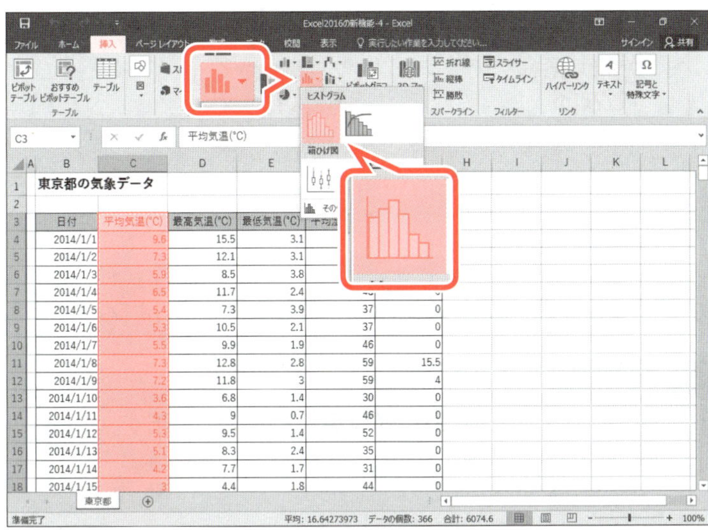

出典：統計データ「過去の気象データ」（気象庁）

①表のC列に日ごとの平均気温が入力されていることを確認します。

②セル範囲【C3:C368】を選択します。

※表の最終行までのセル範囲を選択するには、セル【C3】を選択し、Ctrl＋Shift＋↓を押すと効率的です。

③《挿入》タブを選択します。

④《グラフ》グループの（統計グラフの挿入）をクリックします。

⑤（ヒストグラム）をクリックします。

ヒストグラムが作成されます。

初期の設定では、データの最小値が項目軸の開始値になり、縦棒の幅や数が自動的に設定されます。

POINT ▶▶▶

ヒストグラムの読み方

項目軸は、最初の縦棒は「○○以上○○以下」の範囲になり、次の縦棒からは「○○より大きく○○以下」の範囲になります。

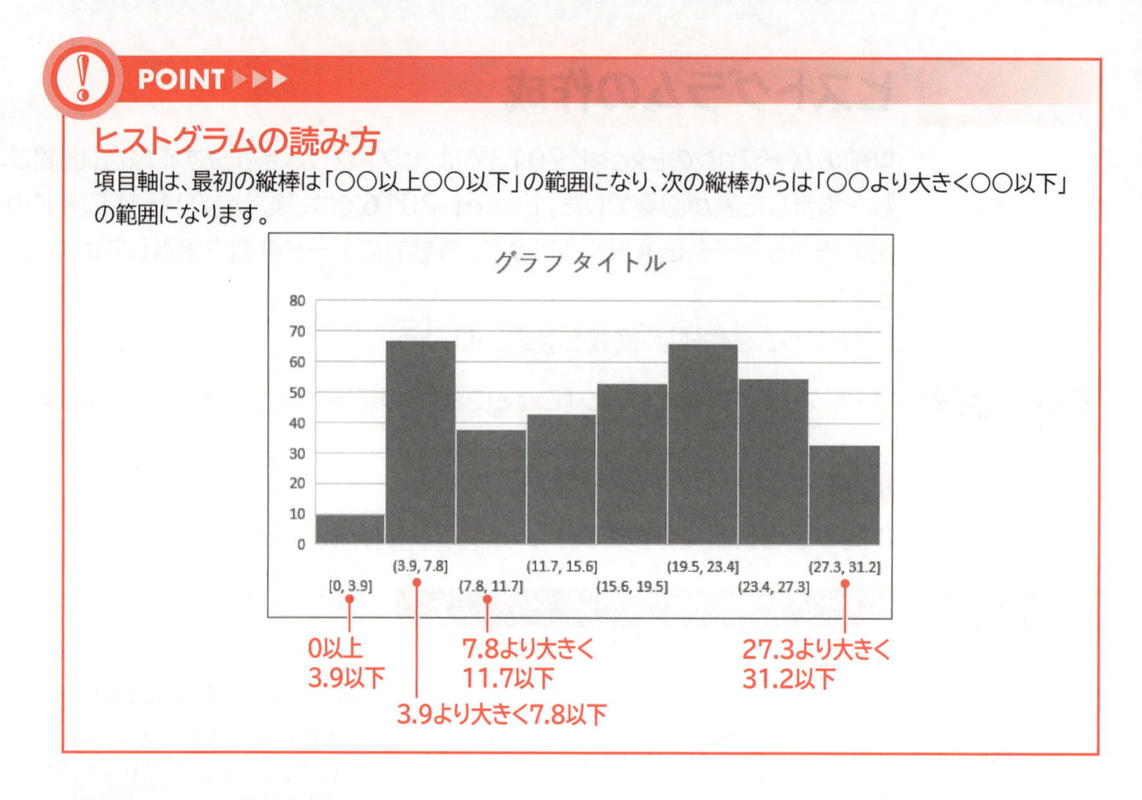

2 軸の書式設定

項目軸の気温が5℃間隔で表示されるように、ヒストグラムの区間を設定しましょう。

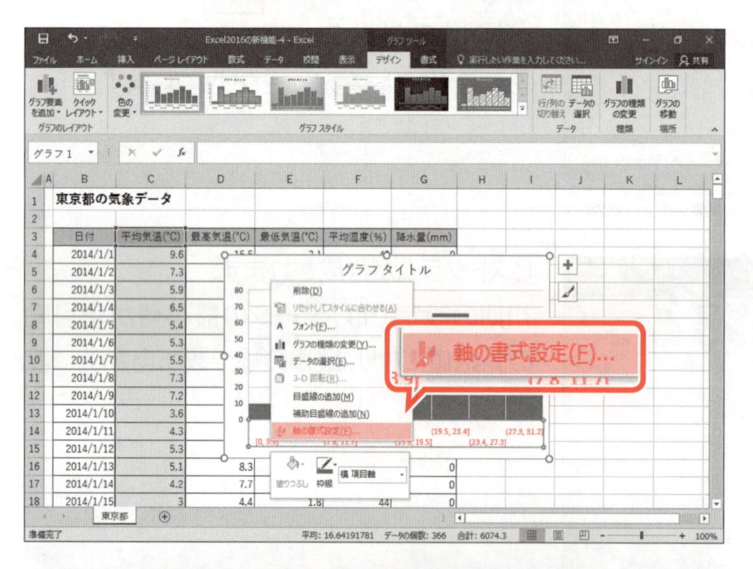

①項目軸を右クリックします。

②《**軸の書式設定**》をクリックします。

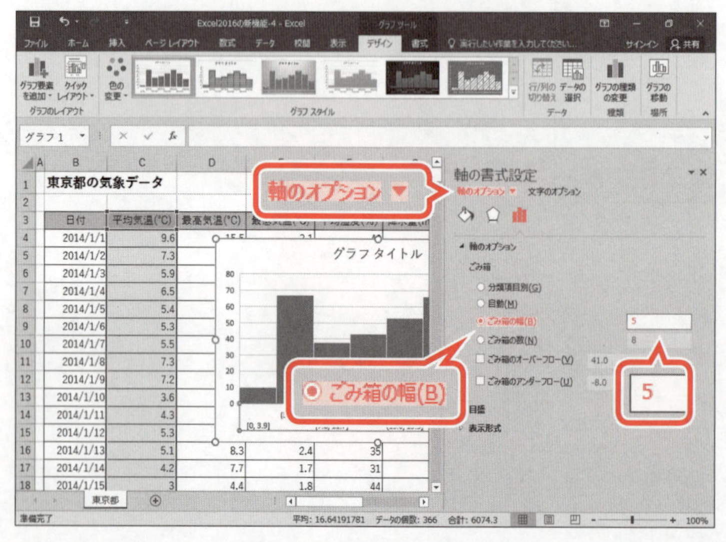

《**軸の書式設定**》作業ウィンドウが表示されます。

③《**軸のオプション**》をクリックします。

④ (軸のオプション)をクリックします。

⑤《**ごみ箱の幅**》を◉にし、「**5**」を入力します。

※お使いの環境によっては、「ごみ箱の幅」が「ビンの幅」と表示される場合があります。

※設定値のボックスが表示されていない場合は、右にスクロールします。

※《軸の書式設定》作業ウィンドウを閉じておきましょう。

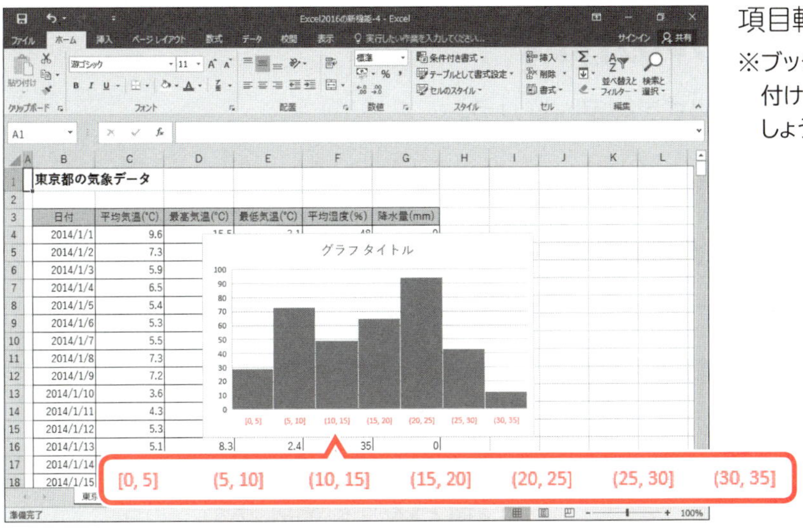

項目軸の気温が5℃間隔で表示されます。

※ブックに「Excel2016の新機能-4完成」と名前を付けて、フォルダー「付録4」に保存し、閉じておきましょう。

POINT ▶▶▶

ごみ箱の幅・ごみ箱の数

ごみ箱の幅を指定すると、項目軸の区間を設定できます。縦棒の数は、項目軸の区間に応じて自動的に決まります。

※お使いの環境によっては、「ごみ箱の幅」が「ビンの幅」と表示される場合があります。

●ごみ箱の幅を「5」にした場合

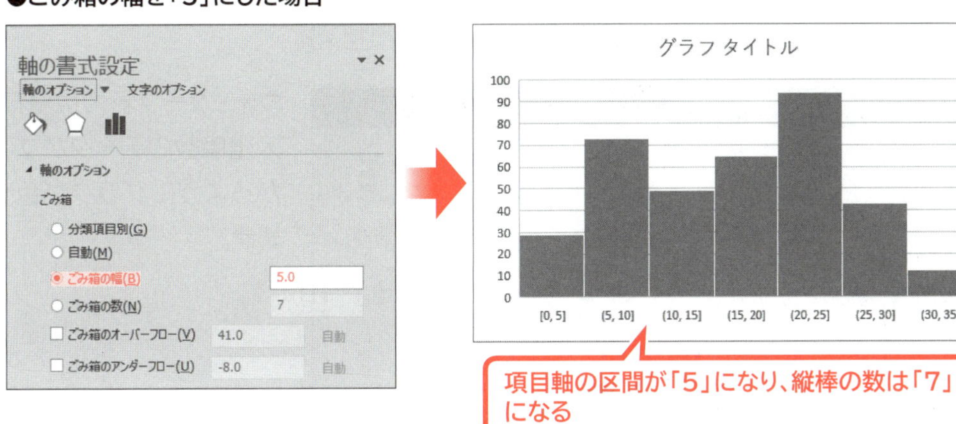

また、ごみ箱の数を指定すると、縦棒の数を設定できます。項目軸の区間は、縦棒の数に応じて自動的に決まります。

※お使いの環境によっては、「ごみ箱の数」が「ビンの数」と表示される場合があります。

●ごみ箱の数を「10」にした場合

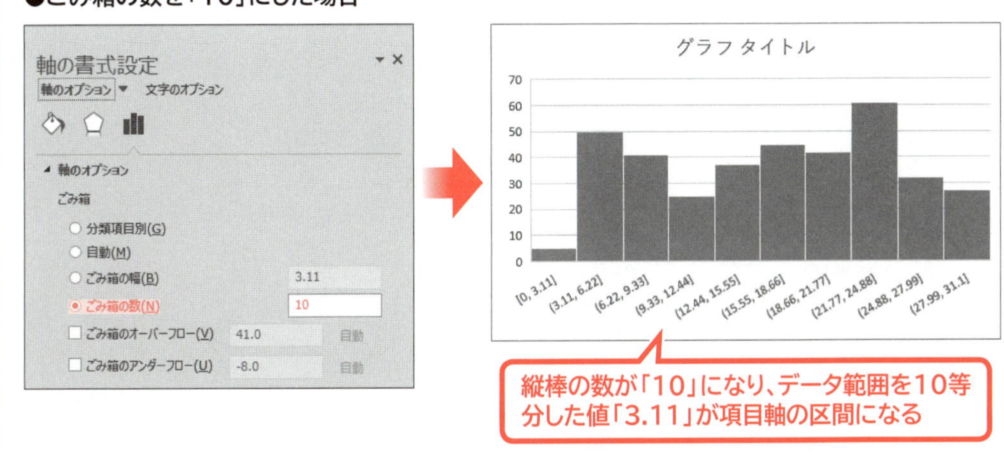

4 ウォーターフォールの作成

ウォーターフォールを作成し、書式を設定しましょう。

フォルダー「付録4」のブック「Excel2016の新機能-5」を開いておきましょう。

1 ウォーターフォールの作成

在庫数の増減を表すウォーターフォールを作成しましょう。

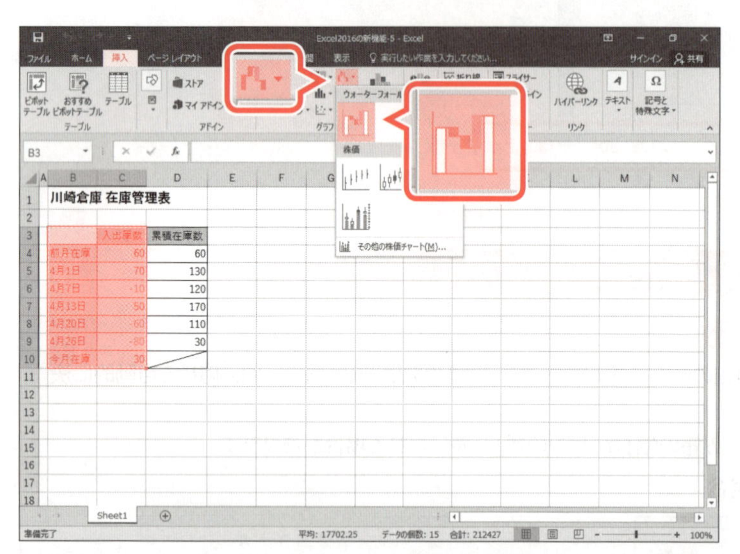

①表のB列に日付、C列に入出庫数がそれぞれ入力されていることを確認します。

②セル範囲【B3:C10】を選択します。

③《挿入》タブを選択します。

④《グラフ》グループの （ウォーターフォール図または株価チャートの挿入）をクリックします。

⑤ （ウォーターフォール）をクリックします。

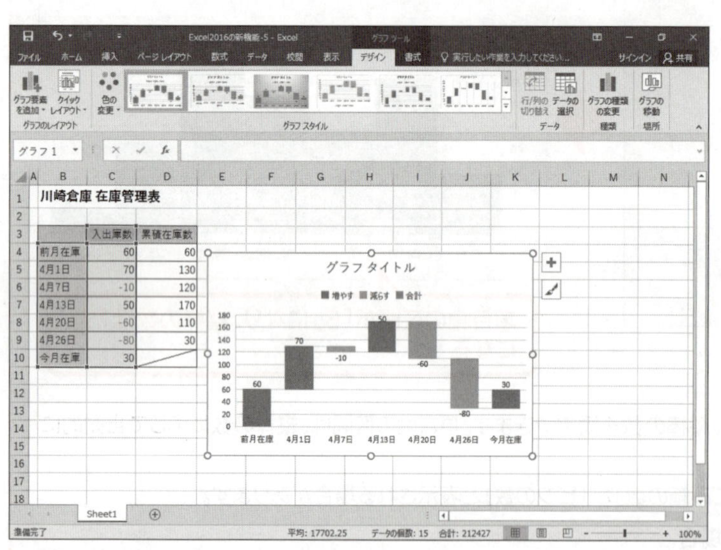

ウォーターフォールが作成されます。
入出庫数のデータがプラスかマイナスかがわかるようにグラフが色分けされて表示されます。

2 データ要素の書式設定

今月在庫のデータ要素を合計に設定し、入出庫の増減数とは区別して、0からの合計として表示しましょう。

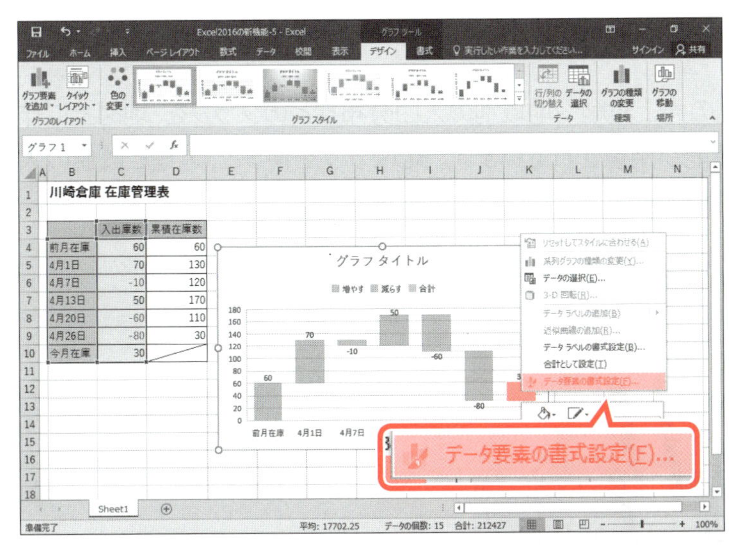

①データ要素をクリックします。

※データ要素であれば、どこでもかまいません。

※すべてのデータ要素が選択されます。

②今月在庫のデータ要素をクリックします。

※今月在庫のデータ要素が選択され、そのほかのデータ要素の色が薄くなります。

③今月在庫のデータ要素を右クリックします。

④**《データ要素の書式設定》**をクリックします。

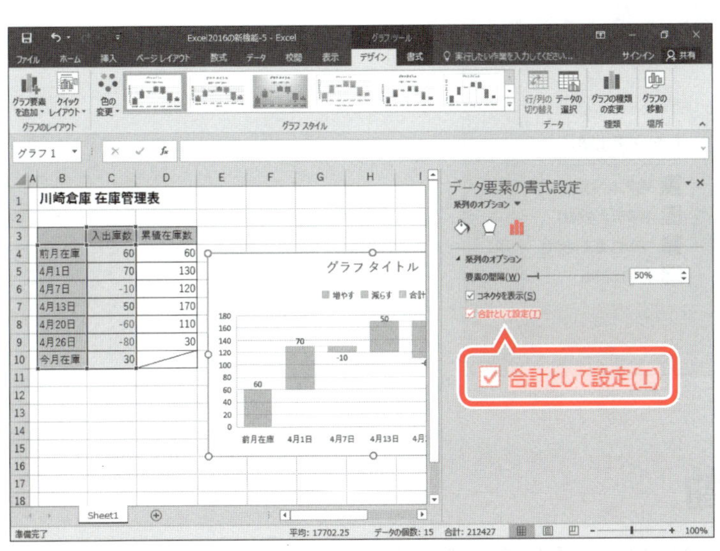

《データ要素の書式設定》作業ウィンドウが表示されます。

⑤ (系列のオプション)をクリックします。

⑥**《合計として設定》**を☑にします。

※《データ要素の書式設定》作業ウィンドウを閉じておきましょう。

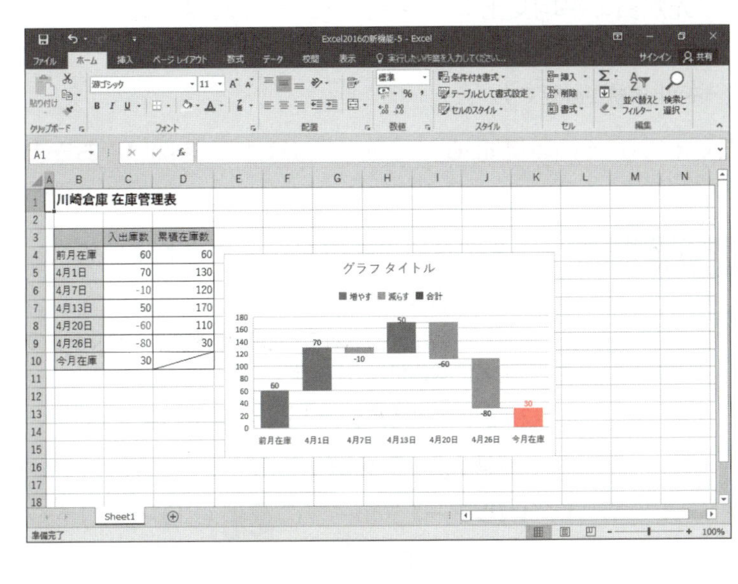

今月在庫のデータ要素の色が灰色になり、0からの合計として表示されます。

⑦グラフ以外の場所をクリックします。

※ブックに「Excel2016の新機能-5完成」と名前を付けて、フォルダー「付録4」に保存し、閉じておきましょう。

Step7 3Dマップを使ってグラフを作成する

1 3Dマップ

Excel 2016には、営業所別の売上実績や地域別の人口分布などのグラフを、地図上に作成できる**「3Dマップ」**という機能が用意されています。3Dマップを使うと、地理と数値の大小がどのように関連しているかを分析することができます。

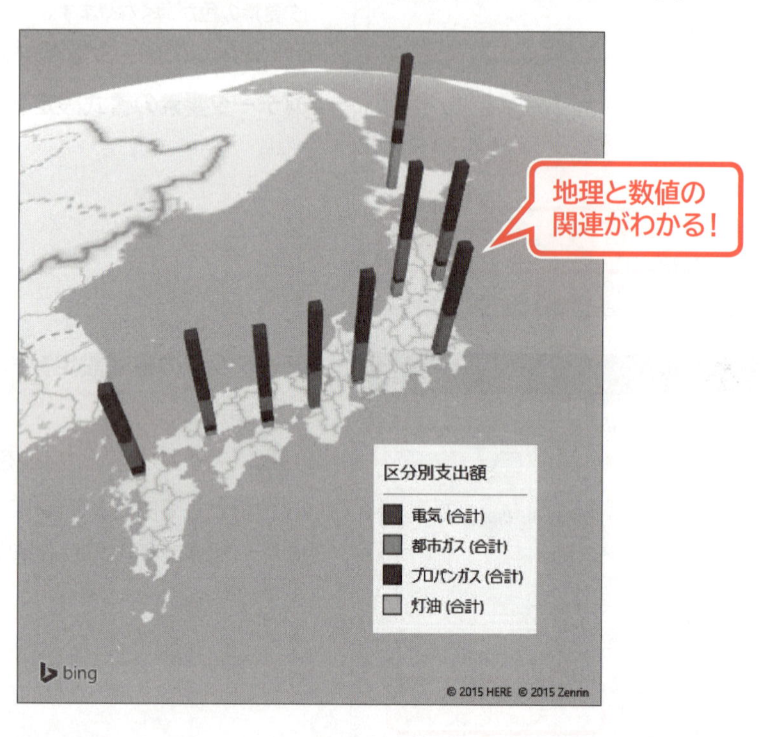

2 3D Mapsの起動

主要都市ごとの、1世帯当たりの光熱費の平均支出額を表すグラフを作成します。
3D Mapsを起動しましょう。

※3D Mapsを起動するには、インターネット接続が必要です。

フォルダー「付録4」のブック「Excel2016の新機能-6」のシート「2014年」を開いておきましょう。

主要都市 1世帯当たりの光熱費平均（2014年）

都市名	電気	都市ガス	プロパンガス	灯油
札幌市	¥121,603	¥17,119	¥31,428	¥97,418
仙台市	¥122,959	¥61,765	¥10,408	¥34,059
東京都23区	¥132,216	¥81,024	¥2,284	¥3,431
新潟市	¥133,552	¥81,921	¥7,598	¥31,478
名古屋市	¥129,003	¥82,717	¥1,935	¥7,681
大阪市	¥123,317	¥81,438	¥1,057	¥2,558
広島市	¥126,106	¥59,340	¥14,479	¥10,643
高松市	¥129,593	¥32,519	¥27,395	¥14,642
福岡市	¥108,548	¥60,601	¥17,607	¥8,253

出典：統計データ「家計調査結果」（総務省統計局）

①表のB列に都市名が入力されていることを確認します。

※表に地名が入力されていると、自動的に3Dマップの地名に関連付けられます。

②セル範囲【B3:F12】を選択します。

③《挿入》タブを選択します。

④《ツアー》グループの（3Dマップ）をクリックします。

※《この機能を使うには、データ分析アドインをオンにします。》というメッセージが表示される場合は、《有効》をクリックします。

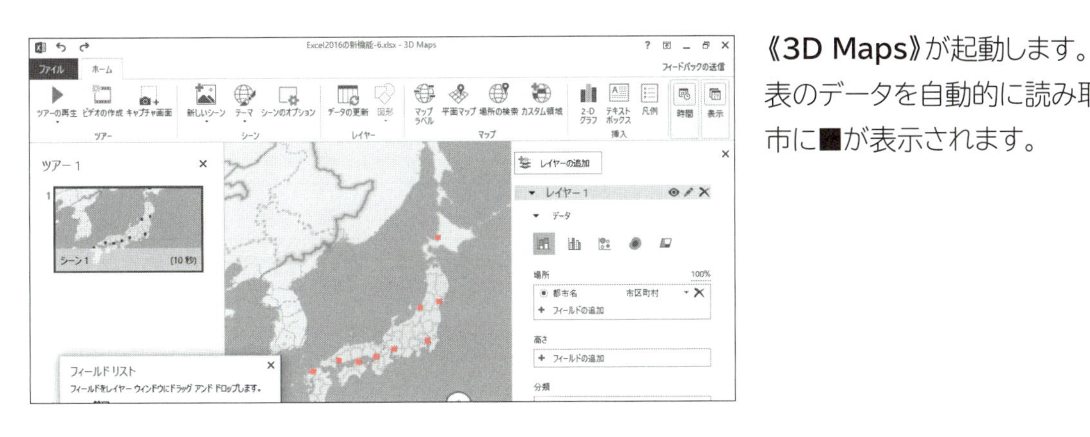

《3D Maps》が起動します。
表のデータを自動的に読み取り、地図上の都市に■が表示されます。

3Dマップの地名

STEP UP

表に都市名や国名などの地名が入力されていると、3Dマップの地名に関連付けられます。

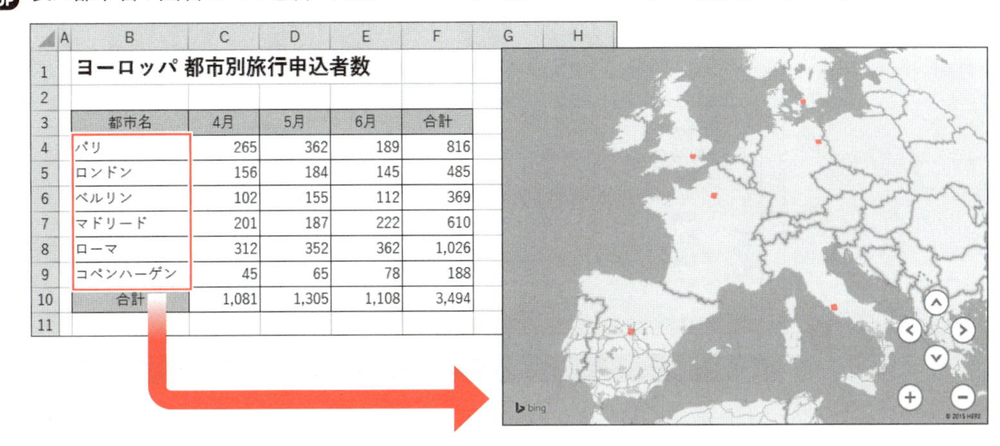

	B	C	D	E	F
1	ヨーロッパ 都市別旅行申込者数				
2					
3	都市名	4月	5月	6月	合計
4	パリ	265	362	189	816
5	ロンドン	156	184	145	485
6	ベルリン	102	155	112	369
7	マドリード	201	187	222	610
8	ローマ	312	352	362	1,026
9	コペンハーゲン	45	65	78	188
10	合計	1,081	1,305	1,108	3,494
11					

3 3Dマップの基本用語の確認

3Dマップを作成する前に、**「ツアー」「シーン」「レイヤー」**の意味を理解しておきましょう。

●ツアー

3Dマップで作成されるコンテンツをまとめて**「ツアー」**といいます。
3Dマップを初めて起動すると、新しいツアーが自動的に作成されます。

●シーン

「シーン」とは、データを可視化した地図のことです。
1つのツアーに、複数のシーンを作成できます。例えば、年度ごとや月次ごとのように、時間単位でシーンを作成することで、時系列のデータの変化を確認できます。

●レイヤー

「レイヤー」とは、地図の外観のことです。
1つのシーンに、複数のレイヤーを設定できます。例えば、グラフの種類を変更したり、視覚化する項目を変更したり、元になるデータは同じでも見せ方を変えて比較できます。

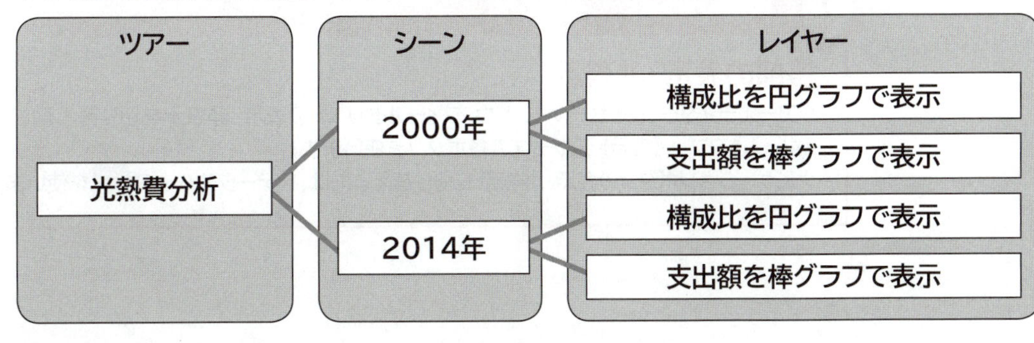

4 3D Mapsの画面構成

3D Mapsの各部の名称と役割を確認しましょう。

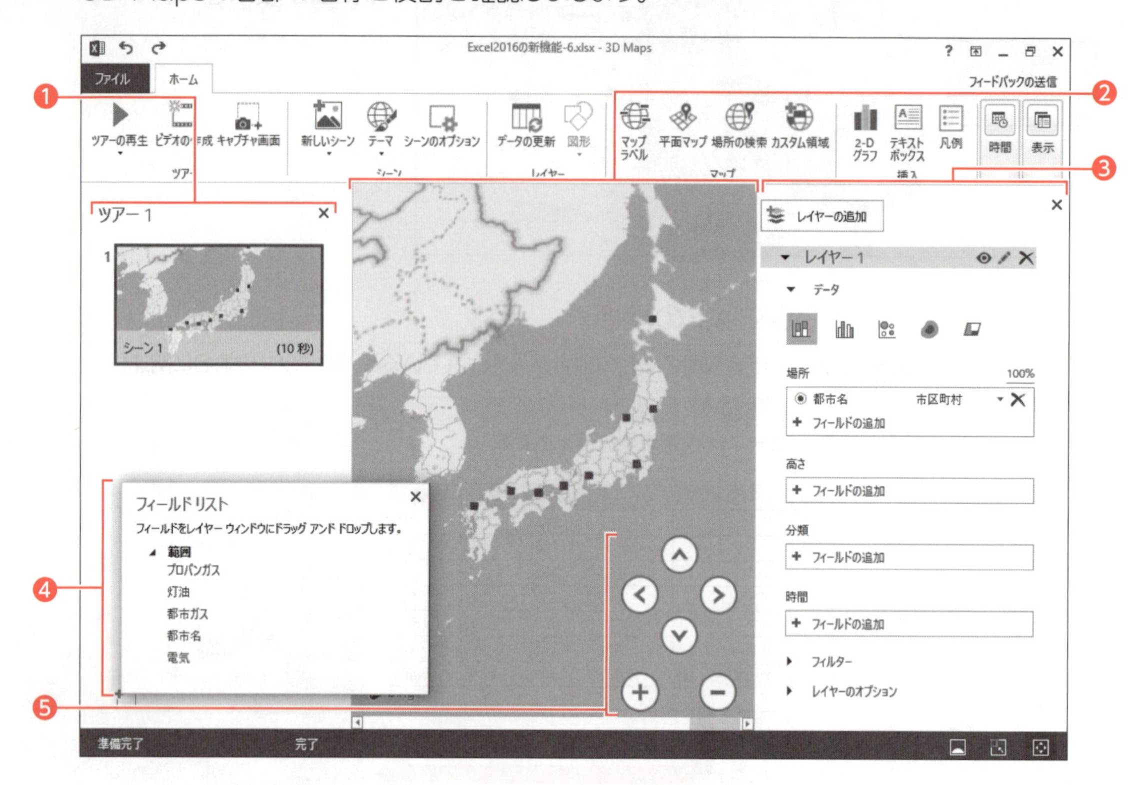

❶ツアーエディター

作業中のツアーに作成されているシーンが一覧で表示されます。

❷作業中のシーン

ツアーエディターの一覧で選択されているシーンが表示されます。

❸レイヤーウィンドウ

作業中のシーンの外観を設定します。グラフの種類を変更したり、グラフに表示するフィールドを選択したりできます。レイヤー名の左側にある▼をクリックすると、レイヤーの詳細を非表示にできます。

❹フィールドリスト

もとになる表に含まれる項目名が自動的に表示されます。

※フィールドリストは非表示にしておきましょう。

❺ナビゲーションボタン

3Dマップの角度や傾き、サイズを調整できます。

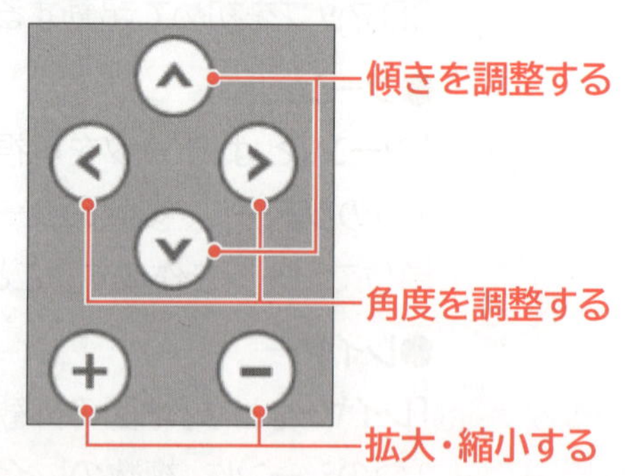

POINT ▶▶▶

各部の表示・非表示

ツアーエディター、レイヤーウィンドウ、フィールドリストの表示・非表示を切り替えるには、3D Mapsの《ホーム》タブ→《表示》グループの各ボタンを使います。

ナビゲーションボタンの表示・非表示を切り替えるには、ステータスバーの ⊡ を使います。

5 ツアー名の設定

3Dマップを起動すると、ツアーが自動的に作成されます。
初期の設定で、ツアー名は**「ツアー1」**になっています。ツアー名を**「光熱費分析」**に変更しましょう。

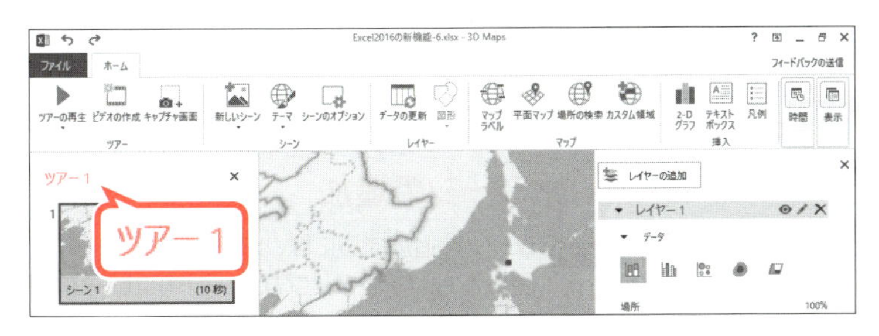

①ツアーエディターの**「ツアー1」**をクリックします。

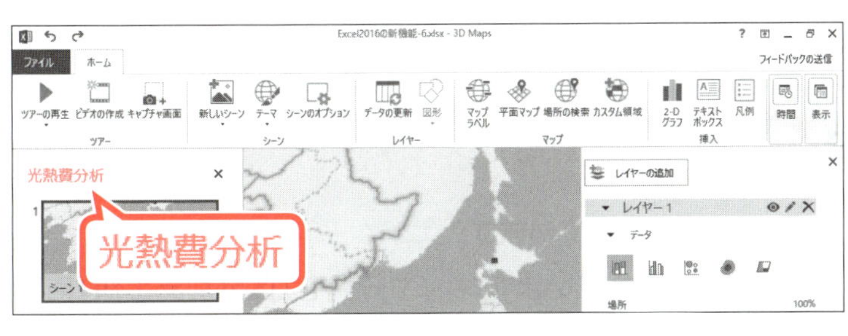

②**「光熱費分析」**に修正し、Enter を押します。
ツアー名が変更されます。

6 シーン名の設定

ツアーには、あらかじめ1つのシーンが用意されています。
初期の設定で、シーン名は**「シーン1」**になっています。シーン名を**「2014年」**に変更しましょう。

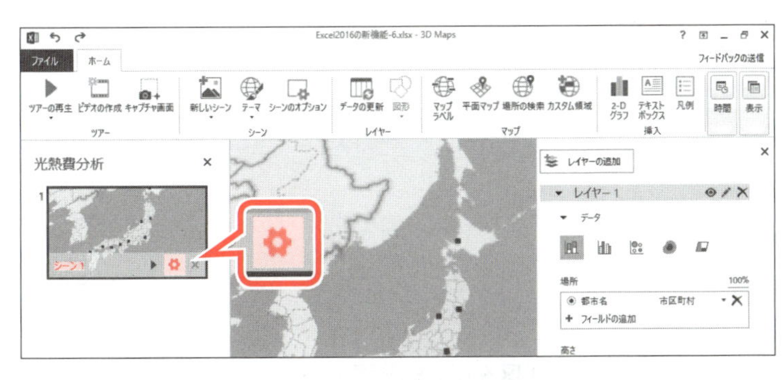

①ツアーエディターの**「シーン1」**の ⚙ （シーンオプションを変更します。）をクリックします。

シーンのオプション
シーンの長さ (秒) 10.00
シーン名
2014年
効果
切り替え効果の再生時間 (秒) 3.00
効果 効果なし
マップの種類
変更

《シーンのオプション》ダイアログボックスが表示されます。
②**《シーン名》**に**「2014年」**と入力します。
③ × をクリックします。

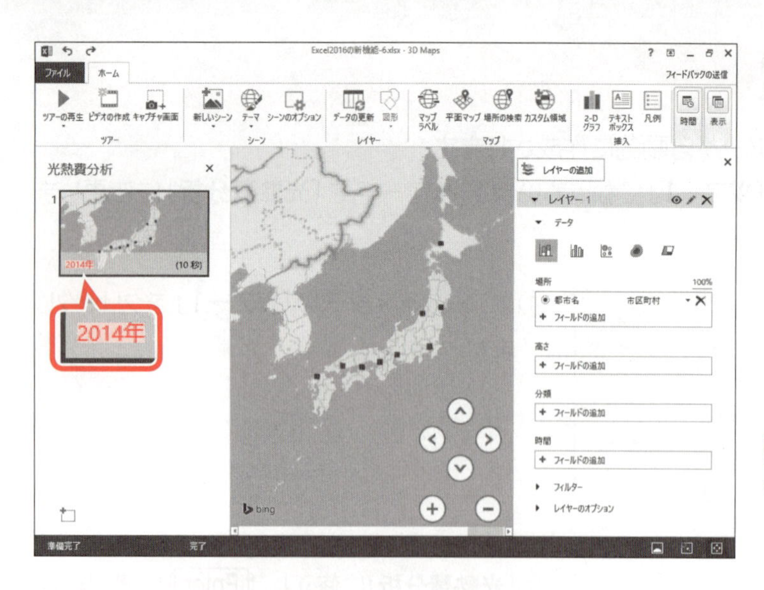

シーン名が変更されます。

シーンの追加

STEP UP

シーンを追加するには、ツアーエディターの下側の［　］（アクティブなシーンのコピーを作成します。）をクリックします。

7 レイヤー名の設定

シーンには、あらかじめ1つのレイヤーが表示されています。
初期の設定で、レイヤー名は**「レイヤー1」**になっています。レイヤー名を**「区分別支出額」**に変更しましょう。

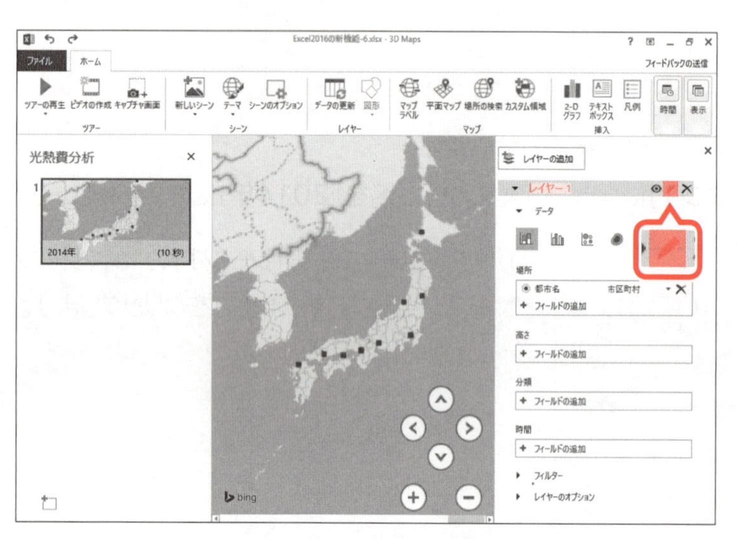

①レイヤーウィンドウの**「レイヤー1」**の［　］（このレイヤーの名前を変更します。）をクリックします。

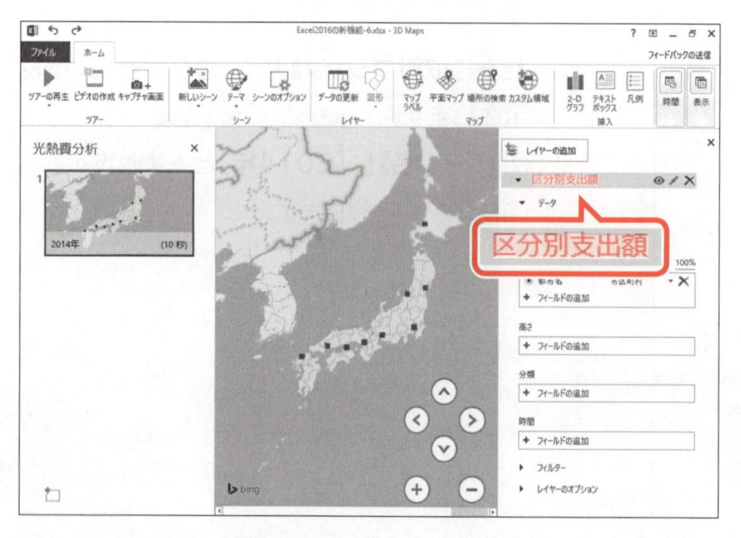

②**「区分別支出額」**に修正し、Enter を押します。

レイヤー名が変更されます。

STEP UP

レイヤーの追加

レイヤーを追加するには、レイヤーウィンドウの上側の［レイヤーの追加］（選択したシーンに別のデータレイヤーを追加します。）をクリックします。

8 レイヤーの詳細設定

レイヤーの詳細を設定し、地図上に**「区分別支出額」**のデータを可視化させましょう。

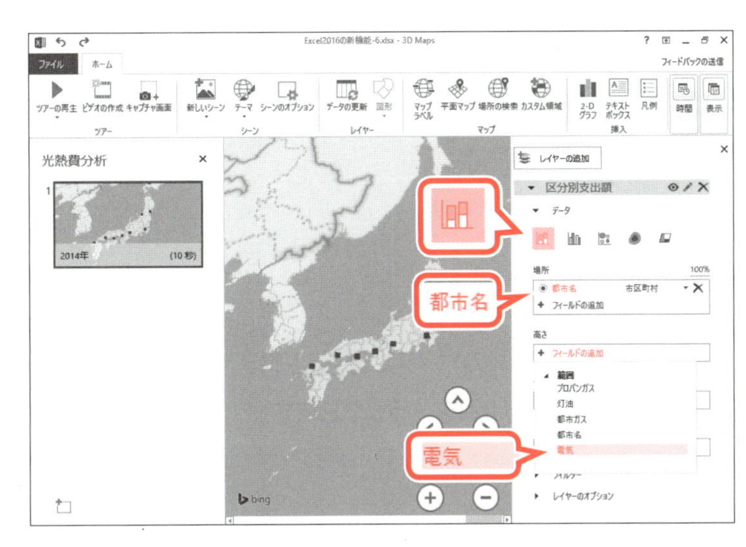

①レイヤーウィンドウの**《データ》**の［積み上げ縦棒の視覚化を変更します］（積み上げ縦棒の視覚化を変更します）を選択します。

②**《場所》**の一覧に**「都市名」**が表示されていることを確認します。

※もとになる表から項目名を読み取って、自動的に設定されます。

③**《高さ》**の**《フィールドの追加》**をクリックします。

④一覧から**「電気」**を選択します。

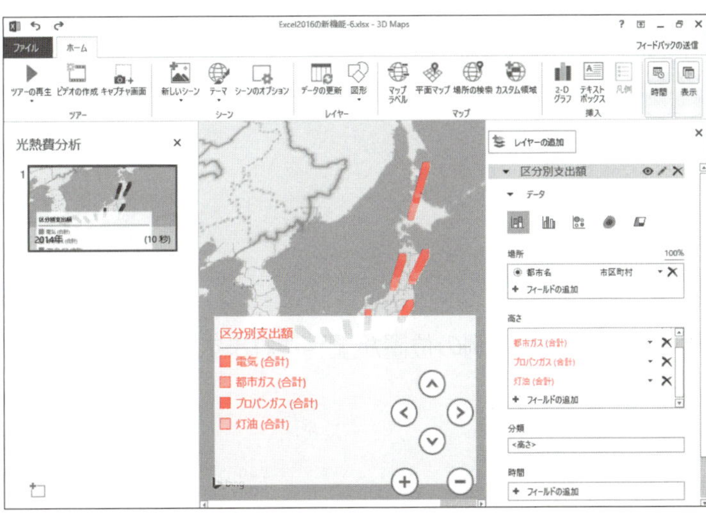

《高さ》の一覧に**「電気」**が追加され、シーンにグラフと凡例が表示されます。

⑤同様に、**「都市ガス」「プロパンガス」「灯油」**を追加します。

POINT ▶▶▶

フィールドの削除

《高さ》のフィールドの右側にある ✕ をクリックすると、フィールドが削除されます。

9 凡例の移動とサイズ変更

地図上に凡例が重なっているので、凡例のサイズと位置を調整しましょう。

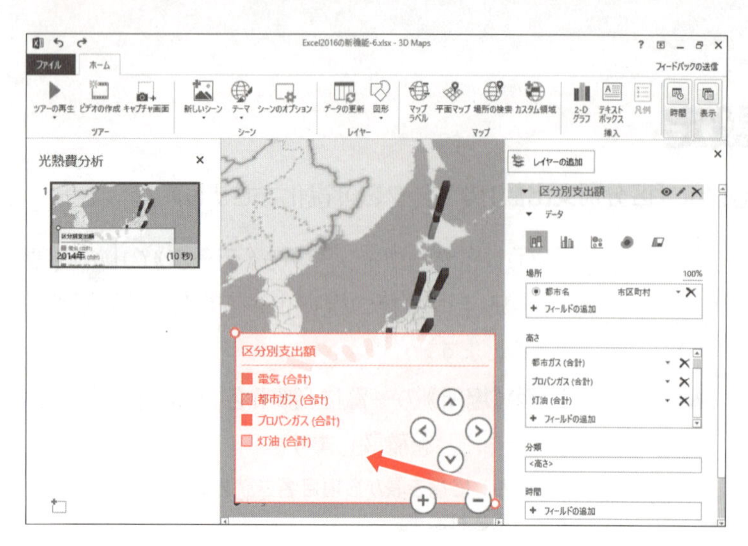

①凡例をポイントします。

②凡例の左上または右下にある○（ハンドル）をドラッグします。

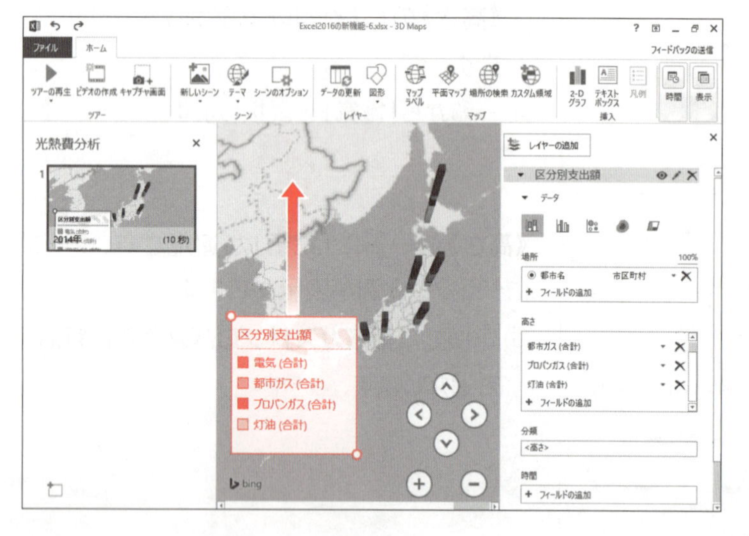

凡例のサイズが調整されます。

③凡例をドラッグします。

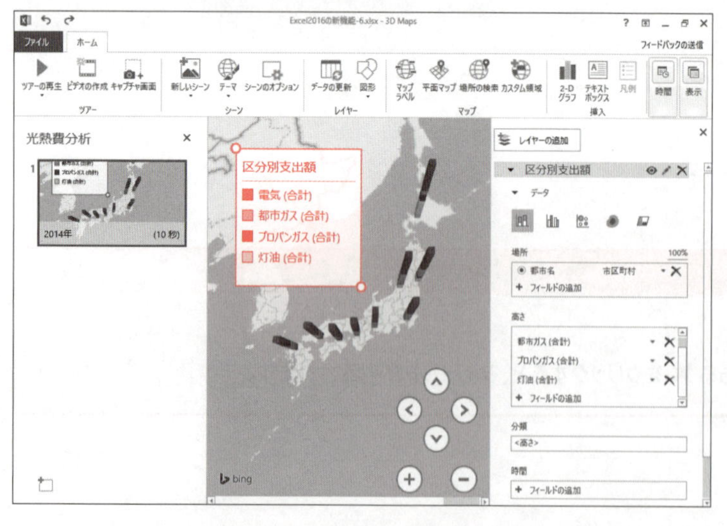

凡例の位置が調整されます。

10 3Dマップの傾きや位置の調整

ナビゲーションボタンを使って、地図上のグラフの傾きや位置を調整しましょう。

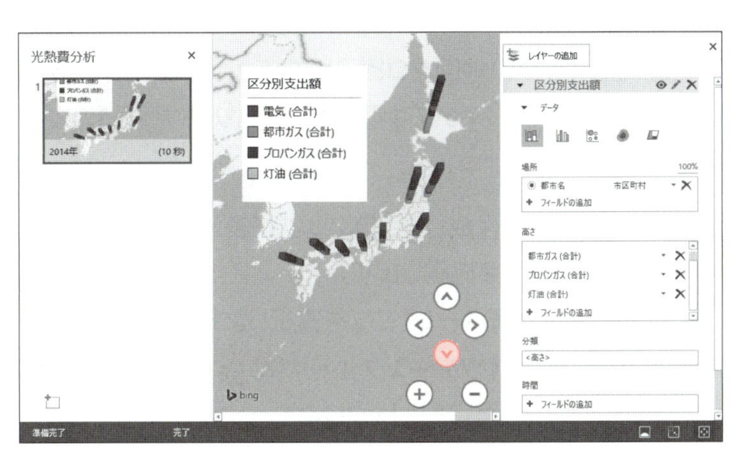

①（下に傾ける）を数回クリックします。

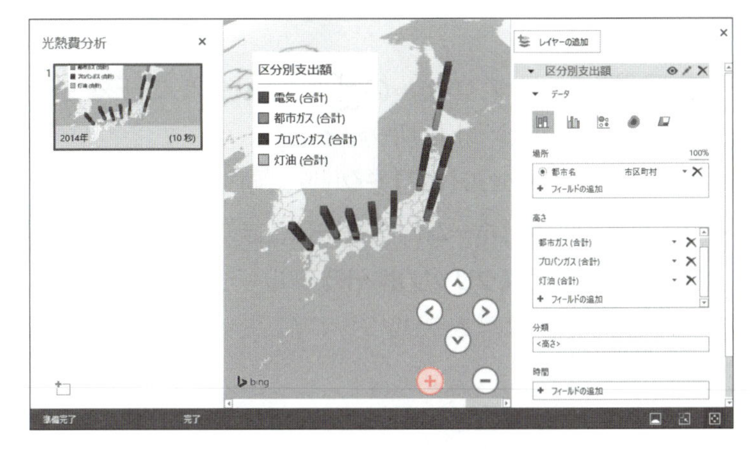

グラフの傾きが調整されます。

②（拡大）を数回クリックします。

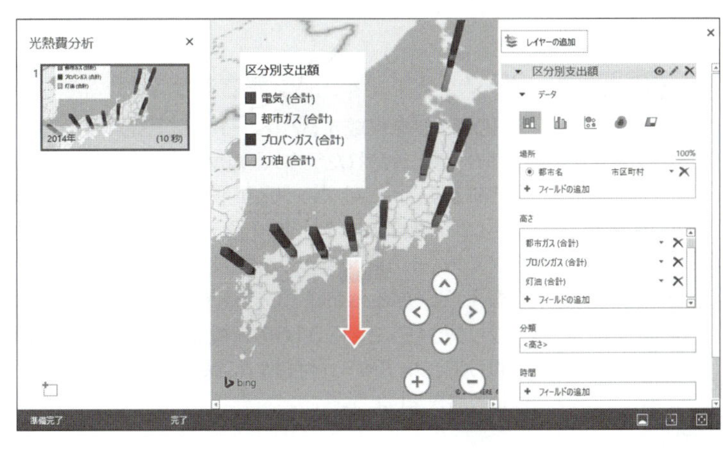

グラフが拡大されます。

③3Dマップをドラッグし、日本地図を中央に配置します。

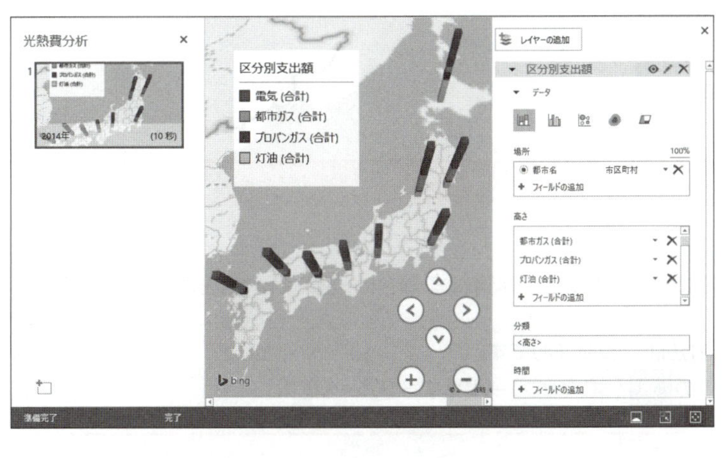

3Dマップの位置が調整されます。

STEP UP 平面マップ

マップを地球儀から平面マップに切り替えることができます。

平面マップに切り替える方法は、次のとおりです。

◆《ホーム》タブ→《マップ》グループの（平面マップ）

11 3Dマップの配置

3Dマップは、通常のグラフのようにシート上に作成されるものではなく、シートとは別の独立したツール上に作成されます。
3Dマップをシート上に配置するには、3Dマップの地図をコピーして、Excelのシートに貼り付けるという作業が必要になります。このとき、3Dマップは画像として貼り付けられます。
作成した3Dマップを表のあるシートに配置しましょう。

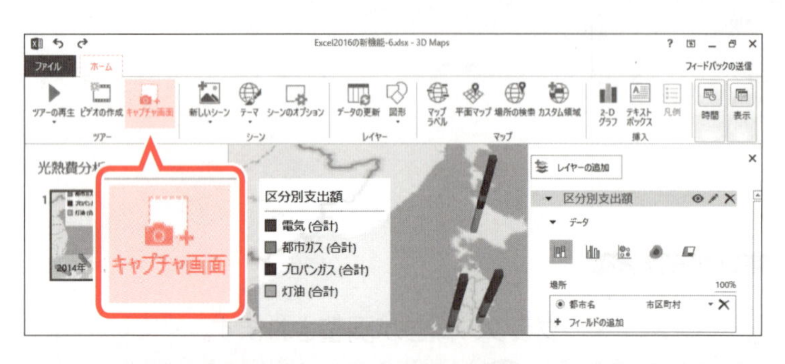

①作成した3Dマップが表示されていることを確認します。
②《ホーム》タブを選択します。
③《ツアー》グループの（キャプチャ画面）をクリックします。

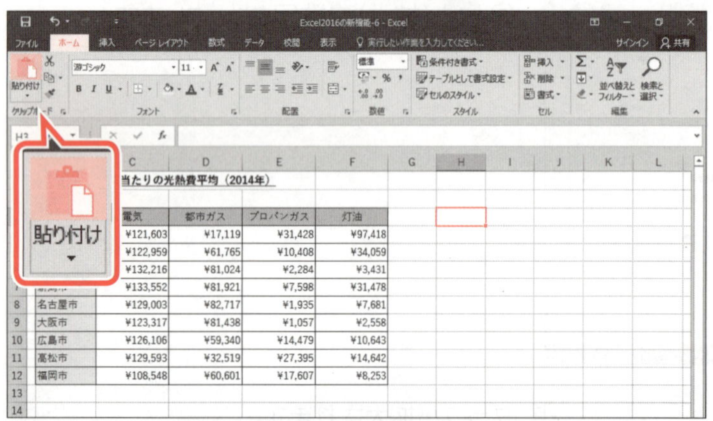

④タスクバーの をクリックして、Excelのシートに切り替えます。
⑤セル【H3】をクリックします。
⑥《ホーム》タブを選択します。
⑦《クリップボード》グループの（貼り付け）をクリックします。

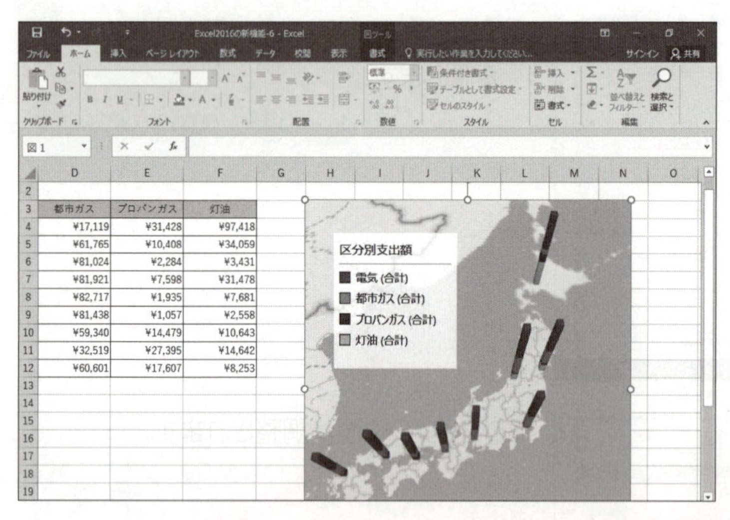

3Dマップがシートに配置されます。
※3Dマップを作成すると、シート上に「3D Mapsツアー…」と書かれたテキストボックスが自動的に作成されます。テキストボックスが不要な場合は、テキストボックスを選択し、Deleteを押すと削除できます。
※タスクバーの をクリックして、3D Mapsに切り替え、3D Mapsを終了しておきましょう。
※ブックに「Excel2016の新機能-6完成」と名前を付けて、フォルダー「付録4」に保存し、Excelを終了しておきましょう。

POINT ▶▶▶

3Dマップの編集

3DマップはExcelのシート上では編集できません。編集する場合は、3D Mapsを再起動して、3D Mapsの画面で操作します。
作成済みの3Dマップを編集する方法は、次のとおりです。
◆《挿入》タブ→《ツアー》グループの（3Dマップ）→編集するツアーを選択

よくわかる

Index

索引

Index 索引

記号

数字

A

C

E

M

O

P

R

S

あ

い

う

け

こ

さ

し

す

せ

そ

た

ち

つ

て

と

な

に

ぬ

は

ひ

ふ

よくわかる

よくわかる Microsoft® Excel® 2016 基礎 (FPT1526)

2016年 2 月22日　初版発行
2019年12月11日　第 2 版第11刷発行

著作／制作：富士通エフ・オー・エム株式会社

発行者：大森　康文

発行所：FOM（エフオーエム）出版（富士通エフ・オー・エム株式会社）
〒105-6891 東京都港区海岸1-16-1 ニューピア竹芝サウスタワー
https://www.fujitsu.com/jp/fom/

印刷／製本：アベイズム株式会社

表紙デザインシステム：株式会社アイロン・ママ

■本書に関するご質問は、ホームページまたは郵便にてお寄せください。
＜ホームページ＞
上記ホームページ内の「FOM出版」から「QAサポート」にアクセスし、「QAフォームのご案内」から所定のフォームを選択して、必要事項をご記入の上、送信してください。
＜郵便＞
次の内容を明記の上、上記発行所の「FOM出版 デジタルコンテンツ開発部」まで郵送してください。
・テキスト名　・該当ページ　・質問内容（できるだけ詳しく操作状況をお書きください）
・ご住所、お名前、電話番号
※ご住所、お名前、電話番号など、お知らせいただきました個人に関する情報は、お客様ご自身とのやり取りのみに使用させていただきます。ほかの目的のために使用することは一切ございません。
なお、次の点に関しては、あらかじめご了承ください。
・ご質問の内容によっては、回答に日数を要する場合があります。
・本書の範囲を超えるご質問にはお答えできません。　・電話やFAXによるご質問には一切応じておりません。

FOM出版のシリーズラインアップ

定番の よくわかる シリーズ

■Microsoft Office

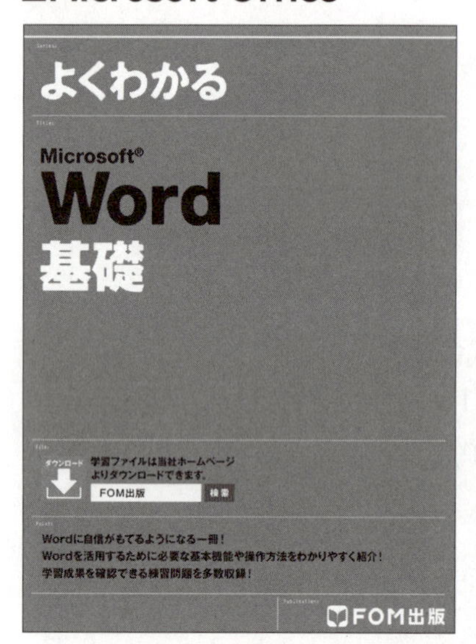

「よくわかる」シリーズは、長年の研修事業で培ったスキルをベースに、ポイントを押さえたテキスト構成になっています。すぐに役立つ内容を、丁寧に、わかりやすく解説しているシリーズです。

Point

❶ 学習内容はストーリー性があり実務ですぐに使える！

❷ 操作に対応した画面を大きく掲載し視覚的にもわかりやすく工夫されている！

❸ 丁寧な解説と注釈で機能習得をしっかりとサポート！

❹ 豊富な練習問題で操作方法を確実にマスターできる！自己学習にも最適！

■セキュリティ・ヒューマンスキル

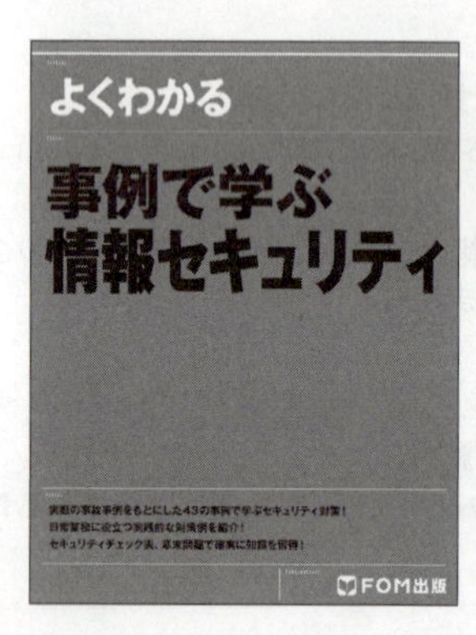

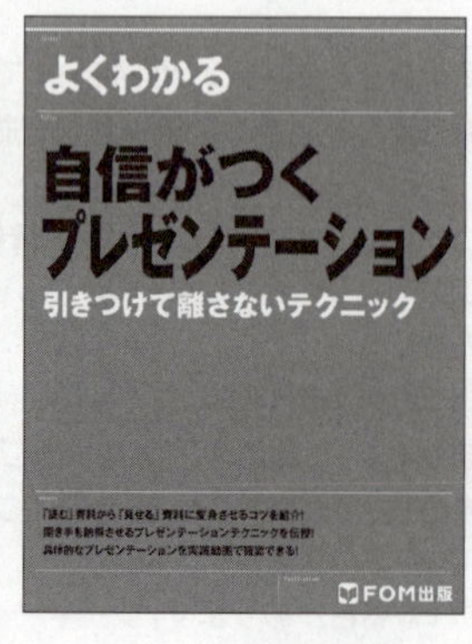

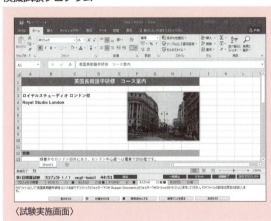

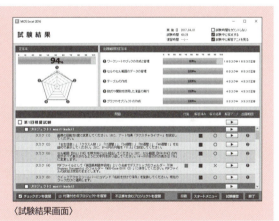

FOM出版テキスト

最新情報のご案内

FOM出版では、お客様の利用シーンに合わせて、最適なテキストをご提供するために、様々なシリーズをご用意しています。

FOM出版

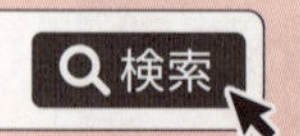

https://www.fom.fujitsu.com/goods/

FAQのご案内

テキストに関するよくあるご質問

FOM出版テキストのお客様Q&A窓口に皆様から多く寄せられたご質問に回答を付けて掲載しています。

FOM出版　FAQ

https://www.fom.fujitsu.com/goods/faq/

緑色の用紙の内側に、小冊子が添付されています。
この用紙を１枚めくっていただき、小冊子の根元を持って、
ゆっくりとはずしてください。

よくわかる

Microsoft® Excel® 2016 基礎

解答

Answer 練習問題解答

第2章　練習問題

①

①**《ファイル》**タブを選択
②**《新規》**をクリック
③**《空白のブック》**をクリック

②

①セル**【A1】**に**「江戸浮世絵展来場者数」**と入力

③

①セル**【D2】**に**「10/1」**と入力
※日付は、「10/1」のように「/(スラッシュ)」で区切って入力します。

④

省略

⑤

①セル**【A8】**をクリック
②**《ホーム》**タブを選択
③**《クリップボード》**グループの（コピー）をクリック
④セル**【D4】**をクリック
⑤**《クリップボード》**グループの（貼り付け）をクリック

⑥

①セル**【D5】**に**「=B5+C5」**と入力
※「=」を入力後、セルをクリックすると、セル位置が自動的に入力されます。

⑦

①セル**【D5】**を選択し、セル右下の■（フィルハンドル）をセル**【D7】**までドラッグ

⑧

①セル**【B8】**に**「=B5+B6+B7」**と入力

⑨

①セル**【B8】**を選択し、セル右下の■（フィルハンドル）をセル**【D8】**までドラッグ

⑩

①**《ファイル》**タブを選択
②**《名前を付けて保存》**をクリック
③**《参照》**をクリック
④左側の一覧から**《ドキュメント》**を選択
※《ドキュメント》が表示されていない場合は、《PC》をクリックします。
⑤右側の一覧から**「Excel2016基礎」**を選択
⑥**《開く》**をクリック
⑦一覧から**「第2章」**を選択
⑧**《開く》**をクリック
⑨**《ファイル名》**に**「来場者数集計」**と入力
⑩**《保存》**をクリック

第3章　練習問題

①

①セル**【C9】**をクリック
②**《ホーム》**タブを選択
③**《編集》**グループの Σ（合計）をクリック
④数式バーに**「=SUM(C4:C8)」**と表示されていることを確認
⑤ Enter を押す

②

①セル**【C10】**をクリック
②**《ホーム》**タブを選択
③**《編集》**グループの Σ（合計）の をクリック
④**《平均》**をクリック
⑤数式バーに**「=AVERAGE(C4:C9)」**と表示されていることを確認
⑥セル範囲**【C4:C8】**を選択
⑦数式バーに**「=AVERAGE(C4:C8)」**と表示されていることを確認
⑧ Enter を押す

③

①セル範囲**【C9:C10】**を選択し、セル範囲右下の■（フィルハンドル）をセル**【F10】**までドラッグ

④

①セル範囲【B3:F10】を選択

②《ホーム》タブを選択

③《フォント》グループの (下罫線)の をクリック

④《格子》をクリック

⑤

①セル範囲【B3:F3】を選択

②《ホーム》タブを選択

③《フォント》グループの (塗りつぶしの色)の をクリック

④《テーマの色》の《オレンジ、アクセント2、白+基本色60%》(左から6番目、上から3番目)をクリック

⑤《フォント》グループの B (太字)をクリック

⑥《配置》グループの (中央揃え)をクリック

⑥

①セル範囲【B1:F1】を選択

②《ホーム》タブを選択

③《配置》グループの (セルを結合して中央揃え)をクリック

⑦

①列番号【F】を右クリック

②《挿入》をクリック

⑧

省略

⑨

①セル範囲【E9:E10】を選択し、セル範囲右下の■(フィルハンドル)をセル【F10】までドラッグ

⑩

①列番号【A】を右クリック

②《列の幅》をクリック

③《列幅》に「1」と入力

④《OK》をクリック

⑤列番号【B】を右クリック

⑥《列の幅》をクリック

⑦《列幅》に「12」と入力

⑧《OK》をクリック

第4章　練習問題

①

①セル【F5】に「=E5/D5」と入力

※「=」を入力後、セルをクリックすると、セル位置が自動的に入力されます。

②セル【F5】を選択し、セル右下の■(フィルハンドル)をセル【F14】までドラッグ

③ (オートフィルオプション)をクリック

④《書式なしコピー(フィル)》をクリック

②

①セル【G5】に「=E5/$E$14」と入力

※「$」の入力は、F4 を使うと効率的です。

②セル【G5】を選択し、セル右下の■(フィルハンドル)をセル【G14】までドラッグ

③ (オートフィルオプション)をクリック

④《書式なしコピー(フィル)》をクリック

③

①セル【D15】をクリック

②《ホーム》タブを選択

③《編集》グループの Σ (合計)の をクリック

④《最大値》をクリック

⑤数式バーに「=MAX(D5:D14)」と表示されていることを確認

⑥セル範囲【D5:D13】を選択

⑦数式バーに「=MAX(D5:D13)」と表示されていることを確認

⑧ Enter を押す

⑨セル【D15】を選択し、セル右下の■(フィルハンドル)をセル【E15】までドラッグ

④

①セル範囲【F15:G15】を選択

②《ホーム》タブを選択

③《フォント》グループの をクリック

④《罫線》タブを選択

⑤《スタイル》の一覧から《――》を選択

⑥《罫線》の をクリック

⑦《OK》をクリック

⑤

①セル範囲**【D5:E15】**を選択

②**《ホーム》**タブを選択

③**《数値》**グループの , （桁区切りスタイル）をクリック

⑥

①セル範囲**【F5:G14】**を選択

②**《ホーム》**タブを選択

③**《数値》**グループの % （パーセントスタイル）をクリック

④**《数値》**グループの ←.0 .00 （小数点以下の表示桁数を増やす）をクリック

⑦

①セル**【G2】**をクリック

②**《ホーム》**タブを選択

③**《数値》**グループの 日付 （数値の書式）の ▾ をクリックし、一覧から**《長い日付形式》**を選択

第5章　練習問題

①

①シート**「Sheet1」**のシート見出しをダブルクリック

②**「上期」**と入力

③ Enter を押す

④同様に、シート**「Sheet2」**の名前を**「下期」**に変更

⑤同様に、シート**「Sheet3」**の名前を**「年間」**に変更

②

①シート**「上期」**のシート見出しをクリック

② Shift を押しながら、シート**「年間」**のシート見出しをクリック

③

①セル**【B1】**に**「売上管理表」**と入力

②セル**【B1】**をクリック

③**《ホーム》**タブを選択

④**《フォント》**グループの 11 ▾ （フォントサイズ）の ▾ をクリックし、一覧から**《16》**を選択

⑤**《フォント》**グループの B （太字）をクリック

⑥**《フォント》**グループの A ▾ （フォントの色）の ▾ をクリック

⑦**《標準の色》**の**《濃い青》**（左から9番目）をクリック

④

①シート**「下期」**またはシート**「年間」**のシート見出しをクリック

※一番手前のシート以外のシート見出しをクリックします。

⑤

①シート**「年間」**のセル**【C4】**をクリック

②**「=」**を入力

③シート**「上期」**のシート見出しをクリック

④セル**【I4】**をクリック

⑤数式バーに**「=上期!I4」**と表示されていることを確認

⑥ Enter を押す

⑦シート**「年間」**のセル**【C4】**を選択し、セル右下の■（フィルハンドル）をダブルクリック

①シート**「年間」**のセル**【D4】**をクリック

②**「=」**を入力

③シート**「下期」**のシート見出しをクリック

④セル**【I4】**をクリック

⑤数式バーに**「=下期!I4」**と表示されていることを確認

⑥ Enter を押す

⑦シート**「年間」**のセル**【D4】**を選択し、セル右下の■（フィルハンドル）をダブルクリック

①シート**「年間」**のシート見出しをシート**「上期」**の左側にドラッグ

第6章　練習問題

①

①ステータスバーの（ページレイアウト）をクリック

②ステータスバーの（縮小）を3回クリック

②

①**《ページレイアウト》**タブを選択

②**《ページ設定》**グループの（ページサイズの選択）をクリック

③**《A4》**をクリック

④**《ページ設定》**グループの（ページの向きを変更）をクリック

⑤**《縦》**をクリック

③

①ヘッダーの左側をクリック

②**「営業推進部」**と入力

③ヘッダー以外の場所をクリック

④フッターの中央をクリック

⑤**《デザイン》**タブを選択

⑥**《ヘッダー/フッター要素》**グループの（ページ番号）をクリック

⑦**「/」**を入力

⑧**《ヘッダー/フッター要素》**グループの（ページ数）をクリック

⑨フッター以外の場所をクリック

④

①**《ページレイアウト》**タブを選択

②**《ページ設定》**グループの（印刷タイトル）をクリック

③**《シート》**タブを選択

④**《印刷タイトル》**の**《タイトル行》**のボックスをクリック

⑤行番号**【4】**から行番号**【6】**をドラッグ

⑥**《印刷タイトル》**の**《タイトル行》**に**「$4:$6」**と表示されていることを確認

⑦**《OK》**をクリック

⑤

①ステータスバーの（改ページプレビュー）をクリック

⑥

①A列の左側の青い太線を、B列の左側までドラッグ

②1行目の上側の青い太線を、4行目の上側までドラッグ

⑦

①43行目あたりにあるページ区切りの青い点線を、53行目の上側までドラッグ

⑧

①**《ファイル》**タブを選択

②**《印刷》**をクリック

③印刷イメージを確認

④**《印刷》**の**《部数》**が**「1」**になっていることを確認

⑤**《プリンター》**に印刷するプリンター名が表示されていることを確認

⑥**《印刷》**をクリック

第7章　練習問題

①

①セル範囲【B3:D12】を選択
②**《挿入》**タブを選択
③**《グラフ》**グループの（縦棒/横棒グラフの挿入）をクリック
④**《2-D横棒》**の**《100%積み上げ横棒》**（左から3番目）をクリック

②

①グラフを選択
②**《デザイン》**タブを選択
③**《場所》**グループの（グラフの移動）をクリック
④**《新しいシート》**を◉にし、**「構成比グラフ」**と入力
⑤**《OK》**をクリック

③

①グラフを選択
②**《デザイン》**タブを選択
③**《データ》**グループの（行/列の切り替え）をクリック

④

①グラフタイトルをクリック
②グラフタイトルを再度クリック
③**「グラフタイトル」**を削除し、**「主要商品分類構成比」**と入力
④グラフタイトル以外の場所をクリック

⑤

①グラフを選択
②**《デザイン》**タブを選択
③**《グラフスタイル》**グループの（その他）をクリック
④**《スタイル8》**（左から2番目、上から2番目）をクリック

⑥

①グラフを選択
②**《デザイン》**タブを選択
③**《グラフスタイル》**グループの（グラフクイックカラー）をクリック
④**《カラフル》**の**《色4》**（上から4番目）をクリック

①グラフエリアをクリック
②**《ホーム》**タブを選択
③**《フォント》**グループの10（フォントサイズ）のをクリックし、一覧から**《11》**を選択
④グラフタイトルをクリック
⑤**《フォント》**グループの13.2（フォントサイズ）のをクリックし、一覧から**《18》**を選択

①グラフを選択
②ショートカットツールの（グラフフィルター）をクリック
③**《値》**をクリック
④**《系列》**の**《（すべて選択）》**を□にする
⑤**《機械類・輸送用機器》《鉱物性燃料》《雑製品》《工業製品》**を☑にする
⑥**《適用》**をクリック
⑦（グラフフィルター）をクリック
※Escを押してもかまいません。

第8章　練習問題

①

①セル【K4】に「**市営地下鉄□中川駅□徒歩5分**」と入力
※□は全角空白を表します。
※「5」は半角で入力します。

②セル【K4】をクリック
※表内のK列のセルであれば、どこでもかまいません。

③《**データ**》タブを選択

④《**データツール**》グループの（フラッシュフィル）をクリック

②

①セル【J3】をクリック
※表内のJ列のセルであれば、どこでもかまいません。

②《**データ**》タブを選択

③《**並べ替えとフィルター**》グループの（降順）をクリック

③

①セル【B3】をクリック
※表内のセルであれば、どこでもかまいません。

②《**データ**》タブを選択

③《**並べ替えとフィルター**》グループの（並べ替え）をクリック

④《**先頭行をデータの見出しとして使用する**》を☑にする

⑤《**最優先されるキー**》の《**列**》の▼をクリックし、一覧から「**間取り**」を選択

⑥《**並べ替えのキー**》が《**値**》になっていることを確認

⑦《**順序**》の▼をクリックし、一覧から《**昇順**》を選択

⑧《**レベルの追加**》をクリック

⑨《**次に優先されるキー**》の《**列**》の▼をクリックし、一覧から「**毎月支払額**」を選択

⑩《**並べ替えのキー**》が《**値**》になっていることを確認

⑪《**順序**》の▼をクリックし、一覧から《**降順**》を選択

⑫《**OK**》をクリック

④

①セル【B3】をクリック
※表内のB列のセルであれば、どこでもかまいません。

②《**データ**》タブを選択

③《**並べ替えとフィルター**》グループの（昇順）をクリック

⑤

①セル【B3】をクリック
※表内のセルであれば、どこでもかまいません。

②《**データ**》タブを選択

③《**並べ替えとフィルター**》グループの（フィルター）をクリック

④「**賃料**」の▼をクリック

⑤《**数値フィルター**》をポイント

⑥《**トップテン**》をクリック

⑦左のボックスの▼をクリックし、一覧から《**下位**》を選択

⑧中央のボックスを「**5**」に設定

⑨右のボックスが《**項目**》になっていることを確認

⑩《**OK**》をクリック
※（クリア）をクリックし、条件をクリアしておきましょう。

⑥

①「**築年月**」の▼をクリック

②《**日付フィルター**》をポイント

③《**指定の範囲内**》をクリック

④左上のボックスに「**2013/1/1**」と入力

⑤右上のボックスが《**以降**》になっていることを確認

⑥《**AND**》を◉にする

⑦左下のボックスに「**2015/12/31**」と入力

⑧右下のボックスが《**以前**》になっていることを確認

⑨《**OK**》をクリック
※5件のレコードが抽出されます。
※（クリア）をクリックし、条件をクリアしておきましょう。

⑦

①「**徒歩（分）**」の▼をクリック

②《**数値フィルター**》をポイント

③《**指定の値以下**》をクリック

④左上のボックスに「**10**」と入力

⑤右上のボックスが《**以下**》になっていることを確認

⑥《**OK**》をクリック

⑦「**間取り**」の▼をクリック

⑧《**（すべて選択）**》を□にする

⑨「**3LDK**」を☑にする

⑩「**4LDK**」を☑にする

⑪《**OK**》をクリック
※6件のレコードが抽出されます。
※（フィルター）をクリックし、フィルターモードを解除しておきましょう。

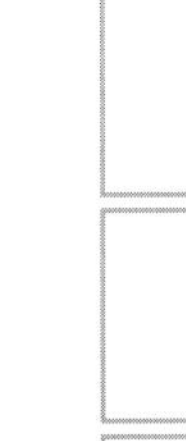

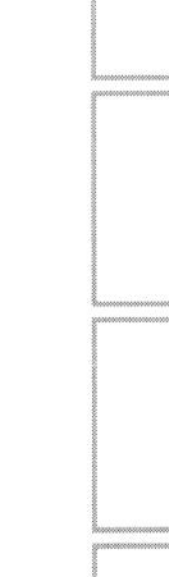

第9章　練習問題

①

①セル【A1】をクリック
※ブック内のセルであれば、どこでもかまいません。

②《ホーム》タブを選択

③《編集》グループの（検索と選択）をクリック

④《置換》をクリック

⑤《置換》タブを選択

⑥《検索する文字列》に「グラム」と入力

⑦《置換後の文字列》に「g」と入力
※直前に指定した書式の内容が残っている場合は、書式を削除します。

⑧《検索場所》のをクリックし、一覧から《ブック》を選択
※《検索場所》が表示されていない場合は、《オプション》をクリックします。

⑨《すべて置換》をクリック
※20件置換されます。

⑩《OK》をクリック

⑪《閉じる》をクリック
※各シートの結果を確認しておきましょう。

②

①セル【A1】をクリック
※ブック内のセルであれば、どこでもかまいません。

②《ホーム》タブを選択

③《編集》グループの（検索と選択）をクリック

④《置換》をクリック

⑤《置換》タブを選択

⑥《検索する文字列》の内容を削除

⑦《置換後の文字列》の内容を削除

⑧《検索する文字列》の《書式》をクリック
※《書式》が表示されていない場合は、《オプション》をクリックします。

⑨《フォント》タブを選択

⑩《スタイル》の一覧から《太字》を選択

⑪《OK》をクリック

⑫《置換後の文字列》の《書式》をクリック

⑬《塗りつぶし》タブを選択

⑭《背景色》の一覧から任意のオレンジを選択

⑮《OK》をクリック

⑯《検索場所》のをクリックし、一覧から《ブック》を選択

⑰《すべて置換》をクリック
※18件置換されます。

⑱《OK》をクリック

⑲《閉じる》をクリック
※各シートの結果を確認しておきましょう。

③

①シート「FAX注文書」のシート見出しをクリック

②《ファイル》タブを選択

③《エクスポート》をクリック

④《PDF/XPSドキュメントの作成》をクリック

⑤《PDF/XPSの作成》をクリック

⑥PDFファイルを保存する場所を開く
※《PC》→《ドキュメント》→「Excel2016基礎」→「第9章」を選択します。

⑦《ファイル名》に「FAX注文書」と入力

⑧《ファイルの種類》が《PDF》になっていることを確認

⑨《オプション》をクリック

⑩《発行対象》の《選択したシート》を◉にする

⑪《OK》をクリック

⑫《発行後にファイルを開く》を☑にする

⑬《発行》をクリック
※アプリを選択する画面が表示された場合は、《Microsoft Edge》を選択します。

Answer 総合問題解答

総合問題1

①セル【B1】をダブルクリック

②「**週間行動予定表**」に修正

③ Enter を押す

①セル範囲【C3:C4】を選択し、セル範囲右下の■(フィルハンドル)をセル【I4】までドラッグ

③

①セル範囲【H5:H14】を選択

②《**ホーム**》タブを選択

③《**フォント**》グループの (塗りつぶしの色)の をクリック

④《**テーマの色**》の《**青、アクセント1、白+基本色80%**》(左から5番目、上から2番目)をクリック

⑤セル範囲【I5:I14】を選択

⑥《**フォント**》グループの (塗りつぶしの色)の をクリック

⑦《**テーマの色**》の《**オレンジ、アクセント2、白+基本色80%**》(左から6番目、上から2番目)をクリック

④

①セル範囲【B5:B6】を選択

②《**ホーム**》タブを選択

③《**配置**》グループの (セルを結合して中央揃え)をクリック

④同様に、セル範囲【B7:B8】、セル範囲【B9:B10】、セル範囲【B11:B12】、セル範囲【B13:B14】をそれぞれ結合して中央揃えにする

※ F4 を押すと、直前のコマンドが繰り返し設定されるので効率的です。

⑤

①セル範囲【C5:I5】を選択

②《**ホーム**》タブを選択

③《**フォント**》グループの をクリック

④《**罫線**》タブを選択

⑤《**スタイル**》の一覧から《………》を選択

⑥《**罫線**》の をクリック

⑦《**OK**》をクリック

⑧同様に、セル範囲【C7:I7】、セル範囲【C9:I9】、セル範囲【C11:I11】、セル範囲【C13:I13】に罫線を引く

①セル【G1】をクリック

②《**ホーム**》タブを選択

③《**編集**》グループの Σ (合計)の をクリック

④《**最小値**》をクリック

⑤数式バーに「**=MIN()**」と表示されていることを確認

⑥セル範囲【C3:I3】を選択

⑦数式バーに「**=MIN(C3:I3)**」と表示されていることを確認

⑧ Enter を押す

①セル【I1】をクリック

②《**ホーム**》タブを選択

③《**編集**》グループの Σ (合計)の をクリック

④《**最大値**》をクリック

⑤数式バーに「**=MAX()**」と表示されていることを確認

⑥セル範囲【C3:I3】を選択

⑦数式バーに「**=MAX(C3:I3)**」と表示されていることを確認

⑧ Enter を押す

①セル【G1】をクリック

② Ctrl を押しながら、セル【I1】をクリック

③《**ホーム**》タブを選択

④《**数値**》グループの 日付 (数値の書式)の をクリックし、一覧から《**短い日付形式**》を選択

※日付がすべて表示できない場合は、「#######」で表示されます。

⑨

①列番号【C】から列番号【I】をドラッグ

②選択した列番号を右クリック

③**《列の幅》**をクリック

④**《列幅》**に「**14**」と入力

⑤**《OK》**をクリック

⑩

①行番号【5】から行番号【14】をドラッグ

②選択した行番号を右クリック

③**《行の高さ》**をクリック

④**《行の高さ》**に「**40**」と入力

⑤**《OK》**をクリック

⑪

①［Ctrl］を押しながら、シート「**第1週**」のシート見出しを右側にドラッグ

②シート「**第1週**」の右側に▼が表示されたら、マウスから手を離す

③シート「**第1週(2)**」のシート見出しをダブルクリック

④「**第2週**」と入力

⑤［Enter］を押す

⑫

①シート「**第2週**」のセル【C3】をダブルクリック

②「**2016/8/8**」に修正

③［Enter］を押す

④セル【C3】を選択し、セル右下の■(フィルハンドル)をセル【I3】までドラッグ

総合問題2

①

①セル【J5】に「**=H5-I5**」と入力

※「=」を入力後、セルをクリックすると、セル位置が自動的に入力されます。

②セル【J5】を選択し、セル右下の■(フィルハンドル)をダブルクリック

②

①セル【K5】に「**=E5/D5**」と入力

②セル【K5】を選択し、セル右下の■(フィルハンドル)をダブルクリック

③

①セル範囲【K5:K24】を選択

②**《ホーム》**タブを選択

③**《数値》**グループの［%］(パーセントスタイル)をクリック

④**《数値》**グループの［.00］(小数点以下の表示桁数を増やす)をクリック

④

①セル【L5】に「**=E5*$K$2+F5*$L$2**」と入力

※「$」の入力は、［F4］を使うと効率的です。

②セル【L5】を選択し、セル右下の■(フィルハンドル)をダブルクリック

⑤

①セル【B4】をクリック

※表内のセルであれば、どこでもかまいません。

②**《データ》**タブを選択

③**《並べ替えとフィルター》**グループの［並べ替え］(並べ替え)をクリック

④**《先頭行をデータの見出しとして使用する》**を☑にする

⑤**《最優先されるキー》**の**《列》**の［∨］をクリックし、一覧から「**勝点**」を選択

⑥**《並べ替えのキー》**が**《値》**になっていることを確認

⑦**《順序》**の［∨］をクリックし、一覧から**《降順》**を選択

⑧**《レベルの追加》**をクリック

⑨**《次に優先されるキー》**の**《列》**の［∨］をクリックし、一覧から「**得失点差**」を選択

⑩**《並べ替えのキー》**が**《値》**になっていることを確認

⑪**《順序》**の［∨］をクリックし、一覧から**《降順》**を選択

⑫**《OK》**をクリック

⑥

①セル【B5】に「**1**」と入力

②セル【B5】を選択し、セル右下の■(フィルハンドル)をダブルクリック

③［オートフィルオプション］(オートフィルオプション)をクリック

④**《連続データ》**をクリック

⑦

①シート「**Sheet1**」のシート見出しをダブルクリック

②「**成績一覧**」と入力

③［Enter］を押す

総合問題3

①シート「**上期売上**」の1～4行目が表示されていることを確認
※固定する見出しを画面に表示しておく必要があります。

②行番号【**5**】をクリック
※固定する行の下の行を選択します。

③《**表示**》タブを選択

④《**ウィンドウ**》グループの ウィンドウ枠の固定 (ウィンドウ枠の固定)をクリック

⑤《**ウィンドウ枠の固定**》をクリック

⑥シートを下方向にスクロールし、1～4行目が固定されていることを確認

②

①セル範囲【**D5:I11**】を選択

②《**ホーム**》タブを選択

③《**編集**》グループの Σ (合計)をクリック

④同様に、セル範囲【**D12:I18**】、セル範囲【**D19:I25**】、セル範囲【**D26:I32**】、セル範囲【**D33:I39**】を選択し、合計を求める
※あらかじめ、Ctrl を使って、セル範囲【D5:I11】、セル範囲【D12:I18】、セル範囲【D19:I25】、セル範囲【D26:I32】、セル範囲【D33:I39】を選択してから、Σ (合計)をクリックしてもかまいません。

③

①セル範囲【**D40:I40**】を選択

②《**ホーム**》タブを選択

③《**編集**》グループの Σ (合計)をクリック
※セル【D40】に「=SUM(D39,D32,D25,D18,D11)」と入力されていることを確認しておきましょう。

④

①セル範囲【**D5:I40**】を選択

②《**ホーム**》タブを選択

③《**数値**》グループの , (桁区切りスタイル)をクリック

⑤

①シート「**上期売上**」のシート見出しを右クリック

②《**シート見出しの色**》をポイント

③《**標準の色**》の《**薄い青**》(左から7番目)をクリック

④同様に、シート「**車種別売上**」のシート見出しの色を《**薄い緑**》(左から5番目)に設定

⑥

①シート「**上期売上**」のセル範囲【**D11:H11**】を選択

②《**ホーム**》タブを選択

③《**クリップボード**》グループの (コピー)をクリック

④シート「**車種別集計**」のシート見出しをクリック

⑤セル【**C5**】をクリック

⑥《**クリップボード**》グループの (貼り付け)の 貼り付け をクリック

⑦《**その他の貼り付けオプション**》の (リンク貼り付け)をクリック

⑧同様に、シート「**上期売上**」のセル範囲【**D18:H18**】、セル範囲【**D25:H25**】、セル範囲【**D32:H32**】、セル範囲【**D39:H39**】を、シート「**車種別集計**」にリンク貼り付け
※あらかじめ、Ctrl を使って、シート「上期売上」のセル範囲【D11:H11】、セル範囲【D18:H18】、セル範囲【D25:H25】、セル範囲【D32:H32】、セル範囲【D39:H39】を選択し、コピーしてシート「車種別集計」のセル【C5】にリンク貼り付けしてもかまいません。

①シート「**車種別集計**」のセル【**I5**】に「**=H5/$H$10**」と入力
※「$」の入力は、F4 を使うと効率的です。

②セル【**I5**】を選択し、セル右下の■(フィルハンドル)をセル【**I10**】までドラッグ

⑧

①セル範囲【**I5:I10**】を選択

②《**ホーム**》タブを選択

③《**数値**》グループの % (パーセントスタイル)をクリック

④《**数値**》グループの (小数点以下の表示桁数を増やす)をクリック

総合問題4

①

①Ctrlを押しながら、シート「**平成26年度**」のシート見出しを右側にドラッグ

②シート「**平成26年度**」の右側に▼が表示されたら、マウスから手を離す

③シート「**平成26年度（2）**」のシート見出しをダブルクリック

④「**前年度比較**」と入力

⑤Enterを押す

②

①シート「**前年度比較**」のセル【**B1**】をダブルクリック

②「**一般会計内訳（前年度比較）**」に修正

③Enterを押す

④セル【**D4**】に「**増減額**」と入力

⑤セル【**D4**】をクリック

⑥《**ホーム**》タブを選択

⑦《**クリップボード**》グループの（コピー）をクリック

⑧セル【**H4**】をクリック

⑨《**クリップボード**》グループの（貼り付け）をクリック

③

①シート「**前年度比較**」のセル範囲【**D5:D17**】を選択

②Ctrlを押しながら、セル範囲【**H5:H17**】を選択

③Deleteを押す

④

①シート「**前年度比較**」のセル【**D5**】をクリック

②「**=**」を入力

③シート「**平成26年度**」のシート見出しをクリック

④セル【**D5**】をクリック

⑤「**-**」を入力

⑥シート「**平成25年度**」のシート見出しをクリック

⑦セル【**D5**】をクリック

⑧数式バーに「**=平成26年度!D5-平成25年度!D5**」と表示されていることを確認

⑨Enterを押す

⑩シート「**前年度比較**」のセル【**D5**】を選択し、セル右下の■（フィルハンドル）をダブルクリック

⑤

①シート「**前年度比較**」のセル【**H5**】をクリック

②「**=**」を入力

③シート「**平成26年度**」のシート見出しをクリック

④セル【**H5**】をクリック

⑤「**-**」を入力

⑥シート「**平成25年度**」のシート見出しをクリック

⑦セル【**H5**】をクリック

⑧数式バーに「**=平成26年度!H5-平成25年度!H5**」と表示されていることを確認

⑨Enterを押す

⑩シート「**前年度比較**」のセル【**H5**】を選択し、セル右下の■（フィルハンドル）をダブルクリック

⑥

①シート「**平成25年度**」のシート見出しをクリック

②Shiftを押しながら、シート「**前年度比較**」のシート見出しをクリック

③タイトルバーに《**[作業グループ]**》と表示されていることを確認

⑦

①セル【**H2**】に「**単位：千円**」と入力

②セル【**H2**】をクリック

③《**ホーム**》タブを選択

④《**配置**》グループの（右揃え）をクリック

⑤セル範囲【**D5:D18**】を選択

⑥Ctrlを押しながら、セル範囲【**H5:H18**】を選択

⑦《**数値**》グループの通貨（数値の書式）のをクリックし、一覧から《**会計**》を選択

⑧

①シート「**平成26年度**」またはシート「**前年度比較**」のシート見出しをクリック

※一番手前のシート以外のシート見出しをクリックします。

②タイトルバーに《**[作業グループ]**》と表示されていないことを確認

③各シートにデータ入力や書式設定が反映されていることを確認

総合問題5

①

①セル【C3】に「1月」と入力

②セル【C3】を選択し、セル右下の■(フィルハンドル)をセル【N3】までドラッグ

②

①セル範囲【B3:N9】を選択

②《ホーム》タブを選択

③《フォント》グループの (下罫線)の をクリック

④《格子》をクリック

③

①セル範囲【B3:N9】を選択

②《ホーム》タブを選択

③《フォント》グループの (格子)の をクリック

④《太い外枠》をクリック

④

①セル範囲【B3:N3】を選択

②《ホーム》タブを選択

③《フォント》グループの 11 (フォントサイズ)の をクリックし、一覧から《10》を選択

④《フォント》グループの B (太字)をクリック

⑤《配置》グループの (中央揃え)をクリック

⑤

①セル範囲【B5:N5】を選択

②《ホーム》タブを選択

③《フォント》グループの (塗りつぶしの色)の をクリック

④《テーマの色》の《白、背景1、黒+基本色15%》(左から1番目、上から3番目)をクリック

⑤同様に、セル範囲【B7:N7】とセル範囲【B9:N9】に塗りつぶしを設定

※F4を押すと、直前のコマンドが繰り返し設定されるので効率的です。

⑥

①セル範囲【C4:N9】を選択

②《ホーム》タブを選択

③《数値》グループの (小数点以下の表示桁数を増やす)をクリック

※小数点以下の桁数を揃えます。

④《数値》グループの (小数点以下の表示桁数を減らす)をクリック

※③と④は逆に操作しても、同じ結果を得ることができます。

⑦

①セル範囲【B3:N9】を選択

②《挿入》タブを選択

③《グラフ》グループの (折れ線/面グラフの挿入)をクリック

④《2-D折れ線》の《折れ線》(左から1番目、上から1番目)をクリック

⑧

①グラフを選択

②《デザイン》タブを選択

③《グラフスタイル》グループの (その他)をクリック

④《スタイル12》(左から6番目、上から2番目)をクリック

⑨

①グラフを選択

②《デザイン》タブを選択

③《グラフのレイアウト》グループの (グラフ要素を追加)をクリック

④《グラフタイトル》をポイント

⑤《なし》をクリック

⑩

①グラフエリアをドラッグし、移動(目安:セル【B11】)

②グラフエリア右下をドラッグし、サイズを変更(目安:セル【N25】)

⑪

①グラフエリアをクリック

②《書式》タブを選択

③《図形のスタイル》グループの (図形の塗りつぶし)の をクリック

④《テーマの色》の《白、背景1、黒+基本色5%》(左から1番目、上から2番目)をクリック

⑫

①「東京」のデータ系列をクリック

②《デザイン》タブを選択

③《グラフのレイアウト》グループの (グラフ要素を追加)をクリック

④《データラベル》をポイント

⑤《上》をクリック

⑬

①グラフを選択

②ショートカットツールの［▼］（グラフフィルター）をクリック

③《値》をクリック

④《系列》の「ニューヨーク」と「パリ」を□にする

⑤《適用》をクリック

⑥［▼］（グラフフィルター）をクリック

※【Esc】を押してもかまいません。

総合問題6

①セル範囲【C5:I12】を選択

②《ホーム》タブを選択

③《編集》グループの［Σ］（合計）をクリック

②

①セル範囲【B4:I11】を選択

②《データ》タブを選択

③《並べ替えとフィルター》グループの［並べ替え］（並べ替え）をクリック

④《先頭行をデータの見出しとして使用する》を✔にする

⑤《最優先されるキー》の《列》の［∨］をクリックし、一覧から《合計》を選択

⑥《並べ替えのキー》が《値》になっていることを確認

⑦《順序》の［∨］をクリックし、一覧から《降順》を選択

⑧《OK》をクリック

③

①セル範囲【B5:B11】を選択

②【Ctrl】を押しながら、セル範囲【I5:I11】を選択

③《挿入》タブを選択

④《グラフ》グループの［●▾］（円またはドーナツグラフの挿入）をクリック

⑤《3-D円》の《3-D円》（左から1番目）をクリック

①グラフを選択

②《デザイン》タブを選択

③《場所》グループの［グラフの移動］（グラフの移動）をクリック

④《新しいシート》を◉にし、「調査結果グラフ」と入力

⑤《OK》をクリック

①グラフタイトルをクリック

②グラフタイトルを再度クリック

③「グラフタイトル」を削除し、「充実感を感じるとき（全世代）」と入力

④グラフタイトル以外の場所をクリック

①グラフを選択

②《デザイン》タブを選択

③《グラフのレイアウト》グループの［クイックレイアウト］（クイックレイアウト）をクリック

④《レイアウト1》（左から1番目、上から1番目）をクリック

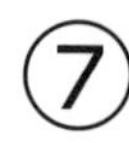

①グラフを選択

②《デザイン》タブを選択

③《グラフスタイル》グループの［色の変更］（グラフクイックカラー）をクリック

④《モノクロ》の《色13》（上から9番目）をクリック

①グラフタイトルをクリック

②《ホーム》タブを選択

③《フォント》グループの［14 ▾］（フォントサイズ）の［▾］をクリックし、一覧から《20》を選択

④データラベルをクリック

⑤《フォント》グループの［9 ▾］（フォントサイズ）の［▾］をクリックし、一覧から《14》を選択

①グラフタイトルをクリック

②《書式》タブを選択

③《図形のスタイル》グループの［✎ ▾］（図形の枠線）の［▾］をクリック

④《テーマの色》の《オレンジ、アクセント2》（左から6番目、上から1番目）をクリック

⑤《図形のスタイル》グループの［✎ ▾］（図形の枠線）の［▾］をクリック

⑥《太さ》をポイント

⑦《1.5pt》をクリック

⑩

①データ系列（円の部分）をクリック

②データ要素「**友人や恋人と一緒にいるとき**」（扇型の部分）をクリック

③円の外側にドラッグして、切り離し円にする

※データラベル以外の場所をドラッグします。

総合問題7

①

①シート「**会員名簿**」のセル【**D4**】に「**浜口**」と入力

②セル【**D4**】をクリック

※表内のD列のセルであれば、どこでもかまいません。

③《**データ**》タブを選択

④《**データツール**》グループの（フラッシュフィル）をクリック

⑤セル【**E4**】に「**ふみ**」と入力

⑥セル【**E4**】をクリック

※表内のE列のセルであれば、どこでもかまいません。

⑦《**データツール**》グループの（フラッシュフィル）をクリック

②

①セル範囲【**C4:C33**】を選択

②《**ホーム**》タブを選択

③《**フォント**》グループの（ふりがなの表示/非表示）をクリック

④セル【**C3**】をクリック

※表内のC列のセルであれば、どこでもかまいません。

⑤《**データ**》タブを選択

⑥《**並べ替えとフィルター**》グループの（昇順）をクリック

③

①セル【**B3**】をクリック

※表内のセルであれば、どこでもかまいません。

②《**データ**》タブを選択

③《**並べ替えとフィルター**》グループの（フィルター）をクリック

④「**住所**」のをクリック

⑤《**テキストフィルター**》をポイント

⑥《**指定の値を含む**》をクリック

⑦左上のボックスに「**横浜市**」と入力

⑧右上のボックスが《**を含む**》になっていることを確認

⑨《**OK**》をクリック

※12件のレコードが抽出されます。

※（クリア）をクリックし、条件をクリアしておきましょう。

④

①「**生年月日**」のをクリック

②《**日付フィルター**》をポイント

③《**指定の値より後**》をクリック

④左上のボックスに「**1980/1/1**」と入力

⑤右上のボックスのをクリックし、一覧から《**以降**》を選択

⑥《**OK**》をクリック

※13件のレコードが抽出されます。

※（クリア）をクリックし、条件をクリアしておきましょう。

⑤

①「**会員種別**」のをクリック

②《**一般**》を□にする

③《**OK**》をクリック

④抽出結果のレコード（9件分）のセル範囲を選択

⑤《**ホーム**》タブを選択

⑥《**クリップボード**》グループの（コピー）をクリック

⑦シート「**特別会員**」のシート見出しをクリック

⑧セル【**B4**】をクリック

⑨《**クリップボード**》グループの（貼り付け）をクリック

※シート「会員名簿」に切り替えて、《データ》タブの（クリア）をクリックし、条件をクリアしておきましょう。

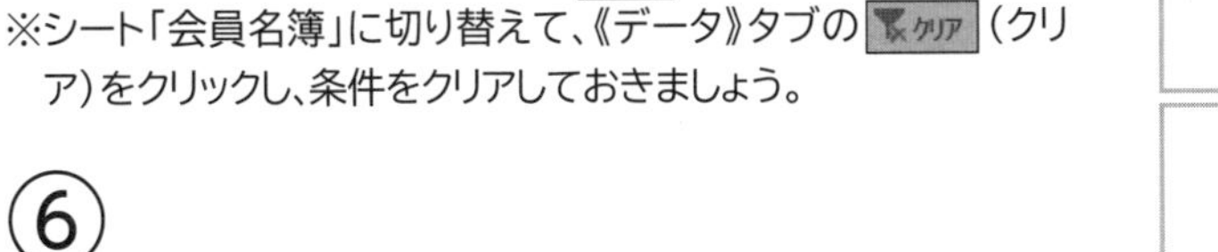

⑥

①シート「**会員名簿**」の「**誕生月**」のをクリック

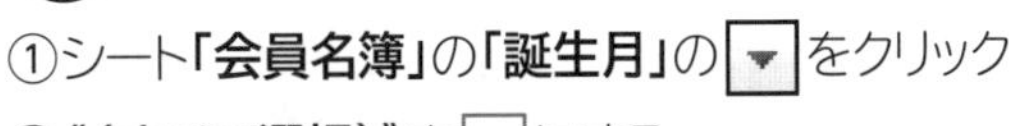

②《**（すべて選択）**》を□にする

③《**6**》を☑にする

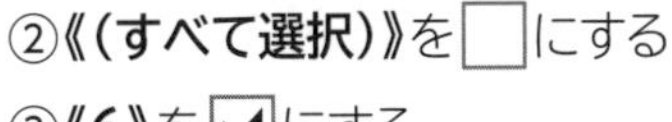

④《**7**》を☑にする

⑤《**OK**》をクリック

⑥セル【**L5**】に「**○**」と入力

⑦セル【**L5**】を選択し、セル右下の■（フィルハンドル）をダブルクリック

※（フィルター）をクリックし、フィルターモードを解除しておきましょう。

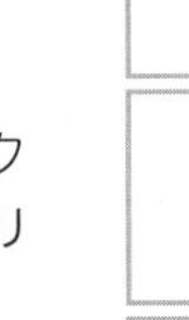
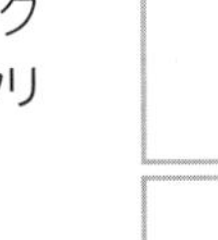

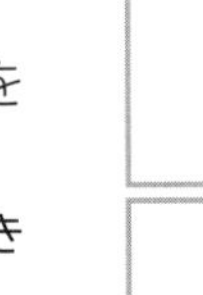

総合問題8

①

①セル【C3】をクリック

②《ホーム》タブを選択

③《編集》グループの[Σ▾](合計)の[▾]をクリック

④《数値の個数》をクリック

⑤数式バーに「=COUNT()」と表示されていることを確認

⑥セル範囲【B7:B36】を選択

※表の最終行までのセル範囲を選択するには、セル【B7】を選択し、[Ctrl]+[Shift]+[↓]を押すと効率的です。

⑦数式バーに「=COUNT(B7:B36)」と表示されていることを確認

⑧[Enter]を押す

※「30」と表示されます。

※数式「=COUNTA(B7:B36)」でも同じ結果を得られます。

②

①セル【C4】をクリック

※入力モードを[A]にします。

②「=C」を入力

③一覧の「COUNTA」をダブルクリック

④セル範囲【J7:J36】を選択

⑤「)」を入力

⑥数式バーに「=COUNTA(J7:J36)」と表示されていることを確認

⑦[Enter]を押す

※「7」と表示されます。

③

①行番号【36】をクリック

②《ホーム》タブを選択

③《クリップボード》グループの[](書式のコピー/貼り付け)をクリック

④行番号【37】をクリック

④

①セル【B36】を選択し、セル右下の■(フィルハンドル)をセル【B37】までドラッグ

②[](オートフィルオプション)をクリック

③《連続データ》をクリック

④セル【C37】に「佐々木　緑」と入力

⑤同様に、セル範囲【D37:J37】にデータを入力

※「会員種別」の入力は、オートコンプリートを使うと効率的です。

⑤

①セル【C3】をダブルクリック

※数式が編集状態になり、セル内にカーソルが表示されます。

②数式内の「B7:B36」をドラッグして選択

③セル範囲【B7:B37】を選択

※表の最終行までのセル範囲を選択するには、セル【B7】を選択し、[Ctrl]+[Shift]+[↓]を押すと効率的です。

④数式バーに「=COUNT(B7:B37)」と表示されていることを確認

⑤[Enter]を押す

⑥

①セル【C4】をダブルクリック

※数式が編集状態になり、セル内にカーソルが表示されます。

②数式内の「J7:J36」をドラッグして選択

③セル範囲【J7:J37】を選択

④数式バーに「=COUNTA(J7:J37)」と表示されていることを確認

⑤[Enter]を押す

⑦

①セル【A1】をクリック

※シート内のセルであれば、どこでもかまいません。

②《ホーム》タブを選択

③《編集》グループの(検索と選択)をクリック

④《置換》をクリック

⑤《置換》タブを選択

⑥《検索する文字列》に「ゴールド」と入力

⑦《置換後の文字列》の《書式》をクリック

※《書式》が表示されていない場合は、《オプション》をクリックします。

※直前に指定した書式の内容が残っている場合は、書式を削除します。

⑧《フォント》タブを選択

⑨《スタイル》の一覧から《太字》を選択

⑩《色》の[⌵]をクリックし、一覧から《標準の色》の《赤》(左から2番目)を選択

⑪《OK》をクリック

⑫《すべて置換》をクリック

※6件置換されます。

⑬《OK》をクリック

⑭《閉じる》をクリック

⑧

①セル【B6】をクリック
※表内のセルであれば、どこでもかまいません。

②《データ》タブを選択

③《並べ替えとフィルター》グループの（並べ替え）をクリック

④《先頭行をデータの見出しとして使用する》を✓にする

⑤《最優先されるキー》の《列》のをクリックし、一覧から「会員種別」を選択

⑥《並べ替えのキー》のをクリックし、一覧から《フォントの色》を選択

⑦《順序》のをクリックし、一覧から赤を選択

⑧《順序》が《上》になっていることを確認

⑨《OK》をクリック

総合問題9

①

①シート「1月」の1～3行目が表示されていることを確認
※固定する見出しを画面に表示しておく必要があります。

②行番号【4】をクリック
※固定する行の下の行を選択します。

③《表示》タブを選択

④《ウィンドウ》グループの ウィンドウ枠の固定 （ウィンドウ枠の固定）をクリック

⑤《ウィンドウ枠の固定》をクリック

⑥シートを下方向にスクロールし、1～3行目が固定されていることを確認

②

①セル【M4】に「=L4」と入力
※「=」を入力後、セルをクリックすると、セル位置が自動的に入力されます。

③

①セル【M5】に「=M4+L5」と入力

②セル【M5】を選択し、セル右下の■（フィルハンドル）をダブルクリック

④

①セル範囲【D4:K34】を選択

②《ホーム》タブを選択

③《数値》グループの（桁区切りスタイル）をクリック

④セル範囲【L4:M34】を選択

⑤ Ctrl を押しながら、セル範囲【D35:L35】を選択

⑥《数値》グループの（通貨表示形式）をクリック

⑤

① Ctrl を押しながら、シート「1月」のシート見出しをシート「1月」とシート「年間集計」の間にドラッグ

②シート「1月」の右側に▼が表示されたら、マウスから手を離す

③シート「1月(2)」のシート見出しをダブルクリック

④「2月」と入力

⑤ Enter を押す

⑥

①シート「2月」のセル範囲【B4:K34】を選択

② Delete を押す

⑦

①シート「**2月**」のセル【**B4**】に「**2016/2/1**」と入力

②セル【**C4**】に「**月**」と入力

③セル範囲【**B4:C4**】を選択し、セル範囲右下の■（フィルハンドル）をダブルクリック

⑧

①シート「**2月**」の行番号【**33**】から行番号【**34**】をドラッグ

②選択した行番号を右クリック

③《**削除**》をクリック

⑨

①シート「**年間集計**」のセル【**C4**】をクリック

②「**=**」を入力

③シート「**1月**」のシート見出しをクリック

④セル【**D35**】をクリック

⑤数式バーに「**='1月'!D35**」と表示されていることを確認

⑥ Enter を押す

⑦シート「**年間集計**」のセル【**C4**】を選択し、セル右下の■（フィルハンドル）をセル【**J4**】までドラッグ

⑩

①シート「**年間集計**」のセル【**C5**】をクリック

②「**=**」を入力

③シート「**2月**」のシート見出しをクリック

④セル【**D33**】をクリック

⑤数式バーに「**='2月'!D33**」と表示されていることを確認

⑥ Enter を押す

⑦シート「**年間集計**」のセル【**C5**】を選択し、セル右下の■（フィルハンドル）をセル【**J5**】までドラッグ

①シート「**年間集計**」のシート見出しを右クリック

②《**シート見出しの色**》をポイント

③《**標準の色**》の《**オレンジ**》（左から3番目）をクリック

総合問題10

①列番号【**E**】から列番号【**S**】をドラッグ

②選択した列番号を右クリック

③《**非表示**》をクリック

①セル【**U4**】に「**=T4/D4**」と入力

※「=」を入力後、セルをクリックすると、セル位置が自動的に入力されます。

②セル【**U4**】を選択し、セル右下の■（フィルハンドル）をダブルクリック

①セル範囲【**U4:U50**】を選択

②《**ホーム**》タブを選択

③《**数値**》グループの %（パーセントスタイル）をクリック

④《**数値**》グループの ←.0 .00（小数点以下の表示桁数を増やす）をクリック

①（新しいシート）をクリック

②シート「**Sheet1**」のシート見出しをダブルクリック

③「**上位5件**」と入力

④ Enter を押す

※シート「都道府県別」に切り替えておきましょう。

⑤

①シート「**都道府県別**」のセル【**B3**】をクリック

※表内のセルであれば、どこでもかまいません。

②《**データ**》タブを選択

③《**並べ替えとフィルター**》グループの（フィルター）をクリック

④「**人口増減率**」の ▼ をクリック

⑤《**数値フィルター**》をポイント

⑥《**トップテン**》をクリック

⑦左のボックスが《**上位**》になっていることを確認

⑧中央のボックスを「**5**」に設定

⑨右のボックスが《**項目**》になっていることを確認

⑩《**OK**》をクリック

⑪セル【**U3**】をクリック

※表内のU列のセルであれば、どこでもかまいません。

⑫《**並べ替えとフィルター**》グループの Z↓A（降順）をクリック

⑥

①抽出結果のC列（5件分）のセル範囲を選択
②**《ホーム》**タブを選択
③**《クリップボード》**グループの（コピー）をクリック
④シート**「上位5件」**のシート見出しをクリック
⑤セル**【A1】**をクリック
⑥**《クリップボード》**グループの（貼り付け）をクリック
※シート「都道府県別」に切り替えて、《データ》タブの（フィルター）をクリックし、フィルターモードを解除しておきましょう。

⑦

①シート**「都道府県別」**のセル**【B3】**をクリック
※表内のB列のセルであれば、どこでもかまいません。
②**《データ》**タブを選択
③**《並べ替えとフィルター》**グループの（昇順）をクリック

⑧

①列番号**【D】**から列番号**【T】**をドラッグ
②選択した列番号を右クリック
③**《再表示》**をクリック

⑨

①シート**「都道府県別」**のシート見出しをクリック
②ステータスバーの（ページレイアウト）をクリック
③**《ページレイアウト》**タブを選択
④**《ページ設定》**グループの（ページサイズの選択）をクリック
⑤**《A4》**をクリック
⑥**《ページ設定》**グループの（ページの向きを変更）をクリック
⑦**《縦》**をクリック
⑧**《ページ設定》**グループの（余白の調整）をクリック
⑨**《狭い》**をクリック
⑩**《ページ設定》**グループの（印刷タイトル）をクリック
⑪**《シート》**タブを選択
⑫**《印刷タイトル》**の**《タイトル列》**のボックスをクリック
⑬列番号**【B】**から列番号**【C】**をドラッグ
⑭**《印刷タイトル》**の**《タイトル列》**に**「$B:$C」**と表示されていることを確認
⑮**《OK》**をクリック
⑯ヘッダーの右側をクリック
⑰**《デザイン》**タブを選択
⑱**《ヘッダー/フッター要素》**グループの（シート名）をクリック
⑲ヘッダー以外の場所をクリック
⑳フッターの右側をクリック
㉑**《デザイン》**タブを選択
㉒**《ヘッダー/フッター要素》**グループの（ページ番号）をクリック
㉓フッター以外の場所をクリック

⑩

①ステータスバーの（改ページプレビュー）をクリック
②39行目あたりにあるページ区切りの青い点線を、51行目の上側までドラッグ
③A列の左側の青い太線を、B列の左側までドラッグ
④**《ファイル》**タブを選択
⑤**《印刷》**をクリック
⑥**《印刷》**の**《部数》**が**「1」**になっていることを確認
⑦**《プリンター》**に印刷するプリンター名が表示されていることを確認
⑧**《印刷》**をクリック

⑪

①シート**「都道府県別」**のシート見出しをクリック
②**《ファイル》**タブを選択
③**《エクスポート》**をクリック
④**《PDF/XPSドキュメントの作成》**をクリック
⑤**《PDF/XPSの作成》**をクリック
⑥PDFファイルを保存する場所を開く
※《PC》→《ドキュメント》→「Excel2016基礎」→「総合問題」を選択します。
⑦**《ファイル名》**に**「人口統計」**と入力
⑧**《ファイルの種類》**が**《PDF》**になっていることを確認
⑨**《オプション》**をクリック
⑩**《発行対象》**の**《選択したシート》**を◉にする
⑪**《OK》**をクリック
⑫**《発行後にファイルを開く》**を☑にする
⑬**《発行》**をクリック
※アプリを選択する画面が表示された場合は、《Microsoft Edge》を選択します。